# 四川省
# 生态环境政策研究报告

四川省环境政策研究与规划院 / 编著

2021

SICHUAN SHENG
SHENGTAI HUANJING
ZHENGCE YANJIU BAOGAO 2021

中国环境出版集团 · 北京

**图书在版编目（CIP）数据**

四川省生态环境政策研究报告. 2021/四川省环境政策研究与规划院编著. --北京：中国环境出版集团，2023.12

ISBN 978-7-5111-5738-6

Ⅰ. ①四… Ⅱ. ①四… Ⅲ. ①生态环境—环境保护政策—研究报告—中国—2021 Ⅳ. ①X-012

中国国家版本馆 CIP 数据核字（2023）第 254593 号

**出 版 人** 武德凯
**责任编辑** 曹 玮
**封面设计** 彭 杉

---

**出版发行** 中国环境出版集团
（100062 北京市东城区广渠门内大街 16 号）
网　　址：http://www.cesp.com.cn
电子邮箱：bjgl@cesp.com.cn
联系电话：010-67112765（编辑管理部）
010-67113412（第二分社）
发行热线：010-67125803，010-67113405（传真）

**印　　刷** 北京中献拓方科技发展有限公司
**经　　销** 各地新华书店
**版　　次** 2023 年 12 月第 1 版
**印　　次** 2023 年 12 月第 1 次印刷
**开　　本** 787×1092 1/16
**印　　张** 31.25
**字　　数** 700 千字
**定　　价** 139.00 元

---

# 编委会

# 序　言

调查研究是谋事之基、成事之道。四川省生态环境厅高度重视调查研究工作，把调查研究作为生态环境保护工作的重要基础，在2019年组建了专门研究机构——四川省环境政策研究与规划院（以下简称省政研规划院），并赋予其开展战略性、前瞻性和全局性研究的重大使命，以期其为全省生态环境保护工作提供决策参考和技术支撑。

省政研规划院顺势而为、乘势而上，以“建设国内一流生态环境政策与规划智库”为目标引领，以“服务生态环境高水平保护和经济社会高质量发展”为中心工作，以“有利于人才培养、有利于经验积累、有利于资金组织”为原则构建管理机制，秉承“卓越、创新、开放、团结”的行动理念，在协调统一的目标与行动体系下，认真组织开展生态环境政策研究工作。全院科研人员紧紧围绕全省实现高质量发展大局，紧扣生态环境重点工作、热点难点问题开展调查研究，着力回应全省生态文明建设和生态环境保护进程中面临的一系列问题，努力使理论和政策创新符合四川实际、具有四川特色，形成环境政策与环境战略系列研究成果。

2021年，省政研规划院深入生态环境保护规划、生态文明示范创建、环境经济形势分析、环境法治与体制、碳达峰路径研究、绿色发展研究、流域治理与耕地保护、大气污染防治、应对气候变化等研究领域，积极调研分析，形成一批政策研究专报、调研报告、学术论文、媒体报道，部分研究成果被有关政府部门采纳应用。为进一步加强研究成果共享、推动成果转化，本书对这些优秀成果进行了汇编，以实践探究篇、决策咨询篇、政策法治篇3个篇章呈现，共61篇文章，展现了省政研规划院自建院以来，在做好决策支撑工作上付出的辛劳，印证了全院研究人员锻炼成长进步的足迹，以及为推动四川省生态文明建设迈上新台阶提供有力智力支持。

为以更高站位、更宽视野、更大力度来谋划和推进新征程生态环境保护工作，省政研规划院始终坚定以习近平新时代中国特色社会主义思想为指导，始终心怀大局，秉承初心使命，强化规划引领，优化政策供给，努力成为新时代治蜀兴川再上新台阶值得信赖和倚重的生态环境保护“思想库”，汇集更广泛的力量、更强大的智慧，提供更科学、更精准的决策支撑，助力四川厚植绿色本底，扎实筑牢长江、黄河上游生态屏障，矢志不渝地为美丽四川建设决策咨询提供智力支撑！

由于时间仓促和编者水平有限，书中难免有不足之处，敬请读者批评指正！

编委会

2023 年 12 月

# 目　录

## 实践探究篇

## 决策咨询篇



## 政策法治篇

# 实践探究篇

# 抢抓“两新一重”机遇，发挥环境治理乘数效应

**摘　要**：2020 年 5 月 22 日，在全国两会上，时任国务院总理李克强提出“扩大有效投资”“重点支持既促消费惠民生，又调结构增后劲的‘两新一重’建设”，并强调要优选项目，不留后遗症，让投资持续发挥效益。“两新一重”建设以民生为导向，将投资与经济转型、推进城镇化以及满足人民群众对美好生活的向往等紧密结合在一起，为生态环境高水平保护提供了新契机，本文以“两新一重”的“绿色底色”为切入点，阐述“两新一重”的时代意义以及对生态环境保护的需求，梳理相关省市的先进经验，并针对四川省实际情况提出对策建议。

**关键词**：“两新一重”；生态环境高水平保护；环保基础设施建设

## 一、深刻把握“两新一重”的时代意义

新型基础设施建设、新型城镇化建设和交通、水利等重大工程（简称“两新一重”）历来受党中央、国务院重视。面对抗击 2020 年新冠疫情的特殊之年，“两新一重”建设上升为国家战略，充分瞄准了未来国家和区域竞争力的发展需要，担负着扩大内需和支撑高质量发展的使命，具有重大意义。

### （一）充分认识“两新一重”的基本内涵

“两新一重”，即新型基础设施建设（以下简称“新基建”），新型城镇化建设，以及交通、水利等重大工程。“新基建”包括信息基础设施、融合基础设施、创新基础设施 3 个方面。新型基础设施之新，是相对于铁路、公路、机场等传统基建而言的，更加强调如何推动信息消费、新能源汽车消费等消费场景，激发新消费需求并助力产业升级。“新型城镇化建设”是以人为核心，搭建城乡统筹、城乡一体、产业互动、节约集约、生态宜居、和谐发展的城镇化体系。新型城镇化之新，是相对于以土地规模为中心的传统城镇化而言，更强调以人为中心，为人们提供更好的居住条件和生态环境。“重大工程”即传统的“铁公基”、能源等领域，工程投资体量大、涉及领域广，是经济社会各项事业发展的基础，具有重要支撑作用。

### （二）深刻领悟“两新一重”的时代意义

与传统基础设施建设、城镇化建设、重大工程实施相比，“两新一重”内容更丰富、涵盖面更广，既立足当前，扩大内需，改善民生，又着眼长远，增强发展后劲，是解决当前问题的“强心剂”，也是未来发展的“定心丸”。一是改善民生的新支撑。加强新型城镇化建设，主要是补齐住房、医疗卫生、教育、人居环境等领域短板，并通过新型基础设施对传统城市基础设施进行数字化、网络化、智能化、绿色化升级，从而实现城市“智慧化”，增强城市承载力和对抗冲击的韧性。二是推动高质量发展的新动能。“新基建”一方面有助于把握住数字化、网络化、智能化融合发展契机，实现中国智能制造战略性升级和高质量发展；另一方面新型基础设施与实体经济的深度融合，能有效疏解供应链产业链中的堵点，推动传统产业转型发展。三是拉动有效投资的新增量。政府工作报告从扩大投资到扩大有效投资，新增“有效”二字，更加强调投资的效益。“新基建”将产生长期性、大规模的投资需求，同时，也会带动相关产业发展释放经济增长潜力；新型城镇化一方面有环境卫生、公共服务、市政设施、老旧小区改造等短板形成的巨大投资市场，另一方面有改善公共设施等形成吸引产业投资、促进形成居民消费的乘数效应。

### （三）精准把握“两新一重”对生态环境保护的促进作用

“两新一重”建设以民生为导向，将投资与经济转型、推进城镇化以及满足人民群众对美好生活的向往等紧密结合在一起，为生态环境高水平保护提供了新契机，具有重要促进作用。一是有利于不断满足人民日益增长的优美生态环境需要。在支持新型城镇化建设政策的推动下，充分响应生态环境保护基础设施补短板的紧迫需求，进一步加强城镇生活污水、垃圾处理等环境卫生设施的提级扩能，开展城市黑臭水体治理、城市绿地和绿道等生态工程，拓展城镇生态绿色空间，提升城镇宜居度，增强人民的获得感、幸福感、安全感。二是有利于提升生态环境治理能力现代化水平。在“新基建”推动下，生态环境基础设施将进一步与信息数字化基础设施融合发展，利用新一代污染物分析测试、数据传输、地理信息、大数据分析等技术提升生态环境保护监管和治理水平。三是有利于产业优化升级。在“新基建”政策和重大工程推动下，进一步深化绿色发展理念，大力开展生态环境治理、智慧园区建设等，引导企业搬迁改造，淘汰落后产能，采用低碳、清洁、循环的绿色生产工艺，提高资源能源使用效率，提升产业绿色化水平。

## 二、着眼“两新一重”的生态环境保护的需求

四川省是长江、黄河上游重要生态屏障和水源涵养地，在全国生态安全格局中具有重要地位。2020 年 1 月，习近平总书记主持召开中央财经委员会第六次会议。会议提出

推动成渝地区双城经济圈建设，并明确了“一极两中心两地”[①]的目标定位，有利于四川省进一步完善基础设施新布局、塑造区域协同新格局、构建现代产业新体系、打造宜居美丽巴蜀。我们应着眼全局，聚焦“两新一重”生态环境保护发力点，坚持问题导向、目标导向、成效导向，找准需求点精准施策。

需求一：生态环境基础设施亟待完善。生态环境基础设施是生态文明建设的基石。目前，全省城镇生活污水处理等设施存在管网密度不足、不配套，管网错接混接、老旧管网破损等现象较严重。仅半数市、县级工业园区建成集中污水处理设施，乡镇污水处理率不足50%，部分农村生活污水未经处理直排。环保基础设施建设和运维不平衡，“建得起、用不起”现象普遍存在，是近中期补短板重点。

需求二：城镇生态环境承载力有待提升。从2015年起，四川省城镇人口平均每年增加148万人。2019年全省城镇化率53.79%，比全国平均水平（60.60%）低约6.8个百分点，城镇化提升潜力大。新型城镇化必然会吸引大量农村人口到城市生活工作，人口的急剧增加将带来城镇生态超载、人地关系紧张等生态环境问题。据测算，到2025年，随着全省城镇化的推进，城镇将新增生活污水排放量3.9亿t、生活垃圾76万t，对环境基础设施、城镇布局、旧城改造等要求更高。

需求三：生态环境治理能力现代化水平亟须提高。目前，四川省生态环境领域监管效率低，环境监测监控预警应急、环境健康风险评估、环境治理修复技术等环境监管体系基础工作急需完善。四川省地下水监测范围小、点位少、项目少，尚未形成常规地下水监测体系；尾矿库日常监管不到位，存在生态环境隐患；危险废物精细化管理水平依然不高。生态环境大数据基础数据不统一，采集、存储、管理、分析和应用缺乏强有力的技术支持，技术实现成本、实施条件等方面存在诸多掣肘。

需求四：距满足人民日益增长的优美生态环境需要仍有差距。近年来，四川省生态环境质量呈持续好转态势，但成效不稳固，区域性、结构性污染问题依然突出。2020年上半年，釜溪河等小流域水质仍然较差；部分城市臭氧污染突出，优良天数比例有所下降，其中成都、德阳、绵阳同比下降超过5个百分点，除工业污染源外，移动源也是城市大气污染的主要来源。充电桩基础设施、污水处理厂、垃圾焚烧发电厂、污泥处理厂等群众关注的环保设施建设不完善，成为四川省建设高品质生活宜居地的重要制约因素。

## 三、相关省市经验借鉴

从中央部署到多地开花，抢抓“两新一重”重大政策利好，已成为各省（区、市）、各领域的共识。山东、吉林、北京、上海等省（市）出台相应政策，发力“两新一重”

① “一极两中心两地”是党中央赋予成渝地区双城经济圈的目标定位，即在西部形成高质量发展的重要增长极，建设具有全国影响力的重要经济中心、科技创新中心，建设内陆开放新高地、高品质生活宜居地。

建设，并对生态环境保护领域作出系列安排，主要有以下几个方面。

### （一）注重项目需求与预测，及时谋划一批绿色重大工程

一是加快补齐基础设施短板。吉林省着力填补城市污水集中收集空白区域，将改造与建设污水管网 1 270 km、污水处理厂规模达到 153.2 万 $m^3/d$。山东省加快健全农村改厕长效机制，统筹推进农村生活污水治理、农村黑臭水体治理。二是推进重大水利项目建设。福建省开展木兰溪下游水生态修复与治理工程，闽西南、闽江口城市群、环三都澳等水资源配置工程。吉林省开展实施中部城市引松供水工程，工程竣工后年供水量达到 8.98 亿 $m^3$。三是推进海绵城市建设。山东省稳步推进综合管廊和海绵城市建设，计划 2020 年内新增廊体 40 km，设区市新增海绵城市 197 $km^2$。

### （二）注重发挥大数据作用，加强绿色基建与信息网络融合

一是推广智能垃圾处理。福州市推广智能垃圾回收箱、分类回收屋等设施，完善大数据、5G 通信、视频感知等设施配套，提升垃圾智能处置水平。二是加强智慧水环境管理。昆明市建设完善智慧水环境智慧调度系统，建设智慧滇池管理平台，推广物联网在污水监测、公共排水管网液位监测等领域的应用。三是提升污染源信息化管理水平。福州市推行建设工程项目全过程信息化管理平台，提升工程质量、重大风险源、工地扬尘等管理水平。重庆市建设信息安全监测平台，推动信息安全大脑和应急指挥平台实现跨企业、跨行业、跨地区系统联动，支撑全市信息攻击溯源、事件响应、取证分析、应急恢复、应急演练等应急处置需求。四是推进智慧园区建设。昆明市统一建设园区综合管理平台、综合运营中心、智慧监测平台、产业经济监测平台、供应链管理平台等设施，重点推进建设项目 77 个，项目总投资 782.54 亿元，2020 年计划完成投资 88.16 亿元。

### （三）注重新型能源支撑保障，建设智慧能源基础设施

一是推进清洁能源“新基建”。福州市加快清洁能源电力“新基建”，推动核能、风能、太阳能等产业智能化发展。昆明市重点开展燃气网络数字化管理系统建设，提升自动控制水平。二是合理布局新能源汽车充电桩。北京、上海、昆明、福州等地制定充电桩优化布局方案，推进人、车、桩、网协调发展，增加居民区、单位、交通枢纽等区域充电桩建设数量。北京市计划到 2022 年新建不少于 5 万个电动汽车充电桩，建设 100 个左右换电站；福州市计划 2020 年建设电动汽车充电基础设施 7 500 个，2022 年达到 9 500 个。

### （四）注重发挥资金聚合效应，创新资金支持方式

一是积极争取财政资金。北京、上海、重庆等地积极争取中央预算内投资、中央专项建设资金和地方政府专项债券资金。福州市提出资金优先支持新型基础设施项目。二

是强化政银企保合作。上海市鼓励政策性银行提供低成本、中长期资金支持，支持政策性银行、开发性金融机构以及商业银行建立总规模1 000亿元以上的“新基建”优惠利率信贷专项。三是构建多元投资机制。重庆市鼓励符合条件的企业发行企业债券、公司债券、资产证券化产品，提高直接融资比重。聚焦新型基础设施重点领域，探索推进不动产投资信托基金（REITs）项目试点，重点支持补短板项目。吉林省发挥产业基金引导作用，鼓励民间资本参与，引导社会资本投入智能信息网重大项目建设与实施。

## 四、对策建议

所当乘者势也，不可失者时也。生态环境是关系党的使命宗旨的重大政治问题，也是关系民生的重大社会问题。四川省应抓住“两新一重”建设机遇，找准切入口，从出台支持政策、项目包装、资金投入、创新科技等方面主动作为，推动“两新一重”在生态环境保护领域的落地见效。

### （一）强化政策引导，推动生态环境保护设施建设

一是做好政策支撑。立足四川实际，及时研究出台“两新一重”生态环境保护领域项目建设有关指导意见，从支持开展环保设施新建改造、智慧环保设施应用，加大对通过采用新能源车辆明显改善环境质量城市的环保专项资金奖励，对符合条件的污染防治第三方企业给予税费优惠等方面形成政策支撑体系，助力集约高效、经济适用、智能绿色、安全可靠的生态环境保护现代化基础设施建设。二是突出规划引领。将“两新一重”生态环境保护领域基础设施建设，融入《四川生态环境保护“十四五”规划》《四川省巩固污染防治攻坚战成果提升生态环境治理体系和治理能力现代化水平三年行动计划（2021—2023年）》布局，与成渝地区双城经济圈建设、成德眉资同城化发展、万达开川渝统筹发展示范区等重大战略同步实施，尤其注重跨区域的生态环境保护基础设施规划编制，做好生态环境新型基础设施和传统基础设施协同建设的规划引导。三是做好环评服务。梳理“两新一重”重点项目，对四川省具有标志性、引领性的项目和生态环境领域国、省重点工程实行预审制，靠前服务、提前介入、专人负责、全程服务。将服务保障“两新一重”的项目纳入环评审批和监督执法两个正面清单，实行豁免环评手续办理和环评告知承诺。推动网上“不见面”审批，简化申请材料，细化办事指南，开展并联审批，压缩审批时间。

### （二）坚持项目为王，推动一批标志性工程开工建设

一是补短板建设一批。推进传统基础设施绿色化改造，优先推进县城环境卫生设施提级扩能，健全污水集中处理设施，因地制宜推进“雨污分流”，更新修复混接、错接、漏接、老化和破损管网、提标改造污水处理厂、建设污泥无害化资源化处理设施等，建

设生活垃圾焚烧终端处理设施、危险废物处理设施。实施城市生态修复，增加城市生态空间。推进长江流域沿江水生态环境、重点湖库和城市主要水体综合治理，系统推进黄河流域生态保护。二是实现智慧化建设一批。实施环保基础设施智能化、数字化改造，优先在各类工业园区布局智能环保设施，推动智慧园区建设。推广智能垃圾处理，在城市重点区域试点建设固定式机动车尾气遥感监控、餐饮业油烟在线监控。加强智慧水务建设，加大物联网在污水处理、水质监测领域应用力度，建设水环境智慧调度管理系统。三是围绕新型城镇化超前建设一批。新型城镇化是高质量的城镇化，具有完善的服务功能和较强的生态承载力。在城镇建设时，根据资源环境承载能力，科学确定建设规模，超前规划建设污水处理设施、垃圾处理设施，将海绵城市、地下综合廊道、城市绿地、智慧能源基础设施等同规划同实施。专家预测“十四五”期间四川城镇化率将提高 6 个百分点，城镇人口将新增 550 万～600 万人，城镇污水处理能力将增加 100 万～120 万 t/d，总投资约 100 亿元（含配套管网）。

### （三）加强资金支持，保障生态环境保护有力推进

一是坚持资金来源的“多元化”。加强与国家有关部门、省财政厅沟通衔接，以大环保的理念最大限度地争取中央、省预算内资金对“两新一重”生态环境保护领域项目的支持。充分发挥财政资金引导作用，健全市场化投融资机制，提升社会资本参与积极性。利用好国家发行地方政府专项债券、抗疫特别国债和设立国家绿色发展基金机遇，提高对环保领域的资金投入。二是坚持资金投入的“高效益”。本文从扩大投资到扩大有效投资，新增“有效”二字，更加强调投资的效益，而非盲目扩大规模。要坚持提高生态环境保护资金投放精准度，坚决避免“捡到篮子就是菜”，既要着眼当前，更要瞄准长远，瞄准符合条件的大中型公益性生态环境保护项目、城镇环保设施等领域项目，让投资发挥最大效益。三是坚持资金风险防范“全过程”。坚持从申请、分配、使用、管理多个维度，对生态环境保护专项资金进行全过程监管，及时公开资金和项目情况，接受社会监督。严格审核项目可行性研究论证和资金筹措方案，确保项目资金来源可靠。严防地方政府债务风险，结合投资能力和财政承受能力，合理确定年度实施计划。

### （四）坚持科技创新，提升生态环境保护现代化水平

一是推进智慧治理。推动人工智能、传感器等智能化、数字化生态环境保护“新基建”，提升工业园区、产业集群等污染源头的环境监测能力，利用物联网、大数据等技术手段分析甄别污染因子，与环保智能设施联动实现靶向治理。二是增强智慧管理。完善环保大数据“一张图”，将四川省大气监测点位、水环境监测点位、住建系统工地扬尘监测系统、园区企业在线监控系统等，整合构建四川省环保大数据云平台，利用大数据分析、人工智能等技术，形成高精度、高密度的环境质量监测网络大数据地图。加强数据共享，促进污染源数据分析结果跨部门、跨平台共享，提高区域、部门联防联控的

精准性和有效性。三是大力推广新能源汽车使用。促进交通用能清洁化，鼓励城镇公交、环卫、邮政、出租、通勤、轻型物流配送车辆优先采用新能源汽车。在物流园、产业园、工业园、大型商业购物中心、农贸批发市场等物流集散地建设集中式充电桩和快速充电桩，为物流配送新能源车辆通行提供便利。实施停车优惠、电费补助、不受尾号限行等措施，鼓励市民使用新能源汽车。据测算，到 2025 年，四川省将新增新能源汽车 80 万～100 万台，市场规模超过 1 000 亿元。

# 编制市县“十四五”生态环境保护规划的建议

**摘　要：**为帮助市县充分认识“十四五”时期特征，在四川省污染防治攻坚战取得阶段性胜利、继续推进美丽四川建设这一关键时期，科学编制好“十四五”生态环境保护规划，促进区域生态环境高水平保护以及引领区域产业布局、促进高质量发展，本文深入剖析国际国内环境经济形势及规划编制的现实意义，从推动经济社会全面绿色低碳转型、积极应对气候变化、深入打好污染防治攻坚战、加强风险防范与化解、加强自然生态保护修复、大力推动生态价值转化、推进生态环境治理体系和治理能力现代化等七个方面提出“十四五”规划的主要任务建议，并就市县的规划编制工作提出了相关建议。

**关键词：**“十四五”；生态环境保护规划；市县级

“十四五”是开启全面建设社会主义现代化国家新征程、向第二个百年奋斗目标进军的第一个五年。“十四五”生态环境保护规划，是污染防治攻坚战取得阶段性胜利、继续推进美丽中国建设关键时期的重要规划。市县规划作为规划体系中基本单元，对区域发展具有重要指导作用。如何把握国际国内经济环境形势？如何立足本地实际融入国家重大战略部署？如何把握“十四五”时期生态环境保护的重点任务？这些都是市县在编制“十四五”生态环境保护规划过程中迫切需要解决的问题。针对以上需求及问题，本文深入剖析国际国内环境经济形势，从以下几个方面提出“十四五”规划的主要任务建议，供市县生态环境部门参考。

## 一、经济形势

### （一）全球经济持续下滑，复苏前景不容乐观

新冠疫情对世界经济造成巨大冲击——多国面临债务困境、世界经济严重衰退、产业链供应链循环受阻、国际贸易投资萎缩、金融市场风险累积、大宗商品市场动荡、“失业潮”持续袭来，等等。特别是进入2020年第四季度，疫情再抬头风险加大，经济重启受阻，停摆时间延长，市场动荡幅度增大。

### （二）我国经济发展面临严峻挑战，但长期向好趋势没有改变

我国正处于社会经济从高速发展向高质量发展的转换期，新冠疫情期间，国内消费、投资、出口下滑，就业压力显著加大，企业特别是中小微企业困难凸显，金融等领域风险有所积聚，基层财政收支矛盾加剧，经济发展面临巨大挑战。重压之下，需理性认识到我国经济平稳发展的趋势没有改变。在宏观政策助推之下，依托制度优势、雄厚基础、巨大市场，充分发挥集中力量办大事的制度优越性，经济社会将进入补短板、筑根基、促改革、强素质的高质量发展阶段。

### （三）四川省综合实力迈上新台阶，疫情影响相对较小，经济发展后劲十足

“十三五”时期以来，四川省经济稳健运行，市场经济规模初具体量优势，发展韧性明显，抵御风险能力不断增强。2015—2019 年，地区生产总值（GDP）年均增长 7.9%，产业结构持续优化。疫情之下四川省经济增长的“基本盘”依然坚挺，虽疫情导致 2020 年第一季度 GDP 增速罕见为负，但总量仍破万亿元，3 月以来，多项主要经济指标降幅收窄或由降转增，上半年经济实现由降转增，发展活力持续增强。“十四五”时期，四川省处于成渝地区双城经济圈建设、西部大开发、黄河流域高水平保护与高质量发展、长江经济带、“一带一路”等国家重大战略叠加的发展机遇期，治蜀兴川动能持续加大，未来“黄金十年”，经济发展势头可期。预计“十四五”时期，四川省经济将保持 6%～7%的增速，全省 GDP 在 2025 年有望超过 7 万亿元，城镇化率提升 6～7 个百分点，达到 62%左右。

## 二、环境形势

### （一）生态环境质量总体改善，美丽中国建设任重道远

“十三五”时期以来，我国生态环境建设取得了明显成效。2019 年，我国 $PM_{2.5}$ 未达标地级及以上城市年均浓度比 2015 年下降 23.1%，水质优良断面比例比 2015 年提升 8.9 个百分点。绿色发展水平明显提升，生态文明建设体制改革顺利推进，全社会生态环保意识显著增强。但我国生态环境保护结构性、根源性、趋势性压力总体上尚未根本缓解。以重化工为主的产业结构、以煤为主的能源结构和以公路货运为主的运输结构没有根本改变，环境污染和生态保护的严峻形势没有根本改变，生态环境事件多发频发的高风险态势没有根本改变。考虑到 2035 年要基本实现经济发展水平与社会主义现代化目标相适应，生态环境保护工作承担的压力不容忽视。

### （二）四川省环境质量改善成果亟待巩固，生态环境工作进入“滚石上山”的攻坚阶段

“十三五”时期以来，四川省环境质量总体改善，水环境质量创“十一五”时期以来最好成绩。但四川省单位能耗、水耗仍未达到国内平均水平，主要污染物排放强度仍然处于较高位。大气污染防治形势依然严峻，达标城市达标质量不稳定，部分城市 $PM_{2.5}$ 浓度较高，臭氧污染凸显并有所加重。重点流域个别断面达标不稳定，部分小流域存在长期不达标现象。区域发展及生态环境治理差异较大，统筹保护难度高。生活污水、污泥、生活垃圾等环境基础设施建设存在短板弱项。生态安全形势依然严峻，保护与开发矛盾突出。生态环境治理体系和治理能力建设相对滞后，现代化程度不高。

### （三）确立“十四五”时期生态环境目标，筑牢“美丽四川”建设本底

“十四五”时期，绿色低碳生产生活方式基本形成，环境治理效果显著增强，大气、水和土壤环境质量持续好转，进一步筑牢长江、黄河上游生态安全屏障，全国绿色发展示范区、高品质生活宜居地基本建成，美丽四川建设取得明显进展。展望 2035 年，绿色生产生活方式广泛形成，二氧化碳排放达峰后稳中有降，生态环境更加优美，环境质量根本好转，长江、黄河上游生态安全屏障更加牢固，生态环境治理体系与治理能力现代化基本实现，美丽四川画卷基本绘就。

## 三、市县编制“十四五”生态环境保护规划的现实意义

### （一）是地区履行法定职责和发展政策的必要之举

《中华人民共和国环境保护法》明确规定，县级以上地方人民政府环境保护主管部门会同有关部门，根据国家环境保护规划的要求，编制本行政区域的环境保护规划，报同级人民政府批准并公布实施。同时，《2020 年国务院政府工作报告》中也指出，编制好“十四五”国民经济和社会发展规划，是开启第二个百年奋斗目标新征程擘画蓝图的重要环节。规划中要贯彻生态优先、绿色发展的基本原则，强化生态环境保护和治理的引领作用。

### （二）有利于地区积极融入重大战略部署

“十三五”时期以来，党中央持续推进长江经济带发展、黄河流域生态保护和高质量发展、成渝地区双城经济圈建设等重大战略，省委深入实施高质量发展战略，扎实推进成德眉资同城化发展和川西北生态示范区协同发展。这一系列战略部署，为四川各地区加快解决突出生态环境问题、加快补齐生态环境短板提供了重大机遇。市县通过编制“十

四五”生态环境保护规划，加强政策研判，紧紧围绕国家和四川省战略部署设计各自区域的重点任务，争取生态环境保护的重大项目进入国家级、省级规划“盘子”，推动地区生态环境保护工作迈上新台阶。

### （三）引导地方实现协同推进经济高质量发展与生态环境高水平保护

“十四五”规划强调经济产业和城镇建设、公共服务、社会治理、资源环境以及民生均衡发展，规划中需要体现发展改革、住建、农业农村、水利、林草、自然资源等部门整合衔接的成果。因此，生态环境保护规划对于市县来说，一方面是地方生态环境工作找准定位、分析问题、部署战略的过程，另一方面也是其与本地区社会经济发展长远目标实现紧密相连的重要抓手。在这个过程中，立足本地区资源环境本底，通过编制规划引导生态环境工作助推高质量发展，同时实现生态环境的高水平保护，落实绿色发展理念，使“十四五”生态环境保护规划成为助推经济高质量发展的重要抓手。

## 四、“十四五”生态环境保护规划的主要任务

### （一）强化环境引导调控，推动经济社会全面绿色低碳转型

贯彻新发展理念，充分发挥生态环境保护的引导、优化和促进作用，加快构建绿色空间格局，推动生产方式、能源利用方式、生活方式等绿色转型，实现经济社会高质量发展。构建绿色空间格局：强化生态环境空间分区管控，推动五大区域绿色协调发展，引导构建与生态环境相适应的产业空间布局。推进生产方式绿色转型：加快推动落后产能退出与传统行业绿色化改造，推动开发区绿色化升级，大力发展绿色环保产业，全方位构建绿色农业及现代绿色运输体系。推动能源利用方式绿色转型：优化能源供给结构，推动国家天然气（页岩气）千亿立方米级产能基地绿色化发展，控制煤炭消费总量。推动生活方式绿色转型：完善绿色消费政策，开展绿色生活创建，加快绿色生活配套设施建设。

### （二）积极应对气候变化，稳妥推进碳达峰碳中和

启动实施二氧化碳排放达峰行动，开展低碳发展试点示范，有序适应气候变化，协同推进减污降碳和生态保护修复，推动应对气候变化工作迈上新台阶。加快实施碳排放达峰行动：组织开展碳排放达峰行动，逐步加强重点领域碳排放控制，推动区域碳排放差异化控制。有效控制温室气体排放：稳步降低二氧化碳排放强度，控制非二氧化碳温室气体排放，提升生态系统碳汇能力。有序适应气候变化影响：开展气候变化风险监测评估，积极应对极端天气气候事件，逐步提升重点领域适应能力。强化应对气候变化支撑：探索低碳试点示范路径，实施碳资产能力提升行动，强化科学技术引领支撑。

### （三）深入打好污染防治攻坚战，持续改善生态环境质量

坚持系统治理、源头治理、综合治理，突出精准治污、科学治污、依法治污，深化大气污染协同控制，持续改善环境空气质量，系统推进“三水”共治，巩固提升水环境质量，扎实推进净土减废行动，保持土壤环境总体稳定。

深化大气污染协同控制。深化工业源污染防治：强化重点行业、开发区污染治理，控制挥发性有机物（VOCs）排放。推进移动源污染防治：推动车船升级优化，严格机动车环保管理，加强非道路移动机械整治，提升船舶及港口污染防治能力。深化面源污染治理：加强扬尘污染治理，严控餐饮油烟污染，加强农业面源污染控制。强化污染物协同治理：协同控制 $PM_{2.5}$ 和臭氧污染，协同控制消耗臭氧层物质（ODS）和氢氟碳化物（HFCs），创新强化有毒有害气体治理。

系统推进“三水”共治。加强水资源保护利用：落实水资源刚性约束制度，推进水资源优化配置和调度，加大非常规水源利用。强化水环境污染治理：强化工业污水综合整治，提升城镇污水治理水平，加强农业污染防治，加大农村生活污水治理力度，强化入河排污口排查整治，加强港口码头和船舶污染防治。开展水生态保护修复：水岸协同推进河湖生态保护修复，保护水生生物提升水生态系统质量。加强饮用水水源地保护：巩固提升县级及以上饮用水水源地保护水平，加快推进农村集中式饮用水水源地保护。深化地下水污染防治：全面开展地下水环境状况调查评估，系统开展地下水污染协同防治。推进美丽河湖保护与建设：加强湖库生态环境治理，加强重点河流生态环境治理，强化美丽河湖示范引领作用。

扎实推进净土减废行动。推进土壤污染源头防控：加强空间布局管控，防范新增土壤污染，强化重点污染源监管。强化土壤污染风险管控：深化土壤污染调查评估，加强农用地土壤污染风险管控，推进建设用地风险管控，加强未利用地环境监管，开展长江、黄河上游土壤污染风险管控区建设。持续推进重金属污染防治：强化重金属污染防控，加强重点行业重金属污染治理。强化固体废物分类处置：建立固体废物信息清单，加强源头减量，提高综合利用水平，保障处置能力建设。

### （四）加强风险防范与化解，守住生态环境安全底线

牢固树立环境安全底线思维，构建全过程、多层级的生态环境安全和应急管理体系，严格化学品、核与辐射等重点领域环境管理，有效控制环境风险，切实保障生态安全。强化环境风险防范：强化流域、区域环境风险防控，加强行业、园区、企业风险防范管控，加强尾矿库、渣场环境风险管控。完善应急管理体系：提升环境应急管理能力，提升应急储备能力，提升应急响应能力。强化有毒有害化学物质风险防控：加强危险化学品环境监管，加强新污染物治理。加强核与辐射安全监管：提升核与辐射安全水平，推进放射性污染治理。

### （五）加强自然生态保护修复，提升生态系统质量和稳定性

坚持山水林田湖草沙冰一体化保护和系统治理，筑牢生态安全格局，加强重点生态空间保护监管，加大生物多样性保护力度，保持自然生态系统的原真性和完整性，守住自然生态安全边界。构建生态安全格局：加强重点生态功能区管护，加强自然保护地保护，强化生态保护红线监管。加强重要生态系统保护与修复：保护森林、草原、湿地等重要生态系统，加强退化生态系统修复。加强生物多样性保护：开展生物多样性调查和评估，实施濒危野生动植物适应性保护，加强外来入侵物种防治。加强生态保护监管：持续开展生态保护调查评估，加快完善生态保护监测（观测）网络，加强生态保护监管执法。

### （六）大力推动生态价值转化，建设高品质生活宜居地

深入践行绿水青山就是金山银山的理念，加强生态文化体系建设，健全生态价值实现机制，拓宽生态价值实现路径，把生态优势转化为经济发展优势，建设高品质生活宜居地。加强生态文化体系建设：大力弘扬生态文化，推进生态文化工程，加强生态文明宣传教育。提升生态产品价值转化能力：建立生态产品价值实现机制，拓宽生态产品价值实现路径，大力推进生态文明示范创建。推进城乡绿色融合发展：推进绿色城镇、美丽乡村建设，提升城市声环境质量。

### （七）深化改革创新，推进环境治理体系和治理能力现代化

全面推进生态文明体制改革创新，建立多元共治格局，健全环境经济政策体系，提升环境治理现代化能力建设，打造生态环保工作铁军，为美丽四川建设提供有力保障。建立多元共治格局：压实党委领导、政府主导责任，加大省级生态环保督察力度，发挥企业环境治理主体作用，强化社会共建与公众参与。健全环境监管体系：推进生态监测网络建设，全面提升环境监测快速反应能力，深化环评“放管服”改革，加强排污许可监管，全面加强环境保护监管执法。健全环境经济体系：发挥市场机制引导作用，完善环境治理市场，加快推动环境信用建设，加大财税金融支持力度。健全环境法制标准体系：加强生态环境法规制度建设，推进环境司法联动，完善生态环境保护标准。提升环境治理能力：提升环保科研创新能力，提高环保工作智慧化水平，推进环保科技成果转化，建设一支有四川特色的生态环境保护铁军。协同推进区域生态环境治理：推动川渝生态共建、环境共保，加强毗邻省份（区域）联防联控，加强成都都市圈环境共治，共建区域生态环境协作机制。

## 五、市县编制“十四五”生态环境保护规划的建议

四川省各市县生态环境系统应以习近平生态文明思想为指导，面向2035年基本建成美丽四川的阶段性目标，保持战略定力，贯彻新发展理念，推动形成以国内大循环为主体、国内国际双循环相互促进的新发展格局，在巩固污染防治攻坚战阶段性成果的基础上，深入打好污染防治攻坚战，持续推进结构调整和绿色发展，持续改善生态环境质量，持续加强山水林田湖草沙冰系统保护，加快推进生态环境治理体系和治理能力现代化，为全面开启社会主义现代化建设新征程奠定良好生态环境基础。

### （一）找准定位

首先，树立全局视野，把握发展大势，主动把地方发展放到党中央、国务院关于新时代推进西部大开发形成新格局、推动成渝地区双城经济圈建设等重大战略部署中进行谋划，找准城市自身的目标定位。其次，评估“十三五”期间出台的生态环境保护规划或有关政策落实、行动实施情况，重点评估规划目标实现情况、任务完成情况、成效与存在差距。最后，结合当地国民经济发展目标，客观准确把握区域所处发展阶段，找准区域绿色发展战略定位。四川省各城市首先应与长江上游生态屏障核心区、绿色发展先行区等的省级战略定位相一致；成德眉资应重点突出同城化目标，凸显绿色发展引领区、美丽中国先行示范区、公园城市典范区和高品质生活样板区的战略定位；建议成都市以立足全面打造“美丽宜居公园城市”、践行新发展理念高质量建设公园城市的发展定位；建议攀枝花市以打造国家级战略资源创新开发试验区、成渝地区阳光康养度假旅游“后花园”为发展定位；建议雅安市以绿美生态雅安、高品质康养宜居地为战略发展定位；建议眉山市丹棱县立足于建设“大雅家园、美丽丹棱”，冲刺中国美丽乡村典范的发展定位。

### （二）明确目标

以区县、市州为基本单元，以2035年基本建成美丽四川为指向，以国家、省“十四五”时期生态环境指标要求为基础，针对市县生态环境保护和生态建设工作的现状与问题，同时充分考虑各自区域自然环境特点和社会经济发展状况以及指标的简易性、可统计性和导向性，科学合理构建市县“十四五”生态环境保护规划目标指标体系。例如，在环境空气质量、水环境质量目标方面，阿坝藏族羌族自治州（以下简称阿坝州）、广元市、雅安市等环境质量较好的城市，就不能简单对照四川省目标，而是要以“环境质量不降低”为原则，并结合自身发展要求，合理确定其目标。在高质量发展、高品质宜居地建设的目标指标方面，成都市应结合公园城市发展要求，对标北京、上海、深圳、重庆等市，走在全国前列，而绵阳、德阳、宜宾等副中心城市，应对标苏州、佛山等市，

走在全省前列。在生态保护质量方面，阿坝州、甘孜藏族自治州（以下简称甘孜州）等应充分考虑长江上游生态屏障的功能以及自身生态保护要求，提出更高的标准。

### （三）落实任务

由于社会经济、地理位置、资源禀赋、环境特点、发展定位的不同，各市县“十四五”时期生态环境保护任务不可能千篇一律、如出一辙，应从以下几个方面体现出差异性、区域性、指向性、特色性：

在重点任务设计方面。要充分发挥不同地区比较优势，有针对性地在规划中设计重点生态环境任务。例如，成都要逐步疏解省会城市非核心产业功能，加快推动产业升级，提升城市环境质量，提高环境资源利用效率；川南地区城市，要以资源环境承载能力为基础，有序承接产业转移，优化产业结构，持续推进岷江、沱江生态廊道建设，加强水生态环境保护；川东北地区城市要加快乡镇污水处理设施建设，推动天然气化工、钢铁、建材等传统产业绿色转型，加强区域大气污染联防联控；川西北地区城市要坚持推进山水林田湖草生态保护修复，提升生态安全屏障功能，建设生态产品供给区，大力发展生态经济；攀西地区城市要加强金沙江干热河谷和安宁河谷生态系统保护与修复建设，提高矿产资源综合利用水平，加强土壤保护，提高钢铁产业深度治理水平。

在跨区域跨流域协同共治方面。应强化西部大开发格局、成渝地区双城经济圈等国家级战略的引领作用，对于位于成德眉资、内自、川南渝西、万达开等区域的协同发展城市，在规划中应突出构建协同空间发展格局，组合、串联和扩大各类绿色生态空间，同时，将加强与圈内其他城市之间的资源共享、环境共治、生态共保作为总体思路，提出环境设施的共建共享和有效整合的总体任务，建立跨区域生态环境合作联动机制，并按照“一张清单管多地”的原则，充分做好与毗邻区域的沟通协调，共同制定负面清单。

在推进生产方式绿色化方面。针对传统工业城市，如达州、自贡、泸州、攀枝花等，在规划编制中应充分与当地经信、发改等部门进行对接，结合下个阶段产业发展方向及需求，从绿色、低碳、控污、减排等角度，提出产业结构优化的建议，包括对区域落后的玻璃、建材、钢铁等产业提出淘汰门槛及时限，对区域过剩产能提出严控新增、等量淘汰的要求。针对以农业为主的城市，如仁寿、蒲江、中江、南江等，应与当地农业农村、畜牧部门充分对接，着重从现代化农业生产、化肥施用、畜禽养殖、秸秆利用等角度，提出农业绿色生产的任务及要求。

在强化资源节约集约循环利用方面。在具有发展光伏、风电等清洁能源优势的区域，如在三州[①]及攀西地区的城市，应主动对接能源部门，了解区域风电基地和大型光伏基地等工程建设情况，核算新能源在区域能源结构中的可能占比，并结合区域环境目标要求，提出能源结构优化的目标任务。针对油气资源丰富的区域，如荣县、长宁、威远、宣汉

① 指凉山彝族自治州（以下简称凉山州）、阿坝州、甘孜州。

等，应针对天然气、页岩气开发建设可能产生的环境问题，如土地资源占用、压裂返排液回注、钻进废泥浆堆存、开采区环境风险等，对区域油气资源开发建设提出环境管理要求。对处于分水岭而导致缺水的区域，如荣县、安岳、丹棱等，在规划中应以县域为单元，结合区域用水结构及区位条件，重点在跨区域调水、农业节水、工业节水、中水回用等方面提出任务及要求。

在构建现代绿色流通体系方面。对于大宗货物运输量较大且有一定水路、铁路基础的城市，如乐山、宜宾、广元等，应充分与地区交通部门对接，重点关注主要码头、铁路专用线的规划建设情况，结合环境减排目标，提出下阶段大宗货物运输“公转铁、公转水”的建议，将其具体指标及要求纳入“十四五”时期生态环境保护规划。对于移动源污染贡献量占比较高的城市，如成都，应对新能源和清洁能源汽车的使用比例、老旧车辆的淘汰提出指标要求。

在生态保护与修复方面。以八大流域为骨架，沿线城镇要针对所在区域内的流域，从生态廊道、水生生态修复等方面提出重点任务。龙门山、川北丘陵低山等地区市县应在崩塌、滑坡等地质灾害方面提出科学防治措施。武陵山区以及平行岭谷等岩溶地区市县应着重从石漠化综合整治方面加大任务落实力度。对于华蓥山、川南等涉及煤矿损毁土地的区域应着重从植被恢复与复垦方面提出分区分类推进实施方案。

在深入打好污染防治攻坚战方面。坚持以“精准治污、科学治污、依法治污”为原则，首先要“析问题”，即找准区域存在环境问题的原因，如大气污染无论源自工业源还是移动源，农村污染无论是以畜禽养殖为主还是以农村生活污水为主，做到精准发力、有的放矢。其次要“识短板”，即识别区域在环境治理方面存在的不足，如燃煤锅炉淘汰力度不足，市政污水处理设施不配套，农村废水收集率低等，做到救过补阙、亡羊补牢。最后是“求实际”，即提出的污染防治任务及目标符合区域社会经济、地理环境实际，如三州地区的农村废水治理应考虑成本、气候、民俗等方面，合理设计处理方案，农田区域的畜禽养殖废水处理应充分考虑还田利用等，做到因地制宜、实事求是。

在风险防范与应急体系建设方面。对于位于长江干流、嘉陵江、岷江、沱江等主要流域沿线，且涉及重大风险源或风险隐患的市县，如广元、宜宾、泸州、纳溪、新津、都江堰等，除企业、工业园区本身的风险防控要求外，还应在流域及区域风险防范、应急演练、应急物资储备、上下游风险应急联动等方面提出重点任务。对于化工石化园区或企业紧邻城区的区县，如五通桥、东坡、射洪等，应重点针对具体园区、企业提出风险管控方案，充分与当地经信部门沟通，必要时提出限制发展、搬迁的任务要求。

在生态价值转化方面。对于有一定生态价值转化基础和潜力的地区，如九寨沟、长宁、武胜等，在规划编制中应结合区域实际情况，提出该区域特有的生态价值转化途径和生态价值实现的保障机制。对于考虑申报创建国家生态文明建设示范和“绿水青山就是金山银山”实践创新基地的地区，在规划编制中，应对标各项指标体系设计重点任务。

在推进环境治理体系建设、提升治理能力现代化水平方面。各市县应结合区域急需解决的环境问题以及自身在环境治理、监管、科研、监测等方面存在的短板与弱项，有针对性地提出环境治理体系和治理能力现代化水平提升的重点任务。例如，成都、自贡、眉山、宜宾、德阳等重点城市，应重点研究 $NO_x$ 和 VOCs 协同控制，强化科技支撑，制定 $PM_{2.5}$ 和臭氧协同治理方案，在实现污染物达标的同时推动提升优良天数比例。

**（四）谋划项目**

重大项目是规划编制的重点和关键，是生态环境质量改善的“压舱石”，是经济社会发展的“助推器”。市县是生态环境保护项目落地的关键环节，要在规划编制过程中下足功夫，提前谋划项目，牢固树立“质量至上、项目为王”理念，通过重大项日来提高规划“含金量”和实施效果，以高水平的重大项目建设为抓手深入打好污染防治攻坚战。着重围绕以下几个方面谋划生态环保项目：坚持重大战略引领。围绕西部大开发、长江经济带发展、成渝地区双城经济圈建设、成德眉资同城化发展等国家、四川省重大战略部署，精准谋划一批生态环境重大项目。坚持问题导向。要围绕区域突出环境问题、中央（省）生态环境保护督察反馈问题以及区域环境基础设施短板等，从切实解决问题角度谋划一批生态环境重大项目。坚持目标指引。围绕省市“十四五”生态环境规划目标、污染防治攻坚战三年行动计划、环境治理体系及治理能力三年行动计划等确定的约束性、预期性目标指标，从完成目标角度谋划一批生态环境重大项目。

# 关于协同推进区域高质量发展和高水平生态环境保护的思考与建议

**摘　要**：党的十九大将“树立和践行绿水青山就是金山银山的理念”写入报告，与坚持节约资源和保护环境基本国策一并成为新时代中国特色社会主义生态文明建设的基本方略。四川把“绿水青山”作为发展的最持久优势，提出打造长江上游生态屏障核心区、绿色发展先行区、新旧动能转换示范区和协同发展样板区。本文以四川践行绿色发展理念为重点，研究生态文明建设体制机制设计、主体功能区划定保护、现代化产业体系布局、污染治理和生态修复等方面的实现路径，并就其更好地协同推进“双高”进行了思考并提出建议。
**关键词**：长江上游生态屏障；绿色发展理念；体制机制；“双高”

小康全面不全面，生态环境质量是关键；高质量发展实现不实现，生态环境质量同样很关键。我国经济已由高速增长阶段转向高质量发展阶段，需要跨越一些常规性和非常规性关口。我们必须咬紧牙关，爬过这个坡，迈过这道坎。生态环境高水平保护就是其中需要爬过的坡、迈过的坎。四川省是长江上游重要生态屏障和水源涵养地，生态地位重要，也是全国的经济大省，2019 年经济总量居全国第 6 位，正处于转型发展、创新发展、跨越发展的关键时期。可以说，四川省自身就肩负着协同推进经济高质量发展和生态环境高水平保护的重大使命。

## 一、深刻领悟经济高质量发展和生态环境高水平保护协同推进的重要意义

生态环境保护是经济高质量发展的重要推动力，经济高质量发展也对生态环境保护提出了新的更高要求，两者相互融合，密不可分。

### （一）生态环境高水平保护是经济高质量发展的现实需求

经济发展依赖自然资源，二者在某种程度上是一种供给关系。在经济发展和环境保护的关系上，我们一度为了经济利益而过度甚至滥用资源，导致能源资源过度开发、粗放利用等问题十分突出，耕地减少、水土流失、土壤荒（沙）漠化、水土污染、大气污

染等问题存在，产能过剩问题十分突出、节能减排任务异常艰巨，调结构转方式的转型之路充满阵痛，社会负担格外沉重，成为经济高质量发展的生态环境巨大压力。所以，要实现经济高质量发展，必须对生态环境进行高水平保护。

### （二）生态环境高水平保护有利于增强可持续发展能力

正确处理好生态环境保护和发展的关系，是实现可持续发展的内在要求，也是推进现代化建设的重大原则。绿水青山就是金山银山理念深刻揭示了发展与保护的本质关系。高水平的生态环境保护将推动过剩行业淘汰转型，大力推进创新驱动发展，促进附加值高、技术含量高、竞争力强以及产业价值链长的战略性新兴产业发展，将从根本上改变高投入、高耗能、高排放的传统发展方式。

### （三）生态环境高水平保护有助于构建现代化经济体系

生态环境高水平保护坚持把大力发展绿色、低碳循环的生态产业体系作为战略举措，以绿色理念升级现代服务业、优化结构、推动工业化和信息化深度融合，形成绿色化的现代产业体系。同时，生态环境高水平保护会推动经济发展的质量变革、效率变革、动力变革，助力健全高质量发展的指标体系、政策体系、标准体系、统计体系、绩效评价和政绩考核。严格遵守“三线一单”等硬约束，优化产能布局和结构，合理充分地发挥环境监管，维护公平竞争市场环境，推动经济发展提质增效。

## 二、四川的实践及成效

近年来，四川省深入学习贯彻习近平生态文明思想，认真践行新发展理念，一以贯之坚持绿水青山就是金山银山理念，把绿色作为四川省发展的鲜明底色，坚定不移走生态优先、绿色发展之路，以生态环境高水平保护助推经济高质量发展，持续谱写“绿”与“富”相得益彰的美丽四川新篇章。

### （一）切实加强统筹谋划，导向鲜明的绿色发展体制机制基本形成

一是绿色发展组织领导机制基本形成。严格落实领导干部环境保护责任制，实行党政同责、一岗双责。省委常委会多次专题研究生态文明建设和高质量发展工作，始终把生态环境保护和经济高质量发展摆在事关全局的重要位置来抓。加强生态环境保护制度设计，把推动绿色发展作为构建高质量现代化经济体系的必然要求和解决污染问题的根本之策，印发《关于推进绿色发展建设美丽四川的决定》《全面推动高质量发展的决定》等文件。召开四川省生态环境保护大会，把“处理好发展与保护的关系”作为四川生态环境保护工作需要处理好的“四个关系”之首，推动发展与保护相互促进、协同共生。

二是生态文明体制改革深入推进。紧盯重点改革任务和重要改革事项，出台污染防

治改革方案、生态文明体制改革方案等多个改革方案，推进生态环境保护监管体制改革，建立健全生态环境保护体系、环境污染治理体系、统一衔接的空间规划体系，稳步推进资源税全面改革，实施水资源税改革试点等重点领域改革试点突破，着力突破改革“瓶颈”障碍，不断激发绿色发展新动能。

三是绿色发展政策体系加快完善。坚持推进激励和约束并举的制度创新，建立健全财税、金融、价格等政策，形成促进绿色发展的利益导向机制。加大对重点生态功能区转移支付力度，2019 年省级转移支付完成预算的 116.1%。实施“三江”流域水环境生态补偿办法，率先在长江流域建立首个跨省生态补偿机制。建立沱江流域横向生态保护补偿机制，在全国率先开展以退牧还湿补偿和湿地管护补助为主的省级湿地生态补偿试点。建立具有四川特色的环境污染责任险，开展环境污染责任保险试点。积极推行环境污染第三方治理，建立排污者付费、第三方治理的治污新机制。探索推进排污权交易，积极推行合同能源管理、合同节水管理。大力推进绿色金融信贷，实行企业环境信用评价，为环境信用好的企业提供绿色金融支持。

四是绿色发展评价考核制度不断健全。制定生态文明建设目标评价考核办法、生态文明建设考核目标体系、绿色发展指标体系，开展生态文明建设年度评价。加强节能减排降碳目标责任评价考核，不断强化考核结果应用。出台组织工作服务生态文明建设的实施意见、在干部选拔任用工作中进一步体现和落实环境保护和安全生产相关要求的暂行规定，提升各级领导班子和党员干部推进生态文明建设的政治担当和能力水平。实施水土保持目标责任制考核。健全环境保护督察机制，完善督察、交办、巡察、约谈、专项督察机制，开展重点区域、重点领域、重点行业专项督察。

### （二）强化主体功能定位，永续发展的空间体系加快形成

一是主体功能区规划基本形成。加快形成绿色发展方式，落实高质量发展要求。严格执行《四川省重点生态功能区产业准入负面清单》，有效解决了重点生态功能区“有所为有所不为”的问题。全面划定生态保护红线，全省生态保护红线总面积达到 14.80 万 $km^2$，占全省土地面积的 30.45%，形成了符合四川实际的生态空间保护格局。

二是国土空间开发格局不断优化。大力实施“一干多支、五区协同”发展战略，推动成都平原、川南、川东北、攀西经济区和川西北生态示范区协同发展，塑造高效协调可持续的国土空间开发格局。加快完善国土空间规划体系，推进编制《四川省国土空间规划》，调整完善《四川省土地利用总体规划（2006—2020 年）》，编制实施矿产资源总体规划、国土资源“十三五”规划、土地综合整治规划等。印发“三线一单”，建立生态环境分区管控体系，划定综合环境管控单元 951 个。全面划定永久基本农田红线，全省实际划定 520.34 万 $hm^2$，超过国家确定的保护目标任务。

三是绿色城镇化建设持续推进。印发《四川省公园城市建设指导意见》，深入推进公园城市建设试点。将园林城市创建提质升级为生态园林城市系列创建，形成统筹城乡

的生态园林城市、县城、镇、村四级体系。积极推进海绵城市建设，出台《关于推进海绵城市建设的实施意见》，突出抓好国家及省级海绵城市建设试点。加快市政管线、垃圾处理、停车场等市政设施“入地”进程，颁布实施《四川省城镇地下管线管理办法》。坚持“一镇一规”，按照生态宜居的绿色发展理念，利用四川省独特的山、水、林生态优势，创建山水相依、自然和谐的绿色小城镇。加快城镇环境基础设施建设，除三州民族地区外实现县城污水垃圾处理设施全覆盖。

**（三）坚定推动转型发展，绿色低碳的现代产业不断壮大**

一是产业转型升级持续推动。推动产业转型升级和绿色发展。严格落实国家产业政策，坚决禁止以任何名义、任何方式备案钢铁、电解铝、水泥、平板玻璃等产能严重过剩行业的新增产能项目。严格淘汰落后和化解过剩产能，为先进产能腾出发展空间和环境容量。2019 年，四川省获批国家数字经济创新发展试验区，电子信息产业营业收入率先突破 1 万亿元，全省规模以上服务业企业营业收入增长 11.4%。

二是环保产业蓬勃壮大。将节能环保产业纳入“5+1”现代产业体系重点培育，在成都平原地区、川南地区、攀西地区、川东北地区、川西北地区等地形成一定规模的节能环保产业聚集区，拥有东方电气、华西能源、环能科技、东方锅炉等一批优秀节能环保装备企业。高效燃煤锅炉、工业余热回收锅炉和脱硫脱硝成套设备、尾气净化催化剂等产品发展势头良好，节能环保产业技术水平和竞争力不断提高。2019 年，节能环保、清洁能源产业主营业务收入分别突破 2 000 亿元、4 500 亿元。

三是“放管服”改革深化推进。以重大项目为抓手服务于高质量发展，坚持对四川省重大项目环评做好提前介入、超前服务、全程跟踪等工作，实行“保姆式”服务，确保大项目及时审批落地，让好项目少走弯路。全面优化“放管服”改革，调整下放项目环评审批权限，深入推进“互联网+政务服务”，推动行政许可事项全部实现网上申报办理。编制印发 7 个领域的行业法律服务手册，指导企业理解到位、执行到位。2019 年，四川省审批项目环评 9 759 个，其中市县审批项目环评比例达 99.43%，下放力度高于全国平均水平。

**（四）大力开展节能减排，绿色高效的循环经济蓬勃发展**

一是节能减排深入推进。深入实施清洁能源替代工程，因地制宜发展大数据等绿色高载能产业。推行生产者责任延伸制度，印发清洁生产审核实施办法和生活垃圾分类制度实施方案，四川省再生资源回收利用体系基本建立，资源利用水平不断提升。实施推进生活方式转变综合行动，积极开展节约型机关及公共机构示范单位创建活动，在全社会营造崇尚勤俭、节约资源的良好风尚。2019 年，四川省单位 GDP 能耗下降 2.8%；天然气和一次电力及其他能源等清洁能源消费增速高于煤炭消费增速，煤炭能源消费占比已下降至 32.1%；煤炭、电力行业每百元营业收入中的成本呈下降态势，营业收入利润率呈上升趋势。

二是绿色低碳循环经济不断发展。实施省级园区循环化改造三年行动计划，推动资源循环利用循环经济教育示范基地、“城市矿产”示范基地建设。在成都平原、川南、川东北地区开展秸秆全域综合利用试点示范，促进秸秆综合利用产业化发展。推进废金属、餐厨废弃物、废塑料、城市污泥等废弃物分类利用和集中处置，提升城市废弃物资源化利用水平。凝练推广符合四川省发展实际的园区循环化改造模式，建设循环化改造示范园区。

### （五）打好污染防治攻坚战，宜人宜居的环境质量持续改善

一是水环境质量实现持续改善。牢固树立“上游意识”，担起“上游责任”，扎实抓好中央生态环保督察反馈的“水环境形势依然严峻”问题整改。全面落实河（湖）长制，省委书记、省长任“双河长”，8.1 万余人担任省、市、县、乡、村河长，实现各类水域无缝衔接、网格化管理。制定全省城镇污水和城乡垃圾处理设施建设三年推进方案、农村生活污水治理五年实施方案。编制十大主要河流污染防治规划，持续加强沱江、岷江流域水污染防治，启动 23 条重点污染小流域整治。2019 年，四川省累计改造农村厕所 118 万户、建成海绵城市项目 959 个、地下综合管廊 166 km，首次全面消除国考、省考劣Ⅴ类水质断面，创“十三五”时期以来最好水平。

二是大气环境质量实现持续改善。印发蓝天保卫行动方案、挥发性有机物污染治理实施方案、成都平原及川南地区臭氧污染防控方案等，实施“减排、压煤、治车、抑尘、控秸”五大工程。深化工业污染治理，建立完善工业污染源清单。严格控制新建、扩建重大耗煤项目，开展燃煤锅炉综合整治。加强新车环境监管和在用车监督检测，开展非道路移动机械污染整治和柴油货车污染整治。2019 年，四川省空气优良天数比例为 89.1%，同比上升 0.7 个百分点；细颗粒物（$PM_{2.5}$）平均质量浓度为 38.6 μg/m$^3$，较考核基准年 2015 年下降了 21.9%。

三是土壤环境总体稳定。出台土壤污染防治行动计划四川省工作方案、土壤污染治理与修复规划，设立土壤污染防治项目库，推进重金属污染防控区整治，开展长江经济带固体废物大排查，实施工业园区水气土协同预警。加强农用地和建设用地土壤环境管理，对农用地土壤污染状况进行详查，开展打击固体废物环境违法行为专项行动。2019 年，四川省危险废物利用处置能力达 241 万 t/a，同比增长 144%。

从四川省的实践来看，环境保护和经济发展是并行不悖的，2019 年“该升的升、该降的降”。四川省生态环境质量实现了持续改善，总体空气优良天数比例同比增加 0.7 个百分点，87 个国考断面地表水水质优良率达 97.7%；四川省资源利用水平不断提升，单位 GDP 能耗和水耗分别为 0.36 t 标准煤/万元和 54.92 m$^3$/万元，同比下降 2.7%和 9.1%；四川省经济保持了高质量发展，地区生产总值达 46 616 亿元、增长 7.5%，比全国平均水平高 1.4 个百分点；人均 GDP 为 5.57 万元/人，同比上升 13.9%；三次产业结构由 2018 年

的 10.3∶37.4∶52.3 调整为 10.3∶37.3∶52.4，第三产业占比持续增加。

## 三、关于四川“双高”协同推进路径的思考

虽然四川省在“双高”协同推进上取得了一定成效，但仍然存在一些问题，主要是少数干部绿色发展理念树得不牢、有的地方生态环境保护责任落实不到位，产业结构、产业布局不合理，区域性流域性污染问题突出，治理能力保障支撑不强，环保基础设施建设滞后等。如何解决这些问题，更好地协同推进“双高”，我们需要继续强化“五项举措”、认真践行“三个坚持”、抓好“四项保障”。

### （一）做到“三个坚持”，找准助推高质量发展的方向

一是坚持以习近平生态文明思想为指导，处理好环境保护和经济发展的关系。四川省生态地位独特、综合优势明显、发展潜力巨大，但底子薄、不平衡、欠发达的基本省情没有根本改变，发展不足仍然是最突出的问题。习近平生态文明思想是四川省做好生态环境高水平保护的根本遵循和工作指南，必须坚持把绿水青山就是金山银山理念作为推进四川发展的重大原则，坚持发展第一要务不动摇，坚定不移走以生态优先、绿色发展为导向的高质量发展新路子，坚持在发展中保护、在保护中发展，推动发展与保护相互促进、协同共生。

二是坚持探索生态产品价值实现路径，推动绿水青山转化为金山银山。结合四川省实际，就是要通过改革创新，积极探索推广绿水青山转化为金山银山的路径，探索政府主导、企业和社会各界参与、市场化运作、可持续的生态产品价值实现路径，让土地、劳动力、资产、自然风光等要素活起来，让资源变资产、资金变股金、农民变股民，把绿水青山蕴含的生态产品价值转化为金山银山。

三是坚持实行最严格的制度、最严密的法治，为协同推进“双高”提供可靠保障。当前，党中央、国务院和省委、省政府出台一系列改革举措和相关制度，生态文明制度的“四梁八柱”基本形成。制度的生命力在于执行，关键在真抓，靠的是严管。因此，对破坏生态环境的行为不能手软，不能下不为例，不能做选择、搞变通、打折扣，必须保证党中央关于生态文明建设的决策部署落地生根见效。下一步，还必须加强制度创新，使之成为刚性的约束和不可触碰的“高压线”，才能推动实现经济发展和生态环境保护真正的协同统一。

### （二）抓好“四项保障”，确保助推高质量发展落实落地

一是抓好法治保障。加快修订《四川省饮用水水源保护管理条例》《四川省〈中华人民共和国环境影响评价法〉实施办法》，加紧制定出台《老鹰水库饮用水源保护条例》等生态保护法规，为有效解决空间管控、资源开发利用与保护、污染防治、生态保护、

产业布局等重大问题提供法治保障。严格执行《四川省沱江流域水环境保护条例》《四川省岷江、沱江流域水污染物排放标准》等规定，提升区域、流域生态环境系统治理效果。

二是抓好经济保障。拓宽融资渠道，鼓励、引导和吸引政府与社会资本合作（PPP）项目参与长江上游生态保护修复，鼓励符合条件的金融机构开办抵押贷款业务，强化信贷支撑。鼓励实施环境污染第三方治理、政府购买服务等新型保护模式，大力探索建立生态补偿基金制度。完善资源环境价格收费政策，逐步完善污水垃圾处理收费制度，探索建立基于单位产值能耗、污染物排放的差别化电价政策，完善高耗水行业用水价格机制。

三是抓好技术保障。加快开展生态保护修复技术研发，系统推进区域污染源头控制、过程削减、末端治理等创新，尽快形成一批可复制、可推广的治理技术。整合各方科技资源，创新科技服务模式，深入推进污染防治攻坚重点县一对一结对攻坚和长江上游生态屏障建设驻点跟踪研究，督促、指导、帮扶地方打好污染防治攻坚战。发展节能环保技术、装备、服务等产业，构建市场导向绿色技术创新体系。加强生态环保领域科技团队建设，引进高层次人才。

四是抓好公众保障。加大生态文明建设和生态环境保护宣传，合理运用各种媒体平台，扩展公众了解和参与环境管理决策的途径和方式，培育提高全民生态环保意识。发挥各级人大代表、政协委员、社会组织以及公民等在推进生态环境高水平保护和经济高质量发展中的基础力量，凝聚共同打好污染防治攻坚战的强大合力。

# 成渝地区双城经济圈建设战略下的生态环境保护主要策略研究

**摘　要：**推动成渝地区双城经济圈建设，是党中央着眼“两个大局”、打造带动全国高质量发展重要增长极的战略决策，是深化川渝合作、促进区域优势互补、协同共兴的战略举措，是加快建设经济强省、推动治蜀兴川再上新台阶的战略引领，是四川省在“两个一百年”奋斗目标历史交会期迎来的重大发展机遇。为全面深入贯彻落实习近平总书记重要讲话精神，中共四川省委、各市（州）委结合省情、市情实际进行了研究，先后出台了加快推动融入成渝地区双城经济圈的决定，制定了城市发展定位与目标。本文深入剖析了城市发展目标与生态环境保护主要策略的关系，并以美丽宜居公园城市/高品质宜居宜业地、康养旅游城市、重要制造基地、清洁能源/战略资源基地、绿色产品供给地、跨区域协作示范区、生态文明建设示范区七大类城市发展目标为切入点，解析其发展目标内涵，提出成渝地区双城经济圈建设战略引领下服务城市发展目标的生态环境保护主要策略，为促进区域生态环境高水平保护以及引领区域产业布局、经济社会高质量发展提供服务支撑。

**关键词：**成渝地区双城经济圈；城市发展；生态环境保护；策略

2020年1月，习近平总书记主持召开中央财经委员会第六次会议并作重要讲话，会议指出“推动成渝地区双城经济圈建设，有利于在西部形成高质量发展的重要增长极，打造内陆开放战略高地，对于推动高质量发展具有重要意义”。从国家层面看，推动成渝地区双城经济圈建设是党中央着眼“两个大局”、打造带动全国高质量发展重要增长极的战略决策。从成渝地区看，推动成渝地区双城经济圈建设是深化川渝合作、促进区域优势互补、协同共兴的战略举措。从四川省发展看，推动成渝地区双城经济圈建设是加快建设经济强省、推动治蜀兴川再上新台阶的战略引领，是四川省在“两个一百年”奋斗目标历史交会期迎来的重大发展机遇。

为全面深入贯彻落实习近平总书记重要讲话精神，中共四川省委十一届七次全体会议结合省情实际进行了研究，强调做强成都极核和主干功能、培育壮大区域中心城市、强化重要节点城市功能协作、推动川渝毗邻地区联动发展，进一步明确了成都平原、川东北、川南、攀西、川西北五大经济区城市群的战略发展定位。随后，各市（州）为深入学习贯彻习近平总书记在中央财经委员会第六次会议上的重要讲话精神和党中央决策部署，深入贯彻落实省委十一届七次全体会议精神，分别结合区域发展实际，实事求是、因地制宜地出台了各地融入成渝地区双城经济圈建设的决定，提出了建设美丽宜居公园城市、高品质宜居宜业地、重要制造基地、阳光康养旅游城市、重要交通枢纽、生态文明建设示范区、清洁能源基地、绿色产品供给地、跨区域协作示范区等城市发展目标。

“十四五”是我国建设美丽中国的第一个五年，生态文明建设将为全面开启社会主义现代化建设新征程奠定坚实基础。加强成渝地区生态环境保护，筑牢长江上游生态屏障，对于深入推进“一带一路”建设、长江经济带发展、新时代西部大开发，形成新格局具有重大深远意义。一体化推进生态环境高水平保护与经济社会高质量发展，是认真贯彻习近平生态文明思想，深刻践行新发展理念的生动实践，构建双循环新发展格局的有力抓手，也是将绿水青山就是金山银山理念融入成渝地区双城经济圈发展建设的现实需求，更是成渝地区双城经济圈高质量发展、生态共建和环境共保的应有之义。

## 一、城市发展目标与生态环境保护主要策略的关系

城市作为区域发展的重要空间载体，是区域经济社会高质量发展的核心，基于城市发展目标需求，研究确定生态环境保护主要策略是实现城市高质量、可持续发展的重要保障，是实现经济发展与环境保护的有机融合、互促共进的重要手段。

### （一）城市发展目标引导生态环境保护主要策略的研究制定

城市发展目标，是城市根据社会经济、自然资源、竞争环境等因素及其动态变化，通过充分发挥自身比较优势，提出的中长期战略目标，可以是一个发展定位，也可以有多个发展定位。城市发展目标是制定城市发展战略的核心，也是城市进行产业和空间布局的主线，决定城市未来一段时期的国民经济和社会发展水平，具有战略性、宏观性、综合性。城市发展目标的确立，势必引导该城市生态环境保护主要策略与之相匹配。只有契合城市发展目标的生态环境保护策略，才能有效实现生态环境的精准保护，避免贪大求全、矫枉过正。

### （二）生态环境保护主要策略的实施将有力推动城市发展目标的实现

生态环境保护主要策略是指导生态环境保护工作的行动纲领，涉及空间管控、绿色发展、生态保护修复、污染防治重点领域、重大工程和资金投向等多个方面，其侧重点与城市发展目标息息相关，直接影响城市的发展质量和人民群众的获得感、幸福感、满足感。坚持把生态环境保护策略作为实现城市发展目标的重要策略性支撑，把做好生态环境保护工作作为城市规划、建设、发展的重要组成，在生态环境持续改善“约束”下谋发展、求创新，才能做到以生态环境高水平保护推动经济社会高质量发展，为经济高质量发展“保驾护航”，不断夯实城市高质量发展基础。

## 二、七类城市发展目标下生态环境保护主要策略建议

### （一）美丽宜居公园城市、高品质宜居宜业地

城市发展目标内涵：“公园城市”作为高品质宜居宜业地建设的高级形态，是将城乡绿地系统和公园体系、公园化的城乡生态格局和风貌作为城乡发展建设的基础性、前置性配置要素，把“市民—公园—城市”三者关系的优化和谐作为创造美好生活的重要内容，“人、城、境、业”高度和谐统一的现代化城市。以公园城市作为发展战略目标的城市，在下阶段城市发展中将着力于优化城乡绿地系统和公园体系布局、改善公共服务产品服务品质、提升城市品位和竞争力等，以满足市民群众对美好生活的需要，推动城市发展转型。例如，在成渝双城经济圈总体战略引领下，成都结合自身优势，将“美丽宜居公园城市”作为城市发展目标，提出了建设生产生活生态空间相宜、自然经济社会人文相融的新时代可持续发展城市建设新模式，着力打造“园中建城、城中有园、城园相融、人城和谐”的公园城市美丽格局。

主要生态环境保护策略：将公园城市、高品质宜居宜业地作为发展目标的城市，在其生态环境保护策略制定过程中应重点关注以下几个方面：①优化生态生产生活空间管控。建立合理的生态生产生活环境分区管控体系，合理统筹生产、生活、生态三大空间布局，实现生产空间集约高效、生活空间宜居适度、生态空间山清水秀；加强对城市现有山体、水系等自然生态要素的保护与利用，打造蓝绿交织清新明亮的空间格局；加快实施城市公园、绿道、城市水景等绿色基础设施建设工程，稳步提升城市绿化率，逐步实现从“城中建园”向“园中营城”转变。②强化城乡环境质量改善。根据资源环境承载力合理确定城市发展规模，支持中小城市逐步疏解大城市中心城区功能，缓解中心城区生态环境压力；对标国际国内先进标准，进一步加强空气及水生态环境治理，加快对城区内污染企业实施转移，强化移动源、面源的精细化管控；按照因地制宜、适度超前的原则，统筹推进污水处理管网和设施的建设，补足城镇污水收集和处理设施短板，提升生态环境治理现代化水平。③构建生态价值转化实现机制。着眼“生态+”与“+生态”两个维度，构建发展活力足、竞争能力强、特色鲜明的生态产业体系，以良好的生态环境拉动经济高质量发展；着力于提高城市生态环境水平以及生态服务功能，吸引产业、商业、住宅、饮食等项目落户，实现“价值共创”；探索开展生态产品价值核算，完善自然资源价格形成机制，建立政府主导、企业和社会各界参与、可持续的城乡生态产品价值实现机制。

### （二）康养旅游城市

城市发展目标内涵：康养旅游城市，是以适宜的气候、丰富的物产、独特的生态资

源为依托，以运动、健身、休闲、度假、养生、养老功能为核心，以优美的城市环境和配套的高品质服务设施为保障的创新型、生态型、健康型旅游城市。以康养旅游作为发展战略目标的城市，在下阶段城市发展中将着力提高自身综合吸引力，在加强康养旅游设施等建设上做文章，通过形象升级、交通升级、环保升级、服务升级，完善和提升康养旅游的城市环境氛围。比如，在成渝地区双城经济圈建设总体战略引领下，攀枝花依托适宜的光热资源、丰富的花果蔬菜资源、峻美的大山大水资源、独特的温泉资源和珍贵的生物资源五大特色资源，提出了“成渝地区阳光康养度假旅游后花园”发展定位，并将康养旅游产业“5115”工程，“一核一带三谷”康养产业生态作为下阶段规划发展的重点。

主要生态环境保护策略：将康养旅游城市作为发展目标的城市，在其生态环境保护策略制定过程中应重点关注以下几个方面：①进一步提升生态环境质量。强化优良水体保护，通过实施水源涵养、生态湿地建设、河岸带水生态保护修复等综合措施，进一步提升水生态环境功能；加强区域“散乱污”企业整治，加大空间管控力度，通过“关停取缔一批、整合搬迁一批、升级改造一批”等措施，为改善区域生态环境质量夯实基础；强化环境质量考核范围，因地制宜将森林覆盖率、负氧离子、水生生态指数等纳入地区生态环境质量考核目标。②提高区域生态环境承载力。加强环境基础设施建设，补齐短板，有效解决康养旅游发展带来的废水、垃圾等环境问题；强化生态保护修复，整合区域现有自然保护区、风景名胜区、森林公园等各类自然保护地，整体提升区域生态系统连通性和完整性，增强生态系统服务功能。③打造“生态+”康养旅游产业。结合森林、草原、熊猫、阳光等特色优势，促进生态资源与旅游、文化、康养等产业融合，创新新兴生态旅游产品；深入实施乡村振兴工程，推进生态旅游沿线及周边环境基础设施建设与环境整治，引导乡村生态旅游规范发展；积极推进中药材、康养食品、生态保护修复等康养外延产业的绿色发展，提高生态保护水平，提高污染治理及资源循环利用水平。

### （三）重要制造基地

城市发展目标内涵：重要制造基地是集聚了某类或某几类生产能力、技术创新能力较强的制造业企业，其产品在国内、国际市场具有相当竞争力并占有较高市场份额。将重要制造基地作为发展战略目标的城市，在下阶段的规划发展中，要在提高制造业创新能力、推进信息化与工业化深度融合、强化工业基础能力、加强质量品牌建设、规范化建设工业园区等方面狠下功夫，促进产业基础高级化、产业链水平现代化、价值链高端化。例如，在成渝地区双城经济圈建设总体战略引领下，德阳依托雄厚工业基础以及二重、东汽等一批世界知名制造业龙头企业，提出了“世界级重大装备制造基地”的发展定位，与成都共同打造万亿元级装备制造产业集群。而自贡得益于老工业基地的历史底蕴，提出了“承接东部地区产业转移创新发展示范区”的发展定位，聚焦发展装备制造、先进材料、食品饮料三大支柱产业，重点培育装备制造业和先进材料两个 1 000 亿元级产业集群，以及电子信息、能源化工、新型建材、灯饰照明等多个100亿元级产业。

主要生态环境保护策略：将重要制造基地作为发展定位的城市，在其生态环境保护策略制定过程中应重点关注以下几个方面：①严格环境准入门槛。遵循区域环境资源承载力要求，强化东部以及成渝地区转移产业的环境准入管理，从产品种类、工艺水平、污染物排放绩效等方面提出环境准入要求；强化绿色生产。②加快淘汰落后产能。建立重污染产能退出和过剩产能化解机制，针对过剩、淘汰落后产业，开展差别化环境管理，对其能耗、水耗、物耗、污染物排放等指标提出最严格的管控要求；开展传统产业升级改造，将智能化、绿色化、资源化融入传统行业设计、生产、制造过程中，实现传统行业源头控制与治理；大力发展低碳环保产业，重点引入以“低碳”为特征的节能环保、新能源、生物、新材料、文化创意等新兴产业和新业态，强化环评“放管服”服务。③推进绿色产业园区规范化建设。推进传统产业集群和工业园区整合提升，鼓励探索“绿岛”等环境治理模式，建设园区共享的环保公共基础设施或集中工艺设施，显著提高产业集约化、绿色化发展水平；持续推进园区循环化改造，围绕园区产业特点，实现企业内部与企业之间、园区内部与园区之间的循环链接。④强化环境风险管控。健全区域、流域、园区、企业四级风险防控机制，建立重点环境风险企业清单，开展区域环境风险及应急方案评估工作；强化应急体系建设，从应急监测预警能力、应急联动能力、应急储备能力、应急处置能力等方面着力提升区域应急能力。

### （四）清洁能源、战略资源基地

城市发展目标内涵：清洁能源、战略资源基地是利用自身得天独厚的资源优势，以开发利用风能、太阳能、水电等清洁能源以及矿产、煤炭、石油等资源为主的区域。以清洁能源、战略资源基地作为发展战略目标的城市，在下阶段的规划发展中，一方面要加大清洁能源、战略资源制造能力，同时构建快捷、便利的外输通道，另一方面着力于提升高新技术研发能力和品牌价值，加强与成渝地区及区域外先进制造业的合作与协作。例如，在成渝地区双城经济圈建设总体战略引领下，攀西经济区的攀枝花、凉山依托于得天独厚的水、风、光资源以及占全国95%的钒钛磁铁矿藏，提出了“国家级战略资源创新开发试验区”“清洁能源基地”等发展定位，攀枝花更是提出了“打造世界级钒钛产业基地，推动钒钛钢铁等产业向中高端迈进”的发展目标。

主要生态环境保护策略：将清洁能源、战略资源基地作为发展目标的城市，在其生态环境保护策略制定过程中应重点关注以下几个方面：①探索城市高质量发展的新模式，避免陷入资源枯竭型城市陷阱。优化产业结构，加快产品多元化步伐，延长产业链，提高产品附加值；强化资源开采、利用工艺的绿色化改造，对传统钢铁、焦化、钛白粉等行业加快数字化、智能化、绿色化转型，着力降低单位产品物耗、能耗、水耗；强化资源综合利用，拓展固体废物的综合利用途径，提高综合利用率，推进城市矿产、资源循环利用基地、园区循环化改造等试点示范建设。②加强能源/资源开发过程中的生态环境保护。结合国土空间规划、能源规划、生态红线、地质安全、人居分布等，对区域清洁能源开发设施的选址提出合理性要求，加强各类清洁能源开发过程中的生态环境保护；涉及页岩气开发的还应关注压裂返排液、废泥浆等的处理处置，并对配套的处理设施提出具体要求。③加强资源运（传）输过程的环境保护。结合区域港口、铁路建设情况，推进运输方式绿色转型，促进大宗货物运输“公转铁、公转水、公转轨道”；结合区域城镇规划、已有管线及道路布局情况、珍稀动植物分布情况等，从生态环境角度，对电力、天然气、页岩气输送设施选线提出要求。

### （五）绿色产品供给地

城市发展目标内涵：绿色产品供给地是依托良好自然生态系统以可持续的方式直接或间接满足人类生产、生活需求的物质产品和服务产品的地域。包括良好生态系统直接带来的农畜产品、清洁水源等优质物质供给，并配套观光、休闲等文化旅游服务。将绿色产品供给地作为发展战略定位的城市，在下阶段发展中将进一步提升第一产业产值，加强农畜产品供给能力及产品质量，突出品牌建设，并向第二、第三产业延伸。例如，广元、巴中地处南北气候过渡带，四季分明、气候宜人，为发展绿色生态农业提供了得天独厚的条件。为此，在成渝地区双城经济圈建设总体战略引领下，广元提出了“成渝地区绿色产品供给地”的发展定位，充分发挥生态资源禀赋优势，大力发展富硒茶、猕猴桃、中药材、核桃、蔬菜、油橄榄等无公害、绿色、有机生态特色农业；巴中提出了“川茶、川果、川药、川牛羊、川猪等产业重要战略基地”“秦巴山区特色农业产业园区”的发展战略，大力发展茶叶、核桃、道地药材、生态养殖等特色农业。

主要生态环境保护策略：将绿色产品供给地作为发展定位的城市，在其生态环境保护策略制定过程中应重点关注以下几个方面：①全方位构建绿色农业体系。加强种植污染管控，结合农业供给侧结构性改革和农业品牌推进，大力发展高效生态农业；加快农产品加工园区循环化改造，建立农业节水体系，加快实施农业节水工程；联合实施化肥、农药使用量负增长行动，推进生物肥料替代化肥；推行规模化畜禽养殖场（小区）标准化改造和建设，加强养殖污染综合防治，推进畜禽养殖粪污资源综合利用。②强化农用地土壤风险管控。将符合条件的优先保护类耕地划为永久基本农田，纳入粮食生产功能区和重要农产品生产保护区建设，实行严格保护，确保土壤环境质量不下降；对安全利用类耕地优先采取农艺调控、替代种植、轮作、间作等措施，阻断或减少污染物和其他有毒有害物质进入农作物可食部分，降低农产品超标风险；强化严格管控类耕地管理，依法依规采取措施，确保全部达到调整种植结构或退耕还林还草等要求，严禁种植食用农产品。③大力发展农业生态经济。严格乡村产业环境准入，强化乡村产业准入管理和底线约束，以资源安全、环境安全和生态安全为前提，因地制宜制定禁止和限制发展产业目录，建立乡村产业环境准入负面清单；加强绿色食品、有机农产品、地理标志农产品认证和管理，打造地方知名农产品品牌，增加绿色优质农产品供给，提升产品生态溢价。

### （六）跨区域协作示范区

城市发展目标内涵：跨区域协作示范区是指通过区域协作，实现区域内生产要素自由流动、资源合理分配，能够形成优势互补、互利共赢的合作发展局面的地域。以跨区域协作示范区作为发展战略的城市，在下阶段的规划发展中，将突破行政区划束缚，强化与周边区域合作，加强与周边城市间的资源、技术共享，构建空间协同发展格局。例如，在成渝地区双城经济圈建设总体战略引领下，四川省大部分城市都将“跨区域协作示范区”作为下阶段城市发展定位，成都、德阳、眉山、资阳提出的“成都都市圈”，达州等提出的“万达开川渝统筹发展示范区”，自贡、泸州、内江、宜宾与渝西城市共建“川南渝西融合发展试验区”，遂宁提出“川渝毗邻地区一体化发展先行区”，广安提出与渝北共建“川渝合作示范区”等。

主要生态环境保护策略：将跨区域协作示范区作为发展定位的城市，在其生态环境保护策略制定过程中应重点关注以下几个方面：①强化区域环境共治共建。优化城市之间的分工协作，加强毗邻城镇环境基础设施建设，合理疏解分担中心城区环境压力；依托区域及毗邻区域现有生态安全屏障，以“山水林田湖草是一个生命共同体”的理念，强化城市群内外生态联动，构建绿色生态网络，共同维护区域生态安全；结合毗邻区域污染治理短板以及污染治理设施服务半径，推进危险废物、固体废物、污水等污染治理设施共建共享，提高治污设施运行效率，减少重复建设。②强化区域大气联防联控和流域水污染齐防共治。以都市圈为单元制定空气质量达标时间表，强化工业源、移动源和生活源排放污染治理，加强氮氧化物、挥发性有机物等多污染物协同控制，推进大气污染联防联控；针对跨界河湖，按照“一河一策”原则，做到上下游联动、水岸联治，统筹防控流域水环境污染及水环境风险。③推动区域生态环境治理一体化机制建设。重点从执法、风险应急、负面清单制定、环境标准执行、会商协作等方面，提出跨区域一体化的工作机制；加快建立完善区域流域生态补偿和市场交易机制，按照“污染者付费、受益者补偿”的原则，以跨界断面水质和水量考核指标为依据，建立多元补偿主体、多种补偿方式的长效生态补偿机制；探索建立区域性水权、排污权交易市场，提高水资源市场化程度。

### （七）生态文明建设示范区

城市发展目标内涵：生态文明建设示范区是指依托区域良好的生态环境优势，以健全生态文明制度体系、优化国土空间开发格局、全面促进资源节约利用、加大自然生态系统和环境保护力度为重点，推进生态文明建设的区域。将生态文明建设示范区作为发展战略定位的城市，在下阶段规划发展中，将着力优化国土空间开发格局，加大自然生态系统和环境保护力度，健全生态文化体系，发展生态经济。例如，在成渝地区双城经济圈建设总体战略引领下，阿坝、甘孜依托自然生态环境优势，提出打造“国家生态文明建设示范区”战略发展定位，加大生态系统和环境保护力度，继续夯实优质的生态环境基础，筑牢长江、黄河上游生态安全屏障。其中，阿坝结合自身优势提出了全力打造“清洁能源、特色农牧、民族文化工艺、中藏羌医药、优质矿产资源”五大生态工业体系的发展思路。

主要生态环境保护策略：将生态文明建设示范区作为发展定位的城市，在其生态环境保护策略制定过程中应重点关注以下几个方面：①坚持生态优先、绿色发展理念。合理控制工业发展，强化生态环境保护，提升生态安全屏障功能；加快城乡发展“绿色转型”，把发展建立在资源能支撑、环境可容纳的基础上，率先实现生产、分配、流通、消费各环节绿色化、循环化、低碳化。②加强生态保护和修复。划定生态保护红线，强化对重点生态功能区和生态环境敏感区、生态脆弱区的有效保护；推进以国家公园为主体的自然保护地体系建设，强化生物多样性保护；强化森林、草原、湿地等重要生态系统的保护，提升其生态功能；加强生态保护监管，创新监管方式，强化山水林田湖草的统一监管。③提升生态文明建设能力和水平，加强生态文明制度建设。大力推进国家生态文明建设示范县和“绿水青山就是金山银山”实践创新基地创建，针对具有申报条件的市县，适当倾斜资金，对标要求逐一规划重点工作；推进生态文化建设，将生态文明内容纳入本地教育体系和干部培训机构教学计划，推进生态文明宣传教育示范基地建设；谋划建设生态产品价值转化综合试验区，探索开展生态产品价值核算，形成一批可复制、可推广、可应用的生态产品价值实现创新实践模式；完善生态文明体制机制建设。用制度推进建设、规范行为、落实目标，探索建立考评导向机制，完善下辖县（市）科学发展综合考核评价体系，建立以绿色 GDP 为导向的生态文明考核机制。

# 四川省工业污染脱钩分析与减排绩效研究

**摘　要：** 基于脱钩理论，选取工业增加值与单位工业增加值 $SO_2$、$NO_x$、烟（粉）尘排放量作为评价指标，通过构建脱钩系数和滞后一期脱钩系数相结合的综合脱钩指数，对四川省 21 个市（州）工业增长与大气污染物排放量之间的脱钩状态，定量分析了各市（州）在工业废气减排绩效方面存在的问题，最后提出针对性的减排建议。研究结果显示：内江市仍处于相对脱钩状态，工业废气减排绩效较低；凉山州为衰退脱钩，工业废气减排绩效低，存在工业衰退风险；其余市（州）为强脱钩，阿坝州、攀枝花市、凉山州、内江市等需大幅降低单位工业增加值大气污染排放量，并加强协同减排。

**关键词：** 脱钩理论；滞后一期脱钩指数；单位工业增加值；减排绩效

“十二五”至“十三五”期间，四川省地区生产总值（GDP）不断攀升，经济增长速度始终处于全国前列。2018 年，四川省 GDP 达到 42 902.10 亿元，比 2012 年的 23 872.8 亿元增加了近一倍，全国排名第六。经济快速增长带来的环境污染问题越发凸显，“十二五”期间工业污染问题尤为突出。随着国家近年来一系列的生态环保政策出台，环保措施不断加严，环境污染问题得到缓解，尤其是“十三五”期间工业污染治理成效显著。2018 年，四川省单位工业增加值 $SO_2$ 排放量比 2012 年降低 85.3%，$NO_x$ 排放量降低 75.1%，烟（粉）尘排放量降低 66.1%；与此同时，2018 年，全省 $PM_{2.5}$ 年平均浓度较 2015 年下降 20%，$SO_2$ 下降 30%，$NO_2$ 上升 1.8%，工业污染减排中 $SO_2$ 和烟（粉）尘减排取得的成效明显。四川省经济快速增长，同时环境质量改善明显，经济发展与环境质量之间实现了良性互动。

关于经济增长与环境关系的研究较多，最早国内学者使用环境库兹涅茨曲线（EKC）理论对各地经济与环境关系进行研究，探讨两者之间是否呈“U”形关联[1-3]，有研究显示经济—环境间并非呈倒“U”形，而是出现“N”形、“U”形等多种类型[4]；有学者运用 EKC 理论研究各省（市）“拐点期”[5]；也有学者对环境库兹涅茨曲线理论存在质疑[6]。另外，EKC 理论仅能识别经济增长与环境污染排放之间的关系，难以定量识别环境与经济矛盾所处的具体阶段。“脱钩理论”于 2001 年由经济合作与发展组织（OECD）首次提出，经济增长与污染排放之间是否同步变化被描述为“脱钩”[7]。为了消除基期选择上的误差，Tapio[8,9]构建了弹性脱钩系数。国内学者把“脱钩理论”广泛应用于工业污染物排放[10]、碳排放[11-12]、资源消耗[13]与经济发展的关系等领域研究；盖美等[14]构建了综合脱钩指数，用资源脱钩指数和环境脱钩指数的算术平均进行表征；还有学者将“脱钩理论”与 EKC 曲线进行结合[15,16]，运用两种方法之间的耦合判定经济增长与环境质量所处的阶段。

目前，绝大多数脱钩指数选择 GDP 或人均 GDP 经济指标，选择工业“三废”环境污染指标，评价方法多采用经济指标和单污染要素进行简单耦合。然而 GDP 或人均 GDP 关联的环境污染因素众多，如城镇生活污染源、农业面源等，并不能简单与工业“三废”直接进行连线，单污染要素也不能反映当前多数环境污染治理措施起到的协同治理效果。另外，传统“脱钩理论”仅凭本期值与上期值差值的正负来判断是否脱钩，并不能准确反映当污染水平处于低位值时，相邻两期正常波动的情况；同时，缺乏实际减排绩效进行验证。

综上可知，为分析四川省经济发展与环境质量之间的关系，本文做以下几个方面的研究：①选取工业增加值和工业 $SO_2$、$NO_x$、烟（粉）尘排放量，构建脱钩系数和滞后一期脱钩系数相结合的综合脱钩指数，分析 2012—2018 年，四川省 21 个市（州）污染排放与工业发展之间的脱钩状态；②实证研究四川省 21 个市（州）单位工业增加值污染减排绩效，分析工业废气排放脱钩状态与减排绩效的结果是否吻合；③针对各市（州）污染减排绩效情况，提出针对性减排方向，为四川省“十四五”期间地方环保工作提供决策支持。

## 一、四川省污染减排与工业发展现状分析

### （一）指标选取及数据来源

本文经济指标选取 2012—2018 年工业增加值，为消除价格变动影响，以 2011 年为不变价，将 21 个市（州）工业增加值均换算成 2011 年不变价。环境污染指标选取工业二氧化硫（$SO_2$）排放量、工业氮氧化物（$NO_x$）排放量、工业烟（粉）尘（SW）排放量。经济数据来源于 2012—2018 年四川省及 21 个市（州）国民经济和社会发展统计公报，环境污染指标数据来源于《四川省环境统计年鉴》。

### （二）各市（州）工业发展状况

四川省工业发展总体健康平稳，三州地区波动幅度较大，发展水平参差不齐。2018 年四川省工业增加值为 12 190.50 亿元，同比增长 8.1%，比 2012 年增长 27.6%；2018 年，四川省 21 个市（州）GDP 总量达到 42 902.10 亿元，第二产业增加值为 16 056.94 亿元，比重为 37.4%；21 个市（州）中，甘孜工业增加值增幅达到 12.4%，阿坝在正增长市（州）中最低，为 0.7%，凉山为负增长，为−4.3%，其余各市（州）工业增加值均为增长状态，为 7.0%～10.0%（图 1）。

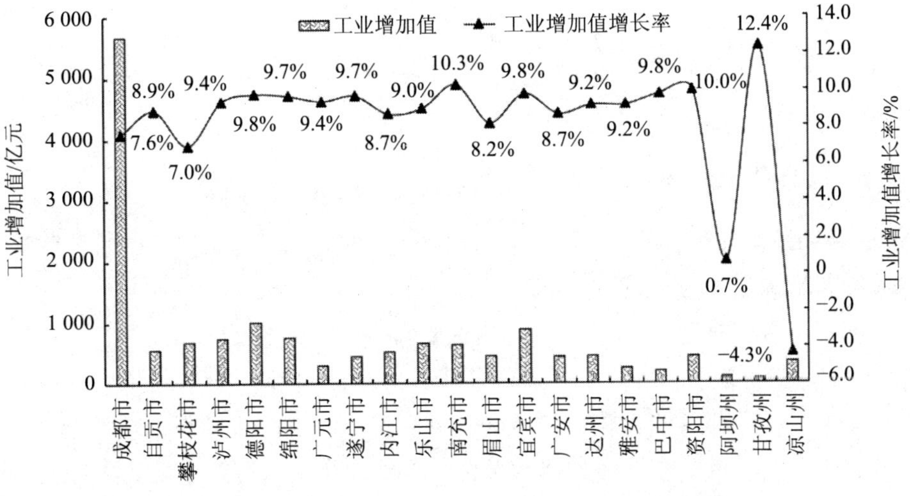


**图 1 四川省 21 个市（州）2018 年工业增加值及增长率**

## （三）各市（州）污染减排状况

四川省工业减排成效显著，部分市（州）减排不理想。2012—2018 年，四川省工业 $SO_2$ 排放总量减少 60.17 万 t（基于环境统计数据，下同），除巴中和阿坝外，其余市（州）均减少；减排比例最高为自贡，减排达到 95.2%；减排最低为阿坝，较 2012 年增加 83.6%。四川省工业 $NO_x$ 排放量减少 25.90 万 t，21 个市（州）均减少；减排比例最高为广安，减排 77.0%；最低为凉山 0.2%。四川省工业烟（粉）尘排放量减少 11.86 万 t，除绵阳和阿坝外，其余市（州）均减少；减排比例最高为南充 89.0%，最低为阿坝，较 2012 年增加 152.8%；另外，绵阳工业烟（粉）尘较 2012 年增加 26.3%（图 2）。

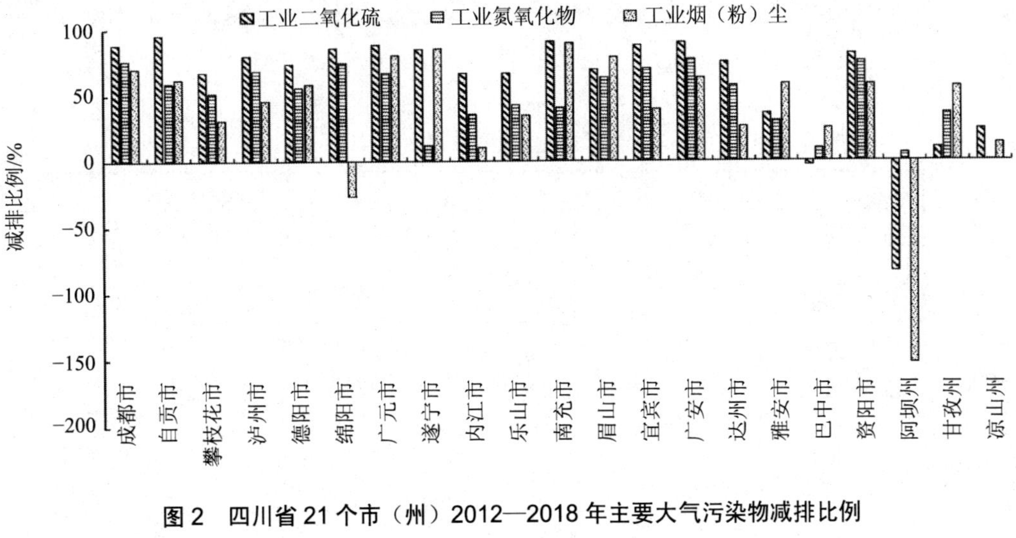


**图 2 四川省 21 个市（州）2012—2018 年主要大气污染物减排比例**

## 二、理论分析与研究方法

### （一）“脱钩理论”和模型

Tapio 脱钩模型是目前研究经济与环境脱钩关系的主流方法之一，国内多数学者研究的脱钩系数函数表达式为

$$e = \frac{\Delta E}{\Delta F} \tag{1}$$

式中：$e$ 为脱钩系数；$\Delta E$ 为污染排放量变化率；$\Delta F$ 为 GDP 或人均 GDP 变化率。

本文选取直接关联的工业增加值和单位工业增加值大气污染排放量作为研究指标，具体的函数表达式如下：

$$DF_i = \frac{\Delta P_i}{\Delta W} = \frac{P_{it} - P_{i(t-1)}}{P_{i(t-1)}} \Bigg/ \frac{W_t - W_{t-1}}{W_{t-1}} \tag{2}$$

$$P_{it} = \frac{Y_{it}}{W_t} \tag{3}$$

式中：$DF_i$ 为指标 $i$ 的弹性脱钩系数；$\Delta P_i$ 为单位工业增加值指标 $i$ 排放量的变化率；$P_{it}$、$P_{i(t-1)}$ 分别为指标 $i$ 在第 $t$ 年（本期）和第（$t-1$）年（上期）的单位工业增加值污染排放量；$\Delta W$ 为工业增加值变化率；$W_t$、$W_{t-1}$ 分别为第 $t$ 年和第（$t-1$）年的工业增加值；$Y_{it}$ 为指标 $i$ 在第 $t$ 年的污染排放量；$i$ 为环境污染指标［工业二氧化硫排放量、工业氮氧化物排放量或工业烟（粉）尘排放量］；$t$ 为年份（取值为 2013，2014，…，2018）。

当前，国内研究主要考虑当 $\Delta P_i>0$ 或 $\Delta P_i<0$，$\Delta W>0$ 或 $\Delta W<0$ 的情况下，$e>0$ 或 $e<0$ 来判断经济增长与环境污染之间是否脱钩，同时将脱钩程度划分多个区间[15,17]。综合国际研究成果，以 0.8、1.2 作为脱钩程度的区间划分标准，具体见表 1。

表 1　脱钩弹性系数判断标准

| 状态 | 脱钩程度 | $\Delta P_i$ | $\Delta W$ | $DF_i$ | 经济意义 |
|---|---|---|---|---|---|
| 脱钩 | 强脱钩 | <0 | >0 | <0 | 经济增长，污染排放下降 |
| | 弱脱钩 | >0 | >0 | （0，0.8） | 经济快速增长，污染排放缓慢增加 |
| | 衰退脱钩 | <0 | <0 | >1.2 | 经济缓慢衰退，污染排放快速下降 |
| 负脱钩 | 扩张负脱钩 | >0 | >0 | >1.2 | 经济缓慢增长，污染排放快速增加 |
| | 强负脱钩 | >0 | <0 | <0 | 经济衰退，污染排放增加 |
| | 弱负脱钩 | <0 | <0 | （0，0.8） | 经济快速衰退，污染排放缓慢下降 |
| 联结 | 增长联结 | >0 | >0 | （0.8，1.2） | 经济快速增长，污染排放快速增加 |
| | 衰退联结 | <0 | <0 | （0.8，1.2） | 经济快速衰退，污染排放快速下降 |

注：根据参考文献[8]、[15]、[17]整理。扩张负脱钩—增长联结—弱脱钩的过程称为传统脱钩系数的相对脱钩状态。

## （二）综合脱钩指数

当某市（州）单位工业增加值污染排放量 $P_{it}$ 持续下降至低位值时，$P_{it}$ 值可能出现小幅度反弹，出现 $\Delta P_i>0$ 的情况，根据 Tapio 脱钩弹性系数判断标准，此时为弱脱钩、扩张负脱钩、强负脱钩或增长连结。而根据实际经验，我们认为 $P_{it}$ 从高位值下降至低位值时，只要 $\Delta P_i$ 不出现较大升幅时，仍认为其为强脱钩；为了避免出现误判的情况，本文引入滞后一期脱钩系数。

$$DF_i' - \frac{\Delta P_i'}{\Delta W'} - \frac{P_{it}-P_{i(t-2)}}{P_{i(t-2)}} \bigg/ \frac{W_t - W_{t-2}}{W_{t-2}} \tag{4}$$

式中：$DF_i'$ 为指标 $i$ 的滞后一期脱钩系数；$\Delta P_i'$、$\Delta W'$分别为第 $t$ 年（本期）和第（$t$–2）年（上上期）指标 $i$ 的排放量变化率和工业增加值变化率。$t$ 的取值从 2014 年开始。

当 $\Delta P_i>0$ 时，再结合 $\Delta P_i'$ 的情况，综合判断脱钩情况（表 2）。

**表 2　滞后一期脱钩系数判断标准**

| 脱钩程度 | $\Delta P_i$ | $\Delta P_i'$ | $\Delta W'$ | $DF_i'$ | 发展类型 |
|---|---|---|---|---|---|
| 强脱钩 | ＞0 | ＜0 | ＞0 | ＜0 | 挖潜发展型 |
| 相对脱钩 | ＞0 | ＞0 | ＞0 | ＞0 | 集约扩张型 |
| 强负脱钩 | ＞0 | ＞0 | ＜0 | ＜0 | 粗放扩张型 |
| 衰退脱钩 | ＞0 | ＜0 | ＜0 | ＞0 | 发展迟滞型 |

注：相对脱钩表示 T'时期内，经济增长，同时污染排放伴随增加的状态。

综合脱钩指数相对于单指标系数能更全面反映工业大气污染物与经济增长之间的脱钩状态。本文构建综合脱钩指数：

$$CDI = \sum_{i}^{3}(\Delta DF_i \cup \Delta DF_i') \Big/ 3 \tag{5}$$

式中：$CDI$ 为 3 个环境污染指标的综合脱钩指数，表示 $DF_i$ 或 $DF_i'$的算术平均值；$i$ 为环境污染指标；∪表示“或”的意思。

滞后一期脱钩系数区别于传统脱钩系数仅用本期与上期（一年内）的变化率比值表征，而是再向前推一期（两年内），综合判断小幅波动状态下的真实脱钩状态；综合脱钩指数是将评价的 3 种环境污染指标脱钩系数取算术平均值，综合评价废气污染物的减排成效。

## 三、评价结果分析

### （一）各市（州）工业增加值与污染排放脱钩状态

根据式（2）～式（5）对数据进行处理计算，得到四川省 21 个市（州）环境污染与工业增加值的综合脱钩指数（表 3）。根据表 1 标准，T1～T6 时期（T1 为 2012—2013 年，依次类推），成都、泸州、遂宁、南充、眉山、宜宾、广安、资阳 8 市为强脱钩状态，在工业增加值逐年上升的情况下，单位工业增加值污染排放量逐年下降。

表 3 四川省 21 市（州）工业增加值与污染排放脱钩指数

| 地区 | T1 | T2 | T2′ | T3 | T3′ | T4 | T4′ | T5 | T5′ | T6 | T6′ |
|---|---|---|---|---|---|---|---|---|---|---|---|
| 成都市 | -2.429 | -0.348 | -1.341 | -4.016 | -1.653 | -6.571 | -4.139 | -4.142 | -4.025 | -3.156 | -3.013 |
| 自贡市 | -3.344 | 3.128 | -1.602 | -1.935 | 0.692 | -5.735 | -3.310 | -5.444 | -3.940 | -1.015 | -2.702 |
| 攀枝花市 | -0.996 | 1.372 | 0.061 | -3.834 | -1.396 | -3.699 | -3.147 | -1.753 | -2.566 | -3.035 | -2.115 |
| 泸州市 | -2.560 | -0.886 | -1.580 | -2.002 | -1.270 | -2.293 | -1.773 | -3.423 | -2.382 | -1.904 | -2.335 |
| 德阳市 | -2.764 | 1.996 | -0.792 | -1.223 | 0.371 | -4.212 | -2.454 | -4.806 | -3.390 | -0.617 | -2.473 |
| 绵阳市 | -1.948 | -1.338 | -1.472 | 1.125 | -0.011 | -5.213 | -2.131 | -3.611 | -3.345 | 0.613 | -1.618 |
| 广元市 | -1.949 | -3.053 | -1.968 | -1.194 | -1.795 | -6.173 | -3.105 | -5.070 | -4.111 | 0.244 | -2.189 |
| 遂宁市 | -2.767 | -0.886 | -1.603 | -0.760 | -0.712 | -3.748 | -1.603 | -4.542 | -3.220 | -1.684 | -2.581 |
| 内江市 | -1.250 | 4.341 | 0.977 | -3.371 | 0.272 | -5.416 | -3.551 | -0.669 | -2.884 | 0.688 | 0.060 |
| 乐山市 | -1.995 | 0.129 | -1.160 | -0.217 | -0.220 | -3.215 | -1.525 | -2.787 | -2.528 | -2.754 | -2.312 |
| 南充市 | -2.245 | -1.144 | -1.692 | -0.958 | -0.962 | -4.084 | -2.348 | -5.639 | -3.615 | -3.238 | -3.138 |
| 眉山市 | -3.273 | -1.532 | -2.080 | -0.489 | -0.901 | -4.043 | -1.910 | -11.865 | -4.775 | -1.979 | -3.993 |
| 宜宾市 | -2.436 | -1.914 | -1.847 | -3.661 | -2.490 | -4.023 | -3.077 | -3.891 | -3.084 | -0.465 | -1.828 |
| 广安市 | -0.881 | -2.501 | -1.346 | -1.686 | -1.727 | -5.799 | -2.690 | -5.418 | -4.142 | -2.344 | -3.098 |
| 达州市 | -1.827 | 4.119 | 0.228 | -10.360 | 9.676 | -9.324 | -11.020 | -1.465 | -4.361 | -0.530 | -0.940 |
| 雅安市 | 0.208 | 1.011 | 0.608 | -1.233 | -0.007 | -4.758 | -2.599 | -5.250 | -3.778 | 1.377 | -1.896 |
| 巴中市 | -2.029 | -0.681 | -1.311 | 0.226 | -0.329 | -0.753 | -0.463 | -1.528 | -0.959 | -0.514 | -0.978 |
| 资阳市 | -1.393 | -1.031 | -1.069 | -0.064 | -0.522 | -6.172 | -2.831 | -3.790 | -3.806 | -1.576 | -2.522 |
| 阿坝州 | -1.191 | 12.563 | 2.367 | 6.234 | 8.611 | -3.173 | 1.312 | -1.877 | -2.246 | -10.779 | -2.667 |
| 甘孜州 | -0.884 | -15.850 | 10.283 | 11.711 | -41.230 | -4.382 | -2.211 | 1.446 | -1.399 | -2.037 | -0.178 |
| 凉山州 | 1.407 | 5.167 | 2.952 | -2.084 | 8.119 | -13.789 | 24.347 | -16.222 | -11.545 | -2.153 | 12.486 |
| 四川省 | -1.830 | 0.249 | -0.823 | -2.126 | -0.758 | -5.541 | -3.264 | -3.643 | -3.596 | -1.620 | -2.292 |

注：T1 为 2012—2013 年，依次类推；T2′为滞后一期 2012—2014 年，依次类推。

自贡、攀枝花、德阳、乐山、达州、巴中 6 市在 T1～T6 时期，经历了从相对脱钩到强脱钩的过程，“十二五”期间，随着工业增加值的快速增长，环境污染排放量缓慢上升，到“十三五”期间，实现强脱钩，工业增加值上升，单位工业增加值污染排放量下降。

绵阳、广元、内江和雅安4市在“十三五”期间均出现未脱钩的情况，4市在T6时期脱钩系数均为正值，滞后一期脱钩系数在T6′时期（滞后一期2018—2016年，依次类推），只有内江市为正值，根据表2标准，绵阳、广元和雅安3市实际处于强脱钩，T6时期略有起伏，只有内江市为相对脱钩状态。内江市在T1～T6时期，脱钩系数起伏较大，在其工业增加值逐年增加的情况下，单位工业增加值污染排放量呈起伏状，脱钩状态并不稳定。

3个自治州中，阿坝州和甘孜州经历了扩张负脱钩—增长联结—强脱钩的过程，T6时期基本处于强脱钩状态；而凉山州在T3、T4′、T6、T6′时期出现了工业增加值下降，单位工业增加值污染排放量上升或下降，凉山州为衰退脱钩，属后期发展迟滞型。

四川省在T1～T6时期整体表现优秀，处于强脱钩状态，仅T2时期为弱脱钩状态，不过其滞后一期脱钩系数T2′为负值，根据表2标准，实际为强脱钩。

### （二）各市（州）工业废气污染减排绩效

上述脱钩指数分析得出四川省大部分市（州）工业废气排放与工业增加值之间已处于强脱钩状态，但脱钩状态并不能准确反映各地工业废气减排绩效实际情况，如自贡市2012年单位工业增加值$SO_2$排放量为64.8 t/亿元，到2018年下降至1.9 t/亿元，降幅达到97.1%；内江市2012年单位工业增加值$SO_2$排放量为144.4 t/亿元，到2018年下降至29.3 t/亿元，降幅达到79.7%，两地$SO_2$减排强度差距较大，且内江市2018年单位工业增加值$SO_2$排放量是自贡市的15.4倍。阿坝州2018年单位工业增加值$SO_2$排放量较2012年增加21.2%。对2018年21市（州）工业$SO_2$、$NO_x$、烟（粉）尘减排绩效进行排名（表4）。

表4　四川省21市（州）单位工业增加值污染减排绩效　　单位：t/亿元

| 排名 | 地区 | $SO_2$ | | 地区 | $NO_x$ | | 地区 | 烟（粉）尘 | |
|---|---|---|---|---|---|---|---|---|---|
| | | 2018年排放量/（t/亿元） | 2012—2018年减排比例/% | | 2018年排放量/（t/亿元） | 2012—2018年减排比例/% | | 2018年排放量/（t/亿元） | 2012—2018年减排比例/% |
| 1 | 甘孜州 | 0.85 | 44.21 | 资阳市 | 0.73 | 86.08 | 南充市 | 0.58 | 93.49 |
| 2 | 南充市 | 1.02 | 94.29 | 南充市 | 1.61 | 64.55 | 遂宁市 | 1.06 | 92.13 |
| 3 | 成都市 | 1.29 | 93.09 | 成都市 | 2.69 | 85.69 | 成都市 | 1.46 | 82.00 |
| 4 | 资阳市 | 1.39 | 89.28 | 遂宁市 | 3.02 | 53.97 | 资阳市 | 2.03 | 76.26 |
| 5 | 自贡市 | 1.89 | 97.08 | 自贡市 | 4.18 | 74.96 | 甘孜州 | 2.56 | 72.69 |
| 6 | 遂宁市 | 2.01 | 91.98 | 德阳市 | 4.40 | 74.68 | 自贡市 | 2.67 | 76.61 |
| 7 | 德阳市 | 3.98 | 84.85 | 甘孜州 | 4.51 | 60.09 | 泸州市 | 4.07 | 70.56 |
| 8 | 绵阳市 | 4.68 | 91.85 | 泸州市 | 7.08 | 82.94 | 德阳市 | 4.49 | 76.10 |

| 排名 | 地区 | $SO_2$ | | 地区 | $NO_x$ | | 地区 | 烟（粉）尘 | |
|---|---|---|---|---|---|---|---|---|---|
| | | 2018年排放量/（t/亿元） | 2012—2018年减排比例/% | | 2018年排放量/（t/亿元） | 2012—2018年减排比例/% | | 2018年排放量/（t/亿元） | 2012—2018年减排比例/% |
| 9 | 广元市 | 7.59 | 93.16 | 绵阳市 | 7.44 | 85.56 | 眉山市 | 7.58 | 86.94 |
| 10 | 泸州市 | 8.49 | 89.03 | 雅安市 | 8.43 | 56.69 | 宜宾市 | 7.62 | 62.86 |
| 11 | 雅安市 | 9.42 | 60.28 | 四川平均 | 10.99 | 75.12 | 四川平均 | 9.13 | 66.14 |
| 12 | 广安市 | 10.64 | 94.04 | 宜宾市 | 11.25 | 81.62 | 广安市 | 9.25 | 78.61 |
| 13 | 巴中市 | 11.43 | 41.28 | 眉山市 | 11.28 | 77.46 | 雅安市 | 9.72 | 73.91 |
| 14 | 四川平均 | 11.76 | 85.29 | 巴中市 | 11.97 | 48.59 | 绵阳市 | 9.73 | 28.29 |
| 15 | 眉山市 | 12.42 | 81.12 | 广元市 | 15.51 | 81.06 | 巴中市 | 9.78 | 57.13 |
| 16 | 宜宾市 | 14.46 | 92.36 | 攀枝花市 | 16.04 | 70.86 | 广元市 | 10.77 | 88.77 |
| 17 | 达州市 | 16.36 | 83.10 | 凉山州 | 17.05 | 18.37 | 内江市 | 12.24 | 45.96 |
| 18 | 乐山市 | 16.81 | 79.77 | 广安市 | 18.33 | 86.92 | 达州市 | 12.89 | 50.47 |
| 19 | 内江市 | 29.30 | 79.71 | 达州市 | 18.48 | 71.06 | 乐山市 | 18.31 | 60.65 |
| 20 | 凉山州 | 33.37 | 37.72 | 阿坝州 | 20.46 | 37.66 | 凉山州 | 18.96 | 28.98 |
| 21 | 攀枝花市 | 41.17 | 80.17 | 乐山市 | 23.31 | 65.51 | 攀枝花市 | 31.85 | 58.44 |
| 22 | 阿坝州 | 48.03 | −21.18 | 内江市 | 29.30 | 61.17 | 阿坝州 | 52.69 | −66.85 |

单位工业增加值污染排放量方面，$SO_2$排放量最低的3个市（州）分别是甘孜州、南充市和成都市，61.9%的市（州）单位工业增加值$SO_2$排放量低于四川省平均值，阿坝州、攀枝花市和凉山州排名后三位，其中阿坝州高于省平均值3.1倍；$NO_x$排放量最低的前三名分别是资阳市、南充市和成都市，只有47.6%的市（州）单位工业增加值$NO_x$排放量低于四川省平均值，内江市、乐山市和阿坝州排名最后；烟（粉）尘方面，排名前三的城市为南充市、遂宁市和成都市，同样只有47.6%的市（州）低于四川省平均值，其中第一名的南充市和最后一名的阿坝州相差89.8倍。

2012—2018年，$SO_2$减排比例最高的市（州）分别是自贡市、南充市、广元市和成都市，最高达到了97.1%，最低是阿坝州，反而较2012年增加了21.18%，其次是凉山州；$NO_x$减排比例最高的分别是广安市、资阳市、成都市和绵阳市，最高不超过90%，最低的是凉山州和阿坝州；烟（粉）尘减排比例最高的分别是南充市、遂宁市、广元市和眉山市，最高93.5%，最低还是阿坝州，相比2012年增加了66.9%，其次是绵阳市。

在3种污染物协同减排方面，自贡市、南充市、广安市、广元市、成都市、宜宾市、资阳市、泸州市、德阳市、眉山市、乐山市共11个市，52.4%的地市实现了协同减排（以每种污染物减排比例达到60%以上计）；另外，如甘孜州、遂宁市等本身属于污染排放总量低、单位工业增加值污染排放量低的“双低”城市，其减排难度大，减排比例一般；而攀枝花市、内江市属于污染排放总量高、单位工业增加值污染排放量高的“双高”城市，由于涉气企业众多，污染排放基数高，减排难度较大，需加强减排力度，同时注重协同减排效率。凉山州和阿坝州属于污染排放总量不高，但单位工业增加值污染排放量高的“一中一高”城市，减排绩效差，阿坝州单位工业增加值 $SO_2$ 和烟（粉）尘较 2012 年出现增长，属于粗放扩张型发展模式；凉山州在 2018 年和 2015 年工业增加值下降的情况下，减排效率仍处于末位，存在经济衰退型脱钩风险（单指工业发展）。

### （三）各市（州）工业废气脱钩状态与减排绩效分析

根据 T6、T6′时期脱钩系数分析（图 3），除内江市和凉山州外，其余市（州）均已为强脱钩，内江市为相对脱钩，凉山州为衰退脱钩。雅安市在 T6 时期，$SO_2$ 和烟（粉）尘排放量有小幅升高，导致脱钩系数大于 1.2，根据滞后一期脱钩系数显示实际为强脱钩；除此之外，绵阳市和广安市脱钩系数虽处于 0～0.8，但实际为强脱钩。

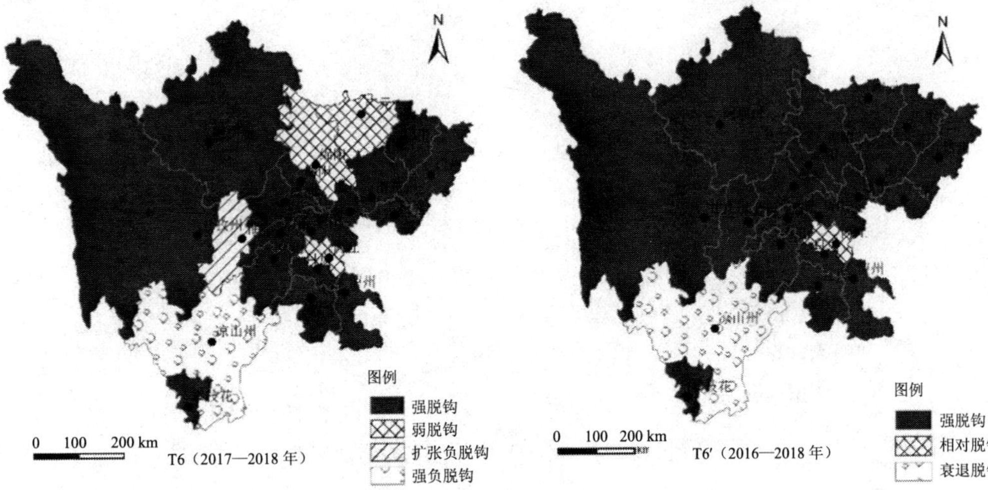


**图 3　四川省 21 市（州）T6、T6′时期脱钩指数分布情况**

根据 2012—2018 年 3 种污染物减排绩效（图 4～图 6），除阿坝州、甘孜州、凉山州外，巴中市、雅安市、内江市协同减排绩效较差。雅安和巴中同属“两中”城市，内江属于“双高”城市，因此内江市存在的问题更大；凉山州出现工业增加值下降，污染排放量增加的情况，存在工业衰退风险。

综上可知，脱钩系数和滞后一期脱钩系数相结合的综合脱钩指数分析结果与减排绩效实证结果相吻合。

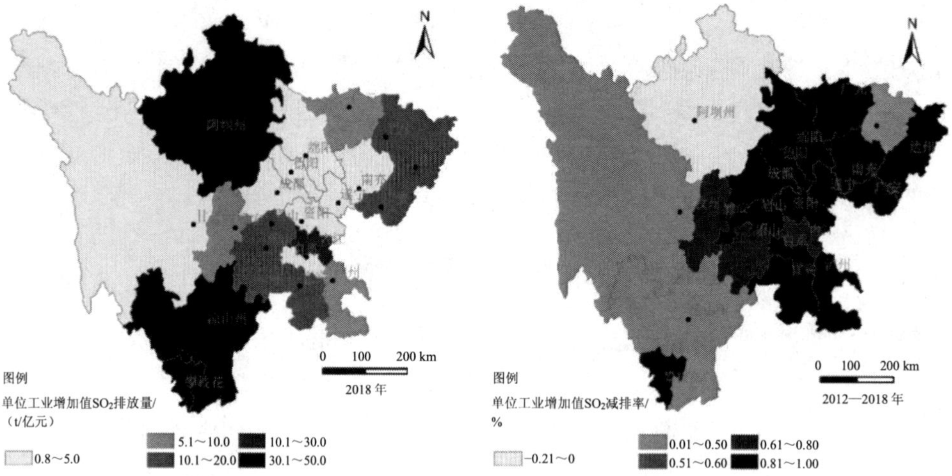


图 4 四川省 21 市（州）2018 年单位工业增加值 $SO_2$ 减排分布

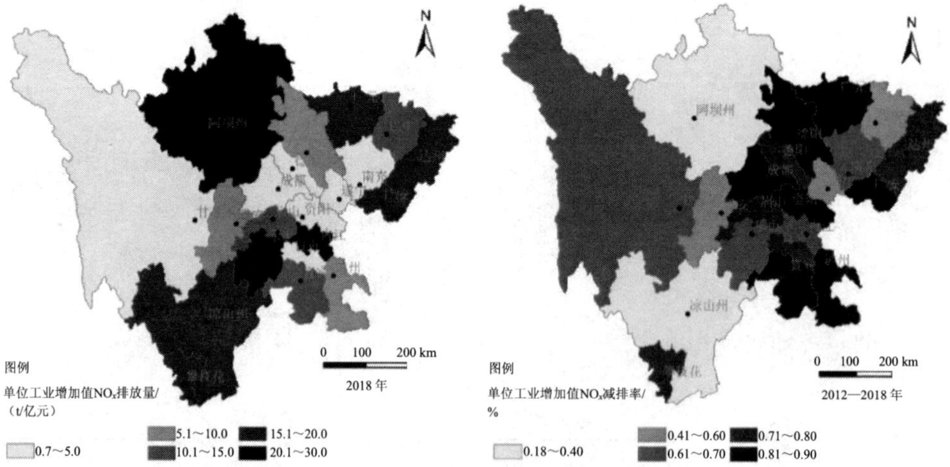


图 5 四川省 21 市（州）2018 年单位工业增加值 $NO_x$ 减排分布

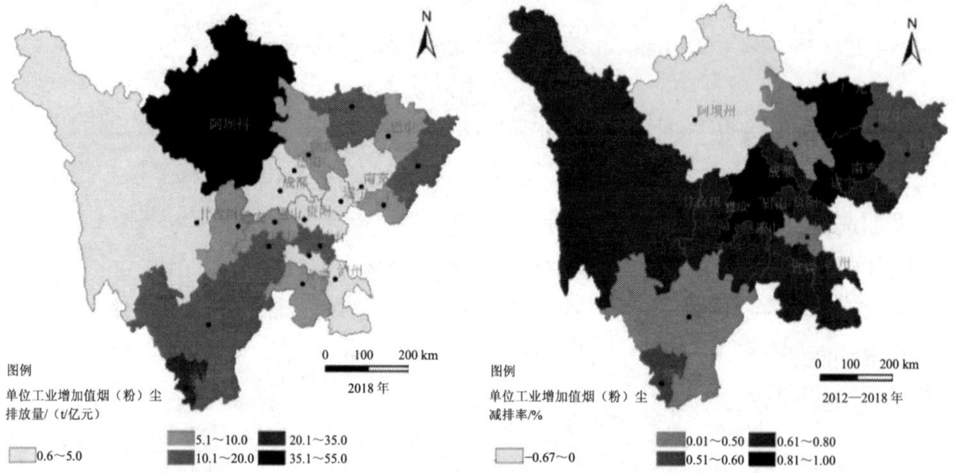


图 6 四川省 21 市（州）2018 年单位工业增加值烟（粉）尘减排分布

## 四、研究结论与政策建议

### （一）研究结论

本文选取工业增加值与单位工业增加值污染排放量作为评价指标进行脱钩分析，同时引入滞后一期脱钩系数构建综合脱钩指数，分析得到四川省内 21 市（州）中，成都、泸州、遂宁、南充、眉山、宜宾、广安、资阳 8 市为强脱钩，实现了工业绿色发展；绵阳、广元、雅安 3 市在“十三五”后期工业废气污染有所反弹，脱钩状态不稳定；内江市仍处于相对脱钩状态，工业快速发展，单位工业增加值污染排放量也缓慢增加；凉山州为衰退脱钩，存在工业衰退风险；其余市（州）在“十三五”期间基本实现了强脱钩。

“十二五”至“十三五”时期，强脱钩的市（州）3 种污染物协同减排绩效高；“十三五”期间强脱钩的市（州）协同减排绩效大多数较高，雅安市、巴中市和阿坝州协同减排绩效较低；内江市处于相对脱钩状态，减排绩效较低；凉山州为衰退脱钩，减排绩效低。综上可知，综合脱钩指数分析结果与减排绩效实证结果相吻合，说明本文构建的综合脱钩指数较好反映了工业增长与污染排放之间的关系。

### （二）政策建议

一是培育发展新动能。以绿色新兴产业发展带动区域经济稳步增长，实现生态环境高水平保护。建议凉山结合自身资源优势，大力发展清洁能源、战略资源、装备制造、药品食品、信息化“4+1”现代工业产业体系，促进工业和信息融合发展，构建科技含量高、资源消耗低、环境污染少的现代工业产业结构。建议雅安市、巴中市积极培育现代工业发展极，重点发展先进材料、食品饮料、电子信息等产业，有序发展清洁能源产业、绿色生态（有机）农产品加工基地，提升规模工业总产值。建议甘孜州、阿坝州建设国家级清洁能源基地和现代高原特色农牧业基地，主要发展清洁能源、农产品精深加工及民族工艺品。

二是加强传统高耗能、高排放的资源型产业升级改造，淘汰落后产业。全面推行钢铁、有色、食品、轻工、纺织、冶金、建材、机械、化工等传统领域的企业绿色化改造，不断提升资源能源利用效率、削减污染物排放，加快攀枝花钢铁二基地、威远钢铁有限公司等超低排放改造进度。建立重污染产能退出和过剩产能化解机制，对长期超标排放的企业、无治理能力且无治理意愿的企业、达标无望的企业，依法予以关闭淘汰。严控钢铁、水泥、煤炭、电解铝、平板玻璃等产能过剩行业新增产能，严格执行产能置换。针对过剩、落后产能，开展差别化环境管理，对其能耗、物耗、污染物排放等指标提出最严格的管控要求，倒逼竞争乏力产能退出。

三是合理制定减排方向。“十四五”期间，加快内江市脱钩进程，对重点涉气产业结构进行调整，合理布局，深入推进重点行业超低排放改造及重点行业污染深度治理。

合理引导凉山州工业产业发展类型，控制资源消耗型产业规模，大力发展生态经济，推动生态价值转化。大幅降低阿坝、攀枝花、凉山、内江、乐山、达州等市（州）单位工业增加值污染排放量，提高涉气行业清洁生产及绿色发展水平；提高阿坝、凉山、巴中、甘孜、雅安、内江、攀枝花、达州等市（州）污染减排绩效，加强协同减排，针对重点突出的污染物，加强污染防治针对性，实施重点行业清洁生产改造和深度治理。

21 市（州）工业废气污染减排政策建议见表 5。

**表 5　四川省 21 市（州）工业废气污染减排政策建议**

| 地区 | 特点 | 脱钩状态 | 协同减排绩效 | “十四五”期间政策建议 |
| --- | --- | --- | --- | --- |
| 南充、广安、成都、宜宾、资阳、泸州、眉山 | 工业增加值高，污染排放量较高，单位工业增加值污染排放量较低 | 完全脱钩 | 高 | 继续加强协同减排，重点加强 $NO_x$ 减排效率 |
| 自贡、广元、德阳 | 工业增加值高，污染排放量较高，单位工业增加值污染排放量较低 | “十三五”完全脱钩 | 高 | 继续加强协同减排，重点加强 $NO_x$ 减排效率 |
| 达州、绵阳、乐山 | 工业增加值较高，乐山污染排放量高，乐山、达州单位工业增加值污染排放量高 | | 较高 | 达州、乐山加强协同减排，推进重点行业污染治理升级改造，大幅降低单位工业增加值污染排放量；绵阳加强工业烟（粉）尘排放控制，大幅提高工业烟（粉）尘减排绩效水平 |
| 攀枝花 | 工业增加值较高，污染排放量高，单位工业增加值污染排放量高 | | 较高 | 继续提高清洁生产及绿色发展水平，加强协同减排，继续深入推进重点行业超低排放改造 |
| 遂宁、甘孜 | 甘孜工业增加值低，污染排放量较低，单位工业增加值污染排放量低 | | 一般 | 提升工业发展水平的同时，继续保持单位工业增加值污染排放量始终处于低位，提高减排绩效 |
| 雅安、巴中 | 工业增加值低，污染排放量较低，单位工业增加值污染排放量一般 | | 较低 | 提升工业发展水平的同时，继续加强重点涉气行业绿色发展水平，降低单位工业增加值污染排放量，大幅提高减排绩效 |
| 内江 | 工业增加值较高，污染排放量高，单位工业增加值污染排放量高 | 相对脱钩 | 较低 | 加快脱钩进程，加快涉气产业结构及生产布局调整，大力提升涉气行业清洁生产及绿色发展水平，大幅降低单位工业增加值污染排放量，提高协同减排绩效 |
| 阿坝、凉山 | 工业增加值低，污染排放量较高，单位工业增加值污染排放量高 | 阿坝“十三五”完全脱钩；凉山为衰退脱钩 | 低 | 大力提升工业发展水平，遏制粗放扩张型发展模式，大力提升涉气行业清洁生产及绿色发展水平，加强重点行业污染治理升级改造，大幅降低单位工业增加值污染排放量，大幅提高协同减排绩效 |

## 参考文献

[1] 朱智洺. 库兹涅茨曲线在中国水环境分析中的应用[J]. 河海大学学报（自然科学版），2004，32（4）：387-390.

[2] 王西琴，李芬. 天津市经济增长与环境污染水平关系[J]. 地理研究，2005，24（6）：834-842.

[3] 吴传清，陈文艳. 长江经济带经济增长与环境质量关系的实证研究[J]. 生态经济，2016，32（5）：34-37.

[4] 李玉文，徐中民，王勇，等. 环境库兹涅茨曲线研究进展[J]. 中国人口·资源与环境，2005，15（5）：7-14.

[5] 王勇，俞海，张永亮，等. 中国环境质量拐点：基于 EKC 的实证判断[J]. 中国人口·资源与环境，2016，26（10）：1-7.

[6] 钟茂初，张学刚. 环境库兹涅茨曲线理论及研究的批评综论[J]. 中国人口·资源与环境，2010，20（2）：62-67.

[7] Organization for Economic Co-operation and Development. Indicators to measure decoupling of environment pressure from economic growth[R]. Paris：OECD，2002.

[8] Petri Tapio. Towards a theory of decoupling：Degrees of decoupling in the EU and the case of road traffic in Finland between 1970 and 2001[J]. Transport Policy，2005，12（2）：137-151.

[9] Petri Tapio. Energy and transport in comparison：Immaterialisation，dematerialisation and decarbonisation in the EU15 between 1970 and 2000[J]. Energy Policy，2005，35（1）：433-451.

[10] 段晓峰，许学工. 山东省污染物排放与经济发展水平的关系[J]. 地理科学进展，2010，29（3）：342-346.

[11] 孙耀华，李忠民. 中国各省区经济发展与碳排放脱钩关系研究[J]. 中国人口·资源与环境，2011，21（5）：87-92.

[12] 彭佳雯，黄贤金，钟太洋，等. 中国经济增长与能源碳排放的脱钩研究[J]. 资源科学，2011，33（4）：626-633.

[13] 王鹤鸣，岳强，陆钟武. 中国 1998—2008 年资源消耗与经济增长的脱钩分析[J]. 资源科学，2011，33（9）：1757-1767.

[14] 盖美，胡杭爱，柯丽娜. 长江三角洲地区资源环境与经济增长脱钩分析[J]. 自然资源学报，2013，28（2）：185-198.

[15] 夏勇，钟茂初. 经济发展与环境污染脱钩理论及 EKC 假说的关系——兼论中国地级城市的脱钩划分[J]. 中国人口·资源与环境，2016，26（10）：8-16.

[16] 艾怡凝，昝晓辉，姚建. 四川省工业发展环境经济特征的耦合研究[J]. 环境科学与技术，2018，41（S2）：205-209.

[17] 高新才，马丽. 基于脱钩和 EKC 理论的西部地区环境污染与经济发展关系研究[J]. 西南民族大学学报（人文社会科学版），2014，6：117-122.

# 关于“完善生态文明领域统筹协调机制，构建生态文明体系”的思考与建议

**摘　要**：通过梳理党的十八大以来发布的关于“构建生态文明体系”要求的政策文件，剖析生态文明体系的内涵，包括生态文化体系、生态经济体系、目标责任体系、生态文明制度体系、生态安全体系等多方面，总结在“五位一体”总体布局中生态文明与政治文明、物质文明、精神文明、社会文明的联系，并提出生态文明领域统筹协调机制建议，以期进一步发挥生态文明对推动绿色发展的引领作用，协同推进社会主义现代化建设。

**关键词**：生态文明体系；五位一体；统筹协调机制

党的十八大以来，以习近平同志为核心的党中央深刻总结了人类文明发展规律，把生态文明建设作为统筹推进“五位一体”总体布局和协调推进“四个全面”战略布局的重要内容，开展了一系列根本性、开创性、长远性工作，提出了一系列新理念、新思想、新战略，推动我国经济社会发展和生态环境保护发生了历史性、转折性、全局性变化。但我国生态环境保护结构性、根源性、趋势性压力总体上尚未根本缓解，生态环境质量与人民群众的期盼仍有不小的差距，生态环境保护仍然任重道远。

党的十九届五中全会通过的《中共中央关于制定国民经济和社会发展第十四个五年规划和二〇三五年远景目标的建议》，首次提出要“完善生态文明领域统筹协调机制，构建生态文明体系”。这是以习近平同志为核心的党中央深刻把握我国生态文明建设及生态环境保护新形势，着眼到2035年生态环境根本好转，美丽中国建设目标基本实现作出的重大决策部署，对于推进经济社会发展全面绿色转型、建设人与自然和谐共生的现代化具有重要意义。

## 一、生态文明体系是生态文明建设实现新进步的对策体系

2018年5月18日，习近平总书记在全国生态环境保护大会上指出，“加快解决历史交汇期的生态环境问题，必须加快建立健全以生态价值观念为准则的生态文化体系，以产业生态化和生态产业化为主体的生态经济体系，以改善生态环境质量为核心的目标责任体系，以治理体系和治理能力现代化为保障的生态文明制度体系，以生态系统良性循

环和环境风险有效防控为重点的生态安全体系”。这是首次提出“构建生态文明体系”，之后中共中央、国务院印发《关于全面加强生态环境保护　坚决打好污染防治攻坚战的意见》，明确提出“通过加快构建生态文明体系，确保到2035年节约资源和保护生态环境的空间格局、产业结构、生产方式、生活方式总体形成，生态环境质量实现根本好转，美丽中国目标基本实现。到本世纪中叶，生态文明全面提升，实现生态环境领域国家治理体系和治理能力现代化”。

生态文明体系是习近平生态文明思想指导实践的具体成果，涵盖了价值理念、发展方式、制度建设、治理体系等多方面内容，是从根本上解决生态环境问题、推进生态文明建设的全局性、根本性对策体系。

全国生态环境保护大会上提出的五大体系中，生态文化体系是灵魂，是生态文明建设的价值引领。通过坚持尊重自然、顺应自然、保护自然的生态价值观，将生态兴则文明兴、人与自然和谐共生理念融入社会主义核心价值观以及经济社会发展各领域。党政领导要坚决扛起生态文明建设和生态环境保护的政治责任，企业要自觉担负起污染防治与节能减排的主体责任，公众要主动践行节约资源和保护环境的生活方式和消费模式。

生态经济体系是基础，为生态文明建设提供物质支持。要坚持绿水青山就是金山银山理念，坚持绿色发展理念，平衡和处理好发展与保护的关系，加快推动形成绿色生产方式，围绕“生态+产业”“产业+生态”，努力实现经济效益、社会效益、环境效益有机统一。

目标责任体系是抓手，发挥生态文明建设指挥棒作用。要坚持良好生态环境是最普惠的民生福祉，深入打好污染防治攻坚战，用好以生态环境持续改善为目标的指挥棒，推动生态文明建设实现新进步。

生态文明制度体系是保障，提升生态文明建设治理能力。要坚持用最严格制度、最严密法治保护生态环境，以改革创新为动力，推动健全绿色发展和环境治理的法律、政策保障，完善监管、市场、信用等环境治理手段，形成全社会共同推进生态文明建设的良好格局。

生态安全体系是基石，是必须牢牢守住的基本底线。要树立底线思维，坚持山水林田湖草是生命共同体的系统思想，提升生态系统质量和稳定性，把生态环境风险纳入常态化管理，防范和化解生态环境问题引发的社会风险。

## 二、基于“五位一体”完善生态文明领域统筹协调机制

### （一）统筹协调生态文明与政治文明建设

生态文明是政治文明的内在要求。坚持以人民为中心，全心全意为人民服务是党的根本宗旨，人民群众对美好生活的向往是党的奋斗目标，让良好生态环境成为最普惠的

民生福祉是党的执政宗旨和政治使命所在。生态兴则文明兴，我们必须增强政治文明建设的绿色属性，不断提升政府的绿色执政能力。

政治文明为生态文明提供强有力的领导。生态文明是对工业文明的反思和超越，生态文明建设过程中必将触碰到各种利益主体，需要超越各种利益主体之上的强大政治领导力，才能突破各种枷锁，在政策创新、体制改革等方面实现本质上的突破，推动生态文明体制改革向纵深推进。

统筹协调生态文明和政治文明，就是要进一步压紧、压实生态文明建设的政治责任。一是进一步理顺责任，解决部门间生态环境职责“扯皮”问题。针对一些地方在自然生态保护、机动车污染防治、畜禽养殖污染防治等领域存在职责不清、界限不明的问题，按照法治社会建设要求，紧紧抓住责任清单这个“牛鼻子”，出台各级部门细化具体的责任清单，形成分工清晰、环环相扣的责任链。二是强化过程管理，健全监管、督察和考核机制。针对乡镇一级生态环境保护主体缺位、责任落实不到位的问题，按照“五位一体”和“支部建在连上”的要求，加强乡镇生态环境机构建设，在乡镇设立生态环境办公室，打通基层环境监管的“最后一公里”，确保“党政同责、一岗双责”责任有效传导到基层。加强中央与省级生态环境保护督察的衔接，建立生态环境保护督察反馈问题整改帮扶机制，组建政策技术专家服务团队服务指导各项整改任务落地落实。优化党政同责考核机制，根据生态环境保护的工作量和工作难度合理分配分值权重，对于与生态环境保护工作关系密切且任务重的部门，提升考核权重，建立激励机制。三是加强结果运用，完善全过程的生态环境损害责任终身追究制度。基于经济决策对生态环境影响的滞后性，建立倒查机制，重点倒查事前预防是否到位、事中处置是否得当、事后整改是否认真彻底以及效果是否明显等。

### （二）统筹协调生态文明与物质文明建设

生态文明是物质文明实现可持续发展的原动力。生态文明强调人与自然和谐共生，要求节约优先、保护优先、自然恢复为主，实现在发展中保护、保护中发展，为物质文明建设提供源源不断的优良自然资源和美好环境，实现物质文明的可持续发展。

物质文明为生态文明建设提供重要的物质基础保障。生态文明是建立在物质产品丰富、经济繁荣、生活富裕基础上的。物质文明的不断发展，能够为生态文明建设实现新进步提供更加强大的经济保障和技术支持。

统筹协调生态文明和物质文明，就是要坚持生态产业化和产业生态化“两化”融合。一是加快建立生态产品价值实现机制。生态产品的价值是通过生产、分配、交换、消费等经济活动来实现的。通过保护生态环境，护好绿水青山本底，增加生态系统服务“盈余”和“增量”，提高优质生态产品的生产供给能力。健全自然资源产权和有偿使用、生态补偿、资源环境税等制度，构建生态产品价值核算体系，实现生态利益共享和再分配。培育生态产品交易市场，开展碳汇交易和环境权益交易，激发生态产品交换的内生动力和活力。健全生态产品认证体系，健全生态消费的激励政策，创造优质生态产品消费需求。二是全面推动产业绿色化。改变传统的“大量生产、大量消费、大量排放”的生产模式，即为产业生态化做“加法”，为落后产能做“减法”。培育壮大节能环保产业、清洁生产产业、清洁能源产业，大力发展高效农业、先进制造业和现代服务业，推动构建以市场为导向的绿色技术创新体系，推进重点行业和领域绿色化改造，推进资源全面节约和循环利用。三是积极发展绿色金融。完善绿色信贷制度，构建绿色融资机制，建立绿色保险体系，引导资本要素注入环保节能减排行业和高效率、低污染行业。

### （三）统筹协调生态文明与精神文明建设

生态文明体现了精神文明的时代要求。精神文明是人类在改造客观世界和主观世界的过程中所取得的精神成果的总和，是人类智慧、道德的进步显现。生态文明要求人类树立尊重自然、顺应自然、保护自然的生态价值观，深刻认识生态规律、树立高尚生态道德、自觉践行生态行为，是在全面建设社会主义现代化国家新征程中，对精神文明建设内容的丰富和完善。

精神文明为生态文明提供了不可或缺的精神动力、思想保证和智力支持。生态文化建设是生态文明建设的基本内容。深深根植于中华文明丰富生态智慧的习近平生态文明思想是做好生态文明建设工作的定盘星、指南针、金钥匙，有力指导生态文明建设和生态环境保护取得了历史性成就和变革，并在生生不息的生态文明实践中不断发展、丰富、完善。

统筹协调生态文明和精神文明，就是要积极弘扬和践行“人与自然和谐共生”的文化价值。一是将生态文化纳入社会主义文化体系。弘扬传统文化中生态文明理念，将普世的生态价值观、生态道德观、生态发展观、生态消费观、生态政绩观等生态文明核心理念，融入社会主义精神文明建设，推动形成适应新时代要求和新发展理念的思想观念、文明风尚和行为规范。二是加强生态文化体系建设。系统开展生态文明理论研究，深入挖掘、修复、继承、发展和创新生态文化体系建设，不断增强生态文化与时俱进的适应性。推动生态文化建设制度化，将生态文明教育纳入国民教育体系和公民道德建设，不断扩大生态文明教育在基础教育中的范围，将生态文明认知转化为行动的内生动力。三是提升生态文化服务水平。加强生态文化传播，扶持生态文学作品、公益广告等生态文化产品，不断丰富生态文化公共产品和服务的内容。将生态文化融入现代文化产业体系建设，打造生态环保主题公园、长江生态文化体验带、藏区生态文化示范带等，推动生态文化成果产业化。加大农村和欠发达地区生态文化建设的帮扶力度，均衡生态文化公共产品和服务供给的城乡差距，推动生态文化服务均等化，为人民群众参与生态文化建设搭建更多舞台。

### （四）统筹协调生态文明与社会文明建设

生态文明指引社会文明的发展方向。人类社会文明先后经历了原始文明、农业文明和工业文明等发展阶段，特别是在工业文明时期，人类社会征服自然、改造自然对生态环境造成了较大的伤害。生态文明是对工业文明深刻反思并积极促进人与自然和谐共生的崭新社会文明形态，是人类社会发展进步的更高级形态。正如习近平总书记号召的那样，人类是命运共同体，建设绿色家园是人类的共同梦想，全世界人民应该共谋全球生态文明建设之路，实现世界的可持续发展和人的全面发展。

社会文明是实现生态文明的途径和手段。生态文明建设是人民群众共同参与、共同建设、共同享有的事业。习近平总书记强调，“生态文明建设同每个人息息相关，每个人都应该做践行者、推动者”。推进生态文明建设、建设美丽中国就是要动员全社会的力量，形成共同参与和自觉行动的良好风尚。

统筹协调生态文明与社会文明，就是要构建生态文明建设的全民行动体系。一是创新绿色生活模式。在全社会广泛开展节约型机关、绿色学校、绿色社区、绿色家庭、绿色建筑、绿色出行等丰富多元的绿色生活创建行动，建立绿色消费激励制度，通过绿色消费券、绿色生活打卡积分等方式，引导公民积极践行简约适度、绿色低碳、文明健康的生活方式，营造人人崇尚生态文明的社会氛围。二是畅通社会公众监督参与渠道。完善公众监督和举报反馈机制，整合现有投诉举报渠道，鼓励公众积极举报生态环境违法行为，根据举报人的贡献程度和举报问题的重要程度实行分级奖励机制。探索运用大数据平台及时掌握公众对涉生态环境问题的反映投诉。建立社区圆桌对话机制，在社区党群服务中心（政务服务中心）建立政府、企业、公众定期沟通、平等对话、协商解决问题的平台，解决邻避效应。三是将社区作为生态文明建设的重要载体。社区不但掌握着动员居民的制度化通道，还是各类资源向基层社会投放的关键节点，以社区为依托开展社会倡导更容易形成社会认同。将社区作为生态文明建设的基本单元，支持环保社会组织发挥社区嵌入性的优势，与社区合作开展公众参与、调研实践等方面的生态文明建设公益项目，形成长效的社会动员效应。

# 抢抓“两双”机遇，大力推动环保产业高质量发展

**摘　要**：《中共中央关于制定国民经济和社会发展第十四个五年规划和二〇三五年远景目标的建议》强调构建以国内大循环为主体、国内国际双循环相互促进的新发展格局（以下简称“两双”），战略性新兴产业将逐步成为新增长点、增长极，新业态新模式的消费方式正在逐步形成。随着新发展理念的不断深入、国家战略机遇的叠加，环保产业的市场需求将进一步释放。本文认为：环保产业发展既需要政策引导支撑，更需要市场推进；在经济下行的压力下，应进一步释放环保产业的市场空间，以“两双”为契机，将环保产业培育成新的重要经济增长点。

**关键词**：环保产业；“两双”；污染治理

## 一、四川环保产业的发展现状分析

### （一）发展基础概述

自党的十八大将生态文明纳入“五位一体”总体布局以来，我国环境保护政策密集出台，生态环境监管力度进一步加大，政策红利逐步显现，水、气、土等各细分领域政策的出台更是促使环保产业趋向规模化、多元化发展。与国家战略同步，四川省委、省政府谋定而动，出台《关于进一步加快发展节能环保产业的实施意见》《四川省加快培育环境治理和生态保护市场主体实施方案》《四川省支持节能环保产业发展政策措施》等一揽子政策，将环保产业纳入省支持现代产业体系重点培育，环保产业逐渐成为备受青睐的“新兴产业”“朝阳产业”“生态产业”。

自“十三五”时期以来，四川省环保产业呈现快速发展态势，形成高效清洁节能源锅炉、大气污染防治装备、水污染防治装备、固体废物处理及资源化装备、高效节能电机、低温余热余能利用装备、节能电力装备、监测仪器 8 个优势领域，形成成都、自贡两个节能环保装备产业基地，拥有东方电气、华西能源、环能科技等优势节能环保装备企业，创建国家烟气脱硫工程技术研究中心等一批国家级创新平台。高效燃煤锅炉、工业余热回收锅炉等优势特色产品国内市场占有率超过 30%，脱硫脱硝成套设备、尾气净化催化剂等产品在国内市场占有率超过 20%。四川省环保产业已初步形成跨领域、跨行业、多种经济形式并存的综合性新兴产业雏形，具备较好的发展基础。

## （二）发展“瓶颈”分析

### 1. 部分企业缺乏核心竞争力

面对新一轮环保产业发展政策利好，从发展总量和增长率来看，四川省环保产业将迎来新的机遇期。四川省环保企业数量较多，但市场竞争力较小，呈现“两小一低”的特征，即“产业规模较小、企业规模普遍偏小、产业集中度较低”，整体竞争力不强，企业发展面临较大“瓶颈”。据统计，四川省有2 000多家从事污染治理、生态保护的企事业单位，其中，10亿元以上产值的企业不足10家。就综合产值而言，四川省较东部沿江沿海发达省份还有较大差距，仅为江苏的1/4，浙江、山东的1/3左右，还难以形成较强的市场影响力。

### 2. 环保产业结构需进一步优化

近年来，四川省环保产业发展迅速，产值位居西部一流水平。但四川省环保产业政策更偏重制造业而轻服务业，重点扶持对象是较为低端的环保制造业。环保服务业是环保产业成熟度的重要标志，欧美国家（地区）环保服务业占整个环保产业的50%以上，国内沿海发达地区这一比重也在不断提升。环保服务业相较于末端治理来说，更加高端、附加值更高，是环保产业未来的发展方向，市场容量和发展潜力均可观。虽然四川省第三方治理、环境咨询评估、环境金融等服务业态崭露头角，但四川省环保服务业在整个环保产业中占比较小，环保产业的附加值挖掘深度不足，环保产业链的价值尚未得到充分体现。

### 3. 科技成果转化市场导向还不够

环保产业已与生物技术产业、通信技术产业并列成为当代最具发展潜力的三大技术产业。四川省环保关键技术、设备和材料自主研发能力基本满足现阶段环境污染治理的需要，但目前行业内科技成果转化率还较低，不能助推环保产业真正实现规模化、科学化、产业化。以企业为主体的环保技术创新体系尚不完善，技术开发投入不足，对技术的推广应用力度不够，产学研用的结合不紧密，环保产业尚未充分利用科研资源，没有真正打通科技成果转化的“最后一公里”。四川省的科技管理多为政府主导，缺乏市场导向意识，科研成果与现实需求脱节，某些大型项目的环保设施采购来源主要是国外或者江苏、浙江、广东等东南沿海省份，产品和技术市场大多被外省环保企业占领，一些有核心技术的环保企业在省内难出业绩。

### 4. 市场发展条件尚不成熟

四川省环保产业市场条件尚不成熟，一是环保执法力度不够，违法成本低，对污染重、能耗高、排放多、技术水平低的排污企业整治力度不足，存在“劣币驱除良币”问题。二是环保企业融资难、融资贵，川内企业平均融资成本较外省高10%左右，尽管政府对环保的投资逐年攀升，但投资需求和实际投入之间仍有较大的资金缺口。三是市场处于无序竞争状态，地方龙头企业割据势力趋于明显，市场管理较为松散。四是产业统计范围口径不一致，造成统计时漏项、各部门统计数据不一致、年度统计数据差距大等问题，不利于准确研判环保产业的发展态势。

## 二、“十四五”期间四川省环保产业的市场空间分析

环保产业在四川省拥有巨大市场，可以成为推动经济发展的支柱产业。2016 年年末四川省环保产业产值已超过 1 000 亿元，预计 2020 年年末将达到 2 000 亿元，占全省 GDP 比例达 4%以上，有望成为新的经济增长点和支柱产业。

党的十九届五中全会指出要深入打好污染防治攻坚战，生态环境部在学习五中全会精神时也明确提出：“要顺应污染防治攻坚战由‘坚决打好’向‘深入打好’的重大转变，保持攻坚力度、延伸攻坚深度、拓展攻坚广度，抓紧研究提出‘深入打好污染防治攻坚战’的顶层设计”，这将为环保产业的市场开拓提供更多可能性。

据分析：一方面，随着污染防治攻坚战的持续深入，环保产业将保持年均增长 15%左右的高速发展势头；另一方面，随着环保产业供给侧结构性改革的深入推进，通过环保产业高质量发展助推生态环境持续好转，将持续激发更大的“潜在市场”。据测算，整个“十四五”期间四川省环保产业将迎来 1.36 万亿元左右的市场空间。

### （一）建设投资

2012—2017 年四川省建设投资①呈快速增长态势，预计“十四五”期间投资总计约 2 119 亿元（图 1），较“十三五”增长 48.5%。

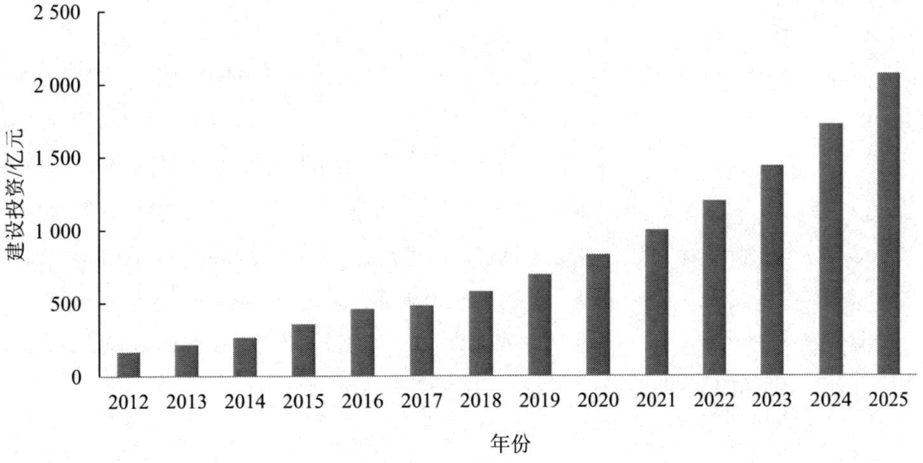


**图 1　2012—2025 年四川省污染设施建设投资趋势**

① 建设投资：本文统计的建设投资主要指当年完成环保验收项目环保投资。

## （二）污染治理

### 1．水污染治理

四川省废水排放总量呈递增趋势，2012—2017 年的年均增长率为 5%，预计 2020 年废水排放总量达到 42 亿 t，2025 年达到 53.6 亿 t，其中城镇生活污水体量最大，也是水污染治理重点。自 2012 年起四川省城镇生活污水排放量始终呈上升趋势（图 2），工业废水排放量整体呈下降趋势，预计“十四五”期间四川省废水治理空间超过 5 451 亿元。

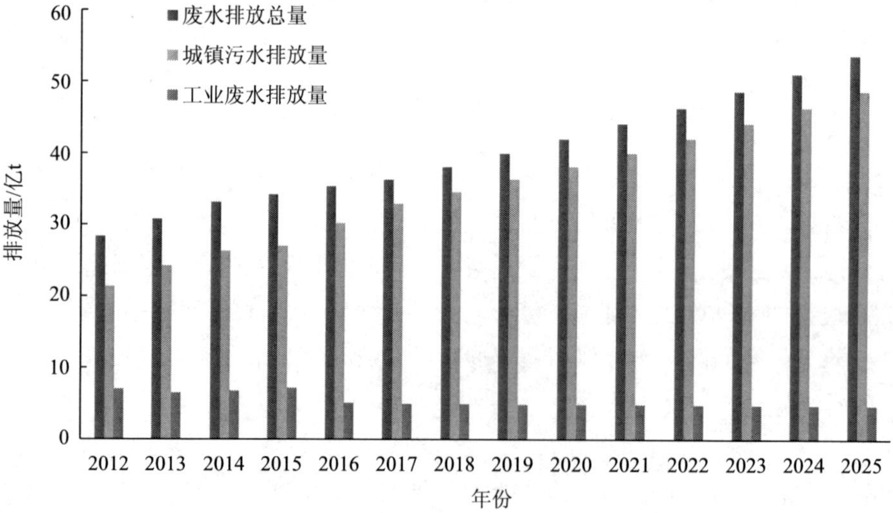


**图 2　2012—2025 年四川省废水排放趋势**

### 2．大气污染治理

国家主席习近平在第七十五届联合国大会一般性辩论上提出，“二氧化碳排放力争于 2030 年前达到峰值，努力争取 2060 年前实现碳中和”，可以预测，未来 5～10 年将是四川省“三协同”（大气污染治理和应对气候变化协同控制、$PM_{2.5}$ 污染和臭氧污染协同控制、$NO_x$ 和 VOCs 协同控制）进入深水区的重点时期。大气污染主要污染源为火电、钢铁、化工、水泥等窑炉、锅炉和机动车等，四川省环保装备质量普遍偏低，越来越多的企业存在环保设施提标改质或深度治理的需求。近年来，四川省主要大气污染物排放量虽有所下降（图 3），但排放量依然巨大，预计“十四五”期间四川省大气治理市场空间超过 607 亿元。

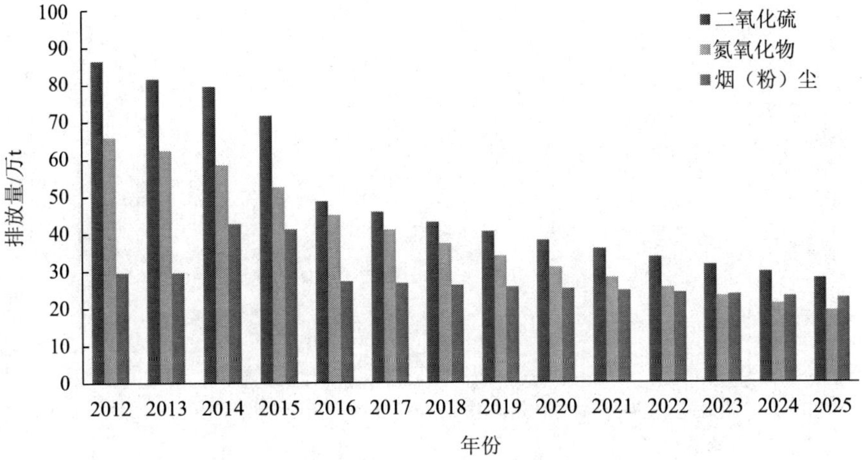


图 3　2012—2025 年四川省大气污染物排放趋势

### 3．固体废物治理

工业固体废物处理是四川省固体废物处理行业的重要组成部分，工业固体废物分为一般工业固体废物和危险废物。随着固体废物领域执法日益趋严，固体废物处理市场迅速扩张。四川省一般工业固体废物产量虽总体呈下降趋势（图 4），但总量可观，预计“十四五”期间总计 4.8 亿 t 左右；危险废物产量整体呈上升趋势（图 5），预计“十四五”期间总计 5 288 万 t 左右，一般工业固体废物与危险废物治理市场空间接近 1 798 亿元。

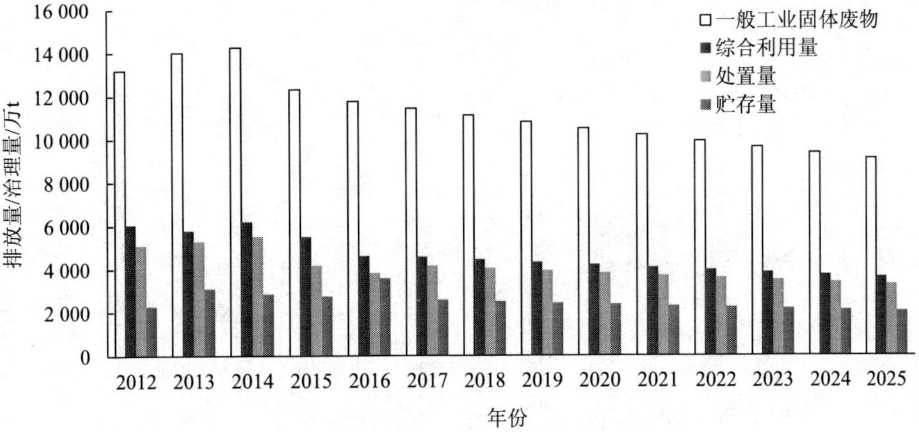


图 4　2012—2025 年四川省一般工业固体废物排放趋势

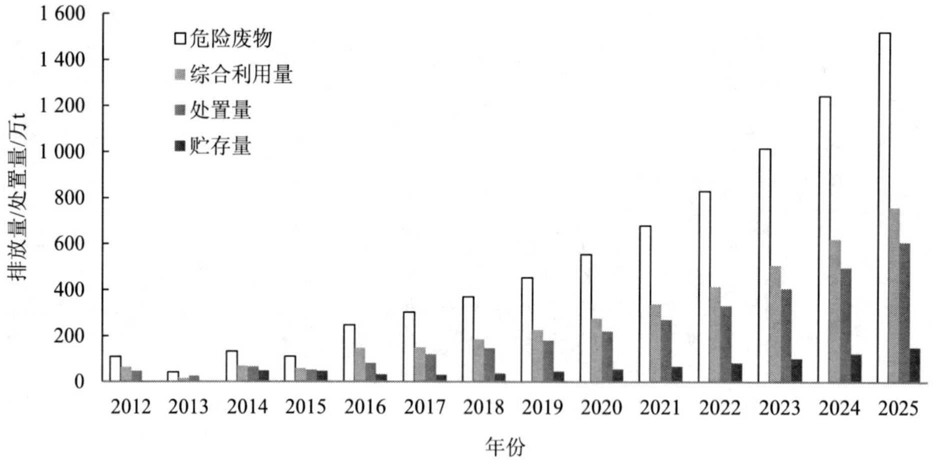


**图 5　2012—2025 年四川省危险废物排放趋势**

随着垃圾分类强制时代的到来，生活垃圾处理将迎来更加精细、更加巨大的市场空间。2019 年住建部等 9 部门联合发布《关于在全国地级及以上城市全面开展生活垃圾分类工作的通知》，要求到 2025 年全国地级及以上城市基本建成生活垃圾分类处理系统。自 2012 年以来，四川省城镇生活垃圾清运量逐年上升（图 6），预计“十四五”期间累计产生 7 501 万 t 左右，市场空间约 143 亿元。综上可知，“十四五”期间四川省固体废物市场空间超过 1 940 亿元。

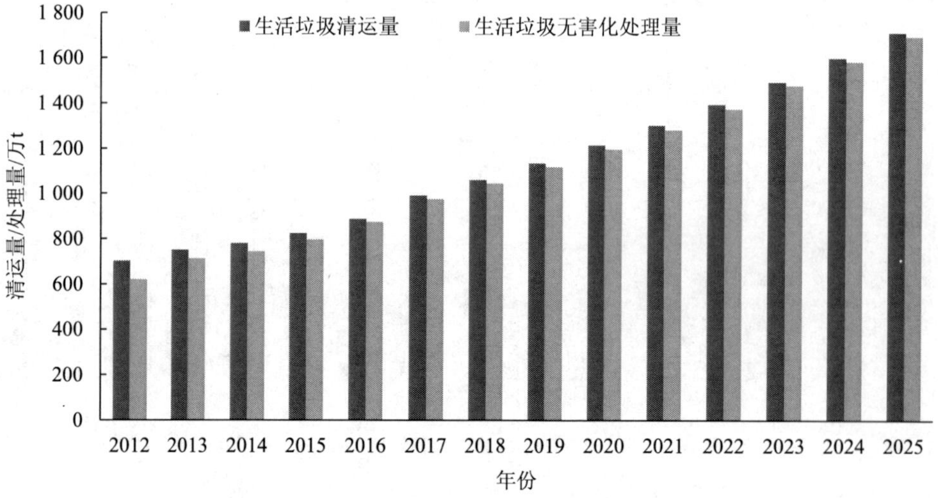


**图 6　2012—2025 年四川省城镇生活垃圾清运量趋势**

### （三）生态修复

近年来，随着污染治理工作的深入，环境治理正由“末端治理”向“生态修复”方向转变。四川省生态修复市场空间主要集中在水生态修复、土壤修复、矿山修复、草原湿地修复等板块，其中水生态和土壤修复占据生态修复市场的主要份额。水生态修复方面，预计“十四五”期间投资500亿元用于流域岸线生态保护、饮用水水源地保护等水生态修复及其相关项目。土壤修复方面，预计建设用地修复市场空间达1亿元。矿山修复市场空间达到20亿元。综上可知，预计“十四五”期间四川省生态修复市场空间超520亿元。

### （四）环保服务业

近年来，环境服务模式在不断创新，第三方治理、环境绩效服务、环境金融等服务业态呈现快速发展的态势，预计“十四五”期间环保服务业市场空间达3 000亿元左右。

## 三、推动四川环保产业发展的建议

四川省环保产业发展潜力大，应以多种手段突破现有障碍，提高环保产业竞争力，立足四川、放眼全国，开拓巨大市场。

### （一）完善顶层设计，健全环保产业相关政策法规体系

充分借势“两双”机会，抓住编制“十四五”规划契机，从顶层设计上助推环保产业发展。一是完善法规政策。坚持全过程管控污染，制定严格的环境法规和标准。严守“三线一单”和规划环评管控，逐步提高重点用能产品能效标准、重点行业能耗限额标准和污染物排放标准等。对污染责任主体加强执法力度，严惩违法行为。二是建立环保产业标准体系。构建环保产品质量标准体系，培育环保产品第三方认证机构，完善环保产业市场准入制度。强化标准标识管理，出台相应的产品检测办法和第三方认证机构管理办法，形成有效的产品标准体系以及质量检测体系。构建环保产业统计核算体系，逐步将环保产业统计纳入国民经济统计，每年跟踪发布四川省环保产业发展报告。三是做好产业规划。把壮大环保产业发展纳入省、市、县国民经济和社会发展规划，同时制定壮大环保产业发展专项规划。结合区域发展规划，合理布局环保产业集聚区域，实现集约发展、错位发展，重点抓好现有的“一龙头”“两园区”“四基地”的结构升级。

### （二）用好经济手段，激发环保产业资本市场活力

环保产业具有正外部性和公益性的特征，需要政府发挥更多主动性，探索多种市场化机制，吸引社会资本的投入。一是设立环保基金。借鉴江苏、陕西、安徽等省的做法，设立省级环保基金，以政府资金为主，运用政府和社会资本合作（PPP）等模式，引导民

间资本、社会资本、国际资本等共同参与环保产业发展。二是大力发展绿色金融。鼓励符合条件的环保企业发行绿色债券，激励银行业金融机构将碳排放权、排污权、合同能源管理未来收益权、特许经营收费权等纳入贷款质押担保物范围。三是深化资源价格改革。结合产业政策落实好差别化价格政策，探索水电价、污水处理、垃圾处理等资源环境税费标准改革，增强环保产业盈利能力。

### （三）加强技术研发，促进环保产业技术成果转化

开好环保产业绿色技术创新“川方”，发挥其“四两拨千斤”的重要引领作用。一是加大技术研发投入。支持建设企业技术中心、工程技术研究中心、重点实验室等创新机构，提高企业自主研发能力，支持环保企业与高等学校、科研院所合作。二是发挥关键技术带动作用。重点开发推广高效技术装备及产品，实现重点领域、关键技术突破，带动能效整体水平提高。加快资源循环利用关键共性技术研发和产业化示范，提高资源综合利用水平和再制造产业化水平。三是提高科技成果转化率。以供给侧结构性改革为契机，以市场为导向，大幅提升环保产业自身的供给质量，以提高供给体系质量和实现效果为中心，建立健全产学研用体系，扩大高质量环保产品和服务的供给，实现自身技术进步和服务升级。四是引导发展环境服务业。鼓励发展环保技术咨询、运营管理等专业化环保服务企业，鼓励环境污染第三方治理、第三方监测的规模化运营。五是做好人才培养引进工作。围绕四川省环保产业稀缺技术，出台人才培养引进扶持政策，培养和引进国内外高技能、紧缺型人才。构建环保产业人才服务平台，完善环保产业园区人才服务配套措施，降低环保人才流失率。

### （四）加强市场监管，营造公平竞争的市场环境

环保产业的健康发展离不开公平有序的市场环境。随着环保产业市场化进程的加快，需要健全与之配套的管理机制。一是发挥环境监察执法的倒逼作用。推动地方党委、政府及其有关部门落实生态环境保护责任，严格履行生态环境考核问责制度。贯彻落实“三去一降一补”，坚决淘汰和退出污染重、消耗大、效益低的落后产能。二是规范环保产业市场秩序。出台关于促进四川省环保企业规范发展的实施意见，强化企业主体责任，提高环保产品质量，提升环保工艺技术水平，建立污染治理绩效考核机制和诚信机制，加强对运维效果等方面的监管，保障环保企业发展有规可循。三是建立健全环保资金监管机制。公开披露环保资金信息，严格规范资金的申请、审批程序，实行单项核算、专款专用制度，畅通群众监督渠道。

# 基于环保督察公众满意度调查分析，完善现代环境治理体系、提升治理能力的建议

**摘　要：**为科学合理评价公众对生态环境的满意度，在开展生态环境督察公众满意度调查的基础上，采用灰色聚类法对调查结果进行评价，结果显示，环境诉求多体现在声环境、水环境领域，建议集中在政府环保管理、宣传工作等方面。结合评价结果从健全环境治理领导责任体系、环境治理政策体系、环境治理监管体系、环境治理全民行动体系等方面提出了针对性的建议、意见。

**关键词：**灰色聚类法；生态环境；满意度调查

## 一、环保督察公众满意度调查是完善现代环境治理体系构建的基础工作

### （一）环保督察是推进现代环境治理体系构建的重要手段

2014年以前，环境监管体系以“督企”为核心；2014—2016年，重点逐渐转为督促、推动地方切实履行环保职责；2016年以来，进一步转变为压紧压实“党政同责、一岗双责”。中央生态环保督察以党中央、国务院的名义赋予了环保督察更高的权威与“刚性”，将地方党委、政府的环保责任作为重点监督范围，督促地方党委、政府履行环境保护职责，有力推动了地方党委、政府对环境保护工作的重视，推动解决了一批突出生态环境问题，是新时期我国环境管理转型与制度建设的一个重要核心内容。

### （二）公众满意度调查工作是环保督察精准开展的前提条件

环保督察入驻各市（州）前，上级政府职能部门通过公众满意度调查，可了解公众对当地党委、政府及其有关部门生态环境保护工作和生态环境质量状况的满意程度，收集当地生态环境问题线索，为环保督察工作做好前期科学评估，帮助厘清被督察地方生态环境保护工作面临的短板，使督察工作有的放矢，加快推动解决突出生态环境问题。

### （三）公众满意度调查是环境治理绩效评估的重要方法

2020 年 3 月，中共中央办公厅、国务院办公厅联合发布《关于构建现代环境治理体系的指导意见》提出的七大体系中的行为主体就包括了领导责任体系、企业责任体系和全民行动体系。人民群众是感知环境变化的首要发现者，“清洁的空气”和“干净的水源”是其基本生活所需。公众满意度反馈可了解到当地人民群众对环境利益的需求，侧面反映政府环境治理工作的成效。通过公众参与环境治理工作，能有效提升环境治理能力，推进环境治理体系现代化。

## 二、调查研究方法设计与调查结果

### （一）调查方式、内容和评价指标体系

受四川省生态环境厅委托，四川省环境政策研究与规划院于 2020 年 4—7 月对 11 个市（州）组织开展了环保督察进驻前的公众满意度调查工作。其中，对自贡市、攀枝花市、广元市、遂宁市、乐山市、广安市、雅安市、眉山市、甘孜州、阿坝州采取“1+2”调查模式，即调查主城区和 2 个抽样区（县）；对成都市采取“1+5”，即调查主城区和 5 个抽样区（县）。调查采用现场问卷调查的方式，按照网格布点原则，以社区（街道）为主，随机抽选调查社区。各区（县）分别抽样调查 100 份问卷，主城区中成都市调查 400 份问卷，其余各市主城区调查 200 份。

调查问卷以调查公众对当地政府环保工作和环境质量现状的满意程度、收集当地的环境问题线索及建议为目的，设计了五大板块，27 个问题：①调查对象基本情况；②公众对党委、政府环保工作情况满意程度；③公众对水、气、声、垃圾收运处理等环境质量满意程度；④当地生态环境问题线索搜集；⑤其他方面。

调查评价指标体系遵循科学性、可度量性、可比性、导向性及可获得性等基本原则建立，采用 5 级李克特（Likert）量表计分（表 1）。问卷设计 5 种满意程度（满意、基本满意、一般满意、不太满意、很不满意）分别计 100、75、50、25、0 分。每份问卷总分为各题平均值，市（州）和县（市、区）得分为当地调查问卷平均分。

本次调查结果评价涉及 11 个市（州）、36 个地区，共回收 5 608 份调查问卷，其中有效问卷 4 900 份。

### （二）调查结果

（1）总体评价。受调查对象的随机性和调查对象回答问题的模糊性，满意度调查结果具有显著的灰色性。研究分析采用灰色聚类法对 11 个市（州）公众生态环境满意度进行评价（表 2），结果显示：①5 个市（州）结果为满意，6 个市（州）结果为基本满意；

②公众满意度最好的 3 个市（州）为阿坝州、甘孜州以及雅安市。

**表 1　2020 年环保督察公众满意度调查评价指标体系构成**

| 系统层 | 一级因子 | 二级因子 | 权重 |
|---|---|---|---|
| 公众满意度评分 | 政府环保工作板块 | 对党委、政府生态环境保护工作的满意度（$X_1$） | 0.1 |
| | | 认为党委、政府对生态环境保护工作的重视程度（$X_2$） | 0.1 |
| | | 认为投诉是否能有效解决环境问题（$X_3$） | 0.1 |
| | | 环保宣传教育工作的了解渠道（$X_4$） | 0.1 |
| | 环境质量板块 | 生态环境质量改善情况满意度（$X_5$） | 0.1 |
| | | 空气质量满意度（$X_6$） | 0.1 |
| | | 水体治理效果满意度（$X_7$） | 0.1 |
| | | 噪声污染控制满意度（$X_8$） | 0.1 |
| | | 污水处理和生活垃圾收运满意度（$X_9$） | 0.1 |
| | | 对本地生态环境质量总体评价（$X_{10}$） | 0.1 |

**表 2　基于灰色聚类法的公众满意度调查结果评价**

| 城市 | 阿坝 | 甘孜 | 乐山 | 遂宁 | 雅安 | 成都 | 广安 | 广元 | 眉山 | 攀枝花 | 自贡 |
|---|---|---|---|---|---|---|---|---|---|---|---|
| 评价结果 | 满意 | | | | | 基本满意 | | | | | |

（2）党委、政府满意度。对比环保工作，党委、政府重视程度，环保投诉解决三项满意度结果，83.33%的地区（30 个）党委、政府重视程度满意度最高，切实反映近年环保宣传和权威信息的发布有效提升了公众对政府在环保方面重视程度的认知；但同时，97.22%的地区（35 个）环保投诉解决满意度最低，充分暴露出环保投诉存在回应解决不利等问题。其中，雅安市名山区的投诉解决满意度是本次调查中最高分，建议可作为四川省经验典型和学习对象（图 1）。

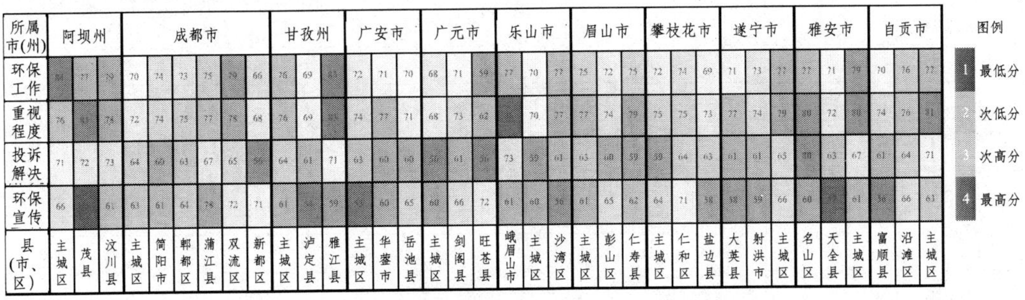


**图 1　党委、政府生态环境保护工作满意度得分**

（3）生态环境质量满意度。对比大气、水、声环境质量和垃圾收运处理四项满意度结果，77.78%的地区（28 个）声环境质量满意度最低，61.11%的地区（22 个）大气环境质量满意度最高，证实蓝天保卫战成效带来了切实的民生改善，也暴露出声环境污染短板问题。

除声环境问题外，阿坝州马尔康市、阿坝州汶川县、广安市华蓥市存在垃圾收运处理短板；广元市旺苍县、乐山市峨眉山市、雅安市天全县存在水环境质量短板；乐山市沙湾区、雅安市名山区存在空气质量短板（图 2）。

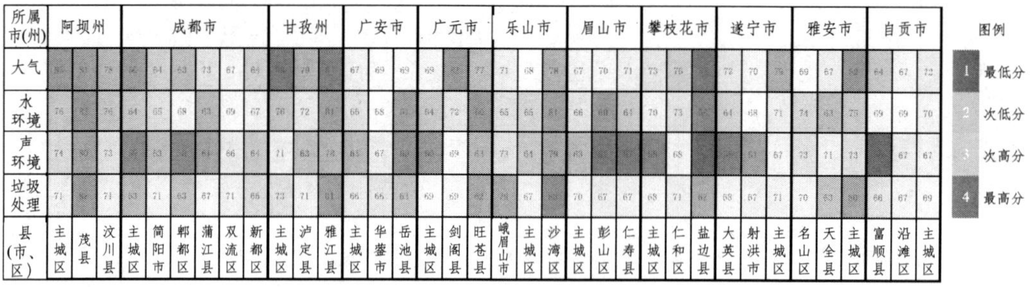


图 2　当地生态环境质量满意度得分

## （三）问题线索收集

调查共收集公众反馈环境问题 509 条，其中涉水（125 条）、声（113 条）、其他（97 条）、大气（93 条）和垃圾（81 条）。其中，乐山市、成都市、雅安市、广元市收集的水环境线索较多；广安市、乐山市、遂宁市、自贡市收集的声环境线索较多；甘孜州、自贡市收集的垃圾收运处理线索较多（表 3）。

表 3　11 个调查市（州）环境问题线索分布　　单位：条

| 市（州） | 水环境 | 大气环境 | 声环境 | 垃圾收运处理 | 其他生态环境 | 总计 |
|---|---|---|---|---|---|---|
| 广安市 | 20 | 15 | 25 | 21 | 19 | 100 |
| 乐山市 | 25 | 17 | 25 | 8 | 21 | 96 |
| 成都市 | 24 | 23 | 14 | 12 | 22 | 95 |
| 攀枝花市 | 9 | 13 | 11 | 11 | 14 | 58 |
| 遂宁市 | 7 | 4 | 16 | 15 | 4 | 46 |
| 雅安市 | 13 | 8 | 7 | 4 | 5 | 37 |
| 广元市 | 16 | 6 | 8 | 2 | 1 | 33 |
| 眉山市 | 5 | 5 | 1 | 1 | 8 | 20 |
| 甘孜州 | 4 | 0 | 3 | 5 | 1 | 13 |
| 阿坝州 | 1 | 2 | 1 | 0 | 0 | 6 |
| 自贡市 | 1 | 0 | 2 | 2 | 0 | 5 |
| 总计 | 125 | 93 | 113 | 81 | 95 | 509 |

声环境问题线索较一致，“噪声大”是公众提出最集中的关键词。水环境问题线索主要呈现为河面漂浮垃圾、河水浑浊、饮用水水质差、污水直排、黑臭水体等。其他方面存在垃圾清理不及时、臭气废气味道大、扬尘严重等环境问题（图 3）。

图 3 各市（州）公众反馈线索关键词云

注：词云图中字号越大即为公众提及频次越高的问题，下同。

公众建议（301 条）主要集中在政府环境管理、宣传工作方面，多提出加强宣传、环保教育、监管、鼓励公众参与、对环保问题加以重视、加大违法排放行为打击力度等。同时也提出了如多植树、加强污水处理、提升空气质量等（图 4）。

图 4 各市（州）公众反馈建议关键词云

## 三、公众满意度调查评价结果解析

### （一）让政府环保工作成为“看得见”的治理成效是四川省环境治理体系构建中亟须考虑的重点之一

调查结果显示四川省环保工作面临两大共性难题，一是政府环境保护工作的公众“可见性”和“认可度”亟须提升，政府环保工作板块方面，所有被调查市（州）的得分均未达到“基本满意”水平，环境质量板块方面，仅阿坝州和甘孜州得分在“基本满意”以上。

二是公众对政府环境治理行为与效果的认可度不一致亟须解决，除成都市、自贡市外的9个市（州）政府环保工作得分均低于环境质量板块。11个市（州）在不一致问题上可分为3类：

（1）不一致问题较突出。政府环保工作得分明显低于环境质量的市（州）共7个。甘孜州差距最大，乐山市、广元市、阿坝州、雅安市次之，遂宁市、广安市差距中等。分析公众对政府治理行为认可度不高的原因，甘孜州、阿坝州受环境本底较好影响，政府环境治理行为难以被公众感知；其他市（州）可能存在治理工作宣传不到位、公众预期较高等问题。其中广元市和广安市需特别关注，广元市政府环保工作板块位列11个市（州）最后，其政府环境治理行为的公众认可度和公众期望差距问题严峻；广安市两板块得分“双低”，政府环境治理行为、治理效果的公众认可度和公众期望均存在较大差距（图5）。

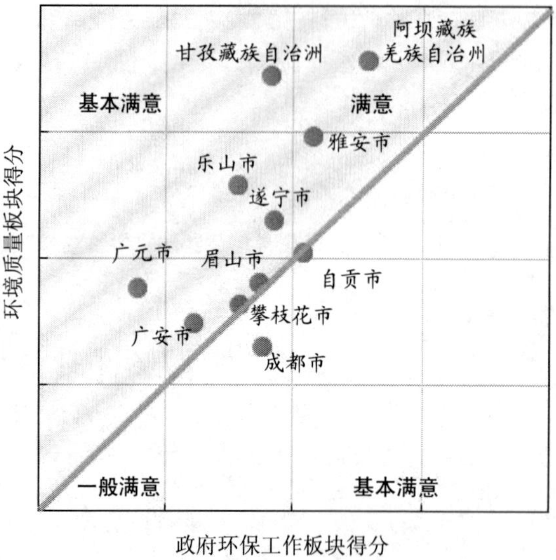


**图5 调查中两大板块满意度得分一致性**

（2）不一致问题较小。3个市（州）两板块满意度得分基本持平，为自贡市、眉山市、攀枝花市，虽眉山市、攀枝花市环境质量板块得分略高一些，但大体来看其政府环境治理行为、治理效果的公众认可度基本一致。

（3）政府环保工作公众认可度超环境质量满意度的为成都市。虽其环境质量满意度板块得分位列11个市（州）最低，但政府环保工作板块得分超过了广元、广安等5个市（州），表明政府环境治理行为得到了公众更多认可。

### （二）环境污染水平显著影响公众对政府环境治理效果的认可度

选取优良天数比例表征市（州）大气环境质量，选取国控及省控断面III类及以上比例表征市（州）水环境质量，现状采用 2019 年数据，近三年改善情况采用 2016 年和 2019 年提升百分点数。结果显示，水环境监测结果与公众满意度存在较大的不一致。用“基本满意”和四川省平均水平将各图分为①～④象限，依据划分结果将 11 个市（州）分为四类：

一是环境质量好、公众满意度高的有阿坝州和甘孜州，其良好的生态环境本底显著提升了公众对政府环境治理行为和效果的满意度。这也充分体现出人民群众对优美生态环境的需求高，“满眼尽青山、时时见蓝天、人河小沟均为清水、处处刻刻都是宁静”体现了人民群众对高品质宜居生活的向往。

二是环境污染程度较轻且改善较小、公众满意度低于预期的有雅安市、遂宁市、攀枝花市、广元市，其生态环境质量偏好但近 3 年环境质量改善幅度有限，由于环境质量改善幅度未达到公众期望水平，公众对政府环境治理工作认可度不高。

三是环境污染程度中等且改善有限、公众满意度与预期相符的有乐山市和广安市，其中乐山市短板为大气环境质量不够好，广安市短板为环境质量改善有限。政府治理行为得到较充分的公众感知，环境治理效果与公众心理预期较一致。

四是环境污染程度较严重且改善大但公众满意度低的有成都市、眉山市和自贡市，其受生态环境质量较差的影响，公众对政府环境治理效果满意度还有较大差距。

图 6、图 7 中①象限为生态环境优于全省平均水平且满意度高于基本满意，②象限为生态环境低于全省平均水平且满意度高于基本满意，③象限为生态环境低于四川省平均水平且满意度低于基本满意，④象限为生态环境高于四川省平均水平且满意度高于基本满意。图 8、图 9 为改善情况与满意度按此类推。

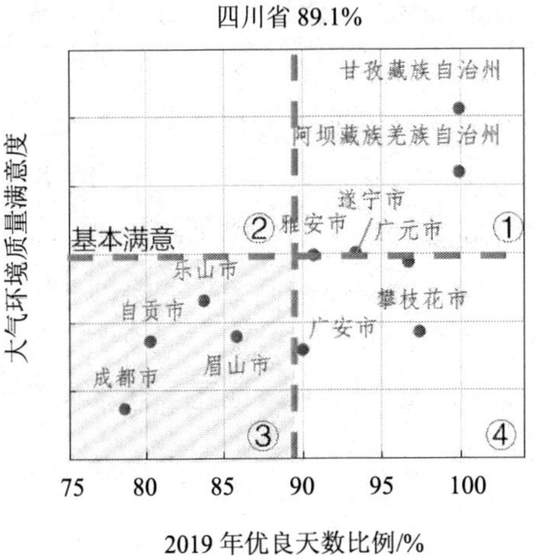


**图 6　2019 年大气环境质量与满意度调查结果一致性**

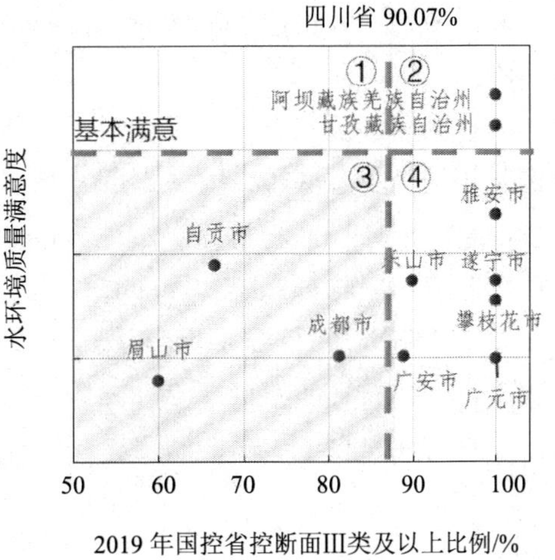


**图 7　2019 年水环境质量与满意度调查结果一致性**

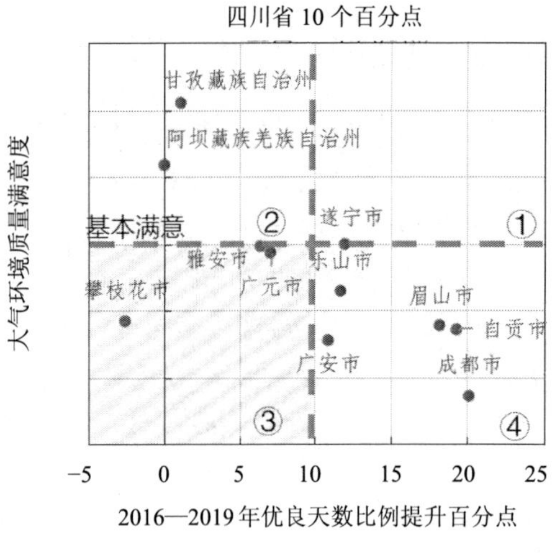


图 8　近三年大气环境改善情况与满意度调查结果一致性

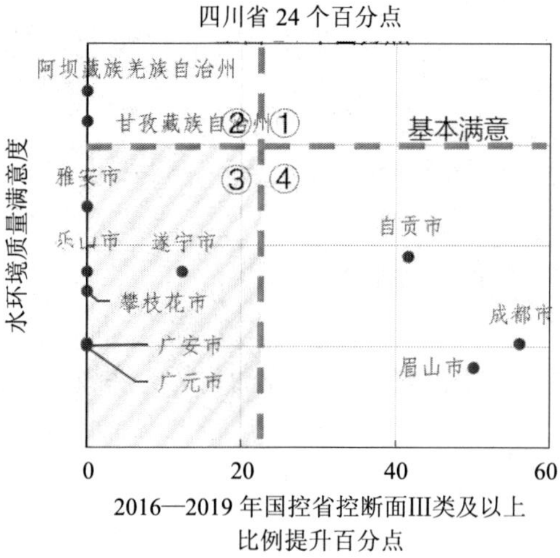


图 9　近三年水环境改善情况与满意度调查结果一致性

### （三）调查结果体现了四川省构建现代生态环境治理体系、提升治理能力的需要

“十四五”时期生态环境治理面临的四个转变和五大挑战，对完善治理体系和提升治理能力提出了更高要求。“十四五”时期生态环境治理形势发生了全局性变化，治理格局由单打独斗转向党政、企业、公众共同负责，污染防治攻坚战的治理模式则转向深入，治理环节由事前审批为重转向全过程监管，治理对象由督企为重转向督政督企并重。在此基础上，环境治理政策改革的五大挑战对体系建设提出更高要求，要满足长期改善和短期攻坚需要，要解决人民群众对优美生态环境需要与优质生态产品供给能力不足之间的矛盾，要突破环境市场经济政策创新，要提升环境监管执法能力，要进一步发挥社会主体的能动性。

调查结果中，生态环境质量提升度与人民群众满意度不匹配充分体现出人民群众日益增长的优美生态环境需要、对高品质宜居地的向往。环境投诉解决不力表明治理响应需求不足；声环境问题暴露出治理责任体系不健全和监管执法能力不足的短板；发布的水环境监测结果与公众感知不一致说明了监测覆盖面与公众感知脱节以及监测评价考核方式单一的问题；公众对加强环保宣传教育的诉求则要求各地进一步加强环保宣传教育工作。提升政府环境治理满意度，应着力于倾听公众反馈和诉求，畅通公众意见表达渠道，提升公众参与环境保护的幅度、广度和深度。

## 四、完善现代环境治理体系、提升治理能力的建议

### （一）健全环境治理领导责任体系，提升政府解决环保投诉的回应力

压实党委、政府生态环保主体责任，严格实行生态环境保护党政同责、一岗双责，着眼于增强地方与公众之间的互动，重视回应结果的知晓度、有效性和满意度。健全生态环境保护督察制度，促进生态环境保护发现问题机制常态化、长效化，持续开展例行督察，探索实施专项督察，全面落实派驻监察，严格督察问题整改。优化完善绩效考核，健全正向激励机制。提高政策执行力度和效率，在考核中加大投诉回应积极性、回应时效性、公众满意度等方面的指标权重，绩效评价排名靠前的市县在专项资金安排上给予奖励，提高地方党委、政府的主动性。

### （二）健全环境治理政策体系，推动治理能力现代化解决地区差异性问题

完善法律法规，加快推进重点领域立法，支持鼓励有立法权的市（州）针对生态环境治理的地方特定问题（如噪声污染、扬尘污染和城市、农村水生态环境持续改善）开展精细化立法。严格执行行政执法“三项制度”，加强司法保障，提高企业和公众守法意识。完善环境保护标准，因地制宜加强大气、水、土壤等重要污染防治地方标准研制与实施。开展生态环境治理能力建设，提升环境监管监测、风险防控应急能力。实现跨部门数据共享、信息互通，实现环境质量、污染源和生态状况监测全覆盖，夯实网格化环境监管监测体系。强化科技支撑能力，加快先进感知手段和人工智能技术在环保督察、污染防治、执法监管、环境监测、风险防控等领域的应用。

### （三）健全环境治理监管体系，加快补齐声环境、水环境治理短板

健全声环境治理监管体系。加大声环境综合监管力度，实行跨领域、跨部门综合执法；将噪声污染纳入环境信用体系；采取有效措施严格控制生产单位的噪声影响，划定大型客货车运输通道，增加防噪林、设置隔音带等。完善水环境治理监管体系。完善以政府部门为主导、社会组织和环保志愿者为桥梁、社会公众为参与主体的“河长制”治理方法，推动“河长制”从有名到有实，强化入河排污监管，整治黑臭水体。完善水环境监测评价考核体系，以有河有水、有草有鱼、无异色无怪味等感观指标丰富对溪沟渠塘等毛细水体的评价，引入公众评价，推动水污染防治工作由大江大河向小河小沟深入，明显改善人民群众身边的沟渠、公园景观水体水质。

### （四）健全环境治理全民行动体系，提高环保宣传教育成效

完善公众监督和举报反馈机制，鼓励公众积极举报生态环境违法行为，完善环保举

报管理平台功能，落实群众有奖举报制度，支持鼓励社会组织开展生态环保公益项目，引导社会组织和环保志愿者参与环境治理监督。省级层面开设生态环境专栏和“曝光台”，定期公开执法典型案例、通报环境质量排名，对贯彻落实生态环境政策不力不及时、环保督察问题整改滞后、对公众投诉处置结果等进行曝光，定期在省级媒体曝光突出生态环境问题整治和执法典型案例查处整改情况；组织编制生态文明教育教材，提高公民环保素养。市（州）层面应加强“12345”市长热线、“12369”环保投诉热线办理和生态环境保护执法工作的介绍和宣传。同时，加强环境新媒体建设、环境新闻舆论引导、环保宣教活动举办等举措，调动社会各界参与到环境保护当中。

# 关于衔接规划滚动制定生态环境保护三年行动计划的建议

**摘　要：**本文强调了四川省在推进"十四五"生态环境保护规划和三年行动计划方面的举措。通过分析其他地区如上海、湖南、山东等的实践经验，提出了四川省滚动衔接五年规划的建议，包括细化目标任务、工程项目，保障资金落实，以及规划期间的调度评估，以推动环境保护工作的有序实施和规划目标的有效落地。

**关键词：**生态环境保护规划；三年行动计划；滚动衔接；目标任务细化；工程项目推进

## 一、问题提出与综述

"大国发展、规划先行"。党的十九届五中全会审议通过了《中共中央关于制定国民经济和社会发展第十四个五年规划和二〇三五年远景目标的建议》，再次强调了规划的理念引领、原则规范和目标约束三大作用。生态环境保护规划应围绕美丽中国建设的战略节点，分阶段地解决工业化、城市化进程中的突出环境问题和生态环境管理中的薄弱环节，环环相扣地确定目标、制定任务并组织实施重点工程项目。行动计划是解构问题与刻画目标的指导性政策文件，其核心难点在于如何衔接规划设定目标并高效找出"解题步骤"，合理制定三年行动计划有利于厘清同期五年规划前半段和后半段的目标任务，并及时查漏补缺、调整重心。近年来，我国在脱贫攻坚、交通运输、信息消费等领域相继出台了三年行动计划，起到了增进民生福祉、提振国民经济、深化供给侧结构性改革的重要作用[1]。

为滚动衔接五年规划，上海市已持续开展七轮环保三年行动计划，走出了一条兼具实效性、延展性、可比性的纵横衔接的行动路径，在国内开创了环境保护三年行动计划"滚轮式"推进机制。全国各地也相继出台了阶段性计划，湖南省出台《湖南省生态环境保护工作"四严四基"三年行动计划（2019—2021 年）》，山东省出台《山东省打好渤海区域环境综合治理攻坚战作战方案》《山东省打赢蓝天保卫战作战方案暨 2013—2020 年大气污染防治规划三期行动计划（2018—2020 年）》，天津市人民政府印发《天津市打好污染防治攻坚战八个作战计划》，浙江省印发《浙江省近岸海域水污染防治攻坚三年行动计划》，广东、湖北、河北等省份也制定发布了 2018—2020 年全省层面或行业层面关于污染防治攻坚战的三年行动计划。

## 二、上海市持续实施“滚轮式”环境保护和建设三年行动计划

2000 年，上海市启动了第一轮环境保护和建设三年行动计划，在国内开创了先河，目前正在衔接“十四五”规划编制第八轮三年行动计划。经过 20 年的“滚轮式”谋划与推进，全市生态环境质量显著改善，为经济社会可持续、高质量发展创造了良好的生态环境条件。三年行动计划作为实施性环保计划，实现了规划与计划的有效衔接，是上海市结合城市发展和建设经验发展形成的一种环境保护计划新形式[2]。

### （一）目标设定

对比分析“十一五”至“十三五”期间实施的三个五年规划和五轮三年行动计划，上海市在 2006—2020 年目标设定的细化程度与衔接程度逐步提高。

（1）指标目标与时俱进，三年行动计划在衔接基础上对规划进行补充完善。通过制定实施三年行动计划，在五年规划基础上进行指标增补。例如，“十一五”规划（2006—2010 年）未将“建成区人均公共绿地面积”纳入指标体系，而在三年行动计划（2008—2011 年）中补充列入，提出建成区人均公共绿地面积提高到 13.1 $m^2$，并于该轮计划期末（2011 年）完成预设目标。

（2）通过三年行动计划，阶段性压实细化规划目标。在五年规划期间内，通过三年行动计划逐阶段分解细化指标目标，实现治污责任压实、目标压紧，极大地提高了治理效率，确保成效巩固与提升。以“$PM_{2.5}$年均浓度下降”指标为例，为完成“十三五”规划设定的降至“42 $\mu g/m^3$左右”目标值，期间开展的两轮行动计划分别设定了到 2017 年“较 2013 年下降 20%左右”和 2020 年实现“37 $\mu g/m^3$”的三年行动计划目标（图 1）。

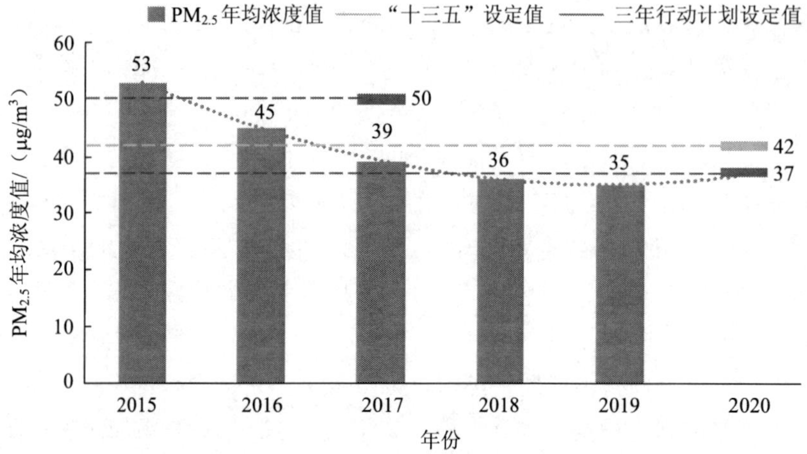


图 1　2015—2020 年上海市 $PM_{2.5}$ 年均浓度目标设定与完成情况

从完成结果来看，2017 年上海市 $PM_{2.5}$ 年均浓度降至 39 μg/m$^3$，较基准年 2013 年下降了 37.1%，大大超出了预期目标，所以在后一轮计划进行了加严。再如森林覆盖率，第三轮、第四轮三年行动计划目标设定值分别为 13%、14%，“十二五”规划提出到期末（2015 年）提升至 15%，实际完成值为 15.03%，滚动至第五轮三年行动计划目标再次提升为“力争达 15.5%”，体现出三年行动计划持续发力的特征。根据规划中三年行动计划的完成情况，通过两者的双向反馈，可以提高形势预判和目标制定的准确性、合理性，同期的三年行动计划的实施可以对规划目标起到支撑作用。

## （二）重点任务

（1）通过规划与计划的衔接，完善任务顶层框架。在“十五”时期以来的几轮三年行动计划编制过程中，按照“6→7→8→9”的进程不断对重点任务的领域和方向设计进行细化拓展。到“十二五”时期，三年行动计划基本明确了围绕水环境保护、大气环境保护、固体废物处置与噪声控制、工业污染防治、农业农村生态环境保护、循环经济和清洁生产七大领域来进行谋篇布局，并提出了加强政策、法制、科技支撑和环保能力建设；“十三五”期间开展的两轮三年行动计划分别涉及 8 个和 9 个专项领域，整体在两轮五年规划的框架下进行设计（图 2）。

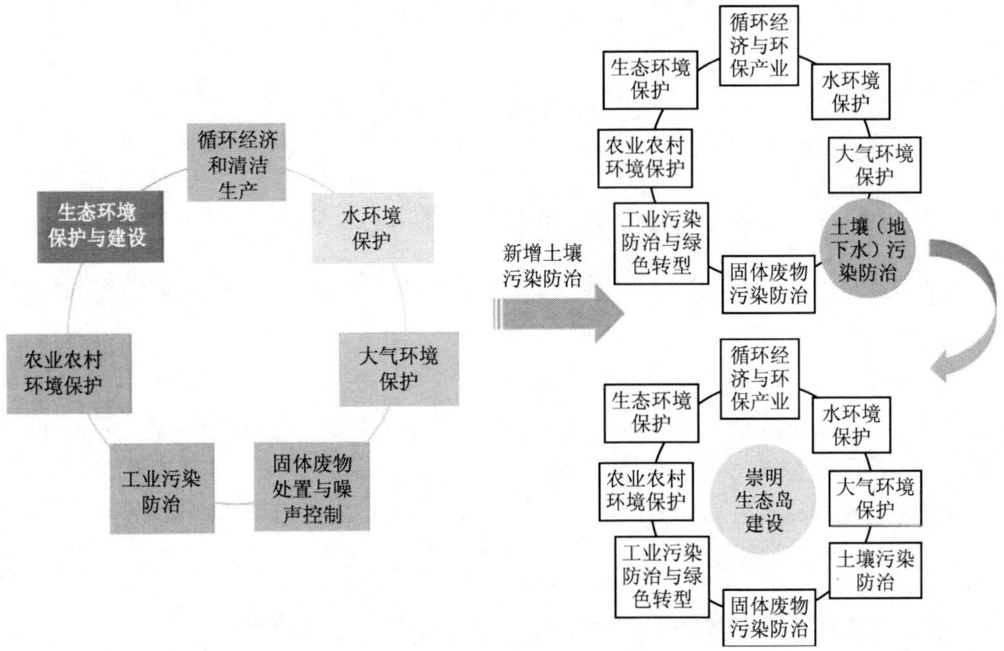


**图 2　上海市环保规划与计划重点任务领域框架调整机制**

（2）通过规划与计划的衔接，突出任务设计重点。“十一五”“十二五”期间（2009—2014 年），在延续几大生态环境保护重点任务总体架构的设计基础上，三年行动计划更加强调提升环保基础设施的能力和水平，并将着力点转向解决市民最关心的问题，着手控制潜在环境问题，更加突出污染源头预防和环境管理政策机制创新。

### （三）项目实施与环保投资

（1）通过三年行动计划来谋划项目。上海市五年规划并不包括具体的项目，而每轮三年行动计划均配套了 200 多个项目，通过三年行动计划来谋划项目的有序推进，确保规划和计划提出的重点任务得以落实。上海市国民经济和社会发展计划执行情况与计划草案的报告显示，第三轮三年行动计划（2006—2008 年）共有 256 个项目启动，在 2006 年完成 33 个，2007 年完成 74 个，2008 年顺利完成第三轮计划。自 2009 年开始全面实施第四轮环保三年行动计划，其中建设型项目完成 26 个，已完成和开工在建项目数占总数的 70%，2010 年已启动和已完成项目占总数的 90%，2011 年顺利完成第四轮计划。第七轮三年行动计划（2018—2020 年）的 250 个项目在 2019 年实现了全面启动。

（2）在五年规划中提出环保投资预期性指标，通过三年行动计划来组织实施。资金是规划和计划顺利开展和项目实施的根本。2005—2020 年，上海市制定的三个五年规划中，均提出了“环保投入不低于全市生产总值一定比值”的预期性目标。通过滚动制定的五轮三年行动计划，将投资落实到重大工程项目上，并细分领域、明确司职确保资金有着落，最后通过多部门统筹协调推进项目落地见效。

## 三、国内其他省份创新编制三年行动计划案例分析

### （一）湖南省：三年行动计划为五年规划提供有力保障

湖南省“十三五”环境保护规划构建了大气、水、土壤、农村污染防治领域的指标和任务体系。2018—2019 年，通过制定污染防治攻坚战三年行动计划和生态环境保护工作“四严四基”三年行动计划，对“十三五”期间的目标思路、重点任务进行了进一步细化。其中，将污染防治攻坚战三年行动计划（2018—2020 年）细化为“以突出长株潭区域大气同治、洞庭湖水环境整治、湘江流域重金属（土壤）治理”等推进污染防治攻坚战。将生态环境保护工作“四严四基”三年行动计划（2019—2021 年）细化为通过抓好“四个严格”统筹推进污染防治攻坚战、夯实“四大基础”为生态环保铁军打造金身[3]。

### （二）山东省：探索开展大气污染防治“分期制”行动计划

山东省 2013—2020 年大气污染防治规划采取“总体布局、分期规划”的方式，用 8 年时间、分 3 期实施，以规划确立总基调，在规划与行动计划的目标设定和项目管理上始终绷紧一根弦，并以行动计划持续保障重点任务的细化和落实。其中第一期计划与总体规划同时印发，详细划分了目标、任务、项目、保障，为第二期、第三期工作计划的

开展奠定了良好基础，也提供了参考依据和范式。通过后继的两期行动计划强调事中管理和持续推进，其中在第二期进行了重点项目补充，并对实施的成效和问题进行了进一步分析[4]。

## 四、经验启示与建议

### （一）通过滚动的三年行动计划细化规划的目标任务

在三年行动计划编制过程中，要对规划的目标指标和重点任务予以量化、细化，做好规划与计划的衔接。一是锚定规划目标，将重点目标指标分解。对比三年行动计划与相应区间规划的目标设定值，以“前紧后松”为原则，分析不同阶段重点目标指标，要高于“3/5”或“3/10”的进度期进行目标设定，压紧完成进度[5]。充分结合实际，在滚动中通过动态调整提高目标咬合度，甚至高于原定的规划目标。二是锁定规划重点任务，作出阶段性安排。将问题最突出、最易完成、最迫切的、对规划目标贡献最大的任务优先安排在前期的三年行动计划中，并在后继的滚动计划中进一步压实重点任务。

### （二）通过滚动的三年行动计划细化规划的工程项目

在三年行动计划编制过程中，要以工程项目的落实为重点，提高方向精准度，保证工程项目的落地可操作、可把控，推动目标任务的实现。一方面，针对前述的任务优先级聚焦污染防治、生态环境保护监管、环境风险防范等方面，推动关键领域加快实现突破。另一方面，聚焦生态环境短板最突出、群众需要最迫切领域，深化细化为清晰可操作的工程项目，以事项化、项目化、清单化推进落实。

### （三）通过滚动的三年行动计划保障规划的资金落实

生态环境保护工作涉及方方面面，要加强与有关部门沟通协调，形成攻坚合力，协同推进重点项目建设，为规划目标的实现提供充足的资金保障。一是加强项目库建设，实现动态增补。推进三年行动计划的项目谋划、包装，提高项目的成熟度与编制质量。强化组织协调，调动发展改革、住建、水利、交通等部门积极性，共同编制项目、争取资金。对于重点项目可采取补充、调整的动态更新方式进行滚动入库和组织实施。二是提高资金使用绩效。通过三年行动计划的实施压实资金使用，把资金分配到具体项目上去。加强对重点项目的跟踪服务，及时解决项目推进过程中的问题，规范资金拨付程序，提高资金使用效率[6]。

### （四）通过滚动的三年行动计划做好规划期间调度评估

利用三年行动计划周期较短的优势，对规划的执行情况进行调度，对各项目标、任务、工程项目的完成度和存在的问题进行统计公布，强化目标任务评估管理与工程项目的推动，并对后继滚动的三年行动计划提供建议，补齐规划设计层短板，加强对任务项目的统筹谋划，确保方向相协调、力度不松懈。

## 参考文献

[1] 赵细康. 健全生态环境保护体制机制[J]. 今日浙江，2013，24：50.

[2] 王锋君. 实施 “143”行动计划 推动成都生态环境保护[J]. 先锋，2017（2）：41-42.

[3] 吴舜泽，殷培红，夏冰，等. 落实党委和政府农村生态环境保护主体责任的调研分析[J]. 环境与可持续发展，2019，44（2）：5-9.

[4] 万军. 以提高环境质量为核心将 “三大行动计划”路线图转变为施工图——“十三五”生态环境保护规划与 “三大行动计划”之关系分析[J]. 环境保护，2017，45（1）：31-34.

[5] 邓伟. “十四五”生态环境保护战略构想——以重庆市为例[J]. 环境影响评价，2020，42（4）：31-33.

[6] 姚瑞华，赵越，杨文杰，等. 长江经济带生态环境保护规划研究初探[J]. 环境保护科学，2015（6）：15-17.

# 整合水功能区与水环境控制单元，推进流域“水陆统筹”“量质并重”动态管理

**摘　要：**水功能区划分对象是江河湖泊水体，是只针对水域的线状河段；水环境控制单元涵盖水域和陆域，是面状空间。受历史原因影响，水功能区和水环境控制单元长期分属水利和生态环境部门，在空间布局、管理方式等方面存在较大差异。2018 年，中共中央印发《深化党和国家机构改革方案》，将编制水功能区划、排污口设置管理等职责由水利部门划转到生态环境部门，与重点流域水污染防治规划等实行统一管理。依托“四川省典型流域水功能区与控制单元管控体系整合研究”“典型城市水功能区—控制单元一体化管控研究”“成都市功能区与控制单元整合优化技术研究”等课题，识别现行水功能区与水环境控制单元差异，探寻水功能区与水环境控制单元结合点，剖析现行问题，并提出水功能区与水环境控制单元一体化管控对策建议，为职能调整后两者的统一管理提供支撑。

**关键词：**水功能区；水环境控制单元；精细化管控

## 一、概念与结合点

### （一）概念

水功能区：为满足水资源合理开发、利用、节约和保护的需求，根据水资源的自然条件和开发利用现状，按照流域综合规划、水生态系统保护和经济社会发展要求，依其主导功能划定范围并执行相应保护和管理要求的水域（图 1）。水功能区突出了水体主导功能，分类指导开发利用和保护工作，约束和引导地方政府遵循区划要求，合理布局经济社会发展。分级分类体系：水功能一级区和二级区（图 2）。一级区分为保护区、保留区、开发利用区和缓冲区 4 类，在一级区的开发利用区中进行水功能二级区划分，二级区分为饮用水水源区、工业用水区、农业用水区、渔业用水区、景观娱乐用水区、过渡区和排污控制区 7 类。一级区划主要解决地区之间的用水矛盾，二级区划主要解决部门之间的用水矛盾。

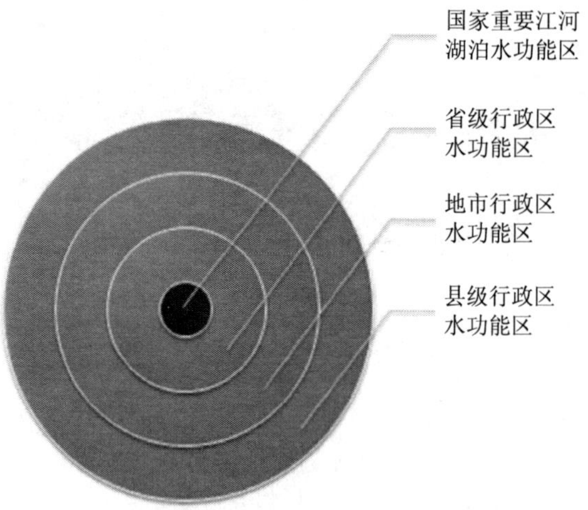


**图 1　水功能区构成关系**

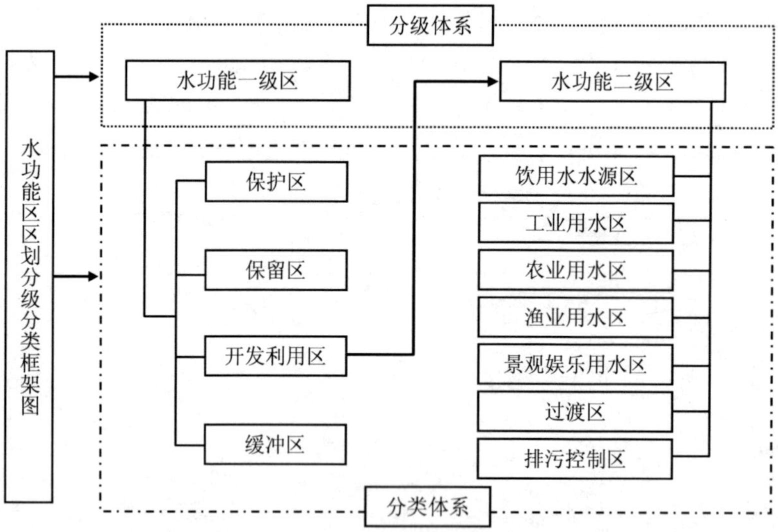


**图 2　水功能区分级分类体系**

水环境控制单元：兼顾污染防治科学性和行政管理便利性的空间实体，体现自然汇水特征与行政管理需求，以控制断面为节点，集行政区、水体、控制断面三要素于一体的空间管理单元，控制单元既是一个小流域，也是一小片行政区。

## （二）结合点

水功能区以实现水资源的可持续利用为目的，注重水资源与水环境并重。水环境控制单元以水环境质量管理为目的，以控制断面水质反映控制单元内污染负荷变化为手段，注重水环境质量改善。水功能区与水环境控制单元虽为两种不同的管理体系，但两者都是围绕“三水统筹”，以水环境作为结合点，采用水环境质量定位水功能区类别，明确河段主导功能，约束水资源开发利用，同时将水环境质量目标作为水功能区水质底线硬约束，落实水环境控制单元内排污许可、环评准入、控源减排、生态扩容等各项目标任务及相关责任主体，协调发展与保护。

## 二、矛盾与冲突

### （一）江河湖泊水功能区划定不足

一是水功能区覆盖度不高。随着城市发展、人口聚集等相关布局的调整，对水资源合理利用有了进一步需求，但部分正在开发利用的江河湖泊和位于城镇、园区等敏感区内的重要水体未划定水功能区，给重大项目选址、入河排污口设置、水质目标管理等带来了一系列问题。若区域水体功能不明确、水体功能区不划定，势必会导致区域水环境、水资源底线标准不清，从而加剧发展与保护的矛盾。二是水功能区划定依据不足。水利部出台的《水功能区划分标准》（GB/T 50594—2010）、《水功能区监督管理办法》均未对江河湖泊是否划定水功能区作出定量说明，无统一的划定依据。

### （二）水功能区管理与经济社会发展不协调

一是水功能区划定范围不合理。保留区划定范围较长且覆盖多个区县、缓冲区上下游不同行政区内区划长度比例失调、上游区划长度过短，没有足够的污染物稀释自净空间等问题均不利于行政区边界水功能区监督管理，容易引发水事纠纷。二是水功能区划调整不及时。经济社会发展和城市规划调整往往导致一些水体主导功能定位发生较大调整，如饮用水水源取水口调整、工业生活农业取水规模扩增等，使得原有水功能区划类别不再适应新的发展需求。三是水功能区管理未与污染源有机关联。城市布局调整后，存在一些排污口位于保护区、饮用水水源区、保留区等区划范围内，水体功能、水体水质与陆域点、面源关联不明确，水功能区纳污能力、限制排污总量未实行动态更新，对水功能区水环境质量势必存在一定的污染风险，可能会导致污染事件发生。

### （三）水功能区与水环境控制单元对应不强

一是空间对应关系不足。水功能区与水环境控制单元在空间上还未建立一一对应关系，目前仍为“线”与“面”的空间格局，存在单个水功能区对应多个控制断面、单个完整水功能区跨多个水环境控制单元、多个水功能区在同一水环境控制单元内或考核断面所在水体未划定水功能区的问题。二是监测考核评价体系未有效结合。存在省级水功能区未纳入考核评价体系、水功能区监测断面与监测频次仍分立于控制断面监测体系、水功能区以双因子为主导的考核评价方式有别于控制断面评价体系、水功能区考核目标优于或劣于控制断面水质目标、水功能区达标率控制目标滞后于控制断面达标率、控制断面位于水功能区上游或中游导致断面水质代表性不强、控制断面位于缓冲区或排污控制区等情况。

## 三、对策与建议

### （一）摸清水功能区家底，建立水功能区与水环境控制单元空间整合体系

由于水功能区由水利部门组织划定，且存在前述划定不足、与经济社会发展不协调、与生态环境部门划定的水环境控制单元对应不强等问题。我们建议，以问题为导向，以水功能区与水环境控制单元协同管理为目标，构建基于空间管理的水功能区与水环境控制单元对应体系。一是开展水功能区调查。查明水功能区划定情况，建立河流名录与水功能区划台账，摸清水功能区划定现状，补齐水功能区划短板，尤其是针对水质不能稳定达标的重要支流。二是动态优化调整。充分利用水利部门水功能区划、生态环境部门水环境控制断面、控制单元现有成果，衔接国土空间规划、城市发展规划，针对矛盾突出区域需求，完善水功能区与水环境控制单元管理。三是建立水功能区与水环境控制单元空间整合体系。运用 GIS 工具，以单个控制单元包含单个完整水功能区或多个完整水功能区为原则，建立点、线、面即“控制断面—水功能区—水环境控制单元”空间对应关系，形成“流域—水生态控制区—水环境控制单元—水功能区”四级体系，实现水功能区与水环境控制单元空间对应和无缝衔接。

### （二）以水环境质量管理为目的，构建统一的监测考核评价体系

一是厘清考核评价体系差异。梳理水功能区与水环境控制单元监测考核评价体系分别涉及的责任主体、监测评价方法、考核指标、考核目标、考核结果等差异，形成差异对照清单。二是建立水功能区与水环境控制单元考核对应关系。以控制断面考核单个水功能区或多个水质目标相同水功能区为原则，确定两者的同一考核断面。三是构建统一监测考核评价体系。深入分析水功能区与水环境控制单元考核指标长时间序列对应变化关系，逐步将水功能区 2 项考核指标向水质监测的 5+X 项指标过渡，将水功能区评价方式（频次法、均值法）向逐月考核评价过渡，将水功能区考核延伸至省、市（州）级，实现对两者的统一监测考核评价。

### （三）以水质达标为底线约束，建立基于“质、量”并重的动态水环境管理体系

一是整合建立动态水环境承载力核算技术体系。以水功能区和水环境控制单元的水质考核目标达标为底线约束，建立陆源污染排放清单，耦合气象水文条件，研究污染物的产、汇、流过程，通过构建水文水质模型，动态核算水功能区环境承载力。二是建立

基于“污染源排放量—污染物入河量—水环境容量—水环境通量”的动态水环境管理体系。将源强、入河量、水环境容量与水环境通量挂钩，实现从单一的“水环境质量管理（质）”到“水环境质量管理”和“水环境通量管理”并重（质、量并重管理），在“质”的约束基础上突出对“量”的管理，从而落实水资源调配、控源减排、生态修复等减污扩容措施和排污许可、环评准入、区域限批等管理措施要求，实现流域精细化动态管理。

# 坚持系统治理，“三水统筹”推动河湖水系综合整治

**摘　要：**《中共中央关于制定国民经济和社会发展第十四个五年规划和二〇三五年远景目标的建议》中提出了“实施河湖水系综合整治”的工作要求。四川省是长江、黄河上游重要的生态屏障和水源涵养地，多年来省委、省政府以改善水环境质量、完善水资源保障、保护水生态环境为目标，积极推进河湖水系综合整治，“三水”保护成效显著。为深入贯彻落实河湖水系综合整治工作，本文结合历史资料和现场调研，凝练基本概念，梳理发展历程，总结整治意义，分析目前四川省河湖水系面临的问题与挑战，并从控源治污、水系连通、生态保护、“绿水青山就是金山银山”转化等方面提出政策建议。
**关键词：**三水统筹；水系连通；综合整治

## 一、河湖水系综合治理的内涵

### （一）河湖水系综合整治的概念

河湖水系是由自然演化形成的江河、湖泊、湿地等水体以及人工修建形成的水库、闸坝、堤防、渠系与蓄滞洪区等水利工程共同组成的“自然—人工”复合系统。河湖水系是水资源的载体，是生态环境的重要组成部分，是经济社会发展的基础支撑。

河湖水系综合治理至今尚无权威定义，总结提炼相关研究和实践成果，我们初步归纳为：河湖水系综合治理是指基于河湖自身要素禀赋特征，根据河湖汇水范围内经济社会发展阶段，顺应当地居民的现实需求，以水土资源开发、利用、保护与合理配置为主要内容，按照山水林田湖草系统治理理念，基于山林、草地、田园、河流、湖库、湿地等之间的水力联系，通过包括工程和非工程措施在内的综合治理工作优化调整河湖水系格局、提升水环境质量、保障水生态安全，使得河湖生态系统良性循环、经济社会可持续发展，促进当地居民生活水平提高和人居环境改善，实现“山青、水秀、林茂、田沃、湖净、草丰”。

### （二）河湖水系综合治理的发展

“十一五”期间，提出“三河三湖”综合治理，加强长江中下游、珠江及重要界河的水污染防治，加强水利基础设施建设。“十二五”期间，提出让江河湖泊休养生息，建立基于环境污染和生态退化全防全控的环境科技创新体系和环境技术管理体系，并把水利作为国家基础建设的优先领域。“十三五”期间，提出生态文明建设，坚持节水优先、空间均衡、系统治理、两手发力，全面提升水安全保障能力。而“十四五”期间，则提出了“三水统筹”，综合治理河湖水系。经过不断地探索与创新，我国从水污染防治与水利基础设施建设的一分为二，一步步向综合考虑河湖水系水资源、水环境与水生态的响应关系，通过实施河湖水系综合整治，实现“有河有水、有鱼有草、人水和谐”的美丽河湖。

### （三）实施河湖水系综合整治的意义

#### 1．大力推进水生态文明建设的必然要求

水生态文明建设是新时代加强生态环境保护的重要指导思想和行动指南。四川省作为我国区域协调发展的重要战略支点，多年来深入推进水生态文明建设，深入落实“把修复长江生态环境摆在压倒性位置，共抓大保护，不搞大开发”以及“让黄河成为造福人民的幸福河”的工作部署，水生态环境有了明显改善。但四川省河湖众多，规范有序的河湖水系管理体系有待完善，完整健康的绿色发展模式以及能够满足人民群众需求的优美人居环境尚未形成。因此，将河湖水系视为整体，树立尊重自然、顺应自然、保护自然的生态文明理念，持续推进水生态文明建设，开展河湖水系综合整治，提升人民群众幸福感、获得感，对助推经济高质量发展、高品质生活宜居地建设具有重大意义。

#### 2．贯彻落实“三水统筹”指导思想的重要举措

“三水统筹”系统治理指导思想的提出，标志着我国水生态保护工作将以“山水林田湖草生命共同体”为政策方针，以“有河有水，有鱼有草，人水和谐”为目标，系统全面推进水生态环境保护工作。作为长江、黄河上游重要的生态屏障，四川省“三水统筹”系统治理任重道远。“十四五”期间四川省新增国考断面后，不达标断面由原有的 1 个增加到了 11 个，水质优良率下降了 4.3 个百分点，部分湖库处于富营养化状态。此外，受自然地理环境影响，水资源安全供给难以全面保障，水生态保护基础薄弱。因此，开展河湖水系综合整治，贯彻落实“三水统筹”，大力推进重点区域河湖水系连通、完善水资源调度、保障稳定供水、加强水污染防治和水生态保护与修复、提升水体稳定达标率等势在必行。

## 二、河湖水系面临的问题与治理挑战

### （一）小流域水质堪忧，污染防治任重道远

一是部分小流域水质达标率不高。“十三五”时期以来，四川省水环境质量整体改善，2020 年四川省 110 个国（省）考断面水质达到或优于地表水Ⅲ类比例为 94.5%，但釜溪河、郪江、濑溪河、西河已纳入考核的河流相关断面水质还不稳定，长滩寺河、东柳河、平滩河水质较差河流未纳入“十三五”考核范围，农村小微水体、城市河流和景观水体水质整体不容乐观。“十四五”期间，四川省水环境国（省）考核断面将从原来的 110 个增加到 343 个，不达标断面数量也从原来的 6 个增加到 23 个。二是基础设施建设短板突出，处理能力不足与配套管网不完善问题并存。四川省建制镇污水处理率仅有 51.6%，城镇雨污分流不彻底、调节能力不足严重制约已建成污水处理设施发挥减排效益，雨天污水溢流现象突出，部分污水设施 COD 进水浓度低于 50 mg/L。农村生活污水得到有效治理的行政村比例为 58.7%，乡镇及以下生活污水处理设施能力不足，生活污水直排现象仍然较多，因地制宜的农村污水治理模式和工艺还有待进一步探索。三是部分流域水环境承载力与经济发展矛盾突出。一方面，污水处理设施不完善、农业面源污染防控手段乏力、枯水期生态流量难以保障导致一些水体剩余环境容量不足。另一方面，城市化、工业化带来的人口和产业聚集，不可能避免地在局部水体加大污染排放，进一步加剧保护与发展的矛盾。

### （二）水系连通性不足，生态流量难以保障

一是水资源时空分布不均。四川省水资源总量大，年均水资源量达 3 152.67 亿 $m^3$，约为长江流域水资源总量的 26%，但水资源年内分布不均，丰水期（6—10 月）降水量占全年的 76%，年内最大月径流与最小月径流比值变化在 3～52 倍。空间分布上，川西北人口少，经济总体欠发达，水资源丰富，多年人均水资源占有量在 46 800～60 300 $m^3$；而成都平原及丘区人口多，经济相对发达，水资源匮乏，成都、遂宁、资阳、德阳等市人均水资源占有量只有 300～900 $m^3$。二是水资源调蓄能力不强，供水保障能力欠缺。四川省目前已建成水库总兴利库容约 528 亿 $m^3$，仅占多年平均地表径流量的 20.8%。水资源配置工程体系尚不完备，水系连通性不足，径流分配不均匀，丰水期水资源存不住，枯水期补水量不足，一旦发生季节性干旱或突发水体污染事故，无法保证稳定供水。三是部分小流域生态流量不足。受水资源时空差异、不合理的小水电与拦水坝的建设以及人类活动过度侵占水生态空间影响，河流水动力条件变差，如郪江、西河、球溪河等小流域生态流量得不到保障，水环境容量降低，凯江、大河、越西河部分河段甚至存在断流情况。

### （三）水生态保护存在短板，宜居生活道远且艰

一是河湖岸线、城市河道的原生性被破坏殆尽。随着城市人口的增长、交通路网的扩展和商业项目的启动，很多河道在城市建设的进程中被填埋、改为暗沟，水系被分割，无法满足水系畅通要求。城市防洪、泄洪的需求，往往使得内城河道被人工化、渠道化，甚至出现“三面光”现象，水陆联系被人为阻断，地下水、地表水循环和河道的自净等功能大大降低，水生生物和河岸植物生境和河流周边的生态环境被破坏。二是流域开发影响水生态环境。四川省水能资源丰富，水电开发程度高，小水电点多面广。金沙江、嘉陵江等流域大型水电开发影响水域景观，改变河道形态与结构、水文情势、流体性质和水力条件，进而导致水体理化性质发生改变，影响水生生境与生物习性，对河湖生态环境造成深入而广泛的影响。金沙江水电梯级开发过程中，干流下游鱼类个体小型化与低龄化明显，鱼类资源呈衰退趋势。三是水生态监测评估体系有待完善。河湖水系水生动植物生态指标监测体系尚未建立，监测设备、专业人员严重不足，湖库富营养化水平、水生生物完整性状况、鱼类种群演变等水生态评价相关工作开展不充分，存在底数不清问题。

## 三、河湖水系整治建议与对策

开展河湖水系综合整治，统筹考虑山水林田湖草沙关系，根据特征深入攻坚，科学统筹水资源调配，“坏水”得到有效治理，“中水”得到合理利用，“好水”得到全面保护和提升，最终实现美丽河湖建设目标。

### （一）控源治污，改善河湖水环境质量

#### 1. 严防工业废水污染，深化入河排污口整治

一是落实“三线一单”要求，引导构建与生态环境相适应的产业空间布局。二是加强工业企业污水综合整治，推进工业企业污水处理设施升级改造，提升水资源节约水平，严格工业企业、园区废水循环利用率要求，鼓励废水深度处理与循环利用。三是深入开展入河湖排污口整治，开展重点入河排污口监测及溯源，取缔清理一批非法入河湖排污口，规范整治一批水质不能稳定达标排放的问题排污口。

#### 2. 完善生活污水治理，突出污水收集管网建设

一是持续推进城镇生活污水设施建设，加快雨污分流改造，推动城市建成区污水管网全覆盖、全收集、全处理以及老旧污水管网改造和破损修复，2025 年前实现城市污水“零直排”，地级以上城市生活污水处理厂进水生化需氧量浓度平均达 105 mg/L、县级城市平均达 90 mg/L。二是加快城市生活污水收集处理系统“提质增效”改造，在环境容量低、水环境质量改善压力大的流域升级改造一批污水处理设施，提高排放标准；在受纳

水体敏感、环境风险大的流域推动建设扩容一批调蓄池，提高污水处理设施应急调蓄能力。三是加强污水处理设施运维，关注乡镇行政区划调整后相关污水处理设施的稳定运维问题，因地制宜推动农村生活污水治理，探索农村深化资源化处理利用模式，研究高寒高海拔地区生活污水处理技术。

**3．深入农村污染防治，强化农业面源污染管控**

一是推进养殖业污染防治。加强畜禽粪污处理设施建设及运行管理，优化调整养殖产业布局，合理确定养殖规模，制定畜禽养殖污染防治专项规划，关注水产养殖污染问题。二是加强种植业污染防治。持续开展化肥农药减量增效行动，试点建立农药化肥使用量核算体系。划分四川省农业面源污染控制单元，识别农业面源污染高风险地区，编制省级农业面源污染控制单元清单。以大中型灌区为重点，开展农业面源污染监测。深入开展高标准农田建设，构建种植业尾水及农田地表径流的生态拦截屏障，在重点小流域及川渝跨界河流持续推进河湖生态缓冲带建设。

## （二）水系连通，强化河湖水资源保障

**1．雨洪资源化，提高调蓄能力**

一是推进建设一批小型水利、水保工程，调蓄汛期雨水，充分运用林草植被、梯田、鱼鳞坑、水平沟和水池、水窖、谷坊、塘坝等水土保持和集雨旱作工程截蓄利用雨水，力争洪水少下山，清水缓出川。二是强化梯级水库调度，强化部门合作，落实“电调服从水调”原则，充分考虑需水区用水需求，合理安排发电调度计划，加强小水电下泄流量监管，确保下泄流量满足下游综合用水需求，将江河生态流量管控纳入绩效考核。三是深化海绵城市和 LID（低影响发展）建设，在一些水资源严重不足的城市，将城市生态系统保护与雨洪利用结合起来，研究将引起城区内涝的雨洪蓄滞为枯期生态用水，实施河湖串联工程，统一调蓄洪水，蓄丰排枯，提高丰水期、枯水期调蓄能力。

**2．实施水系连通，保障生态流量**

一是推进以改善水生态环境为主要目标的连通工程。对于水污染严重、生态环境问题突出的地区，实施河网综合治理，恢复或增强江河湖泊之间的水力联系，在严格限制污水排放的基础上，增强水体流动性，改善河湖水体水动力条件，提高水体自净能力，促进区域、流域生态环境的恢复。二是推进以水资源配置为主要目标的连通工程。通过新建水库、闸坝、引水渠道等工程构建河流湖泊等水体之间的连通，提高地区水资源配置能力和供水保障率，加快推进“引大济岷”“引雅济安”“武引二期”“向家坝灌区”等跨流域引水调水工程。三是推进综合型连通工程。疏通洪水宣泄通道，拓展骨干排涝河道，提高区域防洪标准，解决城市内涝问题；连通河湖（库），实施联合调度，提高区域河湖健康保障能力，保障枯水期小流域生态流量，提升湖（库）日常水景观。

**3．再生水循环，有效利用水资源**

一是提高再生水利用效率。加快推进再生水利用设施建设，优先利用现有污水处理

设施，通过提标改造，提升并保证出水水质，科学确定再生水用途、规模和布局。因地制宜建设人工湿地水质净化等工程设施，进一步提升污水处理厂达标排放尾水和轻微污染河水水质，用于区域内生态补水、工业生产和市政杂用。二是完善区域再生水循环利用体系，加快推动城镇生活污水资源化利用，合理安排污水处理厂布局和建设，推广再生水用于工业生产和市政杂用，通过逐段补水的方式将再生水作为河湖湿地生态补水，构建“截、蓄、导、用”并举的区域再生水循环利用体系。实施人工湿地水质净化工程和再生水调蓄设施建设任务，优先将达标排放水转化为可利用的水资源，就近回补自然水体，促进缺水城市生态流量恢复。三是健全激励约束机制，鼓励推广再生水使用。逐步建立健全再生水利用激励机制，在再生水生产和使用过程中给予政策引导和支持，培育扩大再生水利用市场。

### （三）生态保护，改善人居环境

#### 1. 保护和修复水生态，建设美丽河湖

一是推进水生态保护与修复工程，保护湖库周围山体植被及生态系统，对消落带进行生态修复和植被复绿，加强湖库富营养化的防治工作，积极发展生态农业。二是保护干流与主要支流河道、河滩、自然林带等，修复河滩自然地形特征，培育健康的湿地生态系统，同时建立生态保育区，加强国家级种质资源保护区发展。三是开展农村河道生态建设，积极打造宜居乡村·美丽河流，做好环境整治长效管理，确保河道清洁畅通，有效改善和提升农村水生态环境。四是加强水生态监测能力建设，开展水生动植物本底调查，完善水生态指标评价体系，为水生态保护与修复提供科学支撑。

#### 2. 亮丽城市风景线，提升人群获得感

一是全面消除建成区黑臭水体，开展底泥清淤污染调查评估工作。缓慢流动（或静止）的城市景观水体，结合人文景观打造，因地制宜推进生态浮岛建设。二是推进城市景观水体沿岸生态绿岸建设，通过建立植被缓冲带和岸边渗滤系统，对城市面源污染实施阻控和削减建立水面清洁机制，划定城市湖泊、湿地、公园等城市景观水体蓝线管理范围。三是推进水面景观建设，强化水生态环境维护和漂浮垃圾清捞，打造“水清景美、环境怡人，人水相亲、生态宜居”的城市景观环境。

#### 3. 整治农村水系，改善人居环境

一是恢复农村河湖基本功能，实施清淤疏浚、岸坡整治、堤防加固、水系连通、生态补水等工程，优化水系格局，解决河湖缺水、水流不畅问题，恢复农村河湖生态、防洪排涝、灌溉供水等基本功能。二是修复河道空间形态，结合河长制要求集中解决河湖乱占、乱采、乱堆、乱建等问题，修复农村河道空间形态和水域岸线，避免“渠化、硬化、白化”。三是改善河湖水环境质量。通过陆域控污、水源涵养、水土流失治理等措施，解决“水脏”“水浑”等问题，有效提升河湖水环境质量；通过打通断头河、新建连通通道逐步恢复河湖生态健康。

### （四）绿水青山向金山银山转化，高水平保护助推高质量发展

**1. 以良好水生态环境为支撑，推进经济社会高质量发展**

一是持续推进水环境质量改善，为经济社会发展提供充足的水环境容量，以高水平保护倒逼经济转型升级。二是“三水统筹”、水陆共建，深入推进清河、护岸、净水、保水行动，让水清岸绿成为经济社会高质量发展的自然本底。三是强化督查暗访、全民参与，让全社会爱水护水惜水的氛围成为助推经济高质量发展的社会基础。

**2. 促进河湖生态系统健康，提高绿水青山向金山银山转化能力**

一是切实将绿水青山就是金山银山理念贯穿到经济社会发展的全过程，处理好“绿水青山”和“金山银山”的关系，让绿水青山就是金山银山理念成为影响经济社会发展的内生变量。二是深入推动“美丽四川”建设，将河湖水系定位为经济社会经济绿色高质量发展的根基，开展水生态文明城乡建设，统筹规划、系统推进，拓展水生态风景区建设思路，助推四川全域旅游开发，改善城乡人居环境，实现生态文明根本目标。三是积极践行“五水共治”，充分借鉴阿坝九寨沟、巴中恩阳和平昌、甘孜稻城等“绿水青山就是金山银山”实践创新基地经验，促进湿地资源保护和湿地生态、旅游等功能的提升，构建人与水系和谐共存的关系，对保护和可持续发展起到积极示范作用，形成山水林田湖草与城市发展空间的无缝对接。

**3. 深入挖掘水文化，讲好“四川故事”**

“水”是河湖水系的核心，孕育着博大精深的水文化。深入挖掘和弘扬四川省传统水文化的丰富内涵，充分认识水文化的历史意义，实现水文化的创造性转化、创新性发展，在进行河湖水系综合整治的同时，做好保护、传承、利用、发展水文化，向人们讲述好水的“四川故事”，使之成为承载美丽四川建设的重要一环。

# 持续巩固示范创建成果，深化生态文明示范建设

**摘　要：**四川省国家生态文明建设示范区命名数量位居全国前列、西部领先，已初步形成省级统筹、市县发力、梯次推进的生态文明示范建设体系。为持续巩固提高四川省现有生态文明示范建设成效，在更高起点上深化生态文明建设工作，本文通过总结四川省生态文明示范建设典型模式，剖析生态文明示范建设的问题挑战，从推进美丽四川建设、开展生态文明“体检”、健全完善动态预警机制和强化生态文明建设责任落实四个方面提出了意见建议。

**关键词：**生态文明示范建设；美丽四川建设；生态文明“体检”

## 一、四川省生态文明示范创建典型模式

四川省在推进示范建设过程中，各地积极总结经验，形成了一批具有示范推广价值的实践模式，引领带动全省积极开展生态文明建设、践行“绿水青山就是金山银山”理念的示范效应逐渐显现。

### （一）以发展循环经济为核心的资源节约型

盐亭采取“生猪+经果+林下种草+牛羊”循环发展模式和“猪—沼—菜”“猪—沼—果”等立体种养殖模式，发展绿色、有机、循环农业，形成“资源节约、环境友好、产品安全”的生猪规模养殖新局面。

仪陇立足于传统种养殖产业，大力发展柑橘、蚕桑和生猪产业，构建绿色种养循环产业链，将养殖废弃物和种植废料生产成有机肥供种植企业使用，既解决了养殖业粪污消纳问题，又杜绝了化肥使用面源污染，真正让种植业向绿色有机转变。

### （二）以发展特色产业为核心的生态惠益型

洪雅充分利用占全县 71%的森林资源，发展森林康养、竹钢、生态食品加工等森林特色产业，获得全国唯一“全国森林康养标准化建设县”称号。

蒲江大力发展有机农业，创新政府购买提高耕地质量服务 PPP 模式，持续优化生产

体系和经营体系，土壤有机质含量逐年提升，荣获全国出口食品农产品质量安全示范区、国家地理标志产品保护示范区、国家有机产品认证示范区称号，“蒲江雀舌”“蒲江丑柑”“蒲江猕猴桃”三大区域公共品牌价值超250亿元。

温江用标准化促进传统花木产业提档升级，编制百项花木标准，推广标准化生产、集约化种植、景观化培育，把劳动密集型产业做成技术密集的“精致产业”，转型升级经验获得人民日报点名关注。

### （三）以提升生态资产为核心的“绿色银行”型

九寨沟利用灾后恢复重建契机，一方面最大程度“复原”灾区自然生态功能，另一方面积极优化产业结构、升级发展能力，推进“旅游+”产业共融共生发展，进一步擦亮九寨生态旅游金字招牌。

南江建立省内、省际联合执法司法衔接配合机制保护米仓山腹地自然生态环境资源。依托丰富的森林资源、优良的生态环境，全力发展森林康养产业，初步实现了生态资产积累变现。

稻城落实长江上游生态屏障责任，将旅游规划和生态规划放进同一坐标系，把发展旅游融入生态保护，守住绿水青山，创造金山银山，“美丽风景”带来了“美丽经济”。

### （四）以体制机制创新为核心的制度引领型

峨眉山率先在全国首创《“绿水青山典范城市”指标体系》，严格把关资源能源消耗，严格落实考核问责，用明确的“硬杠杠”守护碧水蓝天、美丽家园。

金堂积极探索“党建+生态”“产业+生态”“公众+生态”的“N+生态”之路，生态文明建设取得丰硕成果，金堂县环境保护工作委员会荣获“中国生态文明奖先进集体”称号。

## 二、四川省生态文明示范建设存在的问题

### （一）部分地区未将生态文明示范建设与区域高质量发展有效结合

部分地区未充分认识生态文明建设示范区创建的重大意义，仅满足于指标达标的创建形式，未能将生态文明建设融入经济、政治、文化、社会建设各方面和全过程，未能充分发挥示范创建在协同推进生态环境高水平保护与经济社会高质量发展方面的载体平台作用，未能将生态文明示范创建与四川省建设长江黄河上游生态安全屏障的重任有机结合起来，存在创建与推进“两张皮”现象。

### （二）部分地区存在“前紧后松”“拿牌子交账”现象

有的地区为了创建而创建，对于需长期推进的工作，缺乏长期深入抓工作的韧劲和持续性。例如，有些已命名地区的部分建设指标不降反升，有的地区规划执行进展缓慢，更有甚者规划一套另做一套，没有充分发挥生态文明建设的示范引领作用。这些问题可能导致部分已命名地区无法通过国家组织开展的 3 年后复核评估，从而面临被强制摘牌的尴尬局面。

### （三）已命名地区示范建设同质化问题显现

四川省面积辽阔，气象条件和地质条件复杂多样，民族众多，区域发展不平衡，生态文明示范建设应综合考虑创建地区的地理环境、生态地位和经济文化发展水平等因素，有针对性地挖掘自身本底优势，打造示范建设特色亮点。当前，有的地区只是按照建设指标千篇一律地开展示范建设，没有找准定位和发力点，特色性挖掘不足，特点不突出、亮点不明显，缺少针对性的生态文明建设和绿水青山向金山银山转化的合理路径模式；有的地区缺乏顶层设计、缺少科学规划，看到别的地方树样板，自己“硬着头皮也要上”，导致“样板化”流于“同质化”“形式化”。

### （四）齐抓共管的示范建设强大合力尚未形成

生态文明示范创建工作的主体责任为创建地区政府，但由于生态办或者示范创建办大多设在生态环境部门，单靠生态办或者示范创建办去开展创建、考核、检查、督查，力量不够；调度工作往往只是对各项目进展情况的汇总，检查、监督力度不足，示范建设效果也不是很好。例如，有的地区部门配合不力导致创建申报时，档案资料调度不起来、收集不及时、管理不规范，报送相对滞后，从而影响申报的后续工作，甚至错失命名授牌机会。

## 三、深化生态文明示范建设的工作建议

### （一）以美丽四川建设为引领，加大示范建设推动力度

生态文明示范创建与美丽四川建设一脉相承，是美丽四川建设的重要抓手和载体，发挥着示范引领和带动作用。建议加快推进美丽四川建设，按照环境更优美、生态更友好的高品质宜居地建设要求，研究制定美丽四川标准体系，编制《美丽四川建设评价导则》及技术指南，引导四川省积极开展美丽市、县、乡镇、村等地方实践示范。以生态文明示范建设为载体，持续推进国家及省级生态文明建设示范区、“绿水青山就是金山银山”实践创新基地、环境保护模范城市创建工作。将深入打好污染防治攻坚战、成渝

地区双城经济圈生态共建、环境共治和建设长江黄河上游生态安全屏障等重点任务有机融入生态文明示范建设。同时，按照中央财经委员会第九次会议提出的“要把碳达峰、碳中和纳入生态文明建设整体布局”相关要求，建议在示范创建中增加推动碳达峰、碳中和的任务举措，不断丰富生态文明建设的实践内容。强化示范建设在协同推进生态环境高水平保护与经济社会高质量发展方面的重要作用，杜绝一边搞创建一边出现破坏生态环境的事件。

### （二）定期开展生态文明“体检”，引导落实示范建设工作

一是严格落实预审制度，扎实开展前期评估。对拟申报国家生态文明建设示范区和“绿水青山就是金山银山”实践创新基地的地区，提前开展预审。通过预审，抓细节、提质量、强工程、找差距，确保拟申报地区顺利通过国家评选。二是开展“解剖麻雀”式“体检”。由生态环境厅委托开展第三方评估，定期对已命名的国家级及省级生态文明建设示范区、“绿水青山就是金山银山”实践创新基地、环境保护模范城市开展全面客观的“体检”，深入分析已命名地区示范建设的主要目标、重点任务等与习近平生态文明思想的丰富内涵、实践要求之间的差距，找准“病根”、对症下药，确保生态文明建设各项目标任务真正落地见效。三是全面开展生态文明建设水平评估。探索建立《四川省生态文明发展水平评估指标体系》，每年定期发布四川省各区域生态文明发展水平评估结果，为指导地方创建提供有力的技术支撑。

### （三）健全完善动态预警机制，加强命名后的建设管理

针对部分地区“牌子到手、创建到头”的现象，制定省级日常监督管理办法，建立预警提醒、项目倾斜、资金支持、政策激励等形式多样的奖惩机制，生态环境厅采取定期检查、不定期抽查等形式，督导已命名地区按照管理规程要求科学规范管理建设档案，定期调度、更新、上报、公开示范建设的阶段成效。将已命名地区的“体检”结果与日常监管挂钩，对于体检出的苗头性问题及时纠偏；对于不作为、慢作为，成效不明显的地区适时提醒、警告；对于工作创新、取得实效的地区正向激励，引导其积极发挥带动引领作用。

### （四）提高政治站位，强化生态文明建设的责任落实

一是切实加强党对生态文明建设的领导。将示范建设的目标和任务定量化、时限化、责任化，推动生态文明建设各项工作落到实处。二是强化台账式管理。在生态文明示范创建申报前，建立畅通、高效的调度长效机制。将示范创建调度责任落实到人，规范档案资料的日常科学管理，确保档案资料不断档、不作假。三是借力借智借脑，深挖特色找准发展方向。对标先进“走出去”，成功经验“请进来”，紧密结合自身条件、本地特点，因地制宜、因势利导探索符合自身需求的生态环境高水平保护和经济社会高质量

发展道路。积极与国家级、省级专家团队密切合作，加强生态产品价值核算与实现等“两山”转化方面的路径探索。四是发挥社会多元主体的积极性，激发生态文明建设强大内生动力。激励引导企事业单位、社会组织和公众等积极参与中华环境奖、中国生态文明奖、绿色中国年度人物等评选活动，激发社会各界共同推动生态文明建设的创新活力和潜能，推动全社会树立社会主义生态文明观，不断在全社会营造人人支持、人人参与生态文明建设的社会良好氛围。

# 关于生态环境保护助推高质量发展的督察要点思考

**摘　要：**党的十八大以来，四川省注重用督察手段规范生态环境保护工作，压实生态环境保护责任，推进生态文明建设，擦亮发展底色。进入新发展阶段，生态环境保护督察将进一步强化生态环境保护优化经济社会发展的作用。本文以推动生态环境保护督察适应当前“三新”发展阶段为出发点，推动生态环境保护督察由“督问题整改”到“督问题整改”与“促高质量发展”并重为落脚点，通过梳理总结督察相关政策、文献资料和实地调研基础上，思考提出了生态环境保护助推高质量发展的督察要点，包括绿色发展政策机制、绿色发展空间管控、产业绿色发展、节能减排和循环经济发展几个方面。
**关键词：**生态环境保护；督察；高质量发展；政策机制

2021年全国两会期间，习近平总书记在参加青海代表团审议时具体阐述了高质量发展的深刻内涵——“高质量发展不只是一个经济要求，而是对经济社会发展方方面面的总要求”“不是只对经济发达地区的要求，而是所有地区发展都必须贯彻的要求”“不是一时一事的要求，而是必须长期坚持的要求”，习近平总书记的阐述为“十四五”时期经济社会发展提供了根本遵循和方向指引。2021年印发的《中华人民共和国国民经济和社会发展第十四个五年规划和2035年远景目标纲要》明确提出，“十四五”时期经济社会发展要以推动高质量发展为主题，必须立足新发展阶段、贯彻新发展理念、构建新发展格局，切实把创新、协调、绿色、开放、共享的新发展理念，一以贯之地贯彻到全面建设社会主义现代化国家的全过程和各个领域。这里提出的“全面建设社会主义现代化”，是人与自然和谐共生的现代化，必须坚定不移走以生态优先绿色发展为导向的高质量发展新路。

古人云，询事考言，循名责实。干部干部，干了，才是干部。生态环境保护督察作为夯实各级党委、政府领导干部生态环境责任的重大改革创举，对促进环境质量改善具有极其重要的作用。为推动生态环境保护督察由“督问题整改”向“督问题整改”与“促高质量发展”并重转变，进一步发挥生态环境保护督察的指挥棒作用，分析各地推动经济高质量发展的生态环境保护着力点。本文围绕重点督察“绿色发展政策机制、绿色发展空间管控、推动产业绿色发展、节能减排和循环经济发展”四个方面的内容展开。

**督察要点一：绿色发展政策机制建得是否完备？**

**1. 建立完善绿色发展组织领导机制**

一是加强组织领导，定期研究部署生态文明建设和生态环境保护工作，严格遵守环境保护法律法规和有关规定，研究解决生态环境保护实际问题，执行领导干部自然资源资产离任审计。二是履行属地责任，理顺省级财政和市县级财政关于承担生态环境保护方面的支出责任，制定实施省级与市县财政事权和支出责任划分改革方案，确定生态环境、发展改革、自然资源等相关职能部门的生态环境保护职责清单，落实深化生态文明体制改革、完善自然资源资产产权和用途管制、生态环境治理体系等工作职责。三是实施绿色发展考核问效，组织开展生态文明建设目标评价考核、节能减排降碳目标责任评价考核、水土保持目标责任制考核等。在年度考核和市县乡领导班子换届考察中，将推动高质量发展综合绩效评价作为干部工作实绩评价的主要依据。

**2. 积极推进和创新运用环境经济政策**

一是完善生态环境财政制度，健全生态环境财政预算支出制度，提高财政资金在环境质量改善工作中的使用绩效。建立生态环境质量改善绩效导向的财政资金分配机制，对绩效好的政策和项目原则上优先保障，对低效无效资金一律削减或取消，对长期沉淀的资金一律收回并按照有关规定统筹用于亟须支持的领域。二是完善绿色税费价格政策，建立健全生活污水垃圾和危险废物等处理收费机制。继续落实燃煤电厂超低排放环保电价、垃圾焚烧发电上网电价、电动汽车集中式充换电设施用电等扶持政策。严格执行对高耗能行业的差别电价政策。推动继续完善以环境保护税为核心的绿色税制改革，促进环境相关税种与环境相关税收政策税制框架完善。三是积极推进绿色金融政策，开展环境污染责任保险试点、推进绿色金融信贷、发行绿色金融债券、绿色发展基金、实行企业环境信用评价等绿色金融政策。加大专项贷款财政贴息支持力度，推动发行绿色金融债券，积极推进生态环境导向的开发模式（EOD）试点。四是健全环境权益交易制度，持续推进碳排放权、排污权、用能权、水权交易制度建设，发展基于碳排放权、排污权等各类环境权益的融资工具，推动环境权益及未来收益权切实成为合格抵质押物。五是探索推进区域尺度环境经济政策创新，推动成渝地区双城经济圈建设、成德眉资同城化发展、黄河流域生态环境保护跨区域协调发展，推动形成绿色发展区域格局。

**3. 建立服务企业绿色发展联系机制**

一是健全部门协调机制，坚持管发展必须管环保、管生产必须管环保、管行业必须管环保，落实相关部门责任，研究建立企业绿色发展沟通渠道，积极开展联合调查研究、教育培训、宣传推广，积极支持企业绿色发展。二是深化生态环境领域“放管服”改革，贯彻落实环评审批和监督执法“两个正面清单”，实行建设项目环评豁免管理一批、承诺审批一批、加快推进一批“三个一批”管理，创新生态环境监管，推动高质量发展。对环境问题复杂的重点项目试行预审制度，把环评服务关口前移，实行超前服务。着力构建规范开放的市场，吸引各类资本参与投资、建设和运营，推动投资主体多元化。三是严格落实环保服务企业制度，开展“定点服务”“挂钩服务”“结对服务”，推广“企业环保咨询日”等创新服务机制；推广“环保管家”服务模式，组织环保管家第三方服务团队，送法律、政策、技术入园区到企业，切实解决企业发展中面临的环保问题。

#### 4. 完善公众参与绿色发展机制

一是开展绿色生活创建行动，不断强化共建共享，开展绿色社区、绿色学校等绿色生活创建行动，积极举办环保设施公众开放系列活动。加强绿色生活示范引领，建设绿色生活示范区。二是完善公众参与制度，推进建立健全企业环境信息公开制度，促进环境信息公开渠道多元化、覆盖全面化。健全上市公司环境信息强制性披露、定期报告披露机制，规范和督促上市公司、发债企业等充分披露环境信息。三是健全环保信息评价制度，将环境信用作为企业贷款、发行绿色债券等的前提条件。四是持续完善公众监督和举报反馈机制，各地方依法依规公开生态环保信息，建立公众监督和反映生态环境问题渠道，积极创建生态环境“网络理政”App，畅通群众网上参与渠道，积极构建全民参与、共建共享的绿色发展大格局。五是完善绿色生活宣教制度，把生态环境保护纳入国民教育体系和党政领导干部培训体系，推进公众参与、调研实践等方面实施公益项目。

**督察要点二：绿色发展空间管控执行是否严格？**

#### 1. 优化国土空间开发格局

一是实行差别化生态环境准入机制，结合区域社会经济特征、发展战略定位、突出环境问题等因素，充分衔接国土空间规划，统筹生产、生活、生态三大空间布局。细化主体功能区划分，按照主体功能定位划分政策单元，对重点开发地区、生态脆弱地区、能源资源富集地区等制定差异化政策，分类精准施策。二是构建与生态环境相适应的产业空间布局，将资源环境承载力、环境风险接受度等作为各产业规划布局的约束条件，支持符合环保、能效等标准要求的高载能行业进行地区转移布局，严禁在城市建成区及近郊区域新建、扩建高污染高环境风险产业，持续做好相关产业的准入限制和项目升级、退出等工作。三是持续完善以“三线一单”为核心的生态环境分区管控方案的落地应用，注重与党中央、国务院和省委、省政府推动实施的重大发展战略相衔接，将成渝地区双城经济圈建设、成德眉资同城化发展等重大发展战略融入“三线一单”管控要求中。

#### 2. 推动绿色城镇化

一是建设生态城镇，坚持生态优先绿色发展，优化城市生态布局，结合公园城市、海绵城市、森林城市、“无废城市”建设，开展美化绿化行动，提升城市生态品质。支持中小城市逐步疏解大城市中心城区功能，缓解中心城市环境压力。二是推广绿色建筑，贯彻“适用、经济、绿色、美观”的建筑方针，推广绿色建材应用，提高建筑节能标准。三是发展绿色交通，着力构建绿色、低碳、便捷和网络化、标准化、智能化的综合立体交通系统。优先发展公共交通，因地制宜发展轨道交通，推广使用新能源汽车，鼓励自行车等绿色出行。四是完善绿色市政设施，严格按照国家标准，提高城镇供排水、防涝、雨水收集与利用、供气、综合管廊、市容环卫等设施建设水平，合理布局建设消防、人防设施和防灾避险场所。积极推动城市公园、绿道等绿色基础设施建设工程，提高城市绿化率。

**3．推动美丽宜居乡村建设**

一是优化乡村生产生活生态空间，深入贯彻乡村振兴战略，统筹谋划产业、基础设施、公共服务、生态环境保护等空间布局。二是改善农村人居环境，实施农村人居环境整治提升五年行动，健全农村人居环境设施管护机制，因地制宜推进农村改厕、生活污水治理、生活垃圾处理，实施山水林田湖草系统治理。开展农村黑臭水体清理整治工程，实现村内库塘沟渠水质功能性达标。三是实行“美丽乡村”行动，与乡村振兴、新风树立、新村建设相结合，开展美丽宜居乡村和美丽宜居庭院示范创建活动，开展农村环境整治“进村社”“进农户”和“环境优美示范镇村”“四好村”等系列活动，大力弘扬“美化家居为自家、共治环境靠大家”文明新风尚，促进村（居）民文明素质不断提升，提升农村生态环境功能和服务价值。

**督察要点三：推动产业绿色发展是否有序？**

**1．工业绿色升级**

一是推动重点行业绿色化改造，各地方对应落实“5+1”现代产业体系及 16 个重点产业领域发展情况，加快实施钢铁、石化、化工、有色、建材、纺织、造纸、皮革等行业绿色化改造。二是加快落后低效和过剩产能淘汰，严格执行质量、环保、能耗、安全等法规标准，加大钢铁、水泥熟料、烧结砖瓦、电解铝、炼化等行业落后产能淘汰和过剩产能压减力度。加速淘汰小淀粉、小制糖、小屠宰及肉类加工、小磷肥、小磷矿企业。资源型地区进一步加快推动高质量发展，如泸州、华蓥等资源衰退型城市要加快推动城市转型发展试点，自贡、攀枝花等老工业城市要加快产业转型升级示范区建设和城区老工业区搬迁改造。三是完成重点地区危险化学品生产企业搬迁改造，有关地区要加快推进长江重要支流沿线存在重大环境安全隐患的危险化学品生产企业就地改造、易地迁建、关闭退出。进一步摸清危险化学品生产企业底数，完善搬迁改造实施方案，落实“一企一策”，强化搬迁改造安全环保管理。加强腾退土地用途管制、土壤污染风险管控和修复。四是培育新动能，加快新旧动能转换，激发创新驱动内生动力，创新做实、做强、做优实体经济。积极扶持新兴产业加快发展，打造先进制造业。构建新产业发展格局，形成多点支撑、多业并举、多元发展的产业发展格局。完善项目节能审查、环境影响评价制度，严格控制高耗能、高污染行业增长，加强重点用能单位节能管理。

**2．农业绿色发展**

一是持续推进农业面源污染治理工程，稳步推进化肥农药兽用抗菌药减量，持续提高规模以下畜禽养殖粪污综合利用水平，推进水产健康养殖，开展水产养殖尾水污染治理，严控秸秆露天焚烧，加强农膜污染治理。二是提升农业现代化水平，大力推进农业节水，推广高效节水技术。强化耕地质量保护与提升，推进退化耕地综合治理。三是构建生态产业体系，从“生态+”与“+生态”两个维度，构建发展活力足、竞争能力强、特色鲜明的生态产业体系，推进农业与旅游、教育、文化、健康等产业深度融合，加快一、二、三产业融合发展。四是打造生态产业品牌，依托大森林、大草原、大湿地、大熊猫等优势资源，加快发展高端生态旅游、森林康养、野生动物观赏等产业，打造具有地方特色的生态产业品牌。鼓励发展生态种植、生态养殖，加强绿色食品、有机农产品认证和管理，实施具有四川特色的统一的生态标志产品建设工程。

### 3. 服务业绿色发展

一是促进商贸企业绿色升级，培育一批绿色流通主体。有序发展出行、住宿等领域共享经济，规范发展闲置资源交易。二是加快信息服务业绿色转型，建立绿色运营维护体系。三是推进会展业绿色发展，指导制定行业相关绿色标准，推动会展活动碳中和和办展设施循环使用。倡导酒店、餐饮等行业不主动提供一次性用品。四是优化城市餐饮业产业发展及空间布局，强化餐饮服务业油烟排放规范化整治。

### 4. 壮大绿色环保战略性新兴产业

一是扩大战略性新兴产业投资，加快培育壮大新能源、新材料、新能源汽车、绿色环保等产业。二是加快培育市场主体，鼓励设立混合所有制公司，打造一批大型绿色产业集团。引导中小企业聚焦主业增强核心竞争力，培育“专精特新”中小企业。三是推进 5G、物联网、云计算、大数据、区块链等新一代信息技术与绿色环保产业的深度融合创新，促进生态环境治理精准化。四是推行合同能源管理、合同节水管理、环境污染第三方治理等模式和以环境治理效果为导向的环境托管服务。进一步放开石油、化工、电力、天然气等领域节能环保竞争性业务，鼓励公共机构推行能源托管服务。

### 5. 构建绿色供应链

一是鼓励企业开展绿色设计、选择绿色材料、实施绿色采购、打造绿色制造工艺、推行绿色包装、开展绿色运输、做好废弃产品回收处理，实现产品全周期的绿色环保。二是加快推进工业产品生态设计和绿色制造研发应用，重点行业优先推广先进、适用的绿色生产技术和装备。三是发挥汽车、电子电气、通信等行业龙头企业、大型零售商及网络平台的示范带动作用，积极应用物联网、大数据、云计算等信息技术，建立绿色供应链管理体系。四是鼓励行业协会通过制定规范、咨询服务、行业自律等方式提高行业供应链绿色化水平。

### 6. 建设特色园区

一是科学编制新建产业园区开发建设规划，依法依规开展规划环境影响评价，严格准入标准，完善循环产业链条。重视循环经济示范城市（县）、循环化改造示范试点园区推进情况。二是因地制宜打造产业集群，依托龙头企业，开展联合招商，强化各个园区产业分工协作等。以化工、轻工、冶金、建材园区为重点，推进既有产业园区和产业集群循环化、绿色化改造。三是推动公共设施共建共享、能源梯级利用、资源循环利用和污染物集中安全处置等。

**7．推动绿水青山向金山银山转化**

一是加快生态资源价值转化，深度挖掘生态价值转化途径，从生态附加值溢价、生态产品开发、环境资源交易等维度，推动生态资源的经济转化。提升城市生态服务功能，推广以生态环境为导向的城市开发模式，以绿道、公园、湿地等作为市民新消费、新体验、新生活的重要载体，加快城市绿道体系、公园湿地建设，吸引产业、商业、住宅等项目落地，带动区域土地价值、商业价值、人文价值提升。二是构建生态价值实现机制，探索构建适宜于不同地区、差异化的生态产品价值核算评估体系，探索政府主导、企业和社会各界参与、市场化运作、可持续的生态产品价值实现路径。积极探索“两山银行”、生态产品交易等实施方案，探索生态产业化经营、生态产品质量认证等生态产品可持续经营开发模式。

**督察要点四：清洁低碳、安全有效的资源能源体系是否完善？**

**1．促进资源节约集约循环利用**

一是加快建立节能型工业体系、交通网络和建筑模式。二是加强建筑垃圾等固体废物分类处置和资源化利用，推进垃圾分类回收与再生资源回收“两网融合”，建设城市废弃物资源循环利用基地。三是加快构建废旧物资循环利用体系，完善废旧家电回收处理体系，加强废纸、废塑料、废旧轮胎、废金属、废玻璃等再生资源回收利用。鼓励企业采用现代信息技术实现废物回收线上与线下有机结合，培育新型商业模式。四是促进绿色产品消费，加大政府绿色采购力度，扩大绿色产品采购范围。加强对企业和居民采购绿色产品的引导，有条件地方可采取补贴、积分奖励等方式促进绿色消费。推动电商平台设立绿色产品销售专区。严厉打击虚标绿色产品行为，有关行政处罚等信息纳入国家企业信用信息公示系统。

**2．优化能源供给结构**

一是推动建设中国“气大庆”和多能互补的清洁能源基地建设，因地制宜发展风能、太阳能、生物质能、页岩气等清洁能源，科学有序开发水电，严控中小型及引水式水电开发，鼓励优先建设有调节能力水库电站，有序退出小水电。二是加快工业、建筑、交通等各用能领域电气化、智能化发展，推行清洁能源替代，稳步提高非化石能源占比。三是完善能源产供销体系，从全生命周期制定能源产供销体系建设实施方案，建设智慧能源系统，优化能源生产和输送通道布局，提升新能源消纳和存储能力。

**3．积极构建节能减排体系**

一是积极开展二氧化碳排放达峰行动，推动电力、钢铁、建材、有色、石化、化工、煤化工等重点行业制定达峰目标，鼓励大型企业，特别是大型国有企业制定二氧化碳达峰行动方案。推动重点行业企业开展碳排放强度对标活动。二是控制温室气体排放，积极推动重大科技创新和工程示范。鼓励开展温室气体与污染物协同减排相关技术研发、示范与推广。控制工业行业、交通领域、建筑领域二氧化碳排放及非二氧化碳温室气体排放。三是主动适应气候变化，在农业、林业、水资源、基础设施等重点领域及生态脆弱地区积极开展适应气候变化行动。根据不同地区气候变化风险特征，完善区域防灾减灾及风险应对机制，提升风险应对能力。提升城乡适应气候变化能力，推动城市基础设施适应气候变化。统筹提升城乡极端气候事件监测预警、防灾减灾综合评估和风险管控能力，制定应对和防范措施。

# 绿水青山向金山银山的转化路径与典型模式探究

**摘　要**：建立生态产品价值实现机制、加快实现绿水青山向金山银山转化是贯彻落实习近平生态文明思想、践行绿水青山就是金山银山理念的重要举措。本文按照生态环境品质的优良与否与经济发展水平高低不等将四川省划分为四个象限，并在分析解构全国有关典型案例的基础上，通过提炼共性、挖掘特色、固化形式，总结归纳出“山歌水经型”“腾笼换鸟型”“循环集约型”“生态补偿型”“品牌塑造型”“数字赋能型”“生态银行型”“环境权益交易型”“溢出效应型”“文化铸魂型”十大绿水青山向金山银山转化典型模式，为四川省各地区开展绿水青山向金山银山转化实践提供决策参考。

**关键词**：生态产品价值实现；绿水青山向金山银山转化

绿水青山就是金山银山理念是习近平新时代中国特色社会主义思想的重要内容，是习近平生态文明思想的精髓要义，形象地把保护生态环境、发展生产力的关系比喻成绿水青山和金山银山，指出保护生态环境就是保护生产力，改善生态环境就是发展生产力，为破解过去一直存在的生态环境保护与经济发展矛盾找到了转化之机、统一之法。深刻把握绿水青山就是金山银山理念实践转化路径，总结推广绿水青山向金山银山转化典型模式，破除绿水青山就是金山银山理念建设的体制机制障碍，有利于提升“绿水青山就是金山银山”双向转化的速度和质量，为美丽中国建设增光添彩。

## 一、绿水青山就是金山银山理念实践转化路径

成功践行绿水青山就是金山银山理念主要蕴含两大要素：一是生态环境优越，二是绿色经济活跃。一方面生态资源财富可以转化为物质财富，绿水青山作为金山银山的基础，可以为创造金山银山提供优质生态资源条件；另一方面，科学有效的资金投入能够使生态环境保护修复工作更好地开展，金山银山作为绿水青山的保障可以支撑生态资源财富持续壮大。因此，“绿水青山”是培育“金山银山”的基础，“金山银山”是反哺“绿水青山”的支柱，合理的制度设计和实现路径是最终确保实现“绿水青山”与“金山银山”相互支撑、螺旋上升的保障。

绿水青山就是金山银山理念实践转化路径是区域基于自身经济社会发展基础和生态环境资源禀赋，探索形成的绿水青山向金山银山转化通道。如图 1 所示，按照区域生态环境品质的优良与否与经济发展水平高低不等，以“绿水青山”为横轴，以“金山银山”为纵轴，可形成一个四象限图，四个象限代表各地“绿水青山”和“金山银山”的 4 类现状。

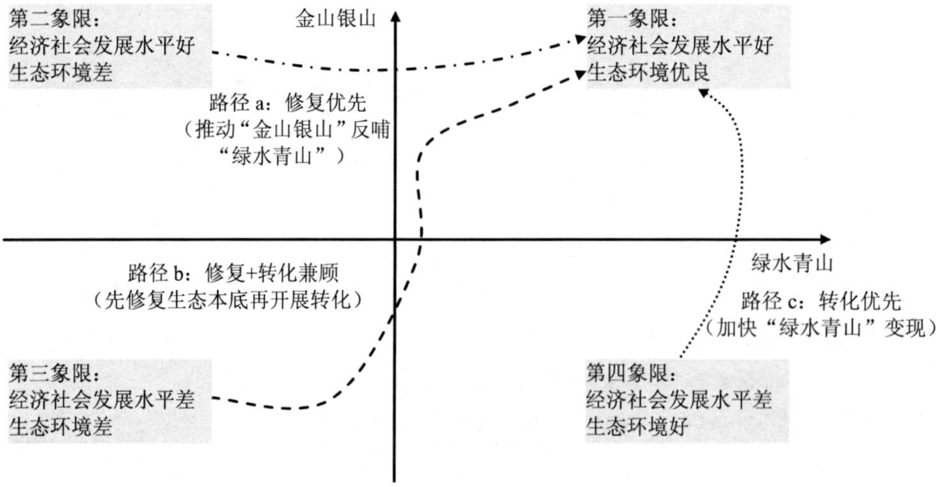


**图 1　不同经济发展水平和生态环境水平下“绿水青山”与“金山银山”关系和转化的四象限示意图**

第一象限为“绿水青山”品质优良、“金山银山”资本较为雄厚的区域。该象限是绿水青山就是金山银山理念实践建设的优势区，较好地实现了绿水青山向金山银山转化。位于该象限的地区，大体可概括为两类。一类是传统产业发展势头良好、生态环境品质优良的区域；另一类是具有良好的区位发展优势，搭上了生态经济发展快车的区域。第一象限区域应朝着更高品质生态环境和更高水平经济社会发展方向前进，争做绿水青山向金山银山转化的标杆引领地区。

第二象限为“绿水青山”品质较差、“金山银山”资本较为雄厚的区域。位于该象限的地区多数在资源开发过程中积累了一定的经济实力，但也造成了一定程度的环境污染和生态破坏。第二象限区域的转化路径如图 1 中“路径 a：修复优先”所示，应推动“金山银山”反哺“绿水青山”。例如，通过“生态+空间”的方式，既要在污染治理、生态环境修复方面加大资金投入，努力提升生态环境质量壮大生态资本，确保生态产品的可持续转化，又要加强空间治理，守住生态红线，为高质量发展腾出更大空间。

第三象限为“绿水青山”和“金山银山”水平均较为落后的区域。位于该象限的地区是绿水青山就是金山银山理念实践难度系数最大的区域。第三象限区域的转化路径如图 1 中“路径 b：修复+转化兼顾”所示，应先横线看齐第四象限的“绿水青山”水平，着力改善提升生态环境质量，然后再纵向看齐第一象限，发展绿色生态产业。例如，打好“生态+空间+产业+主体”组合拳，一方面需要上级政府的财政支持或盘活市场机制、创新绿色金融等筹措资金，开展生态空间管控并修复区域生态环境，夯实生态本底后再发展生态产业做大“金山银山”；另一方面需要通过“生态+主体”，形成政、企、民共建格局，在生态文明制度体系下，使政府和市场“两只手”形成合力，依靠生态技术带来的绿色变革和生态文化所形成的绿色价值主张为区域绿色增长注入内在驱动力。

第四象限为“绿水青山”品质优良、“金山银山”较为落后的区域。位于该象限的地区多是欠发达地区，属于发展诉求最为强烈、推动绿水青山向金山银山转化最为迫切的地区。第四象限区域的转化路径如图1中“路径c：转化优先”所示，在确保“绿水青山”品质不降低的前提下，向生态环境要效益。例如，通过“生态+产业”的方式，发展生态产业、传统产业生态化和绿色新兴产业集群来实现生态资产的增值。生态产业包括生态农业、生态旅游业、生态康养等。传统产业生态化是对传统产业的转型升级，是转向绿色低碳循环发展的新方式。绿色新兴产业集群以高端式、智慧化、战略性、未来型、世界级、低能耗、低污染为特征，是推进高质量发展的新动能引擎类产业。

## 二、践行绿水青山就是金山银山理念的十大典型模式

以绿水青山就是金山银山理念为指引，全国各地开展绿水青山向金山银山转化实践已逾15年，涌现出了一大批生动鲜活的成功案例。“绿水青山就是金山银山”理念来源于实践，又在实践中不断丰富和完善。以当前典型地区实践经验为基础，通过提炼共性、挖掘特色、固化形式，研究组归纳出十大绿水青山向金山银山转化典型模式，以期为地方找准绿水青山向金山银山转化定位，高质量推进绿水青山就是金山银山理念实践提供参考。

### （一）以靠山吃山、靠水吃水为主导的“山歌水经型”

生态环境资源特色突出的地区，围绕自身生态环境特点和生态资源优势，因地制宜发展特色产业、生态旅游，探索生态优势向发展优势转变的路径，生动践行习近平总书记提出的“靠山吃山唱山歌，靠海吃海念海经”理念。

“山歌水经型”的特点是因地制宜、因势利导。此类模式适用于四川省绝大部分拥有广泛旅游业资源的地区。例如，大熊猫国家公园涉及四川省7个市（州）20个县（市、区），如雅安市宝兴县，绵阳市平武县、北川县，阿坝州茂县、九寨沟县等，这些地区可以充分利用大熊猫这一世界级IP，协同打造大熊猫生态旅游网红景点及线路，共同发展大熊猫周边产品经济，一齐打好“大熊猫”牌。再如，广大川西地区拥有川西林盘独特的乡村聚落景观风貌，可以采用“特色镇+林盘+产业园”“特色镇+林盘+农业园区”“特色镇+林盘+景区”3种建设模式统筹推进林盘保护修复，塑造“中国川西林盘聚落”，同时依靠传统川西林盘“田、林、水、院”生态格局优势发展农旅融合产业和康养产业。

**“山歌水经型”典型案例：**云南省红河州元阳县哈尼梯田是哈尼族先民用勤劳双手在高山上开垦的梯田。哈尼族1 300多年来以梯田为生，修沟挖渠引来山泉灌溉梯田，打造出森林、村寨、梯田、水系“四素同构”的农业生态系统，被列入联合国教科文组织《世界遗产名录》。元阳县政府因地制宜，在保护哈尼梯田的前提下开发出“稻鱼鸭”绿色高产高效综合种养模式，使传统农业单一的水稻收益转变为水稻、梯田鱼及泥鳅、梯田鸭及鸭蛋的综合收益，实现“一水三用、一田多收”。通过鱼、鸭的游动、采食和排泄等活动，抑制杂草生长和疏松土壤，增加有机肥，促进水稻生长；同时减少了饲料量，还让鱼和鸭成为了真正的生态鱼、生态鸭；稻、鱼、鸭三者之间互惠互利，整个种养殖过程绿色、环保、无污染。大幅增加农业产业附加值，以前1亩①地的产值仅仅是2 000元上下，在稻鱼鸭模式下，基本能达到1万元左右，实现了亩产“百斤粮、百斤鱼、千枚蛋、万产值”。

### （二）以产业转型升级为核心的“腾笼换鸟型”

在资源开发强度较大或资源利用枯竭的地区，围绕扩容提质和转型发展，通过绿色化改造、转型升级，腾出生态环境容量，培育发展资源节约、环境友好的生态产业，推动实现产业绿色转型和经济高质量发展。

“腾笼换鸟型”要抓好旧产业的“请出去”和新经济的“引进来”。例如，德阳、自贡、达州等产业结构偏重偏旧的传统工业城市可以借力成渝地区双城经济圈建设，合理调整产业布局，推进中心城区范围内工业企业“退城入园”工作，逐步有序迁出或淘汰区域内低端落后产业，引入科技含量高、带动能力强、低碳无污染的产业项目，实现新旧动能高质量转换，达到业态、环境双升级的目的。

**“腾笼换鸟型”典型案例：**晋城过去是山西省三大“煤城”之一，作为一个典型的煤炭资源型城市，随着煤炭资源逐渐枯竭，如何转型发展成为晋城面临的重要问题。晋城及时调整发展路径，把经济振兴崛起的切入点放在太阳能光伏产业。市政府设置50亿元龙头企业专项子基金以及10亿元中小光机电企业发展基金，用于光电企业股权投资、创业投资等，推出一系列优惠政策扶持入驻晋城市光机电产业园的企业，吸引20余家光伏企业落户晋城。预计到2025年，晋城光伏产业的年产值将达到300亿元，由“煤城”转变为太阳能“光谷”，为山西推动高质量发展、实现工业结构反转探出一条新路。

### （三）以发展循环经济为中心的“循环集约型”

工业、农业、服务业等产业有共生耦合关系的地区，以废弃物源头减量化、资源化为核心，通过补齐产业循环链条，推进本地企业资源循环式利用，形成完整的循环生态

① 1亩≈666.7 $m^2$。

组合圈，一方面降低污染物排放量和环境风险，另一方面降低企业生产成本，提升企业市场竞争力和整体利润。

“循环集约型”的特点是实现“物尽其用、变废为宝”。例如，像攀枝花这样的拥有较多工业园区的城市，可推进企业循环式生产、园区循环式发展、产业循环式组合，推动区域内资源循环利用形成闭环。而农产品主产区县则可推动农业生产资源利用节约化、生产过程清洁化、废物处理资源化和无害化、产业链接循环化，形成多业共生的循环农业生产方式。

**“循环集约型”典型案例：** 贵州茅台集团作为全国白酒行业龙头企业，每年仅茅台酒生产就会产出 10 万 t 以上的有机废弃物——酒糟。因此，茅台集团在遵义市播州区建设茅台生态循环经济产业示范园，按照高端化、绿色化、集约化目标，形成以“酒、气+肥+饲料、农”为主的茅台生态循环经济产业链。一是在园区的复糟酒厂，以往废弃的茅台酒糟将会被重新利用，制成口感不错的翻沙酒和碎沙酒。二是生产复糟酒所需要的天然气同样也来源于茅台酒糟厌氧发酵。三是复糟酒酒糟继续被用来生产食品用二氧化碳，或者制作生物蛋白饲料、食药菌培植基等。四是最终废弃酒糟还会被做成具备“两低一高”特质的有机肥，保障了茅台酒原料供应产地有机红粱基地的用肥需求。该产业园年处理酒糟约 40 万 t，年产复糟酒约 5 万 t，生物天然气 3 000 万 $m^3$、固体有机肥 10 万 t、液体有机肥 5 万 t 和有机饲料 5 万 t，其综合产值将超过 50 亿元，解决近 2 000 人就业。实现了“将茅台酒糟吃干榨净，从土里来再回到土里去”的环保理念。

### （四）以实现保护者受益为根本的“生态补偿型”

生态功能极为重要、生态环境敏感脆弱的地区，借助国家重点生态功能区转移支付等各级财政资金，以及流域上下游横向生态补偿、省市内部生态补偿机制等多种生态补偿政策，更好地提供具有公共产品属性的生态产品。

“生态补偿型”体现了“谁受益、谁补偿，谁保护、谁受偿”的原则。例如，四川省川西北地区、大小凉山地区，以及全省 58 个不考核 GDP 的重点生态功能区县要坚持大保护，不搞大开发，通过向生态受益地区提供生态调节服务，促进生态保护地区的生态系统服务价值显性化。又如，位于成渝地区双城经济圈大区位、万达开川渝统筹发展示范区等国家、省级重大发展战略实施区域的城市，可探索进一步完善流域生态补偿机制，在长江、嘉陵江等跨界流域选取合适的范围开展生态补偿，共同争取纳入国家生态补偿试点。

**“生态补偿型”典型案例：** 为推动区域内建立生态补偿机制，湖北省鄂州市制定《关于建立健全生态保护补偿机制的实施意见》等制度，在 3 个市辖区（鄂城区、华容区、梁子湖区）开展生态补偿探索。在实际测算的生态服务价值基础上，先期按照 20%的权重进行三区之间的横向生态补偿，逐年增大权重比例，直至体现全部生态服务价值。对需要补偿的生态价值部分，试行阶段先由鄂州市财政给予70%的补贴，剩余30%由接受生态服务的区向供给区支付，再逐年降低市级补贴比例，直至完全退出。2017—2019 年，提供生态服务的梁子湖区分别获得生态补偿 5 031 万元、8 286 万元和 10 531 万元，由鄂州市财政、鄂城区和华容区共同支付。实施生态补偿后，梁子湖区的“好山好水”有了价值实现的途径。

### （五）以打造区域生态品牌为典型的“品牌塑造型”

以农业为主导功能或具有特色农业的地区，按照借力生态、品牌赋能的思路，大力发展绿色食品、有机农产品和地理标志农产品，不断扩大生产规模，培育打造特色区域公共品牌，提高产品附加值，实现生态与发展协同互促。

“品牌塑造型”的关键是要擦亮生态产品“金字招牌”。例如，中江县、三台县等35 个农产品主产区县，雅安、乐山等茶叶主产区，攀枝花、凉山亚热带特色水果产业带等地区可以发挥本地特色农林产品、药材、畜牧产品优势，大力发展“三品一标”生态产品，做大做强一批生态产品区域公共品牌、企业品牌和产品品牌。对于广元七绝、遂宁鲜、南充嘉作、巴食巴适、味在眉山、宜宾早茶、雅安五雅、资阳资味、净土阿坝、圣洁甘孜、大凉山等已有的区域品牌，要加强生态品牌认证、监管、保护等各环节的规范与管理，扩宽品牌营销体系，提升品牌在全国消费者中的认知度，做大品牌“无形资产”助推生态产品销售增长。

**“品牌塑造型”典型案例：** 2014 年，丽水市整合景宁惠明茶、庆元香菇、遂昌菊米等声名远播的生态精品农产品，创建了区域公用品牌——“丽水山耕”，该品牌是政府所有、协会注册、国资公司运营模式打造的国内首个覆盖全区域、全品类、全产业链的地级市农产品区域公用品牌，以“法自然·享淳真”为品牌口号，突出丽水走生态农业的精品路线。整个品牌规划施行以来，经“丽水山耕”品牌背书的梅峰龙井、缙云麻鸭等产品均产生了10%～50%不同程度的产品溢价。截至 2020 年年底，累计培育“丽水山耕”背书产品 201 个，合作基地 1 153 个，形成了菌、茶、果、蔬、药、畜牧、油茶、笋竹和渔业九大主导产业，“丽水山耕”产品销售额达到 95.9 亿元，产品远销北京、上海、深圳等 20 余个地区，“丽水山耕”已经成为丽水市生态农产品走出去的金字招牌。

### （六）以电商驱动生态产品供需对接的“数字赋能型”

以培育本地化电子商务综合服务商为驱动，搭建电商平台线上销售渠道，创新应用“直播带货”“拼团”“众筹”“私人定制”等多元化互联网营销模式，打通生态产品走进城市的上行通道，使好产品有好销路，卖出好价钱，促进人民群众增收致富。

“数字赋能型”的特点是依托电商平台实现生态产品的供需精准对接。以电商为代表的平台经济，在疫情后时代获得了长足的发展，尤其是无接触配送的生鲜电商，逐步为广大城市居民所接受，因此该类型适用于四川省大部分具备交通物流运输条件的地区。聚焦销售端，各地可围绕“生态产品上行”做文章，引导生态农产品生产企业入驻大型知名电商平台，也可以积极培育本地生态农产品电商交易平台，带动个体微电商发展，推动电商销售扎堆集聚，不断提升“新业态”活力。

**“数字赋能型”典型案例：** 过去，浙江省龙泉市城北乡的优质红心猕猴桃面临增产不增收的销售难题。2015 年，乡政府主动对接龙泉市农业电商化服务中心，引导种植户改变“等客上门”的销售模式，对产品进行电商化改造（统一定位、统一营销、统一包装、统一发货等），入驻淘宝网“特色中国-龙泉馆”，使红心猕猴桃受到热捧，创下从采摘上市到全部销售完毕只要 18 天的历史纪录，共销售猕猴桃 6 万 kg，成为“互联网+”生态农产品销售新模式的一次成功尝试。在首次“触网”成功后，城北乡与龙泉市邮政分公司以果为媒，开启猕猴桃在邮乐网上销售之旅，促使城北猕猴桃陆续发往深圳、上海、北京等一线城市，为丰产的猕猴桃拓宽销售新渠道。随着“互联网+”的深入发展，从乡政府引入电商运营团队为种植户销售到果农开通微商“私人定制”销售、“直播带货”，城北猕猴桃销售渠道不断扩宽，有效实现了供需对接，潜在生态价值被不断挖掘。

### （七）以夯实绿水青山根基为重点的“生态银行型”

一些生态环境本底较好的地区，以长期持续提升生态资产为核心，坚持不懈推进生态建设，将“生态本金”源源不断地储蓄到“绿色银行”，实现了生态环境补绿增绿与生态资产储值增值，并将生态资产不断累积变现。

“生态银行型”实现的是生态环境的“整存零取”，存足“绿水青山”本金，取出“金山银山”利息。四川省 100 余个国有林场如巴中市通江县南教城国有林场、自贡市富顺县国有林场等，以及宜宾市、泸州市、乐山市等竹产业发达地区，可以践行“绿色银行型”模式，一方面不断加强林场和竹产业基地建设，久久为功扩大经营规模；另一方面，除传统竹木材生产外，在保证生态安全的前提下发展森林观光游、农家乐、山野特产、手工艺品、育苗培苗、竹林碳汇等多种业态，使绿色成果惠及民生，实现青山常青、荫泽后代。

**“生态银行型”典型案例：** 河北塞罕坝林场经过半个多世纪的接力奋斗，在塞外高原上成功营造出世界上最大的人工林海，有效地阻滞了内蒙古浑善达克沙地南侵。林场通过严格管护、科学营林，确保森林资源安全，并释放其最大生态红利。采用先进技术在荒山沙地、贫瘠山地开展攻坚造林，增加资源储备。优化产业结构，大幅压缩木材采伐限额，依靠资源优势有序有节地发展森林旅游观光业、绿化苗木产业和森林碳汇项目。目前，来自世界各地的游客年均 50 万人次，一年门票收入 4 000 多万元。森林旅游的发展带动周边地区乡村游、农家乐、养殖业等产业发展，每年可实现社会总收入 6 亿多元。

### （八）以市场交易为导向的“环境权益交易型”

生态资源丰富、资源权益交易制度建设完备的地区，可以构建生态产品及其价值实现的市场化运作和市场交易体系，实现排污权、水权、碳排放权等环境权益类生态产品在不同主体间的高效配置，变生态产品为真金白银。

“环境权益交易型”的本质是生态产品价值的交换。未来 5 年是实现碳达峰、碳中和的关键时期，例如，在省级层面研究制定碳排放权交易配套政策制度，依托低碳、零碳、碳中和及适应气候变化试点、空气质量达标与碳排放达峰“双达”试点等地区开展碳排放权交易示范工程。又如，可在绵阳市、广元市、南充市、达州市和巴中市，以秦巴山区为主实施森林、竹林经营提质增效，通过提升林草质量固碳增汇，开发森林经营碳汇项目、“碳中和林”，搭建区域性林草碳汇交易体系，推动林草碳汇等碳减排量项目化开发、市场化消纳，逐步要求高耗能高排放企业购买林草碳汇履行减排义务。

**“环境权益交易型”典型案例：**河南新密市是一座严重缺水的城市，全市基本无外来过境水源，当地人均水资源量为 180 $m^3$，是全国人均水资源量的 1/12，水资源短缺已成为新密市经济社会发展的主要“瓶颈”。河南平顶山市地处淮河流域，境内共有大中型水库 170 多座，南水北调中线工程通水后，给平顶山带来了 2.5 亿 $m^3$ 的优质水源，有大量水量可以转让。河南是全国首批水权交易试点省份，2014 年河南省水利厅决定把新密市作为全省第一宗水权交易试点，通过购买南水北调水量指标，解决了引水入密的水源问题。2015 年 11 月，平顶山市政府与新密市政府签订《水量交易意向书》，平顶山市每年转让不超过 2 200 万 $m^3$ 的南水北调中线计划用水量给新密市，水权交易期限为 20 年，水量交易价格为 0.87 元/$m^3$。水权交易的“移花接木”，解决了新密市 20 多万人的用水问题，正在打开水资源的价值空间，引导水资源向高效益、高效率方向转移。

### （九）以厚植生态本底带动土地增值的“溢出效应型”

以增强要素资源吸附集聚和转化能力为目标的城市新区或生态环境品质较差的旧城改造升级区，可通过开展公园城市建设营造高品质人居环境，吸引高附加值低污染产业，催生新经济、新业态和新模式，实现高端人才集聚，配套设施完善，进而带动区域土地资源升值溢价。

“溢出效应型”的重点是打造优美生态环境，汇聚城市优质资源，进而提升区域价值。例如，成都东部新区、宜宾三江新区、南充临江新区、绵阳科技城新区等省级新区可以把好山好水好风光融入城市，打造高品质生活宜居地，利用优化国土空间布局、财税优惠政策等措施吸引绿色低碳高新产业，加速人气、商气、财气集聚。自贡市、阆中市等全省 17 个城市双修试点城市，既可以填补基础设施欠账，增加公共空间改善，修补城市功能，又可以通过改造老旧小区、开展人居环境整治，让城市“旧貌换新颜”，实现土地价值“外溢”。

**“溢出效应型”典型案例：**四川省天府新区按照公园城市建设理念，全面推行全域森林化建设，逐步构建“一山两楔三廊五河六湖多渠”森林生态绿化体系布局。天府新区把好山好水好风光融入城市，把城市建在公园里，把组团嵌在绿地中，切实提升生态空间的生态价值，吸引了优势企业聚集，目前已引进培育科技型企业 5 000 余家。在天府新区核心区域成都科学城里，已引进中科曙光先进微处理器技术国家工程实验室等国家级创新平台 11 个，引进紫光集团、商汤科技、海康威视等 80 余家数字经济重点企业，新经济浪潮开始在这里蓬勃发展。良好的环境是城市汇聚要素资源、促进高质量发展的关键。天府新区优质的生态环境和营商环境带动大批高新企业入驻，不断吸引高层次人才前来落户安家就业，进而带动区域板块价值的升级，使天府新区的土地价值明显提升。

### （十）以彰显特色生态文化为引领的“文化铸魂型”

具有历史文化底蕴的地区，可依托生态资源禀赋条件，充分梳理当地文化脉络，挖掘红色文化、诗词文化、民俗文化、三国文化等文化资源，让绿水青山焕发人文的生命力与活力，创造出人在精神享受、知识获取、休闲娱乐和美学体验等方面的综合惠益。

“文化铸魂型”的核心是挖掘本地“文化名片”并找到生态与文化的契合点。例如，四川省拥有众多的历史名人，李白出生地江油、苏轼三父子的家乡眉山、武则天的家乡广元等。又如，四川省具有广安市邓小平故里、绵阳市“两弹一星”城、泸州市“四渡赤水”、雅安阿坝“雪山草地”等丰富的红色文化资源。这些文化底蕴深厚、生态资源丰富的地区，可以加大对自然生态系统的恢复和保护力度，推动本地文化、生态环境与富民产业相融合，发展生态旅游、科普教育、党建培训等产业，吸引游客“浸入式消费”，让文化为“绿水青山”画龙点睛，将生态优势转化为经济优势。

**“文化铸魂型”典型案例：**余姚市梁弄镇曾是浙东四明山抗日根据地的指挥中心，被誉为“浙东延安”，因地处山区、交通不便，长期以来产业薄弱、发展落后。梁弄镇依托丰富的绿色生态资源和深厚的红色文化底蕴，先后投入 1.5 亿元保护和修缮浙东四明山抗日根据地旧址群、新建游客中心和配套设施，打造浙江省红色主题教育基地，积极发展红色教育培训、生态旅游等“绿色+红色”产业。2019 年，梁弄镇接待的旅游人数突破 120 万人次，实现旅游收入 2.4 亿元，红色培训人数突破 15 万人次。梁弄镇已成为长三角地区“游客上山、投资进山”的最佳目的地，充分显示了“绿色”生态产品和“红色”文化资源的价值。

# 关于“技术河长”的调查与思考

**摘　要**：为进一步推进河湖治理，尤其是破解四川省小流域治理难题，本文采用个案研究的方法，以乐至县为例，从流域治理公众参与制度化实践的角度，通过分析“技术河长”制度的模式归纳出其重要举措，结合其他地区的相关经验，对进一步优化“技术河长”制度提出了对策建议。本文认为，“技术河长”是现行河长制的重要补充，一方面它提供了一种小流域精细化治水模式的样本，另一方面也促进形成了政府、企业、社会组织和公众共同参与的多元化治理模式。下一步应加强“技术河长”政策配套，突出技术支撑的科学系统性，完善管理机制，进一步强化其与政府、企业、公众等各类主体的关系耦合。

**关键词**：河湖治理；技术河长；公众参与；乐至县

河川之危、水源之危是生存环境之危、民族存续之危。四川省是“水利大省”“千河之省”，流域面积 46.7 万 $km^2$，是长江黄河上游重要生态屏障和重要水源涵养地。但目前四川省部分小流域污染较为突出，个别达标河流水质出现反弹，岷江、沱江、嘉陵江部分支流和川渝跨界流域断面水质不容乐观。2017 年 1 月，四川省出台《四川省贯彻落实〈关于全面推行河长制的意见〉实施方案》推行建立河长制，设立省、市、县、乡、村五级河长，将责任落实到不同层级的行政领导人，推动各类水域网格化管理、协同化治理。河长制实施以来取得了一些良好的成效，对于解决河湖治理过程中存在的“九龙治水”职责缺位、越位问题呈现了很好的效果，河流水质呈现维持稳定改善的趋势。但随着河长制的深入实施，一些不足逐渐显现：河长制的实践存在城乡差距，针对中小河湖的定期巡查机制没有落到实处；基层河长工作仅局限于表层，对于河湖水生态污染专业知识了解不足；行政河长往往身兼数职，精力有限，影响工作开展；部门之间缺乏顺畅、迅捷、有效的沟通协调机制，河长制功能难以得到全面发挥；河湖段的水生态污染程度较深、污染成因相对复杂、污染治理较困难，单一的河长制已经难以解决问题，迫切需要引入社会组织参与到河湖治理当中；公众参与仍旧处于河湖管理工作的末端，积极性、有效性不足等。[1-5]基于此，“技术河长”在河长制的基础上逐渐发展了起来，与河长制相辅相成。“技术河长”是专业的环保专家，通过专业的知识和技术对河流进行持续的监督管理，通过巡河将发现的水环境、水资源、水生态的问题及时地传达给行政河长，监督企业和政府部门的治水行动。[6]

2019 年 11 月，资阳市乐至县探索开展了“技术河长”的先行先试，经过两年多的实践取得了积极成效。乐至县是四川省率先探索“技术河长”制度的县域，本文意在研究乐至县探索“技术河长”制度取得有益经验，并对进一步推广和完善“技术河长”制度提供建议和思路，以破解小流域治理难题、推动水环境质量持续改善、筑牢长江、黄河上游生态屏障。

## 一、乐至县基本情况以及河流治理困境

资阳市乐至县位于沱、涪两江分水岭，总面积 1 425 km$^2$，常住人口 51.52 万，辖区内有童家河、蟠龙河、卷洞河、井市河等 20 多条小流域，其中童家河和蟠龙河是本次研究的小流域。域内无河道采砂、小水电站和大型工矿企业，污染源主要来自城镇和农业农村污染。乐至县内无大江大河，是川内有名的老旱区，生态补水主要依赖雨水，水体自身净化能力差、纳污能力弱，枯水期重点流域断面水质稳定达标难度大。

乐至县具有四川省盆地典型的小流域特征，存在一些普遍性治理难点：第一，小流域治理底数不清、追根溯源不够，水质达标不稳定、水环境承载力低。第二，治理过程中技术人才、技术产品运用不足，距离精准治污、科学治污还有较大差距。第三，小流域治理碎片化特征明显，标本兼治举措不多，治理的整体性、连续性不够，流域系统性治理还待完善。乐至县流域图见图 1。

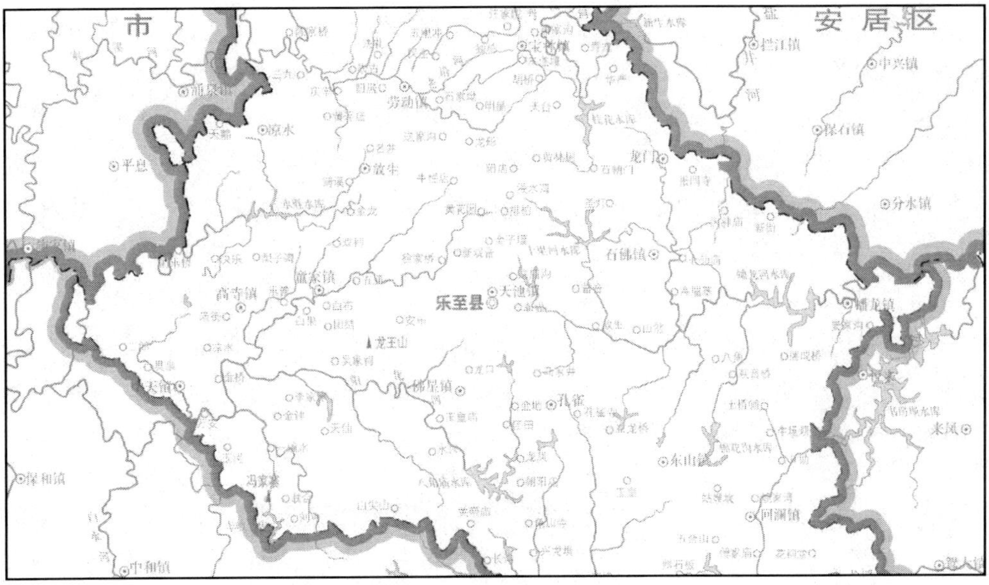


**图 1　乐至县流域图**

## 二、乐至县“技术河长”的主要经验

2019 年 11 月，乐至县选取童家河、蟠龙河两条重点小流域作为“技术河长”试点，其中，童家河为阳化河主要支流，蟠龙河为琼江支流。两条流域分别由生态环境部门、水利部门牵头，通过委托第三方引入“技术河长”，实施“双河长制”。经过一年多的治理，试点流域水质有了明显改善，其中，童家河流域上游玉龙桥断面水质多数月份为Ⅲ类，清水村断面水质都达到了地表水Ⅲ类；蟠龙河流域国考断面 2020 年第四季度的达标率从第一季度的 55%提升到 100%，同时乐至县获评全省河湖管理保护先进集体。乐至县的“技术河长”示范，打通了政府、治理企业、排污企业、群众之间的治水“桥梁”，是对河长制下流域治理体系的完善和补充，是深入推进精准治污、科学治污的缩影，是以问题为导向，基层探索解决突出环境问题的有益实践。其主要做法有以下四条：

### （一）精细化布局——力求追根溯源实现精准治污

按照精准治污要求，对河道进行“体检式”摸排，精准掌握污染源、污染物、污染负荷。第一，引入专业力量。以地方行政部门为主导，充分统筹有关部门（水利、生态）财政资金，以政府购买服务的方式，按照“一河一策”思路，针对童家河和蟠龙河流域环境问题，引入第三方先进技术和经验，分别与两家专业公司签订技术服务合同，明确“技术河长”治理目标、责任和义务，让专业力量参与治水全过程。第二，精准研判现状。每条流域配备 2～5 名专业“技术河长”，采取巡河、布局监测点位方式，用时 1～2 个月，精细、全面摸清流域水质情况，掌握污染源的数量、结构、区域分布和污染负荷，熟悉流域沿线拦河坝、水库的水利水文条件，建立健全污染源基本信息数据库，为后期流域系统治理提供基础依据。第三，明确治理方向。通过“地毯式”排查，精确“锁定”治污过程中的重点区域、重点时段、重点污染因子、重点行业，以“技术河长”团队力量，研究提出针对性综合解决措施。例如，童家河将全长 27 km 的童家河分为 8 个治理断面，采取“原位催化+生态浮床配合高效曝气”的系统治理工艺进行分段治理。蟠龙河治理以系统思维引领生态治水，提出“控源截污、内源治理、生态修复、生态补水、功能统筹”系统治理思路。

### （二）智慧化治理——突出技术运用实现科学治污

强化技术整合、力量联盟，最大化发挥“技术河长”的“技术优势”“专业优势”。第一，深化科研院校合作，促进科技成果转化。童家河流域治理以“技术河长”为实施载体，联合四川省环科院、西南交通大学等科研院所，统筹开展童家河流域底泥污染现状调查，摸清水体致黑致臭机理、底泥污染物释放迁移规律，试点“水质净化景观改善——生态重建”多重目标治理修复集成技术，打造流域治理技术集合体，为流域治理提供“金点子”。第二，强化高新科技运用，提升环境治理效能。采用无人机对流域部分断面进行巡航建模，生成断面三维模型图像数据以及全视角的高清视频图像，实时掌握流域治理状态，为智慧河流管理提供数据基础。童家河流域通过无人机巡河、加密监测、视频监控等技术手段，强化流域岸上、岸下综合管控，彻底扭转污染源发现不及时、处理不及时、散乱管理的不良局面。第三，建立“技术河长”管理系统，促进管理智能高效。应用互联网、移动互联网、物联网等网络平台，采用云计算、大数据智能硬件等先进技术，在服务器及云端汇集水环境管理的所有系统资源，为流域治理提供标准、政策、工艺上的基础支撑；同时，通过对河道治理时收集录入的各项水环境检测数据进行大数据分析，为长效的水环境治理工作提供决策参考。盘龙河治理过程中，依托“技术河长”开发“远程监控指挥管理平台”，实现了设备运行远程控制、故障报警与自动分析、项目现场远程监控与运维管理等功能，对项目进行全方位、多层次、全覆盖的智慧监控与管理。

**（三）责任化管控——压实多方责任实现联动而治**

统筹政府、行业部门、企业、“技术河长”多方力量，织牢织密监管防控网，形成“责任共同体”。第一，压实乡镇政府监管责任。明确流域沿线镇村干部清河、护岸、净水、保水四大职责，做到守土有责、守土负责、守土尽责，确保面上一块块管实。第二，压实相关行业部门监管责任。凝聚部门执法合力，主动查找行业问题，做到行业有规范、有标准，确保线上一条条管住。第三，压实污染企业主体责任。主动提升环保设施管理水平及业务能力，做到污染治理设施正常运行。第四，压实“技术河长”责任。明确其摸排全流域污染现状、建立流域管护运营方案、实施常态化巡河、提供决策技术支撑等职责，设立“技术河长”绩效考核办法，以考核目标实施情况为依据按季度付款，确保流域治理落到实处。乐至县制定《乐至县童家河流域水质治理项目绩效考核办法》，按年度、分断面对流域治理目标、责任进行明确规定。

**（四）全民化参与——凝聚公众力量实现聚力而治**

致力于树立全民环保意识，积极营造公众关心、支持、参与和监督流域治理的良好氛围。第一，完善公众参与机制。探索“三河一警”（行政河长+“技术河长”+市民河长+警长）治理机制，行政河长负责河湖治理协调工作，“技术河长”负责水生态治理、水资源优化配置等技术指导，市民河长负责监督、及时上报污染行为，巡河警长负责河道日常安全巡查与执法工作。第二，提升公众参与积极性。加强“技术河长”宣传，让“技术河长”走进学校、走进社区，广泛宣传“技术河长”制实施成果，科普环保知识，不断提升群众环保意识，让公众变“要我监督”为“我要监督”。第三，畅通公众参与渠道。通过“技术河长”管理系统、利用微信端口，为公众了解和参与水环境管理提供方便畅通的渠道，收集群众意见、听取群众诉求、了解环境实情，引导公众广泛参与到生态环境治理中。

## 三、他山之石

为更好发挥对河长制的支撑作用，使污染研判更科学、治河施策更精准，全国多地对“技术河长”制做出了有益探索，并且各有侧重。

### （一）杭州市：成立科技治水联盟，探索“科技+河长”数字化治水模式

杭州市在滨江流域率先推出了“科技+河长”的治水模式，鼓励企业参与或认领某条河道、水系的具体治水工作，目前成立了科技治水联盟，30 多家本土科技型企业成为滨江河道的“科技河长”，将科技治水的优势发挥得淋漓尽致。统筹地面与地下，在地面建立河道水质自动检测站、管网水位监测站和智能感应井盖等设备，建立地下管线综合管线信息系统、GIS 系统、排灌站远程监控调度一体化平台等系统，基本实现河道水质、管网运行、涉水事件、日常管养等的自动感知与监管。此外，应用无人机、无人船、水下机器人等科技手段，开展全面排查，确保重要断面水质达标，防止出现黑臭水体反弹。

### （二）湖南湘江：激励公众参与，探索“公众+河长”内生动力[7]

湘江治理保护是湖南省“一号重点工程”，湖南推行“官方河长”和“民间河长”并行的“双河长”工作机制，共同致力于湘江河流治理。流域治理公众参与普遍存在动力不足的问题，针对这一问题，湖南在“民间河长”的实施过程中更加注重激发公众参与内生动力。第一，以贴近公众的形式增进参与，例如永州市“民间河长”招募以“市长喊你当河长”发放宣传海报。第二，优化公众参与机制，推进“民间河长”参与流域治理的相关重大决策，同时着力环境监督。第三，强化对公众参与的激励与反馈，开展“湘江绿色卫士”选任，“民间河长”“河小青”招募等，并举办专门的培训班，组织开展有特色的志愿服务活动，此外注重扩大信息公开，省厅专设“互动交流”栏目以便公众信息反馈。

### （三）成都市高新区：多元力量协作，探索“专家+环保公益组织+民间河长”治水团[8]

成都市高新区探索建立了社会多元力量协同治理机制，集合了专家河长、民间环保公益组织、民间河长等社会力量。聘请水环境治理、水污染防治、水生态修复、水资源管理等方面的专家作为高新区“专家河长”，对区内河湖存在的“老大难”问题现场问诊，包括流域跨界诊断、入河排污口诊断、治污设施诊断等。发挥民间环保公益组织第三方立场，引进绿氧生态环境保护中心辅助河长办开展巡河工作、成为政府的“耳和眼”。

赋予民间河长“监督员”“巡查员”“评论员”“宣传员”四员身份，积极巡河履职，及时将河湖问题反馈给行政河长，监督、劝导制止破坏河湖生态安全的行为，向社会大众普及河长制知识，同时定期参加流域治理交流会建言献策。

## 四、对完善“技术河长”制度的对策建议

“技术河长”制度不仅是对河长制的有益补充，更是治水提质、科学治污、精准治污的有益尝试和重要举措，为更好地发挥“技术河长”在流域水生态环境治理中的技术支撑作用，应在政策支持、管理规范的前提下，进一步强化“技术河长”与各类主体的关系耦合。

### （一）加强“技术河长”政策配套，鼓励“技术河长”制推广应用

第一，推广“技术河长”试点。鼓励地方政府选取合适的流域进行“技术河长”试点，对行之有效的试点形成可复制、可推广的好经验、好做法。第二，总结规范“技术河长”制度。明确不同责任主体所承担的责任，在“技术河长”第三方选择、过程监督、成效考核等环节提出相应要求，供各地参考。第三，强化第三方合作。支持地方政府与科研单位、科技企业、社会组织等不同机构加强“技术河长”方面的合作，充分发挥专家作用，促进科研成果转化为现实生产力，为河湖治理提供专业力量。

### （二）突出技术支撑科学系统性，防止流域治理“碎片化”

第一，在统筹力量上充分发挥连通作用。发挥“技术河长”连通行政单位、行业部门、治理企业、污染企业、群众的桥梁作用。积极为行政河长提供“技术点子”、提出“解决方案”，积极联合有关流域治理技术单位，放大“技术效应”，同时连通治理企业与社会公众，以技术支撑方式联动企业共同“治理流域”“保护流域”，开门治水，引导吸引社会公众全方位全过程参与流域治理评价和监督，从“旁观者”变为“参与者”“监督者”。第二，在治理规划上进行系统布局。“技术河长”要在充分科学研判流域现状基础上，站在“长期+短期”时间维度进行系统布局，切忌头痛医头、脚痛医脚的短期性治理行为，致力实现兼顾短期治标、长期治本的目标。第三，在提供流域治理方案上突出系统施策。要站在系统工程和全局角度，按照山水林田湖草沙是生命共同体的理念，全面统筹左右岸、上下游、陆上水上、地表地下、河流湖库、水生态水资源水环境、污染防治与生态保护，促进治理措施系统化，以达到治理的最佳效果。第四，结合地方实际建设“技术河长”管理系统。充分应用互联网、移动互联网、物联网等网络平台，将智慧环保理念融合到河长制的实施全过程，为长效的水环境治理工作提供动态决策分析。

### （三）发挥“技术河长”支撑作用，促进“技术河长”制作用长效

第一，加强对行政河长的科技辅助作用。“技术河长”全面参与河长制日常管理工作，为河湖治理提供技术支撑与决策咨询服务。健全常态化巡河机制，积极上报沿岸违法行为、水环境破坏和水污染事件，及时识别问题并实施相应处理办法，定期对巡河专员进行摸底培训。第二，加强对沿线企业污染防治的技术指导。定期上门服务，兼顾岸上水里。第三，以“技术河长”为平台带动全民治水。服务大众化，建立健全群众参与渠道，完善举报有奖响应及整改制度。与“市民河长”“民间河长”“乡贤河长”等相互配合，延伸流域主管和执法部门的“手脚眼耳”，鼓励社会力量积极参与到流域水环境治理工作。

### （四）完善“技术河长”管理机制，推动“技术河长”制规范运作

第一，建立“技术河长”信用体系。建设“技术河长”信息库，收录相关资质企事业单位信息，便于相关政府开展业务对接。对“技术河长”进行信用评级，对于一些专业性较强，同时又拥有较高信誉度的“技术河长”单位，对其颁发优秀证明；而对于专业技术较差，且服务质量也难以得到保障的“技术河长”单位，降低其信用等级。第二，健全“技术河长”考核体系。考核内容的设置主要围绕年度主要工作和目标要求，考核内容重点是河湖巡查制度落实、河湖治理和管护运营方案编制及实施、水质断面、河湖综合治理、河湖存在问题的处理等。将考核结果作为项目资金结算和信用评级的重要依据。第三，加强“技术河长”监管能力建设。加大流域水环境治理科技含量，推进“三水统筹、智慧治水”建设，实现环境质量、污染源、生态状况全覆盖，利用大数据、人工智能、无人机等科技手段提升流域监管水平。

## 五、结论

### （一）“技术河长”的特征与意义

开展美丽河湖保护与建设是一项重要的民生工程，近年来，全国各地推进河（湖）长制，流域水质改善取得显著成效，但随着河长制深入推进与实施，许多问题逐步显现，尤其是如何发挥好技术力量，系统、精准、科学、智慧地解决流域水生态环境问题，成为当前流域治理的一大难点。面对“精准治污、科学治污”的现实需求，“技术河长”是基层以问题为导向解决生态环境问题的有益探索，也是现行河长制的重要补充。本文主要采用个案研究，以乐至县的“技术河长”制度作为研究对象，从公众参与生态环境治理视角出发，通过分析“技术河长”制度的模式归纳出其重要举措。河长制作为一项治理制度创新上升到了国家制度层面，虽然增强了治水的权威性，但难以解决边缘化的

水治理问题，无法实现持续性的监督和信息反馈。在此背景下催生出了“技术河长”，一方面它提供了一种小流域精细化治水模式的样本，另一方面也促进形成了政府、企业、社会组织和公众共同参与的多元化治理模式。

### （二）优化“技术河长”的对策建议

“技术河长”作为一个自下而上的制度，与自上而下的河长制相互补充，提高了水治理效率。但“技术河长”是否能持续发挥好其作用，还有赖于完善的政策支持、系统的安排部署、公众思想的变革等，因此下一步应加强“技术河长”政策配套，从政策上鼓励“技术河长”的推广与试点，鼓励第三方治理，同时要突出技术支撑的科学系统性，完善管理机制，进一步强化其与政府、企业、公众的关系耦合。

## 参考文献


[1] 孟令峰. 我国河长制法律制度完善[D]. 成都：四川省社会科学院，2021.

[2] 唐洪松，李益彬，胡艳. 网络治理视角下流域河长制创新研究——基于沱江流域试点段的案例分析[J]. 内江师范学院学报，2020，35（8）：73-79.

[3] 罗中唯. 成都市武侯区推行河长制改革的案例研究[D]. 成都：电子科技大学，2020.

[4] 胡敏，黄丽萍，冯桢棣. 全面推行河长制建设　完善县域河流治理——关于四川省井研县河长制工作开展情况的调查与思考[J]. 中共乐山市委党校学报，2019，21（4）：90-94.

[5] 邱安民，胡杨成. 江西省城市内河“民间河长”参与路径探索[J]. 中国环境管理干部学院学报，2017，27（3）：6-9，37.

[6] 罗丹. 生态共同体视角下贵阳市“双河长制”的制度创新研究[D]. 贵阳：贵州大学，2018.

[7] 雷明贵. 流域治理公众参与制度化实践：“双河长”模式——以湘江治理保护实践为例[J]. 环境保护，2018，46（15）：63-66.

[8] 刘耀源，罗丽潇，刘义. 多元力量共筑现代水生态环境治理新体系——以成都高新区为例[J]. 中华环境，2021（6）：67-69.

# 创新发展气候金融，助力碳达峰碳中和

**摘　要：** 本文探讨了中国在应对气候变化中的碳达峰和碳中和目标，以及与之相关的资金需求和金融机构的角色。国家主席习近平在第 75 届联合国大会一般性辩论上的承诺意味着中国将采取更有力的政策和措施来保障2030年前碳达峰和2060年前碳中和目标。然而，为了实现这些目标，每年需要巨额资金。由于财政有限，金融机构在气候投融资领域的作用至关重要。本文还提出了四川省在气候金融领域的具体推进建议，包括制定政策、完善基础能力、培养专业人才、加强监督管理和申报国家试点示范。综上所述，本文强调金融机构在实现碳达峰和碳中和目标中的关键作用，为应对气候变化提供了有益的思路。

**关键词：** 碳达峰；碳中和；气候变化；气候金融；金融机构

## 一、全球气候金融发展现状

气候金融一般泛指所有服务于应对气候变化的金融活动，包括直接投融资、碳指标交易及其衍生品和银行贷款等。气候金融是应对气候变化和发展低碳经济的金融支撑与行动保障。

### （一）国际发展经验

欧美等发达国家（地区）通过多年摸索探出了一条适宜的气候金融市场发展道路，包括完善的法律法规体系和制度安排，充分保障气候金融市场的有序性；提供了丰富的气候金融市场产品（表 1），激发市场活力，吸引多元主体参与；强化了市场监督管理体系；设立了多元气候基金，降低气候金融投资风险等[1-5]。

**表 1　国外主要气候金融产品**

| 产品类型 | 发行机构 | 主要产品概述 |
|---|---|---|
| 传统信贷 | 荷兰银行、花旗银行、摩根大通银行 | 开展节能建筑信贷业务，实行差异化信贷品类 |
| | 英国汇丰银行、瑞穗银行 | 实施“赤道原则”，以“赤道原则”为贷款审核标准 |
| 绿色信贷 | 花旗银行、汇丰银行 | 碳减排交易从绿色债券、绿色信贷产品扩展到航空业领域 |
| | 汇丰银行、富国银行 | 发行绿色信用卡 |

| 产品类型 | 发行机构 | 主要产品概述 |
|---|---|---|
| 绿色信贷 | 巴黎银行、巴克莱银行、花旗银行 | 针对清洁能源、废弃物可再生项目，推出相应低碳融资、债券类产品 |
| | 韩国光州商业银行 | 推出“碳银行”计划 |
| | 荷兰银行 | 推出气候信用卡等个人“碳中和”业务，设立低碳加速器基金、可持续全球信用基金等 |
| 衍生品 | 伦敦交易中心 | 碳交易品种包括现货、期货、期权、远期、互换产品 |
| | 芝加哥交易体系 | 金融衍生品，包括碳期货、碳期权、清洁能源指数期货 |
| 保险产品 | 英国 KILN 保险集团 | 开发碳信用保险产品 |
| 中介服务 | 欧洲碳交易市场的商业银行 | 利用先进的碳金融期货合约工具，为企业提供细致的套期保值服务 |
| | 荷兰从事碳交易中介业务的金融机构 | 提供融资担保、购碳代理、碳交易咨询等服务 |
| | 荷兰商业银行 | 为碳金融交易提供服务平台获取中间业务 |
| | 花旗银行 | 同欧洲、芝加哥气候交易所进行联盟合作，提供碳交易中介服务 |

### （二）国内发展现状

从 2013 年起，我国在北京、天津、上海、重庆、湖北、广东、深圳 7 个地区试点碳排放权交易。试点地区和金融机构围绕碳交易陆续开发了碳债券、碳基金、跨境碳资产回购、碳排放权抵质押融资等产品，试点碳市场为气候金融活动提供了交易标的，并以此开启了气候金融的探索。2013 年以来，整体上仍处于零星试点状态，区域发展不均衡，尚未形成系统完善的气候金融市场。存在以下几个方面的问题：我国金融机构还没有充分将气候金融与解决气候问题协调起来；气候金融相关的人力资源和技术基础严重匮乏；对碳减排市场蕴藏的巨大市场空间缺乏足够的了解和重视，对其运作方式、操作方法、风险控制和社会效益的认知还处于起步阶段；缺乏对气候金融的长期谋划，发展气候金融的意识比较薄弱；围绕碳交易开发的金融产品还存在法律体系、监管和核查制度不完备等问题。这些使得国内气候金融市场尚不适应“双碳”引领下的气候变化行动快速发展需求，与当前欧美气候金融开展业务的种类与规模相比也存在较大差距[6,7]。

我国碳达峰碳中和目标愿景的提出给气候金融带来了新的发展机遇。政府和金融机构积极制定并落实了各种减少碳排放量的金融政策，发展气候金融势在必行，特别是已于 2021 年 7 月 16 日启动的全国统一的碳排放权交易市场，标志着我国碳排放权交易市场以及气候金融的发展进入了全新的阶段，我国气候金融发展具有广阔的前景。

## 二、四川省气候金融发展面临的主要问题

### （一）规划政策体系有待完善

四川省气候金融缺乏顶层设计。早在 2018 年，四川省就出台了《四川省绿色金融发展规划》，但规划较少聚焦气候金融领域，没有针对气候金融的指标和详细的规则措施予以规范。因此，不论是公众、企业、金融机构，还是社会资本对于气候金融都缺乏充分的理解，基本将其等同于绿色金融，除对节能降耗领域有相对明确的金融政策和产品外，对应对气候变化方面的咨询、技术研发、信息服务等行业并未得到相应的关注，更谈不上有明确面向适应气候变化行动的金融支持政策。气候金融在整个绿色金融领域的资金占比较小，发展存在较大的不确定性，完善全省气候变化领域的绿色金融支撑体系已刻不容缓[8]。

### （二）基于监测报告核查（MRV）的信息体系尚未建立

围绕应对气候变化开展金融活动，首先要对气候资金的去向做出判断，明确投资的企业是否为绿色环保企业或者将要投资的项目是否为低碳发展、节能减排及气候适应相关项目。但四川省乃至全国对气候资金都尚缺乏规范的统计、报告和核查体系，致使气候金融定义和测量标准模糊不清。尽管四川省从 2018 年就开展了企业碳排放信息披露试点工作，但是披露信息中有利于金融机构对投融资对象信息的判断、风险评估和金融产品设计和定价的信息仍然稀缺。同时，政府与企业、政府与金融机构之间也未完全实现信息共享，这对投资者的投资判断、融资者的融资需求和政府对投融资的监管均造成很大的制约，限制了气候金融的发展。

### （三）金融机构专业性和动能不足

由于气候金融相比传统金融业务需增加对服务对象环境信息的判断、环境风险和环境绩效的评估，专业性强，四川省绝大多数金融机构缺乏气候金融和金融科技专业人员，往往需交由第三方机构完成。同时，气候金融主要目的是促进温室气体低排放、强化气候适应的可持续发展，相比其他减排和传统金融项目具有投资周期长、回报低的特点，环境效益和社会效益往往大于经济效益，这与资本追求利益最大化的目标相矛盾，致使资本主动流向气候金融领域的意愿不强。此外，现阶段金融产品单一且缺少创新。四川省未被纳入碳排放权交易试点，碳证券、碳基金等各种金融衍生品和金融服务支持缺失，气候基金、气候保险及相关的股权融资工具等鲜有成熟的开发案例[9]。

## 三、四川省推进气候金融的对策建议

### （一）加快构建气候金融支持政策

根据生态环境部、中国人民银行等五部委共同发布的《关于促进应对气候变化投融资的指导意见》，四川应结合实际加快出台《关于创新发展应对气候变化投融资的实施意见》；制定金融支持碳达峰碳中和的行动方案，细化减缓气候变化的融资政策。以节能环保、清洁能源、新能源汽车产业和低碳城市、甲烷减排等领域为重点支持领域；制定并动态更新应对气候变化投融资优先支持产业目录、重点支持项目清单和投资负面清单，建立投资活动气候风险提示机制；研究制定关于气候金融的专项支持政策等；加强省级层面专项资金、国资平台和政府性基金等统筹力度，联合金融机构与社会资本共同发起建设省级气候基金形成投融资合力。

### （二）完善气候金融基础能力

建立省级气候金融统计体系，加快形成清晰、实施性强的气候金融标准和规范体系，并开展四川气候金融绩效评价，发布年度报告。完善公开、透明的气候信息披露制度，明确企业和上市公司应积极主动向公众披露应对气候变化和温室气体减排的相关信息，鼓励金融机构定期开展环境信息披露，使金融资源配置优化、效率提升、成本降低。充分运用金融科技手段，优化“天府信用通”“绿蓉融”等平台的数据收集、政策推广和投融资对接功能。建立气候金融信息共享制度，将企业碳排放量、碳交易履约、节能减排建设等信息，纳入企业环境信用信息共享平台和企业征信系统，建立覆盖面广、共享度高、时效性强的气候信用评价机制。

### （三）加强气候金融专业人才培养

提升金融机构的气候金融认知，人民银行、银保监会等金融管理部门加强向金融机构传递绿色低碳发展理念，指导金融机构内部设立专门绿色（气候）金融业务的部门和绿色（气候）专营分支机构，针对绿色（气候）金融业务人员进行系统的专业培训。依托高校和科研院所建设四川省气候（碳中和）投融资创新服务中心，加强引进国内外高层次绿色（气候）金融专业人才，开展气候金融监测指标、识别标准、信息披露、金融创新、风险防范等基础研究，并开展包括气候（低碳）项目库、气候金融产品研发、气候金融政策库、第三方认证咨询及市场分析研究等综合性气候金融服务，打造一批具备应对气候变化和金融专业知识的高层次、复合型人才队伍。

### （四）加强监督管理防范金融风险

气候金融的重要目的之一是识别和防范由于环境、气候因素（包括物理风险和转型风险）对金融机构可能存在的、造成严重不利影响的重大风险。建议通过构建针对气候金融项目的保险机制和投融资风险补偿制度，完善金融机构气候金融风险预警机制，包括气候风险压力测试、内部报告、信息公开和责任追究制度等，合理控制项目的融资杠杆率，积极防范化解气候金融风险。

### （五）积极申报创建国家试点示范

指导和支持成都市申报创建国家级绿色金融改革创新试验区、国家气候投融资试点，支持广元、南充、雅安、阿坝等市（州）在绿色金融省级创新试点基础上，提升气候投融资规模、质量和国际化水平，突出支持碳达峰碳中和，打造中国绿色金融的“天府品牌”。

## 参考文献

[1] 陈菡，陈文颖，何建坤. 实现碳排放达峰和空气质量达标的协同治理路径[J]. 中国人口·资源与环境，2020，30（10）：12-18.

[2] 吴恩涛，马靖. 关于气候金融问题的回顾与展望[J]. 环境与可持续发展，2015，40（6）：54-55.

[3] 许兴. 我国商业银行绿色金融发展现状研究[J]. 中外企业家，2017（7）：65.

[4] 范亚欣. 碳金融与商业银行发展研究[J]. 湖北经济学院学报（人文社会科学版），2015，12（12）：39-41.

[5] 苏博，瞿亢. 绿色金融发展的国际经验及启示[J]. 国际金融，2016（5）：75-80.

[6] 李若愚. 我国绿色金融发展现状及政策建议[J]. 宏观经济管理，2016（1）：58-60.

[7] 刘钰俊. 绿色金融发展现状，需关注问题及建议[J]. 金融与经济，2017（1）：76-78.

[8] 柴麒敏，傅莎，温新元，等. 中国气候投融资发展现状与政策建议[J]. 中华环境，2019，4：30-33.

# 关于第二轮第三批中央生态环境保护督察的启示

**摘　要：**中央生态环境保护督察是贯彻落实习近平生态文明思想、推动高质量发展的重大制度安排。在四川即将迎来第二轮中央环保督察之时，课题组采用词频分析、讨论研究等方式，对第二轮第三批8个省（区）督察组反馈情况进行深入分析，得出上一批中央环保督察呈现直指“问题”、聚焦“重点”、关注“特点”、动真碰硬四个明显特征，并从坚持“共性+个性”兼顾查摆问题、坚持“压实责任+传导压力”“解决历史遗留问题+新发展阶段开新局”、坚持“站位大局+突出重点”提出四点启示思考。

**关键词：**生态环境；督察；启示

2021年4月6日—5月9日，第二轮第三批8个中央生态环境保护督察组进驻山西、辽宁、安徽、江西、河南、湖南、广西、云南8个省（区）开展督察（“十四五”开局之年的第一批督察）。7月14—20日，第二轮第三批中央生态环境保护督察完成意见反馈。中央生态环境保护督察组将进驻四川期间，为迎接中央环保督察提供支撑参考，四川省政研规划院以第二轮第三批8个省（区）督察组反馈情况为基础，通过词频分析、讨论研究、相关内容扩展检索等方式，梳理总结第二轮第三批中央环保督察主要特点、需要关注重点，并提出了相关启示建议，以期为领导提供决策参考。

第二轮第三批中央生态环境保护督察是“十四五”开局之年的第一批督察。在本轮督察反馈情况通报之后，相关部门及时进行讨论研究，认为本轮督察主要呈现一些明显的特征，值得在四川迎接中央环保督察中予以关注：一是直指“问题”，揭丑亮短毫不留情。首先，根据词频分析结果显示（图1），“问题”一词出现142次，在所有关键词中数量位居第二，仅次于“生态”一词的187次。其次，从反馈情况报告文本来看，督察组在问题描述部分笔墨均占较大篇幅，笔墨所重之处也体现了本轮督察“坚持问题导向”的核心理念。二是聚焦“重点”，关注“国之大者”。本轮督察将国家重大战略作为重点督察内容，聚焦长江大保护、黄河流域生态保护和高质量发展、碳达峰碳中和等国家战略，指出江西长江保护修复工作仍不到位、黄河流域山西段生态保护与治理力度不够、黄河流域河南段生态保护和高质量发展有差距，对8个省（区）均指出存在“两高”项目管控问题。三是关注“特点”，亮剑各地特性环境问题。8个省（区）在环境问题差异性上都呈现自己的特色，督察组均对各地特性问题予以强调，比如广西“红树林”“矿山”、云南“高原湖泊”、河南“黄河”、湖南“湘江”“码头”“锰三角”等均体现各地特点。四是措辞严厉，释放出动真碰硬信号。反馈文本中“不到位、不坚决、敷衍应对、管控不力、放松要求、内容失实”等词汇反复出现，其中“违规”词频高达 59 次，透射出中央生态环保督察“长出了牙齿”，很“刚硬”。

图 1　第二轮第三批中央生态环境保护督察反馈情况词频分析

同时，在内容上，我们从共性、个性等方面入手，对第二轮第三批中央生态环境保护督察的关注点进行梳理，主要有以下几个方面：

## 一、各地在生态环境保护工作中的特色创新做法及突出成效

从分析来看，8 省（区）均在制度体系、污染防治攻坚、生态环境保护修复上有各自特色亮点，得到中央生态环境保护督察组的肯定。

### （一）强化顶层设计，全力加固政策制度体系的“四梁八柱”

一是领导责任体系不断健全。通过完善组织机构、约谈机制等方式压实责任。例如，广西成立生态文明体制改革专项小组；河南建立省委书记、省长共同约谈环境空气质量排名靠后市县负责人制度。二是法律法规政策体系不断完善。各地制（修）订多部地方性法规，出台相关实施意见、实施规划、实施方案，优化监管机制，不断提高生态环境监管水平。如广西、安徽、云南、辽宁等地均出台相关地方政策文件，其中辽宁先后制（修）订机动车污染防治条例等 7 部地方性法规。

### （二）精准施策“对症开方”，全力打好污染防治攻坚战

在水污染防治方面，8 省（区）均重点深入推进水生态环境综合治理，聚焦各地重点流域、“散乱污”企业、污水处理厂及管网建设等采取措施。例如，山西省深入推进水源、水权、水利、水工、水务“五水综改”等措施，近 3 年累计实施 393 项省级水污染治理重点工程，全省 58 个国家地表水考核断面退出劣Ⅴ类，实现历史性突破。在大气污染防治方面，各地紧盯大气污染短板，优化“四大结构”、推动重点行业、燃煤锅炉污染治理、开展春节鞭炮禁燃限放、夏季臭氧污染防治、秋冬季秸秆禁烧和扬尘防控等行动，强化监管治理。又如，安徽强化大气污染防治“五控”措施，2020 年全省 $PM_{2.5}$ 年均浓度较 2015 年下降 25%，空气质量优良天数比例较 2015 年提高 5 个百分点。在土壤污染防治方面，各地健全法律法规标准体系，扎实开展土壤污染状况详查，加强土壤环境风险管控和安全保障，实施土壤污染治理与修复等工程，净土保卫战扎实稳步推进。例如，广西完成重金属减排项目 118 个、农用地安全利用面积 889.05 万亩，实施土壤污染治理与修复技术试点项目 17 个。

### （三）加强生态保护修复，全力筑牢重要生态屏障

一是森林资源总量增加显著。各地实施国土山川大绿化、植树造林、天然林资源保护等重大生态工程建设，实现森林资源总量持续增长，如江西完成造林 362.8 万亩，山西营造林 408.1 万亩。二是河湖、湿地保护修复得到强化。聚焦重点河湖、湿地生态保护与修复，大力实施河（湖）长制，着力实施生态补水、湿地保护等生态保护和修复工程，改善河湖、湿地生态状况，如湖南修复湿地生态 8.6 万亩，江西修复湿地 7.5 万亩。三是河湖岸线生态保护和修复成效明显。通过岸线整治修复、岸线复绿、退还岸线等，持续改善生态状况，如湖南退还长江岸线 7.24 km、完成岸线复绿 2.4 万亩、港口码头复绿 47.7 万 $m^2$。四是生物多样性保护步伐加快。通过颁布自然保护区管理相关条例，推动重点自然保护区生态环境整治，实施珍稀濒危特有物种拯救、保护和恢复等工程，生物多样性保护取得积极成效，如云南率先出台生物多样性保护条例并发布生物多样性白皮书，建成全国唯一的“中国西南野生生物种质资源库”。

## 二、将习近平生态文明思想的贯彻落实情况作为检验“两个维护”的重要标尺

从分析来看，本次督察反馈情况报告第一部分均对各地贯彻落实习近平生态文明思想情况做了评价，“习近平生态文明思想”词频达 33 次。报告直接指出一些地方贯彻落实习近平生态文明思想“不够到位”“不够深入”“还有差距”等。具体表现方面如下：

### （一）在坚持人与自然和谐共生方面

习近平总书记指出，人因自然而生，人与自然是一种共生关系。督察发现一些地方和部门对天生的好山好水缺乏敬畏和呵护之心。例如，云南昆明诺仕达（企业）集团公司在长腰山大肆进行房地产开发，长腰山变成“水泥山”，基本丧失生态功能，致使滇池生态空间受到严重挤压；西双版纳州由于毁林开垦、毁林种茶等原因，2020 年天然林面积较 2016 年减少 18.4 万亩。

### （二）在坚持绿水青山就是金山银山方面

习近平总书记指出，我们既要绿水青山，也要金山银山。宁要绿水青山，不要金山银山，而且绿水青山就是金山银山。督察发现一些地方和部门对“生态优势金不换”的认识不够深入，一些地方牺牲环境换取一时经济增长，一些地方和部门存在推动经济社会发展全面绿色转型态度不够坚决、措施不够有力，对自然保护地管理不到位等问题，未能坚持在发展中保护、在保护中发展，如广西、安徽、山西、云南等。

### （三）在坚持良好生态环境是最普惠的民生福祉方面

习近平总书记指出，良好生态环境是最公平的公共产品，是最普惠的民生福祉。一些地方和部门对群众举报重视不够，大气污染、水污染等环境问题凸显且未能得到解决，广西、安徽、山西、辽宁等地均出现环境问题影响群众生活情况。例如，山西平遥煤化集团违法扩建，违规从周边村庄抽取地下水，导致周边两个村吃水困难，群众反映强烈。

### （四）在坚持山水林田湖草沙冰是生命共同体方面

习近平总书记强调，要坚持保护优先，坚持山水林田湖草沙冰一体化保护和系统治理。一些地方对生态系统的完全性认识不到位，综合治理工作推进滞后，效果不佳。例如，云南一些地方在湖泊保护治理方面系统思维不够，规划管控不力；抚仙湖湖滨岸线和缓冲区缺乏科学规划管控，开发强度大，“边退边进”“民退商进”“景观化治湖”现象突出；湖南省一些地方矿涌水治理投资巨大，效果不佳。

### （五）在坚持用最严格制度、最严密法治保护生态环境方面

习近平总书记指出，只有实行最严格的制度、最严密的法治，才能为生态文明建设提供可靠保障。督察发现各地存在资源保护条例未得到有效贯彻落实，违法组织实施填海工程，督察整改工作推进不到位等问题，制度执行有待进一步强化。例如，广西红树林资源保护条例未得到有效贯彻落实，红树林局部破坏问题突出；江西赣州、吉安、抚州等均大量存在违规占地和建设现象。

## 三、各地在新发展阶段“四大结构”调整方面存在的问题

从分析来看，督察组关注生态环境保护和经济高质量协调发展，在产业结构、能源结构、运输及用地结构调整和“两高”项目上给予了高度的关注，对存在的“中阻梗”给予了严厉指出。

### （一）“两高”项目盲目上马

从督察反馈情况来看，督察组均对 8 省（区）“两高”项目进行披露，报告中“两高”词频 24 次，“能耗”词频 20 次，各地均不同程度存在对高耗能、高排放项目管控不力的问题，形成能源发展规划落实不到位，高耗能产业、能源消费比重逐年增加的不良局面。其中，辽宁、安徽、江西、云南主要问题为对“两高”项目管控不力，河南、湖南、广西、山西则存在控制“两高”态度不坚决或上马“两高”项目冲动强烈的问题。

### （二）产业结构、能源结构调整不到位

湖南省在编制省“十四五”能源发展规划时，未落实《关于全面推动矿业绿色发展的若干意见》“全面退出石煤开发”要求，仍允许怀化发电项目采用当地石煤作为燃料。安徽蚌埠市安徽丰原集团有限公司 4 台共 16 万 kW 的热电机组等项目未经能评审批，违规建设，新增耗煤量 100 万 t/a。广西一些领导干部对高质量发展的认识有偏差，北海市、防城港市不顾产业布局现状和规划要求，争抢钢铁项目落户。

### （三）运输结构、用地结构调整工作滞后

多个省（区）存在交通运输结构调整行动迟缓，扬弃土处置不规范、扬尘污染控制不力等问题。如辽宁、山西交通运输结构调整工作严重滞后，其中，山西列入国家重点建设规划的 21 条铁路专用线，只有 9 条建成通车。辽宁全省具有铁路专线的大型工矿企业和新建物流园铁路运输比仅为 45%，远低于国家 80%的目标要求。

## 四、各地在打好污染防治攻坚战中存在薄弱环节

从分析来看，各地污染防治攻坚战的短板问题突出，不同程度地存在基础设施欠账、末端治理不达标等问题，尤其水土气各要素的基础设施、治理效能、管理长效机制得到督察组的重点关注。

### （一）大气污染防治存在不足

大气污染问题仍未有效解决，存在企业烟气超标排放、烟气直排、机动车尾气检测

不规范、在线监测设施数据造假等问题。例如，辽宁、河南、山西、安徽等地大气污染治理仍有待加强，其中辽宁 2020 年多个城市优良天数比例未达到国家要求，$PM_{2.5}$ 年均浓度同比恶化。

### （二）水污染防治还存在明显短板

水污染治理成效不稳固，存在污水管网建设缺口大、污水直排、排水管网雨污合流、生活污水集中收集率低、污水处理设施闲置、产业集聚区污水处理等突出问题。8 省（区）都不同程度因管网建设滞后、雨污混流、污水收集率低、污水溢流直排等问题被督察组批评。其中，江西的督察反馈意见指出，萍乡市污水管网建设滞后，大量污水未得到有效收集，市污水处理厂附近的溢流口每日外溢污水约 2.8 万 t，严重影响下游桐车湾断面水质，使其成为 2019 年全省唯一未达目标的国考断面；铁岭市长期不作为慢作为，凡河新区污水管网破损严重，污水处理厂建成近 10 年未能正常运行，每日约 2 万 t 生活污水直排，导致凡河水质恶化。

### （三）固体废物处理水平亟待提升

存在生活垃圾处置建设不足，治污设施沦为“污染源”、危险废物管理不当、垃圾渗滤液积存和违法处理等问题。例如，广西、辽宁、云南、河南等地垃圾渗滤液积存和违法处理问题突出，其中广西南宁市横县第二生活垃圾填埋场垃圾渗滤液直排，COD 浓度超排放标准 143.7 倍。河南三门峡义马市暂存 3 000 余 t 受铬污染物，防控措施不到位。

## 五、各地在生态保护方面存在的突出问题

从分析来看，在打好污染防治攻坚战，做好“减法”的同时，生态保护应该完成的“加法”也是督察组的重点关注内容，尤其在解决历史遗留问题、自然资源开发、后端监督管理方面进行全过程全链条的关注。

### （一）历史遗留问题依然严重

一些地方和部门思想认识有偏差，对生态环保紧迫性认识不够，存在畏难情绪多、依赖思想重、新发展理念树得不牢等问题。例如，云南省现有历史遗留废弃露天矿山约 8 000 座，占损土地面积位居全国前列，但生态修复工作严重滞后。全省 82 家磷矿，6 965 亩矿山尚未开展生态修复。湖南全省各类废弃矿山达 6 950 座，大部分未落实“谁开发、谁治理”要求，生态修复率不到 45%。广西截至 2020 年年底全区矿山需要治理恢复的面积达 20 300 $hm^2$，“十三五”期间仅治理 4 114.63 $hm^2$，完成率仅为 20.2%。

### （二）违规开发致使生态环境破坏严重

在 8 个督察反馈情况中，“违规”词频高达 59 次，一些地方违规开发建设问题成为督察组关注重点。例如，云南昆明围绕滇池“环湖造城”“贴线开发”。河南开封黑岗口工程借调蓄灌溉之名，打造“开封西湖”景区，非法占地 1 280 亩。桂林市自然保护区违规项目清退整治不力，保护区确界和功能区划分工作严重滞后；在未摸清小水电数量、未开展实质工作情况下，两次申请整改销号，均因工作不实被驳回。

### （三）生态保护修复不到位

如辽宁省发展改革、生态环境等部门落实生态环保责任不到位，减污降碳、污泥无害化处置、海洋、湿地保护等重点工作严重滞后。

## 六、各地在生态文明建设和生态环境保护中面临的重点和难点

从分析来看，8 份督察报告在提出各省（区）的共性问题之外，更直接针对当地长期以来的难点、个性化问题进行了深入督察。

山西大气结构性污染尚未得到有效遏制，大气污染防控重点区域“4+4”城市中，除临汾外，其余城市 2020 年规模以上工业企业煤炭消费量较 2015 年均增长 20%以上。辽宁渤海综合治理一些任务推进不力，部分入海河流水质恶化。2020 年沿海城市涉氮重点行业总氮排放量增幅达 20.24%，全省入海河流总氮平均浓度比 2017 年升高 32.3%，部分地方违反要求实施填海工程。安徽皖北地区大气污染治理推进不力，工业窑炉超标问题突出，柴油货车污染治理存在明显短板，虽多次被国家有关部门通报，但阜阳、亳州、淮北、宿州 4 市不合格油品非法销售问题依然突出。江西长江保护修复工作不到位，落实负面清单不坚决，工业园区污染管控不严。农药化肥减量工作不实，国家明确到 2020 年鄱阳湖周边地区化肥、农药使用量比 2015 年减少 10%以上。江西省擅自放松要求，将农药使用减量目标定为减少 6%以上。河南落实黄河流域生态保护和高质量发展要求有差距，黄河滩区管理缺乏系统观念，部分一级支流水电开发管理无序。湖南重金属和矿山污染问题依然突出，大部分在产砂石土矿存在越界开采、侵占林地、超规模开采等问题，大部分未落实“谁开发、谁治理”要求，部分修复工程浮皮潦草。广西红树林局部破坏问题突出，自然保护地以外 5 000 多 $hm^2$ 红树林未得到有效保护。云南高原湖泊保护治理形势依然严峻，高原湖泊保护利用长期无“规”可循，2020 年，九大高原湖泊有 7 个湖泊水质未达到水功能区划要求，杞麓湖水质从 2019 年的Ⅴ类恶化为 2020 年的劣Ⅴ类。

## 七、各地在接受督察期间边督边改、立行立改，解决一批群众身边的生态环境问题

从分析来看，督察组均对各地边督边改情况进行了通报（表 1）。总体来看，各地有序推进督察组交办事件整改，采取拘留、约谈、问责等方式，压实压紧责任，推动问题整改，呈现出交办数量大，但办结率或阶段办结率较高的特点，除湖南（93.1%）、安徽（86.8%）、云南（80.8%）外，其余 5 个省（区）的办结率均为 100%。

表 1　第二轮第三批中央生态环境保护督察边督边改情况汇总表

| 被督察省（区） | 交办数量/件 | 已办结或阶段办结/件 | 责令整改/家 | 立案处罚/家 | 罚款金额/万元 | 立案侦查/件 | 拘留/人 | 约谈/人 | 问责/人 |
|---|---|---|---|---|---|---|---|---|---|
| 山西 | 3 123 | 3 123 | 715 | 417 | 3 896.58 | 5 | 7 | 171 | 102 |
| 辽宁 | 4 660 | 4 660 | 748 | 515 | 5 515.1 | 24 | 5 | 261 | 253 |
| 安徽 | 3 815 | 3 310 | 1 906 | 421 | 2 716.6 | 16 | 25 | 452 | 29 |
| 江西 | 3 435 | 3 435 | 4 079 | 497 | 3 277.18 | 41 | 20 | 325 | 28 |
| 河南 | 3 969 | 3 969 | 1 131 | 595 | 3 226.12 | 42 | 31 | 183 | 622 |
| 湖南 | 3 321 | 3 091 | 1 862 | 419 | 2 251.82 | 56 | 48 | 194 | 217 |
| 广西 | 3 917 | 3 917 | 4 868 | 349 | 6 302.2 | 50 | 21 | 79 | 10 |
| 云南 | 3 056 | 2 470 | 1 703 | 583 | 3 717.7 | 17 | 3 | 449 | 130 |
| 平均 | 3 662 | 3 497 | 2 127 | 475 | 3 862.9 | 31 | 20 | 264 | 174 |
| 总计 | 29 296 | 27 975 | 17 012 | 3 796 | 30 903.3 | 251 | 160 | 2 114 | 1 391 |

注：根据第二轮第三批中央生态环境保护督察反馈情况报告整理。

### （一）交办数量大

督察组向 8 省（区）交办数量共计 29 296 件，平均每省（区）交办数为 3 662 件，其中辽宁、安徽、河南、广西 4 地交办数量均达 3 800 件以上，辽宁交办数量最多，高达 4 660 件，交办数量最少省份为云南，共计 3 056 件。与此同时，山西、辽宁、江西、河南、广西 5 地督察组交办的群众举报问题已办结或阶段办结率为 100%，湖南办结率为 93.1%，安徽、云南办结率分别为 86.8%、80.8%，各地大力推动督察配合和整改落实。

### （二）立案查处力度大

各省（区）通过责令整改、立案处罚、罚款金额、立案侦查等多种方式，促进整改对象边督边改，立行立改，推动整改落实。截至 2021 年 6 月底，8 省（区）责令整改共计 17 012 家，立案处罚 3 796 家，罚款金额为 30 903.3 万元，平均罚款金额为 3 863 万元，广西最高，达 6 302.2 万元。

### （三）约谈问责人数多

截至2021年6月底，8省（区）约谈人数总计2 114人，其中安徽最高，达452人；问责人数总计1 391人，其中河南最高，达622人；拘留人数总计160人，其中湖南最高，达48人（表1）。

## 八、第二轮第三批中央生态环境保护督察反馈情况对四川的启示

一是坚持“共性+个性”兼顾查摆问题，打好“歼灭战”。紧盯第二轮第三批中央生态环境保护督察反馈情况中督察组关注重点，坚持严的基调，注重从生态环境问题洞察政治后果，结合四川省实际情况，特别是针对长江黄河上游生态安全屏障建设，做到“共性+个性”兼顾，既查出面上的问题，更摸排自身的个性问题，并制定操作可行的整改措施，坚决做到问题零遗留、整改零容忍、处理零放过，千方百计把问题解决在内部，确保自查问题在督察组进驻前全部整改到位，以减少或者避免督察组对四川省做出“不到位”“不力”等评价。二是坚持“压实责任+传导压力”，打好“整体战”。围绕习近平生态文明思想的“人与自然和谐共生”“绿水青山就是金山银山”等原则的要求进行再学习、再贯彻，系统梳理贯彻落实情况。建立完善省督察、市抽查、县自查的工作机制，把责任落实到最小单元，真正做到“上热下烫”，确保习近平总书记重要讲话指示精神全面落实、生态环境保护政治责任全面压实，不断夯实“美丽四川”生态底色。三是立足“解决历史遗留问题+新发展阶段开新局”，打好“攻坚战”。一定要深刻剖析四川长期存在、反复出现的生态环境问题。比如，紧盯大气质量反弹，污水处理设施重建设轻管理，城市管网错接漏接、污水溢流、污泥乱倒等问题，直面痛点，向突出问题“亮剑”。四是坚持“站位大局+突出重点”，打好“持久战”。牢记为民服务初心，将生态文明建设和生态环境保护作为“国之大者”，抓牢四川省涉及的重大战略生态环境保护领域问题整改，解决群众身边的突出生态环境问题。具体而言，认真做好长江大保护、黄河流域生态保护和高质量发展工作，成渝地区双城经济圈建设中跨界河流联防联治、大气污染联防联控，大熊猫国家公园建设和若尔盖国家公园创建，以及碳达峰碳中和背景下四川作为清洁能源大省在能源结构调整、“两高”项目方面的问题整改。

# 四川省“十三五”大气污染防治成效评估

**摘　要**：为科学评估四川省“十三五”期间大气污染防治成效，基于2015—2017年四川省空气质量监测数据、污染源清单和气象观测数据等资料，分析四川省空气质量改善状况，并利用空气质量模型讨论污染气象条件和大气污染防治措施对空气质量改善的贡献。统计结果显示，2020年四川省优良天数比例达到90.7%，“十三五”期间$PM_{2.5}$、$PM_{10}$、$NO_2$、$SO_2$和CO浓度均呈持续下降趋势，优良天数比例逐年上升，重污染天数减少，但$O_3$污染呈恶化态势。同时，四川省主要大气污染物排放总量持续下降，$PM_{2.5}$、$SO_2$、$NO_x$和VOCs排放量较2015年分别下降15.0万t、34.7万t、9.3万t和8.6万t。非电行业治理以及扬尘治理对四川省$PM_{2.5}$浓度改善的作用显著。通过模型计算结果的进一步指出，气象条件使四川省$PM_{2.5}$、$SO_2$、$O_3$浓度分别下降5%、4%、1%，而$NO_2$上升1%；减排措施使四川省$PM_{2.5}$、$SO_2$、$NO_2$浓度分别下降21%、45%、8%，而$O_3$浓度则上升13%；针对“十三五”期间四川省$PM_{2.5}$浓度大幅下降，气象等外部因素贡献了17%，减排措施合计贡献了83%。最后，为科学精细的空气质量监管和长期有效的大气污染治理提出了相关建议。

**关键词**：“十三五”；大气污染防治；成效评估

近年来，随着城市化快速发展，我国社会经济得到了很大的进步，而我国各地区都出现了不同程度的区域大气污染问题[1]。为了改善空气质量，保障人民健康，我国相继制定了如“大气十条”“打赢蓝天保卫战三年行动计划”等一系列关于大气污染防治的重大方针，并得到了全国各地积极响应，纷纷采取因地制宜的大气污染防治措施，如推动清洁低碳能源的使用、淘汰老旧车辆、清理“散乱污”企业等[2]。目前，已有许多学者针对这些大气污染防治措施的成效做出了评估，研究表明，有的政策措施对环境空气质量改善有显著作用[3-5]，也有的政策措施对大气污染治理效果甚微[6-9]，对已有措施成效进行评估为环境监管和大气污染治理提供了一定的指导作用。

“十三五”时期是中国全面建成小康社会的最后五年，也是污染防治攻坚战全面开展的五年。总体上，我国在“十三五”生态环境质量改善成效最大，是生态环境保护事业发展最好的五年，人民群众生态环境获得感、幸福感和安全感不断增强，厚植了全面建成小康社会的绿色底色和质量成色[10]。鉴以往可以知未来，为了更好地总结历史经验，科学评估改善成效，参照国家“大气十条”“打赢蓝天保卫战三年行动计划”终期评估方法，本文对四川省“十三五”期间大气污染防治成效进行了评估，为更好地治理大气污染，改善四川省空气环境质量提供技术支撑。

## 一、研究区与资料

### （一）研究区概况

四川省位于中国西南腹地，地处长江上游，位于97°21′～108°33′E、26°03′～34°19′N，包括18个地级市和3个自治州。四川省地貌东西差异大，地形复杂多样，位于中国大陆地势三大阶梯中的过渡带，西高东低。本文将四川省分为五个研究区，分别为成都平原地区、川东北地区、川南地区、攀西地区和川西高原。其中成都平原地区包括成都市、德阳市、绵阳市、遂宁市、乐山市、雅安市、眉山市和资阳市；川东北地区包括广元市、南充市、广安市、达州市和巴中市；川南地区包括自贡市、泸州市、内江市和宜宾市；攀西地区包括攀枝花市；川西高原包括阿坝州、甘孜州和凉山州。

### （二）资料与方法

本文基于2015—2020年四川省21市（州）各污染物质量浓度监测数据、大气源清单资料以及相应时段的气象观测数据，对四川省“十三五”期间空气质量改善状况以及污染物减排情况进行了分析。进一步利用WRF+CMAQ数值模式系统，设置并模拟不同气象条件以及各类减排措施控制下的情景，从而评估“十三五”期间气象条件以及各措施对污染物减排的效果。本文以2015年数据为基准年数据。

## 二、空气质量改善状况

### （一）主要污染物

由图1可知，“十三五”期间，四川省$PM_{2.5}$、$PM_{10}$、$SO_2$和CO浓度呈逐年下降趋势，且下降幅度显著，2020年$PM_{2.5}$、$PM_{10}$、$SO_2$和CO浓度分别为31 μg/m$^3$、49 μg/m$^3$、8 μg/m$^3$和1.1 mg/m$^3$，较2015年分别下降了26.2%、26.9%、26.9%和21.4%。$NO_2$浓度呈波动下降趋势，降幅较小，2020年$NO_2$浓度为25 μg/m$^3$，较2015年下降7.4%。而$O_3$第90百分位浓度呈波动上升趋势，2020年为135 μg/m$^3$，较2015年上升12.5%。

污染物浓度分布和改善幅度呈现出明显的地区差异，如图2所示。$PM_{2.5}$和$PM_{10}$浓度分布均为川南地区最高，其次依次为成都平原、川东北地区、攀西高原、川西高原。同比2015年，川南地区$PM_{2.5}$和$PM_{10}$浓度降幅均为最大（分别为32.6%和32.7%），成都平原（分别为28.2%和30.2%）次之，川东北地区（分别为24.1%和26.1%）、川西高原（分别为 0.7%和 25.0%）位居第三和第四，攀西高原 $PM_{10}$ 浓度降幅度最小（2.3%），而 $PM_{2.5}$ 浓度（上升 8.5%）有所上升。

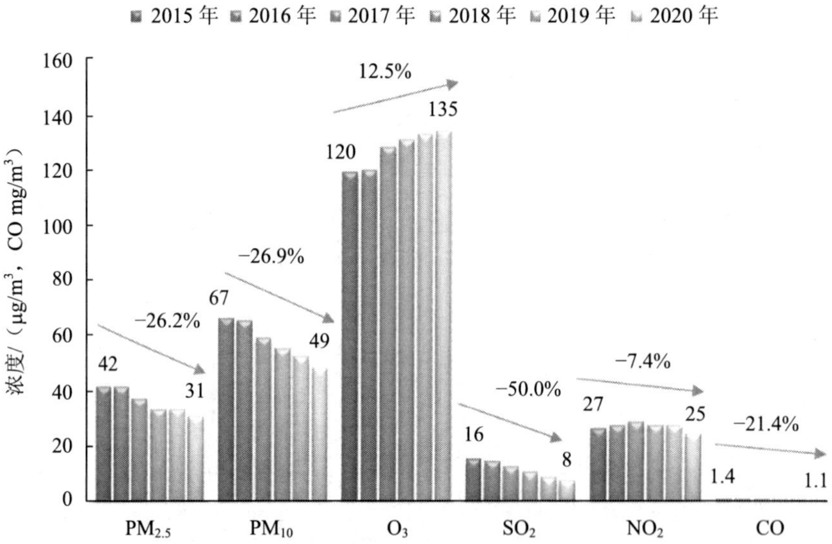


**图 1 “十三五”四川省污染物浓度变化趋势**

$O_3$ 第 90 百分位浓度成都平原最高（149 μg/m³），其次依次为川南地区（147 μg/m³）、攀西高原（127 μg/m³）、川东北地区（121 μg/m³）、川西高原（105 μg/m³）。同比 2015 年，川南地区上升幅度最大（24.6%），川西高原（24.4%）次之，成都平原（10.6%）、攀西高原（8.1%）位居第三和第四，川东北地区（5.2%）上升幅度最小。

$NO_2$ 浓度分布为成都平原最高（27 μg/m³），其次依次为川南地区（26 μg/m³）、川东北地区（26 μg/m³）、攀西高原（24 μg/m³）、川西高原（15 μg/m³）。同比 2015 年，川东北地区（8.4%）降幅最大，成都平原（7.3%）次之，川南地区（7.1%）、攀西高原（4.0%），位居第三和第四，仅川西高原略有上升（上升至 3.4%）。

$SO_2$ 浓度分布为攀西高原最高（18 μg/m³），其次依次为川西高原（9 μg/m³）、川南地区（8 μg/m³）、成都平原（7 μg/m³）、川东北地区（7 μg/m³）。同比 2015 年，川南地区（61.3%）降幅最大，成都平原（53.8%）次之，川东北地区（50.7%）、攀西高原（35.7%）位居第三和第四，川西高原（5.6%）下降幅度最小。

CO 浓度分布为攀西高原最高（1.7 mg/m³），其次依次为川南地区（1.1 mg/m³）、成都平原（1.0 mg/m³）、川东北地区（1.0 mg/m³）、川西高原（0.7 mg/m³）。同比 2015 年，成都平原（31.4%）降幅最大，川东北地区（32.5%）次之，攀西高原（12.8%）、川南地区（10.6%）位居第三和第四，川西高原维持不变。

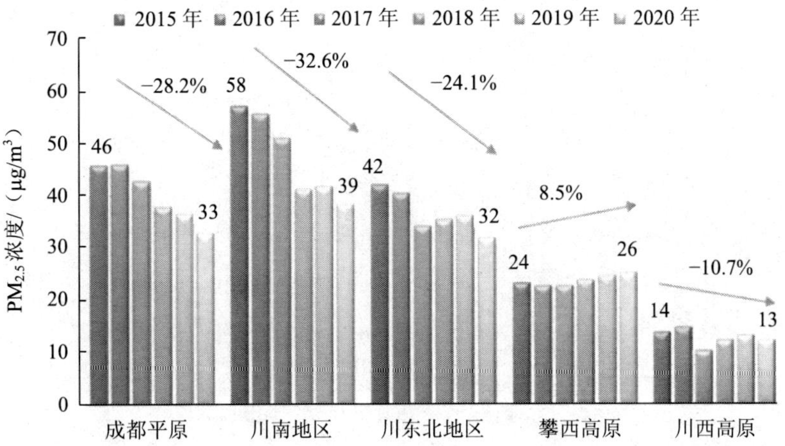
2015 年 2016 年 2017 年 2018 年 2019 年 2020 年
PM2.5 浓度/（μg/m3）
−28.2%
−32.6%
−24.1%
8.5%
−10.7%
46
33
58
39
42
32
24
26
14
13
成都平原
川南地区
川东北地区
攀西高原
川西高原

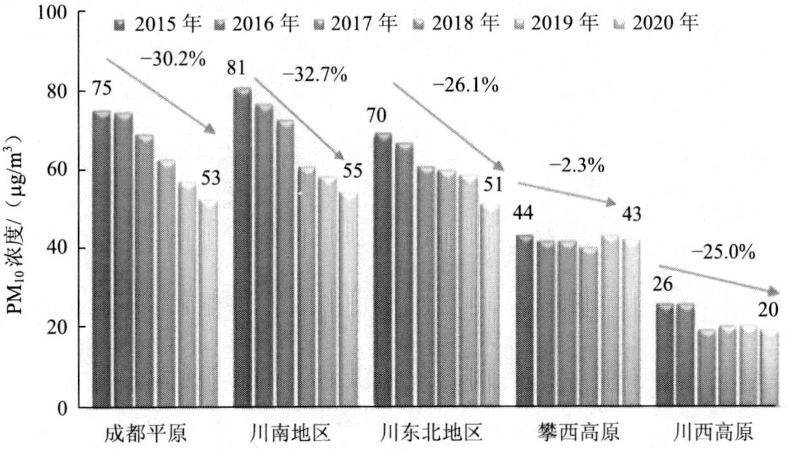
2015 年 2016 年 2017 年 2018 年 2019 年 2020 年
PM10 浓度/（μg/m3）
−30.2%
−32.7%
−26.1%
−2.3%
−25.0%
75
53
81
55
70
51
44
43
26
20
成都平原
川南地区
川东北地区
攀西高原
川西高原

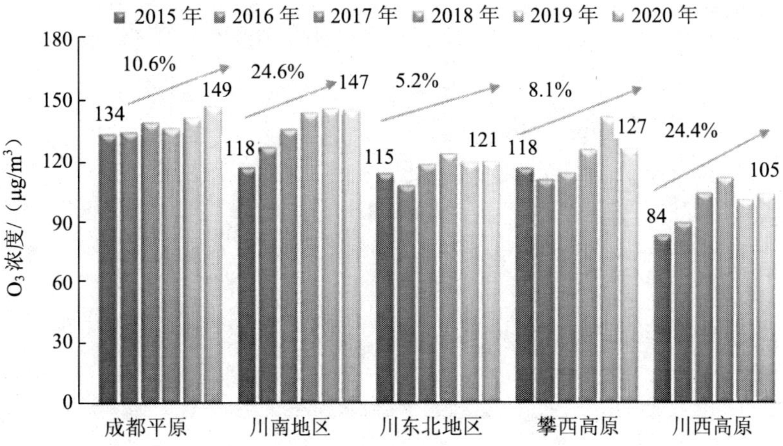
2015 年 2016 年 2017 年 2018 年 2019 年 2020 年
O3 浓度/（μg/m3）
10.6%
24.6%
5.2%
8.1%
24.4%
134
149
118
147
115
121
118
127
84
105
成都平原
川南地区
川东北地区
攀西高原
川西高原

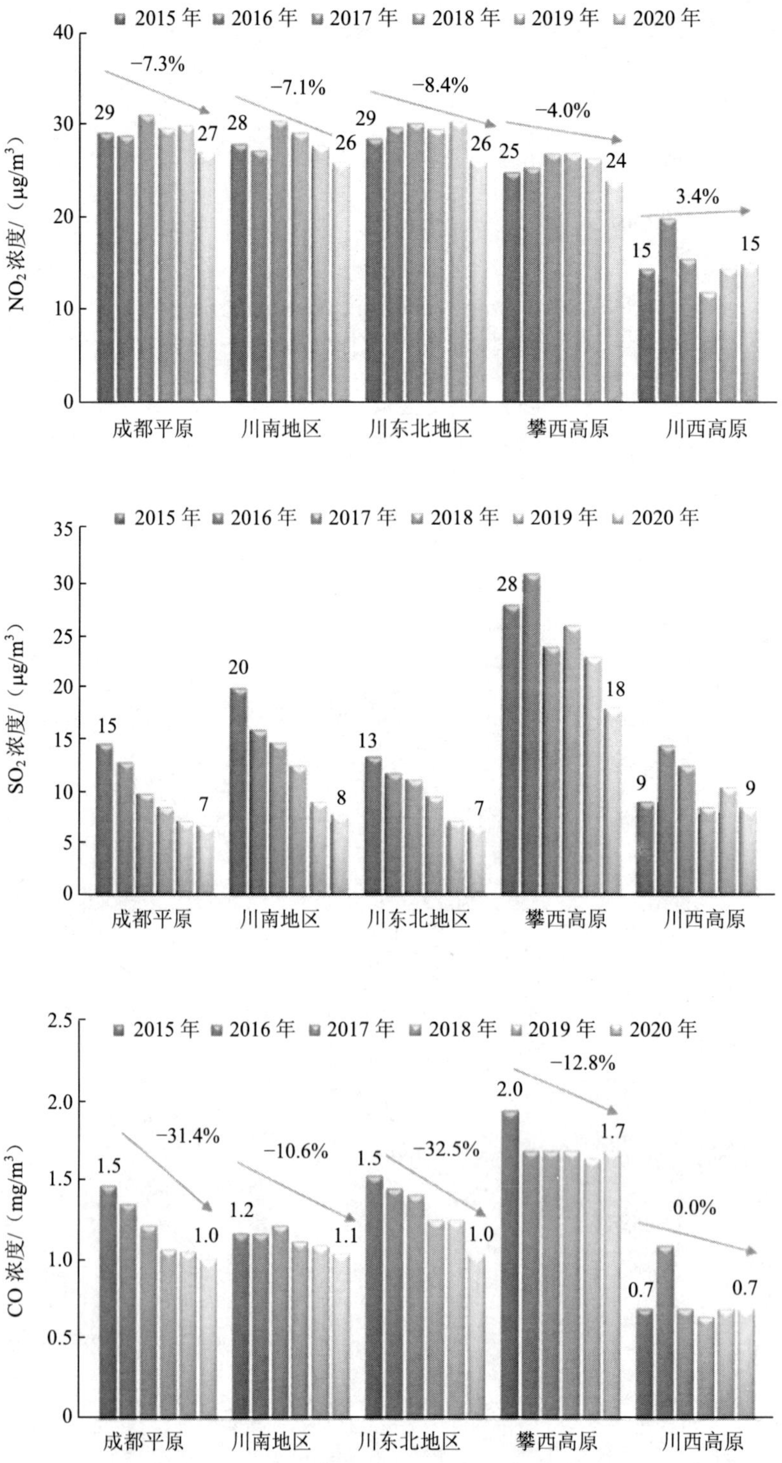


**图 2 “十三五”期间各地区污染物浓度变化趋势**

## （二）环境空气质量级别

通过对 2020 年四川省及其各地区优良天数和污染天数的统计分析（图 3 和图 4）可知，四川省优良天数比例明显提升，重污染天数比例逐年下降，并且整体水平优于全国。2020 年，全省优良天数比例为 90.7%，较 2015 年上升 5.7%，其中优天数比例为 44.7%，高于全国 7.1 个百分点；良天数比例为 46.2%，低于全国 3.2 个百分点。污染天数比例为 9.2%，其中轻度污染天数比例为 8.0%，低于全国 1.9 个百分点；中度污染天数比例为 1.1%，低于全国 0.9 个百分点；重度污染天数比例为 0.1%，较 2015 年下降 1.7%，低于全国 0.8 个百分点；严重污染天数比例为 0.0%，低于全国 0.3 个百分点。综上可看出，通过“十三五”期间的各种污染防控措施，四川省环境空气质量总体取得了明显的改善。

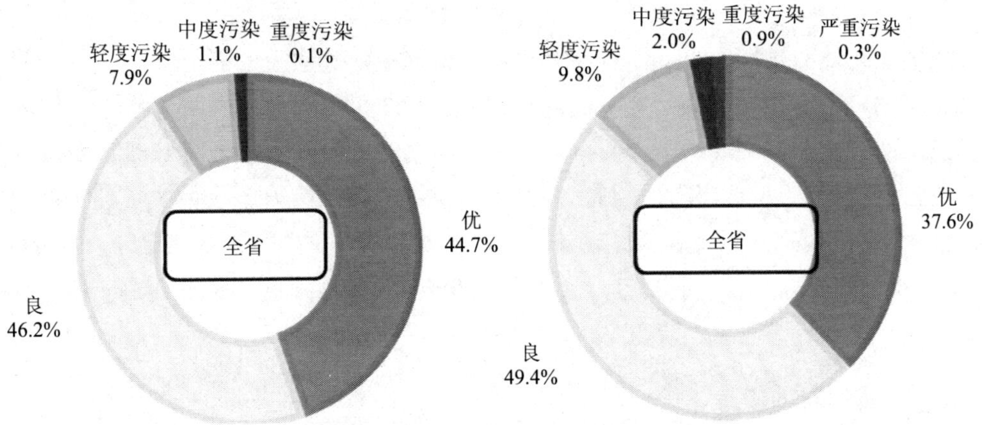


**图 3　2020 年全国和四川省环境空气质量级别天数比例**

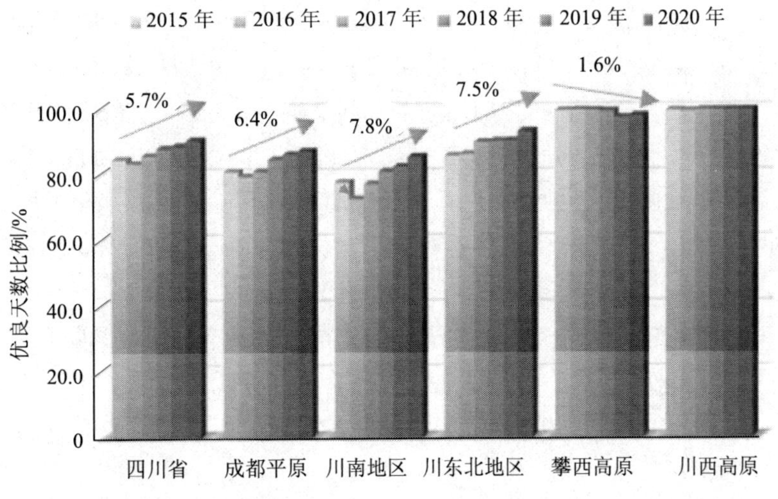

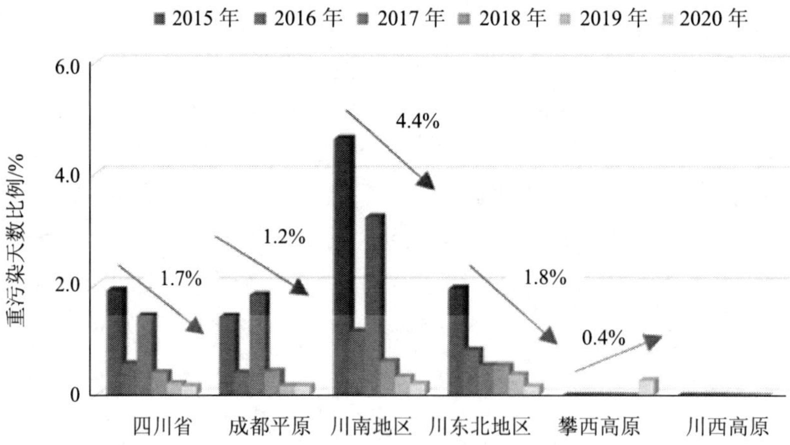


**图 4 “十三五”期间四川省及各地区优良天数和重污染天数比例**

由图 4 可知，2020 年川南地区优良天数比例最低，其次为成都平原、川东北地区，较 2015 年分别提升 7.8 个百分点、6.4 个百分点、7.5 个百分点；攀西高原优良天数比例不升反降，较 2015 年下降 1.6 个百分点；川西高原优良天数比例达到 100%，较 2015 年提升 0.2 个百分点。虽然川南地区优良天数比例最低，但其提升幅度最大。重污染天数比例最低的为川西高原，该地区无重污染天数；其次为成都平原、川东北地区、川南地区，较 2015 年分别下降 1.2 个百分点、1.8 个百分点和 4.4 个百分点；攀西地区的重污染天数比例最大，出现反弹现象，较 2015 年上升 0.4 个百分点。

## （三）首要污染物变化情况

“十三五”期间，四川省污染天数持续下降，环境空气质量得到了显著改善，同时首要污染物也发生了明显变化。本文给出了“十三五”期间首要污染物天数的变化趋势图（图 5），由图 5 可知，2020 年，四川省首要污染物天数为 206.3 d，较 2015 年减少了 34.6 d。其中，$O_3$ 为首要污染物 90.0 d，占比高达 43.6%，较 2015 年增加 29.5 d，增幅为 18.5%；$PM_{2.5}$ 和 $PM_{10}$ 为首要污染物天数分别为 82.4 d 和 27.86 d，占比分别达 40.0%和 13.5%，较 2015 年大幅减少，降幅分别为 39.0%和 8.1%；$SO_2$、$NO_2$ 和 CO 为首要污染物天数分别为 5.24 d、0.1 d 和 0.6 d，占比较小，与 2015 年相比，减少幅度均较小。总体来说，“十三五”期间，$PM_{2.5}$、$PM_{10}$ 为首要污染物天数持续下降，但 $O_3$ 作为首要污染物天数波动上升。

首要污染物也呈现明显的区域化差异，如图 6 所示。成都平原和攀西高原首要污染物为 $O_3$ 占比最大，其次为 $PM_{2.5}$ 和 $PM_{10}$。川南地区和川东北地区首要污染物为 $PM_{2.5}$ 占比最大，其次为 $O_3$ 和 $PM_{10}$。川西高原首要污染物主要为 $O_3$，其余污染物占比均较小。

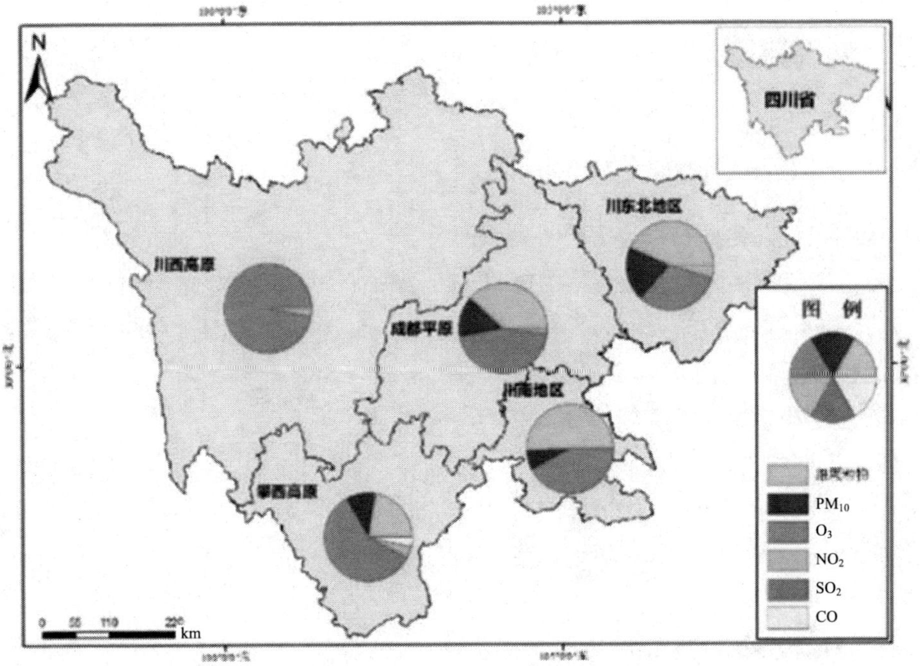


图 5 “十三五”首要污染物天数变化趋势

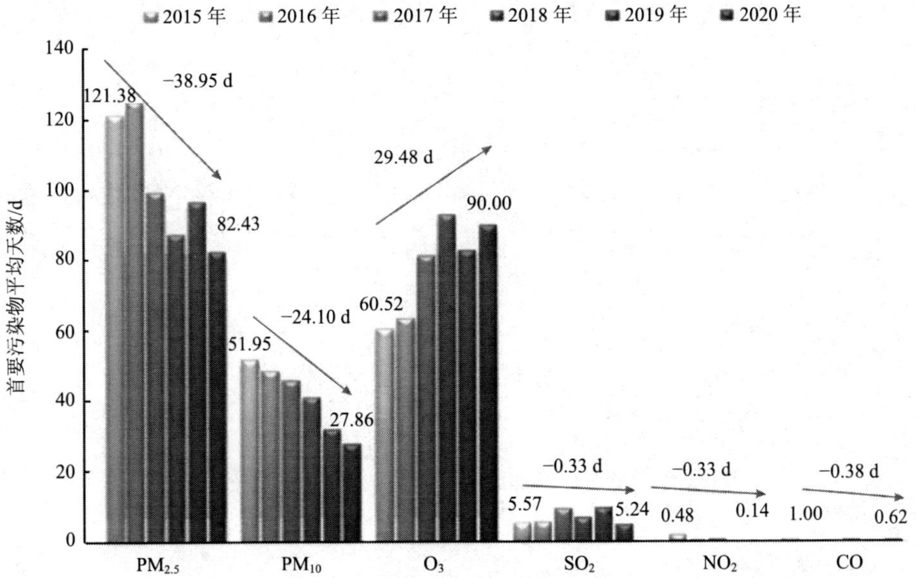


图 6 2020 年区域首要污染物比例

综上所述，“十三五”期间，四川省优良天数比例明显提升，重污染天数和 $PM_{2.5}$ 浓度大幅下降，$O_3$ 污染有所加重，空气质量持续改善且具有显著的区域化特征。

## 三、大气污染减排分析

### （一）减排措施分析

#### 1．大气污染防治政策日趋完善

“十三五”期间，大气污染防治的统筹力度不断加大，制度体系不断完善，已围绕国家大气污染防治总体部署，出台一系列大气污染防治重大政策文件，逐步形成质量目标管控、联防联控、信息公开和全民参与等机制。

#### 2．产业结构调整深入实施

在增量中调结构，在发展中促升级。2020 年四川省地区生产总值（GDP）比 2015 年增长 61%，三次产业结构由 2015 年的 12.4∶50.9∶36.7 调整为 11.4∶36.2∶52.4。促进化解过剩产能，清理整治“散乱污”企业，深度治理重点行业，持续开展挥发性有机物综合整治。

#### 3．能源结构调整措施有力

能源结构进一步优化。非化石能源装机占电力总装机的 84.7%，非化石能源发电量占比达到 87.9%，分别比 2015 年提高了 3.8 个百分点和 1.8 个百分点。“十三五”期间，加快推进清洁替代、电能替代，四川省整治燃煤锅炉窑炉 1 040 蒸吨，共淘汰燃煤小锅炉 3 433 台。

#### 4．交通运输结构调整稳步推进

车运结构不断优化，“十三五”期间多式联运货运量年均增长 20%，重点港口集装箱铁水联运量年均增长 10%以上，公路运输占比 91.7%，铁路运输占比 4.5%，水路运输占比 3.8%。同时，移动源污染整治工作稳步进行，“十三五”期间四川省淘汰黄标车、老旧车辆超 130 万辆。

#### 5．用地结构调整初见成效

“十三五”期间，持续开展“工地蓝天行动”，开展专项检查，督促落实“六必须六不准”。加大城市道路养护管理力度，优化配置清扫设备，城市道路机械化清扫率达到 72.8%。同时，开展城管执法领域生态环境保护专项执法行动。在农业方面，加强秸秆综合利用，持续减少化肥使用量，大力推广缓控释肥、化肥减施、有机肥替代化肥，有效控制化肥氨挥发等技术。

#### 6．大气环境管理水平持续提升

重污染天气应对体系逐渐完善，已建成环境保护部西南环境空气质量区域预警中心，空气质量预报准确率超 90%。“十三五”期间，加快空气质量监测网络建设，建成国控站 104 个、省控站 161 个、区域传输通道站 21 个、超级站 6 个、空气质量网格化微站 2 750 个、雷达走航车 25 辆，初步建立天地人车一体化监测网络。同时，通过整合在川科研院校技术力量，邀请院士专家团队常年指导等措施，科技治污能力明显增强。

## （二）污染物减排

### 1. 污染物排放分析

根据污染源清单，计算了 2020 年四川省 $PM_{2.5}$、$SO_2$、$NO_x$ 和 VOCs 的总排放量（表 1）。四川省 $PM_{2.5}$、$SO_2$、$NO_x$ 和 VOCs 排放量分别为 58.0 万 t、71.8 万 t、53.4 万 t 和 107.4 万 t，盆地 17 城市排放总量仍然巨大，$PM_{2.5}$、$SO_2$、$NO_x$ 和 VOCs 排放量分别占四川省的 82%、75%、94%和 92%。从区域上看，成都平原、川南地区和川东北地区 $PM_{2.5}$ 分别占四川省排放总量的 41%、20%、21%，成都平原城市群 $NO_x$ 和 VOCs 占到四川省排放总量的 57%和 53%。成都 $NO_x$ 和 VOCs 的排放量已经超过川南地区和川东北地区，分别占四川省总排放量的 20%和 23%。

表 1　2020 年四川省各区域主要污染物排放量及比例

| 区域 | $PM_{2.5}$ | | $SO_2$ | | $NO_x$ | | VOCs | |
|---|---|---|---|---|---|---|---|---|
| | 排放量/万 t | 占比/% | 排放量/万 t | 占比/% | 排放量/万 t | 占比/% | 排放量/万 t | 占比/% |
| 成都 | 7.4 | 13 | 3.8 | 5 | 10.6 | 20 | 24.5 | 23 |
| 成都平原 | 23.9 | 41 | 21.8 | 30 | 30.4 | 57 | 57.3 | 53 |
| 川东北地区 | 11.6 | 20 | 15.3 | 21 | 10.5 | 20 | 23.1 | 22 |
| 川南地区 | 12.0 | 21 | 17.0 | 24 | 9.2 | 17 | 17.9 | 17 |
| 攀西地区 | 6.5 | 11 | 16.5 | 23 | 3.0 | 6 | 7.5 | 7 |
| 川西高原 | 3.8 | 6 | 1.1 | 2 | 0.8 | 1 | 2.0 | 2 |
| 盆地 17 城市 | 47.5 | 82 | 54.1 | 75 | 50.0 | 94 | 98.3 | 92 |
| 四川省 | 58.0 | — | 71.8 | — | 53.4 | — | 107.4 | — |

### 2. 污染物减排分析

基于 2015 年和 2020 年污染物排放量的计算，得到“十三五”期间四川省 $PM_{2.5}$、$SO_2$、$NO_x$ 和 VOCs 的减排量（图 7），分别为 15.0 万 t、34.7 万 t、9.3 万 t 和 8.6 万 t，分别占 2015 年基准排放量的 25.9%、48.3%、17.5%和 8%。本文进一步从产业结构调整、能源结构调整、交通运输结构调整、用地结构调整等方面提取细化措施，将“十三五”期间主要减排控制措施归为 6 类，分别是扬尘源治理、移动源整治、产业结构调整、火电超低排放改造、非电行业提标升级、清洁能源替代，并计算具体措施减排量（表 2）。

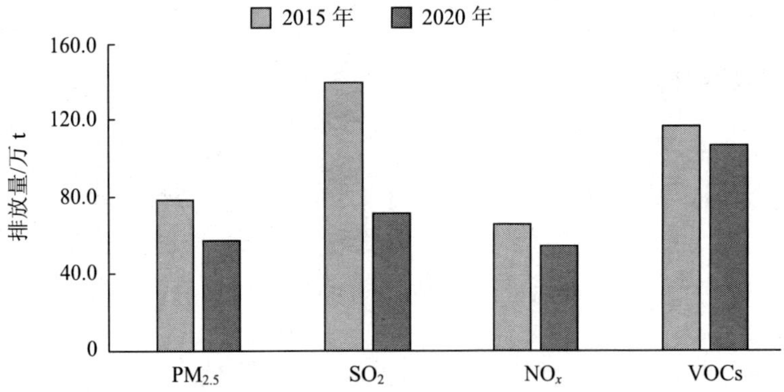


图 7　2015 年和 2020 年四川省污染物排放量

表 2　“十三五”期间四川省各措施污染物减排量及减排比例

| 措施归类 | $PM_{2.5}$ | | $SO_2$ | | $NO_x$ | | VOCs | |
|---|---|---|---|---|---|---|---|---|
| | 减排量/万 t | 减排比例/% | 减排量/万 t | 减排比例/% | 减排量/万 t | 减排比例/% | 减排量/万 t | 减排比例/% |
| 火电超低排放改造 | 1.7 | 2.9 | 6.6 | 9.2 | 2.6 | 4.9 | 0.0 | 0.0 |
| 非电行业提标升级 | 4.4 | 7.6 | 14.9 | 20.7 | 3.1 | 5.8 | 5.6 | 5.2 |
| 移动源整治 | 1.3 | 2.2 | 0.0 | 0.0 | 1.0 | 1.8 | 0.7 | 0.6 |
| 清洁能源替代 | 2.1 | 3.6 | 8.5 | 11.8 | 1.7 | 3.1 | 0.8 | 0.7 |
| 产业结构调整 | 2.4 | 4.1 | 4.8 | 6.7 | 1.0 | 1.9 | 1.6 | 1.5 |
| 扬尘源治理 | 3.1 | 5.3 | 0.0 | 0.0 | 0.0 | 0.0 | 0.0 | 0.0 |
| 合计 | 15.0 | 25.9 | 34.7 | 48.3 | 9.3 | 17.5 | 8.6 | 8.0 |

由表 2 可见，全省范围对 $PM_{2.5}$ 减排贡献最大的依次是非电行业提标升级、扬尘源治理、产业结构调整，分别减排 4.4 万 t、3.1 万 t、2.4 万 t，贡献了减排量的 29.3%、20.7%、16.0%。对 $SO_2$ 减排贡献最大的依次是非电行业提标升级、清洁能源替代、火电超低排放改造，分别减排 14.9 万 t、8.6 万 t、6.6 万 t，分别贡献了减排量的 42.8%、24.4%、19.0%。对 $NO_x$ 减排贡献最大的依次是非电行业提标升级、火电超低排放改造、清洁能源替代，分别减排 3.1 万 t、2.6 万 t、1.7 万 t，分别贡献了减排量的 33.1%、27.9%、17.7%，贡献合计为 78.7%。对 VOCs 减排贡献最大的依次是非电行业提标升级、产业结构调整、清洁能源替代，分别减排 55 752 t、2.158 86 t、7 605 t，分别贡献了减排量的 64.9%、18.5%、8.9%，贡献合计为 92.3%。

## 四、实施成效分析

综上分析可知，“十三五”时期，四川省主要大气污染物排放量大幅减少，环境空气质量持续好转，优良天数持续增加，重污染天数大幅减少，颗粒物浓度大幅下降，但$PM_{2.5}$距发达国家、世界卫生组织标准仍有巨大差距，$O_3$浓度波动上升，区域性、结构性污染问题仍然突出。本文综合空气质量特征分析、气象模拟、大气污染源减排测算以及情景模拟分析等手段，评估“十三五”期间各项具体措施及气象条件对空气质量变化的影响，为制定持续改善四川省空气质量的战略路径提供科学依据和政策建议。

### （一）污染气象条件分析

为评估“十三五”期间污染气象条件造成的污染物浓度变化，采用 WRF+CMAQ 数值模式系统，设置 2015 年与 2020 年污染气象条件对污染物浓度贡献的对照评估情景（表 3），模拟得到的四川省污染物变化气象影响及贡献比例结果如表 4 所示。

表 3　2015 年与 2020 年污染气象条件对照评估情景配置方案

| 情景名称 | 气象场 | 排放清单 |
|---|---|---|
| 2015_wryb2019ff | 2015 年气象场 | wryb2019ff 排放清单 |
| 2020_wryb2019ff | 2020 年气象场 | wryb2019ff 排放清单 |

表 4　2016—2020 年四川省各区域 $NO_2$ 变化气象影响及贡献比例分析

| | 区域 | 实测浓度变化/（μg/m³） | 措施效果 | | 气象影响 | |
|---|---|---|---|---|---|---|
| | | | 浓度变化/（μg/m³） | 贡献比例/% | 浓度变化/（μg/m³） | 贡献比例/% |
| $PM_{2.5}$ | 成都平原 | −13.1 | −11.3 | 86 | −1.8 | 14 |
| | 川东北地区 | −10.3 | −7.4 | 71 | −2.9 | 29 |
| | 川南地区 | −18.6 | −16.2 | 87 | −2.4 | 13 |
| | 攀西地区 | 2.6 | 1.8 | −69 | 0.8 | −31 |
| | 川西高原 | −1.8 | −0.6 | 31 | −1.3 | 69 |
| | 全省 | −10.9 | −9.0 | 83 | −1.9 | 17 |
| $SO_2$ | 成都平原 | −7.8 | −7.0 | 90 | −0.8 | 10 |
| | 川东北地区 | −6.8 | −6.2 | 91 | −0.6 | 9 |
| | 川南地区 | −12.1 | −11.1 | 92 | −1.0 | 8 |
| | 攀西地区 | −9.7 | −10.4 | 107 | 0.7 | −7 |
| | 川西高原 | −1.0 | 0.2 | −15 | −1.2 | 115 |
| | 全省 | −7.9 | −7.2 | 91 | −0.7 | 9 |
| $NO_2$ | 成都平原 | −2.2 | −2.6 | 116 | 0.4 | −16 |
| | 川东北地区 | −2.5 | −1.8 | 72 | −0.7 | 28 |
| | 川南地区 | −2.3 | −3.0 | 131 | 0.7 | −31 |
| | 攀西地区 | −1.0 | −1.0 | 100 | 0.0 | 0 |
| | 川西高原 | 0.4 | −0.1 | 25 | 0.5 | −125 |
| | 全省 | −1.9 | −2.1 | 108 | 0.2 | −8 |

| | 区域 | 实测浓度变化/（μg/m³） | 措施效果 | | 气象影响 | |
|---|---|---|---|---|---|---|
| | | | 浓度变化/（μg/m³） | 贡献比例/% | 浓度变化/（μg/m³） | 贡献比例/% |
| $O_3$ | 成都平原 | 14.4 | 14.2 | −99 | 0.2 | −1 |
| | 川东北地区 | 5.8 | 7.7 | −132 | −1.9 | 32 |
| | 川南地区 | 29.2 | 30.7 | −105 | −1.6 | 5 |
| | 攀西地区 | 9.4 | 12.2 | −129 | −2.8 | 29 |
| | 川西高原 | 20.2 | 18.7 | −93 | 1.5 | −7 |
| | 全省 | 15.2 | 16.0 | −105 | −0.8 | 5 |

注：负值为有利影响，表示污染物浓度同比下降，正值为不利影响，表示污染物浓度同比升高。

由表 4 可知，同比 2015 年，2020 年四川省 $PM_{2.5}$、$SO_2$ 和 $NO_2$ 浓度均减小，分别下降 10.9 μg/m³、7.9 μg/m³ 和 1.9 μg/m³，其中 $PM_{2.5}$ 和 $SO_2$ 浓度受污染气象条件的有利影响分别降低 1.9 μg/m³ 和 0.7 μg/m³，贡献比例分别为 17%和 9%，而污染气象条件对 $NO_2$ 浓度有不利影响，导致 $NO_2$ 浓度上升 0.2 μg/m³，贡献比例为−8%。与 2015 年相比，2020 年四川省 $O_3$ 平均浓度总体虽上升 15.2 μg/m³，但污染气象条件总体有利，使 $O_3$ 浓度降低 0.8 μg/m³，贡献比例为 5%。

污染气象条件对各区域的污染物浓度变化的贡献程度有所不同。污染气象条件对川东北、川南地区、成都平原、川西高原的 $PM_{2.5}$ 和 $SO_2$ 浓度下降均有有利影响，但对攀西地区的 $PM_{2.5}$ 和 $SO_2$ 浓度具有负作用，使 $PM_{2.5}$ 和 $SO_2$ 浓度上升。对于 $NO_2$ 浓度的改善，污染气象条件仅有利于川东北 $NO_2$ 浓度下降，不利于川南地区、川西高原、成都平原的 $NO_2$ 浓度改善。污染气象条件还助推了攀西、川东北、川南地区 $O_3$ 改善，但成都平原、川西高原气象条件起到负作用。

### （二）各措施的影响贡献

基于四川省及各市（州）自查报告和环统数据等，估算 6 类具体措施在“十三五”期间的减排量，并利用 WRF+CMAQ 数值模式系统，设置并模拟对应“十三五”期间 6 类减排措施的 6 个控制情景，计算出每类措施导致的污染物浓度改善占“十三五”期间所有措施总体改善幅度的贡献比例，结果如表 5 所示。

**表 5 “十三五”期间 6 类措施减排比例估算和对应情景设置**

| 控制措施归类 | 模拟情景名称 | CO | $NO_x$ | VOC | $SO_2$ | $PM_{2.5}$ | PMC |
|---|---|---|---|---|---|---|---|
| 火电超低排放改造 | ultralow | 4.87% | 4.87% | 0.00% | 9.19% | 2.93% | 1.72% |
| 非电行业提标升级 | upgrade | 5.79% | 5.79% | 5.19% | 20.68% | 7.59% | 3.56% |
| 移动源整治 | mobile | 1.80% | 1.80% | 0.62% | 0.00% | 2.24% | 0.92% |
| 清洁能源替代 | clean | 3.09% | 3.09% | 0.71% | 11.77% | 3.62% | 1.84% |
| 产业结构调整 | reconstruct | 1.93% | 1.93% | 1.48% | 6.67% | 4.14% | 3.10% |
| 扬尘源治理 | fugitive | 0.00% | 0.00% | 0.00% | 0.00% | 5.34% | 2.53% |

由表 4 和表 5 可知,“十三五”系列措施使四川省 $PM_{2.5}$ 和 $SO_2$ 浓度分别下降 9.0 μg/$m^3$ 和 7.2 μg/$m^3$。从各措施贡献来看，非电力行业治理减排对 $PM_{2.5}$ 和 $SO_2$ 改善贡献相对较高,其次为清洁能源替代和产业结构调整;三项措施对 $PM_{2.5}$ 浓度下降的贡献分别为 35%、17%和 17%，合计贡献了 69%；同时，三项措施对 $SO_2$ 浓度下降的贡献分别为 51%、28%和 16%，合计贡献了 95%。另外，“十三五”系列措施使四川省 $NO_2$ 浓度下降 2.1 μg/$m^3$。从各措施贡献来看，非电行业治理减排对 $NO_2$ 改善贡献相对较高，其次为移动源整治和清洁能源替代；三项措施对 $NO_2$ 浓度下降的贡献分别为 40%、22%和 21%，合计贡献了 83%。但“十三五”系列措施使四川省 $O_3$ 浓度上升为 16.0 μg/$m^3$。从各措施贡献来看，电厂超低排放改造对 $O_3$ 上升贡献相对较高，其次为非电行业提标升级和清洁能源替代；三项措施对 $O_3$ 浓度上升的贡献分别为 35%、34%和 13%，合计贡献 82%。

### （三）影响因素贡献的综合分析

影响空气质量的因素主要是污染气象条件、6 类减排控制措施以及重污染应急减排措施等，现将减排归为四大类：城乡综合整治（扬尘源治理、移动源整治）、工业行业综合整治（产业结构调整、电厂超低排放、非电行业提标升级）、能源结构调整（清洁能源替代）、应急管控（重污染应急），空气质量影响因素分类详见表 6。根据空气质量模式情景模拟的结果，量化上述五大类 8 小项影响/减排措施对 $PM_{2.5}$ 年均浓度下降以及 $O_3$ 全年第 90 百分位浓度上升的贡献，结果如图 8 所示。

**表 6　空气质量影响因素分类**

| 序号 | 大类 | 小类 |
|---|---|---|
| 1 | 外部因素 | 气象条件 |
| 2 | 应急管控 | 重污染应急 |
| 3 | 能源结构调整 | 清洁能源 |
| 4 | 城乡综合整治 | 扬尘源治理 |
| | | 移动源整治 |
| 5 | 工业行业综合整治 | 产业结构调整 |
| | | 电厂超低排放 |
| | | 非电行业提标升级 |

由图 8 可知，“十三五”期间，四川省 $PM_{2.5}$ 浓度大幅下降，外部因素贡献了 17%，四大类减排措施合计贡献了 83%。四大类减排措施中，工业行业综合整治贡献（50%）最大，其次是城乡综合整治（16%）。外部因素气象条件贡献（17%）不可忽视，超过了能源结构调整（14%）、扬尘源治理（9%）、移动源整治（6%）、重污染应急（3%）的贡献比例。而四川省 $O_3$ 浓度不降反升，外部因素气象条件和应急管控有利于其改善，分别贡献了−5%、−0.3%，但其余减排措施使 $O_3$ 不降反升，综合整治负贡献（83%）最大，其次是能源结构调整（14%）、城乡综合整治（7%）。

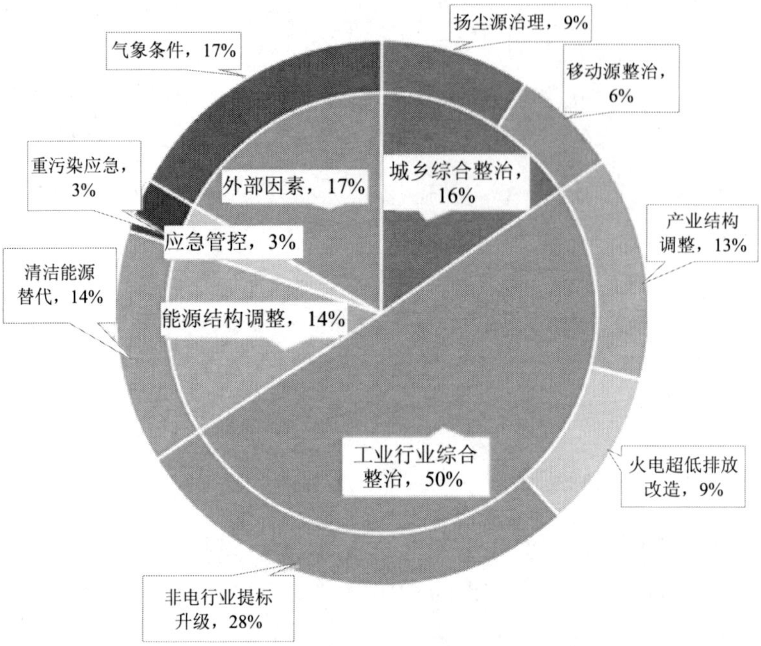


（a）$PM_{2.5}$

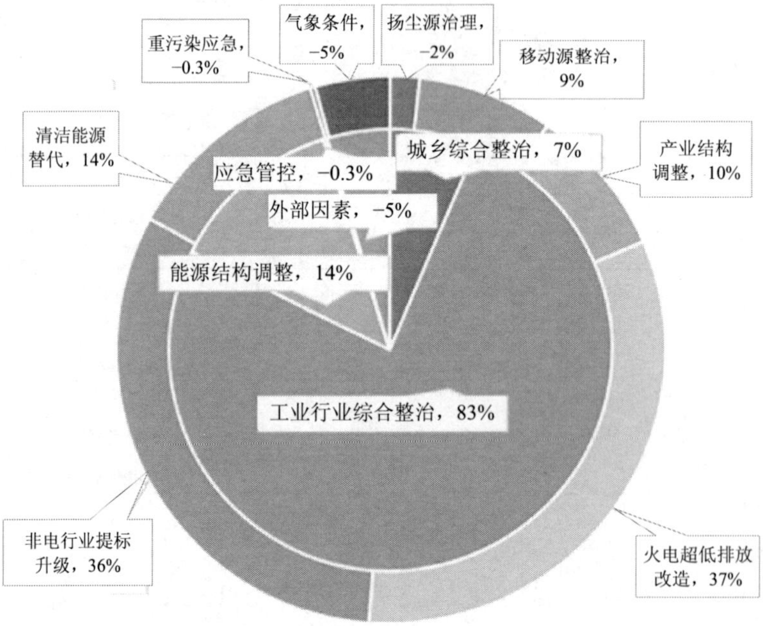


（b）$O_3$

图 8 “十三五”期间 $PM_{2.5}$ 和 $O_3$ 浓度改善各影响因素贡献比例

## 五、结论与措施建议

### （一）结论

“十三五”期间，四川省环境空气质量持续改善，2020 年四川省优良天数比例达到 90.7%。“十三五”期间，$PM_{2.5}$、$PM_{10}$、$NO_2$、$SO_2$和 CO 浓度均呈持续下降趋势，优良天数比例逐年上升，重污染日数减少，但$O_3$浓度不降反升，$O_3$污染呈恶化态势。区域空气质量持续改善但差异显著，川南地区的优良天数比例提升幅度和重污染天数比例减小程度均为最大，而攀西高原的优良天数和重污染天数比例均出现反弹现象。基于 2015 年和 2020 年污染物排放量的计算，四川省主要大气污染物排放总量持续下降，非电行业治理以及扬尘源治理对四川省$PM_{2.5}$浓度改善的作用显著。通过估算污染气象条件和各项措施对污染物浓度变化的贡献，指出气象条件助推$PM_{2.5}$、$SO_2$、$O_3$浓度分别下降 5%、4%、1%，但使$NO_2$浓度上升 1%；大气污染防治系列措施使四川省$PM_{2.5}$、$SO_2$、$NO_2$浓度分别下降 21%、45%、8%，而$O_3$浓度则上升 13%；“十三五”期间，四川省$PM_{2.5}$浓度大幅下降，气象等外部因素贡献了 17%，减排措施合计贡献了 83%。

### （二）措施建议

虽然自“大气十条”“蓝天保卫战”实施以来，四川省环境空气质量持续改善，但$PM_{2.5}$浓度较发达国家仍有很大差距，区域性、结构性污染问题仍然突出，大气污染防治形势依然严峻[11,12]。治理大气污染更是需要出台长期有效的政策，为此，提出以下措施建议。

一是进一步构建大气环境管理大格局。建议适时修订相关政策、标准，全省及各地制定“十四五”空气质量改善行动计划，未达标城市编制空气质量限期达标规划。加强大气环境管理、执法、监测、科研等力量，加强统筹调度，推动构建大气环境管理大格局。

二是重点加强区域联防联控机制建设。加强区域联防联控的机制建设，形成区域大气污染协同控制合力。建议以成都平原、川南、川东北地区为重点，完善联席会议制度。开展空气质量管理常态化会商，推动信息互联互通。全面加强川渝大气污染联防联控。进一步加强成都平原地区大气污染联防联控机制体制建设。

三是加大力度推进非电行业氮氧化物减排。建议“十四五”时期工业污染减排主阵地由电力行业转向非电行业。推动四川省 100%火电、100%焦化、100%钢铁、100%水泥产能完成超低排放改造，推进玻璃行业实施深度治理，推动砖瓦、陶瓷、铸造、轧钢、石灰、矿棉等行业实施提标升级。强化治理设施运行监管，减少非正常工况排放。

四是深入实施固定源 VOCs 削减行动。大力推动低无 VOCs 原辅材料替代，使用水性、高固体分、无溶剂、粉末等低 VOCs 含量涂料。提升末端治理效率，完成万吨级及以上原油、成品油码头油气回收治理，推动企业规范开展泄漏检测与修复（LDAR）工作，开展现有 VOCs 废气收集率、治理设施同步运行率和去除率排查。

五是攻坚移动源污染整治。第一，四川省全面实施重型车国 6a 排放标准、.轻型车和重型车国 6b 排放标准、非道路移动柴油机械第四阶段、船舶第二阶段排放标准。第二，大力推进老旧车船淘汰更新。第三，强化非道路移动机械排放控制区管控，开展编码登记、排放检测、进出场登记等，消除冒黑烟现象。

六是着力提升现代化治理水平。建立完善监测网络，加强超级站、国标站建设，组建港口、机场、铁路货场及四川省城市路边交通空气质量监测网。加强 $PM_{2.5}$ 和 $O_3$ 协同防控科技研究，构建复合污染成因机理、监测预报、精准溯源、深度治理、智慧监管、科学评估的闭环支撑体系。

## 参考文献

[1] Zhang M，X Liu，Ding Y，et al. How does environmental regulation affect haze pollution governance? —An empirical test based on Chinese provincial panel data[J]. The Science of the Total Environment，2019，695（Dec.10）：133905.1-133905.7.

[2] 全世文，黄波. 环境政策效益评估中的嵌入效应——以北京市雾霾和沙尘治理政策为例[J]. 中国工业经济，2016（8）：25-41.

[3] Gehrsitz，Markus. The effect of low emission zones on air pollution and infant health[J]. Journal of Environmental Economics and Management，2017，83（May）：121-144.

[4] Wilnhammer M，Wittkopf S，Richter K，et al. The impact of a new emission control act on particulate matter emissions from residential wood energy use in Bavaria，Germany[J]. Journal of Cleaner Production，2017，145（MAR.1）：134-141.

[5] Tan，JN，JS，et al. Effectiveness of $SO_2$ emission control policy on power plants in the Yangtze River Delta，China-post-assessment of the 11th Five-Year Plan[J]. Environ Sci Pollut R，2017，24（9）：8243-8255.

[6] Evaluation of mitigation measures for air quality in Italy in 2020 and 2030[J]. Atmospheric Pollution Research，2018：S1309104217306529.

[7] Hao Y，Deng Y，Lu Z N，et al. Is environmental regulation effective in China- evidence from city-level panel data[J]. Journal of Cleaner Production，2018，188：966-976.

[8] 杜雯翠，夏永妹. 京津冀区域雾霾协同治理措施奏效了吗？——基于双重差分模型的分析[J]. 当代经济管理，2018，283（9）：59-65.

[9] 石敏俊，李元杰，张晓玲，等. 基于环境承载力的京津冀雾霾治理政策效果评估[J]. 中国人口•资源与环境，2017，27（9）：66-75.

[10] 黄润秋. 深入贯彻落实十九届五中全会精神 协同推进生态环境高水平保护和经济高质量发展——在 2021 年全国生态环境保护工作会议上的工作报告[R/OL].（2021-02-01）[2021-02-01]. http://www.mee.gov.cn/xxgk2018/xxgk/xxgk15 /202102/t20210201_819774.Html.

[11] European Environment Agency. Air Quality in Europe – 2019 Report[R]. Luxembourg：Publications Office of the European Union，2019.

[12] U.S. EPA. Our nation' s air，status and trends through 2019 [EB/OL]. [2020-07-06]. https://gispub.epa.gov/air/trendsreport/2020/#naaqs_trends.

# “三水统筹”锦江流域治理成功案例剖析

**摘　要：**“十三五”期间，四川省碧水保卫战成效显著，但流域水生态环境保护结构性、根源性、趋势性压力尚未根本缓解，尤其是部分典型小流域水环境形势不容乐观。成都市“十三五”期间探索锦江流域“三水统筹”系统治理路径并取得突破。2020 年，锦江黄龙溪断面化学需氧量、氨氮和总磷平均浓度比 2015 年分别下降 43%、80%和 74%；平均流量较 2015 年增加 77.6%；生态廊道、滨水空间的建设有效控制了河道两岸面源污染入河，水质由“十三五”初期劣Ⅴ类改善至Ⅲ类。通过理论结合实际，剖析锦江“三水统筹”治理的成功经验。水资源、水环境、水生态分别体现了水的社会属性、自然属性和生态属性，分别侧重数量、质量和功能。流域治理应遵循“三水统筹”思路，从加强问题识别、做好顶层设计、落实工程措施、持续跟踪评估四个方面开展治理工作，通过水资源“扩容”、水污染“减排”、水生态“提质”三方面来协调水的 3 种属性使其恢复到可再生、能自净、平衡、稳定、持续的自然状态。

**关键词：**流域自然属性；“三水统筹”；碧水保卫战；顶层设计；跟踪评估

## 一、“三水统筹”理论认识

### （一）“水资源、水环境、水生态”体现了水的三重属性

水，作为生命之源，集资源特征、环境特征和生态特征于一体，分别体现了水的社会属性、自然属性和生态属性，3 种属性分别侧重水的数量、质量和功能[1]。

水的社会属性是指在社会生活中，为了满足人类对水的需求，自然界的水经过加工之后（或未加工）变成了社会产品而具备的属性。目前，我们通常按照水的不同用途（如工业用水、农业用水、生活用水、生态用水等）来管理水资源。

水的自然属性是指水来源于自然环境，是自然界中物理、化学和生物过程的重要载体，体现出井涌、田塘、江河、湖库和海洋等不同的势态与形态。水的环境特征体现了水的自然属性，我们目前通过一系列的理化指标来量化表征水的环境质量状况。

水的生态属性是指水服务于生态系统的能力，主要有调蓄洪水、调节气候、自我净化、维护生物多样性等生态服务功能。我们目前通过水生态健康状况来综合评价水的生态属性。

### （二）“水资源、水环境和水生态”之间的联系

水资源、水环境和水生态代表不同的属性，却又紧密相关，都是流域水生态环境保护的重要对象。

充沛且均衡的水资源是良好水环境与健康水生态的基础。“有河有水”才能谈及水环境治理与水生态修复。水资源的数量决定了河道纳污能力的大小，充沛的水资源有利于污染物的稀释、迁移，从而缓解水环境污染的压力。均衡的水资源能够稳定地下水位、减少荒漠化、防止水土流失、稳定沿岸土壤性质、提供良好的水生生境，从而维持良好的流域生态状况。

良好的水环境直接影响水资源价值与水生态健康。水环境质量的好坏决定了水资源的使用功能，良好的水环境质量使水资源有更多的利用价值。水环境质量的好坏是流域陆域生态状况良好的结果，同时也影响着水域的生物群落结构、种群、个体，良好的水环境质量能够提供适宜水生动植物的生存条件和场所，维系水生生物的生命繁衍。

健康的水生态能够持续供给充沛且均衡的水资源并维系良好的水环境质量。健康的流域陆域生态能够调蓄洪水、强化水源涵养、调节气候，保障水资源的安全；健康的水域生态系统能够及时响应水资源的变化，缓冲极端水文条件的影响。健康的水生态系统具有良好的污染物净化能力，可以提高水体及生物对污染的抵抗能力，河岸植被缓冲带可以有效地拦截地表径流污染物汇入[2]，结构稳定、物种多样的适生生物群落可增加水环境容量。

### （三）“三水统筹”是美丽河湖保护与建设的关键路径

“十四五”规划提出的“三水统筹”系统治水理念，是我国在近 20 年水污染防治工作中不断尝试与总结得出的，是指以流域为整体，综合考虑水的 3 种属性，把“山水林田湖草”作为一个生命共同体进行的系统治理，其核心在于：以生态流量保障实现河道自净能力“扩容”。通过调水、加大再生水利用、加强水土涵养等多种方式保障河道生态流量，推动“死水”变“活水”，提升水体自净能力，实现“清水长流”。以源头控制、过程削减实现污染物“减排”。预防、控制和减少水资源使用过程中产生的污染并降低污染物入河量，推动河湖水质根本好转或水质稳定达到优良，让一河清水成为老百姓幸福生活的增长点，实现“清水亲民”。以水生态修复来增强水生态系统服务功能“提质”。维持或恢复河湖水域及其缓冲带生态环境功能，使植物覆盖率达到适宜水平，有效保护生物多样性，稳定实现“清水绿岸”的健康河湖水生态系统。

## 二、锦江“三水统筹”系统治理黄龙溪达标攻坚案例剖析

2018 年，习近平总书记在深入推动长江经济带发展座谈会上的讲话提到“府河成都

段是天府新区的重要生态廊道，为了治理严重污染问题，当地政府在做好顶层设计的基础上，按照一年治污、两年筑景、三年成势的时序要求，推动截污、清淤、补水同向发力，并采取景观提升、长效管理等措施”。讲话中提到的“截污”“补水”分别是水环境治理、水资源保障的重要举措，而“清淤”措施则兼顾了水环境治理与水生态修复。成都市不断探索锦江“三水统筹”系统治理措施，取得了显著成效，2019 年锦江出境黄龙溪国控断面水质由“十三五”初期劣Ⅴ类改善至Ⅳ类，2020 年实现水质Ⅲ类，并成功创建全国第一批示范河湖。

## （一）“三水”“缺位”制约水环境质量

锦江流域水的社会、自然和生态属性长期未能协调，表现为水资源“数量”缺欠、水环境“质量”缺陷、水生态“功能”缺失，导致 2016 年锦江流域 24 个市控及以上地表水监测断面中劣Ⅴ类水质占比高达三成，黄龙溪断面长期不达标。主要原因如下：

水资源禀赋与开发利用程度不相匹配。一方面是水资源承载力常年超载。锦江流域面积占全市的 14%（2 009 $km^2$），水资源量约占岷江上游来水的 25%（37.4 亿 $m^3$），承载了成都市近 50%的人口，生态用水占比不足 5%。另一方面是枯水期水资源保障难度大。锦江水量受上游工程调度影响大，特别是受紫坪铺水库年初低水位和春灌保障用水影响，枯水期生态用水保障压力最大。2016 年，黄龙溪断面枯、丰水期平均流量分别为 80.5 $m^3/s$、131.1 $m^3/s$，最小流量仅为 74.3 $m^3/s$，丰水期和枯水期流量悬殊大。

水环境治理水平仍然较低。一方面是污水处理设施及配套管网不完善。成都市建成区内存在大量“雨污未分流、管网病害”问题，多处出现“污水不污、雨水不雨、雨污混接”的状况，2016 年锦江流域污水处理厂平均负荷率约 69.2%，进水 BOD 平均浓度低于 100 mg/L 的污水处理厂个数占比 52.6%，部分区域特别是城乡接合部的污水处理设施长期接纳污染物浓度较低的污水且超负荷运行，污水溢流现象频现。另一方面是面源污染影响显著。在谷雨时节、雨季初临和暴雨前期，流域水质受面源污染影响突出，中游受城市面源影响显著，下游河道两岸河滩地的农业种植造成的面源影响较大。

水生态系统健康状况水平较差。一方面是流域生态空间遭挤占或被破坏。水生态空间管控力度不足，城镇建设、滨岸农业种植造成河岸缓冲带破坏现象普遍。另一方面是水生生境破坏导致生物多样性下降。城区河道渠化固化现象严重，“三面光”后的“荒漠化”现象较为普遍，水生生物物种单一，水生态系统脆弱，河道自净功能严重退化。

## （二）“1+N”“三水统筹，系统治理”政策制定

围绕习近平总书记提出的“截污、清淤、补水”锦江治理思路，成都市制定了“1+N”政策体系，结合指导性方案与精细化措施，为锦江流域“三水统筹，系统治理”谋定了路径。

“1”是指导思想与顶层设计。四川省河长制办公室印发《黄龙溪国考断面水质达标

攻坚工作方案》，针对锦江流域水生态环境问题，强化顶层设计，统筹谋划流域治理，坚持实施“一河一策”治理并推动生态环境突出问题整改。在水资源保障方面，提出实施枯水期生态基流保障攻坚任务；在水环境治理方面，提出实施污水直排问题整治攻坚、污水处理提效攻坚任务；在水生态修复方面，提出清理河道污染及整治岸线的攻坚任务。

围绕“1”的要求，形成“N”项工作方案，并开展持续跟踪评估。成都市先后出台了《成都市锦江流域河长制管理“一河一策”工作方案的通知》《实施“成都治水十条”推进重拳治水工作方案》《锦江水生态治理工作方案》《锦江绿道建设工作方案》《成都市锦江流域水污染治理攻坚行动实施方案》，涵盖水资源保障、水环境治理与水生态修复，推动形成治理目标、责任、措施相统一，上下游、干支流、岸上水里相统筹的治理体系。科研团队持续推进锦江黄龙溪断面水质达标分析及跟踪研究，定期从“三水统筹”方向给予工作建议反馈。

### （三）工程措施狠抓“三水”治理

全面落实水资源保障。一是狠抓综合节水。“十三五”期间，成都市年度用水总量控制指标为 70 亿 $m^3$，实际年均用水量 56.54 亿 $m^3$，共节约用水 67.32 亿 $m^3$。二是提高再生水利用。2020 年，流域共 57 座、总处理规模 331.93 万 t/d 的污水处理厂出水执行岷、沱江标准，其中主城区 8 个再生水厂（200 万 t/d）93.8%的出厂水水质达Ⅲ类地表水标准，近 38.4 $m^3/s$ 的流量用于流域生态补水。三是加强生态用水保障。科学测算，积极向省上争取，自 2016 年每年枯水期（当年 10 月 1 日至次年 5 月 10 日）的生态用水流量增加到 55 $m^3/s$。“十三五”期间黄龙溪断面 1—5 月平均径流量稳定保持在 80～100 $m^3/s$ 水平。四是提升水动力。先后改造中心城区 7 座橡胶坝提高水流速，减轻坝前淤积，提升自净能力。

系统实施污染物减排。一是提高生活污水收集处理能力。新扩建城镇污水处理厂 27 座、新增城镇临时应急污水处理设施 36 座，总计新增处理规模 170.94 万 t/d。新增市政管网 1 337.5 km，累计修复市政排水管网重大病害治理 207.46 km。二是强化工业企业污染防治工作。自 2018 年以来，全市累计完成 2 129 户“散乱污”工业企业的动态清理整治，锦江流域建成 27 座集中式工业污水处理厂（333.08 万 t/d）。三是加强畜禽养殖污染治理与畜牧业产业布局优化。划定畜禽养殖禁养区 306 个，进一步提高规模养殖场粪污处理设施装备配套率，全市畜禽粪污综合利用率提升至 98.59%。四是持续推进入河排污口整治与管理。开展全域排水口排查和整治工作，完成锦江流域已查明的 484 个排水口整治目标。五是大力开展黑臭水体整治。完成 43 段城市黑臭水体并巩固治理成效。

全力推进水生态修复。一是生态清淤。2018 年枯水期，对锦江 90 余万 $m^3$ 底泥实施生态清淤，2020 年全市共打捞河湖漂浮物 3.88 万 t、清理河岸垃圾 2.79 万 t、清除河道淤泥 90.12 万 t，有效降低了河道内源污染。二是岸线修复与景观打造结合。截至 2021 年 7 月底，都江堰至黄龙溪 220 km 锦江绿道基本贯通，提升绿道景观 73 km，打造滨水慢行街 6 条，新增滨水开敞空间 8 万 $m^2$。

## （四）“三水统筹”治理成效评估

按照“三水统筹”治水思路，成都市通过持续推进，久久为功，水资源“数量”缺欠、水环境“质量”缺陷、水生态“功能”缺位的问题得以初步解决，锦江水生态环境质量持续改善。2020 年，锦江流域化学需氧量、氨氮和总磷平均浓度比 2015 年分别下降 43%、80%和 74%（表 1），2021 年 1—10 月黄龙溪断面水质持续保持在Ⅲ类。

**表 1 “十三五”时期锦江流域黄龙溪断面主要污染物浓度与水质类别变化情况**

| 年份 | 氨氮/（mg/L） | 总磷/（mg/L） | COD/（mg/L） | 水质类别 |
|---|---|---|---|---|
| 2015 | 1.94 | 0.54 | 18.96 | 劣Ⅴ |
| 2016 | 1.48 | 0.42 | 17.93 | 劣Ⅴ |
| 2017 | 1.38 | 0.35 | 18.19 | Ⅴ |
| 2018 | 1.42 | 0.22 | 15.54 | Ⅳ |
| 2019 | 1.21 | 0.19 | 12.00 | Ⅳ |
| 2020 | 0.39 | 0.14 | 10.58 | Ⅲ |

枯水期生态流量保障是水生态环境质量改善的关键。锦江流域黄龙溪断面 2020 年平均流量 177.62 $m^3/s$，较 2015 年增加 77.6%，丰水期平均流量 264.0 $m^3/s$，枯水期平均流量 110.9 $m^3/s$，分别较 2015 年上升 96.28%、35.57%（图 1）。优质再生水起到有效补充，对河道自净能力提升发挥了积极作用。

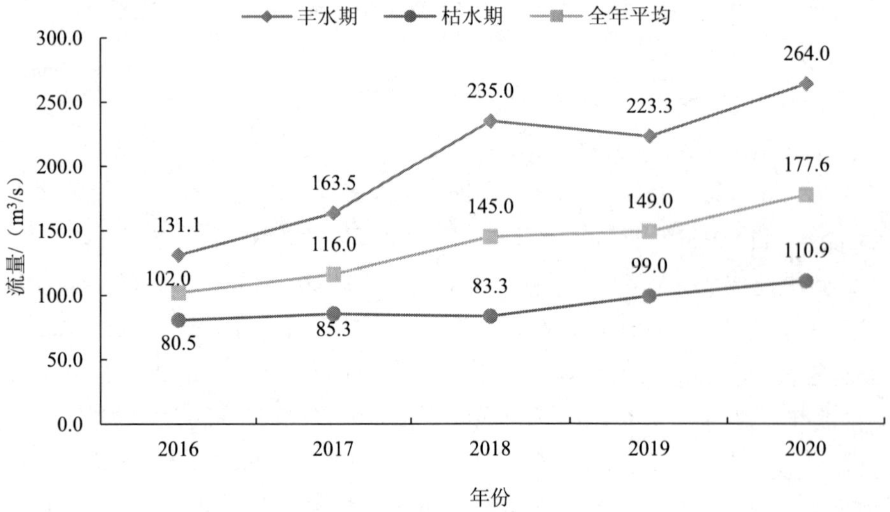


**图 1 “十三五”期间黄龙溪断面平均流量变化**

污染减排是水生态环境质量改善的核心。2020 年，锦江流域化学需氧量、氨氮和总磷排放总量比 2015 年分别降低了约 54%、73%、55%（表 2）。一系列的污染减排工程大幅削减了污染物入河量。

表 2 “十三五”时期锦江流域主要污染物排放量变化

| 年份 | 化学需氧量排放量/（t/a） | 累计下降比例/% | 氨氮排放量/（t/a） | 累计下降比例/% | 总磷排放量/（t/a） | 累计下降比例/% |
|---|---|---|---|---|---|---|
| 2015 | 75 404 | — | 6 963 | — | 1 260 | — |
| 2016 | 67 779 | 10 | 6 258 | 10 | 1 109 | 12 |
| 2017 | 61 718 | 18 | 5 756 | 17 | 1 055 | 16 |
| 2018 | 58 086 | 23 | 5 312 | 24 | 901 | 29 |
| 2019 | 53 012 | 30 | 4 391 | 37 | 700 | 44 |
| 2020 | 34 825 | 54 | 1 855 | 73 | 568 | 55 |

水生态修复巩固了水生态环境质量改善的成效。全市通过协同推进青山绿道蓝网建设，同步开展上下游、左右岸治理，推动锦江生态廊道、滨水空间加快建设，有效控制了河道两岸面源污染入河。

## 三、四川省重点小流域水生态环境治理的启示

四川省主要河流湖泊干流水质总体好于支流，小流域污染特点大致与锦江类似，水资源量季节变化大、水环境治理改善成效不稳固、水生态系统脆弱的情况较为普遍。但由于地域差异、经济水平不同，小流域具体问题应当具体分析，总的来说，应按照“三水统筹”的治水思路开展问题识别、顶层设计、工程措施与跟踪评估工作，在水资源“扩容”、水污染“减排”、水生态“提质”三方面同时发力，实现小流域水生态环境质量的持续改善和治理成效的巩固。

问题识别是首要环节。识别问题区域，分析问题成因。一是从“降水”“取水”“排水”“生态需求”等方面分析水资源利用与水资源保障是否协调，分析丰水期、枯水期水资源承载力，精准识别小流域“哪里缺水”“缺多少水”“如何补水”“什么时候补水”“水动力如何提升”的问题。二是从“排放”“入河”“通量”等方面识别水污染与水治理是否协调，分析污染物入河量与流域环境容量能否匹配，识别小流域“污染来源”“污染种类”“污染范围”“污染如何入河”“如何治理”的问题。三是从“生态空间”“自净能力”“生物多样性”等方面识别水生态状况与开发利用程度是否协调，分析陆域与水域生态健康程度，识别小流域生态“哪里受损”“哪里失衡”“哪里退化”“如何修复”的问题[3]。

顶层设计是决定环节。一是科学制定治污路径。制定具有针对性的流域“三水统筹”

治理方案，设计流域环境治理顶层思路，细化水资源保障、水环境治理、水生态修复战略部署和技术路线，推动科学治污、精准治污形成新格局。二是强化责任落实。依托河长制、湖长制工作机制，充分调动各有关部门职能，实行党政一把手亲自抓、总负责的制度，切实压紧压实各级党委政府和部门的水环境保护工作职责。将水生态环境质量逐年改善作为区域发展的约束性要求，按照“目标细化、责任落实、分工协作、齐抓共管、注重实效、逐步提高、全面完成”的原则，建立目标责任制和绩效考核机制。

工程措施是关键环节。一是提升水资源利用水平。提高农业、工业的水资源利用效率，减少对生态用水的挤占；提升流域水资源调蓄能力，提高上游水资源供给能力，并充分利用小微湿地实现生态蓄水；加强中水回用，充分将城镇生活污水出水用于农业生产、城市杂用、工业生产、景观用水、河道补水；拆除生态影响严重的拦河坝，选择适宜河段有效提升水动力。二是系统开展水污染治理。持续提升城乡污水治理效能，完善排水管网建设；持续整治“散乱污”企业，推进工业园区“零直排区”建设；大力推进农业农村生活污染治理，推广健康养殖与绿色种植模式，适宜配套沿河农田“三沟”（沿山沟、排水沟、土地背沟）和“三池”（蓄水池、沉沙池、贮粪池）。三是科学开展水生态修复。维持河道自然岸线，因地制宜建设生态缓冲带，减少强降雨带来的水土流失及面源污染；加强河流生境再造，构建生态河床，恢复河流深潭浅滩，营造生物栖息地，提升水生生物多样性，提高污染净化功能。

跟踪评估是反馈环节。一是开展水环境形势动态分析。定期分析水质变化，对小流域水质影响较大因素开展动态分析，形成预警、防控机制。二是科学评估措施成效。分析各项措施对水生态环境质量改善成效的贡献及绩效，动态优化水资源保障、水环境治理与水生态修复任务，为进一步挖掘改善潜力及推动各项任务落地落实提供技术支撑。

## 参考文献

[1] 吴舜泽，王东，姚瑞华. 统筹推进长江水资源水环境水生态保护治理[J]. 环境保护，2016，44（15）：16-20.

[2] 管海翔. 水土保持对水资源及水生态环境产生的影响[J]. 河南水利与南水北调，2016（5）：19-20.

[3] 谭志雄，韩经纬，陈思盈. 重点流域水环境综合治理的实现路径与政策制度设计[J]. 环境生态学，2020，2（10）：1-9.

# 关于生态环境规划由静态蓝图型向动态治理型转变的“数治化”应用思考与建议

**摘　要**：本文综合分析国家层面数字化发展、建设数字中国对生态环境“数治化”的目标要求，以及生态文明建设、环境治理能力现代化对生态环境“数治化”和动态规划的现实需求，在系统梳理国内外多个领域“数治化”和规划动态化发展方向和典型案例的基础上，结合生态环境规划编制实施和信息化建设的总体情况，从强化规划顶层设计、夯实信息资源、加强技术创新、推进智慧治理等方面有针对性地提出加强“数治化”应用支撑能力，推动生态环境规划由静态蓝图型向全生命周期“数治化”动态治理型转变的建议。

**关键词**：生态环境；规划；数字化；大数据

当前，我国数字经济正进入全面发展的新时代，互联网、大数据、云计算、人工智能、区块链等技术加速创新，日益融入经济社会发展各领域、全过程，并成为高质量发展的重要引擎。数字经济不仅是新的经济增长点，而且是改造提升传统产业的支点，有利于推动构建新发展格局。对于生态环境保护工作来说，以“数治化”赋能生态环境治理，既顺应新形势下数字经济发展趋势和规律，也能为精准治污、科学治污、依法治污提供支撑，为生态环境治理体系和治理能力现代化提供新的方法路径[1]。

生态环境部提出要大力推进生态环境大数据创新应用，推动信息化与生态文明建设深度融合。近年来，四川省以数字化赋能生态环境治理的成效显著，基础支撑能力逐渐夯实，数据资源体系稳步构建，业务应用体系有序推进，大数据应用实践迭出，监管模式不断创新，执法效能全面提高，有力促进了四川省深入打好污染防治攻坚战和生态文明建设。但“数治化”应用对生态环保工作的全局支撑作用仍有待挖掘深化，如结合机理型模型的多目标决策优选方法、生态环境规划成果多元知识图谱、三维一体化的时空大数据高效并行计算能力等均有待建立和提升。系统分析动态规划的“数治化”应用短板和发展方向，对于构建智慧高效的生态环境“数治化”动态规划编制实施管理体系，提升规划编制实施管理水平，进一步发挥规划的基础性、统领性、战略性和创新性作用，促进美丽四川建设目标早日实现具有重要意义。

## 一、发展“数治化”和动态规划能力是落实党中央要求与突破四川省生态环境治理“瓶颈”的关键路径

### （一）国家层面数字化发展、建设数字中国对生态环境“数治化”提出了目标要求

党中央、国务院历来高度重视大数据创新应用与信息化建设在社会治理等方面的应用，先后出台了《关于构建现代环境治理体系的指导意见》《中华人民共和国国民经济和社会发展第十四个五年规划和2035年远景目标纲要》《关于统一规划体系更好发挥国家发展规划战略导向作用的意见》等文件，明确了建设数字政府和创新治理模式的目标和方向。

总体层面，提出数字化发展、建设数字中国的远景目标和数字化转型驱动生产方式、生活方式和治理方式变革的要求。特别在社会治理能力上提出提高数字化政务服务效能的目标，要求以数字技术推动政府治理流程再造和模式优化，推进数据融合和深度利用，构建数字技术辅助政府决策机制。

提高规划编制质量方面，提出创新规划理念、规范编制程序，提高规划编制科学化、民主化、法治化、规范化水平，拓展规划前期研究广度和深度，开展科学研判、多方案比选、多情景分析，综合运用大数据、云计算等现代信息技术，创新规划编制手段。

统筹规划管理和健全实施机制方面，提出用数字化方式建立健全项目清单、编制备案、衔接协调等规划管理制度，解决规划数量过多、质量不高、衔接不充分、交叉重叠等问题。健全规划动态调整和修订、实施监督考核、规划审批和实施工作等机制。

### （二）四川省生态文明建设、环境治理能力现代化对生态环境“数治化”和动态规划提出现实需要

服务生态文明建设方面，围绕基本实现美丽四川要求，推动实现生态环境质量根本好转，需要统筹污染治理、生态保护、应对气候变化，满足生态环境部门与相关部门进行管控数据对接更新、与多规合一等平台功能衔接，生态环境规划存在精细数字化和动态管控的需求。

推进环境治理能力现代化方面，为服务经济社会高质量发展、支撑深入打好污染防治攻坚战、深化“放管服”改革以及应对生态环境“人少事多任务重”的现状难题，需通过“数治化”顶层整合各类行政资源、管理信息、业务系统，实现规划、政策、执行、评估、考核等各方面快速响应的闭环体系，令人防为技防、变人工为智能。

## 二、现有生态环境规划难以匹配政府治理能力发展

生态环境规划是国民经济和社会发展规划体系中的重要专项规划，同时又是生态环境领域的综合性规划，是大气、水、土壤等要素专项规划的上位规划，是污染治理、生态保护、应对气候变化各细分领域行动计划的总的引领。总的来说，生态环境规划体系整体仍然存在统筹不足、编制技术体系不完善、实施调度评估不足、技术支撑薄弱等问题，难以匹配现代化环境治理能力需求[2]。

一是规划统筹不足。生态环境规划体系的“支强干弱”问题较为突出，生态环境规划与要素专项规划和行动计划之间的匹配、协调存在欠缺。生态环境规划与其他部门或行业规划还存在协调机制不健全、互动不够充分等问题，难以发挥基础性导向作用[3]。

二是规划编制技术体系尚需完善。没有形成健全的生态环境规划编制制度与技术规范体系。环境规划实施及实施技术方法研究较少，市县“操作型”“实用型”规划编制力量不足、要求不明确，无法达到指导工作的要求。生态环境保护空间规划机制不健全，环境空间管控制度还相对混乱，生态保护红线划定和环境功能区划等技术指南关系不清晰，实践上存在技术难度。单要素的环境功能区划与环境功能区划以及主体功能区划衔接不清晰[3]。

三是重规划编制轻实施评估。规划任务分工难，环境保护工作责任规定不具体，分工原则笼统，规划实施任务的部门职责无法真正落实，联动机制没有形成。规划实施过程中缺乏管理抓手，缺乏实施进度管理和过程管理，没有日常推进机制，规划编制完成后实际执行过程中被束之高阁。规划任务工程化、项目化不够，地方在申报项目时省市层面的指导、调控不足，与规划实施关联性不强。

四是省级及以下技术支撑力量有限。省级及以下生态环境规划编制与管理缺乏稳定支撑，规划编制、实施调度、成效评估的长期性、延续性技术支撑非常有限。环境规划人才培养和人才储备都无法满足现代化环境治理要求[3]。

## 三、“数治化”和规划动态化是国内外众多领域的发展方向

### （一）国外通过感测网和调度平台支撑生态环境动态管控、政策建议即时制定和环境事故应急响应

美国《清洁水法》将水体点源和非点源污染纳入统一管理范围，令各州、领地制定了水质标准和相应的 TMDL（最大日负荷总量）计划，将日可分配污染负荷分配到各个污染源（点源和非点源），在综合考虑季节变化、安全边际、水体变化的不确定性等情况下实现动态管控，采取适当的污染控制措施来保证目标水质标准，且进一步发展出“问

题分析—设计—执行—评价—调整”的适应性管理过程[4]。

纽约州政府部门对哈德森河执行了“新一代的水资源管理方案”，根据传感器收集的数据将河流数字化，经数据科学家构建剖析管理系统，仿真哈德森河环境实体模型并评定不同的整治方案和干涉行为对于水环境的影响、整治效果[5]。

欧盟建立了 OSIRIS 综合性方案，根据感测网和监控系统进行智能化日常监测与防灾减灾，目前已在空气指数及环境污染、水污染、森林大火和公共建筑火灾事故 4 种情景展开了试验。以西班牙空气指数及环境污染监控网为例，当发生环境事故，系统收到污染扩散警报自动派遣小型无人机与感测网和监控系统沟通交流，现场采样传递回扩散仿真模拟组，智能化展开剖析并生成扩散时空仿真模拟图，系统评定自然灾害水平，提出疏散地域方案[6]。

### （二）国内通过数据中台和闭环监管体系实现规划辅助、决策优选和应用联动

中国城市规划设计研究院、北京清华同衡规划设计研究院等多个规划机构均推出了国土空间规划辅助分析平台，在成果数据库之上集成资源环境承载能力评价、国土空间开发适宜性评价（“双评价”模块）、“三区三线”划定模块和综合规划模块[7]。其中，“双评价”模块为每项资源环境要素单项评价、集成评价提供数据处理、要素分级、阈值率定、优化修正、空间分析、统计图表等功能，实现评价分析、成果核验和输出的智能化；“三区三线”划定模块提供边界初划的基本流程及分析工具，以及冲突检测、方案协调等功能，实现“三区三线”智能划定、成果检验和输出；综合规划模块则通过高时空精度大数据和灵活的专业模型，进行自然资源、生态环境、人口、产业、交通、基础设施等要素现状评估与发展预测模拟，根据规划目标导向，统筹协调空间布局安排，将各要素在空间规划底图上进行有机叠加，形成空间布局方案，为国土空间用途管制提供依据。

目前，生态环境领域尚无智能规划系统，济南“智慧环保”以环境信息化为基础载体，构建了高度信息化、现代化和智慧化的“监测准全、解析快透、指挥精准、监管严实、考评客观”的环保闭环监管体系，实现了跨部门、跨层级的环保信息资源集成整合与共享共用、环境质量和各类排放源的自动监控与智能报警、复合性污染问题“智能分析”辅助决策、跨部门共享协同联动系统、网格化管理系统以及环境监测与监管信息的高时效发布，并通过压实“一岗双责”进行全过程管理和量化考核[8]。

## 四、生态环境规划由静态向动态转变的“数治化”建议

### （一）强化顶层设计，统筹规划动态管理

#### 1．推动科学编制

综合运用大数据、云计算等现代信息技术，创新规划编制手段。拓展规划前期研究广度和深度，科学研判环境经济协调发展趋势和阶段性特征，准确把握突出短板和发展方向，加强规划内容多角度论证和多方案比选，科学测算规划目标指标并做好平衡协调[9]，突出可操作、可检查、易评估。

#### 2．强化实施执行

充分衔接国家重大政策方针、战略部署，以及区域总体和其他专项规划，坚持以规划定方向，确定并科学细化分解目标指标，明确重大工程、重大项目、重大政策、重大举措，资金优先投向规划确定的重大任务和重大工程项目，确保规划落地落实。

#### 3．持续跟踪调度

以规划的任务标准化为基础，梳理调度事项，明确实施调度的约束性及分级传导管控目标、时间节点、结果要求，统一调度规范，将调度场景业务化、过程电子化，建立满足实施规划执行全生命周期和持续优化的管理支持体系，并柔性延伸调度实施管理范围。

#### 4．完善考核督导

在环境空气质量改善、地表水环境质量改善、碳排放强度下降、主要污染物减排等考核的基础上，进一步建立土壤环境质量改善、地下水环境质量改善、碳排放总量控制、生物多样性等考核办法，健全考核评价体系及通报机制，结合信息化技术手段，使督导考核便捷化、规范化、常态化，以督导促落实，以考核促提升。

#### 5．及时评估反馈

建立评估数据采集和成果汇交机制，构建评估模型，集成到“数治化”平台，定期或不定期开展规划执行情况和实施效果评估，发现规划传导和实施过程中的问题，动态捕获、及时警示生态环境异常状况，为督察执法重点方向、重点领域提供信息支撑，为规划动态调整完善和政策供给提供依据。

#### 6．动态调整优化

从偏静态蓝图式的规划治理，转向规划动态维护、调整、修订，根据新形势新要求，基于监测考核评估执行情况与实施效果分析，结合线性与非线性规划、多目标决策模型算法等，预测规划调整并修改影响，科学动态更新省级区域生态环境保护目标任务措施，指导和备案市县级规划。

## （二）夯实信息基础，提升规划资源能级

### 1．加强信息资源采集

一是梳理规划“研究—编制—实施—调度—评估—考核—督察—调整”业务链条，按照全要素覆盖、全过程打通、全周期监管的要求，以全要素数字化、管理规则数字化、业务逻辑数字化为目标，遵循“一数一源”原则，对物理空间逐级拆解与组织，建立数字档案和网络谱系，并以之为基础，明确数据资源采集责任，建立数据采集责任目录，避免重复采集，逐步实现“一次采集，多次应用”。二是利用物联网、移动互联网等新技术，拓宽数据获取渠道，创新数据采集方式，提高对大气、水、土壤、生态、核与辐射等多种环境要素及各种污染源全面感知和实时监控能力[10]。三是运用网络爬虫、自然语言处理等新技术方法，加大对国家、重点区域和省级涉及重大布局、战略部署、空间格局相关的政策文件、法律法规等的实时采集梳理分析力度，确保重大任务、项目、举措与上位规划保持一致，确保国家和省的全局谋划部署落实。

### 2．加强信息资源管理

一是严格执行《科学数据管理办法》（国办发〔2018〕17 号）、《环境信息分类与代码》（HJ/T 417—2007），明确各部门数据采集职责，数据应用范围边界和使用方式，厘清各部门数据管理及共享的义务和权利，规范数据的整理加工，建立生态环境信息资源目录体系，利用信息资源目录体系管理系统，实现系统内数据资源整合集中和动态更新，建设生态环境质量、环境污染、温室气体排放、自然生态、核与辐射等省级生态环境基础数据库。二是汇集整合国家和省级及其他诸如京津冀、长三角、大湾区等重点地区和毗邻省份的历史规划、计划、方案、办法，构建文本信息资源库。三是建立和完善省级生态环境数据汇交制度，在统一的政务网络和数据共享交换平台上开展数据汇交工作。进一步加强数据存储、管理、服务和安全等必要设施配备，保障各级各类数据完整性和安全性。

### 3．加快信息资源共享

一是在打通内部信息通道方面，按照“批、供、用、补、查、登”全过程信息关联、全过程动态监管，“所有人、所有事、所有信息”可办、可查、可跟、可督、可管的目标要求，深度对接内部已建信息化系统，打通业务链条所有环节，实现省与市县上下贯通、纵向到底、深度互动。二是在打通外部信息链路方面，通过省级政务网络和数据共享交换平台，接入人口基础信息库、法人单位资源库、自然资源和空间地理基础库、水雨情信息库、林草资源信息库等其他省级基础数据资源。拓展吸纳相关厅局、行业协会、大型国企和互联网关联数据，形成环境信息资源中心，实现跨部门左右互通、横向到边、一体联动。三是建立和完善数据资源共享和开放管理办法，提高数据共享的管理和服务水平，提高数据开放的规范性和权威性。

#### 4．推进信息资源融合

一是在业务时空一致方面，加快“三线一单”应用平台与污染源分布地图、水功能区划、流域控制单元、生态敏感区等空间要素的对接整合，统一边界、统一精度，进一步构建统一的空间网格编码，为环境质量、环境污染、自然生态等建立一致的时空标签和索引，实现所有要素信息可挖掘、能回溯。二是在内部逻辑关联方面，贯通环境质量监测、环境监管、环保督察、环境执法、环境应急数据链条，构建关联分析、对比分析、聚类分析、逻辑检验等算法和工具，同一事实的数据相互校验，确保质量、统一出口，实现所有要素信息可分享、能发布。三是在外部视角协同方面，进一步完善数据调用和交互接口规范，拓展更加丰富的数据来源，综合运用大数据、人工智能等先进技术，发展“生态环境+电力”“生态环境+用水”等新模式、新算法，推动环境污染监测防治、督察执法等更加数字化、智能化。通过数据信息的时空对照、内外连通，形成可视化、可分析、可计算的三维立体数字化空间。

### （三）加强技术创新，提高规划数字水平

#### 1．完善指标体系

一是在生态环境质量评价方面，根据生态保护红线区、重点生态功能区、生物多样性保护优先区域、自然保护地等监测网络建设推进情况，在环境空气质量改善、地表水环境质量改善、碳排放强度下降、主要污染物减排等考核基础上，适时协同推进建立土壤环境质量、碳排放总量控制、生态系统格局、生物多样性等考核评价体系。二是在国家版本基础上，结合四川省实际情况，细化完善具有四川省特色绿色发展指标体系、生态文明建设考核目标体系、美丽四川建设评估指标体系、资源环境承载力评价指标体系。三是积极开展生态环境高水平保护与社会经济高质量发展耦合协同研究，探索建立表征能源—环境—经济、社会—经济—环境、人口—经济—空间—环境等多方面协调关系，满足不同角度和维度评价、研判需要的指标体系。通过三方面并行构建，形成涵盖多领域、多维度，具有层次性、动态性、可操作性、可比性的综合指标库。

#### 2．构建评估模型

一是完善气象—水文—水质耦合模型、大气污染扩散模型、应对气候变化模型、地下水污染物质运移模型、面源污染负荷估算模型等相关机理型模型体系，集成到“数治化”平台，为科学编制规划提供精准问题识别、工程项目规模、目标可达分析等方面的数字化支撑。二是结合机理型模型体系，发展和集成线性与非线性规划模型、多目标决策优选模型等数理统计模型，为规划编制的任务设置、投资匡算和规划评估的资金执行、生态效益分析等提供数字化支撑。三是以指标库体系为基础，依托环境经济形势分析等工作，开展前瞻性研究，构建社会经济与碳排放协调度评价、可持续发展层次与类别评价等算法体系，为规划编制的因地制宜、分级分类设置差异化任务措施，以及规划评估的社会效益分析等提供精细化支撑。通过指标库、模型库的上下一致、前后贯通，实现

规划研究编制到评估调整全过程现状可视、过程可演、结果可判。

**3．构建知识图谱**

一是以生态环境要素信息的时空一致对照与内部逻辑关联等信息资源融合为基础，探索构建以项目为核心的规划实施、调度管理和成效评价路径，把控项目现状、进展、变更、督办、历史等，形成项目信息智能闭环，开发“一谱全联，一图看所有”智能应用，项目关联新项目，历史关联现状，预测未来，产生更加丰富的项目谱。二是对生态环境规划成果知识建模，引入高效的大数据支持处理基础软件平台、图数据管理和查询基础平台，依托知识图谱构建及相关领域技术规范，构建各种针对规划应用的专题知识图谱，集成资料推荐、资源联想、智能问答、机器助手等多元知识服务。

**4．集成人工智能**

一是加强定量评估研究方法如非线性规划、系统动力学、面板数据的深入研究，进一步探索文本聚类、深度学习、观点识别、知识图谱、可解释机器学习算法等人工智能技术，在生态环境管理如预警预报、趋势分析、区域联防联控、智能监管、项目风险概率、发展变化和影响效应研判、分区分类控制等方面的应用，不断提升规划编制实施全过程立体化感知和智慧化决策水平。二是快速提升自动监测监控能力和空间精细化管控水平，加强时空大数据并行计算能力、模型动态构建调度能力和敏捷应对业务变化能力，基于不同应用场景需要，开展三维一体化的高效即时计算，从而具备高度伸缩和延展性，满足数据治理中枢、应用支撑平台、共享服务平台、智能分析引擎四大目标需求。

**5．加强范式提炼**

一是突出规划在生态环境管理中的统筹作用，梳理任务设置、目标分解、协同作战、调度指挥、分析决策和跟踪督办等各环节、各业务的内外边界、上下流程，统一集成整合，不断提升业务自动化水平，强化规划编制实施过程中人、财、事、资源的有序调度、密切衔接，加强“省—市（州）—区（县）”三级互通和“省、市、县、镇（乡）、园（化工园）、企业”的多级网格协同。二是以强化数据一体研判、一体决策、一体治理为目标，注重对现有“环保大脑”薄弱环节的识别，拓展和打造环境风险控制、环境安全管理、环境舆情监控等领域数字化应用场景，不断强化环境治理精细化中数字技术驱动的作用。三是将协同过程中产生的部门资料、项目资料、团队资料、个人资料等通过机器学习，沉淀行业知识，打造高效、全面的知识中台和数据产品。

**6．优化人才队伍**

一是充实环境规划编制与实践人才队伍，整合优化生态环境信息化队伍，加强生态环境规划与大数据、人工智能相关基础和应用研究以及人才培养。二是完善人才激励机制，优化生态环境领域数字化、信息化人才相关的人事制度、薪酬制度、评价机制等，加快培养具有统计分析、计算机技术、生态环境等多学科知识的跨界复合型人才。三是优化生态环境数字化借智借力的制度环境，增强大型信息化类高新技术企业助力生态环境的积极性，提高生态环境信息化、大数据创新研发、运维服务的质量和水平。

### （四）推进智慧治理，促进良规善治统一

#### 1．加强科学决策

以信息化、大数据技术为支撑，实现“用数据决策”，提升生态环境保护参与经济发展与宏观调控的能力。

一是深化形势分析，建立全景式环境经济形势研判模式，加强生态环境质量、污染源、污染物、环境承载力等数据的关联分析和综合研判[11]，强化经济社会、基础地理、气象水文和互联网等数据资源融合利用及信息服务，为规划中目标设置、措施制定、任务分解、项目设计、投资概算等提供信息支持。

二是加强预警预报，整合空、天、地多源数据中心，加强生态环境监测数据资源开发与应用，开展大数据关联分析，提高源解析精度，依靠多尺度预测模型、不确定性分析技术和人工智能机器学习模型等分析模型集群，支撑生态环境状况精细化分析和实时可视化表达，增强生态环境质量趋势分析和预警能力[12]。

三是加强应急会商，利用跨部门、跨区域的数据融合资源，以及突出环境事件的网络舆情的快速自动采集分析，构建大数据分析模型，建设基于空间地理信息系统的环境应急与定量化、可视化实施成效评估等大数据应用，提升应急指挥、处置决策等能力，支撑跨部门、跨区域规划实施和工作会商。

#### 2．创新监管模式

以信息化、大数据技术为支撑，实现“用数据管理”，提升生态环境监管能力，提高监管的主动性、准确性和有效性。

一是统一源头管理，以排污许可证制度为核心，加强源清单编制研究，对污染源进行统一编码管理，支撑排污许可和环境标准、环境监测、总量控制等制度有效衔接，在环保行政许可、建设项目环境管理、环境检查执法等工作流程中，加强企业环境信用信息调用和信用状况审核，不同信用状况的企业进行分类监管。

二是强化监察执法，以多源异构环保数据的自动采集与整合为基础，强化卫星遥感、物联网等技术的综合应用，探索研究集成“生态环境+用水”等大数据分析新模式，实现企业污染偷排漏排、超标排放和重点生态功能区、自然保护地生态破坏等的精准化和精细化识别，支撑监察执法从被动响应转变为主动查究。

三是完善多端协同，全面梳理现有的环境质量与污染源感知、决策分析等系统，以及督察执法、指挥调度等系列移动应用，逐步打通数据互联和功能调用接口，有序拓展丰富数字化场景，构建完备的“环保大脑”，实现生态环境保护工作协同、有序、高效管理，真正实现“从源头保护到末端修复治理”的一体化管控。

#### 3．完善公共服务

以信息化、大数据技术为支撑，实现“用数据服务”，提升生态环境公共服务能力，提高公共服务的普惠度、便捷度。

一是提升政务服务，整合“三线一单”数据分析、建设项目环境影响登记、入河排污口设置等行政许可查询审批类系统平台，以及规划实施进展调度、目标考核、美丽中国建设评估、资源环境承载力评价等业务应用系统，构建统一的数据资源库，提供准确、高效和便捷服务的同时，实现与实时动态监管的并联。

二是加强信息公开，在构建“数治化”平台过程中，加强与已建的官方网站、微博、微信等基于互联网的信息公开类系统平台之间的衔接，建立健全规划征求公众意见、环境质量状况、考核排名、工作滞后地区与问题通报等信息实时推送至信息公开系统平台的机制，提高信息公开的全面性、时效性、准确性和权威性。

三是拓展社会服务，充分利用好生态环境“数治化”平台要素全覆盖、周期全监管，内部畅通、外部畅联，作为环境信息资源中心和高地的作用，联合有关职能部门，探索搭建水权、用能权、跨区域排污权及林草碳汇交易平台，先行先试并推动相关机制的建立健全，不断完善民生服务、激发社会活力、优化资源配置。

**4．开展试点示范**

以标准化、制度化建设为抓手，坚持“全省一盘棋”，提高全省生态环境“数治化”集约度和创新应用水平。

一是坚持统分结合，继续按照“省统、市推、共建”模式，对能够全省统一的应用和服务，由省生态环境厅统一规划建设，构建稳定、便捷、高效的支撑体系，市县在此基础上，结合本地工作重难点及生态环境“数治化”基础、目标，精准构建个性化、本地化、易见效的“数治化”应用，提高全省生态环境“数治化”集约度。

二是强化示范引领，按照“全省一盘棋”思想，完善试点示范机制，充分发挥成都市“数智环境”系统、绵阳生态环境快反指挥平台、泸州环境应急指挥中心平台、成德眉资河长制 E 平台等较成熟的“数治化”创新应用示范引领作用，做好推广衔接与标准统一，以点带面，整体提升四川省生态环境“数治化”应用水平。

三是倡导先行先试，牢牢把握成渝地区双城经济圈建设战略机遇，以四川省即将与生态环境部签订建设美丽四川战略合作框架协议为统领，支持有条件的地区在“成渝一体化空气质量预测预报”“成渝地区重点流域、区域环境风险应急管理”“嘉陵江流域‘三水’统筹智慧管理”等“数治化”应用上先行先试、重点突破，为全省乃至全国创造经验、提供样板。

## 参考文献

[1] 宋杨. 以数字化赋能生态环境治理[N]. 中国环境报，2021-12-01.

[2] 王金南，秦昌波，万军，等. 国家生态环境保护规划发展历程及展望[J]. 中国环境管理，2021，13（5）：20，21-28.

[3] 王金南，万军，王倩，等. 改革开放 40 年与中国生态环境规划发展[J]. 中国环境管理，2018，10

（6）：5-18.

[4] 杨龙，王晓燕，孟庆义. 美国 TMDL 计划的研究现状及其发展趋势[J]. 环境科学与技术，2008（9）：72-76.

[5] 王琳琳. 国外智慧环保的应用案例[J]. 水工业市场，2016（7）：5.

[6] 臻图信息. 智慧环保智能化环境系统运用实例[EB/OL].（2020-07-07）[2022-05-30]. https://www.sohu. com/a/406228833_120633513.

[7] 清华同衡技术创新中心. 清华同衡国土空间规划平台建设整体解决方案[EB/OL].（2019-05-16）[2022-05-30]. https://mp. weixin. qq. com/s？__biz=MzA4OTMyNzIzOA==&mid=2650766492&idx=1&sn=e69fadaae9e5e168f1091f0ce56add50.

[8] 许宏宇，赵立健，孙开争，等. 济南市智慧环保综合监管创新应用场景[C]//2020 中国环境科学学会科学技术年会论文集（第四卷），2020.

[9] 中共中央，国务院. 关于统一规划体系更好发挥国家发展规划战略导向作用的意见[EB/OL].（2018-11-19）[2022-05-30]. http://fgw. zhuzhou. gov. cn/c14809/20190926/i982135. html.

[10] 国务院关于加强数字政府建设的指导意见[EB/OL].（2022-06-23）[2022-07-08]. http://www. gov. cn/zhengce/content/2022-06/23/content_5697299. htm.

[11] 环境保护部办公厅. 关于印发《生态环境大数据建设总体方案》的通知[EB/OL].（2016-03-08）[2022-05-30]. https://www. mee. gov. cn/gkml/hbb/bgt/201603/t20160311_332712. htm.

[12] 周宏春. 加强顶层设计以精准数据支撑环保决策[J]. 中国环境管理，2016，8（4）：24-28，47.

# 四川省减污降碳协同增效基础、路径和对策

**摘　要：**随着工业化和城市化的加速推进，环境污染、生态破坏、气候变化以及资源危机等问题日益突出。在这一背景下，推动高质量发展和高品质生活需要探索适应当地的资源节约、环境改善和气候友好的协同发展路径。本文强调在系统思维和全生命周期理念的指导下，通过减污降碳协同增效来避免环境和气候治理中的单点突破和相互冲突，以此来提升绿色发展水平。结合四川省的实际情况和未来需求，提出了五个方面的建议，包括加强顶层设计、实现政策协同、识别重点领域、强化区域联动以及开展能力建设。

**关键词：**减污降碳协同增效；高质量发展；环境治理；气候友好

## 一、减污降碳协同增效的基础

### （一）温室气体与污染物排放的来源与过程协同

在大气领域，大部分温室气体与大气污染物均主要来自化石能源燃烧、三次产业发展等人类活动，二者排放具有一定程度的“同根、同源、同时”特征[1]。能源、工业、交通既是最大大气污染物来源，也是温室气体的主要排放源，2018 年四川省能源、工业、交通领域的温室气体排放达 3.2 亿 t 二氧化碳当量，占四川省温室气体排放的 84%；能源、工业、交通领域的 $SO_2$、$NO_x$、VOCs、$PM_{10}$ 排放量分别达 29.9 万 t、67.6 万 t、107.4 万 t、24.5 万 t，分别占总量的 99.0%、98.0%、77.4%、25.6%。在固体废物的处置过程中，垃圾填埋产生的甲烷排放达 744 万 t 二氧化碳当量，占四川省甲烷排放的 16%；废弃物焚烧处理排放二氧化碳 140 万 t。在水污染防治过程中，废水处理时产生的甲烷、氧化亚氮排放分别达 243 万 t、90 万 t 二氧化碳当量，占四川省甲烷、氧化亚氮排放总量的 5%、3%。在农业生产过程中，使用化肥产生的氧化亚氮排放约 715 万 t 二氧化碳当量。

### （二）温室气体与污染物减排效果协同

温室气体与污染物减排整体上具有较好协同性，但在具体措施上可能存在不协同。清华大学、亚洲清洁空气中心发布的《中国城市环境空气质量改善和温室气体协同减排方法指南》显示，结构调整等源头减排措施能显著削减温室气体和污染物排放，具有正向协同效益。国土绿化和生态保护，既可实现生态扩容，也有利于固碳增汇。而污染物

末端治理一般只对某方面有益，且经济成本较高，协同效益不显著甚至为负。比如，燃煤机组超低排放改造后，设备运行能耗增高，间接排放更多温室气体；根据冶金工业规划研究院测算，钢铁企业实施超低排放改造后，直接增加碳排放量 40 kg/t 钢，占钢铁企业碳排放总量的 2%。从全国看，2005—2018 年，整体呈正向协同效益，每减排 1 t 二氧化碳，相当于减排二氧化硫、氮氧化物各约 2.5 kg、2.4 kg。从城市看，2015—2019 年约 1/3 城市实现二氧化碳与主要大气污染物的协同减排[2-4]。

### （三）建设美丽中国西部样板亟须强化协同

"十三五"时期以来，四川省的生态环境保护工作取得历史性成就，但生态环境保护结构性、根源性、趋势性压力总体上尚未根本缓解，以重化工为主的工业用能结构、以化石能源为主的能源消费结构和以公路为主的货运结构尚未发生根本改变，单一污染物削减或局部环境问题的解决已无法实现整体生态环境质量的根本改善，且传统末端手段治理边际效益递减，预计到 2030 年大气等领域污染末端治理措施的减排潜力将基本耗尽，亟须从减污降碳协同增效中拓路径、找空间和挖潜力[5]。

## 二、减污降碳协同增效的路径探索

### （一）在大气领域，结构调整是协同增效的关键路径

协同路径主要包括结构调整、能效提升、末端治理，结构调整是源头治理、治本之策。结构调整重在通过能源、产业、交通的结构性变革，从根源上削减对化石燃料的需求，提升全社会电气化水平，减少污染物排放与碳排放。能效提升重在持续挖掘节能诊断、节能改造、节能管理潜力，具有成本低、空间大的优势，也能实现污染物和碳的减排。末端治理重在推广节能低碳治污工艺和设备，往往不具有显著协同效益，且减排潜力有限。

以美国加利福尼亚州协同推动气候变化和清洁空气行动为例。在能源领域实施可再生能源配额制，要求提供给客户的电力中须有一定比例的可再生能源电力，2018 年达 33%，2045 年要求达到 100%。在交通领域推出清洁汽车和清洁卡车项目，要求生产的汽车达到污染物低排放标准和碳排放标准，逐年提升零排放汽车销售占比；同时调整优化土地规划，减少民众出行强度，缩短通勤距离，实现减污降碳协同。在产业领域，实施碳排放总量控制与交易机制，通过碳定价控制化石能源消费量[6]。

### （二）在固体废物产生及处理过程中，减量和循环利用是协同增效的重要方向

协同路径主要包括加强需求侧管理、发展循环经济、优化末端处置方式。加强需求侧管理重在倡导节约、简约、适度的消费观，选购节能、低碳、环保等绿色产品，减少

塑料等一次性用品的使用。发展循环经济重在提高废弃物分类回收和循环利用水平，实现“一废多用”甚至“无废”。优化末端处置方式重在减少垃圾填埋量，推广垃圾焚烧、秸秆还田、种养结合等低碳环保方式，实施甲烷收集和回收利用。

以成都市长安垃圾填埋气综合利用项目为例。其年处理生活垃圾 200 万 t，通过对填埋气收集、净化、发电，2019 年减少填埋场区 1 亿 $m^3$ 可燃气体直排大气，发电机组年运行 8 000 h，年发电量 2.08 亿 kW·h，年上网电量 1.76 亿 kW·h，相当于替代减少碳排放约 17 万 t。该项目既减轻垃圾填埋场周边异味，又减少温室气体排放，实现了“变废为宝”。

### （三）在废水处理过程中，节能低碳的污水处理工艺是协同增效的主要措施

协同路径主要包括用能结构优化和效率提升、污水再利用、末端处理。用能结构优化和效率提升重在提高绿电消纳占比，采用高效节能设备和工艺。污水再生利用重点引入循环经济理念，既可减少污染物排放，又可降低生产新鲜水所需能耗。末端处理重在利用污泥经厌氧处理产生的沼气，经热电联产产生电（热）能，降低污水处理碳足迹，甚至实现能量自给[7]。

以宜宾市五粮液污水处理站为例。污水处理站规划配套 11 台 500 kW 沼气发电机组，全部建成后，年处理沼气 600 万 $m^3$ 以上，年均发电量约 1 500 万 kW·h，相当于年均减少碳排放约 1.2 万 t。2020 年，项目一期 1 500 kW 发电工程并网发电，投产一周发电 17.72 万 kW·h，替代减少碳排放 150 t。项目通过回收、处理和利用白酒企业污水处理液氧发酵产生的沼气，不仅创造经济价值，也减少了温室气体排放。

### （四）在生态保护修复中，基于自然的解决方案是协同增效的主流共识

基于自然的解决方案（NBS）是一种保护、可持续管理和修复生态系统的行动。主要包括 3 类：直接利用未经干预或最小化干预的生态系统，如以自然通风净化空气、以城市绿地管理雨洪；修复生态系统，如恢复生态系统功能；模仿自然规律创造生态系统，如新建绿色屋顶调节微气候。协同路径主要包括植树造林和森林抚育、生态系统保护修复。植树造林和森林抚育重在科学开展大规模国土绿化，增加城市绿地面积及占比，建设防护林体系，加强抚育管护、补植补造，提升植被吸附净化污染物和固碳能力。生态系统保护修复重在尊重自然、顺应自然、保护自然，坚持山水林田湖草沙是生命共同体，划定生态保护红线，构建自然保护地体系，保护天然林和草原资源，加强滨海湿地、陆地湿地和泥炭地保护，提升生态环境容量。

以河北塞罕坝机械林场为例。20 世纪 50 年代，塞罕坝风沙肆虐，是中国荒漠化防治的一块“硬骨头”。塞罕坝机械林场建场 59 年来，持续开展造林绿化，创建世界上面积最大的人工林场，森林覆盖率从建场前的 12%增长至 82%，林木总蓄积达 1 036 万 $m^3$，每年涵养水源 2.84 亿 $m^3$、固碳 86.03 万 t，且有效为京津冀地区抵御风沙、净化水质、缓解污染。近年来，塞罕坝机械林场先后荣获联合国防治荒漠化和环保领域最高荣誉“土

地生命奖”“地球卫士奖”。

## 三、减污降碳协同增效的对策建议

### （一）加强顶层设计，实现目标协同

一是优化定位和路径。把实现减污降碳协同增效作为促进经济社会发展全面绿色转型的总抓手，统筹推动生态环境保护和控制温室气体排放路径协同、要素协同、体系协同。二是明确协同优先序。把降碳作为源头治理的“牛鼻子”，以能源、工业、交通为重点率先突破，增强蓝天、碧水、净土保卫战的降碳效益。三是加强治理改革创新。深化生态文明体制机制改革，加快构建减污降碳技术创新体系。四是坚持战略目标引领。到2025年，产业结构、能源结构、运输结构、用地结构明显优化，碳排放强度持续降低，生态环境质量稳步改善。到2035年，减污降碳协同增效全面深化，节约资源和保护生态环境的空间格局、产业结构、生产方式、生活方式总体形成，碳排放达峰后稳中有降，生态环境根本好转，美丽四川建设目标基本实现。

### （二）加强部门联动，增强政策协同

一是调整优化体制机制。将减污降碳摆在生态文明建设更加突出的位置，更好发挥生态环境保护委员会最高协调机构作用，推动经济社会发展与减污降碳一体谋划、统筹布局。修订各级生态环境保护责任清单，明确碳达峰碳中和职责。优化省级生态环境保护督察体系，强化节能和碳减排内容。二是推动规划政策协同。推动专项规划、区域规划充实应对气候变化与生态环境保护内容，突出减污降碳协同要求。能源政策、产业政策制定实施既要考虑污染物减排要求，也要体现碳约束，优先推动减污降碳协同效果的政策措施落地。三是加强关键目标衔接。突出目标导向，充分论证非化石能源消费占比、煤炭消费总量、单位GDP能耗、单位GDP二氧化排放量、单位GDP主要污染物排放量等减污降碳指标的一致性。将能效、碳效作为环境污染治理路径选择的重要考量。四是优化法规标准设计。修订完善相关法律法规时，充分纳入减污降碳协同控制的关键点。尽快制定白酒等更多行业温室气体排放核算与技术规范。推动修订完善污染物排放地方标准，逐步将甲烷等温室气体纳入，推动行业实施升级改造。

### （三）识别重点领域，促进行动协同

一是纵深调整能源结构。在供给侧，淘汰低效火电机组，禁止新建燃煤机组和石化项目，推动燃煤自备电厂电能替代，合理控制燃气机组规模和建设时序，实施煤电等量替代，稳定火电利用小时数，一体化开发川西北地区、攀西地区“水风光储”，大规模调入绿电。在消费侧，实施可再生能源替代行动，深化农工商业和居民生活“以气代煤”

"以电代煤"，提升用能终端电气化水平。到 2025 年，绿电消纳比重稳定在 82%以上，力争绿电消纳量保持全国第一。二是加快重点产业转型。在增量方面，提高部分附加值低、产业链短、产能饱和的"两高"产业准入条件，加快扭转规模以上六大高耗能行业能耗占规模以上工业比重持续攀升的态势，到 2025 年，力争降至 75%以内。在存量方面，加大钢铁、焦化、铸造、建材、水泥、砖瓦等落后产能淘汰力度，加快火电、冶金、建材、化工等重点行业绿色化改造。着力发展循环经济，拓宽粉煤灰、煤矸石、冶金渣、工业副产石膏、建筑垃圾等大宗固体废物综合利用渠道，回收废钢发展电弧钢，推动工业机器人等领域再制造产业发展。三是优化交通运输结构。推动大宗货物和中长途货物运输"公转铁""公转水"，构建外部铁路集中输送、内部新能源车配送的城市绿色配送体系，缓解公路货运量占比偏高的局面。加快运输工具"辞旧迎新"步伐，基本淘汰老旧车船和非道路移动机械，推动城市公用车辆和机械新能源化，力争电动汽车保有量占比稳步提升，基本实现港口、机场、园区等电动化。到 2025 年，公路货运量占比降至 92%以下，力争累计推广新能源汽车 100 万辆以上。四是构建绿色人居环境。构建节能减碳的城市规划设计体系，减少长距离通勤，避免大拆大建，延长建筑使用寿命。减少农村和乡镇散煤使用，提升居家生活电气化水平。发展装配式建筑产业，推广绿色建材和房屋全装修。挖掘城市地区地热、光热资源潜力，推广可再生能源建筑应用。推广公园城市、森林城市、海绵城市理念，提高城乡绿化水平，增强生态碳汇。到 2025 年，当年新建绿色建筑占比达到 100%，年均新增生态系统碳汇 4 000 万 t 以上。

### （四）强化区域联动，打造绿色空间

一是优化重点区域定位。成都市要有序疏解非核心功能，推动传统产业向外转移，提升绿电消纳比例，打造互联互通的公交都市，控制燃油车保有量和出行强度。盆地地区要按照区域协同发展要求，坚持有所为有所不为，从严从紧控制"两高"项目布局。攀西地区要优化钒钛钢铁产业布局，加大绿电消纳和特色产业培育。川西北地区要构建稳定、韧性的森林、草地、湿地生态系统。二是强化区域联动联治。完善川西北绿电基地至四川盆地负荷中心的电网通道，提高区域电力绿色化水平。打造轨道上的都市圈，实施城市群和经济区铁路公交化运行，扩大城际绿色出行规模。鼓励跨行政区域共建共享污水、垃圾处理设施，提升环境基础设施区域服务能力。有序推动园区集中清洁供热，继续实施工业园区循环化改造。三是打造一批示范标杆。以成都等空气质量尚未达标、达峰基础良好的城市为重点，开展碳排放达峰和空气质量达标"双达"试点，研究制定减污降碳"一城一策"方案，推动大气污染治理从末端治理向源头治理转变。依托工业园区、农业园区、风景区，打造近零碳和污染物排放示范区，探索区域、城市、园区、行业、企业减污降碳协同试点路径，推动成都、广元等建设"无废城市"。

### （五）开展能力建设，构建协同治理体系

一是建立协同技术“新套餐”。优化绿色技术创新布局，推动节能环保创新平台设立碳中和技术创新中心、实验室、研究院所，开展探索减污降碳共性问题研究，研发和推广减污降碳耦合集成技术，定期征集、发布和示范推广。二是构建环境准入“一个库”。将碳排放总量逐步纳入“三线一单”管控体系，将控制温室气体排放要求纳入规划环境影响评价。以电力、钢铁、建材、有色、石化、化工六大行业为重点，选择工作基础好、节能降碳压力大的地区，逐步开展建设项目碳排放环境影响评价试点，将碳排放和煤炭等量减量替代要求纳入建设项目节能审查。三是打造监测统计“一张网”。结合国家碳监测评估试点，依托空气质量监测体系，增加二氧化碳等温室气体浓度监测功能。改造煤电、水泥、油气等行业在线监测系统，增加碳排放监测。依托生态监测站点，开展碳汇监测研究。四是探索排放清单“一张表”。开展温室气体和各类污染物排放基础研究，统一核算边界，优化核算方法，消除数据壁垒，探索城市、园区、行业和企业层面统一的排放清单编制方法和数据库。五是实现绩效评估“一条线”。围绕城市、行业、企业、项目等，研究构建减污降碳协同增效评估模型，从强度与总量着手，以定量为主、时间动态、多维度方式，定期评估减污降碳协同增效成效。

## 参考文献


[1] 郑逸璇，宋晓晖，周佳，等. 减污降碳协同增效的关键路径与政策研究[J]. 中国环境管理，2021，13（5）：45-51.

[2] 郭儒，关晓东. 助力实现“双碳”目标[J]. Advances in Environmental Protection，2021，11：763.

[3] 陈波，石磊，邓文靖. 工业园区绿色低碳发展国际经验及其对中国的启示[J]. 中国环境管理，2021，13（6）：40-49.

[4] 王金南，秦昌波，万军，等. 国家生态环境保护规划发展历程及展望[J]. 中国环境管理，2021，13（5）：20，21-28.

[5] 毛显强，曾桉，邢有凯，等. 从理念到行动：温室气体与局地污染物减排的协同效益与协同控制研究综述[J]. 气候变化研究进展，2021，17（3）：255.

[6] 冯相昭，赵梦雪，王敏，等. 中国交通部门污染物与温室气体协同控制模拟研究[J]. 气候变化研究进展，2021，17（3）：279.

[7] 陈菡，陈文颖，何建坤. 实现碳排放达峰和空气质量达标的协同治理路径[J]. 中国人口·资源与环境，2020，30（10）：12-18.

# 决策咨询篇

# 成都国家低碳城市建设成效、问题及对策建议

**摘　要**：本文系统分析了成都市在“十三五”时期的碳排放现状与低碳城市建设实践。研究表明，成都市碳排放总量年均上升 2.9%，但由于 GDP 年均增长 7.9%和碳排放强度年均下降 4.6%，单位 GDP 碳排放呈逐渐减少趋势。本文强调成都市在低碳城市建设方面采取了多种措施，包括构建低碳治理体系、推进能源低碳化、壮大低碳经济等，并将其作为公园城市和低碳试点城市的独特优势发挥，以实现可持续发展。本文还指出，面临城市化加速和高碳锁定等挑战，成都需要进一步深化低碳转型，通过实施专项行动、发展绿色经济、构建现代气候治理体系等手段，以达到碳排放峰值的目标。本文的研究意义在于为其他地区提供借鉴，推动低碳城市转型和可持续发展的实践。

**关键词**：碳排放趋势分析；低碳城市建设策略；挑战与机遇

“十三五”时期以来，成都碳排放总量年均增长 2.9%，得益于 GDP 7.9%的年均增长率，碳排放强度年均下降 4.6%。庞大的人口、经济体量和较高的发展水平决定了成都在四川省低碳转型中扮演着关键角色。作为公园城市首提地和国家低碳试点城市，成都应充分发挥独特生态本底、鲜明生活特质、西部地区极核、国际门户枢纽作用，创新建设践行新发展理念的公园城市示范区，探索符合生态学的低碳城市转型路径，加快迈向可持续发展的世界城市。

## 一、低碳城市建设主要做法和成效

“十三五”时期特别是 2017 年启动低碳城市试点以来，成都围绕 2025 年前碳排放达峰、建成低碳发展先进城市的战略目标，加快构建绿色低碳产业、能源、城市、碳汇、消费和制度能力体系，实施低碳城市建设“636”工程，低碳取得明显成效，能源消费产生的碳排放控制在 6 000 万 t 以内，单位 GDP 二氧化碳（碳排放强度）持续下降，人均碳排放居内地十大城市最低（图 1）。

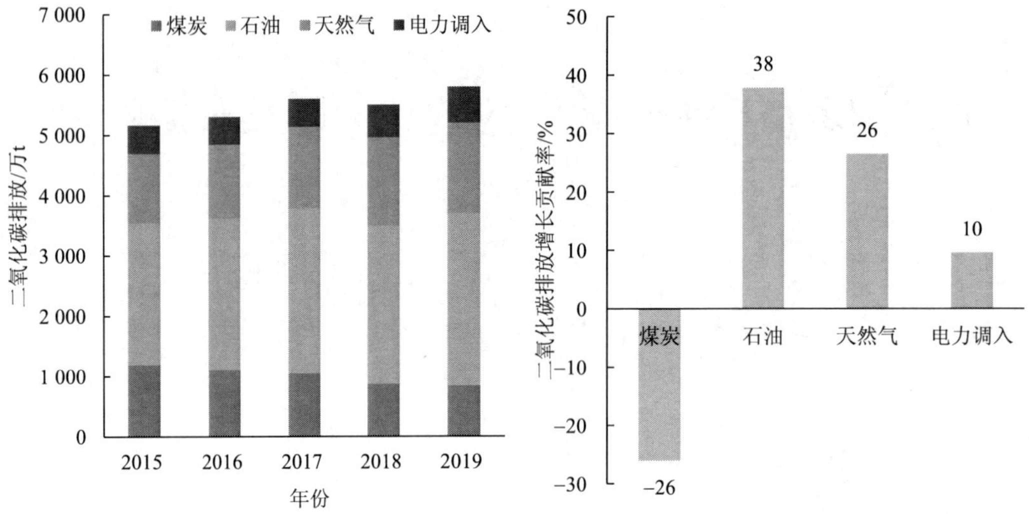


**图 1 “十三五”时期以来成都市二氧化碳排放总量及累计增长贡献率**

### （一）构建低碳化治理体系

将低碳城市建设纳入全市工作大局和发展全局，建立市长领衔的低碳发展工作推动机制，常态化开展低碳城市建设评价考核。发挥财政“杠杆”作用，打造西部绿色金融中心。创新市场化、普惠化低碳激励机制，启动构建公众碳减排积分奖励、项目碳减排量开发运营双路径“碳惠天府”机制。率先在全国开展出口产品低碳认证，认证数量居副省级城市前列。注重能力建设，开展达峰研究、清单编制、会展中和、能力培训、国际合作，大力提升绿色低碳意识。

### （二）推动能源低碳化转型

以新能源、高能效、低排放为导向构建清洁、低碳能源体系，以占四川省 1/4 的能源消费贡献了 37%的 GDP。开展以电（气）代煤工程，推进锅炉清洁改造，加强多领域电能替代和推广，建成充电桩超 2.2 万个，非化石能源占一次能源消费比重提升至 42.7%、较全国高 27.4 个百分点、比四川省高 6.8 个百分点。实施电力绿色调度、错峰生产、节能技改，持续压减工业用煤，近 4 年煤炭消费年均减少 8.2%，占能耗总量比重降至 6.2%、居四川省地级以上城市最低。

### （三）壮大低碳经济和产业

依托 66 个产业功能区，构建“5+5+1”现代化开放型产业体系，发展先进制造业，建设“三城三都”，碳生产效率较高的第三产业增加值占比大幅提升至 65.6%、占比居全省最高，对经济增长贡献率达 64.4%。实施新经济企业梯度培育计划和“双百工程”，累计注册新经济企业 36.6 万户。发展新能源、新能源汽车产业，建成全球单体最大的光伏电池基地，规模以上新能源汽车企业主营收入达 416.6 亿元。

## 二、碳排放达峰关键问题和挑战

成都已经进入工业化后期、城市化加速期，用能需求刚性增长，化石能源优存量难度加大、限增量限制因素较多。

### （一）城市化进程加速推进

人口是碳排放的重要驱动力。成都近 3 年常住人口年均增长 22 万、总量达 1 658.1 万人，近 3 年常住人口城镇化率年均提高 1.3 个百分点，常住人口、户籍人口城镇化率分别达 74.4%、62.5%，仍处于城市化加速期的中后期。人口特别是城市居民的增长促进了天然气、石油、电力及生活服务碳排放的增加。天然气用气人口从 2017 年的 686.2 万人增加到 774.4 万人，天然气输供气量年均增长 7.1%。“航空第四城”周转量较快增长，航油消费年均增长 7.5%。近 4 年机动车保有量年均增长 3.7%，突破 520 万辆、居全国第二，燃油消耗稳步增加。社会电气化加速，近四年输入电量年均增长 13.6%。“十四五”期间，城市化率提高、燃油机动车增长、城市气化率提高、东部新城建设等仍将驱动生活领域碳排放进一步增长。

### （二）“高碳锁定”问题显现

成都市 96%温室气体排放来自能源活动，87%二氧化碳排放来自能源活动，能源生产和消费及驱动化石能源增长的经济活动转型是低碳发展和碳排放达峰的关键。从产业结构看，化石能源密集型产业存量大，六大高耗能行业能耗占规模以上工业能耗比重高达 78.4%，比四川省高 1.5 个百分点，且呈增长态势。其中，石油等燃料加工业能耗占全市规模以上工业六大高耗能行业能耗的 55%，水泥、玻璃等非金属矿物制品业占 19%，电力热力生产供应业占 13%，化工行业能耗达 102 万 t 标准煤、占比为 9%。从能源结构看，成都能源消费占四川省的 1/4、占成都都市圈的 70%，化石能源消费年均增长 3.6%，占比仍高达 57.4%，主要集中在石化、发电、建材、化工和交通领域。成都作为四川省最大的油品加工和消费中心，加工原油约占四川省的 87%，石油消费占四川省的 44%左右，且石化产能尚未全部释放、天府国际机场即将投运，“十四五”期间油耗仍将较快增长。金堂电厂是全市最大用煤单位，用煤占全市煤炭消费的 40%以上。在电力绿色调度机制缺乏额外支持机制下，煤炭减量空间有限。

### （三）达峰支撑保障体系薄弱

全社会气候变化科学普及度不高，低碳发展科学技术支撑能力不强，能源、气候、环境协同路径认识不清。碳排放总量控制制度缺位，低碳准入制度不完善，分行业分区域碳排放统计体系、定量评价、政绩激励机制不完善。未设立低碳发展专项引导资金，缺乏有效的气候投融资机制，碳金融无突破性创新。新能源、新能源汽车、碳捕捉等关键技术研发能力总体较弱，碳咨询、碳资产管理等低碳产业生态圈不健全，产业规模偏小，竞争力不强。

## 三、打造达峰先锋城市的建议

低碳转型是新一轮技术革命和产业变革的重要特征，已成全球大势、发展潮流，数字复苏、绿色复苏更是疫后发展大势。2020年9月22日，国家主席习近平在第七十五届联合国大会一般性辩论上郑重宣示，采取更加有力的政策和措施，二氧化碳排放力争于2030年前达到峰值，努力争取2060年前实现碳中和。四川省也提出，二氧化碳排放2030年前达峰。成都作为全国重要经济中心、四川省"主干"，可利用四川省资源禀赋匹配、发挥技术产业优势，统筹近期控排与远期达峰，积极融入"双循环"、唱好"双城记"，推动碳排放率先达峰，建设国家达峰先行区。

### （一）聚焦关键梗阻，实施重点领域专项行动

坚持"稳煤减炭、限油控气、电能替代"原则，实施碳排放总量和强度"双控"行动，以能源结构调整为抓手、以产业结构优化为重点，在高能效水准下，适当放开和扩大电力消费，争取更多"三江"优质水电留送成都，同时挖掘本地可再生能源开发潜力，建设抽水蓄能等电力调峰替代和储能工程，合理控制油气消费增速。实施煤炭消费总量控制，扩大禁煤区范围，立足长远提出"去煤"路线图。建立投资低碳准入制度，禁止新上煤电、水泥、平板玻璃、石化等产能，推动化石能源密集型产业向都市圈其他城市和环成都经济圈有序转移。坚持公交优先、新能源优先，推动货输"公转铁"、城际和市域铁路公交化，推广新能源汽车和船舶。研究提出燃油汽车禁售时间表，降低小汽车通行总量。

### （二）夯实转型基础，坚定发展绿色低碳经济

突出低碳为导向的绿色高质量发展理念，统筹推进"低碳产业化、产业低碳化"，培育新的增长点，壮大绿色低碳经济和新场景新业态。持续推动传统产业转型升级和转移退出，大力发展旅游会展、金融服务等现代服务业，壮大电子信息等先进制造业。培育新能源汽车产业，攻关关键前沿核心技术，构建具有国际影响力的产业生态圈。提升新能源产业竞争力，打造成眉乐光伏产业经济走廊。推动数字赋能低碳，发展数字经济。发展碳汇经济，增强森林和湿地固碳能力，促进生态价值市场化转化。培育低碳服务业，提升绿色金融创新水平和辐射西部能力，争创国家气候投融资试点，打造碳交易、碳资

产管理、林草碳汇开发区域服务中心。

### （三）促进多元共治，构建现代气候治理体系

坚持规划先行，编制全市低碳发展战略规划，出台二氧化碳排放梯次达峰行动计划及区域和行业实施方案，制定《成都都市圈二氧化碳排放率先达峰行动方案》，谋划一批重大低碳工程，依托新城新区、产业功能区布局建设低碳发展示范区、近零碳排放区建设。制定成都市应对气候变化条例，构建协同推动绿色低碳发展的规划体系、政策体系、标准体系和市场体系。推动低碳发展与投资、产业、能源、环境等政策协同增效，探索大气污染物与温室气体协同控制路径研究和试点。建立覆盖区域、行业的碳排放统计核算体系，以石油化工、火力发电、交通运输行业为重点建立碳达峰目标分解、分析预警、跟踪调度和激励约束机制，加强达峰“事中”管理。突出科技关键性作用，培育国家碳中和技术创新中心等创新平台，支持碳捕集、利用与封存，氢能，智能电网等技术研发和示范。发挥西部“支点”作用，深化国际合作及成渝、都市圈合作。提升全社会绿色低碳意识，讲好低碳中国“天府故事”“成都实践”。

# 关于加快构建轻微污染天气应对机制，着力提升优良天数比例的建议

**摘　要**：自《大气污染防治行动计划》和《打赢蓝天保卫战三年行动计划》实施以来，四川省环境空气质量明显改善，优良天数率逐年提升，重度及以上污染天数持续减少，2018年四川省严重污染天气实现清零，2019年四川省重污染天气平均仅为0.8天。当前，春夏季臭氧污染、秋冬季$PM_{2.5}$污染，都呈现出以轻度—中度污染为主的特征，轻度污染在污染天气中占比最大，其中又以轻微污染天气（100＜AQI≤110）为主，因此轻微污染天气应对的重要性日益凸显。建议加快构建轻微污染天气应对工作机制，从建立预防机制、制定应对办法、加强常态化管控、加强预测研判、打通科技治污“最后一公里”和强化媒体监督六个方面着手，以5%～15%的污染减排强度实现轻微污染的改善达标，助推四川省环境空气质量持续向好，为经济社会高质量发展奠定坚实的生态环境基础。

**关键词**：轻微污染天气；优良天数率；对策建议

## 一、当前污染天气应对面临的形势

### （一）污染天气应对是贯彻落实习近平生态文明思想的重要举措

党的十八大以来，以习近平同志为核心的党中央把生态文明建设摆在全局工作的突出位置，从重拳治理到系统修复，习近平总书记亲自部署、亲自指挥，把坚决打赢蓝天保卫战作为重中之重，还老百姓蓝天白云、繁星闪烁。2018年，国务院印发《打赢蓝天保卫战三年行动计划》，明确具体目标和重要任务，指导全国各地打赢蓝天保卫战。四川省围绕着打赢蓝天保卫战，紧盯秋冬季重污染天气应对，采取企业错峰限产、机动车限行等措施，实现污染物缩时降峰，重污染天气得到有效应对。2019年，四川省未出现长时间、大范围的重污染天气过程，老百姓为蓝天常现点赞无数。

### （二）优良天数的提升是满足人民群众对优美生态环境需求的重要体现

当前，人民群众对优美生态环境的需要在不断增长，持续改善空气质量势在必行。区别于京津冀、汾渭平原等区域以应对重度及以上污染天气为主，四川省污染天气主要

集中在轻度污染。截至 2020 年 11 月 15 日，四川省优良天数比例达到 91.5%，尚未出现重度及以上污染天气。综合分析研判，2020 年全省优良天数比例将同比上升 2 个多百分点，达到 91%左右，重度污染天数实现清零；一半以上的城市优良天数比例达到 90%及以上，甘孜州和阿坝州优良天数比例继续满分领跑。

### （三）轻微污染天气的应对是未来空气质量改善的关键

随着污染减排的持续加码，重度污染天气的清零，轻度—中度污染天气逐渐成为污染天气应对的重点。如图 1 所示，2016—2019 年，四川省轻度污染天共计 1 227 天，其中轻微污染天（100＜AQI≤110）占比 33.9%。2019 年，四川省轻度污染天共 663 天，轻微污染天达 222 天、占轻度污染天的 33.5%。如图 2 所示，2019 年成都市污染天共 63 天，其中轻微污染天共 26 天，占全年污染天的 33.3%，占轻度污染天的 41.3%。达标城市的污染天气基本以轻微污染为主，以广元市为例（图 3），2019 年污染共 12 天，全部为轻度污染天，其中轻微污染天数占比达 66.7%。轻微污染天气应对将成为优良天比例率持续提升和污染物浓度持续下降的关键。

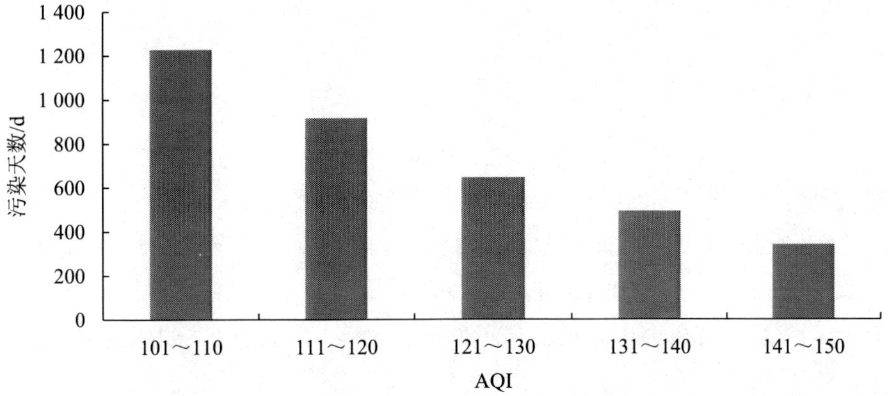


图 1　四川省 2016—2019 年轻度污染天气 AQI 构成情况

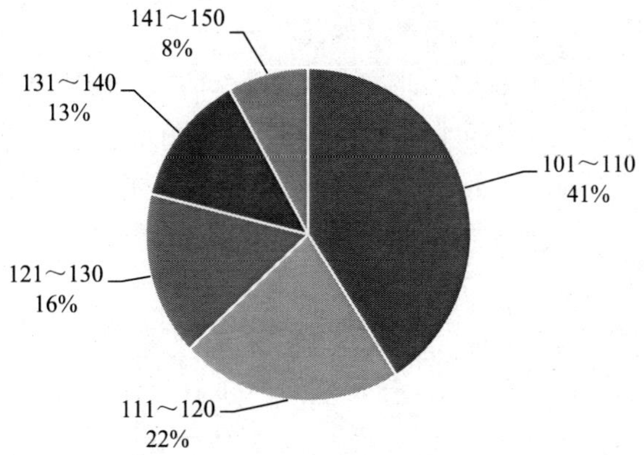


图 2　成都市 2019 年轻度污染天气 AQI 构成情况

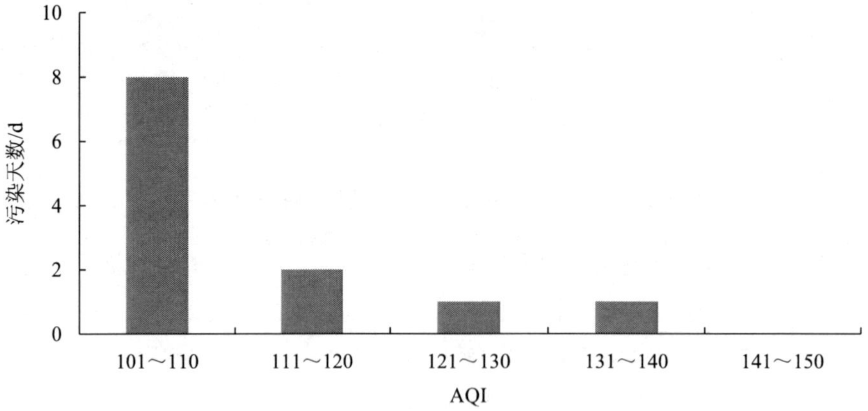


图 3 广元市 2019 年轻度污染天气 AQI 构成情况

## 二、现行污染天气应对机制的问题和不足

### （一）常态化管控措施亟须加强

常态化管控通过源头替代、工艺改进、提标升级等一系列措施，减少了污染物排放。但四川省产业结构偏重，钢铁、火电、水泥、玻璃等传统行业占比较大，污染排放集中，企业治理效率偏低，低挥发性有机物原辅材料替代还未全面推开，重点行业替代率不足 20%。同时，部分城市产业布局不合理，城市、园区边界犬牙交错、相互影响，个别地方“城中厂”“厂中城”现象突出。机动车污染日益突出，以公路运输为主的交通运输结构亟待优化，清洁能源车辆推广缓慢，四川省新能源汽车仅 20 余万辆。

### （二）应对监管水平有待提升

应对污染天气时，管控措施能否落地见效是关键。企业限产停产依据不足，加之大气污染违法行为具有瞬时性，固定证据较为困难，使执法处罚难以落到实处。在线监测、便携式监测、走航监测虽然方便快捷，但是监测结果不能作为执法依据。装备配备不足，使用不畅、查证能力不强等使得监管效果不理想，无法有效震慑违法企业。

### （三）科技治污“最后一公里”问题凸显

大气污染防治已进入深水区，大水漫灌式的治理模式已明显无法满足现有需求。为提升精准治污效果，四川省建设了区域传输通道站 19 个、空气质量网格化微站 2 750 个、超级站 6 个，雷达走航车 25 辆，同时加强了污染来源解析、源清单编制、达标规划编制。但是实际应用中，地方生态环境部门对于雷达走航、空气质量网格化微站监测等数据分析能力不足，大气污染来源解析工作也并未常态化开展，城市大气环境质量限期达标规划未及时开展阶段性实施成效评估。科技治污水平总体上仍处于起步阶段，“最后一公里”问题凸显。

### （四）宣传引导还需加强

新闻媒体关于大气污染防治法规政策、重要举措、取得成效等方面宣传形式较为单一，大多采用传统报纸、电视、电台、微信微博等媒介进行宣传，对于短视频等新型媒介运用不够。媒体宣传内容大多集中在空气质量改善举措和成效，对于轻微污染天气的形成机制、危害影响、法规政策、典型案例、主要技术等关注度不够。

## 三、他山之鉴

针对轻微污染天气影响，部分省份和城市将重污染天气应对工作向前延伸，实施全过程管理，提前采取有效管控措施，最大限度地降低空气污染物浓度，不断巩固和扩大攻坚战成果。

河南省：河南省生态环境厅依据《中华人民共和国大气污染防治法》，制定了《轻中度污染天气管控工作方案》。方案提出，当预判本辖区未来 3 天内将出现或已经出现轻度污染天气时，要立即启动二级管控，当预判本辖区未来 3 天内将出现或已经出现中度污染天气时，要立即启动一级管控。其中，一级管控范围为所辖全部行政区，二级管控范围为城市建成区。各地根据情况，可适当调整、扩大二级管控范围。

工业企业方面。实行“一厂一策”，明确不同行业、不同工艺流程的限产减排措施，避免减排比例“一刀切”；对不宜执行限产减排措施或者无法核定减排量的，分类分批次实行轮流停产措施；对已完成超低排放改造的可不采取停产措施，但必须实现稳定达标排放。

扬尘方面。除应急抢险外，停止土石方和建筑拆除作业；加大对施工工地、裸露地面、物料堆放等场所扬尘管控力度；合理调整道路清扫、保洁作业时间，非冰冻时每日增加国省干道、县乡公路和城区道路清扫、洒水、喷雾等防扬尘作业频次。

禁烧禁燃方面。严禁城区焚烧树叶垃圾；严禁城区燃烧木材烤火取暖；严禁城区违规露天烧烤；严禁未安装油烟净化设施或油烟净化设施不能稳定运行的餐饮单位营业；严禁未完成油气回收治理的加油站营业。

宁德市：市政府办印发《宁德市中心城区轻微污染天气应对办法》（以下简称《办法》），适用于 AQI（空气质量指数）小时均值达到 60～150 时，各相关县（市、区）、各相关单位根据职责分工开展相关应对措施。

《办法》规定，当全市连续 8 小时 AQI 均值在 60～80，或预测未来 2 天 AQI 小时均值可能超过 80 时，启动轻微污染天气三级响应；当全市连续 2 小时 AQI 均值在 81～100，或臭氧浓度连续 2 小时超过 130 μg/m$^3$，或预测未来 2 天 AQI 小时均值可能超过 100 时，启动轻微污染天气二级响应；当全市连续 2 小时 AQI 均值在 101～150，或臭氧浓度连续 2 小时超过 160 μg/m$^3$ 时启动轻微污染天气一级响应。当全市 AQI 数值连续 2 小时分别回落至 90 μg/m$^3$、70 μg/m$^3$、50 μg/m$^3$ 以下后，市环保委办公室即在监测信息预警平台发送短信通告，通知各单位逐级调整相应响应措施或终止响应。

三级响应：包括加强环境空气质量监测，加强大气巡查工作；强化重点区域清洗和洒水作业；加强渣土运输的路面巡查，对运输过程中存在的渣土滴洒漏等问题采取顶格处罚措施；加强施工工地扬尘管控；相关县（市、区）出动洒水车、雾炮车等设施实施降尘五项。

二级响应：在三级响应措施的基础上，还采取加强大气重点污染源巡查；三都澳港区的煤码头、煤堆场、散杂货堆场等必须启用洒水、喷雾等抑尘设施；交通高峰时段增加重点区域交通路口警力配置等措施。

一级响应：要求市区所有拆迁工地停止作业；加强其他在建施工工地扬尘管控；强化建成区所有道路的清洗和洒水作业；相关县（市、区）出动洒水车、雾炮车等设施实施降尘，作业频率为每 2 小时出动一次；加强巡查执法，取缔垃圾露天焚烧、流动露天烧烤等违法行为；启动城区治堵专项行动，疏导交通，减少机动车尾气污染等。

## 四、关于构建轻微污染天气应对机制的建议

### （一）建立预防性污染天气应对监管机制

建立预防性污染天气应对检查清单，明确大气污染防治的重点问题、时段、区域、对象和措施，在秋冬季和夏季容易形成污染天气的气象预报条件下，提前开展预防性检查，督促企业落实有关减排措施。建立“环境执法人员+执法检查”和“环境监测人员+监测”新模式。以“环境执法/监测人员+其他部门执法人员”“环境执法/监测人员+网格员”“环境执法/监测人员+专家”“环境执法/监测人员+人大代表、政协委员”等方式，依据检查清单，加强对常态化管控措施落实情况检查，强化轻微违法行为的预警提醒，督促企业落实常态化管控减排，减少污染排放本底。

### （二）制定轻微污染天气应对办法

制定《轻微污染天气应对办法》，强化对轻微污染天气管控要求，明确政府和部门、企业在应对轻微污染天气过程中的责任，推动形成上下齐抓、各方联动的应对格局。合理划定轻微污染天气管控区域，一级管控范围为所辖全部行政区，二级管控范围为城市建成区，实行分区管控。研究建立轻微污染天气巡检记分机制，针对在巡检过程中发现的违规行为进行记分并现场提示，当累计分数达到一定值时，约谈企业主要负责人，督

促企业主动治污。并将记分与排污许可、企业信用以及企业评优、资金申报等挂钩。

## （三）全面加强常态化管控，实施协同减排

按照五个“精准”要求，紧盯秋冬季 $PM_{2.5}$ 和夏季臭氧污染因子，密切关注重点夏季高温时段和秋冬季夜间施工等时段，工业园区、重要交通节点等重要区位，石油化工、钢铁、火电、水泥、汽车制造等重点企业，城乡接合部、重点街道乡镇等重点区域，采取超低排放改造和深度治理、洒水降尘增湿降温、露天禁烧等重要措施，减少污染物排放本底，以较少的污染减排强度实现轻微污染的改善达标。以成都市夏季某日的臭氧污染控制为例（图 4），要将臭氧浓度从 166 μg/m$^3$ 降至 160 μg/m$^3$，主要控制工业源、交通源和溶剂使用源（其臭氧污染贡献占比分别为 29%、24%和 24%）。根据 EKMA 曲线，控制 $NO_x$ 总减排比例≥5%，VOCs 总减排比例≥15%，可实现臭氧浓度达到 160 μg/m$^3$，采取相关措施后，可协同降低 $PM_{2.5}$ 浓度 3 μg/m$^3$。

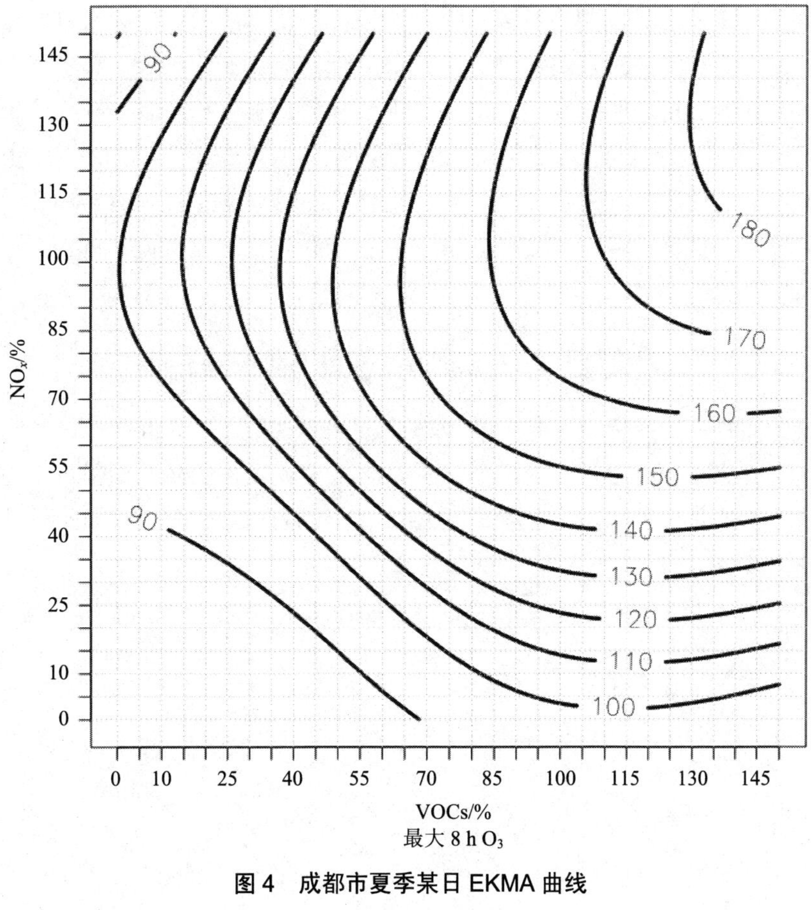


图 4　成都市夏季某日 EKMA 曲线

### （四）加强空气质量预测和会商研判

不断建立完善生态环境与气象部门的会商机制，持续提升空气质量预测模型的预测能力，全面提升未来 7～10 天空气质量预报准确率。增强空气质量数据分析能力，固定专人分析研判数据，密切关注国控站点、省控站点、超级站和空气质量网格化微站数据，科学分析空气质量变化趋势，密切关注传输路径、站点异常值、重点排污单位监测值，为管控建议提供数据支撑。畅通信息渠道，及时将预测会商结果和管控建议传导给相关部门、企业、网格员、自动监测运维人员等。根据空气质量预报趋势和监测数据分析形势，提前采取减排措施，并利用重点污染源在线监控、空气质量网格化微站、雷达走航、网格员加强监管，避免污染累积，实现污染降级或达标。

### （五）建立快速响应监管机制，打通科技治污“最后一公里”

加强臭氧和 $PM_{2.5}$ 协同控制研究和应用，强化轻微污染天气精准管控决策支撑。建立快速的预警—响应—评估机制，做到预警有响应，响应有结果，结果有评估。加快空气质量站点监测、重点污染源在线监测、激光雷达走航监测、便携式气体监测仪器监测、遥感监测能力建设，构建快速高效的监测、溯源体系。加强科研院所和地方部门合作，开展科技攻关和成果应用转化。建立企业污染物排放总量快速核准体系。加强遥感监管建设，实现对工业聚集区、秸秆露天焚烧、重要干线移动源管控等大尺度管控。开展城市大气环境质量限期达标规划实施成效评估，总结经验，优化措施，制定新的目标，科学支撑空气质量改善。

### （六）强化媒体监督机制，倒逼企业治污减排主动作为

建立媒体监督—跟踪问效—督促整改机制，充分利用各类新闻融媒体加大轻微污染天气下的违法行为曝光力度，形成警示效应，督促企业严格落实治污措施。宣传报道推广先进典型技术经验，引导企业实施绿色生产、节能减排。大力倡导绿色低碳生活方式，强化源头减排管控。

# 碳中和愿景引领下四川碳排放达峰形势分析与碳达峰行动方案编制建议

**摘　要：**本文深度探究全球气候变化对人类发展的重要挑战，同时剖析因应气候变化所需的紧迫性和策略。详述中国在碳减排方面的承诺，如国家主席习近平提出的“中国3060”目标以及2020年中央经济工作会议将做好碳达峰、碳中和工作作为2021年重点任务之一的决策。接续阐述碳排放达峰的内涵与意义，且探讨发达国家与发展中国家在此问题上的差异。强调能源绿色低碳转型关乎碳减排之关键，须通过调整能源结构与有效利用可再生能源来实现。以四川省为例，分析其碳排放达峰现状，包括典型地区碳排放达峰轨迹、能源碳排放达峰基础、传统高碳工业影响、城市及区域的达峰模式等。最后，凸显低碳转型对经济社会的持久正面影响，尽管短期或局部负面效应也需警惕，呼吁科学设定碳达峰目标与路径，使用政策工具来减轻负面效应，并强化正面效应。本文提出四川省制定碳排放达峰行动方案的建议，以确保2030年前碳排放达峰及2060年前碳中和目标的实现。本文特别强调战略引领、系统思维与全局协调的重要性。提议成立领导小组，以加强协调，系统分析碳排放现状，科学确定碳排放控制目标，并提出一系列重要行动和示范工程。本文强调专业智库的角色，主张数据信息共享，并强调与相关部门的合作。以上措施的目的在于制定科学合理的碳达峰行动方案，从而有效支持碳减排目标的实现。

**关键词：**全球气候变化；碳排放；低碳转型

全球气候变化是21世纪人类生存发展的重大挑战。实现应对气候变化《巴黎协定》确定的温升1.5℃目标，全球须10年内碳排放减半，2050年温室气体净零排放。2020年9月22日，国家主席习近平在第七十五届联合国大会一般性辩论上承诺，“中国将提高国家自主贡献力度，采取更加有力的政策和措施，二氧化碳排放力争于2030年前达到峰值，努力争取2060年前实现碳中和”（以下简称“中国3060”目标）。2020年中央经济工作会议将做好碳达峰、碳中和工作作为2021年八大重点任务之一。推动碳达峰将是未来10年我国和四川绿色转型和高质量发展的重要任务，挑战与机遇并存。

## 一、典型地区碳排放达峰轨迹和路径特点

碳排放达峰指随着经济社会发展进步，特定区域或组织年二氧化碳排放量经过一定

时期增长并达到峰值后开始逐步减少的过程。当前，大部分发达国家已经实现碳排放达峰，而多数发展中国家和地区仍处于增长阶段，达峰减排压力持续增大。

### （一）碳排放达峰是高质量发展的必然趋势

人类近现代发展历程表明，碳排放与一个国家和地区的工业化、城市化进程密切相关（图 1）。工业化阶段，发达国家更多依靠资源投入和制造业发展，经济较快增长，能源消费和碳排放不断增加。20 世纪 70 年代，发达国家在实现工业化以后，经济转向内涵式增长、高质量发展，加之能源结构优化和能效提升，碳排放陆续出现峰值，与经济增长逐步“脱钩”。多数发达国家在 20 世纪 90 年代末实现碳排放达峰后，进入了碳排放总量绝对减排阶段。当前，我国经济已由高速增长阶段转向高质量发展阶段，新型城镇化、新型工业化加快推进，能源低碳转型持续深化，碳排放量较快增长态势基本扭转。

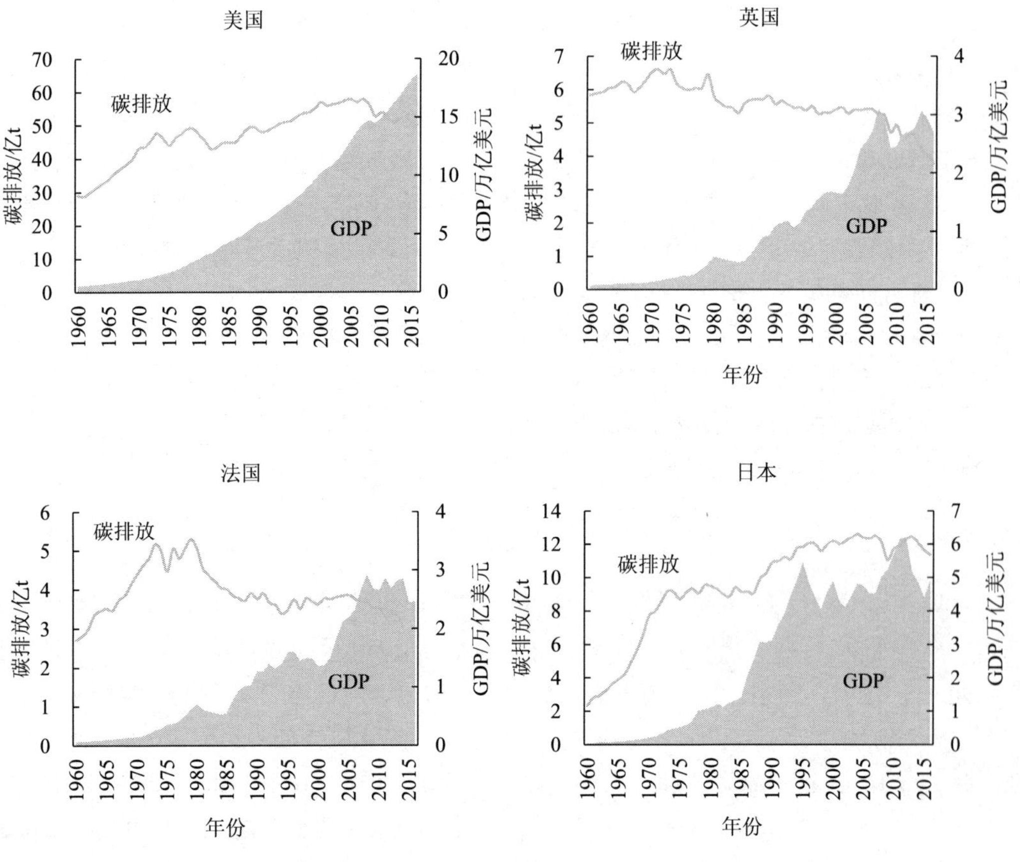


**图 1　部分国家经济和碳排放增长情况**

资料来源：根据世界银行（WB）数据整理。

### （二）碳排放达峰对经济社会发展长期的、正面的影响更大

通过低碳转型，逐步实现经济社会发展与过度依赖资源投入的传统路径“脱钩”，加速推动化石能源密集型落后产能退出、过剩产能化解、新增产能禁限，可能对一些地区发展、税收和就业产生局部、短期的负面影响。但从长远和全局来看，可加速资源型城市转型升级，推动土地、劳动力等市场要素更多向新产业、新业态和服务业配置，且低碳城市建设、清洁能源发展将培育节能环保、可再生能源、新能源汽车等新动能，带来新的投资机遇，提供更多优质就业机会，增强城市发展后劲和绿色竞争力。总体来看，绿色低碳转型既是传统发展道路的挑战，更是抓住新一轮技术革命、能源革命和产业变革的重要机遇。科学设计达峰目标、达峰路径，合理组合运用政策工具可减轻和减缓转型带来的负面影响，放大正面效应。

### （三）发达国家的碳排放达峰是在充分发展和高消费水平下实现的

发达国家实践表明，碳排放达峰是经济社会发展到一定阶段的必然。总体来看，发达国家碳排放达峰时人均 GDP 均超 1 万美元，且达峰时间越晚人均 GDP 越高；城市化率一般超 70%，即已经度过了城市化加速期，迈入城市化后期；第三产业增加值占比多超 60%，服务业取代制造业成为对经济增长贡献最大的行业。除高消费模式盛行的美国外，英国、法国、日本、丹麦碳排放达峰时人均年碳排放量一般在 10 t 左右。碳排放达峰时间一般晚于化石能源消费占比最高值出现时间。多数发达国家能耗达峰时间一般晚于碳排放达峰，工业终端能耗达峰时间一般同步或早于碳排放达峰。由于发展路径、消费模式和能源结构差异，不同国家和地区碳排放达峰时间、达峰水平会有所差异，后发地区达峰具备产业、技术、成本等后发优势，可在高质量发展进程中实现经济社会绿色低碳转型（表 1）。

**表 1　部分国家碳排放达峰时相关数据**

| 指标/单位 | 美国 | 英国 | 法国 | 日本 | 丹麦 |
|---|---|---|---|---|---|
| 达峰时间/年份 | 2005 | 1971 | 1979 | 2004 | 1996 |
| 人均 GDP/万美元 | 4.41 | — | 1.12 | 3.77 | 3.57 |
| 城市化率/% | 79.93 | 77.03 | 73.21 | 84.64 | 85.01 |
| 第三产业占比/% | 74.02 | — | 56.97 | 68.51 | 60.99 |
| 碳排放总量/亿 t | 57.90 | 6.61 | 5.29 | 12.62 | 0.72 |
| 人均年碳排放量/t | 19.59 | 11.82 | 9.16 | 9.88 | 13.71 |
| 单位 GDP 碳排放/（kg/美元） | 0.40 | 0.64 | 0.36 | 0.23 | 0.27 |
| 单位能源碳排放/（t/t 标准油） | 2.50 | 3.17 | 2.76 | 2.42 | 3.29 |
| 人均能源消费/t 标准油 | 7.85 | 3.73 | 3.50 | 4.08 | 4.17 |
| 化石燃料占比/% | 86.02 | 96.42 | 86.37 | 82.71 | 98.53 |

资料来源：根据世界银行（WB）数据整理。

### （四）能源绿色低碳转型是减少碳排放的关键

能源活动是碳排放的主要来源，经济发展和人口增长是推动因化石燃料燃烧造成碳排放增加的最重要因素。2016 年，全球二氧化碳排放达 494 亿 t，其中能源消费产生的碳排放占 73.2%。推动能源深度脱碳已成为各国低碳转型的主要路径，其核心是在生产侧和消费侧提高能效，持续优化能源供应和消费结构，大规模开发利用新能源和可再生能源，减少化石燃料使用。发达国家一般在能源消费结构最高碳时出现碳排放峰值，并在能源绿色化进程中实现碳排放总量绝对减排。丹麦自 1980 年以来掀起两次能源革命，在经济增长 78%的同时能源消费几无增加，碳排放减少 13%；并提出 2050 年完全摆脱对化石能源的依赖，100%使用可再生能源。英国率先提出“低碳经济”概念，推出绿色工业革命计划，大力推进海上风能和核能开发，提出 2030 年起禁售燃油车。1990 年以来，英国碳排放减少 40%的同时经济增长 2/3。美国候任总统拜登将 100%清洁能源和 2050 年前净零排放作为能源环境政策的重要方向。我国新的 2030 年自主贡献目标明确，非化石能源消费占比达 25%左右，风电、太阳能发电总装机容量达 12 亿 kW 以上。

## 二、四川未来碳排放达峰形势研判

因发展条件差异，不同地区碳排放峰值目标、达峰时序、达峰水平、达峰路径不同。四川仍处于工业化、城镇化加速期，传统产业“高碳锁定”问题已经凸显，但得益于良好的自然资源禀赋和经济发展条件，通过努力能够以较低的排放强度实现碳排放达峰。

### （一）达峰具有一定不确定性

碳排放达峰时间和达峰水平因经济社会发展水平、政策环境要求、脱碳技术革新等多种约束条件而异（图 2）。从有利方面看，四川非火电装机和发电量占比均超 80%，且呈增长趋势；不同于全国以煤炭为主的能源消费结构，四川煤炭消费占比仅为 28.3%，而可再生能源消费占比达 35.9%、高于全国 20.6 个百分点。从不利方面看，四川发展不平衡不充分问题较为突出，除成都市 GDP 近 2 万亿元外，2/3 的市（州）GDP 不到 2 000 亿元，全省人均 GDP 不到 6 万元，仅为全国的 79%，七成的市（州）人均 GDP 不到 5 万元，仅成都、攀枝花超全国平均水平；全省城镇化率低于全国 6.8 个百分点，一半市（州）城镇化率低于全国 10 个百分点以上，未来仍将长期处于城市化加速期，生活用气、交通用油、建材消耗将继续较快增长；产业结构重化特征突出，六大高耗能行业能耗占规模以上工业能耗比重达 77%，近七成的市（州）第三产业增加值占比低于 50%；同时，四川属于东部产业转移承接区、天然气（页岩气）富集区，碳达峰面临较大挑战。要实现 2030 年前碳排放达峰，必须严格准入，实施产业和能源结构深度调整，确保单位 GDP 二氧化碳排放降幅逐步接近并尽快高于 GDP 增长率。

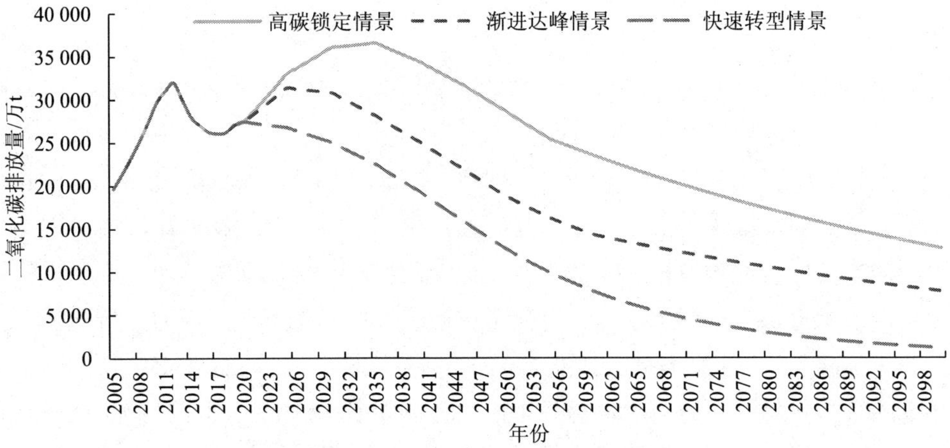


**图 2　四川碳排放达峰典型情景示意图**

## （二）能源碳排放达峰基础优于全国，但后期贡献有限

由于水电等清洁能源资源禀赋优越，四川能源结构特别是电力结构低碳转型优势明显，单位能源碳排放较低且持续降低（图 3）。从排放总量看，四川经济体量居全国第六，但能源活动碳排放总量在经济体量最大的 10 个省份中最低。从占比看，四川能源活动碳排放占碳排放总量的 84.8%，能源活动温室气体占温室气体排放总量的 69.3%，占比分别低于全国 2 个百分点和 8.5 个百分点。从人均排放看，全省人均温室气体（不含土地利用、土地利用变化和林业）、碳排放量（含非能源活动）分别为 5.7 t、4.5 t，较全国平均水平分别低于 37%、40%。从排放强度看，单位 GDP 温室气体、碳排放量（含非能源活动）分别为 1.6 t/万元、1.3 t/万元，较全国平均水平分别低 16%、21%。

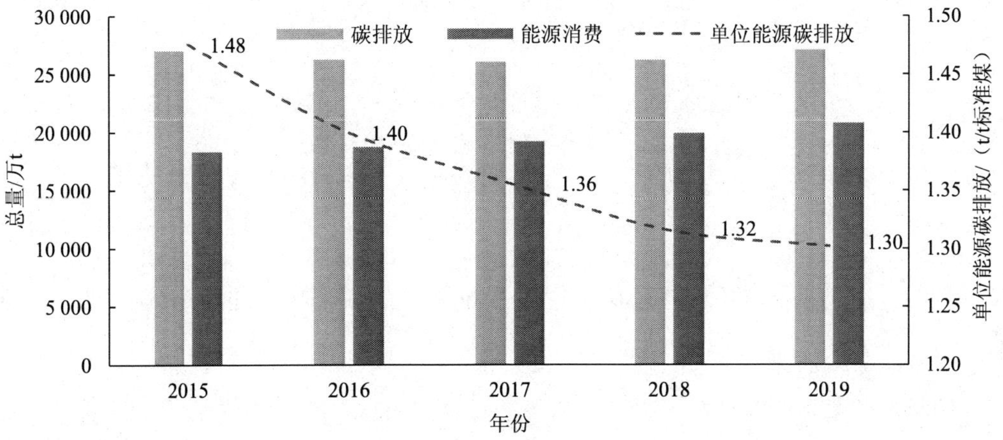


**图 3　2015—2019 年四川单位能耗碳排放（不含非能源活动）**

### （三）传统高碳工业将率先达峰，应重点关注其“高碳锁定”影响

从发达国家实践看，工业碳排放达峰早于全社会达峰。四川三次产业及生活能耗占比分别为 1.8%、63.8%（其中，工业 60.7%）、19.1%、15.4%，三次产业能耗强度分别为 0.1 t 标准煤/万元、1.0 t 标准煤/万元（其中，工业 1.2 t 标准煤/万元）、0.3 t 标准煤/万元。工业是能耗和碳排放的主力军，其能耗占比高、强度大，化石能源消费密集度较高。其中，石油加工炼焦及核燃料加工业、化学原料及化学制品制造业、非金属矿物制品业、黑色金属冶炼及压延加工业、有色金属冶炼及压延加工业、电力热力的生产和供应业六大传统高耗能行业能耗占工业能耗的 54%，且进入平稳发展期（图 4）。未来，随着市场需求进一步趋缓，为电子信息等先进制造业和战略性新兴产业腾挪和预留排放空间，以及日趋加严的资源环境约束、经济增长方式和投资结构变化、脱碳技术革新，火电、钢铁、水泥等高碳行业达峰将早于全省达峰且时序有所不同，应重点关注其可能带来的“高碳锁定”影响，避免达峰后降碳乏力。

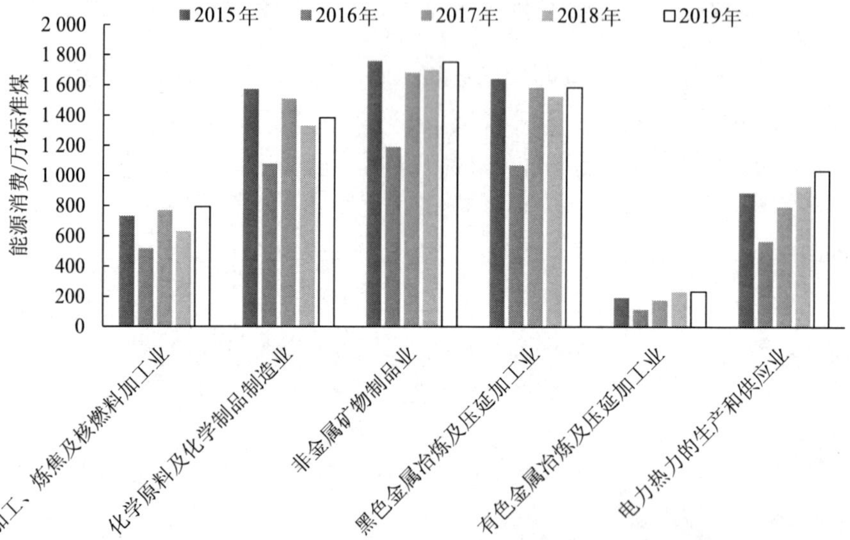


图 4　2015—2016 年四川六大高耗能行业能源消费变化

### （四）不同城市和区域将呈梯次达峰格局，应重点关注成都都市圈和攀枝花等达峰先行区建设

因经济体量、产业结构、能源结构等差异和重大项目布局，各城市和区域化石能源碳排放总量、结构、强度、变化趋势差异较大（图 5）。排放最多的 5 个城市（成都、乐山、达州、攀枝花、内江）的化石能源碳排放量占到全省一半，是低碳转型的主战场。

从总量上看，成都排放量达 5 199 万 t，是排放最多的城市，占全省排放的 1/5，乐山、达州、攀枝花、内江、宜宾、泸州排放量在 2 000 万～3 000 万 t，总量占全省的 46%；凉山、绵阳、德阳排放量在 1000 万～2 000 万 t，南充、遂宁、自贡、眉山、遂宁为 500 万～1 000 万 t，资阳、广元、巴中、雅安、阿坝、甘孜排放量介于 50 万～500 万 t；分区域看，成都平原经济区、川南经济区、川东北经济区、攀西地区和川西北地区排放量分别为 11 896 万 t、6 915 万 t、5 397 万 t、3 543 万 t、255 万 t，分别占全省排放的 43%、25%、19.5%、12.8%、0.9%，成都都市圈占全省的 27%。从强度上看，攀枝花、内江、乐山、广安、达州、泸州、宜宾、凉山碳排放强度均高于全省平均水平，其中碳排放强度最高的攀枝花是排放最低的甘孜的 11 倍。从趋势上看，2016—2019 年，近七成市（州）碳排放呈增长态势，其中凉山、乐山、达州、宜宾、泸州碳排放增量超 100 万 t，凉山、乐山、遂宁总量增长最快，凉山是“十三五”期间碳排放强度唯一不降反升的地区；眉山、资阳、攀枝花、绵阳、自贡、南充、巴中碳排放强度年均降幅高于或接近经济增速，其中，眉山、攀枝花碳排放总量连续 4 年减少。综合发展路径、发展阶段、城镇化水平、能源资源等条件，成都都市圈、攀枝花等具备建设达峰先行区基础和条件，应在全省碳排放达峰行动中发挥示范引领作用。

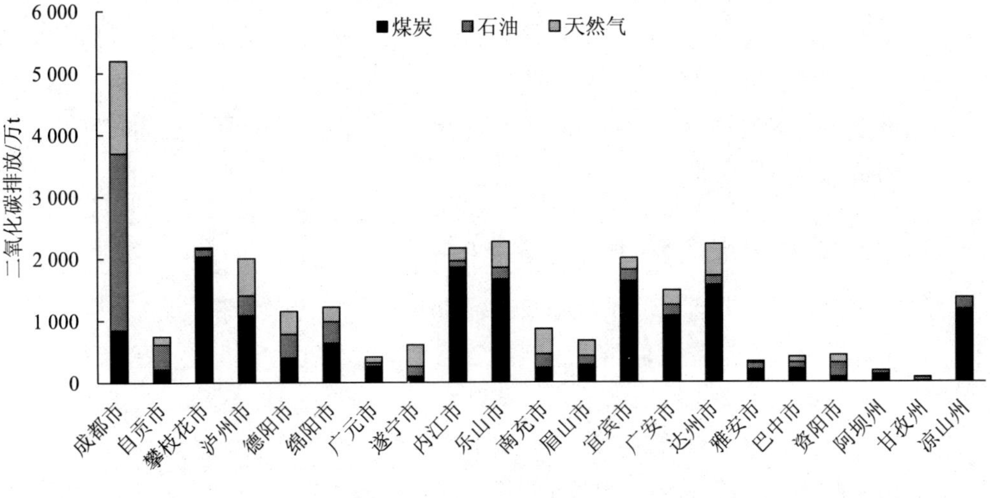


**图 5　2019 年四川各市（州）化石能源碳排放结构**

## 三、科学编制四川碳排放达峰行动方案建议

基于以上形势研判，为确保四川省二氧化碳排放 2030 年前达到峰值后稳步下降，为实现 2060 年前碳中和愿景奠定坚实的基础，必须突出战略引领、系统思维、全局统筹，科学设计和编制四川达峰行动方案，并将其作为未来全省绿色低碳转型的总纲、提升绿

色低碳竞争力的综合方案，以最小社会代价实现达峰目标。

**（一）加强统筹，高位推进达峰行动方案编制**

达峰行动事关经济社会发展全局，需要加强宏观层面组织领导，建议成立由省长任组长、重点产业和经济部门参加的达峰行动方案编制工作领导小组，统筹部署研究编制，协调和研究解决“十四五”和中长期重要目标和重大举措问题。由生态环境厅负责具体牵头统筹，建立跨部门跨领域跨区域沟通协作机制，组建由行政官员、技术专家等组成的编制专班和支撑团队。强化纵向横向联动，制定《四川省地方二氧化碳排放达峰行动方案编制工作指南》，推动所有市（州）同步开展碳排放形势研判，提出达峰目标和减排路径；以能源、工业、建筑、交通等为重点，协同开展火电、水泥、钢铁、民用建筑、道路运输、航空等细分行业领域碳排放达峰路线图研究分析，增强达峰行动可达性。

**（二）系统分析，准确研判排放现状、特征和问题**

综合分析全省和各市（州）经济发展、人口增长、城镇化、能源消费、碳排放、重点行业领域发展等数据，分析碳排放结构、总量变化、行业分布、区域特征。摸清存量，准确识别历史排放变化趋势、关键驱动因素、减排潜力，科学把握化石能源特别是煤炭增长的内生原因。厘清增量，将产业和能源结构、城镇化水平、绿色能源保障、新兴产业集群发展作为关键因子，科学评估替代排放、源头减排、过程清洁的潜力。充分认识社会由生产型向消费型转型、产业由重化工阶段向服务业驱动阶段转变的时间差异、空间差异，识别阶段性特征和问题。

**（三）实事求是，科学确定和分解碳排放控制目标**

结合煤炭、石油、天然气等化石能源消费和电力调入现状，综合考虑未来发展战略定位、国家能源及煤炭消费总量和强度控制要求、国家二氧化碳排放达峰行动有关要求等，按照“自下而上”与“自上而下”相结合方式，科学合理确定达峰总体目标和阶段性目标。采用定性和定量相结合方式，识别出排放存量大、排放增量大、减排潜力大、减排成本低和对达峰目标贡献大的部门和行业，差异化分解目标。考虑各市（州）人口集散特征、经济发展前景、产业结构状况、重大项目布局、技术水平条件、资源环境禀赋等因素，判断达峰重点区域的梯次达峰目标，充分与2060年前碳中和愿景相衔接，避免因峰值过度冲高，造成“高碳锁定”问题长期化、严重化。

**（四）聚焦峰值，谋划一批管用的重大行动和示范工程**

突出低碳引领，将碳排放达峰与区域战略、产业布局、行业发展、城乡建设、能源转型、数字变革、金融创新、环境政策等有效协同，谋划实施二氧化碳排放达峰专项行动和重大工程。实施可再生能源开发利用行动，谋划适应高比例可再生能源的能源互联网基础设施建设，实现“源”“荷”有机对接。实施包括火电、工业、建筑、交通、农业农村等行业或领域二氧化碳排放达峰行动，减存量、控增量，优先推动高碳行业达峰，控制城乡建设运营过程碳排放。实施公共机构二氧化碳排放达峰行动，全面提升公共机构智能化、绿色化水平。实施生态系统碳汇提升行动，继续开展城乡大规模绿化行动，有效提升森林蓄积量。实施绿色低碳生活创建行动，建立区域碳普惠机制，构建更多亲民、惠民低碳场景。推进碳汇市场化开发和交易，实施碳资产能力提升行动，利用好“无形的手”，通过碳价和碳排放配额总量控制，增强企业减排提效能动性。实施绿色低碳技术研发专项行动，加强脱碳适用、关键、前沿技术研发示范，打造国家碳中和技术创新中心。以减碳效益明显为导向，谋划布局风光水多能互补、氢能、储能、新能源充电设施网络等重大项目，提升全社会电气化水平。突出示范引领，实施低碳市（州）县（区），低碳发展示范区，零碳示范区，近零碳示范工程，碳捕集、利用与封存等试点示范。

**（五）借智借脑，确保行动方案的科学性和可达性**

充分发挥专业智库作用，会聚国家权威专家，邀请成立应对气候变化决策咨询专家组，围绕形势研判、目标确定分解、主要政策行动、重大工程项目、保障激励措施等方面开展咨询论证，指导提高方案编制的科学性、前瞻性。加强调查研究，广泛开展会商分析，加强关键目标、重大举措衔接，将二氧化碳达峰目标任务与能耗“双控”、能源发展、大气污染防治、国省重大项目、去产能政策等相衔接，有效凝聚共识，增强达峰行动可达性。建立数据信息共享分析，避免由于数据壁垒造成研判不准、分析不透、对策无效等情况。加强对上衔接，积极争取生态环境部、国家发展改革委等单位在目标、项目、技术等方面给予支持，提高编制合法性、科学性和有效性。加强资金和项目保障，推动相关部门组织直属单位、合作伙伴围绕重点目标确定分解、关键对策路径、重点专项行动等方面开展深入研究。

# 关于提升生态环境政务服务效能的建议

**摘　要**：持续提升生态环境政务服务效能是推进生态环境治理体系和治理能力现代化的重要内容，本文对生态环境部门在政务服务工作中需要做好的事项进行了梳理分析，提出了影响政务服务效能提升的主要问题，并从工作机制、审批程序、办事事项、政务服务“最后一公里”的打通、特色主题服务等方面提出了意见建议，供生态环境部门决策参考，以期让企业群众在办事过程中享受到更加优质的服务体验。

**关键词**：生态环境；政务服务；决策

## 一、生态环境部门在政务服务工作中需要做好的事项

### （一）立足本职，提供政务服务

四川省政务服务平台是企业群众办事的重要渠道。生态环境部门要充分利用好全省一体化政务服务平台、工程建设项目审批管理系统、“天府通办”“12345”政务服务热线等系列政务服务平台，创新行政管理和服务方式，立足本职，做好生态环境领域的行政许可、行政确认和其他权力等26类政务服务工作。

### （二）优化流程，提高办事效率

优化服务是深化“放管服”改革的最终落脚点。生态环境部门要进一步梳理行政审批事项，及时动态调整，完善办事指南要素信息，提升办事指南规范化、办事材料精准化水平，最大幅度简政放权、最大限度优化行政审批流程、最大程度压缩审批时间，为企业群众营造便捷、高效的办事环境，让企业群众在服务当中体验到服务进程的“零距离”、办事速度的“零时差”、办事环节的“零空缺”。

### （三）以人民为中心，切实解决办事难题

坚持以人民为中心是深化“放管服”改革的重要内涵。生态环境部门要始终把更好地满足人民群众的需要放在第一位，主动了解生态环境领域政务办理事项的民情民意，提前谋划、对症下药、夯实举措，切实解决好“流程复杂、手续烦琐、跑路多、工作人员态度冷漠”等影响群众办事获得感和满意度的痛点、堵点、难点问题。

## 二、生态环境部门在政务服务工作中存在的挑战

### （一）工作机制有待进一步完善

业务部门间尚未建立有效的沟通协调机制，日常政务服务业务办理通常依靠行政审批部门单方面沟通，相关部门对服务事项办理不够重视，协作效率较低，影响办事时效。同时，尚未建立完善有效的政务服务奖惩机制，不能充分调动工作人员积极性。

### （二）办事程序有待进一步优化

全省生态环境部门行政审批办理事项中，有22类事项未进行细化分解，占整个办事事项的84.6%，同类事项下不同情形办事流程无差异，办事精细化程度不高。如危险废物经营许可、建设项目环境影响评价审批等事项办理流程可进一步简化、整合。

### （三）基层服务有待进一步延伸

目前，四川省已基本建立“省、市、县、乡、村”五级政务服务体系，但生态环境政务服务工作仍集中在省、市、县三级，未能充分发挥乡镇（街道）便民服务中心和社区便民服务站在生态环境领域的便民作用。

### （四）群众办事体验度有待进一步加强

“天府通办”作为四川省主推的政务服务移动App，打通了企业群众办事的便捷渠道，提供场景式服务导航，供企业群众办事查询、咨询投诉等。“天府通办”便民服务板块设有健康服务、证件办理、社保服务、交通出行等12类特色栏目供公众办事查询，但尚未单独设置生态环境类栏目。同时，对涉及生态环境类事项办理常见问题梳理深度不够，政务服务平台内仅有1～2个常见问题解答，针对性、实用性不强。

## 三、工作建议

### （一）建立健全工作机制，保障服务实效

一是健全政务服务工作协调机制。明确专门牵头部门负责“放管服”工作的统一调度管理；落实牵头及配合部门各自职责任务，对各办理事项进行细化分工，并落实专人负责。接到办事申请后，牵头部门要第一时间通知配合部门，办理过程中遇到疑难问题要及时沟通协商。牵头部门要定期组织有关业务部门开展交流讨论，梳理问题，总结经验，商讨解决办法。二是建立政务服务奖惩机制。以服务态度、办事效率、群众满意度

等为指标，定期开展内部考核评价，由牵头部门负责考核通报，驻厅（局）纪检监察组进行监督。对取得评价结果优秀的部门、个人，在评优评先、绩效考核中进行加分激励；反之则扣分处理。三是建立业务回访评价机制。安排专人对办事群众进行电话业务回访，回访内容包括服务态度、办理时限等，由办事群众对回访内容进行打分评价，回访评价结果作为政务服务奖惩考核的重要依据。四是完善投诉受理机制。在官方网站上开辟政务服务投诉举报专题专栏，公开投诉电话，重点针对政务服务领域“怕、慢、假、庸、散”等突出问题，建立问题受理、流转、督办、反馈以及问责的全流程工作机制，形成从发现问题到解决问题的有效闭环，做到件件有着落、事事有回音。

### （二）推行“多评合一”，简化审批程序

对生态环境行政审批事项进行整合管理，进一步优化审批流程，缩减审批事项，简化审批流程，提高行政效能。一是危险废物经营许可与建设项目环评文件审批合并进行。建设项目需申请危险废物经营许可证的，可同步提交危险废物经营许可和建设项目环评文件审批申请，生态环境部门对相关资料同步进行审核，一并出具批复意见。若危险废物经营许可审核材料涉及项目验收相关材料，可在批复意见中对危险废物经营许可证申请提出预审意见，待验收通过补充完善相关材料后，再单独出具危险废物经营许可批复意见。二是同类建设项目合并办理环境影响评价文件审批手续。同一建设单位在同一区域（行政区或功能区）内建设的同类建设项目，可以合并开展环境影响评价工作，环评文件级别以项目较高环评类别为准。生产工艺、污染物产生情况、污染防治措施等相同内容可合并进行分析，但应根据项目选址周边环境敏感点分布的具体情况等提出有针对性的污染防治措施。

### （三）细化办事事项，规范办事流程

根据不同办理事项的具体办理情形，将办理事项进一步进行拆分、细化，实现每个事项只有一套申请材料、一个审批时限、一个审批流程，进一步压缩审批时限。一是细化危险废物综合经营许可办理事项。按照办理情形，将危险废物综合经营许可办理事项分为新申请、变更、延续、遗失补办、重新申请、注销 6 种情形。二是细化废弃电子产品处理资格许可办理事项。按照办理情形，将废弃电子产品处理资格许可办理事项分为新申请、变更、延续、遗失补办、重新申请、注销 6 种情形。三是细化放射性同位素与射线装置豁免备案办事事项。按照《放射性同位素与射线装置安全和防护管理办法》要求，将放射性同位素与射线装置豁免备案办理事项分为已取得辐射安全许可证和未取得辐射安全许可证 2 种情形，并将已取得辐射安全许可证进一步细分为一般和使用较大批量 2 种情形。同时，认真分析每一项申请材料对应的提交情形，列出在不同场景下需要申请人提供的材料列表，形成个性化材料清单。将办理事项进行最小化拆分，突出办事流程的针对性，让群众办事更加便捷。

### （四）以便民利民为核心，打通政务服务“最后一公里”

一是推进政务服务向基层延伸。以完善乡镇改革后半篇文章为契机，探索由乡镇环保机构承担为企业解答生态环境相关政策咨询工作。试点推行乡镇代办服务，在工业区、开发区较集中的乡镇，可试点将部分行政审批服务事项委托下放至工业区、开发区乡镇便民服务中心办理，解决群众就近办事需求。二是建立“送服务上门”新常态政务服务模式。建立预约上门服务机制，申请人可通过电话申请方式，在可预约服务事项的范围内，就上门服务时间进行预约，将服务窗口前移到需要服务的企业，将原来的坐等审批转变为上门服务，实现无缝对接。三是成立重点项目服务专班。在重点园区和项目集中区设立“前延窗口”，提供全程“一对一”服务，面对面、零距离交流，提前了解企业需求，做到精准服务，及时跟进相关审批手续办理进程，了解和解决办事过程中遇到的困难和问题，让企业群众办事“全程无忧”。

### （五）开设特色主题服务，提升群众满意度

一是开通生态环境特色服务栏目。在“天府通办”上推出移动端主题服务，布设生态环境事项查询专栏，将生态环境厅官方网站内水环境质量、污染源监测、环境空气质量排名、企业环境信用评价结果等对外公布信息衔接至查询栏目下，形成生态环境特色服务内容。二是完善常见问题解答。从互联网、政务热线电话、现场三个角度认真梳理群众办事过程中高频咨询问题，在政务服务平台生态环境专栏中对应办事项常见问题进行统一解答，助力企业群众，提高全链条办事效率。

# 关于加强细颗粒物和臭氧协同控制的建议

**摘　要：**“十三五”期间，四川省空气质量改善显著，达标城市个数由 5 个增加到 14 个；细颗粒物超标污染显著减轻，全省细颗粒物平均浓度下降 25.9%；但臭氧超标污染有所加重，全省臭氧平均浓度上升 12.3%，已经成为制约优良天数比例提升的首要因素。日前，《中共中央关于制定国民经济和社会发展第十四个五年规划和二〇三五年远景目标的建议》要求“强化多污染物协同控制和区域协同治理，加强细颗粒物和臭氧协同控制”，这为四川省新发展时期大气污染防治明确了科学要求。细颗粒物和臭氧的形成同根同源、一体两面，由于两者的相互耦合并存而形成大气复合污染。在大气复合污染过程中，挥发性有机物（VOCs）为反应提供“燃料”，氮氧化物（$NO_x$）是反应的“催化剂”，光照是反应需要的外部条件[1]。在大气复合污染形势下，春夏季节容易发生臭氧污染，而秋冬季节容易发生细颗粒物污染。细颗粒物和臭氧协同控制，首先是采取“源头替代—过程控制—末端治理”减少 $NO_x$ 和 VOCs 排放，其次是基于臭氧生成和前体物排放的相对敏感性分析实现对 $NO_x$ 和 VOCs 的协调减排。在美丽四川的建设进程中，持续降低细颗粒物浓度仍将是大气环境管理的重要任务。尽快遏制臭氧浓度上升趋势减轻污染、持续提升优良天数比例，也是深入打好蓝天保卫战的中心任务。

**关键词：**细颗粒物；臭氧；协同控制

## 一、空气质量现状与演变

### （一）细颗粒物污染显著改善，臭氧污染有所加重

据省生态环境监测总站初步统计，2020 年四川省细颗粒物质量浓度为 31 μg/$m^3$，比 2015 年下降 25.9%（图 1），达标城市个数由 5 个增加到 14 个；成都平原地区下降 28.9%，川南地区下降 32.2%，川东北地区下降 23.8%。但是臭氧污染日益凸显，2020 年，全省臭氧质量浓度为 134.9 μg/$m^3$，比 2015 年上升 12.3%。13 个城市臭氧污染同比加重；成都平原地区上升 12.2%，川南地区上升 26.9%，川东北地区上升 7.0%。

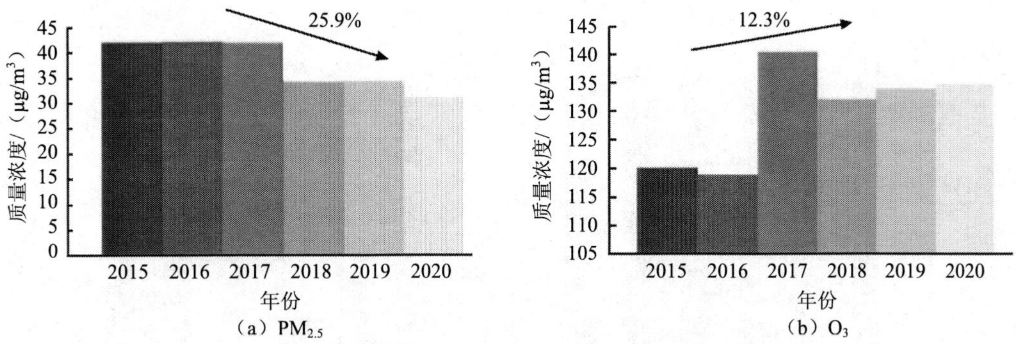


图 1　2015—2020 年四川省细颗粒物与臭氧浓度变化情况

## （二）细颗粒物超标污染显著减轻，臭氧超标污染有所加重

2015—2020 年，四川省超标天数整体减少 38 天。以细颗粒物为首要污染物的污染天数占比由 49.2%减少为 35.2%（图 2），其中轻度污染天数占比从 63.6%增加到 90.9%，中度及以上污染天数占比从 36.4%下降到 9.1%。但以臭氧为首要污染物的污染天数高于细颗粒物 12.8 个百分点，其中轻度污染占比从 94.1%略降至 93.3%（图 3），臭氧成为制约优良天数比例提升的首要因素。

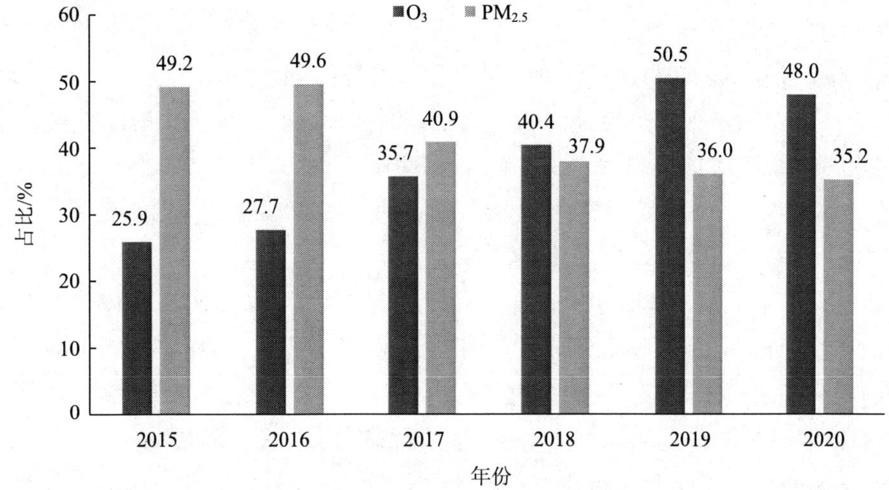


图 2　2015—2020 年四川省臭氧和细颗粒物作为首要污染物比例

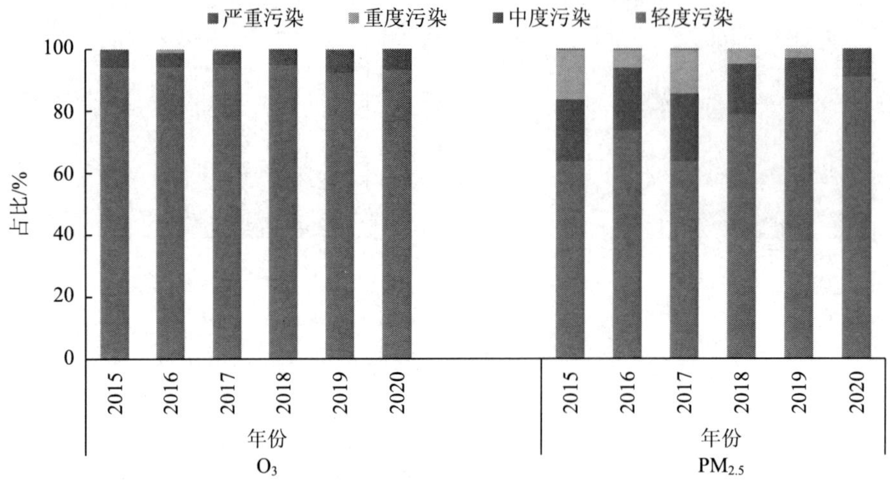


图 3 臭氧与细颗粒物污染等级占比

## 二、协同控制的理论与技术基础

### （一）细颗粒物与臭氧污染同根同源

细颗粒物主要来自一次和二次污染源，并以二次污染来源为主（四川盆地细颗粒物二次污染来源占 60%～70%）。一次污染来源主要是扬尘、燃煤、机动车产生的直接细颗粒物排放；二次污染来源主要是二氧化硫、$NO_x$、VOCs 等反应生成的硫酸盐、硝酸盐、铵盐和有机组分。有关研究表明[2]，四川盆地细颗粒物组分中，VOCs 经二次转化形成的有机组分占 40%左右，$NO_x$ 经二次转化形成的硝酸盐占 20%左右，也就是说有 60%左右的细颗粒物由 VOCs 和 $NO_x$ 的二次转化生成。

臭氧除大气平流层的输送外，还来源于近地面大气污染物的二次转化，主要是由 VOCs 和 $NO_x$ 在光照作用下反应生成[3]。因此，细颗粒物和臭氧的形成同根同源、一体两面，由于两者的相互耦合并存而形成大气复合污染。在大气复合污染过程中，VOCs 为反应提供“燃料”，$NO_x$ 是反应的“催化剂”，光照是反应需要的外部条件（图 4、图 5）。在大气复合污染下，春夏季节容易发生臭氧污染，而秋冬季节容易发生细颗粒物污染。在污染物排放量相对较大时，大气复合污染特征还可能在同一天的不同时段出现。例如，成都 2020 年 5 月 1—6 日的污染过程，凌晨及上午表现为较高浓度的细颗粒物污染，午后表现为较高浓度的臭氧污染（图 6）。

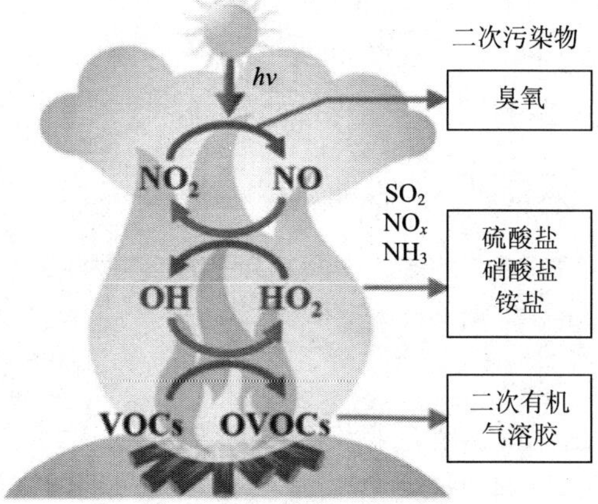


**图 4　细颗粒物和臭氧生成机理示意图**

资料来源：北京大学张远航院士。

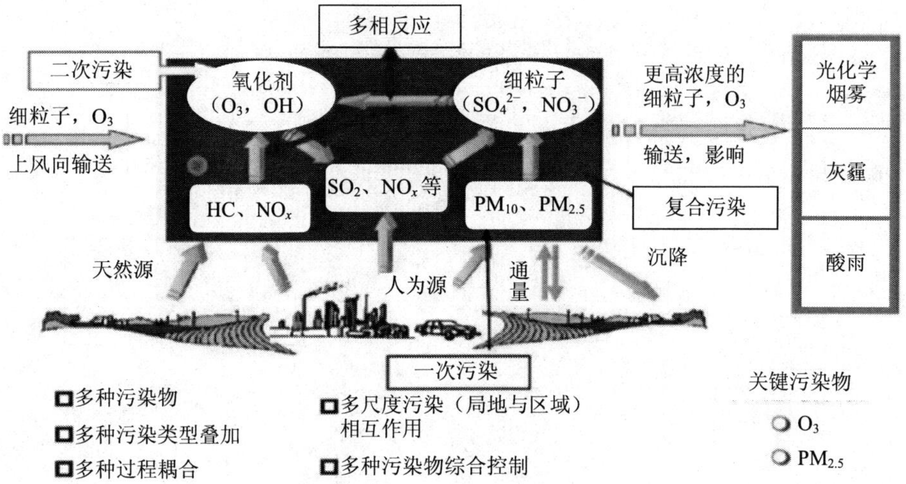


**图 5　大气复合污染机制示意图**

资料来源：《中国大气臭氧污染防治蓝皮书》。

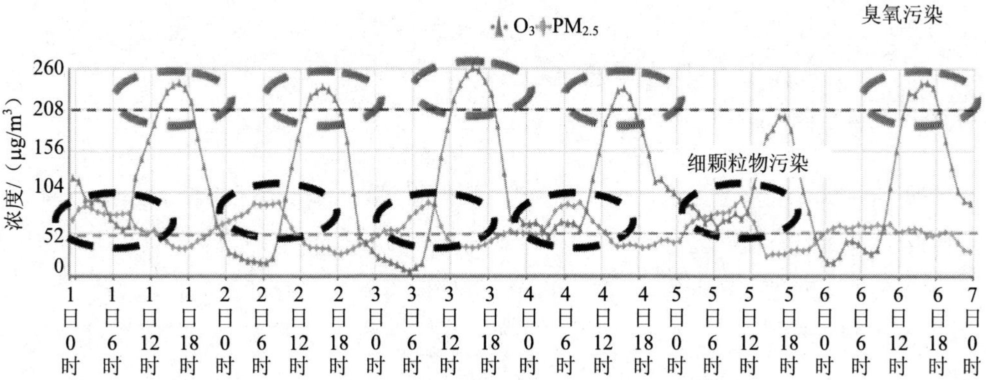


**图 6　成都市 2020 年 5 月 1—6 日污染过程**

细颗粒物和臭氧形成的共同前体物来源也大致相当，主要来源于工业源和移动源，二者排放占排放总量的 80%左右，其中 VOCs 工业源排放占比 50%左右，移动源排放占比 30%左右；$NO_x$ 工业源排放占比 30%～40%，移动源排放占比 40%～50%。

### （二）细颗粒物和臭氧协同控制关键技术

细颗粒物和臭氧协同控制的关键之一是控制 $NO_x$ 和 VOCs 的排放。我国已初步建立了 $NO_x$ 减排技术体系，VOCs 治理工作稍晚，目前正在建立“源头替代—过程控制—末端治理”综合控制技术体系。

$NO_x$ 减排主要集中在工业领域，涉及电厂、锅炉、非电工业等行业领域，形成了包括低氮燃烧（LNBs）、选择性非催化还原（SNCR）、选择性催化还原（SCR）和化学吸收的技术体系。针对燃煤电厂的 $NO_x$ 治理，逐步加严排放标准（图 7），并于 2016 年在全省开始推行超低排放改造，为四川省 $NO_x$ 减排贡献 41%。

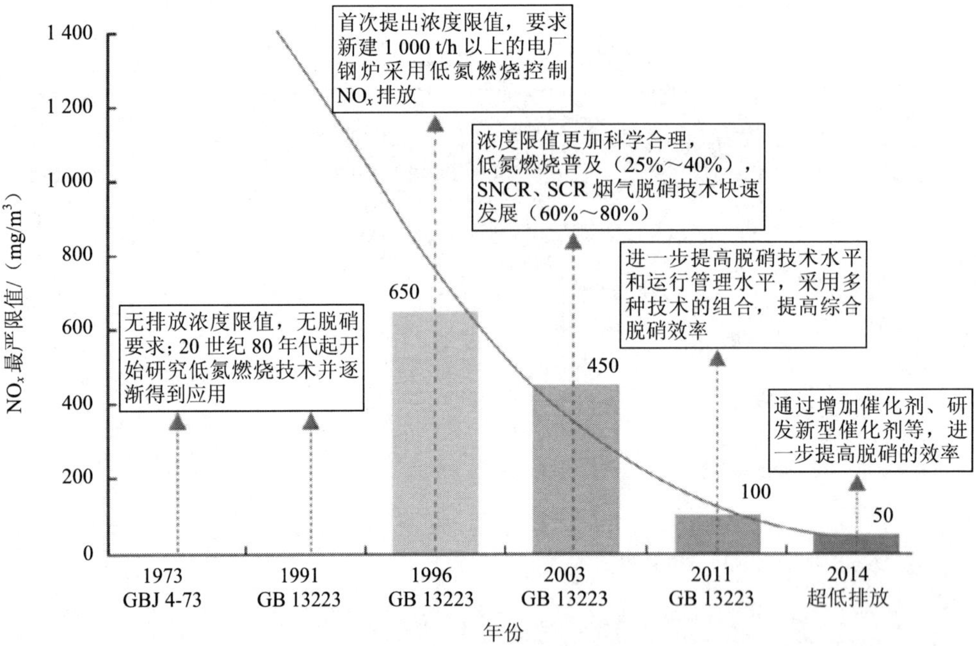


**图 7　我国燃煤电厂 $NO_x$ 排放标准进程**

资料来源：《中国大气臭氧污染防治蓝皮书》。

虽然 VOCs 治理起步较晚，但 VOCs 控制相关法规、规章和政策日益完善（图 8），逐渐形成了“源头替代—过程控制—末端治理”综合控制技术体系。在源头替代方面，采取清洁生产技术，主要采用水性涂料替代溶剂型涂料、水性油墨替代溶剂型油墨等。在过程控制方面，实施生产过程密闭化、连续化、自动化技术改造，建立密闭式负压废气收集系统，并与生产过程同步运行。末端治理主要采用 VOCs 回收技术或销毁技术进行有效治理。

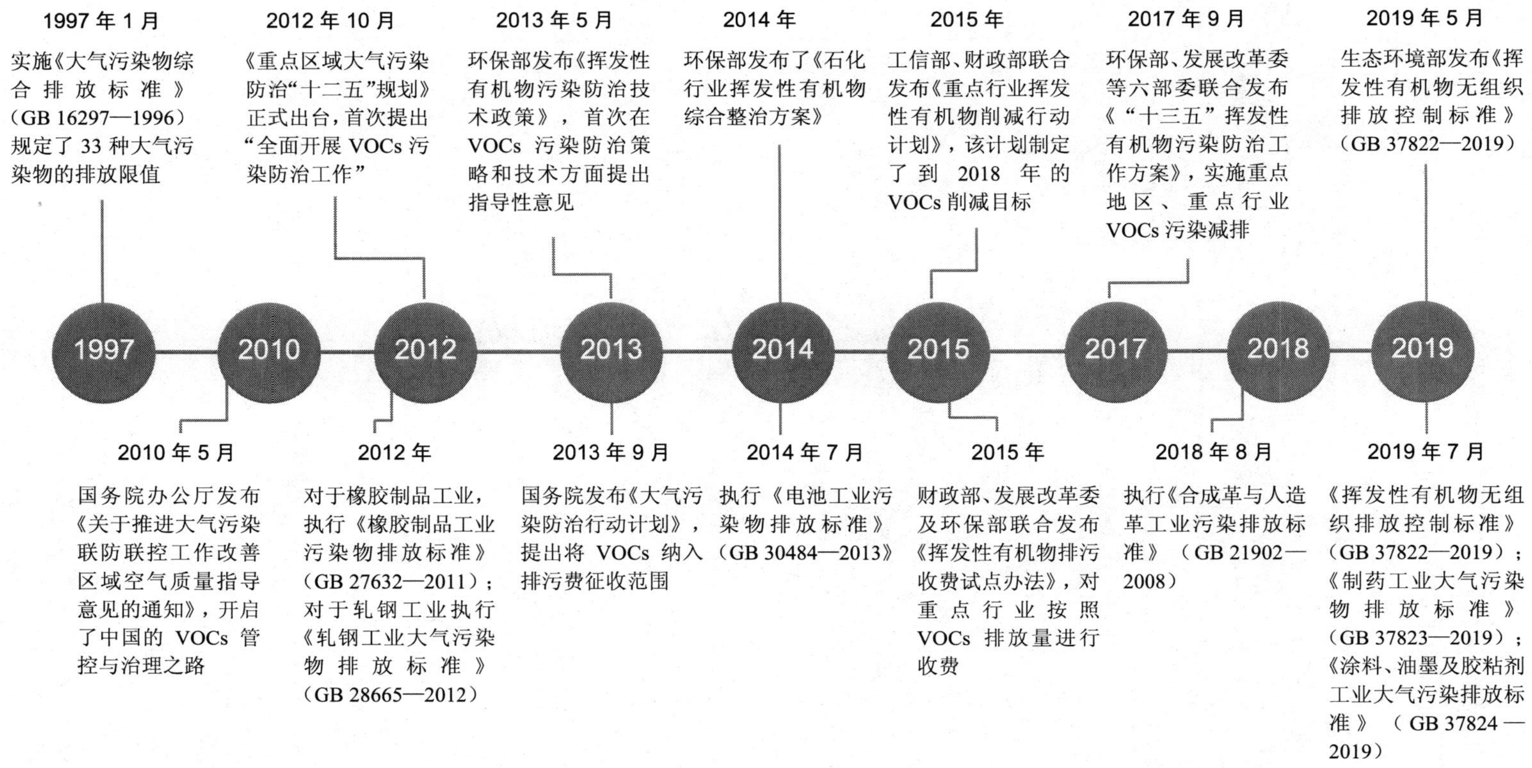


**图 8 工业 VOCs 控制相关法规、规章和政策**

资料来源：《中国大气臭氧污染防治蓝皮书》。

细颗粒物和臭氧协同控制的另一关键是实现 $NO_x$ 和 VOCs 的协调减排。由于臭氧浓度与 $NO_x$ 和 VOCs 排放的响应关系具有高度的非线性，臭氧污染控制要难于细颗粒物污染控制，如不能因地制宜地确定 $NO_x$ 和 VOCs 的协调减排比例，可能会导致臭氧浓度的不降反升。图 9 是用于臭氧污染敏感性分析的 EKMA 曲线，其中蓝线为臭氧浓度；红线以上为 VOCs 控制区，即臭氧生成和控制对 VOCs 相对敏感，减排 VOCs 可以改善臭氧污染；黑线以下为 $NO_x$ 控制区，减排 $NO_x$ 可以改善臭氧污染；两线之间为 VOCs 和 $NO_x$ 的协同控制区。图 9 显示，减排 15%的 VOCs 和 5%的 $NO_x$，可将臭氧浓度为 169 μg/m³ 的污染天改善至达标。

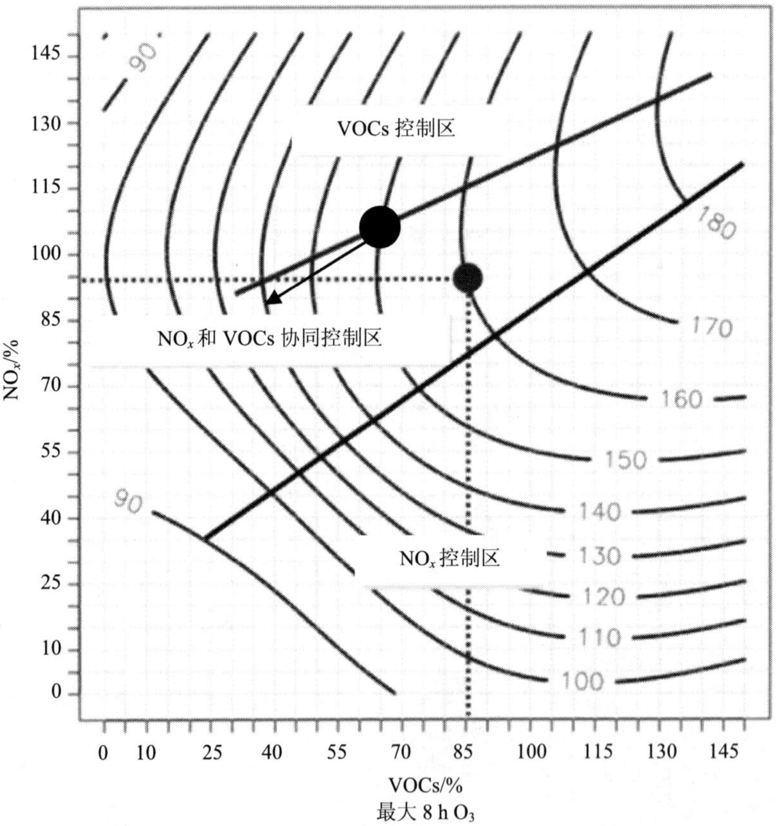


图 9 基于臭氧精细化控制动态决策工具的 2020 年 7 月 19 日成都市 EKMA 曲线

## （三）国内外协同控制经验

### 1. 国外控制经验

美国和欧盟经历了几十年的大气污染防治，治理模式早已从单污染物防治到多污染物协同控制，取得了显著成效。如表 1 所示，美国在污染物控制策略上，早期臭氧污染防治路径主要以 VOCs 控制为主，在意识到削减 $NO_x$ 的必要性后，美国开始强化电力行业 $NO_x$ 排放控制，并对 VOCs 和 $NO_x$ 进行协同控制。

表 1　美国臭氧污染防治历程

<table>
<tr><th>重要节点</th><th>20 世纪 40 年代</th><th>1971 年</th><th>1979 年</th><th>1990 年</th><th>1997 年</th><th>2005 年</th><th>2008 年</th><th>2015 年</th><th>2016 年</th></tr>
<tr><td>臭氧标准</td><td>—</td><td>光化学氧化剂</td><td colspan="2">臭氧 1 h 平均值：120 ppbv</td><td colspan="2">3 年臭氧 8 h 滑动平均值的第四大值：80 ppbv</td><td>3 年臭氧 8 h 滑动平均值的第四大值：75 ppbv</td><td colspan="2">3 年臭氧 8 h 滑动平均值的第四大值：70 ppbv</td></tr>
<tr><td>法规法案</td><td>—</td><td colspan="2">1970 年出台《清洁空气法案》</td><td colspan="2">修正《清洁空气法案》</td><td colspan="2">出台《清洁空气州际法规》</td><td>出台《跨州空气污染法规》</td><td>出台《跨州空气污染法规》加强版</td></tr>
<tr><td rowspan="2">策略措施</td><td colspan="2" rowspan="2">从经济技术角度出发，以 VOCs 为主的防控策略</td><td colspan="2" rowspan="2">·编制出台移动源和固定源系列标准。固定源：将各州分为“达标区”和“非达标区”。移动源：包括管控机动车和非道路设备的燃油组分及尾气控制设备等。<br>·成立臭氧传输评估委员会，划定臭氧传输区域，成立臭氧传输协会</td><td colspan="2">VOCs 面源、消费品等全面减排</td><td colspan="3">溶剂、消费品行业从 VOCs 总量控制转为活性总量控制</td></tr>
<tr><td colspan="4">实施分阶段区域性 $NO_x$ 大型燃烧源减排</td><td>突出夏季</td></tr>
<tr><td rowspan="2">减排重点</td><td colspan="4" rowspan="2">美国加州地区主要以控制 VOCs 为主，东部地区主要以控制 $NO_x$ 为主</td><td colspan="4">VOCs、$NO_x$ 协同控制</td><td></td></tr>
<tr><td colspan="2">—</td><td>强化电力行业 $NO_x$ 减排</td><td>进一步强化电力行业减排</td><td>强化夏季电力行业减排</td></tr>
<tr><td rowspan="2">防控成效</td><td colspan="4">1990 年相对于 1980 年臭氧浓度年均降幅为 1.1%，年均下降 1.14 ppbv</td><td colspan="5" rowspan="2">2016 年相对于 1997 年，臭氧浓度年均降幅为 1.0%，年均下降 0.83 ppbv</td></tr>
<tr><td colspan="4">以本地源排放为主的洛杉矶等地臭氧污染改善明显，高 VOCs 地区改善较慢</td></tr>
<tr><td>科学认知</td><td colspan="2">VOCs、$NO_x$ 是臭氧的主要前体物</td><td colspan="2">在臭氧区域性污染特征方面达成共识</td><td colspan="5">州际协同，协同控制 $NO_x$，深化高架源减排，启动季节性调控</td></tr>
</table>

资料来源：《中国大气臭氧污染防治蓝皮书》。

**2．国内主要做法**

2016 年 G20 峰会空气质量保障是长三角首次针对臭氧污染问题在区域层面开展联防联控的实践。在科学制定 VOCs 和 $NO_x$ 的协调减排方案的基础上（以杭州市为核心区分为 3 个控制圈层，分别实行不同力度的减排措施），以工业园区和移动源控制为重点落实了减排要求。实现了细颗粒物和臭氧的协同控制，保障期间杭州市细颗粒物浓度同比下降了 44%，达到历史同期最低水平；臭氧浓度达标，同比下降了 6 μg/m$^3$。如图 10 所示，

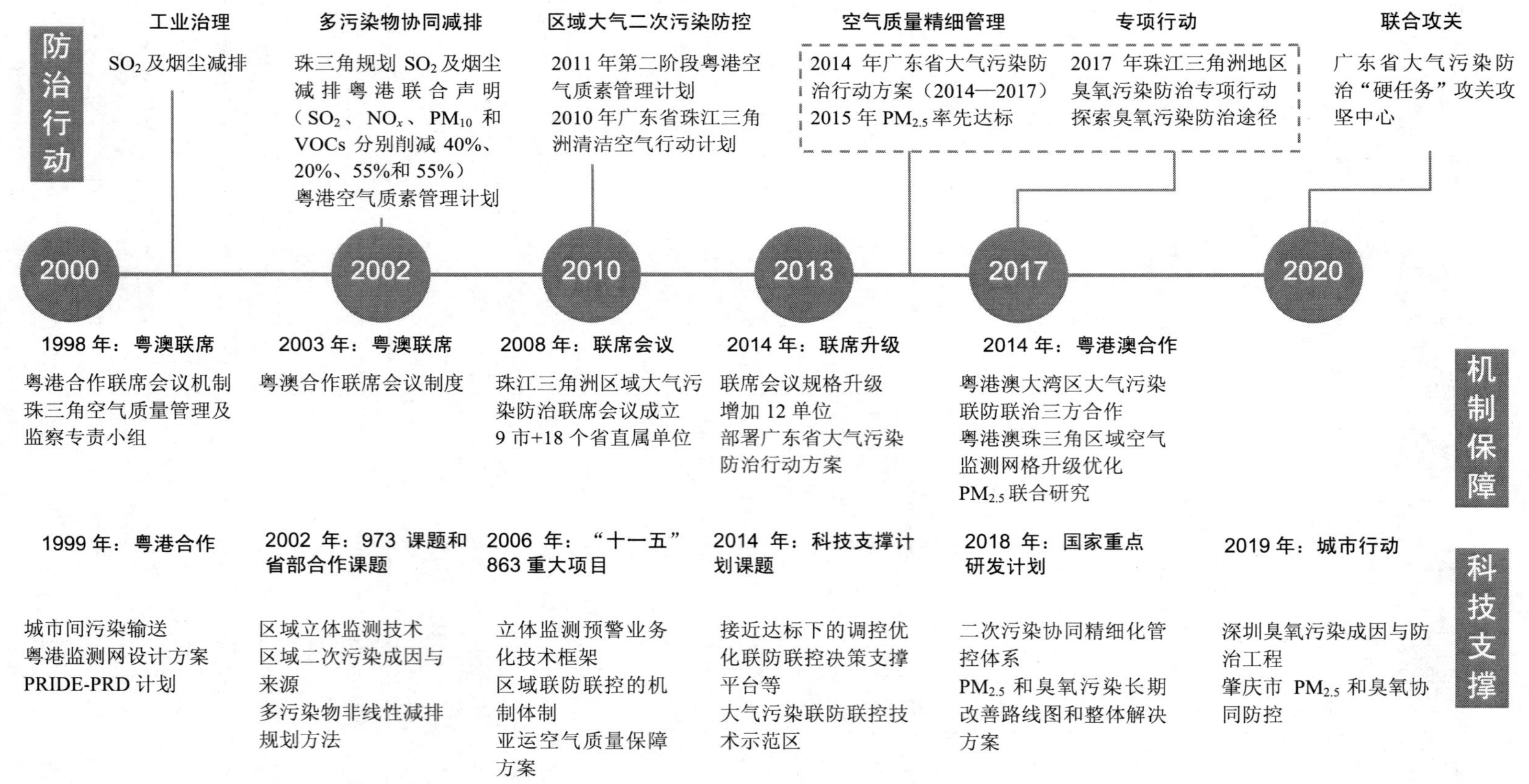


图 10　珠三角大气污染防治历程

资料来源：《中国大气臭氧污染防治蓝皮书》。

2017 年，广东省环境保护厅部署了“珠三角地区臭氧污染防治专项行动”，制定了以重点 VOCs 排放企业和“散乱污”企业为对象的一系列措施和各地市工作方案，同时开展臭氧防治专项行动督察工作。行动评估结果显示，由于 VOCs 减排力度不足（科学测算需要减排 31%，但实际减排 18%），在不利污染气象条件的协同作用下导致臭氧浓度不降反升了 15%。

## 三、关于细颗粒物与臭氧协同控制的建议

生态环境部部长黄润秋在一次访谈中说道，“我国生态环境保护仍然任重道远，生态环境质量从量变到质变的拐点还没有到来”。四川省虽然已经有 14 个城市空气质量达标，但其中部分城市还只是“踩线”达标且成效不稳固（前期达标的广元、攀枝花、巴中在“十三五”期间已经暴露出达标不稳定的问题），臭氧污染的不降反升大大影响了优良天数比例的提升。由于我国目前的空气质量标准是世界卫生组织空气质量推荐值最低档标准，细颗粒物浓度较发达国家仍有较大差距，在美丽四川的建设进程中，持续降低细颗粒物浓度仍将是大气环境管理的重要任务。与此同时，尽快遏制臭氧浓度上升趋势并减轻臭氧污染、持续提升优良天数比例，也将是深入打好蓝天保卫战的中心任务。为此，我们提出以下建议。

### （一）画好蓝图，制定中长期细颗粒物与臭氧协同控制规划

鉴于细颗粒物和臭氧协同控制的长期性、艰巨性、复杂性，建议进一步分析细颗粒物和臭氧的污染现状和来源成因，对产业结构、能源结构、运输结构、用地结构、农业投入结构等进行深入分析，组织制定四川省细颗粒物和臭氧中长期协同控制规划，并结合 2030 年前达峰行动的“治气降碳”协同，研究不同区域、不同阶段的控制目标和控制策略，重点针对 $NO_x$ 和 VOCs 提出科学的减排方案，春夏季重点治理臭氧污染，秋冬季重点治理细颗粒物污染。大气污染防治形势依然严峻的成都、自贡、宜宾、达州、德阳等城市可制定城市层面的协同控制规划，进一步分解控制目标，细化重点任务，使得协同控制向纵深推进。四川省“十四五”大气污染防治对策研究结果显示，在执行现有污染防治政策要求下，“十四五”期间全省可实现 $NO_x$ 减排 38%、VOCs 减排 36%，到 2025 年，全省细颗粒物浓度下降约 3 $\mu g/m^3$，细颗粒物超标天数减少约 5 天，臭氧超标天数减少约 3 天，优良天数比例达到 93%左右。采取更加严格的减排政策，减排量进一步减少 10%，细颗粒物浓度还可以下降约 1 $\mu g/m^3$，细颗粒物和臭氧超标天数还可再减少近 2 天。

### （二）铸好利器，建立臭氧精细化控制动态决策工具

臭氧控制的关键是对 $NO_x$ 和 VOCs 协调减排，两者在不同区域对臭氧生成的敏感性和敏感程度会直接影响协同控制的实施效果。四川省在重点城市夏季臭氧精细化管控研

究中逐步建立起一种基于空气质量模型的臭氧精细化控制动态决策工具，工作原理如图 11 所示，识别出臭氧控制敏感区（表 2）和 6 类 $NO_x$、7 类 VOCs 污染源对臭氧的贡献度，并建议提出未来两天的前体物排放精细化控制方案（表 3），明确重点 $NO_x$ 和 VOCs 污染源的削减比例，实现对臭氧和细颗粒物的协同控制，为空气质量管理动态决策提供科学支撑。臭氧精细化控制动态决策工具已于 2019 年首次在成都进行了应用，优化完善后，2020 年服务成都平原、川南、川东北的重点城市（成都、德阳、眉山、资阳、绵阳、自贡、广元 7 个城市）夏季臭氧防控，为重点城市大气污染防治提供了新的路径选择。

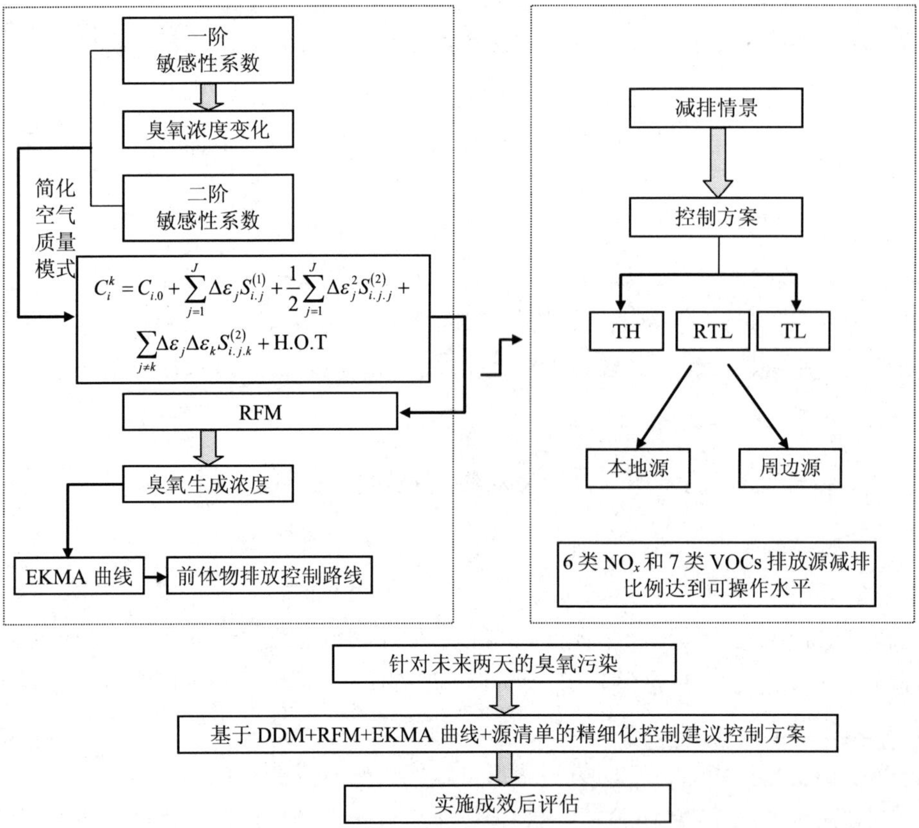


**图 11 臭氧精细化控制动态决策技术路线示意图**

**表 2 2020 年 7—8 月四川省部分城市臭氧污染天前体物控制类型统计**

| 城市 | $NO_x$ 控制占比/% | VOCs 控制占比/% | $NO_x$ 和 VOCs 协同控制占比/% |
|---|---|---|---|
| 成都市 | 18 | 35 | 47 |
| 德阳市 | 86 | 0 | 14 |
| 眉山市 | 100 | 0 | 0 |
| 资阳市 | 100 | 0 | 0 |
| 自贡市 | 67 | 0 | 33 |

表 3　基于臭氧精细化控制动态决策工具的 2020 年 7 月 19 日成都市减排控制建议方案

单位：$mg/m^3$

| | 减排目标 | 减排比例 | 工业源 | 电厂源 | 生活源 | 交通源 | 生物质燃烧源 | 溶剂使用源 | 敏感性系数总和 | 预计 $O_3$ 浓度 |
|---|---|---|---|---|---|---|---|---|---|---|
| 7 月 19 日 | 9 | 11% | 27.2（35%） | 12.14（16%） | 8.36（11%） | 0（0） | 2.15（3%） | 39.43（51%） | 78 | 169 |
| 方案 | $NO_x$ 减排 | VOCs 减排 | 工业源削减浓度 | 电厂源削减浓度 | 生活源削减浓度 | 交通源削减浓度 | 生物质燃烧源削减浓度 | 溶剂使用源削减浓度 | 总和 | $O_3$ 可达浓度 |
| 情景 1 | 5% | 15% | 1.36（5%） | 0.73（6%） | 0.42（5%） | 0（0%） | 0.24（11%） | 5.91（15%） | 9 | 160 |

## （三）实施重大减排工程，深入推进 $NO_x$ 减排

$NO_x$ 是协同控制细颗粒物和臭氧生成的关键前体物之一，也是臭氧生成的“催化剂”。建议加快工业源绿色化改造和移动源防治，深入推进 $NO_x$ 减排。一是深入推进工业源 $NO_x$ 减排工程。通过制定更加科学合理、更加严格的 $NO_x$ 排放标准，倒逼企业开展深度治理，实现更低水平的排放。据测算，“十四五”期间通过加速推进四川省 80%左右的钢铁产能超低排放改造、50%以上的水泥产能深度治理、80%以上平板玻璃产能深度治理，工业炉窑的提标升级改造，燃气锅炉的低氮燃烧改造，预计实现减排 35%以上，带动直接投资 500 多亿元。二是深入开展移动源 $NO_x$ 减排工程。严格执行 I/M 制度，加快车辆的更新换代，推动淘汰国三及以下排放标准的柴油货车、采用稀薄燃烧技术或“油改气”的老旧燃气车辆，城市公交、物流、网约车、出租车基本实现清洁能源化，重点整治重型柴油货车污染排放，推动淘汰国二及以下非道路移动机械，预计实现减排 40%以上，带动投资 200 多亿元。

## （四）加强全过程控制，全面实施 VOCs 综合整治

VOCs 是臭氧生成的“燃料”，其治理进展相对于二氧化硫、颗粒物等污染物起步较晚，且治理水平较差。2020 年四川省夏季臭氧帮扶调查结果显示，全省超过 70%的企业未建设 VOCs 废气收集处理装置，低效末端治理设施市场占比达 80%以上，无组织排放问题突出。建议一是确定重点区域和重点控制时段。以成都平原、川南、川东北为重点区域，以石化、化工、工业涂装、包装印刷以及油品储运销等为重点领域，以 12 个重点工业园区和 113 家重点企业整治为抓手，以强辐射、平均气温 30℃以上、日平均相对湿度在 25%～75%、低风速的春夏季节时间和秋冬季节的静稳天气时为重点时段进行动态管理。二是加强源头清洁替代。以烯烃、芳香烃和醛类为重点管控活性物质，加快实施低（无）VOCs 原辅材料替代。三是加强过程管理。推动厂内密封点数量大于等于 2 000 个的企业依法完成泄漏检测与修复（LDAR）；鼓励密封点数量不足 2 000 个，但 VOCs

排放总量较高的企业开展 LDAR 工作。四是加强规范化引导，开展有效的末端治理。石化、化工、工业涂装、包装印刷等重点行业制定实施“一行一策”，推广使用“吸附+RTO、RCO（燃烧及催化燃烧工艺）”等高效 VOCs 治理技术，提升治污设施“三率”（废气收集率、治污设施同步运行率和污染物去除率）。加强活性炭更换监督检查，规范化整治活性炭吸附治理设施，推动取缔治理效率低下的光氧催化治理设施和水喷淋治理设施。涉 VOCs 排放的园区，制定完善“一园一策”，推动建设园区“绿岛”，集中高效收集处置 VOCs。

### （五）实施差异化管控，提升污染物精准减排能力

一是实施区域差异化管控。臭氧浓度不降反升且 $PM_{2.5}$ 浓度超标的区域，深入开展污染物排放总量减排，大幅降低排放本底。臭氧浓度不降反升但 $PM_{2.5}$ 浓度达标的区域，动态开展污染物来源解析，精准识别臭氧受控类型，强化针对性减排措施。二是实施差异化污染等级管控。重污染天气时段严格按照生态环境部印发的《重污染天气重点行业应急减排措施制定技术指南》要求，全面推进绩效分级差异化管控，评为 A 级和引领性的企业，可自主采取减排措施，评为 B 级及以下和非引领性的企业，严格落实不同预警级别各绩效等级对应的减排措施要求。对各类污染物不能稳定达标排放或未达到排污许可管理要求的企业，在重污染天气应急响应期间采取停产或最严级别限产措施。非重污染天气时段，重点关注轻微天气应对。建议构建轻微污染天气应对机制，制定轻微污染天气应对办法，建立预防性污染天气应对检查清单，在秋冬季和夏季容易形成污染天气的气象预报条件下，提前开展预防性检查，督促企业落实有关减排措施，加强空气质量预测和会商研判，建立快响监管机制，打通科技治污“最后一公里”。三是树立标杆企业，建立正面执法清单。综合考虑企业生产工艺、治污水平、管理水平等，树立行业标杆企业。建立完善监督执法正面清单，对纳入监督执法正面清单的企业减少现场检查频次，给予政策支持。对问题突出的企业，加密监督频次，严格依法处罚，并纳入全国信用信息共享平台。四是研究差异化财税政策。建立完善电价补贴、排污税差异化征收机制，优化项目资金分配机制，推动 VOCs 排污税差异化征收，进一步扩大有机溶剂产品消费税，将涂料、油墨、胶黏剂、稀释剂等重点行业纳入征收范围，从源头控制 VOCs 排放。

## 参考文献

[1] 王文兴，柴发合，任阵海，等. 新中国成立 70 年来我国大气污染防治历程、成就与经验[J]. 环境科学研究，2019，32（10）：1621-1635.

[2] 宋晓聪，沈鹏，赵慈，等. 未来十五年我国大气污染防治重点方向的思考[J]. 环境保护，2021，49（6）：43-47.

[3] 严刚，薛文博，雷宇，等. 我国臭氧污染形势分析及防控对策建议[J]. 环境保护，2020，48（15）：

15-19.

[4] 冯小琼，陈军辉，尹寒梅，等. 成都市冬季 3 次灰霾污染过程特征及成因分析[J]. 环境科学，2020，41（10）：10.

[5] 柴发合. 我国大气污染治理历程回顾与展望[J]. 环境与可持续发展，2020，45（3）：5-15.

[6] 柴发合. 久久为功，蓝天永驻：$PM_{2.5}$与臭氧协同控制[J]. 环境与可持续发展，2020，45（6）：2.

# 关于进一步完善碳达峰目标和碳中和愿景引领下的低碳发展市场机制的政策建议

**摘　要**：国家主席习近平在2020年9月22日第七十五届联合国大会一般性辩论上郑重宣示，中国将提高国家自主贡献力度，采取更加有力的政策和措施，二氧化碳排放力争于2030年前达到峰值，努力争取2060年前实现碳中和。这一目标需要借助低碳发展市场机制，以最小社会成本推动绿色低碳。本文结合四川省情况，分析了碳交易、气候融资、碳普惠机制的现状及问题，提出了政策建议。建议包括加强碳资产能力、建设气候投融资框架、建立区域碳投资机制、推进碳中和活动，并强化市场机制能力建设。这些举措将有助于实现达峰与碳中和目标。

**关键词**：碳达峰；碳中和；低碳发展；市场机制；气候投融资

## 一、低碳发展市场机制现状

### （一）碳交易市场仍处于起步阶段

碳市场作为减排政策的重要工具，与碳排放绝对数值直接挂钩，更加直接地反映了减排效果并能评估气候变化控制指标是否达成。全球碳市场进展报告研究显示，目前，全球正在运行的碳交易排放体系（ETS）共有21个，覆盖的碳排放量约占全球排放总量的10%。中国部署开展了“两省五市”区域碳排放权交易试点，目前，全国试点碳市场配额累计成交4亿余t，居全球第二[1]。四川以石化、化工、建材等八大行业企业为重点，构建适应配额交易的碳排放监测、报告与核查体系。截至2020年年底，四川国家核证自愿减排量（CCER）累计为1 616.65万t，成交金额10 207.86万元。从国内试点情况看，目前面临的一项重大问题是全国部分试点碳排放权交易市场成交量与成交额比例不协调。从四川情况看，目前四川还没有形成强制碳配额交易市场，本土企业对碳交易缺乏了解，参与度较低。我国“3060”碳目标的提出，促使碳交易市场成为减排政策中最重要的工具，若碳交易市场持续存在碳交易体系与机制不成熟等问题，将会严重拖慢我国“3060”碳目标的实现进程[2]。

**图 1　2010—2019 年全球主要碳交易体系（ETS）碳价变化**

资料来源：国际碳行动伙伴组织（ICAP）2020 年度全球碳市场进展报告。

## （二）气候投融资体制机制不完善

气候投融资涵盖为应对气候变化而进行的一切投融资活动，如可再生能源、节能和提高能效、低碳交通、绿色建筑以及气候适应等项目。“十三五”时期以来，中国持续完善气候投融资体制机制，增强气候投融资政策合力。据相关研究，2016—2030 年，中国实现国家自主贡献总资金需求规模预计将达 56 万亿元，年均约 3.7 万亿元，且随着面临的气候变化风险的增加和减缓气候变化力度的提高，年均应对气候变化资金需求将继续呈加速增长态势，将从“十三五”时期的年均约 2.9 万亿元上升到“十四五”时期的约 3.8 万亿元[3]。与现有资金投入规模相比，中国每年将面临约 1.4 万亿元的资金缺口，提高气候资金投入和撬动气候投融资的需求非常迫切[3]。虽然我国部分地方已经开始在绿色金融、气候投融资体系建设方面做出相应探索与实践，但我国气候投融资存在体制机制不完善、资金供给不足、投资成本居高不下、融资渠道狭窄和能力建设不足等多重问题，加之四川缺乏气候投融资机制建设方案，难以为实现“3060”碳目标提供坚固支撑[4]。

## （三）基于项目的碳普惠范围小、存在地域限制

碳普惠制主要以公众个人为制度设计对象，我国部分省市在碳普惠制建设实践中，探索了基于项目的碳普惠模式（表 1）。自 2015 年起，广东省建立省、市两级碳普惠管理体制，在广州、东莞和中山等 6 个地区，针对社区生活、公共交通、旅游景区、节能

产品消费等领域设计激励机制，形成了一整套包括鼓励公众低碳行为及企业低碳行为在内的标准体系。2020 年，成都市在国内创新提出面向公众和企事业的“双路径”激励机制——“碳惠天府”，组织消费领域的酒店、商超、宾馆、景区以碳中和方式创建具有低碳属性的消费场景，对在低碳场景中消费的公众核发碳积分，联通了公众和项目减排交易市场。从总体上看，目前全国及四川省范围内的碳普惠制仍处于实践探索阶段，尚未形成成熟的可持续的运营模式，国家层面并未出台相关政策规范文件，四川省也未形成省级层面的碳普惠机制，大部分碳普惠均为城市尺度、小范围的项目试点示范，产生的激励作用相当有限，无法为如期实现“3060”碳目标创造全域一体、全民参与的良好氛围。

**图 1　部分地区碳普惠制建设情况**

<table>
<tr><th colspan="5">核心要素</th></tr>
<tr><th>地区</th><th>普惠领域<br>选择类型</th><th>行为数据<br>采集方式</th><th>积分核算<br>发放方式</th><th>普惠激励<br>落实方式</th></tr>
<tr><td>广东</td><td>出行、社区、消费、景区</td><td>资源对接和自主采集</td><td>5 项方法学</td><td>实物、公共服务、公益</td></tr>
<tr><td>武汉</td><td>出行、社区、消费</td><td>资源对接</td><td>直接发放</td><td>实物、公共服务</td></tr>
<tr><td>北京</td><td>出行</td><td>自主采集</td><td>1 项方法学</td><td>实物、公益</td></tr>
<tr><td>南京</td><td>出行</td><td>资源对接</td><td>直接发放</td><td>实物、公益</td></tr>
<tr><td>成都</td><td>出行、消费、景区、社区</td><td>资源对接和自主采集</td><td>6 项方法学</td><td>实物、公益</td></tr>
<tr><th colspan="5">支撑要素</th></tr>
<tr><th>地区</th><th>制度标准</th><th>资金保障</th><th>系统平台</th><th>运营团队</th></tr>
<tr><td>广东</td><td>实施方案+管理办法+<br>方法学</td><td rowspan="5">主要：财政拨款<br>补充：社会资本<br>少数：公益捐赠</td><td>Web 端+移动端</td><td>单一机构</td></tr>
<tr><td>武汉</td><td>未出台</td><td>移动端</td><td>联合体</td></tr>
<tr><td>北京</td><td>未出台</td><td>移动端</td><td>联合体</td></tr>
<tr><td>南京</td><td>未出台</td><td>移动端</td><td>联合体</td></tr>
<tr><td>成都</td><td>指导意见+管理办法+<br>技术标准</td><td>Web 端+手机端</td><td>单一机构</td></tr>
</table>

## 二、低碳发展市场机遇分析

### （一）“3060”碳目标为市场机制发展提供了重大契机

为落实《巴黎协定》确定目标，需要对现有发展模式、能源结构实施根本性变革，在 2050 年实现净零碳排放。截至 2021 年 1 月，随着美国重新加入《巴黎协定》，占全球 2/3 的温室气体排放国家已承诺将达成碳中和目标。四川省要在 2030 年前实现碳达峰、在 2060 年前实现碳中和，需要发展方式和生活方式的深刻变革，充分调动全社会力量。随着减排压力加大和边际成本增加，相比传统的收费罚款式行政监管手段，市场化的减排机制在节约交易成本、促进减排技术创新、弱化政治阻力和调动经济主体积极性等方面具有绝对优势[5]，在碳排放总量控制背景下突出对碳交易等工具的应用将尤为重要[6]。

### （二）碳交易形成的倒逼机制将扩大更多气候投融资需求

2020 年 12 月，生态环境部部务会议审议通过《碳排放权交易管理办法（试行）》，该办法提出，将年度温室气体排放量达到 2.6 万 t 二氧化碳当量及以上的企业或者其他经济组织纳入管控名单。根据《2020 年中国碳价调查报告》，碳定价将有望成为中国减少温室气体排放的重要政策工具，到 2030 年碳价有望达到 93 元/t，并于 21 世纪中叶超过 167 元/t。随着全国碳市场时代的到来，企业碳排放将从自由排放到受控排放、从无偿排放到有偿排放，在严格碳减排目标约束下碳价格将不断增长，成为影响企业投资和生产经营决策的重要影响因素。碳价格信号，必然驱动企业更主动地投资低碳项目、选用更具竞争力的碳信用产品抵消碳排放，也将为气候投融资创造更多样的需求和应用场景。

### （三）气候投融资可为低碳转型市场机制提供更多支撑服务

各项气候投融资工具的灵活运用，如气候相关债券、信贷、基金等，对可再生能源、能效提高、低碳产业、低碳交通、低碳建筑等相关领域的气候友好项目提供资金支持，可实现深化节能、提高能效，促进绿色低碳行业产业的发展，降低能源消费、减少二氧化碳的排放。通过碳市场交易机制，气候投融资可促进企业开展节能减排措施，降低碳排放，起到控制碳强度的作用。同时，通过畅通气候资金供给与需求，可以为技术创新、能源革命、产业转型、能力建设提供更精准、优质的资金要素保障，提高资金的气候效益，为碳交易等市场机制提供更好的投资和金融服务[7]。

### （四）碳普惠等区域碳减排机制是低碳发展市场的重要保障

碳普惠等区域减排机制是在全国碳排放权交易机制之外，考虑更好将小微企业、非八大行业排放企业、公众生活融入碳排放管控体系。在建立健全公众参与低碳发展长效机制的基础上，碳普惠等机制不仅有利于充分挖掘本地区减排和碳汇潜力、更加灵活，而且在运行情况良好的情况下能够较大程度地促进低碳行为的全民参与性，推广形成激励绿色低碳生活方式，逐步构建城市绿色低碳生态圈。通过量化个人低碳行为产生的低碳效益，根据低碳效益向公众发放有价值、可消费的“碳积分”，使主动践行低碳行为、对生态环境保护做出贡献的公众获得相应的环境权益，以此调动公众对参与绿色低碳生活的积极性，促进全社会形成绿色低碳的生产生活方式，为低碳发展市场发展奠定坚实基础。

## 三、关于促进低碳发展市场机制建设的政策建议

### （一）实施碳资产能力提升行动

完善碳排放交易体制机制。主动适应全国碳排放交易，先行先试研究制定碳排放交易配套政策制度，开展重点排放单位温室气体排放监测核算、数据报送、核查审核、配额分配和履约监管。强化碳市场能力建设。出台一批碳排放管理规范和发电、水泥、钢铁等行业碳排放标准，提高企业碳排放管理水平。培育壮大全国碳市场能力建设（成都）中心，在重点排放报告单位相对集中的成都市、宜宾市等区域建设培训基地。推动企业增强碳资产管理意识。探索推动企业设立或委托碳资产管理机构对企业碳资产进行专业化、市场化管理，帮助企业树立碳资产管理意识。

### （二）制定区域气候投融资支持政策

搭建省级气候投融资框架。研究制定促进应对气候变化投融资实施方案，结合四川省实际进一步细化主要目标、重点任务、重大工程和组织保障机制。鼓励金融机构对重大气候项目提供有效的金融支持，支持符合条件的气候友好型企业和项目通过资本市场进行融资和再融资。开展区域气候投融资试点。结合四川省绿色金融创新试点，选择成都市、广元市等实施意愿强、基础条件较优、具有带动作用和典型性的地方，探索差异化的气候投融资模式、组织形式、服务方式和管理制度创新[8]。

### （三）建立区域碳减排新机制

推动构建区域碳普惠体系。提出区域协同视角下的四川省碳普惠价值建设的基本思路、路线图、重点任务及支撑保障体系，设立四川省碳普惠机制建设试点，构建区域碳普惠体系，创新开发绿能推广、节能改造、低碳出行、垃圾分类、碳汇扶贫等碳减排项目，通过“碳积分”等激励形式，引导广大民众成为绿色生活的践行者和推动者，拉动低碳经济和产业发展，形成政府引导、市场主导、全社会参与的低碳社会建设新模式。制定碳普惠项目方法学。整合利用现有的农村沼气、林草碳汇碳减排项目开发机制，研究提出森林经营、竹林经营、湿地和草地等林草碳普惠项目方法学思路框架和农村沼气碳减排项目方法学优化调整思路和方向。

### （四）推广规范各类活动碳中和

推动制定实施方案。制定四川省相关政策文件，坚持政府引导、市场运作、社会参与有机结合，以赛事、会议、论坛、展览等大型活动碳中和碳抵消为引领，分阶段、有步骤推动各类活动实施碳中和碳抵消。构建标准体系。推动构建对接国际标准、符合国

家要求、具有四川特色的会议活动碳中和碳抵消标准体系和支撑服务体系，力争建成四川省碳中和碳抵消创新服务平台，大型活动碳中和碳抵消有序推行。

### （五）提升市场机制能力建设

培育低碳发展新业态新场景。通过政策支持、项目培育、队伍建设等途径，培育气候投融资、碳排放监测、低碳会计、碳资产管理、合同甲烷管理、碳中和服务等业态场景。提升碳市场能力建设服务水平和能力。支持四川省联合环境交易所发挥全省用能权、温室气体自愿减排量、“碳惠天府”碳减排量交易平台和服务平台优势，依托“绿蓉融”绿色金融超市，建设绿色项目和气候投融资项目库，提升项目认证和项目库管理能力。培育并强化专业机构队伍。依托相关专业机构研究力量作用，支持省内高校更多参与应对气候变化市场化机制研究和评估，强化相关科研院所绿色气候市场机制研究和政策转化能力。

## 参考文献

[1] 马骏，邵丹青，徐稼轩，等. 绿色金融如何有效支持绿色建筑[J]. 建设科技（建设部），2020，20：23-26.

[2] 庄贵阳. 中国低碳城市试点的政策设计逻辑[J]. 中国人口·资源与环境，2020，30（3）：19-28.

[3] 柴麒敏，傅莎，温新元，等. 中国实施 2030 年应对气候变化国家自主贡献的资金需求研究[J]. 中国人口·资源与环境，2019，29（4）：1-9.

[4] 安崇义，唐跃军. 排放权交易机制下企业碳减排的决策模型研究[J]. 经济研究，2012（8）：14.

[5] 邹骥，柴麒敏，陈济，等. 碳市场顶层设计路线图[J]. 气候变化研究进展，2019，15（3）：217.

[6] 奚文怡，蒋小谦，房伟权. 中国气候变化目标进展分析[R]. 北京：世界资源研究所，2017.

[7] 解振华. 应对气候变化挑战 促进绿色低碳发展[J]. 城市与环境研究，2017，4（1）：3-11.

[8] 杨溢群，卢笛声. 中国低碳城市建设的分级制试验考察[J]. 低碳经济，2019，8：71.

# 关于温室气体与大气污染物协同减排的政策建议

**摘　要**：生态环境部发布《关于统筹和加强应对气候变化与生态环境保护相关工作的指导意见》，强调协同推进气候变化与环保工作，实现源头、系统、整体治理。四川省生态环境政策研究院基于省生态环境厅资助，聚焦温室气体与大气污染物协同治理，提出专报。在经济发展和城市化压力下，多地面临大气环境与温室气体排放双重挑战，减污降碳政策需求显著。当前，协同减排主要以空气质量为驱动，协同效果有限。基于碳达峰和碳中和目标，建议通过降碳推动大气污染防治，构建气候友好的治理策略，实现减污降碳协同效应，提出三点建议：构建战略格局，推动统筹谋划；制定协同减排政策清单；提升治理基础能力，确保政策实施。

**关键词**：生态环境保护；气候变化；协同减排；温室气体；大气污染物

## 一、以源头治理实现降碳治气协同增效

### （一）降碳治气是空气质量改善的治本之策——谁协同谁

改革开放以来，我国经济社会发展取得了巨大的成就。然而，快速的工业化和城镇化进程也导致了一系列生态环境问题。其中，气候变化和大气污染尤为突出。现阶段，我国仍面临较为严峻的大气污染形势，蓝天保卫战虽已取得阶段性胜利，但我国大气污染防治整体仍处于初期阶段，国内绝大多数城市 $PM_{2.5}$ 年均浓度与世界卫生组织提出的第二阶段标准（25 $\mu g/m^3$）还有很大差距[1]。

受多重因素影响，我国现阶段的大气污染防治格局已经发生了深刻变化：由污染源直接排放到大气中的部分一次污染物浓度已有较大幅度的下降，但二次污染特征日益凸显，大气污染防治正进入“滚石上山”阶段，持续改善大气环境质量、实现 $PM_{2.5}$ 与臭氧的协同控制面临政策和措施的“瓶颈”。碳达峰目标及碳中和愿景，为实施“多污染物+多介质+跨行业+全过程”协同的大气污染防治提供了现实可行性[2]。“十四五”时期，我们应提出气候友好的大气污染防治策略，以碳减排推动大气污染防治，突出以降碳为源头治理的“牛鼻子”，协同控制温室气体与大气污染物，实现雪山与蓝天同框。

### （二）四大结构调整是降碳治气的重要抓手——主要矛盾

为持续改善空气质量，产业、能源、交通及用地结构调整是必须触碰的难点，而它们的结构调整恰恰又与“降碳”紧密关联。一是坚持产业结构优化调整。“去产能、去库存、去杠杆、降成本、补短板”一直是供给侧结构性改革的重点。“十三五”时期，通过持续推进结构性去产能、系统性优产能，加快清理“散乱污”企业，在助力大气污染物减排的同时，避免了“劣币驱逐良币”的高污染高能耗发展痼疾，初步营造出低碳经济发展氛围[3]。二是推动能源结构低碳转型。能源是协同控制的核心，发展可再生能源是成本低且有效控制大气污染物和温室气体的主要路径。同时，还有利于减少对化石能源进口的过度依赖，防范在能源安全领域出现“卡脖子”问题。三是建立绿色交通运输体系。移动源既是大气污染的主要来源之一，也是重要的温室气体排放源[4]。在现有“车—油—路”一体化的机动车污染控制策略的基础上，通过加快发展新能源汽车、加密快速交通网、装备提档升级、货运结构优化等交通组织模式创新，构建起安全、便捷、高效、绿色、经济的现代化交通运输体系，有助于实现降低空气质量、减少温室气体排放的综合效益。四是优化调整用地结构。农业生产、城市施工和工业堆场等产生的秸秆焚烧、扬尘是现阶段大气污染防治的难点。现行治理手段成本高、成效不明显。通过实施农村裸露土地治理、城镇绿化行动、加大矿山整治等用地结构调整措施，大幅增加城市绿地面积，实现减少大气污染物排放、增加生态系统碳汇和提升城市景观的协同增效。

### （三）能源转型是降碳治气的“压舱石”——矛盾的主要方面

能源结构调整是治气和降碳协同的基础。从城市排放清单来看，70%以上的大气污染物排放与生产、生活用能紧密相关；在温室气体排放中，来自能源部门的贡献占到75%左右。据有关研究测算，要达到《环境空气质量标准》提出的 $PM_{2.5}$ 浓度一级标准，即 15 $\mu g/m^3$，70%左右是能源结构调整的贡献；而要进一步达到 10 $\mu g/m^3$，能源结构调整的贡献则应在 75%以上[5]。从行业来看，电力、钢铁、工业锅炉和民用散煤等，是大气污染物排放的重要来源，也是温室气体排放大户，更是耗能大户。以能源结构调整为抓手可以取得明显的降碳治气协同效果。例如，2016—2019 年，京津冀及周边“2+26”城市通过对 1 500 万户居民实施清洁取暖改造，累计减少煤炭消耗 2 505 万 t，实现二氧化碳（$CO_2$）减排 1 749 万 t，使人口加权平均 $PM_{2.5}$ 浓度下降 10.7 $\mu g/m^3$。

当前，我国仍处于经济发展上升期，大气环境质量和单位国内生产总值 $CO_2$ 排放强度虽在持续改善和下降，但大气环境质量改善成效不稳固，同时 $CO_2$ 排放量也还未达到峰值。必须以 2030 年前碳达峰为目标，倒逼能源结构绿色低碳转型，推进一次能源结构清洁化、能源综合利用高效化，才能实现 2060 年前能源生产和消费方式根本性转变以及空气质量的根本改善。

## 二、区域、城市与行业案例分析

### （一）京津冀地区协同治理路径及成效

京津冀地区用 2%的土地面积，集中了全国 8%的人口，创造了 9.5%的地区生产总值，但同时消耗了全国 10%的能源和 7%的煤炭。京津冀地区是我国大气污染最严重、碳排放强度最高的地区之一，而煤炭燃烧是造成京津冀地区大气污染和温室气体排放的主要原因。“十三五”时期以来，京津冀地区持续推动四大结构调整，以能源转型为抓手，从源头改变以煤炭为主的能源结构，实现了降碳治气协同增效。“十三五”时期，京津冀三地空气质量实现明显改善，碳排放强度明显下降，$PM_{2.5}$ 年均浓度与单位地区生产总值 $CO_2$ 排放强度与 2015 年相比分别下降约 40%和 30%。京津冀区域协同治理工作包括四个方面[6]。

一是制定严格的控煤目标，持续减少煤炭消费量。“十三五”时期，京津冀地区煤炭消费总量较 2005 年下降 10%，区域内 35 蒸吨及以下燃煤小锅炉全面清零。同时，大力实施“煤改电”和“煤改气”计划，淘汰居民散煤使用，仅 2016 年和 2017 年，替代散煤约 1 200 万 t，占京津冀地区散煤消费量的 30%。二是科学指导过剩产能退出，积极培育战略性新兴产业。严格限制对高污染、高能耗和产能过剩行业的企业提供支持，大力发展新一代信息技术、生物、高端设备制造、新材料、新能源汽车、节能环保产业等。截至 2020 年，北京、天津和河北的战略性新兴产业产值占地区生产总值比例分别达到 30%、20%和 12%。三是大力推广新能源汽车，降低移动源燃油消耗。明确将新能源汽车增量列为政府工作目标，截至 2020 年，北京市和河北省新能源汽车保有量分别达到 40 万辆和 30 万辆，占全市（省）机动车总量的 6.5%和 1.5%。天津市也制定了在 2018—2020 年每年增加 2 万辆新能源汽车的目标。此外，各地还通过实施尾号限行政策，减轻交通拥堵，协同降低大气污染物和温室气体排放量。四是优化用地结构，提高生态系统碳汇。加大森林城市、城镇创建力度，建设城市绿道绿廊，通过实施“退工还林”，平原绿化行动、城市土地硬化和复绿、农村裸露土地治理等措施，大力提高城市建成区绿化覆盖率。截至 2020 年，北京市、天津市和河北省森林覆盖率分别达到 43.5%、55%和 35%。

### （二）深圳降碳治气协同助推高质量发展经验

深圳位于粤港澳大湾区的珠江口东岸，是中国的一线城市之一，人口密度高，经济和社会活动活跃。深圳是第一批国家低碳试点城市、碳排放权交易试点，全国首个 C40 城市气候领导联盟成员城市，也是我国环境空气质量最优的千万级人口城市。过去 10 年，深圳以低碳发展为导向，协同推进温室气体减排和空气质量改善，在经济高质量快速增长的同时，实现了碳排放强度和大气污染物排放总量的稳步下降。2020 年，深圳 $PM_{2.5}$ 的年平均浓度为 19 μg/m$^3$，大幅优于世界卫生组织第二阶段目标。同时，深圳预计到 2022 年前后达到碳排放峰值，远早于国家预计在 2030 年前达峰的目标。深圳在降碳治气协同方面的成就主要归结于两方面。

一是构建绿色能源战略体系，牢牢牵住能源这个“牛鼻子”。精准识别出交通和电力两大重点部门，制定并实施了针对性政策。早在 2013 年，深圳就宣布原则上不再新建燃煤电厂。天然气和可再生能源发电作为燃煤发电的替代品，占全市“十三五”时期总发电量的 90%以上。同时，深圳积极推动新能源汽车，公共交通和快速公交的发展成为全球新能源汽车推广规模最大城市之一。现阶段，分布式能源的快速发展正在进一步推动深圳实现低碳电力。二是发挥碳市场机制优势，倒逼城市能源结构优化。碳排放交易试点加快了落后、低碳产能的淘汰和升级。2013—2017 年，制造业企业平均碳强度由 0.43 t $CO_2$/万元下降至 0.29 t $CO_2$/万元，下降幅度接近 1/3。其中，碳排放强度最低的 5 个子行业增加值占比规模稳步提升，碳排放强度最高的 5 个子行业增加值占比显著下降，同时，碳市场的建立促进深圳市电力供应的清洁化和低碳化。2013—2017 年，全市电力结构持续优化，煤电发电量下降 7.4%，气电提高 7.2%；煤电排放强度在领先国内同类型机组的基础上进一步下降 2.5%，气电下降 8.9%，电力部门的碳排放强度整体下降 10%。

### （三）电力部门低碳转型实现降碳治气协同增效

中国拥有全球最大的电力生产部门，中国年均发电量约占全球的 1/4。电力部门一直是国家节能减排、能源结构优化的重点部门之一，在中国能源低碳转型中发挥着关键作用。自“十一五”时期开始，为应对日益严重的环境问题，国家全面实施对节能和污染物减排的协同治理，具体政策措施包括三个方面：

一是推进非化石能源开发。2006 年出台的《中华人民共和国可再生能源法》和上网电价政策极大地促进了可再生能源的大规模开发利用。受益于一系列鼓励非化石能源的政策，中国非化石能源发电机组装机容量占电力部门总装机容量的比例从 2005 年的 24.3%上升至 2018 年的 40.8%，非化石能源发电量占电力部门总发电量的比例从 18.1%增至 30.9%；火电装机容量占比从 75.7%下降为 59.2%，火电发电量占比从 81.9%下降到 69.1%。二是优化火电机组结构。2005 年，中国单机容量 10 万 kW 及以下的小火电机组共 1.15 亿 kW，占火电装机容量的近三成，小火电机组的 $SO_2$ 和烟尘排放量分别占电力部门总排放量的 35%和 52%。自 2007 年起，国家强力启动关停小火电机组工作，10 年间，全国已累计关停小火电机组 1.1 亿 kW，相当于同时期德国装机容量的 1.2 倍。另外，新建机组的容量和性能都在不断提高，截至 2018 年年底，30 万 kW 及以上火电机组占比已达到 80.1%。三是推广热电联产机组。热电联产项目最早出现在一些北方大型城市，主要集中在工业领域，后来逐渐发展到为北方居民集中供暖。2016 年和 2017 年开始推广用热电联产等清洁供暖措施替代散烧煤和低效小锅炉，既解决了供暖期大气污染严重的问题，又显著降低了能源消耗。截至“十三五”时期末，热电联产机组占火电机组的比例达到 43.6%，较 2005 年提升近 30%[7]。

## 三、四川降碳治气的政策建议

### （一）构建中长期协同战略格局，打响雪山蓝天保卫战

一是要从系统治理的角度全方位、多层次推动温室气体与大气污染物协同控制。统一谋划、统一布置、统一实施、统一检查，建立健全统筹融合的战略、规划、法规、标准、行动体系和监管督察体系。同时，在环境统计、环境影响评价、排污许可制度、“三线一单”等政策实践层面也要充分融入温室气体和大气污染物协同减排理念。二是要积极探索温室气体与大气污染物协同控制政策的创新。现有的空气质量改善政策主要集中在加严排放标准和推进电气化进程，能带来较为显著的空气质量效益，但碳减排效益较小。我们应探索碳排放达峰协同和空气质量达标的“双达”政策体系，采取兼容气候友好的大气污染防治措施，打响雪山蓝天保卫战，让天府之国常现“窗含西岭千秋雪”的旷世美景。

### （二）聚焦四大结构调整，建立协同减排政策清单

一是分类定策。在能源结构调整方面，实施能耗总量和强度“双控”，建议到 2025 年四川省单位地区生产总值能耗下降 10%。有序开发光电、氢能等可再生能源，推进川西地区风光水互补开发、打捆外送，建设全国重要可再生能源开发基地。推进康定地热发电示范，探索供热开发利用。开展水电消纳产业示范区试点，推进甘孜州、攀枝花市、雅安市、乐山市、凉山州、阿坝州发展绿色载能产业，促进绿色能源就近消纳。制定氢能发展标准规范和支持政策，构建氢能产业生态圈和应用体系。建议到 2025 年，可再生能源发电装机占总发电装机、可再生能源发电量占总发电量比例分别达到 85%、90%。在产业结构调整方面，积极构建现代工业体系建设，深入实施《“中国制造 2025”四川行动计划》，加快推动传统产业转型升级，培育壮大特色优势产业，促进制造业高端化、智能化和绿色化。建议到 2025 年，全省产业低碳化水平明显提升，战略性新兴产业增加值占地区生产总值比重达到 15%～20%。在交通运输结构调整方面，推广采用铁路、水路、管道等清洁方式运输大宗物料和产品，推进大宗货物运输“公转铁”和“公转水”，推进铁路公交化改造和运营。加快淘汰老旧落后交通工具，推广清洁能源和新能源交通工具，建设完善新能源汽车充电、加氢基础设施，提升互联互通和智能化水平。建议到 2025 年，新能源汽车新车销量占比达到 30%；单位客运周转量二氧化碳排放比 2020 年降低 5%，单位货运周转量二氧化碳排放比 2020 年降低 3%。在用地结构调整方面，实施大规模绿化全川行动，推进重点区域造林绿化，推进精准灭荒、退耕还林工程。启动长江沿岸植树造林工程，实施森林草原湿地生态屏障重点县建设。加快建设森林城市群，建

议到 2025 年，国家森林城市数量达到 15 个[8]。综上，我们基于四大结构调整梳理出对降碳治气贡献最大的措施类别清单，详见表 1。

**表 1　基于四大结构调整的降碳治气措施类别清单**

| 结构调整类别 | 措施类别 |
|---|---|
| 产业结构 | 工业提标改造、重点行业落后产能淘汰 |
| 能源结构 | 可再生能源开发（光伏、氢能等）、绿色电能替代、化石能源清洁利用、燃料清洁化替代、农村能源供应多元化 |
| 交通运输结构 | 移动源污染防治、机动车新能源替代、限购限行、铁路公交化 |
| 用地结构 | 绿化全川行动、增强林草碳汇、农业面源治理、扬尘综合整治 |

二是因地施策。城市是政策落地实施的基本单元，也是减排的关键区域。根据能源、产业、经济社会发展等综合因素，四川省 21 市（州）可分为以成都和绵阳为代表的高新技术城市；以宜宾、广安和达州为代表的能源生产型城市；以攀枝花、德阳和乐山为代表的偏重工业城市；以泸州、内江、南充、自贡等为代表的偏轻工业城市；以眉山、资阳、遂宁为代表的偏服务型城市和以雅安、三州地区和秦巴山片区（巴中、广元）为代表的前工业化型城市。结合各市（州）空气质量及温室气体排放现状与发展实际，提出各类城市协同控制政策清单，详见表 2。

三是跟踪评策。各级主管部门应综合考虑社会、经济、能源等各方面因素开展措施成本有效性分析和可行性分析，形成减排贡献大、综合成本低、切实可行的工作方案，并动态调整减排策略，建立科学的政策预评估、跟踪评估和后评估方法与体系，定期评估和优化。

### （三）提升协同治理基础能力，保障政策落地实施

一是从城市自身的定位和规划出发，统筹考虑温室气体和大气污染物的协同减排。四川省各市（州）应提出明确的温室气体减排和空气质量改善目标，作为“十四五”生态环境工作重点。成都、宜宾等典型城市可率先启动城市碳排放达峰和空气质量达标协同路径研究，编制“双达”规划。推动应对气候变化相关工作与生态环境保护体系融合，建立健全发展改革（能源）、经信、生态环境、商务、交通、住建、农业农村、林草、气象、统计等部门的信息共享、工作会商和政策协同，实现目标、政策、工作、治理等方面的协同增效。二是完善数据共享机制，夯实空气质量达标和碳达峰数据基础。排放清单是进行实现“双达”目标研究的基础。为保证数据统计口径的一致性，应当对大气污染物与温室气体排放监测、统计体系进行整合，建立起含有源分类、活动水平、排放因子、末端控制等信息的城市基础数据库。成都、绵阳、泸州、攀枝花等城市可基于现有基础，建立高分辨率城市网格化的大气污染物和 $CO_2$ 排放清单，结合清单数据和空气质量情况进行污染成因分析及各污染物的来源解析，识别减排的重点领域。三是完善相

关制度，保障政策落地实施。加强执法监管能力，深入推进网格化环境监管工作。整合碳排放交易制度和排污许可证管理等污染源管理制度，降低企业和政府管理成本。加大财政资金投入，引导和撬动更多社会资金投入大气污染防治和应对气候变化。加快构建绿色金融与气候投融资协同发展的新格局，建设四川省协同减排自主贡献重点项目库，开展气候投融资地方试点，引导和支持气候投融资地方实践[9]（表 2）。

**表 2　不同类型城市大气污染物与温室气体协同减排政策建议表**

<table>
<tr><th rowspan="2">城市类别</th><th colspan="4">政策建议</th></tr>
<tr><th>产业结构调整</th><th>能源结构调整</th><th>交通运输结构调整</th><th>用地结构调整</th></tr>
<tr><td>能源生产型城市<br>宜宾、广安、达州</td><td rowspan="2">➢ 淘汰低效、落后产能，整治“散乱污”企业<br>➢ 严控“两高”行业产能<br>➢ 严格控制燃煤项目<br>➢ 加强涉 VOCs 企业监管<br>➢ 发展节能环保低碳产业</td><td rowspan="2">➢ 加大可再生能源比重及外购电替代<br>➢ 全面关停 30 万 kW 及以下燃煤机组，设置平均供电煤耗目标<br>➢ 推动天然气（页岩气）长输管道项目建设</td><td>➢ 推广清洁能源机动车<br>➢ 严控排放标准，提高燃油经济性</td><td rowspan="5">➢ 城市工地 100%在线监控全覆盖<br>➢ 加强生态价值（碳汇）核算<br>➢ 实施绿色碳汇工程，设定城市绿地率目标</td></tr>
<tr><td>偏重工业城市<br>攀枝花、乐山、德阳</td><td>➢ 优化大宗货物运输方式，强化重型货车治理</td></tr>
<tr><td>偏轻工业城市<br>泸州、内江、南充、自贡</td><td rowspan="2">➢ 推动轻工业生产集群化，提升能效<br>➢ 优化产业布局，推行清洁生产，推动低碳工业园区和高新技术园区的建设<br>➢ 加强涉 VOCs 企业监管<br>➢ 发展节能环保低碳产业</td><td rowspan="3">➢ 推进天然气管网和储气设施建设<br>➢ 加强既有建筑节能改造，扩大绿色建筑规模<br>➢ 推广近零能耗建筑建设试点<br>➢ 提倡节能生活方式</td><td>➢ 推广清洁能源机动车</td></tr>
<tr><td>高新技术城市<br>成都、绵阳</td><td rowspan="2">➢ 加快推进清洁能源机动车替代燃油车<br>➢ 控制燃料油消费，推广可持续航空生物燃油</td></tr>
<tr><td>偏服务型城市<br>眉山、资阳、遂宁</td><td rowspan="2">➢ 大力发展低碳农业、旅游业等第三产业</td></tr>
<tr><td>前工业化型城市<br>雅安、巴中、广元、三州地区</td><td>➢ 设置农村清洁取暖目标<br>➢ 进行民用节能炉灶改造和房屋节能改造</td><td>➢ 加强农业机械排放和能耗标准，推广清洁能源农业机械</td><td>➢ 推广农业废弃物资源化利用</td></tr>
</table>

## 参考文献

[1] 邢有凯，毛显强，冯相昭，等. 城市蓝天保卫战行动协同控制局地大气污染物和温室气体效果评估——以唐山市为例[J]. 中国环境管理，2020，12（4）：20-28.

[2] 王灿，邓红梅，郭凯迪，等. 温室气体和空气污染物协同治理研究展望[J]. 中国环境管理，2020，12（4）：5-12.

[3] 王金南，宁淼，严刚，等. 实施气候友好的大气污染防治战略[J]. 中国软科学，2010（10）：28-36.

[4] 谭琦璐，温宗国，杨宏伟. 控制温室气体和大气污染物的协同效应研究评述及建议[J]. 环境保护，2018，46（24）：51-57.

[5] 郑佳佳，孙星，张牧吟，等. 温室气体减排与大气污染控制的协同效应——国内外研究综述[J]. 生态经济，2015，31（11）：133-137.

[6] 吴建平，李彦，杨小力. 促进温室气体和大气污染物协同控制的建议[J]. 中国经贸导刊（中），2019，8：39-41.

[7] 牛彤. 中国工业大气污染物和二氧化碳协同减排研究[D]. 太原：太原理工大学，2019.

[8] 王军锋，贺姝峒，李淑文，等. 我国省级温室气体和大气污染排放协同性及空间差异性研究[J]. 生态经济，2017，33（7）：156-160.

[9] 冯相昭，王敏，梁启迪. 机构改革新形势下加强污染物与温室气体协同控制的对策研究[J]. 环境与可持续发展，2020，45（1）：146-149.

# 强化河（湖）长制背景下岷江流域保护与发展的对策建议

**摘　要：**回顾总结了岷江流域河（湖）长制主要工作内容、成效和存在的问题，结合党的十九届五中全会和四川省委十一届八次全会“强化河（湖）长制”的政策要求，从强化各级河湖长履职尽责、坚持“三水统筹、系统治理”、统筹协调保护与发展方面提出了岷江流域生态环境高水平保护助推经济社会高质量发展的建议。

**关键词：**河（湖）长制；高水平保护；高质量发展；生态价值

2016 年、2017 年，中共中央办公厅、国务院办公厅先后印发了《关于全面推行河长制的意见》《关于在湖泊实施湖长制的指导意见》，确定了全面推行河（湖）长制的任务表、路线图[1]。截至 2018 年 6 月底，全国 31 个省（区、市）全面建立河长制，形成了党政主导、水利牵头、部门联动、社会共治的河湖管理保护新格局，河湖面貌实现历史性改变。2020 年全国地表水Ⅰ～Ⅲ类水水质断面比例达到 83.4%，比 2016 年上升 15.6%。为了进一步巩固河湖治理成果，《中华人民共和国国民经济和社会发展第十四个五年规划和 2035 年远景目标纲要》提出，“完善河湖管理保护机制，强化河长制、湖长制”。《中共中央　国务院关于深入打好污染防治攻坚战的意见》进一步将“充分发挥河长制、湖长制作用”作为深入打好碧水保卫战的一项重要内容。

岷江流域是四川省重要的经济、政治、文化腹地，以全省 9%的土地面积支撑全省 20%的人口和 36%的 GDP，并每年将 1/3 的水资源补给沱江。岷江作为长江上游重要的生态屏障和水源涵养地，对全省水源涵养、水环境安全和水生态环境保护有着极其重要的战略地位，关乎整个流域生态环境安全、人民群众福祉、流域及全省经济社会长远发展[2,3]。目前，岷江流域仍存在水环境改善成效不够稳固、生态流量难以稳定保障、水生态系统损坏较为严重、水环境风险隐患高、岸线管理保护矛盾突出等问题，为了实现岷江流域生态环境高水平保护，以助推流域经济社会高质量发展，需要进一步强化河（湖）长制的推动作用。

## 一、岷江流域河（湖）长制工作内容及成效

岷江流域自推行河（湖）长制以来，通过采取压实责任、创新工作方法等多项措施，取得了明显的成效。主要措施有：

### （一）压实各级政府主体责任

省级河长高度重视岷江河（湖）长制工作，多次现场巡河、听取工作推进情况汇报并做出要求，高位推进重点项目的落实。充分发挥省级河长联络员单位审计厅的审计监督职能优势，将河长制工作落实情况纳入长江经济带环保审计内容，在年度经责审计、扶贫审计等专项审计中持续关注，实现审计监督和河长制工作双重“全覆盖”。

### （二）建立多方联动的工作机制

岷江流域上下游城市间共同签订《四川省岷江流域突发环境事件联防联控框架协议》，定期召开联席会议，统一区域环境执法尺度，高效推动流域突发环境事件应急处置工作。成立“岷江流域生态环境资源保护检察联盟”，签署《岷江流域生态环境资源保护检察联盟协作配合机制》《岷江流域生态环境资源保护“8+2”司法协作框架协议》，建立跨区域生态环境司法保护协作机制、多元化协同机制，构建岷江流域生态环境保护法治“立体网”。

### （三）攻克制约水质达标的难点

通过采取水质达标攻坚行动、现场技术会商、总河长会、水质达标推进会等多项举措，发挥政策、技术、管理等方面的统筹优势，系统推动断面水质达标。通过“消劣”“三磷”整治、黑臭水体治理、重点小流域挂牌督办等重点任务的开展，解决了流域水质达标的关键“瓶颈”问题。

取得的工作成效有：

**1．坚决打好污染防治攻坚战，确保“一江清水向东流”**

河长制实施以来，岷江流域水污染防治攻坚取得明显成效，水环境质量逐年好转，相比“十三五”初期，岷江流域 21 个国（省）考断面 2020 年达到（或优于）Ⅲ类水质比例提升了 42.9 个百分点，11 个国考断面水质优良率达 100%。其中岷江干流阿坝、成都段水质提升到Ⅱ类及以上，毛河、新津南河等重污染小流域水质改善到Ⅲ类，7 个劣Ⅴ类断面全面消除，37 个城市黑臭水体全部完成整治并进一步巩固了治理成效。

**2．水生态环境保护新格局基本构建，各级河长发挥治水实效**

健全了流域水污染防治联席会议、水环境形势分析等制度，管水治水责任不断压实，“党委领导、政府负责、社会协同、公众参与、法治保障”的流域水生态环境治理体制

逐步完善。流域共设五级河湖长 12 000 余名，各级河长巡河问河 161.76 万次，发现问题 5.83 万个，问题整改率达到 99.5%，有效推动了流域水质持续好转。

**3. 多元投入机制逐步健全，水污染防治资金得到有效保障**

流域有关部门充分发挥财政资金杠杆作用，采取 PPP 等方式撬动社会资本参与流域治理，2017 年以来投入约 140 亿元完成了污水处理设施建设、黑臭水体整治、饮用水安全保障等 600 多个水生态环境保护项目，其中企业、社会资本占总投入的 95%。同时，深化实施岷江流域横向生态补偿机制，累计安排奖励资金 3.56 亿元，5 市（州）累计筹集资金 12.7 亿元，用于流域生态环境保护。

## 二、岷江流域水生态环境保护存在的问题

### （一）碧水保卫战成果不够稳固

岷江上游松潘县大姓乡、黑水县慈坝乡、理县杂谷脑镇等乡镇或居民聚集点生活污水及生活垃圾处理设施缺乏；中游内江黄堰河、栏杆堰等支流管网设施尚未完全配套，外江杨柳河流域、邛崃工业园区等污水处理设施运行不稳定或处理能力不足，彭山区、青神县、井研县等城乡污水处理设施配套管网不完善；下游屏山县工业园区污水处理设施及配套管网仍有短板。流域内新津南河、体泉河、茫溪河等重点小流域水质依然难以稳定达标。

### （二）河湖生态流量难以稳定保障

岷江上游水电开发是我国水电开发起步最早的流域，采用引水式开发的水电站数量多，干流枯水期河道减脱水总长度达到 50 km 以上、一级支流杂谷脑河减脱水河道总长度达到约 80 km[4]；中游成都市、眉山市水资源缺乏，再生水利用设施和配套管网建设滞后。毛河、体泉河河道生态流量不足且生态补水水质较差。成都平原工业用水效率、企业循环水利用率均不高，农田灌溉水有效利用系数低于全国平均水平；下游茫溪河水资源匮乏、年内分布极为不均且开发利用率高达 32%，河流生态用水不足[5]。

### （三）流域水生态环境现状堪忧

上游松潘县归化沟、漳腊河等河道采砂、沿河建筑挤占河流生态空间的情形依然存在，茂县松坪沟、理县杂木沟等支流在雨季水土流失问题较为严重，河岸植被、水生生物生境遭到不同程度的破坏；中游府河、新津南河、毛河、思蒙河、体泉河等小流域河道多处硬化，水生态脆弱，河流自净能力不足；下游茫溪河、龙溪河等河流原有生态系统受到破坏且未采取有效的修复措施。成都市向阳水库、长滩水库，眉山市两河口水库、黄连埂水库，乐山市毛坝水库、山珍水库为轻度至中度富营养化状态。

### （四）流域水环境风险隐患高

岷江上游主要道路沿江而建，都汶高速穿紫坪铺水库而过；中游分布有25个工业园区，包含眉山金象化工产业园区、成眉石化园区、泡菜产业园区等中高风险园区；下游分布有9个工业园区，包含乐山盐磷化工循环产业园区、马边磷化工特色工业集中区、宜宾宋家坝工业园区、五粮液产业园区等中高风险园区；此外，岷江流域还分布有600多座污水处理设施。化工企业安全事故、危化品运输、污水处理设施超标排放等带来了点多面广的水环境风险隐患。

### （五）岸线保护利用矛盾突出

岷江流域局部地区存在岸线过度开发现象，对防洪、河势、供水、航运和生态环境造成一定影响；岷江中游干流河道可采区部分江段存在非法采砂或不按照许可的范围、总量和时间进行采砂，以及采砂作业完成后未按要求对采区进行清理平整。干流主河道存在乱建围堰、滩涂地零星种植蔬菜作物等侵占行洪断面现象；下游依然存在挖砂采石破坏航道及航道设施现象。此外，部分工业、生活入河排污口位于长江上游珍稀特有鱼类国家级自然保护区实验区或缓冲区内，对鱼类的洄游、繁殖造成一定的影响。

## 三、岷江流域以生态环境高水平保护助推经济社会高质量发展的建议

### （一）强化河长、湖长履职尽责，确保岷江河（湖）长制工作落地见效

#### 1. 加强监督考核，确保各级河长、湖长履职尽责

研究出台岷江流域（或省级）河（湖）长制工作考核激励办法，明确考核对象、原则、内容、方式、程序、结果运用、责任追究等内容，明确激励表彰原则、表彰范围、表彰类型、评选条件、表彰程序、奖励形式和标准等内容，建立倒逼与正向激励充分结合的河（湖）长制工作机制。研究出台岷江流域（或省级）河（湖）长制暗访督察办法，推动河长制工作督察与省级环保督察充分结合，以暗访督察工作督促各级河长湖长和有关部门履好职、尽好责。探索在县级以下实行基层污染源和“四乱”的“网格化”监督管理制度，把上下游、左右岸相关的河长责任捆在一起，发挥相互监督、相互促进的积极作用。

#### 2. 加强责任落实，确保相关职能部门各司其职

省、市、县三级政府要以河（湖）长制为抓手，进一步细化河（湖）长制“六大任务”，完善河（湖）长制各联络员单位和相关职能部门责任清单，明确河（湖）长制工作年度目标、责任和分工，推动联络员单位与住建、农业、生态环境、水利、经信等相关部门形成一套统筹协调、相互配合、相互保障支撑的工作机制，形成河湖管理保护合

力。针对河长制工作中的问题，自上而下和自下而上相结合，发挥基层河长在河长制工作中的主体作用，实现“村镇吹哨，部门报到”的共治格局，乡村两级河长发现问题，集体研究以后可以直接要求上级部门解决，将河长制工作由部门之治转变为基层党政共治，真正破解“九龙治水”的难题。

**3．突出规划引领，确保“一河一策”管用好用**

岷江流域省级及各市（州）一河（湖）一策管理保护方案应与省、市（州）重点流域水生态环境保护“十四五”规划充分衔接，确保目标、任务的协调性、一致性和可达性。“一河一策”管理保护方案编制要体现流域整体“好水稳定在好，差水持续变好”的目标导向，深入一线开展调查研究，搞清楚问题、症结、对策、落实“四个在哪里”，做到有的放矢、精准施治[6]。强化对“一河一策”管理保护方案年度目标、措施及责任清单实施情况的督导调度，全力推动“一河一策”落地见效。

**4．加强公众参与，确保美丽河湖共建共享**

正确引导和鼓励全民参与，逐渐形成“共商、共治、共建、共管、共享、共赢”的河（湖）长制管理模式。民间河长要登记造册、统一管理、有序调度，明确相应的职责和禁止行为并组织相关业务培训，有效弥补行政河长巡查频次有限、河道信息掌握不及时的短板。鼓励流域各区县与省内高校、科研院所充分对接选任技术河长，并依托岷江流域生态环境规划所、各技术联盟单位的政策与专业优势，共解河湖治理技术难题。发挥志愿组织、媒体记者、公益团体、社会监督员等各类公众参与主体在环境保护中的积极性及监督职能，使得公众在充分表达自己利益诉求的同时，河（湖）长制建设获得更广泛的参与。

### （二）“三水统筹、系统治理”，实现岷江流域生态环境高水平保护

**1．持续改善水环境质量**

力争通过3年时间，基本实现“十四五”新增设的15个国家考核断面水质达标。在国考断面稳定达标的基础上，“十四五”期间实现岷江流域61个国家、省级考核断面水质全面达标。突出解决成都市府河流域污水溢流问题，巩固黄龙溪治理成效，实现锦江长治久清。持续开展通济堰、蒲江河等重点小流域污染防治攻坚，实行挂牌督办、限期达标。开展农村面源污染防治和乡镇污水处理设施达标运维专项行动，着力解决流域农业农村污染等突出问题。

**2．加强河湖生态水量保障**

落实岷江流域干流及3条重要支流9个控制断面的生态流量保障目标，统筹生活、生产和生态用水需求，加强对各断面上游水利水电工程最小下泄流量和河道外取水户监管。通过对流域干支流水库、水电站、航电枢纽等重要取用水工程的调度管理，实现流域水资源的统一调度。实施成都市桤木河、眉山市思蒙河—橘橙湖、乐山市“岷茫连通”等水系连通工程，推动“引大济岷”“长征渠”、毗河供水二期等重大跨流域输配水工程建设。

3．稳步实施水生态修复

加强河道滩地、堤防和河岸生态保护和水土保持，采用近自然岸堤、生态混凝土、石笼护岸、栅栏护岸等技术对滨河（湖）岸带进行生态化改造。恢复水生动植物，鼓励采取种群恢复与控制、放流增殖、构建复合水生生态系统等技术，促进水生生物多样性保护。构建天府绿道体系，实施锦江公园及城市公园水体水生态提升行动，加强对大瓦山国家湿地公园的保护与修复。制定流域土著鱼类和土著水生植物恢复计划，逐步恢复水生生物多样性，构建水生态监测长效监督管理机制。

4．防范突发水环境风险

开展流域突发环境事件风险评估试点，实现风险源、敏感目标、事件情景“一张图”的流域突发环境事件应急处置策略。完善化工、泡菜、酿酒等重点行业及企业突发环境事件风险评估制度，推进突发环境事件风险分类分级管理，严格重大突发环境事件风险企业监管。重点针对体泉河、思蒙河、毛河、茫溪河、龙溪河等小流域开展底泥重金属累积性风险评估。加强危化品和危险废物运输环境安全管理，强化公安、消防、水利、交通运输、应急管理、生态环境等部门的应急联动。

### （三）统筹协调保护与发展，努力实现岷江流域经济社会高质量发展

1．坚持把水资源作为最大的刚性约束

坚持以水定产、以水定城、以水定地、以水定人，合理规划人口、城市和产业发展，坚定走绿色、可持续的高质量发展之路。上游要统筹推进山水林田湖草系统治理、源头治理，大力保护修复生态系统，不断提高水源涵养能力；中下游要转变用水方式，全面实施节水控水行动，在都江堰灌区实施渠系防渗改造并推广高效节水技术，推广工业园区串联用水和企业中水回用、废污水“零排放”等节水技术，在成都、眉山建设节水型城市。

2．发挥生态环境保护的倒逼作用

推动“三线一单”工作落地落实，科学限定各类空间利用格局和开发强度，规范各环境管控单元开发行为和准入要求，为流域区域高质量发展画框子、定规则、列清单；通过淘汰污染重、能耗高、技术水平低的企业，推动绿色生态产业加快发展，推动传统产业优化升级，推动供给侧结构性改革；严格环境督察执法，实施工业污染源全面达标排放计划，着力整治“散乱污”企业，促进合法合规企业生产负荷和效益不断提升，有效解决“劣币驱逐良币”的问题，营造公平竞争的市场环境。

3．推动流域生态保护产业发展壮大

培育经济发展新动能，推行碳排放权、排污权、水权交易制度，建立吸引社会资本投入生态环境保护的市场化机制，推行环境污染第三方治理，构建绿色科技创新体系，发展绿色金融，壮大节能环保产业、清洁生产产业、清洁能源产业，逐步把生态环保产业培育为流域一大支柱产业。“十四五”期间，流域 5 市在基础设施建设、水生态保护

修复、农业农村面源污染防治、水资源优化调度等方面规划了超过 400 亿元的重点项目，将有效推动流域生态环保产业的发展。

**4．探索“绿水青山就是金山银山”理念在流域落地见效**

上游阿坝州生态系统生产总值超过 1 万亿元，水源涵养价值超 2 000 亿元，但“绿水青山就是金山银山”的广义转化率（GDP 与 GEP 的比值）仅为 2.8%，应重点探索“生态补偿型”“绿色银行型”“市场驱动型”3 种转化路径模式。中游成都市正在加快建设践行新发展理念的公园城市示范区，以“绿道+”模式、传统农业“接二连三”产业链延伸等多种形式推动生态价值转化。中下游的眉山、乐山、宜宾 3 市，具有丰富的旅游资源和生态资源，应重点探索“山歌水经型”“复合业态型”“品牌引领型”3 种转化路径模式。

## 参考文献

[1] 李国英. 强化河湖长制 建设幸福河湖[J]. 中国水利，2021，929（23）：1-2.

[2] 刘颖，邓伟，送学茜，等. 基于地形起伏度的山区人口密度修正——以岷江上游为例[J]. 地理科学，2015，35（4）：464-470.

[3] 祝聪，彭文甫，张丽芳，等. 2006—2016 年岷江上游植被覆盖度时空变化及驱动力[J]. 生态学报，2019，39（5）：1583-1594.

[4] 穆羽，徐佩，傅斌，等. 岷江上游水电开发对河道减脱水的影响研究[J]. 人民长江，2015，46（7）：67-71.

[5] 凌冰，刘晓波，黄伟，等. 基于水文模型的缺资料流域缺水特征分析——以岷江茫溪河流域为例[J]. 环境工程技术学报，2021，11（2）：241-248.

[6] 张振，陈思锦. 长江经济带生态环境保护发生转折性变化 经济社会发展取得历史性成就[J]. 中国经贸导刊，2021（2）：7.

# 应对气候变化督察风险点分析及相关工作和政策建议

**摘　要：**即将启动的第二轮第三批中央生态环境保护督察将聚焦应对气候变化、生物多样性保护、长江"十年禁渔"等重大任务，包括四川省在内的被督察地方成为关注焦点。在碳达峰、碳中和目标下，应对气候变化已与环境污染治理、生态保护修复、核与辐射安全、能源安全等共同构成新时期生态环境保护的重要组成部分。通过"督察利剑"等政策工具推动应对气候变化已成为促进碳达峰、产业升级和高质量发展的内在要求。本文总结了第二轮第二批督察的相关意见，梳理出三大督察重点：一是关键指标目标完成情况；二是政策措施的实施情况；三是碳达峰、碳中和工作的推进情况。在总结四川省应对气候变化工作成效的基础上，本文还分析了四大风险：制度政策不健全、降碳形势不乐观、工作布局与推进问题、能力建设薄弱。针对这些风险，提出了树立全省意识、预警管控、衔接协调、加强工作汇报、将降碳要求纳入政策等建议。

**关键词：**生态环境保护督察；应对气候变化；政策工具；碳达峰；风险评估

## 一、中央生态环境督察形势和要求分析

### （一）中央生态环境保护督察制度

党的十八大以来，以习近平同志为核心的党中央高度重视生态文明建设和生态环境保护，将生态文明建设纳入中国特色社会主义"五位一体"总体布局和"四个全面"战略布局。建立并实施中央生态环境保护督察制度是习近平生态文明思想的重要内涵。习近平总书记高度重视中央生态环境保护督察工作，亲自倡导并推动这一重大改革举措。第一轮督察自 2015 年年底开始，2017 年结束，对全国 31 个省（区、市）和新疆生产建设兵团全覆盖，并于 2018 年分两批对 20 个省（区、市）开展"回头看"，同步实施专项督察。第二轮督察自 2019 年起，已实施两个批次，拟于 2021 年内完成全覆盖，并于 2022 年开展"回头看"。根据安排，拟于 2021 年第二季度启动第二轮第三批中央生态环境保护督察，四川省将于 2021 年下半年接受第二轮督察[1]。

与第一轮相比，第二轮督察有一些新变化。在督察对象上，将有关中央企业纳入了

督察对象范围，对国务院有关部门开展探讨式督察；在督察内容上，聚焦污染防治攻坚战、“山水林田湖草”生命共同体，把应对气候变化、生物多样性保护、长江禁渔等纳入督察重点；在督察方式上，进一步强化宣传工作，强化典型案例的发布，并采用一些新技术、新方法来提高督察效能。

2021 年，生态环境部《关于统筹和加强应对气候变化与生态环境保护相关工作的指导意见》（环综合〔2021〕4 号）提出，推动将应对气候变化相关工作存在的突出问题、碳达峰目标任务落实情况等纳入生态环境保护督察范畴，作为生态环境相关考核体系的重要内容，加大对应对气候变化工作的考核力度。《省级二氧化碳排放达峰行动方案编制指南》（环办气候函〔2021〕85 号）也明确，将提出和落实达峰目标纳入生态环境保护督察，持续推动达峰相关政策落实[2]。

### （二）第二轮第二批中央生态环境督察反馈情况

2021 年 2 月，中央生态环境督察组陆续向 3 个省（市）、2 个部委、2 家央企反馈第二轮第二批督察意见。

在涉及应对气候变化工作领域，中央生态环境保护督察组向天津市反馈指出：在煤炭消耗量较大的情况下，有关部门不顾国家煤电规划建设风险红色预警，先后投运 3 台煤电机组，外受电比例从 2017 年的 26.04%下降至 2019 年的 23.39%，在京津冀地区垫底；全市六大高耗能产业在第二产业中的比重由 2017 年的 33.5%上升至 2019 年的 35.4%；在提前完成“十三五”煤炭消费量控制目标后，工作力度减弱，不再下达减煤任务，2019 年除 9 家主力燃煤电厂外，其他规模以上企业煤炭消费量较 2018 年增加 44.06 万 t；未严格管控供热企业煤炭消耗情况，仅简单汇总统计，数据严重失真，部分企业弄虚作假，伪造台账应付督察；放松要求、把关不严，集中供热半径 15 km 范围内大量燃煤锅炉应关未关[3]。

向浙江反馈时指出：部分地方违反规划要求，为使建设项目合规，调减森林公园规划范围；部分地方在省级以上公益林、生态保护红线、高山顶部等禁止选址范围违规立项审批涉林造地项目，导致大量林地破坏，省市两级自然资源部门验收把关不严。

向北京反馈时指出：对市级自然保护区建设和保护重视不够，划定的 12 处市级自然保护区有 10 处缺少总体规划保护区，一些地方生态保护红线管控意识淡薄，自然保护区核心区、缓冲区内存在违规项目；有关部门及属地政府对企业违法行为长期未予重视，破坏国家级公益林。

向国家能源局反馈时指出：在发挥规划引领和政策推动上不够，在煤电项目布局中体现煤电基地建设导向不够，导致“该建的没建、不该建的建了”，大气污染防治重点区域中 12 省（市）煤电装机仍在增加，能源产业更密集地布局于大气污染防治重点区域，14 条相关输电通道中 2 条通道输送可再生能源比例不足 1%；在相关审批和把关工作中不严谨，一些地方在产能置换、淘汰落后、上马火电等工作中，或产能指标重复使用，或应淘汰设施未淘汰，或没有落实煤炭等量替代要求；在工作推动上不力，计划2018年出台的《燃煤自备电厂规范建设和运行专项治理方案》迄今仍未出台，一些大气污染防治重点地区仍建设自备电厂，输电通道建设滞后，截至2019年年底，京津冀和长三角地区接受外送电比例分别仅比2017年提高4.1个百分点和2.7个百分点，比例上升不明显；在提出能源法建议稿及送审稿时，对促进能源清洁低碳转型发展等方面聚焦不够，电力法修订过程也存在体现中央最新生态环境保护要求不够等问题。

向国家林业和草原局反馈时指出：一些政策制度建设滞后、体现生态优先不够，《林业自然保护区监督管理办法》《自然保护区生态旅游监管办法》迟迟未出台，推动湿地保护、自然保护地等领域法律法规建设缓慢；习惯“地方上报、部门审核”的传统工作模式，在政策顶层设计和工作总体谋划上做得不够，自然保护地整合优化工作缺乏总体目标设计，造成全国各地上报的自然保护地调整情况不平衡、不协调，一些地区甚至借机为项目开发让路[4]；在湿地保护方面欠缺系统性谋划、基础性工作严重滞后，相关保护规划标准和正负面清单制度不完善，分级分类管理制度没有落实，大量有重要生态价值的湿地长期游离在有效保护范围外，一些生态价值很高的湿地由于没有纳入保护范畴而被破坏，对侵占湿地公园的备案工作缺少程序规定和管理要求，对湿地公园调整审批工作失之于宽、软，一些滨海、滨河、滨湖湿地被侵占蚕食；在自然保护区方面，规划编制普遍滞后，对一些重要保护区规划编制情况不了解，日常管理粗放，分类管理研究不够，精细化管理措施不到位，动态监测不力[5,6]；对毁坏林地、破坏草原、侵占自然保护地等林草领域突出问题和监管难点，强调客观因素多，反思主观问题少，没有从创新工作机制和监管方法等方面谋出路，有关问题长期得不到有效解决。

对中国铝业集团有限公司反馈时指出：在“十三五”规划中明确提出主导产品节能减排等绿色发展指标保持国内领先的目标，但实际用力不足，主要产品能耗距离行业先进水平仍有较大差距；下属企业违法占用林地问题突出，越界开采，造成林地和植被破坏。

对中国建材集团有限公司反馈时指出：西南水泥有限公司结构调整工作严重滞后，成员企业水泥熟料生产线普遍存在工艺落后、超标排放等问题，大多未按属地要求退出市场或改造升级；部分企业产能置换方案一变再变、一拖再拖，至今仍未完成，新项目投运后，替代产能仍在违规生产[7]。

### （三）应对气候变化重点督察领域

一是应对气候变化关键指标目标（碳排放总量和强度）完成情况。重点关注“十三五”和2020年单位GDP二氧化碳排放约束性目标及控煤量、清洁能源和非化石能源（主要是煤炭和天然气）在一次能源消费中的占比、单位地区生产总值能耗下降率、单位工业增加值能耗下降率、新建绿色建筑比率、建筑节能改造面积、新能源汽车在政府部门及公共机构中的比例、城市公交出行分担比率、森林草原覆盖率、“三化”草原治理率、自然湿地有效保护率、可治理沙化土地治理率、岩溶区综合治理面积等相关关键支撑指标完成情况。二是应对气候变化政策措施落实情况。对照《四川省应对气候变化规划（2014—2020年）》《四川省控制温室气体排放工作方案》及相关政策文件，重点关注产业和能源结构优化、能源消耗总量和强度“双控”、煤炭消费总量控制、可再生能源开发消纳、林草湿地碳汇和使用审批、绿色生活方式、适应气候变化、碳市场建设、组织领导、试点示范、统计核算制度落实、科技支撑、能力建设、资金投入等重点工作，成都和广元还应重点关注国家低碳城市试点要求对标落实情况。三是碳达峰、碳中和工作贯彻推进情况。关注重点城市碳达峰行动方案编制和部署推动，高耗能高排放项目布局准入，重点区域、行业、领域碳达峰情况，特别是已明确承诺或提出碳达峰的重点区域和重点行业。

## 二、四川省应对气候变化工作成效

### （一）约束性目标超额完成

“十三五”时期以来，四川省持续深化供给侧结构性改革，大力推进国家清洁能源示范省建设，培育壮大绿色低碳产业，低碳转型取得阶段性成效。“十三五”前四年，在GDP年均增长7.8%、城镇化率年均提高1.5个百分点、能源消费年均增长3.2%的情况下，全省化石能源消费产生的碳排放略有增长，稳定在2.8亿t左右；单位GDP二氧化碳排放（碳排放强度）由2015年的0.92 t/万元下降到2019年的0.68 t/万元，累计下降26%。初步核算，2020年碳排放强度下降1%左右，超额完成“十三五”下降19.5%的约束性目标。攀枝花、眉山、资阳、自贡、南充等地区碳排放强度降幅超过30%，攀枝花、眉山碳排放总量持续下降。

### （二）应对气候变化大格局初步构建

推动应对气候变化职责平稳有序划转，调整优化省级和市（州）两级应对气候变化议事协调机构，发挥省节能减排及应对气候变化工作领导小组办公室牵头作用，加强数据共享和信息通报，常态化召开领导小组会议、全省应对气候变化工作推进会、降碳形势会商会，推动横向、纵向“双向”发力。将碳排放控制约束性指标纳入省级生态环境保护督察和生态环境保护党政同责、污染防治攻坚战成效、省政府目标绩效等评价考核体系，持续开展市（州）控制温室气体排放目标责任评价[8]。

### （三）能源碳强度显著下降

有序推进金沙江、雅砻江和大渡河“三江”水电基地建设，水电装机量稳居全国第一，可再生能源电力装机量、发电量占比均达80%以上，基本建成全国最大清洁能源基地。能源消费结构持续优化，2019 年可再生能源电力消纳量达 2 139 亿 kW·h，占全社会用电量的 81%，非化石能源消费占比提升至 35.9%，高于全国 20 个百分点。“十三五”前四年煤炭消费年均减少 3.2%，占能源消费总量比重降至 30%以下。能源利用效率大幅提升，“十三五”能耗强度下降超过 17%，完成能源消耗总量和强度控制目标。四川省单位能源消耗二氧化碳排放从 2015 年的 1.53 t/t 标准煤逐年降至 2019 年的 1.35 t/t 标准煤，累计下降 12%。煤炭占能源消费产生二氧化碳排放的占比已由 63.7%降至 54.9%，减少 8.8 个百分点。

### （四）产业结构调整初见成效

深化供给侧结构性改革，关停落后煤电机组 17 台、装机 170 万 kW，四川省 10 蒸吨/小时及以下燃煤小锅炉基本淘汰。积极构建电子信息、装备制造、食品饮料、先进材料、能源化工和数字经济“5+1”现代产业体系。培育壮大节能环保、清洁能源、新能源汽车等低碳产业，工业余热回收锅炉等特色产品国内市场占有率超过 30%，碲化镉发电玻璃研发应用取得突破，全球规模最大太阳能晶硅电池生产基地建成。大力发展生态文化旅游等现代服务业，第三产业增加值由 2015 年的 40.3%提高到 2020 年的 52.4%，产业结构持续优化。

### （五）自然空间碳汇明显增强

优化国土空间开发格局，建设绿色盆地和生态高原。以川滇、秦巴、大小凉山等重点生态功能区为主战场，实施大规模绿化全川行动，扎实推进天保工程、退耕还林等重大生态工程，加快推进大熊猫国家公园建设，初步形成“四区八带”多点（块）生态安全战略格局。启动实施森林碳汇产业扶贫技术集成与示范工程。“十三五”前四年完成营造林超过 4 000 万亩。截至 2019 年年底，四川省林木蓄积量达 18.97 亿 $m^3$，森林覆盖率、草原综合植被盖度分别达 39.6%、85.6%。2018 年，林业碳汇量达 4 855 万 t[9]。

### （六）外输绿能量质提升

截至 2019 年年底，四川水电全口径外送电量累计突破 1 万亿 kW·h，达到 10 093 亿 kW·h，相当于 10 个三峡水电站的年发电量。据测算，自 1998 年四川电网开始向省外送电起，四川外送的清洁电能相当于为华东、华中地区累计减少电煤消耗约 4 亿 t，减排二氧化碳约 10 亿 t、二氧化硫约 800 万 t、氮氧化物约 150 万 t。“十三五”期间，全省水电外送电量累计达 6 698 亿 kW·h，为我国东部地区节约燃煤超 2 亿 t，减少二氧化碳排放约 7 亿 t。“十三五”累计外输天然气 490 亿 $m^3$。

### （七）国家试点示范有新突破

作为第三批低碳城市试点，成都市创新实施低碳城市建设“636”工程，加快构建绿色低碳产业、能源、城市、碳汇、消费和制度体系，首创提出面向公众和企事业的“双路径”激励机制——“碳惠天府”碳普惠机制，创新开展出口产品认证，制定《成都市绿色低碳产业功能区（试点）培育标准》，统筹开展绿色低碳示范单位创建。广元市深化国家低碳城市和气候适应型城市建设“双试点”，大力发展可再生能源和生态农业，建设循环产业园区和低碳景区，开展气候变化影响评估，完善城市灾害风险综合管理系统。

### （八）市场机制稳步推进

积极参与全国碳市场建设，持续开展 250 余家重点企业碳排放监测、核算报告与核查，促进企业主动适应全国碳市场。自 2018 年起，连续开展企事业单位温室气体排放信息披露，2020 年碳披露主体实现进一步拓展，涵盖八大重点排放行业和公共机构，200 多家企事业单位披露温室气体 2.2 亿 t 二氧化碳当量，披露主体数居全国第一。稳定运行温室气体自愿减排（CCER）交易市场，截至 2020 年年底，累计成交 CCER 约 1 600 万 t，单边成交金额突破 1 亿元，居全国第四。

### （九）基础能力建设有序推进

举办省直机关应对气候变化形势报告会、培训班、新闻通报会、座谈会，发布《应对气候变化：四川在行动》、应对气候变化 10 大事件、绿色低碳发展 25 个优良案例，编印四川省应对气候变化工作手册，发布全国首份基层生态环境部门应对气候变化工作指南，摄制《世界议题　四川奉献》宣传片。培育研究机构和专家队伍，依托各类机构成立碳中和技术创新中心、能源与气候变化研究中心、碳中和研究所。拓展对外交流合作，参加第二届城市低碳发展国际论坛、中国城市碳排放达峰和低碳发展研讨会，举办四川省林业碳汇国际研讨会，深化与清华大学、国家气候战略中心等相关机构的合作。

## 三、生态环境保护督察主要风险点

### （一）应对气候变化制度和政策体系不健全

应对气候变化制度建设滞后，尚无专门针对应对气候变化的地方性法规、政府规章和有效的规范性文件。行业部门气候行动、非二氧化碳温室气体管控、试点示范、科技支撑、气候投融资等方面政策存在明显短板。国家发展改革委等九部门印发的《国家适应气候变化战略》要求，各省（区、市）应对气候变化主管部门编制省级适应气候变化方案并会同有关部门组织实施。四川省虽开展了相关研究和方案编制，但未出台行动方案，适应气候变化推动力度不够。应对气候变化统计制度出台后执行难，现有产业、建筑、交通等行业能耗和碳排放监测、统计核算较为薄弱。

### （二）部分地区和领域降碳形势不容乐观

“十三五”以来，四川省碳排放强度降幅由 2016 年的 9.89%逐年下降到 2019 年的 3.84%。全省发展不平衡不充分问题突出，总体仍处于城镇化、工业化加速期，城镇化率比全国低 7 个百分点，人均 GDP 为全国的 79%。此外，全省工业重化工占比较高，六大高耗能行业能耗占比持续走高，钢铁、建材、焦炭、石化、化工等传统重化工“高碳锁定”积重难返；高比例可再生能源电力系统下，煤电压减难度加大甚至出现反弹。一些地区产业和能源结构调整缓慢，凉山州碳排放强度不降反升，成都、泸州、绵阳、遂宁、乐山、达州等地区 2020 年碳排放强度反弹风险大。此外，经济复苏和建设中国“气大庆”背景下，一些地区存在上马天然气发电、焦炭、水泥、化工等化石能源密集型产业项目的冲动[10]。

### （三）重点工作布局与推进存在阻力

推进碳排放达峰、省级低碳建设和适应气候变化试点、气候投融资、近零碳示范、甲烷减排、基础研究等工作与先进省份差距较大。初步了解，一些行业部门和地区在“十三五”能源、工业、建筑、交通等相关降碳政策落实存在差距，一些关联目标指标未完成，如“十三五”期间四川省单位供电煤耗、电网网损率等指标不降反升，未完成“十三五”目标。一些行业部门和地区在“十四五”重大规划编制和重大项目布局过程中对碳达峰、碳中和要求考虑不足，将碳达峰、碳中和简单地认识为发展空间受限，而没有真正认识到其对发展方式和生活方式的革命性变革要求。

### （四）基层能力建设较为薄弱

社会公众对应对气候变化认知淡薄，地方、部门和企业低碳发展意识不强。机构改革后，生态环境系统干部职工面临知识结构、思维转换、工作模式等挑战，基层生态环境部门对应对气候变化工作的定位、特点和重点认识不深、把握不准，工作力量和要素配备严重不足，尚未在生态环境保护专项资金中予以专项安排。四川省仅有成都和宜宾设置了独立的应对气候变化处（科）室，其余市（州）均依托大气、污染防治等科室，工作力量配置较弱。

## 四、相关工作建议

### （一）加强梳理，进一步明确风险点

生态环境部门要关注机构改革后可能存在的风险和薄弱环节，对照国家要求和四川省政策文件中明确的目标任务，根据碳达峰目标和碳中和愿景引领下的新形势新要求，

坚持目标导向、问题导向、需求导向，全面梳理分析应对气候变化成绩、问题、差距，明确风险等级。各市（州）特别是“十三五”降碳目标未完成、存在反弹风险的地区应加强风险分析梳理和预警防范。国家低碳城市试点和气候适应型试点城市要对照试点方案确定的关键目标任务开展分析研判[11]。

### （二）加快行动，积极补短板强弱项

发挥好省节能减排及应对气候变化工作领导小组办公室作用，及时向省直相关部门和市（州）政府提示风险预警，必要时向省委、省政府专题汇报，做到有备无患。围绕风险点加快开展相关工作，实现“大风险降级、小风险消除”。加快推进碳达峰、碳中和相关工作，开展全省二氧化碳排放达峰行动方案编制，推动煤炭、钢铁、水泥行业“十四五”率先达峰，支持成都都市圈、攀枝花等具备条件的地区先行达峰。

### （三）积极对接，讲好低碳四川故事

主动对接中央生态环境保护督察办公室、生态环境部应对气候变化司，加强工作汇报和请示，争取指导和理解。协同相关部门（单位）和地方，提前做好资料准备，全力争取有利局面。进一步加强气候变化宣传，结合世界地球日、六五环境日、全国低碳日等节点，传播绿色低碳生活理念，讲好本地低碳故事。

## 五、相关政策建议

### （一）加快制定紧迫急需基本政策制度

突出绿色低碳导向，将降碳要求全面纳入各领域规划、各项政策制定和重大项目布局之中。以编制“十四五”应对气候变化规划和碳达峰行动方案为契机，统筹出台包括地方应对气候变化条例、《四川省适应气候变化行动方案 2035》《四川省控制非二氧化碳温室气体排放方案》《四川省碳排放权交易管理实施办法》《企业温室气体排放管理规范》及应对气候变化职能职责清单等在内的“十四五”重点法规、政策、标准体系，提高前瞻性和针对性。完善应对气候变化统计制度，常态化编制四川省和各市（州）温室气体清单，探索开展县级能源平衡表编制试点，健全和优化电力、工业、建筑、交通等行业碳排放表征指标和核算方法，加强统计核算培训和督导。加快构建能耗和碳排放在线监测系统，为降碳“事中”调度和过程管控提供数据支撑。

### （二）构建碳排放总量和强度控制政策

以二氧化碳排放达峰为统领，探索建立碳排放总量和强度“双控”制度、机制和工作体系，面向市（州）党委政府和省级相关部门，开展二氧化碳排放达峰行动目标责任

评价考核。推动能源、工业、建筑、交通等重点领域及行业、大型企业开展碳达峰、碳中和研究和行动方案编制。加快启动市（州）碳达峰、碳中和研究，编制地方二氧化碳排放达峰行动方案。将碳排放控制纳入建设项目环境影响评价、节能审查体系，制定负面清单限制高碳产业发展。出台落实钢铁、煤电、水泥、平板玻璃等行业二氧化碳排放等量和倍量替代政策，从严控制省外高耗能产业产能指标进入。探索用能预算制度，完善多层级能耗总量和强度“双控”制度。坚持实施电力绿色调度，推动煤电减量与天然气发电增减关联挂钩，推动火电可持续健康发展。

### （三）推动低碳试点示范与科技创新政策

加强各类绿色低碳试点示范整合融合，将降碳要求纳入绿色制造、绿色生活行动、绿色产业示范基地、园区循环化改造等试点示范，探索零碳示范区、示范工程建设，实现协同增效。积极构建碳普惠机制，面向国际国内开发林草碳汇、农村沼气、城乡光伏等领域碳减排信用指标，大力推进社会层面碳中和，推动“绿电”赋值增值，提供碳中和本地化解决方案。加大脱碳技术研发布局和投入，依托四川大学建设国家碳中和技术创新中心，支持设立碳中和研究所、低碳技术创新中心、低碳技术创新联盟，加强先进、普适绿色低碳技术评选和推广。

### （四）提升应对气候变化工作推动力

加快出台《关于统筹和加强应对气候变化与生态环境保护工作的实施意见》，推动环境监管要素、重点工作环节融合。大力开展能力建设，将应对气候变化作为重要内容纳入干部培训、业务能力建设体系，加强党政领导干部应对气候变化形势培训，提高思想自觉、理念自觉和行动自觉。以建设“综合部门”为导向，加强对基层生态环境部门的工作指导和技术支撑。以市（州）为重点，加强应对气候变化人力资源配置，确保应对气候变化工作“有专人、有好手”。大力开展应对气候变化综合管理能力建设，提升基层应对气候变化谋划能力、统筹能力、创新能力。在生态环境保护专项资金中加大应对气候变化投入[12]。

## 参考文献

[1] 李志青. 从“气候变化”到“应对气候变化”[J]. 环境经济，2011（9）：24-28.

[2] 田丹宇. 应对气候变化信息公开制度研究[J]. 中国经贸导刊，2015（11Z）：8-10.

[3] 丁辉，邢佰英. 为全球应对温室效应带来 “一席凉风”——《中国应对气候变化的政策与行动报告》发布[J]. 中国经贸导刊，2015（24）：59-60.

[4] 陈菡，陈文颖，何建坤. 实现碳排放达峰和空气质量达标的协同治理路径[J]. 中国人口·资源与环境，2020，30（10）：12-18.

[5] 朱炳成. 全球气候治理面临的挑战及其法制应对[J]. 中州学刊，2020，42（4）：56-62.

[6] 李彦. 中美低碳发展工作交流与建议[J]. 中国经贸导刊，2014（23）：49-50.

[7] 杨溢群，卢笛声. 中国低碳城市建设的分级制试验考察[J]. 低碳经济，2019，8：71.

[8] 吴舜泽，申宇，郭林青，等. 中国环境战略与政策发展进程，特点及展望[J]. 环境与可持续发展，2020，45（1）：34-36.

[9] 史春. 环保督察造就公平[J]. 绿色视野，2017（11）：20.

[10] 林佳怡. 中央环保督察对地方政府空气污染治理绩效的影响研究[D]. 上海：华东政法大学，2020.

[11] 汪民. 发挥地质工作特色和优势积极应对全球气候变化[J]. 国土资源通信，2011（10）：8-9.

[12] 陈菡，陈文颖，何建坤. 实现碳排放达峰和空气质量达标的协同治理路径[J]. 中国人口·资源与环境，2020，30（10）：12-18.

# 碳中和愿景下的非二氧化碳温室气体控排态势与对策建议

**摘　要：**碳中和是在特定区域内，通过转化、固化等手段，使由人类产生的碳排放（包括高压气体和其他温室气体）与碳最高相平衡的状态。包括甲烷、氧化亚氮、氢氟碳化物、全钾碳、六硫氮等。实现碳中和是应对气候变化的战略愿景。发布的国家和地方规划明确了对非高压温室气体的影响控制力度。为支持四川省低碳发展，本文在研究的基础上，提出了协调控制 $CO_2$ 与非 $CO_2$ 温室气体、建立监测与数据管理体系、差异化管控、双向协同增效、项目化和市场化推动五方面的策略建议。

**关键词：**碳中和；非高压温室气体；管控策略；监测与数据管理；良好效应

## 一、加强非二氧化碳温室气体管控必要性和经济性

### （一）非 $CO_2$ 温室气体增温效应大

非 $CO_2$ 温室气体具有比 $CO_2$ 更强（21～23 900 倍）的全球升温效应（表 1），在导致气候变暖的各种因素中所起的作用日益重大。联合国环境规划署 2019 年《排放差距报告》显示，要实现《巴黎协定》提出的全球平均气温较工业化前水平升幅控制在 2℃之内

**表 1　部分温室气体 100 年全球变暖潜势值**

<table>
<tr><th colspan="2">温室气体种类</th><th>100 年增温潜势值</th><th colspan="2">温室气体种类</th><th>100 年增温潜势值</th></tr>
<tr><td colspan="2">二氧化碳（$CO_2$）</td><td>1</td><td rowspan="8">氢氟碳化物</td><td>HFC-32</td><td>650</td></tr>
<tr><td colspan="2">甲烷（$CH_4$）</td><td>21</td><td>HFC-125</td><td>2 800</td></tr>
<tr><td colspan="2">氧化亚氮（$N_2O$）</td><td>310</td><td>HFC-134a</td><td>1 300</td></tr>
<tr><td colspan="2">HFC-23（$CHF_3$）</td><td>11 700</td><td>HFC-143a</td><td>3 800</td></tr>
<tr><td rowspan="2">全氟化碳</td><td>PFC-14（$CF_4$）</td><td>6 500</td><td>HFC-152a</td><td>140</td></tr>
<tr><td>PFC-116（$C_2F_6$）</td><td>9 200</td><td>HFC-227en</td><td>2 900</td></tr>
<tr><td colspan="2">六氟化硫（$SF_6$）</td><td>23 900</td><td>HFC-236fa</td><td>6 300</td></tr>
<tr><td colspan="2">—</td><td>—</td><td>HFC-245fa</td><td>560</td></tr>
</table>

资料来源：IPCC 第二次评估报告、《省级温室气体清单编制指南》推荐值。

并努力控制在 1.5℃的目标，未来 10 年全球温室气体（GHG）须实现年均 2.7%～7.6%的减排量。因此，推进非 $CO_2$ 温室气体减排既是落实中国国家自主贡献（INDC）的现实要求，也是实现《巴黎协定》目标不可或缺的必要手段。同时，甲烷、氢氟碳化物等部分非 $CO_2$ 温室气体在空气中存续时间短，且有很多切实可行、有效的减量措施，可在短期内实现减排[1]。

### （二）非 $CO_2$ 温室气体的减排和利用能带来较高经济效益

能源活动领域，煤层气主要成分甲烷可作为优质能源和化工原料，中国已于 2006 年将其列入《能源“十一五”规划》，并出台多种政策鼓励其开发利用。2013—2020 年，四川省煤层气累计产量超 6 亿 $m^3$，回收利用煤矿开采过程中抽采出的煤层气，可以在提高能源利用效率的同时实现甲烷减排。例如，四川华蓥山广能集团瓦斯发电有限责任公司在分散矿区兴建瓦斯发电站，2016—2019 年抽采煤层气的平均利用率达 82%，累计发电量 1.37 亿 kW·h。在碳交易市场中，煤层气回收利用项目作为抵消机制下的减排项目进行开发还可获得减排收益。废弃物处理领域，按源头分类好的垃圾进行处理后可以生产绿色天然气并替代化石燃料，大幅减少碳排放量、降低能耗，有效推动循环经济发展。

## 二、非二氧化碳温室气体排放现状与趋势

2018 年，四川省非 $CO_2$ 温室气体排放达到 7 740 万 t $CO_2$ 当量，主要来自能源活动、工业生产过程、农业活动、废弃物处理等领域，占温室气体排放总量的 1/5，其中甲烷占非 $CO_2$ 温室气体排放量的六成以上，其次是氧化亚氮和含氟气体。虽然 2017 年在《四川省控制温室气体排放工作方案》（川府发〔2017〕31 号）中提出要进一步加大力度控制氢氟碳化物、甲烷、氧化亚氮、全氟化碳、六氟化硫等非 $CO_2$ 温室气体排放，但总体上看，全省仍处于工业化、城镇化加速期，经济增速快，开发活动规模大，非 $CO_2$ 温室气体控排压力较大。

### （一）甲烷

#### 1．能源活动甲烷逃逸排放“一降一增”

煤炭开采逃逸和油气系统逃逸产生的甲烷排放最多。四川省煤层气抽采利用率逐步提高，2005—2018 年，煤炭开采过程甲烷逃逸排放由 48.97 万 t $CO_2$ 当量减少至 23.02 万 t $CO_2$ 当量，年均降幅为 6.84%。但近年来，四川省加快推动川中、川西和川东北常规天然气勘探开发，以及川南页岩气资源调查和勘探开发，并已成为全国最大天然气（页岩气）生产基地之一，油气系统甲烷逃逸排放量已逐渐趋近煤炭开采过程甲烷逃逸排放量，预计“十四五”期间还将继续上升。

**2．农业活动甲烷排放持续减少**

农业甲烷主要来自稻田、动物肠道以及动物粪便管理。四川省实施畜牧大县整县推进畜禽废弃物资源化利用项目，创建种养循环示范点，并探索建立布局合理、规模适度、农牧结合、循环发展的畜禽粪污综合利用机制，持续推进农村沼气利用转化。温室气体排放清单显示，全省农业活动甲烷排放持续减少，2018 年已较 2016 年、2005 年分别下降 7.17%、26.39%。

**3．废弃物处理利用程度逐步提升，甲烷排放得到有效控制**

废弃物处理甲烷排放源包括固体废物填埋处理、生活污水处理和工业废水处理，但主要来自固体废物填埋处理。随着四川省垃圾焚烧产业持续壮大，新增固体废物填埋量明显减少，2018 年来自固体废物填埋处理的甲烷排放量较 2016 年下降 13.45%。废水处理（包括生活污水和工业废水）领域甲烷排放总量小且维持在相对稳定区间，2019 年宜宾市五粮液污水处理站实施沼气发电项目，创新利用废水厌氧处理产生的可燃性有机废气发电，一期工程预计年减排温室气体 7 000 万 $m^3$，为全省废水处理领域甲烷减排提供了样板。

### （二）氧化亚氮

**1．工业生产过程氧化亚氮排放呈显著增长态势**

氧化亚氮是硝酸生产过程氨催化氧化产生的副产品。四川省主要硝酸生产企业包括泸天化集团、川化集团、金象化工和四川美丰化工。2005—2016 年，四川省工业生产过程氧化亚氮累计增长 78.99%、年均增长 6.68%，是工业生产过程排放增长速度最快的温室气体之一，2018 年排放量达到 188.00 万 t $CO_2$ 当量。

**2．化肥减量增效，农业活动氧化亚氮排放稳中有降**

四川省将化肥减量增效作为减少农用地氧化亚氮排放的重要抓手，全面推进化肥使用量零增长行动。在蒲江县、名山区、威远县等 11 个县开展柑橘、茶叶、无花果有机肥替代化肥试点，打造有机肥替代化肥示范区 23 万亩。在中江、米易等 15 个县开展化肥减量增效示范，建设化肥减量增效示范区 15 万亩。通过各项政策措施分区调控，2018 年全省农业活动氧化亚氮排放量较 2016 年、2005 年分别降低 4.22%、14.42%[2]。

### （三）含氟气体

含氟气体集中于工业生产领域，排放总量小，保持平稳增长态势。其中，全氟化碳主要来自电解铝和电子信息行业的排放，随着四川省数字经济蓬勃发展，电子信息行业的全氟化碳排放量将呈上升态势。氢氟碳化物的排放主要来自制冷剂一氯二氟甲烷（HCFC-22）生产过程中的副产物（HFC-23），2014 年及以前占全省含氟气体排放量的 90%以上，“十三五”期间因生产过程节能改造技术的应用已实现显著降低，2018 年在含氟气体排放量中的比重降至 10%以下，不再占据主导地位。但随着城镇化进程推进，空调制冷剂的使用需求持续增加，氢氟碳化物排放仍有增长的可能性。六氟化硫排放来自工业生产过程电力设备（包括气体绝缘全封闭组合电器、断路器、电流互感器等）的泄漏。鉴于四川省作为全国重要的水电输出基地及自身持续增长的用电需求，“十四五”期间输变电站等基础设施建设及相关电力设备生产和使用带来的六氟化硫生产量和排放量将保持一定增长。

## 三、非二氧化碳温室气体排放管控存在的问题

### （一）能源活动产生的甲烷逃逸已造成较大损失，回收利用手段亟待研究完善

煤炭、天然气（页岩气）在开采和输送过程产生的甲烷排放、泄漏尚未得到有效控制。例如，成都燃气集团股份有限公司在运营过程中由于燃气管道的人为损坏、自然腐坏、施工放散等，向大气排放甲烷气体，2019 年共排放天然气 76 160.23 $m^3$。同时，针对甲烷逃逸的回收利用基础薄弱，目前省内仅西南油气田公司已明确制定了油气资源勘探开发绿色发展行动计划，推进油田伴生气回收和利用，并在“十三五”前四年天然气产量增长 73%的背景下实现甲烷排放强度下降 38.44%，其他组织机构和大型企业较少采取专项行动强化捕集和回收利用，技术手段和能力亟待加强[3]。

### （二）六氟化硫监测与数据核查机制不完善，回收利用率较低

六氟化硫生产端和消费端排放家底不清，回收处理试点示范项目较为缺乏。目前，除国网四川省电力公司、雅砻江流域水电开发有限公司外，其他生产和使用六氟化硫的企业监测统计、回收处理体系不健全。成都市金堂县 220 kV 云绣变电站（国网四川成都金堂供电公司）已建有较成熟的六氟化硫气体回收与处理中心，但其先进设备配置和管控制度体系推广力度不足。部分中小企业意识淡薄，重视程度不够，未建立专用于六氟化硫气体存储库房，存在不同企业六氟化硫回收率不均衡的问题。

### （三）农业活动甲烷和氧化亚氮排放重视程度不高、管控手段少

四川省甲烷和氧化亚氮排放量超半数来自农业活动，虽然 2018 年农业活动甲烷排放量有所下降，但四川属农业大省，排放基数大，且农业活动甲烷和氧化亚氮排放后回收难，不能实现较为集中有效的管控，在前端农业生产过程中的沼气与氮素管理方面仍需加强。

## 四、非二氧化碳温室气体管控对策建议

### （一）协同碳达峰与碳中和，构建统筹 $CO_2$ 与非 $CO_2$ 温室气体排放管控政策体系

全面推动温室气体低排放发展，将非 $CO_2$ 温室气体管控作为应对气候变化规划和控制温室气体排放政策体系的重要组成部分。一是“十四五”期间从地方立法和规划层面开展研究。推动出台四川省控制温室气体排放相关管理办法、条例，将非 $CO_2$ 温室气体管控作为重要组成部分，纳入“十四五”生态环境保护规划和应对气候变化专项规划当中。二是从目标考核机制和行动方案层面进行统筹完善。研究制定非 $CO_2$ 温室气体管控计划与目标，在现有温室气体目标考核机制下，统筹设立部分重点非 $CO_2$ 温室气体管控目标，适当采取专项行动。例如，优先设置甲烷排放总量控制目标，实施控制甲烷排放行动；科学设置氢氟碳化物销毁率目标，完善激励机制，确保销售、使用环节氢氟碳化物排放得到有效管控[4]。

### （二）建立健全监测与统计、核算相结合的数据管理体系

一是健全完善非 $CO_2$ 温室气体排放的核算核查体系，鼓励具备条件的企业和机构开展设施层面温室气体监测、报告和核查机制，推动建立覆盖发电、电解铝、电子信息等工业行业以及电网公司等能源企业的非 $CO_2$ 温室气体排放监测和统计制度，构建数字化监控体系。二是常态化编制省、市（州）两级温室气体清单，构建与大气污染物和 $CO_2$ 相协同的长时间序列、横向可比、同根同源同过程的非 $CO_2$ 温室气体排放数据库，并加强非 $CO_2$ 温室气体排放因子和监测技术相关研究，有序推动关键排放因子本地化。三是推动先进监测技术与管理制度应用试点。例如，油气管道光纤预警及次声波泄漏监测系统、合同甲烷管理制度、含氟气体动态监测与披露机制，强化过程管控。

### （三）以甲烷和六氟化硫为重点，实施差异化管控政策

在甲烷回收利用方面，一是以煤炭开采和油气采运消费过程链为重点，强化开采产生的甲烷逃逸排放溯源与回收利用。主要包括鼓励加强边缘井甲烷回收、大型油气企业甲烷泄漏检测与修复、油气管网和储气设施的巡查和管护、推动煤矿分类处置和关闭退出、持续探索推广瓦斯发电技术等措施。二是提升固体废物填埋处理甲烷回收利用率，推动污水处理技术在甲烷和氧化亚氮减排方向上改进。在六氟化硫排放管控与回收利用方面，一是发挥国企示范带动作用，建立健全发电、电网企业六氟化硫全过程管控制度，鼓励使用六氟化硫混合气，提高六氟化硫气体循环再利用水平。二是加强绿色技术创新，研发和推广电力设备六氟化硫绿色替代技术。三是依托六氟化硫生产企业或电网公司，有序布局建设四川省和“三江”（金沙江、雅砻江、大渡河）六氟化硫气体回收处理中

心，探索在甘孜、阿坝等偏远地区建设回收处理方舱。

### （四）强化非 $CO_2$ 温室气体管控与生态环境治理协同增效

一是在工业生产环节，协同推进氢氟碳化物和消耗臭氧层物质（ODS）管理，加强氢氟碳化物资源化利用或无害化处置管理。将控制全氟碳化物与集成电路、平板显示器、光伏发电等产业政策相结合。二是在污水处理环节，鼓励推动白酒等大型食品饮料企业污水处理厂沼气发电，提高生产废水回收利用率，强化"降污减排"协同效应，同时提升非 $CO_2$ 温室气体控排经济价值。三是在油气储运环节，探索制定油气储运逃逸甲烷和挥发性有机物的低成本协同控排措施。四是在农业生产环节，推广畜禽养殖废物的沼气化利用和减少化肥施用量，鼓励有机农家肥的规模化生产和使用，持续推广有机肥替代化肥示范区的经验做法，实现农业污染物和非 $CO_2$ 温室气体协同减排[5]。

### （五）充分发挥非 $CO_2$ 温室气体减排的项目化、市场化效应

一是推动非 $CO_2$ 温室气体减排项目进入中国核证自愿减排量（CCER）体系，将非 $CO_2$ 温室气体减排相关项目纳入国家自主贡献重大项目库，通过国家温室气体自愿减排机制、区域碳普惠机制支持非 $CO_2$ 温室气体减排、回收、利用项目开发。二是充分把握即将全面启动的国家碳排放权交易市场机遇，深化跨省交流与合作，协同构建符合省情的非 $CO_2$ 温室气体管控机制与市场消纳机制，助推四川省非 $CO_2$ 温室气体排放提前达峰。

## 参考文献

[1] 周亚敏. 非二氧化碳温室气体控制的战略与技术选择[J]. 气候变化研究进展，2013，9（4）：295.

[2] 顾佰和，谭显春，池宏，等. 化工行业二氧化碳减排潜力分析模型及应用[J]. 中国管理科学，2013，21（5）：141-148.

[3] 白卫国，庄贵阳，朱守先，等. 关于中国城市温室气体清单编制四个关键问题的探讨[J]. 气候变化研究进展，2013，9（5）：335.

[4] 王素立. 世界低碳经济发展态势分析：理论与实践[J]. 贵州财经大学学报，2013，31（3）：87.

[5] 任亚运，程芳芳，傅京燕. 中国低碳试点政策实施效果评估[J]. 环境经济研究，2020，5（1）：21-35.

# 加强受污染耕地管控和安全利用的建议

**摘　要：**《中华人民共和国国民经济和社会发展第十四个五年规划和2035年远景目标纲要》提出要“推进受污染耕地和建设用地管控修复，实施水土环境风险协同防控”。结合四川省受污染耕地现状及面临的问题和挑战，本文提出了以安全利用为导向、突出全过程管控要求、加强受污染耕地管控与安全利用总体思路，以实现受污染耕地的精准管理、精耕细作和科学治理，保障农产品质量精准管住。

**关键词：**受污染耕地；安全利用；“三步走”战略

## 一、四川省受污染耕地现状及面临问题和挑战

### （一）受污染耕地面积大，社会关注度高

一是受污染耕地面积大。四川是农业大省，“猪粮安天下，天府实名归”，全省耕地面积占全国的1/18，粮食生产量和生猪存栏量均占全国的1/10。详查结果表明，全省受污染耕地面积大，主要分布于宜宾市、凉山州、德阳市等地，主要的污染因子为镉。

二是社会关注度越来越高。近年来，土壤重金属污染事件时有发生，引起了社会对于农产品特别是水稻、小麦等粮食作物质量安全的关注。随着水、气污染防治迈过环境质量明显改善的拐点、加快步入持续巩固提升的轨道，刚刚起步的土壤环境保护特别是耕地环境保护更加凸显为生态环境质量全面改善的“短板”。

### （二）技术支撑力量不足，成因分析深度不够

一是土壤污染详查空间覆盖不全。“十三五”开展的农用地土壤污染状况详查只重点针对问题区、污染源影响区和前期调查超标区开展加密布点调查，并未实现全覆盖详查。特别是川东北、川西和攀西地区，还有大量的农用地未开展调查。

二是现有污染调查结果系统性不强。近20年来，生态环境、自然资源、农业农村部门各自开展了相关领域的土壤环境质量调查，但各部门的调查目的、调查区域、采样精度、测试指标和分析方法差异较大，调查数据系统性整合不够。

三是耕地污染成因不明。土壤污染具有隐蔽性、滞后性和累积性，不同年代、不同来源的污染带来的污染成因分析难度大，这对后续实施水土协同控制带来难度。同时，

土壤污染防治科研与监管需求衔接不充分，农用地土壤污染状况详查数据“涉密”，科研单位对历史和现有数据资料的挖掘深度不够，影响了科技支撑的精准度。

四是管控修复技术基础薄弱。与发达国家和地区相比，四川省土壤污染防治工作刚刚起步，适用于四川省受污染耕地特点的管控与安全利用成套技术还不成熟，人才队伍体系不健全。

### （三）政策体系不完善，监管能力薄弱

一是配套法律和政策尚需完善。耕地污染防治联动监管机制、耕地污染责任认定办法、耕地生态环境损害赔偿办法等规章制度尚未出台，依法治土的制度体系尚未全面形成。污染者担责还没有得到有效落实，激励约束机制不健全，耕地安全利用资金筹措机制还不健全，土壤污染防治基金、土壤污染防治执业单位和个人征信体系尚未建立。社会宣传、信息公开尚需加强，土壤污染防治全民参与局面尚未形成。

二是安全利用分区管控体系还不完善。各市（州）、县（市、区）受污染耕地安全利用方案较为宏观，未建立受污染区域农作物种植正负面清单并落实到具体地块，农户种植习惯调整困难，难以严格落实安全利用方案提出的要求。同时，受污染耕地安全利用评估和考核机制还未建立。

三是农产品监督管理机制还不完善。农产品质量安全监督性监测机制尚未全面开展，农产品质量监管不到位，超标农产品在市场流通的现象时有发生，暴露出农产品在收储、流通和处置环节监管上存在的问题。多部门协调联动机制尚未形成，部门间职责割裂、各自为政现象尚未打破。

四是监管能力薄弱。监管能力薄弱是四川省土壤环境管理的突出短板，一些地区基层土壤环境管理人员缺乏、监管执法能力严重不足，监督保障受污染耕地安全利用措施的落地落实还存在较大难度。

### （四）新时代新要求下面临新挑战

一是党中央、国务院高度重视。没有农业农村现代化，就没有整个国家现代化，习近平总书记在参加十二届全国人大五次会议四川代表团审议时强调，四川农业大省这块金字招牌不能丢，要带头做好农业供给侧结构性改革这篇大文章，2021 年国务院政府工作报告中提出“保障粮食安全的要害是种子和耕地”。

二是耕地污染成为实现乡村振兴的重要短板。2021 年，《中共中央　国务院关于全面推进乡村振兴加快农业农村现代化的意见》要求“健全耕地数量和质量监测监管机制，加强耕地保护督察和执法监督，开展‘十三五’时期省级政府耕地保护责任目标考核”。受污染耕地管控与安全利用是落实中央一号文件提出的“加强农产品质量和食品安全监管”的基础保障。

三是成渝地区双城经济圈建设的战略地位进一步凸显。《成渝地区双城经济圈建设

规划纲要》提出要建设高品质生活宜居地，《国家综合立体交通网规划纲要》也明确了成渝地区双城经济圈在中国“第四极”的位置，这些都对提供更加优质安全的农产品提出了更高的要求。四川省地处长江黄河上游，实施水气土风险协同防控、推进长江黄河上游土壤风险管控区建设是四川省自觉强化“上游意识”，担起“上游责任”的重要体现。

## 二、国内外经验借鉴

### （一）国外经验借鉴

美国土壤污染防治起步于50年前，制定了全系列管理标准，20世纪80年代，制定了环境监测、风险评价和耕地安全利用等领域的标准管理体系，提出了受污染耕地种植结构调整等方面的要求，开展了以污泥、有机肥、石灰等土壤改良为主的安全利用工作。欧洲采取“防重于治”方针，实施耕地质量分级管理，1997—2021年，组织27个成员国对耕地土壤重金属含量开展了长时间、多尺度监测，并对耕地质量进行分级管理，同时还完善了土壤环境管理的法制、法规和相关标准等。法国和荷兰还建立了土壤重金属信息数据库，为重金属污染耕地安全利用工作提供了技术支撑。日本采取立法先行、调查跟进、治理修复和效果评估联动的策略，20世纪70年代出台了一系列土壤污染防治标准和法律、法规。根据区域地质背景和土壤污染特征，通过客土法开展受污染耕地安全利用和修复，并进行长时间的水稻重金属含量跟踪监测，确保农产品质量安全。

### （二）国内经验借鉴

我国受污染耕地管控修复和安全利用主要是以问题为导向，开展污染防治技术研究和制定出台相关法律和政策。湖南按照“因地制宜、政府引导、农民自愿、收益不减”的基本思路分三类区域（达标生产区、管控生产区和替代种植区）治理受污染耕地。达标生产区不改变种植习惯，采用“VIP”[①]技术在受污染的土地上生产出合格的大米。管控生产区实行“四专一封闭”[②]管理模式，生产的农产品将在丰收季节使用快速检测仪检测，不达标的产品全部收购，阻止其进入市场。替代种植区改种非直接食用、非口粮的棉花、蚕桑等农作物，政府介入种植环节，保证农民收入。同时，搭建耕地重金属污染信息平台，对受污染耕地按150亩布设一个监测点对“镉、铬、汞、砷、铅和pH”进行网格化监测。政府投入大量资金鼓励治污企业、科研院所探索适合湖南本地情况的重金属污染耕地治理和安全利用的适用技术。鼓励社会资本积极参与治理，在全国率先发行

---

① V是指低积累品种，I是指灌溉等农艺调控，P是指调节酸碱度。

② 是指专业品种、专区种植、专企收购、专厂储存和农产品封闭运行。

重金属污染治理专项债券。

## 三、对策建议

### （一）深化耕地污染调查评估，实现“耕地的精准管理”

开展重点区域土壤污染成因排查、查明土壤污染成因是因地制宜、分区分类推进耕地管控和安全利用的前提。

一是查漏补缺开展耕地污染补充详查。综合农用地分布、重金属高背景区分布、农用地土壤环境质量前期调查成果，分区分类开展耕地环境质量补充详查，全面摸清耕地环境质量家底。

二是深化耕地污染成因分析。针对龙门山断裂带、攀西成矿带等重点区域开展耕地污染成因分析，开展大气干湿沉降、农田灌溉水、农业投入品、土壤与农作物协同监测，查明污染来源，根据污染来源和途径采取针对性水气土协同治理措施。

三是整合调查资源，形成受污染耕地管控与安全利用“一张图”。全面整合生态环境、自然资源和农业农村等部门的历史调查数据，结合耕地污染详查和污染成因分析成果，绘制四川省耕地污染分布图，分级分类标示污染区域，形成全省受污染耕地管控与安全利用“一张图”。

### （二）健全受污染耕地管控与安全利用政策体系，实现“耕地的精耕细作”

一是突出依法治土，完善法律保障体系。加快推进耕地污染责任认定办法和损害赔偿办法等规章制度出台。加强“以案说法”，形成土壤污染防治全民参与局面。

二是探索建立受污染耕地“田长制”，健全责任体系。实行党政同责，推动各部门协同高效履职，落实污染者担责制度，压实“最严格的耕地保护”责任。强化组织领导，借鉴河（湖）长制经验，由各级党政领导牵头并组织实施受污染耕地“一田一策”管控与安全利用，建立部门协调联动机制。由行业主管部门牵头建立受污染耕地种植正负面清单，引导农户因地制宜推进种植结构调整和农艺调控。建立“督察—考核—审计”耕地保护监督体系，通过责任审计促进受污染耕地安全利用制度“长牙齿”。

三是建立政策标准体系。完善耕地污染防治联动监管机制和激励约束机制，探索设立省级土壤污染防治基金耕地专项基金，构建土壤污染防治执业单位和个人征信体系。制定不同区域、不同作物类型、不同种植方式的受污染耕地安全利用技术规范。对安全利用的受污染耕地，要纳入土壤环境监测网络，定期开展耕地和农产品协同监测，确保效果稳定可持续。对于可能造成周边耕地污染的企业，加强气、水、土影响监测监管。

四是完善生态补偿制度。构建受污染耕地安全利用“投入—产出”价值核算体系，科学测算种植结构调整、农艺方式转变等受污染耕地安全利用方式引起的价值改变。结合乡村振兴、退耕还林（草）等重大战略，以生态补偿激励农户开展受污染耕地安全利用的积极性。

五是探索推行 EOD 生态环境导向的开发模式。将受污染耕地集中连片管控与安全利用同乡村振兴、农村一二三产业融合发展等进行统筹，探索土地流转、特许经营等方式，以“长周期、低成本、可持续”为原则，引导社会资本参与到受污染耕地安全利用的行动中来，因地制宜采用招商引资与自身孵化的方式发展绿色农业经济，实现环境修复、安全利用、乡村振兴的三者共赢。

### （三）构建农产品“生产—流通—消费”全过程监管体系，保障“农产品精准管住”

一是加强农业种植监管。强化受污染耕地安全利用区种子资源的监管，避免纳入负面清单的种子在管控区域内进行销售和种植。采用卫星遥感监测手段，开展种植农产品与分区管控要求的符合性比对监测监控。

二是加强农业投入品监管。合理使用农业投入品，加强肥料农药中有害物质含量监测，深入实施农药化肥减量行动。加强灌溉水源监测，避免使用重金属超标水源进行灌溉。

三是加强农产品流通监管。实施受污染耕地农产品临田检测，强化农产品安全追溯，落实超标农产品流通和安全利用市场监管机制，超标农产品按照国家有关要求和规定用途定向销售给工业酒精、燃料乙醇等工业用粮企业，符合饲料原料标准的可销售给饲料用粮企业，杜绝口粮风险。

四是加强农产品安全评估考核。将农产品安全作为落实受污染耕地安全利用效果评估与考核机制的最后一道关口，实施粮食质量安全一票否决制，纳入党政同责考核。

### （四）强化科技支撑，实现“耕地污染的科学治理”

一是开展安全利用试点示范研究。以镉污染耕地为重点，在成都平原、川南和攀西地区的安全利用类耕地集中区，因地制宜选择典型受污染耕地，切断污染源，推进以降低耕地污染物含量和保障农产品安全为目的的安全利用示范工程。

二是持续探索安全利用模式。结合分区分类管控要求，不断更新受污染耕地农产品种植正负面清单。针对受污染情况，加强适合本地污染特点的特别是镉低积累品种筛选与选育科研攻关。

三是持续强化基础科研。在产粮（油）大县、耕地污染问题突出的地区，开展长期的土壤污染、大气干湿沉降、灌溉用水、肥料等农业投入品重金属和新型污染物等监测，识别污染成因，探索建立适合四川省本地情况的受污染耕地气水土综合管控成套技术。

# 关于四川省燃油汽车梯次禁售路径的研究及政策建议

**摘　要：** 为实现生态环境质量改善和全球气候治理，我国明确了2030年前碳排放达峰、2035年生态环境质量根本好转、2060年前实现碳中和等目标。在此背景下，道路交通是近年的重要领域。研究指出，交通运输是四川省碳达峰和碳中和的主要动力。结合燃油汽车梯次禁售政策，提出以下建议：一是制定条例、规划，确保2030年前达峰并进入一条通道，研究新能源汽车发展规划，评估影响。二是社区推动禁售，建议成立专家推进委员会，明确“禁油”框架。三是制定督促政策，优化新能源汽车购车款、购置税减免等政策，加强老旧车辆管理。四是聚焦新能源汽车碳交易体系，建立损耗管理方法，推广碳交易平台，逐步过渡到碳交易政策。这些策略机遇在四川省实现了环境效益、经济效益、社会效益和能源安全的“四个胜利”。

**关键词：** 高排放；碳中和；燃油汽车禁售；新能源汽车；碳交易

## 一、有序发展新能源汽车、推动燃油汽车禁售的意义

### （一）推动道路交通运输领域减污降碳协同增效

为切实改善生态环境质量，引领全球气候治理，我国政府做出了2030年前碳排放达到峰值，2060年前实现碳中和等一系列郑重承诺。随着工业、能源、建筑等领域在温室气体排放控制和污染物深度治理的措施升级，这些领域正在取得较好的协同减排效果。初步测算，四川省交通运输领域二氧化碳排放约为4 200万t，占总量的14%，其中私家车和重型货车排放量最大，占比分别达到了46%和56%左右。近年来，二氧化碳排放总量呈较快增长、大气污染物排放总量呈缓慢下降态势[1]。使用化石燃料驱动的交通工具在未来较长一段时期内仍会存在，其产生的温室气体和大气污染物将成为交通部门深度脱碳、持续减污的主要挑战，这不仅是我国，也是全球发达国家和地区面临的严峻挑战。为实现道路交通领域减污降碳协同增效，全球范围内，自2016年开始，陆续有8个国家提出了燃油车禁售声明，包括荷兰、挪威、德国等，一些理念先进的城市和地区也通过声明或协议的方式支持“禁燃”行动，如巴黎、马德里、雅典、墨西哥城的四城市市长协议、中国经济特区海南等（表1）。在国家层面，我国提出了严格的汽车油耗目标以及

营运车辆单位客运量能耗与碳减排目标；各地也相继出台实施了与交通运输结构调整相关的大气污染防治行动计划[2]。大力发展新能源汽车以逐步替代燃油汽车已成为道路交通运输领域落实碳达峰碳中和要求、持续改善空气质量、实现减污降碳协同、蓝天雪山同框的共识。

**表 1　全球各国（城市/地区）燃油车禁售计划汇总**

| 区域 | 提出时间 | 禁售时间 | 禁售范围 |
|---|---|---|---|
| 荷兰 | 2016 年 | 2030 年 | 汽油、柴油乘用车 |
| 挪威 | 2016 年 | 2025 年 | 汽油、柴油车 |
| 巴黎、马德里、雅典、墨西哥 | 2016 年 | 2025 年 | 柴油车 |
| 美国加州 | 2018 年 | 2029 年 | 燃油公交车 |
| 德国 | 2016 年 | 2030 年 | 内燃机车 |
| 法国 | 2017 年 | 2040 年 | 汽油、柴油车 |
| 英国 | 2018 年 | 2040 年 | 汽油、柴油车 |
| 以色列 | 2018 年 | 2030 年 | 进口汽柴油车乘用车 |
| 中国海南 | 2018 年 | 2030 年 | 汽油、柴油车 |

## （二）减少化石能源消耗，缓解国家能源压力

中国石油资源禀赋较差，却是世界石油消费大国，2018 年中国石油探明储量只占全球总探明储量的 1.5%，产量只占全球总产量的 4%，但消费量却占全球总消费量的 15.3%。道路交通是主要的终端石油消费部门之一，降低道路交通领域能耗已经成为减少对石油依赖的关键。中国石油消费量从 2010 年的 4.4 亿 t 增长到 2019 年的 6.6 亿 t，对外依存度从 54%逐年增长到 71%，成为全球原油进口大国（图 1）。2019 年我国汽车保有量达 2.6 亿辆，车用总燃油消耗测算值达 2.6 亿 t，占全社会汽柴油表观消费总量的 85%。因此，发展新能源汽车，逐步禁售燃油汽车是缓解国家能源压力的战略选择，同时还有利于减少对化石能源进口的过度依赖，防范在能源安全领域出现“卡脖子”问题。

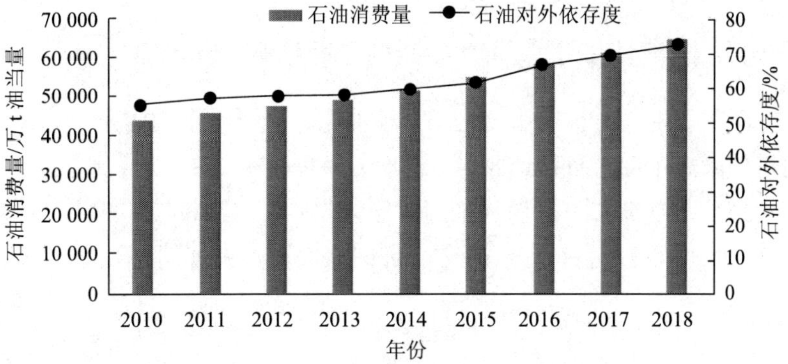


**图 1　中国历年石油消费量和石油对外依存度**

资料来源：《BP 世界能源统计年鉴》。

### （三）促进新能源汽车发展，培育经济新动能

自2009年开展节能与新能源汽车示范推广试点工作以来，经过十余年的规划与发展，中国新能源汽车市场日渐成熟，产业链布局不断深入。通过对汽车电动化、智能化、网联化、共享化、绿色化变革及供应链重塑，中国的汽车电动化在产业规模、产业配套及部分技术上已经处于国际领先地位。新能源汽车产销规模不断扩大，连续 5 年位居全球第一。截至“十三五”末，中国新能源汽车保有量超过 450 万辆，约占全世界的 50%，中国是全球新能源汽车第一大国。中国在汽车电动化发展过程中涌现出一批新能源领域的独角兽企业，为中国由“汽车大国”向“汽车强国”的转变创造了重大机遇。新能源汽车产业的经济效益、社会效益与环境效益日益明显。截至 2018 年年底，全产业链投资累计超过 2 万亿元，新能源汽车整车及上下游产业链（包括电池、电机、电控，充电桩及汽车服务等）是地区经济发展的新兴机会。为此，各地提供优越条件，包括设立新能源汽车产业园区，提供高额度补贴和税收优惠等，使新能源汽车成为推动地区经济发展的支柱产业[3]。

## 二、各国新能源汽车推广的经验及启示

### （一）英国：规划引领，多措并举实现汽车超低排放

英国政府在 2009 年设立了低排放汽车办公室，2013 年实施了《英国超低排放汽车发展战略》，提出到 2020 年，电动汽车注册比例达到 5%，并确保到 2030 年，中央政府公务用车完全由超低排放车辆构成，到 2050 年，所有客货车实现低排放。针对该战略，英国政府实施了四项措施：一是提高公众对超低排放车辆益处的认识，如对充电奖励，推介活动等；二是鼓励公共部门率先使用超低排放车辆；三是政府参与投资建设充电桩、充电站等基础设施；四是保证延续超低排放车辆购置税年限[4]。

### （二）德国：市场引领，梯次实现燃油汽车新能源替代

德国联邦政府早在 2009 年就设立了一项推广新能源汽车的国家计划，当时提出到 2020 年德国新能源汽车保有量需达到 100 万辆，并争取在 2030 年达到 500 万辆，最终在 2050 年前后实现城市交通基本无燃油车的目标。此外，德国政府还成立了国家电动汽车平台，通过“三步走”计划，用 8～10 年完成国家电动汽车规划（图 2）[5]。

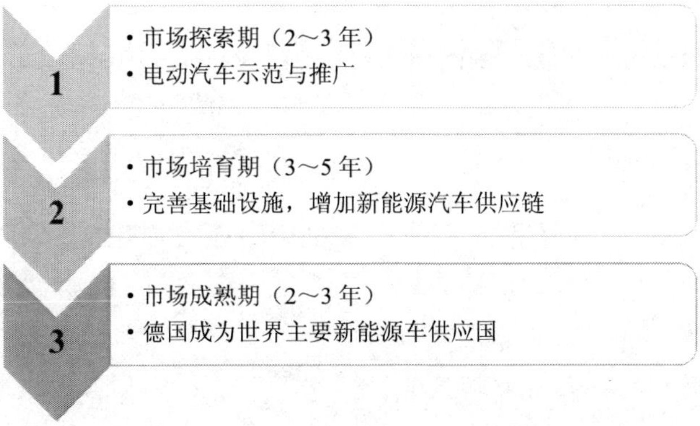


**图 2　德国电动汽车“三步走”国家战略规划图解**

## （三）日本：技术引领，系统推进汽车能源多元化发展

日本从战略、技术、政策优惠等方面对汽车产业低碳发展进行大力支持。其中，在技术上推进汽车能源的多元化，氢能是日本新能源汽车发展的主要特征。2013 年以来，日本推行了多项大力发展氢能的政策措施（表 2）[6]。

**表 2　日本推进汽车低碳化的部分计划与法规**

| 年份 | 政策/事件 | 相关内容 |
|---|---|---|
| 2013 | 日本再复兴战略 | 把发展氢能提升为国策，并启动加氢站建设的前期工作 |
| 2014 | 第四次能源基本计划 | 将氢能定位为与电力和热能并列的核心二次能源，明确建设“氢能社会”的总体思路 |
| 2015 | 修订《日本再复兴计划》 | 通过氢能发电站的商业运作来增加氢能流通量并降低价格 |
| 2017 | 氢能基本战略 | 从氢能供应、利用等方面提出具体目标，计划 2050 年燃料电池汽车全面普及 |
| 2018 | 面向 2050 年的 xEV 战略 | 提出新概念电动汽车，强化对汽车电动化的支持力度 |
| 2019 | 氢能及燃料电池战略路线图 | 推动氢能及燃料电池汽车产业发展 |

## （四）中国：协同引领，电动化实现减污降碳协同增效

汽车产业的电动化转型对推动 2030 年前碳达峰和 2060 年前碳中和目标，实现减污降碳协同增效至关重要。近 10 年，我国先后在一系列政策文件中提到了新能源汽车发展目标。2012 年发布的《节能与新能源汽车发展规划（2012—2020 年）》作为第一个新能源汽车发展的战略性纲领文件，将纯电驱动确定为中国新能源汽车发展的战略方向，明确提出到 2020 年纯电动汽车和插电式混合动力汽车的生产能力达到 200 万辆，累计产销量达 500 万辆。2017 年发布的《汽车产业中长期发展规划》中提到，至 2025 年，新能源汽车占汽车总产销的 20%以上。此外，《中国制造 2025》《节能与新能源汽车技术路线图》均提及了新能源汽车发展目标[7]。

## 三、四川燃油汽车梯次禁售路径分析

### （一）优势、劣势、机遇和威胁（SWOT）分析

优势分析。一是具有新能源汽车产业发展基础。在资源方面，四川省是锂矿资源大省，锂矿提锂以及锂电池产业化应用成熟。在产能方面，已经形成“一带、一基地、六园区”的汽车产业发展布局，基本实现以纯电动和氢燃料电池相辅相成的新能源汽车研发、制造、使用和推广的一体化格局。预计“十四五”期间全省新能源汽车年产能将达到 100 万辆。二是具备全球领先的新能源汽车装备制造技术。依托东方电气等全球领先的发电设备研制企业，四川省在燃料电池膜电极、电堆、系统、车辆动力总成、测试设备等领域具有独立自主的知识产权，基本形成“四川智造”的新能源汽车产业链。预计到 2025 年，四川省氢燃料电池汽车应用规模将达 6 000 辆，建成多种类型加氢站 60 座。三是具有坚实的新能源汽车推广政策支持。“十三五”时期以来，四川省针对整车制造、动力电池、基础设施建设等方面出台了一系列政策措施，并明确以成都和泸州为先导，切实推动新能源汽车产业高质量发展，实现温室气体与大气污染物协同减排。

劣势分析。一是现阶段新能源汽车保有量低。截至 2020 年，四川省汽车保有量 1 291 万辆，居全国第七位；其中成都市汽车保有量接近 550 万辆，仅次于北京，居全国第二位；虽然四川省新能源汽车保有量已突破 40 万辆，但占比仅约 3%。二是基础设施“卡脖子”问题突出。充电站、充电桩等配套基础设施仍是现阶段影响新能源汽车使用的主要因素，电网及土地支撑能力有限，造成充电站（桩）数量不足、分布不均、标准不统一等问题仍然突出，除成都外，其他市（州）充电设施建设与国内先进地区差距明显，制约了全省新能源汽车的推广进程。

机遇分析。一是碳中和愿景下的政策机遇。电动化是交通运输中最重要的减排措施。电动汽车能效比传统汽车高出 50%，即使考虑电力消耗的全生命周期排放，电动汽车全生命周期排放较之于传统化石燃料汽车仍有明显优势。随着未来电力结构的低碳化、清洁化，以电动汽车为主的新能源汽车减排优势将更加明显。二是新能源与智能汽车产业发展的市场机遇。“十三五”时期以来，四川将新能源与智能汽车产业作为现代企业的 16 个重点领域之一，呈现“加速起跑、全力奔跑、积极竞跑”的良好态势。未来，将致力于把四川省打造成为具有核心竞争力的全国重要新能源汽车研发及应用基地，着力在电力核心技术上提高四川省新能源汽车和智能汽车创新创造能力和产业化水平。

风险分析。一是新能源汽车供给与需求难以均衡。现阶段，新能源汽车消费总体呈现“高端放量、低端爆发、中端不尽如人意”的特征，四川省新能源汽车产业链尚未完全形成。二是公众接受度有限。受补贴力度收窄等政策影响，私家车新能源替代需求最大的中端市场潜力未被充分激发。公众绿色出行的消费理念与市场发展的“不兼容性”突出。三是区位因素限制。四川地形和气候条件复杂，除四川盆地之外，新能源汽车在

三州地区、秦巴山片区等地区现阶段具有一定劣势。

## （二）基于“三分原则”的燃油汽车禁售路线图建议

一是分车型。将传统燃油汽车定义为单纯使用汽油或柴油或天然气驱动的车辆，包括搭载 48V 或自动启停技术的内燃机车。具体分为 A、B、C、D 和 E 5 类，建议车辆类别及车型见表 3。

**表 3　四川省传统燃油汽车类别及车型**

| 汽车类别 | 车型 |
|---|---|
| A | 营运类小型汽车：出租车（公共交通）、网约车、分时租赁车 |
| B | 非营运类城市运转保障用车：市内公交、环卫、轻型货运、通勤、港口、机场、码头、园区内场运输车辆 |
| C | 营运类城际间车辆：城际客车、城际物流、专用车 |
| D | 非营运类小型汽车：私家车 |
| E | 大型车辆：中型货车、重型货车 |

二是分区域。按照区域经济发展水平、机动车保有量、设施建设规划、空气质量与碳排放强度等因素，建议将全省 21 个市（州）分为 3 类燃油汽车禁售区域（图 3），

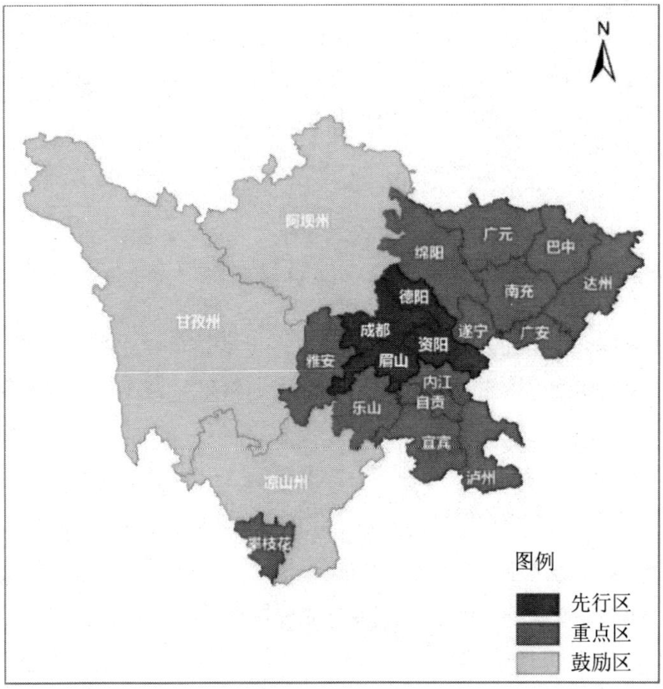


**图 3　四川省燃油汽车梯次禁售区域空间分布**

一类区域（Ⅰ）为先行区，涵盖成都、德阳、眉山、资阳 4 市全域；二类区域（Ⅱ）为重点区，涵盖成渝地区双城经济圈内的绵阳、乐山、遂宁、雅安、宜宾、泸州、南充、达州、自贡、内江、广安及广元、巴中、攀枝花 14 市全域；三类区域（Ⅲ）为鼓励区，涵盖三州的州政府所在地，即马尔康、康定和西昌。三州所辖各县燃油汽车禁售进度视总体推进情况在后期另行确定。

三是分阶段。按机动车类别，建议到 2035 年前，完成营运类小型燃油汽车（A 类）和非营运性城市保障类燃油汽车（B 类）禁售；到 2040 年前，完成营运类城际间燃油汽车（C 类）和非营运类小型燃油汽车（D 类）禁售；到 2045 年前，完成营运类大型燃油汽车（E 类）禁售。按城市区域类别，建议到 2040 年前，I 类和 II 类城市全域完成各类型燃油汽车禁售，到 2045 年前，III 类城市完成各类型燃油汽车禁售。“十八五”期间（2041—2045 年），四川省基本实现燃油汽车全面禁售，进度建议见表 4。

**表 4　四川省 21 市（州）燃油汽车禁售进度建议表**

<table>
<tr><th rowspan="2">城市类别</th><th>“十四五”</th><th colspan="2">“十五五”</th><th colspan="2">“十六五”</th><th colspan="2">“十七五”</th><th>“十八五”</th></tr>
<tr><th>2021—2025 年</th><th colspan="2">2026—2030 年</th><th colspan="2">2031—2035 年</th><th colspan="2">2036—2040 年</th><th>2041—2045 年</th></tr>
<tr><td>Ⅰ</td><td>A</td><td>B</td><td>C</td><td colspan="2">D</td><td colspan="2">E</td><td></td></tr>
<tr><td>Ⅱ</td><td></td><td>A</td><td>B</td><td>C</td><td>D</td><td colspan="2">E</td><td></td></tr>
<tr><td>Ⅲ</td><td></td><td></td><td></td><td>A</td><td>B</td><td>C</td><td>D</td><td>E</td></tr>
</table>

注：Ⅰ类、Ⅱ类城市非中心城区传统燃油汽车退出进度在中心城区进度基础上顺延 3 年左右。

A—营运类小型汽车：出租车（公共交通）、网约车、分时租赁车。

B—非营运类城市运转保障用车：市内公交、环卫、通勤、港口、机场、码头、园区运输车辆。

C—营运类城际间车辆：城际客车、城际物流、专用车。

D—非营运类小型汽车：私家车。

E—大型车辆：中型货车、重型货车。

## （三）四川省汽车保有量及新能源汽车保有量预测

一是四川省汽车保有量预测。2012—2019 年，四川省汽车年均新增超过 100 万辆。四川省人口目前为 8 370 万，将于“十五五”期间达到峰值，为 8 600 万～8 700 万（图 4）。在不考虑智联网汽车推动影响的情况下，四川省千人汽车保有量将持续增加，在“十六五”达到 260～320 辆（图 5），预计全省汽车保有量将保持缓慢增长态势，其中，2020—2035 年为四川省汽车保有量高速增长期，2035 年后进入保有量增长“平台期”，测算保有量峰值为 2 800 万～3 000 万辆（图 6）。

二是四川省新能源汽车保有量预测。基于常规情景下，全省新能源汽车保有量在“十四五”“十五五”将呈现“缓慢增长”，“十六五”后开始“加速增长”的态势，预计到 2030 年、2050 年和 2060 年，全省新能源汽车保有量分别达到或接近 310 万辆、2 200 万辆和 2 800 万辆，占全省汽车保有量的比例分别达到或接近 13%、75%和 95%。基于本研究的禁售政策情境下，自“十四五”时期开始，全省新能源汽车保有量将呈现“由低速到快速”的增长态势，预计到2030年、2050年和2060年，全省新能源汽车保有量将分别达到或接近560万辆、2 500万辆和2 900万辆，较常规情景分别多250万辆、300万辆、100万辆，占全省汽车保有量的比例分别达到或接近25%、85%和99%（图7）。

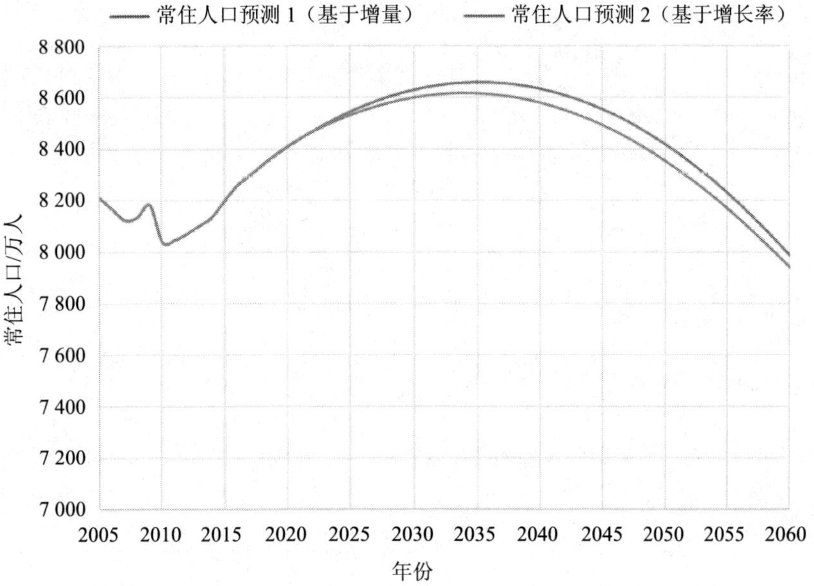


**图4　四川省常住人口预测**

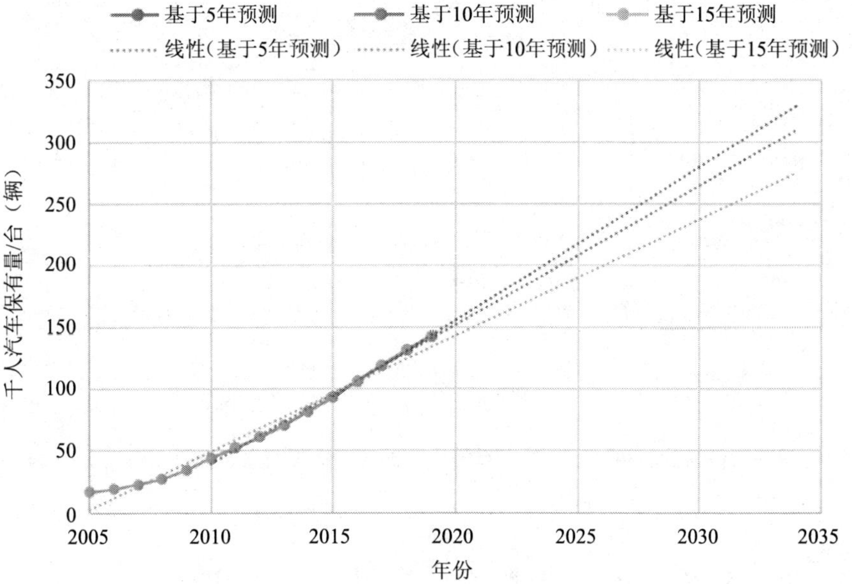


**图5　四川省千人汽车保有量预测**

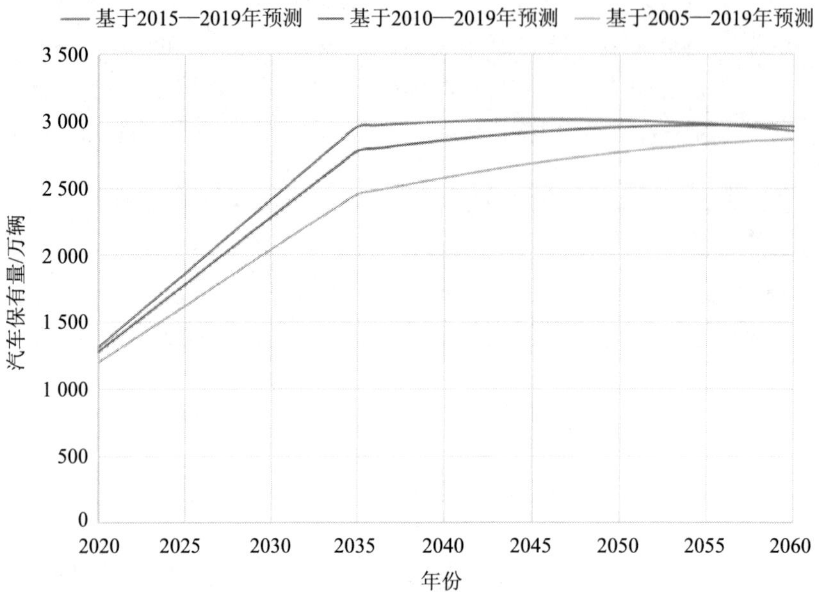


图 6 基于 3 种时间尺度的四川省汽车保有量预测（2020—2060 年）

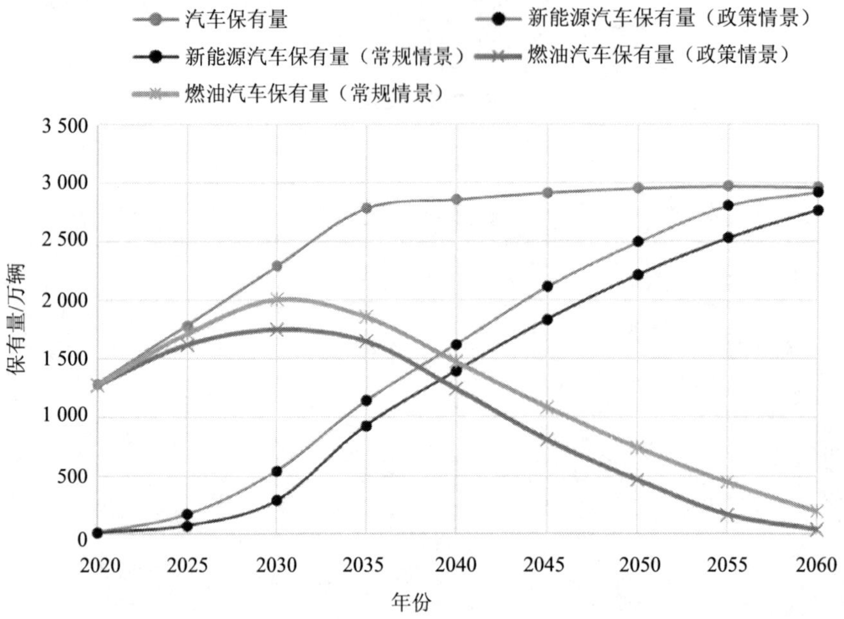


图 7 基于两种情景的四川省汽车保有量及新能源汽车保有量预测（2020—2060 年）

### （四）二氧化碳与大气污染物协同减排量测算

基于常规情景分析，预计四川省汽车二氧化碳排放量将呈现“10 年速升—5 年缓降—20 年速降—5 年缓降”的升降总体较为激进的态势（图 8）。“十四五”“十五五”时期快速增长，达到接近 6 200 万 t 的峰值，较 2020 年增长超过 50%，“十六五”进入缓慢下降通道，“十七五”开始进入为期 20 年的快速下降通道，“二十一五”缓慢下降。到 2040 年，道路交通二氧化碳排放量下降到接近 2020 年水平；到 2050 年，进入 1 500 万 t 级；到 2055 年，进入 1 000 万 t 级；到 2060 年，进入 300 万 t 级。大气污染物排放量则呈“15 年缓降—15 年速降—10 年缓降”的态势，其中作为臭氧和 $PM_{2.5}$ 前体物的 $NO_x$ 和 VOCs 排放总量将由 2020 年 70 万 t 左右到 2035 年前削减超过一半，到 2050 年削减 90%左右，到 2060 年削减 95%左右。

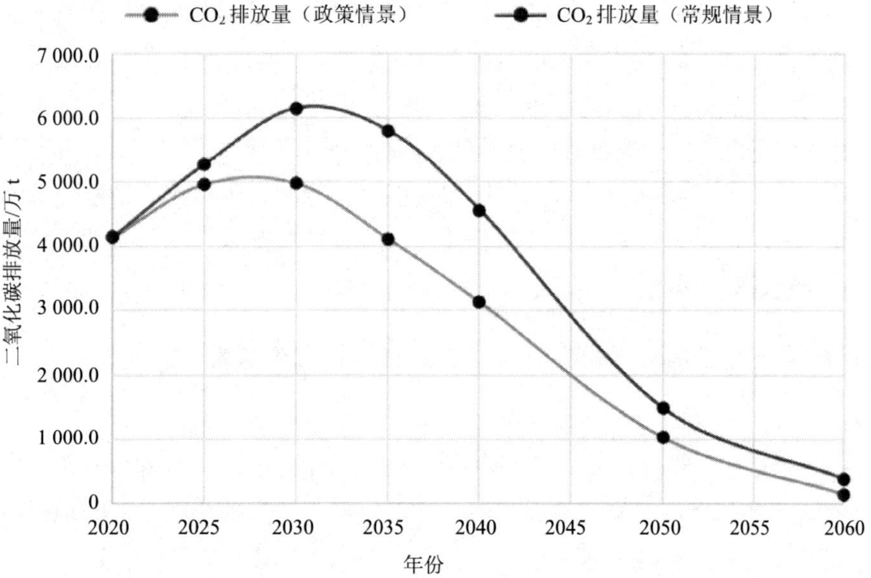


**图 8　燃油车梯次禁售情境下温室气体减排趋势（2020—2060 年）**

基于禁售政策情景分析，预计四川省汽车二氧化碳排放量将呈现“5 年缓升—5 年平稳—15 年速降—15 年缓降”的升降总体较为平稳的态势（图 8）。“十四五”缓慢增长至 5 000 万 t 左右的峰值（较 2020 年增长约 25%，较常规情景低 1 000 万 t 左右），“十五五”维持在 5 000 万 t 左右的平台期，“十六五”开始进入为期 15 年的快速下降通道，“十九五”后的 15 年保持缓慢下降。到 2035 年，道路交通二氧化碳排放量下降到 2020 年水平，较常规情景提前 5 年；到 2050 年，进入 1 000 万 t 级，较常规情景降低 500 万 t；到 2055 年，进入 500 万 t 级，略低于常规情景；到 2060 年，进入 100 万 t 级。大气污染物排放量变化趋势与二氧化碳排放量变化趋势接近。大气污染物排放量则呈“5 年缓降—15 年速降—20 年缓降”的态势，其中作为臭氧和 $PM_{2.5}$ 前体物的 $NO_x$ 和 VOCs 排放总量将由 2020 年 70 万 t 左右到 2030 年削减 50%左右，较常规情景提前 5 年；到 2045 年削减 90%左右，较常规情景提前 5 年；到 2060 年削减 97%左右。

## 四、四川燃油汽车梯次禁售政策建议

### （一）加强顶层设计和总体谋划

建议确定工作目标，推动道路交通运输领域在 2030 年前实现二氧化碳平稳达峰后进入下降通道。建议研究制定《四川省低碳发展促进条例》，为公交、环卫等行业和机关、事业单位及物流、出租汽车、网约车平台公司等应当优先推广使用新能源汽车，传统燃油汽车禁售等政策措施提供法律支撑及政策保障。建议每五年编制《四川省新能源汽车发展十年规划》，调查新能源汽车市场接受度，特别是影响中端汽车市场接受度的主要因素，精准预测未来 10 年新能源汽车的市场需求；从产业发展角度开展新能源汽车的精准供给研究；从充电站、充电桩等配套基础设施配置角度研究如何助推新能源汽车推广；从销售政策和老旧汽车监管角度研究如何加快推广新能源汽车；预评估新能源汽车推广对碳排放和大气环境质量的影响。编制公共交通建设发展规划，大力推动以地铁、“公转铁”为主的交通结构调整。

### （二）在深入论证基础上稳步有序推动实施燃油汽车禁售

燃油汽车退出将对四川省产业、区域经济、能源结构、生态环境等方面产生很大的影响，也对基础设施、资源需求、机制协调提出了很高的要求。建议以 3 年为周期滚动开展四川省燃油汽车禁售对经济社会与生态环境的影响研究，分车型、分地区精细化核算二氧化碳与大气污染物减排量，精细化评估燃油汽车禁售对碳达峰、碳中和及空气质量改善的贡献程度。建议尽快成立跨部门、跨行业的专家论证委员会，基于四川省地域广阔、经济发展不均衡的情况，结合四大结构调整战略，详细调查现有的各类车型销售占比，广泛征求利益相关方意见与建议，深入论证燃油汽车禁售的可行性，从省级层面上明确“禁油”框架及战略性要求，以便清晰准确地指导地方开展相关政策、技术研究。建议推动有条件的城市或地区，特别是成都及成都都市圈在 2030 年前启动燃油车禁售工作，因地制宜、分类施策出台相关政策，明确具体时间表和路线图。

### （三）制定“激励为主、管制为辅”的新能源汽车推广政策和实施细则，持续评估政策执行成效

在激励政策方面，建议进一步完善补贴及财税扶持机制：对营运车着重进行营运补贴；对于使用不超过 15 年及行程不超过 20 万 km、主动更换新能源汽车的非营运小汽车采取购车款抵扣、购置税减免、贷款免息贴息等优惠推动新能源汽车提前替代；将加氢站、充换电设施、智能路侧设施和重大功能性平台项目纳入“新基建”示范，在财税、低息贷款等方面给予支持。在管制政策方面，建议实施燃油燃气营运汽车有序退出机制，

对网约车平台公司和出租车公司市场准入及运营提出相关要求；出台老旧燃油汽车限行政策，特别是在重污染天气应急响应期间的限行政策，扩大限行范围、延长限行时间；提高老旧燃油汽车检验要求，在“半年一检”基础上加大“随机抽检”的路检要求；在汽车保有量大的城市适时出台新车限牌政策，对新增燃油汽车牌照进行年度数量限额，且数量逐年减小，对新增新能源汽车不做限牌要求。

### （四）试点建立新能源汽车碳交易体系，逐步推广到交通领域

建议制定确保碳排放配额稀缺性、符合新能源汽车行业特点的配额管理方法；落实行业数据统计与移动源排放监测技术，车联网和大数据技术，打通新能源汽车运行纳入碳交易体系的“数据壁垒”。建议进一步完善新能源汽车数据平台与新能源汽车碳交易平台，将公交公司、出租汽车公司、物流公司、网约车平台公司纳入碳交易市场，尽早完成碳配额、碳配额核查以及交易信息的登记，完善企业和个人的碳积分信用机制。探索并实施新能源汽车从产品补贴过渡到碳交易与碳奖励的政策机制，增强对新能源汽车的宣传和普及力度，最大限度地发挥新能源汽车的协同减排效果。

## 参考文献


[1] 卢超，尤建新，戎珂，等. 新能源汽车产业政策的国际比较研究[J]. 科研管理，2014（12）：26-35.

[2] 李苏秀，刘颖琦，王静宇，等. 基于市场表现的中国新能源汽车产业发展政策剖析[J]. 中国人口·资源与环境，2016，26（9）：158-166.

[3] 陈军，张韵君. 基于政策工具视角的新能源汽车发展政策研究[J]. 经济与管理，2013，27（8）：77-83.

[4] 胡登峰，王丽萍. 论我国新能源汽车产业创新体系建设[J]. 软科学，2010，24（2）：14-18.

[5] 马建，刘晓东，陈轶嵩，等. 中国新能源汽车产业与技术发展现状及对策[J]. 中国公路学报，2018，31（8）：1-19.

[6] 张钟允，李春利. 日本新能源汽车的相关政策与未来发展路径选择[J]. 现代日本经济，2015（5）：71-86.

[7] 蒋俐俐，杨亚平. 新能源汽车产业化的制度安排及有效性分析[J]. 科技进步与对策，2012，29（12）：103-106.

# 四川省“十四五”碳排放形势分析及对策建议

**摘　要：**“十四五”时期，我国生态文明建设进入关键时期，重点战略方向为减污降碳。制定碳排放控制制度，以碳强度为主、碳排放重点为辅。四川省预计下达碳排放目标排放下降目标为 19%～20%，因此提出以下建议：实施高碳排放“双控”机制，全程管理能源增量，提升非化石能源比例至 40%以上；强调控制高碳项目的上马，限制不必要的高耗能项目；降低煤炭消费，停止核准燃煤发电项目，限制水泥熟料产能和省外钢铁冶炼产能；推进运输结构调整，提高城际客运水平，促进新能源汽车使用和产业升级；建立降碳考核机制，监管碳排放权交易市场。通过这些措施，四川省能有效应对“十五”时期的环境挑战，实现减少污染和减少碳排放的目标。

**关键词：**生态文明建设；碳排放控制；非化石能源；高碳项目；煤炭消费；运输结构调整；降碳考核机制

## 一、四川省二氧化碳排放现状

### （一）排放总量趋于稳定，“一煤独大”特征突出

2005 年以来，四川省名义碳排放（含调入电力）经历了较快增长、稳中有降、反弹回升 3 个阶段（图 1）。其中 2005—2011 年为较快增长阶段，年均增长 8.2%、1 505 万 t。2012—2018 年为稳中有降阶段，年均减少 1.3%、390 万 t。2019 年，碳排放出现反弹，增长 3.2%、852 万 t。“十三五”期间碳排放总体趋稳，2019 年名义排放为 2.8 亿 t；直接碳排放（不含调入电力）在 2.77 亿 t 左右，居全国第 15 位，约占全国（96.8 亿 t）的 2.86%，远低于四川人口（5.6%）、GDP（4.7%）占比。碳排放趋稳主要受工业、能源生产与加工转换、居民生活煤耗减少影响（对煤炭增长的贡献率分别为−47%、−33%、−12%），煤炭对直接碳排放增长贡献率为−53.6%。虽然煤耗产生的排放占名义碳排放的比重从 2005 年的 80.8%降至 2019 年的 55.9%，降低 24.9 个百分点，但煤炭仍占据大头。油气是直接碳排放增量的主要来源，“十三五”时期以来的增长贡献率分别为 17.3%、29.2%，油、气占比分别提高 2.6 个百分点、4.3 个百分点[1]。

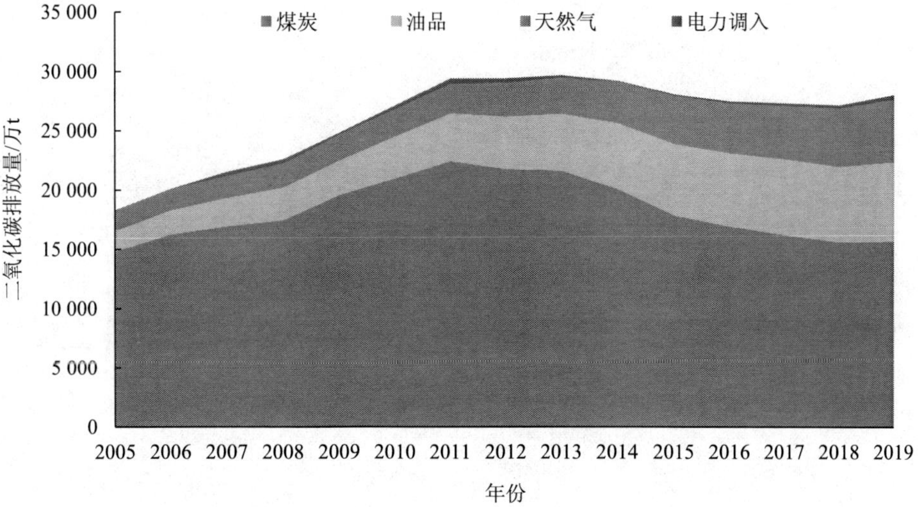


**图 1　2005—2019 年名义碳排放变化**

## （二）工业源排放居高不下，交通运输增长贡献率最大

从直接碳排放结构看，工业、交通运输、能源生产与加工转换、建筑（包括建筑业、服务业及其他、居民生活）、农业各占 55.5%、16.1%、16.0%、11.1%、1.3%。工业是最大的碳排放源，2005 年以来占直接碳排放的比重在 55.7%左右（50.3%～60.4%）波动，“十三五”前四年持续降低，累计降低 2.4 个百分点至 55.5%。“十三五”时期以来，由于人流和物流需求增大、运输结构调整较慢、燃油车保有量较快增长，交通运输对直接碳排放增长的贡献率达 35%，是碳最大排放增量来源，取代能源生产与加工转换成为第二大排放源；建筑业次之，增长贡献率达 6.5%（图 2）[2]。

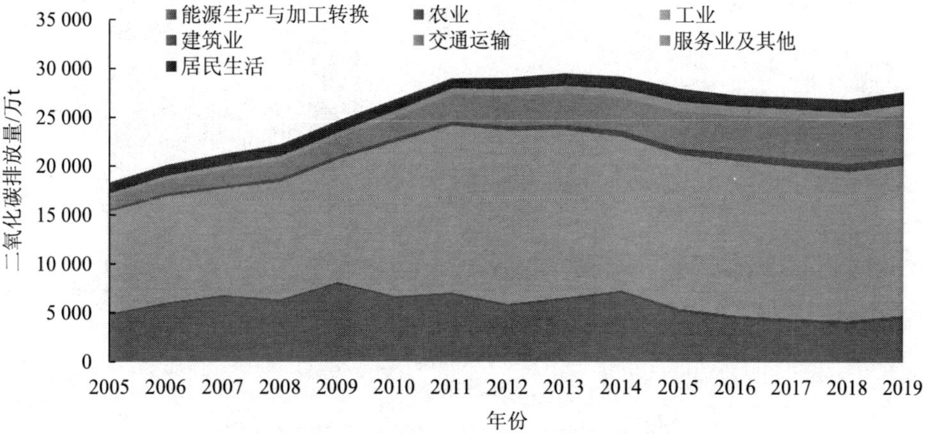

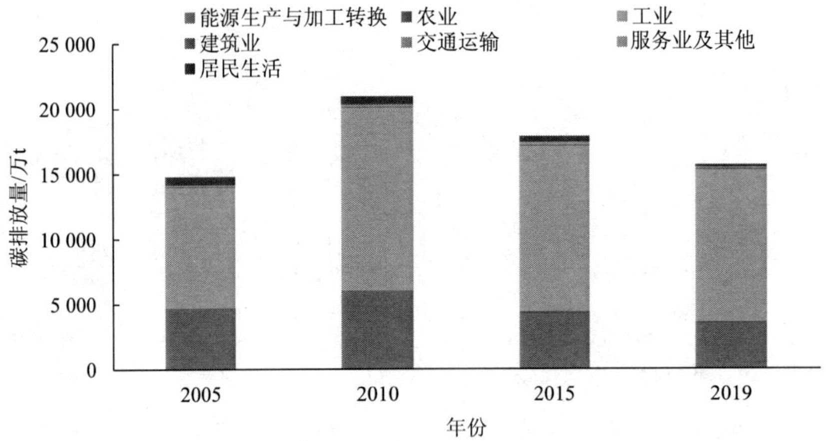


煤炭

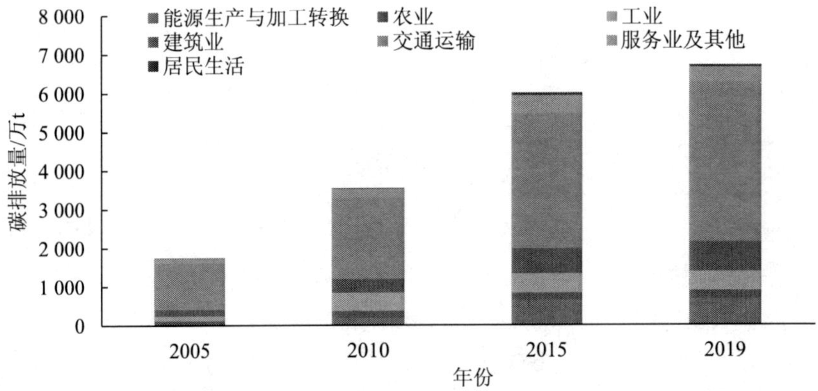


石油

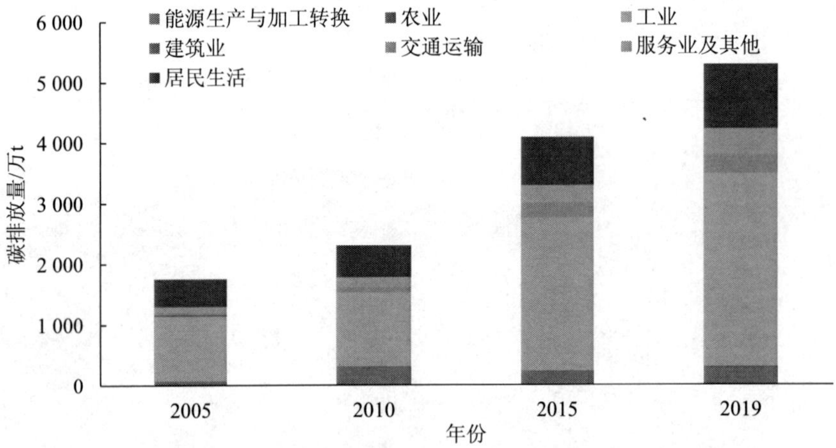


天然气

**图 2　2005—2019 年分行业领域直接碳排放变化**

### （三）人均碳排放波动下降，碳强度和能耗碳强度降幅收窄

2005 年以来，由于常住人口增长较缓，人均名义碳排放主要受碳排放总量的影响，也经历较快增长、稳中有降、反弹回升 3 个阶段，2011 年出现峰值（3.65 t），2019 年为 3.34 t，仅高于西藏。单位 GDP 名义排放持续下降，已从 2005 年的 1.9 t/万元降至 2019 年的 0.7 t/万元（2015 年可比价），累计下降 64%左右，降幅高全国 16 个百分点。“十三五”前四年，碳排放强度下降 26%，但降幅不断收窄，已从 9%降至 4%，持续降碳压力增大。2009 年以来，单位能耗碳排放连续 10 年下降（从 1.8 t/t 标准煤降至 1.35 t/t 标准煤），但降幅收窄趋势明显（图 3）。

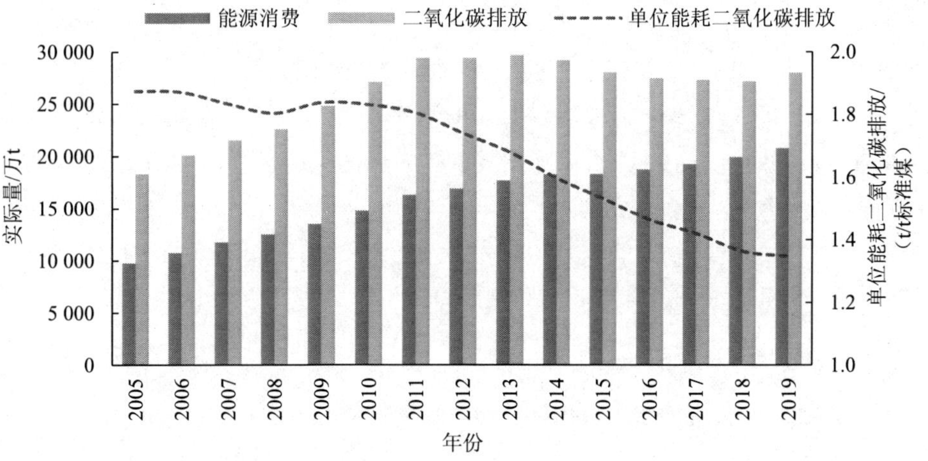


图 3　2005—2019 年能源消费和名义碳排放

## 二、“十四五”经济社会发展展望

### （一）经济总量实现新跃升，将涌现一批四川省经济副中心

“十四五”是推动成渝地区双城经济圈建设的关键期，四川省将抓住全国经济重心南移、中东部产业西移等机遇，争取 GDP 年均增速继续高于全国平均水平 1 个百分点以上。根据“十四五”规划测算，全省经济将年均增长 6%～8%，年均新增 4 000 亿元左右，再跨上 2 个万亿元台阶，达 6.8 万亿元（当年价可达 7 万亿元）左右；人均 GDP 将破 1 万美元、逼近 8 万元。GDP 超 3 000 亿元的市（州）有望达 5～8 个，绵阳、宜宾预计迈上 4 000 亿元；成都 GDP 新增 0.7 万亿元以上，人均率先达 2 万美元（约合人民币 14 万元）。

### （二）服务业增长贡献较大，高耗能项目存在上马冲动

随着高质量发展纵深推进，科技驱动、消费拉动等因素更加凸显，“十三五”服务业增加值占比、对经济增长的贡献率均超 50%。构建新发展格局下，四川省将承接长三角等中东部地区产业转移，发展能源化工等战略性新兴产业，做大现代服务业[3,4]。同时，受绿电、中国“气大庆”建设吸引，仍存在高耗能项目上马冲动。考虑经济演变规律，服务业占比仍将增至 55%。

### （三）城镇化率继续大幅提升，享受型消费趋于旺盛

四川省城镇化水平偏低，提升较快。2020 年，城镇化率为 56.73%，分别低于全国、江苏、重庆 7.2 个百分点、16.7 个百分点、12.7 个百分点，四川省仅成都、攀枝花高于全国平均水平。“十四五”期间预计城镇化率提升幅度继续高于全国平均水平，城镇化率将超过 60%，进入城镇化加速期后期。据测算，“十四五”期间城镇常住人口将突破 5 000 万人，年均新增 100 万人以上，城市建成区面积达 4 万 $km^2$，民用汽车保有量破 1 500 万辆，铁路和航空客运占比继续提升。

## 三、“十四五”能源生产消费形势

### （一）风光水火实现增长，绿电供应迈入紧平衡

“十三五”前四年，年电力生产量破 3 900 亿 kW·h，居全国第五，年均增长 4.9%、新增 168.4 亿 kW·h，增速较“十二五”收窄 8.8 个百分点。电力消费量达 2 635.8 亿 kW·h，年均增长 7%、155.6 亿 kW·h，新增电力中 92.4%省内消纳，省内消费占生产总量的比重稳定在 60%以上。“十四五”将建成乌东德、白鹤滩、两河口等水电站，预计新增水电装机 2 500 万 kW、并网风电和太阳能发电装机 1 280 万 kW、火电装机 200 万 kW 以上，新增发电约 1 900 亿 kW·h。综合电气化和数字经济发展，电力将是“十四五”新增用能的主要方式，预计新增用电 900 亿 kW·h，年均增长 7%左右，电力供需由相对宽松转向紧平衡[5]。

### （二）存量和增量“高碳锁定”并存，煤炭反弹风险大

2019 年煤炭消费达 7 713.5 万 t 标准煤，97%用于工业终端和能源工业。“十四五”期间，钒钛钢铁、建材、造纸、纺织等工业用能终端和火电、焦炭仍有扩能冲动，煤电受新机组投运和负荷提升影响（2021 年投运的神华天明电厂如年发电 50 亿～60 亿 kW·h，将新增碳排放 400 万～450 万 t），煤炭压减难度加大，甚至存在较大反弹风险。

### （三）交通、建筑体量持续扩大，石油消费平稳增长

四川省石油依赖输入，炼油、乙烯等石化产业体量较小，发展冲动明显。2019 年，石油消费量达 2 689.1 万 t 标准煤，主要用在交通运输（35.2%，其中道路和航空运输各占 74.2%、22.4%）、工业（19%，其中一半为炼油损耗）、居民生活（17.3%）、建筑业（11.9%）。“十四五”期间，道路运输、航空运输、石油化工、建筑业将是耗油的主要驱动力。预计燃油车保有量占比在 90%以上，成都市航空货邮、旅客吞吐量增长 61.6%、96.4%，新增汽油、柴油、煤油均在 100 万 t 标准煤以上；四川省石化 1 000 万 t/a 炼油、80 万 t/a 乙烯产能仍有增产潜力；疫后复苏带来大规模基础设施和建筑建设，新增用油在 70 万 t 标准煤左右。预计石油消费年均增长 3%左右[6]。

### （四）中国“气大庆”建设加速，天然气消费全面释放

“十四五”中国将实施“气大庆”建设行动，建成全国最大天然气（页岩气）生产基地，天然气年产量规划突破 600 亿 $m^3$。随着天然气输配网络的完善，天然气发电、天然气化工、园区集中供热、城市集中供暖等项目密集上马，工业燃气化水平提升，城乡用气人口增加，预计天然气将保持 6%～7%的年均增速，5 年新增 100 亿 $m^3$（1 330 万 t 标准煤）左右。一些天然气（页岩气）产区倾向于天然气发电“大干快上”，如盲目上马，将严重恶化降碳形势。

## 四、碳约束下的“十四五”排放增量空间测算

### （一）排放增量空间初步测算

从碳排放总量控制“天花板”看，目前，国家尚未明确 2030 年前碳达峰时全国峰值。国内研究初步估算，峰值应在 106 亿 t 上下，增量预测为 4 亿～10 亿 t。按碳排放占比估算，四川省增量在 0.1 亿～0.3 亿 t。考虑国家支持有条件的地方和重点行业、重点企业率先达峰，以及四川全国最大清洁能源基地优势，可能面临低增量、早达峰压力。从碳排放强度约束看，“十二五”国家碳排放强度降低目标为下降 17%，下达四川省目标为 17.5%（国家和四川省能耗强度目标分别为 16%、16%）；“十三五”国家目标为下降 18%，下达四川省目标为 19.5%（国家和四川省能耗强度目标分别为 15%、16%）；“十四五”国家碳排放强度和能耗强度目标为分别下降 18%、13.5%，预计下达四川省目标分别为 19%～20%（年均 4.1%～4.4%）、14%～15%。按照经济年均增长 7%左右测算，碳排放增量空间在 0.2 万～0.4 万 t。从重大项目看，初步梳理，全省“十四五”投产达产重点用能项目多达 700 余个，设计年综合能耗超 0.6 万 t 标准煤，主要集中在数字经济、冶金、化工、电池、建材、造纸、纺织、能源等领域，项目最多的地区为攀枝花、成都、眉山、乐

山、宜宾，能耗最大的地区为乐山、成都、眉山、广元、凉山。其中，年碳排放达 20 万 t 及以上的高碳项目能耗达 0.3 亿 t 标准煤，其中耗煤 0.1 亿 t 标准煤、耗气 0.1 亿 t 标准煤，碳排放增量高达 0.5 亿 t 左右。

**表 1　不同降碳情景下“十四五”碳排放增量**

| 情景 | 碳排放强度降幅/% | GDP 年均增长 6%<br>的碳排放增量/万 t | GDP 年均增长 7%<br>的碳排放增量/万 t |
|---|---|---|---|
| 情景 1 | 19.0 | 2 400 | 3 900 |
| 情景 2 | 19.5 | 2 200 | 3 700 |
| 情景 3 | 20.0 | 2 000 | 3 500 |

碳中和引领下的碳达峰是高质量达峰，不可能继续走高能耗、高排放、低附加值的粗放发展道路，不可能放任去冲高碳排放峰值，要防止碳达峰变成“攀高峰”，且要在达峰后缩短平台期，尽可能快地实现碳排放下降。因此，项目碳排放增量必须首先服从碳排放强度约束，并最终服从碳排放总量控制“天花板”要求，预计“十四五”期间四川省碳排放增量空间在 2 000 万 t 左右，总量控制对碳排放的约束将严于强度指标。

## （二）分能源品种排放增量测算

因战略定位、能源结构、产业政策、项目布局、能源禀赋、政策力度等因素的差异，不同领域碳排放预测存在诸多不确定性和差异，排放空间配置组合是多元的。作为发展不平衡不充分地区，四川碳排放增量空间分解应优先保障民生领域碳排放需求，统筹存量挖潜和增量控制，确保传统产业转型和新兴经济发展。

**表 2　碳约束下“十四五”分能源品种碳排放增量配置**

| 能源品种 | 2019 年 | | “十四五”<br>排放增量/万 t |
|---|---|---|---|
| | 排放量/万 t | 排放占比/% | |
| 煤炭 | 15 657 | 55.9 | −900 |
| 石油 | 6 716 | 24.0 | 1 000 |
| 天然气 | 5 285 | 18.9 | 1 800 |
| 调入电力 | 347 | 1.2 | 100 |

**表 3　碳约束下“十四五”分行业领域直接碳排放增量配置**

| 行业领域 | 2019 年 | | “十四五”排放增量<br>（不含电力）/万 t |
|---|---|---|---|
| | 排放量/万 t | 排放占比/% | |
| 能源生产与加工转换 | 4 435 | 16.0 | 200 |
| 农业 | 358 | 1.3 | 50 |
| 工业 | 15 338 | 55.5 | 350 |
| 建筑业 | 845 | 3.1 | 100 |

| 行业领域 | 2019 年 | | “十四五”排放增量（不含电力）/万 t |
|---|---|---|---|
| | 排放量/万 t | 排放占比/% | |
| 交通运输 | 4 459 | 16.1 | 900 |
| 服务业及其他 | 901 | 3.3 | 100 |
| 居民生活 | 1 321 | 4.8 | 200 |

## 五、“十四五”碳排放存量挖潜和增量控制建议

### （一）实施二氧化碳排放总量和强度“双控”

一是根据各市（州）“十四五”经济增长、重大项目布局、碳排放惯性、能源禀赋等情况，结合国家下达的降碳目标，差异化分解下达碳排放“双控”目标，确保能源消费增量控制在 2 000 万 t 标准煤以内（化石能源消费增量控制在 1 000 万 t 标准煤以内），提升非化石能源消费占比至 40%以上，力争非化石能源电力生产、消纳占比稳定在 80%以上的高水平。二是加强碳排放月、季度、年形势分析预警，实施事前、事中、事后全程管理，加强跨部门会商和宏观调控。三是强化高碳企业主体责任，将碳排放纳入重点用能单位节能考核体系，督促重点企业按时清缴碳排放权履约[7]。

### （二）严控高碳项目上马形成新的“高碳锁定”

一是准确识别拟上高耗能、高排放项目中的高碳项目，按照新增碳排放量、单位产值碳排放的优先序，明确高碳排放、低附加值项目清单并实施重点管控，鼓励以电为主的用能方式。二是以供热发电、钒钛钢铁、化工、建材、造纸等重点行业和攀枝花、乐山、宜宾、眉山、达州等为重点区域，通过项目审批、节能审查、环境影响评价、融资约束等严防高碳项目无序上马和重复建设，坚决防止煤耗反弹，避免形成新的长达几十年的“高碳锁定”，坚决扭转遏制规模以上六大高耗能行业能耗占规模以上工业比重上升态势，力争降至 75%以内（同比 2020 年下降 2 个百分点以上）。三是明确天然气利用优先顺序，优先用于城市燃气和工业“煤改气”，着眼长远统一布局天然气发电，从严控制非必要天然气调峰发电、天然气化工项目，避免天然气消费需求过高和过早释放。

### （三）以火电、建材、冶金为重点压减煤炭消费总量

一是停止燃煤发电项目核准，将煤电机组运行小时数稳定在 3 000 h 以内，严防 2021 年煤电“高开高走”和“攀高峰”。二是确保水泥熟料产能指标“只出不进”“只减不增”，有序实施燃料和原料替代，提升能源梯级利用水平。三是严格限制省外钢铁冶炼产能入川，除易地搬迁外原则上不新建长流程钢铁冶炼项目，提高电弧炼钢占比，逐步稳定并减少焦炭生产和外售，提高焦炭外购占比。四是提高化学原料和化学制品制

造、酒饮料和精制茶制造、城乡居民生活、造纸和纸制品、纺织、有色金属冶炼和压延加工、农副食品加工等耗煤行业用能非煤化、电气化水平，力争煤炭消费年均减少1%以上，占比累计降低5个百分点。

### （四）纵深推动运输结构调整和减污降碳协同

一是纵深调整区域交通运输结构，提升城际客运“公交化”“轨道化”水平，加快货运铁路专线新建和扩容，提升长江、岷江、嘉陵江航道运输服务和通行能力，大力推动大宗货物和中长距离货运“公转水”“公转铁”和多式联运，力争公路货运量占比降至90%以下。二是提高民航运输碳排放效率，支持本土民航运输企业选购节能机型，有序退出老旧高耗能机型，优化飞行航线，提高空港岸电使用率。三是控制城市居民燃油车保有量，借鉴北京、上海、深圳等城市经验，积极推动超大城市和大城市燃油车限号限行、限购限牌，提升公共交通等绿色出行比例5个百分点以上，完善新能源汽车补贴、不限号出行等激励措施，确保到2025年新能源汽车新车销售量占新车销售总量的比重提高到20%以上。

### （五）建立严格的党委政府降碳考核评价机制

一是建立更具约束力的降碳考核机制，从降碳目标完成、能源节约与结构优化、低碳产业体系建设、城镇化低碳发展、降碳组织保障措施等方面科学设置评价指标，由省委授权按年度考核。二是将降碳考核纳入省政府目标绩效及生态文明建设、污染防治攻坚战、生态环境保护党政同责等专项考核体系，并逐步提高权重。三是加强碳排放权交易市场监管，依法依规监管重点排放单位温室气体排放报告和碳排放配额清缴。四是将降碳目标完成和突出问题纳入省级生态环境保护督察，坚决打赢“去产能”回头看、“两高”项目管控攻坚战。

## 参考文献

[1] 杨克磊，张振宇. 天津市碳排放预测及低碳经济发展对策分析——基于改进 GM（1，1）模型[J]. 重庆理工大学学报：自然科学，2014，28（2）：111-114.

[2] 武强，涂坤. 我国发展面临能源与环境的双重约束分析及对策思考[J]. 科学通报，2019，64（15）：1535-1544.

[3] 曾鸣，何深，杨玲玲，等. 我国 CDM 项目风险分析及低碳发展对策[J]. 华东电力，2010（3）：319-322.

[4] 王瑞，温怀德. 宁波碳排放形势评估及低碳发展对策[J]. 宁波经济：三江论坛，2013（2）：12-17.

[5] 张竣溵. 武汉市碳排放达峰形势及对策研究[D]. 武汉：华中科技大学，2018.

[6] 徐越. 宁夏工业低碳发展的脱钩分析及对策研究[D]. 哈尔滨：哈尔滨工程大学，2019.

[7] 刘占成，王安建，于汶加，等. 中国区域碳排放研究[J]. 地球学报，2010，31（5）：727-732.

# 发挥碳市场控制温室气体作用的政策建议

**摘　要：**本文关注我国碳市场在实现碳达峰、碳中和目标中的作用，强调其通过市场化定价、排放约束和激励减排等手段实现对碳排放的管理。该市场不仅具备金融工具的风险管理和资金引导功能，还有助于推动跨期投资和低碳技术创新。借助四川省环境政策研究与规划院的相关研究，本文提出政策建议，以解决四川省企业配额缺口过大、履约成本较高等问题。建议明确碳交易的监管职责，开展碳定价监测研究，强化重点行业的减污降碳协同增效路径，培育碳资产服务能力，加强碳市场能力建设，撬动要素聚集与创新，通过财政资金支持试点示范、能力建设以及碳金融产品的创新，促进碳达峰、碳中和目标的实现。
**关键词：**碳市场；碳达峰；碳中和；碳配额

## 一、把握碳市场的政策工具定位

碳定价是实现碳达峰、碳中和及《巴黎协定》目标“必不可缺且最具成本效益”的武器，包括碳排放权交易、碳税和碳信用机制。其中，碳交易因其灵活性较强、社会成本较低、衍生功能多而成为控制二氧化碳、甲烷等温室气体排放的重要政策工具[1]。

### （一）控制温室气体排放

自 2005 年欧盟启动碳市场以来，全球已建立 24 个碳市场，覆盖全球 16%的温室气体排放，运行碳市场的司法管辖区 GDP 占全球的 54%，其人口占全球的 1/3。我国坚持“自下而上”地方试点与“自上而下”全国市场相结合的方式推动碳市场建设，2021 年以发电行业为突破口，开启全国碳市场首个履约周期，并于 7 月 16 日上线交易。全国碳市场覆盖 2 000 多家发电企业（含自备电厂），覆盖超过 40 亿 t 温室气体，一经启动即超欧盟成为全球覆盖温室气体排放最多的碳市场。未来将纳入建材、钢铁、有色等更多重点排放行业[2]。

### （二）优化社会资金配置

通过一级市场（政府无偿和有偿分配）和二级市场（交易）释放价格信号是碳市场的一个基本功能。不同地区碳市场碳排放配额价格存在较大差异，欧盟碳价最高，已突破 50 欧元/t，但全球多数碳市场碳价低于 40～80 美元/t 的预期价格。我国地方市场碳价总体偏低，多在 15 美元/t 以内；全国碳市场开市首日成交均价为 51.23 元/t，成交额达 2.1 亿元。《2020 年中国碳价调查报告》预计未来碳价将稳步增长，2025 年、2030 年每吨预期价格分别为 71 元、93 元。碳排放配额拍卖等有偿分配方式是碳市场未来发展的方向，我国初期碳排放配额分配以免费分配为主，将适时引入有偿分配。未来碳交易将日益影响企业投资决策，促进更多资金投向至降碳潜力较大的行业、企业和项目，加快低碳转型步伐[3]。

### （三）促进低碳技术进步

我国碳排放配额分配采用行业基准法，即与单位产品（量）的碳排放强度挂钩，不与碳排放总量直接挂钩。例如，发电企业机组配额等于供电基准值、实际供电量、修正系数乘积与供热基准值、实际供热量乘积之和，供电、供热基准值直接关系企业碳排放配额的盈余。我国配额分配总的原则是坚持奖励先进、惩戒落后、先宽后严。同一行业中，生产技术越先进、碳排放强度越低的企业，越能在碳市场中赢得主动甚至实现卖碳盈利，变碳排放优势为碳资产。在此形势下，碳交易将为脱碳技术研发、示范、推广创造十分有利的宏观环境，不断激发企业节能低碳改造积极性[4]。

## 二、厘清碳定价时代的机遇挑战

碳交易开启了生态文明体制改革新局面，是生态价值转化的重要路径之一，我们应准确把握四川省面临的机遇与挑战，注重运用市场思维推动绿色低碳的高质量发展，在变局中开新局，抢占产业低碳竞争优势和高点。

### （一）配额缺口较多，履约成本偏高

四川省共有 48 家企业已纳入全国碳市场，包括 20 家发电企业和 28 家工业企业自备电厂，另外拟新增 7 家自备电厂。在符合条件企业中，自备电厂占比高达 63.6%，集中在纸业、盐业、化工、钒钛钢铁等传统产业。相比大型发电企业，自备电厂存在规模效益低、技术水准低、管理水平低“三低”特征，碳排放强度偏高，碳排放配额缺口较大。初步估算，2019 年、2020 年度全省碳排放配额缺口在 1 000 万 t 上下，整体缺口率在 10%左右。考虑到企业 20%配额履约缺口上限和燃气机组配额缺口“豁免”机制，两个年度按当前全国市场价，履约成本约为 5 亿元。

### （二）资源禀赋优越，开发潜力较大

国家核证自愿减排量（CCER）是我国唯一的国家级碳信用产品，指对可再生能源、林业碳汇、甲烷利用等项目的温室气体减排效果进行量化核证，并在国家温室气体自愿减排交易注册登记系统中登记的温室气体减排量。CCER 价格一般低于碳排放配额，是

降低企业履约成本的重要途径。《碳排放权交易管理办法（试行）》规定，重点排放单位每年可以使用 CCER 抵消碳排放配额的清缴，抵消比例不得超过应清缴碳排放配额的 5%。四川是可再生能源大省，林地保有量全国第二，农村沼气等甲烷资源丰富，碳信用开发潜力较大，《京都议定书》下的清洁发展机制（CDM）项目数就曾居全国第一。亟须抓住新机遇，推动优质光伏、风电、地热、农村沼气、废弃物甲烷、林草碳汇等碳信用项目化开发和市场化消纳，力争到 2025 年实现林草碳汇规模 3 000 万亩。

### （三）区域优势突出，要素聚集度高

四川省深居我国西部腹地，也是西部最大经济体，市场要素区域聚集度较高[5]。在定位方面，四川省委、省政府历来重视环境权益交易市场建设，先后提出建设“西部碳排放权交易中心”“西部环境交易中心”。在金融方面，成都金融中心指数居全国前列，区域辐射能力强，绿色金融基础扎实。在碳市场方面，拥有全国非试点地区首家获得备案的温室气体自愿减排交易机构，四川省联合环境交易所 CCER 成交量、成交额分别达 1 700 万 t、2.1 亿元，全国碳市场能力建设（成都）中心完成 120 场活动 1.5 万人次。在服务市场方面，有中国质量认证中心、中国船级社的区域中心等，三方机构规模居西部第一。

## 三、重视市场机制发挥降碳支撑作用

以碳达峰、碳中和目标愿景为引领，建议完善体制机制，强化市场监管，提升基础能力，不断降低四川省碳排放配额清缴履约总成本。

### （一）明确定位，强化碳交易监督管理

一是厘清省内监管权责。全国统一碳市场实施以国家为主的监管，由生态环境厅负责确定和更新重点排放单位名录、组织温室气体排放报告核查、开展碳排放配额分配和清缴，由市（州）生态环境局配合相关工作并监督检查温室气体排放和碳排放配额清缴情况。建立由生态环境厅气候、法制、执法、监测、宣传、科财等处室和单位参加的工作协作机制，强化综合统筹，提升综合监管效能。

二是加强工作要素配备。优化省、市（州）生态环境部门应对气候变化内设机构，充实碳市场工作力量，配备全国碳排放权注册登记系统的专责省级管理员，落实必要的核查、复查、复核、培训等工作经费，优化政府采购流程，高效、及时完成碳核查服务采购。

三是建立健全管理制度。结合国家立法进程，研究制定《四川省碳排放权交易管理暂定办法》，为数据质量保障、纠纷处理、碳交易执法等提供实施细则。制定《企业温室气体排放管理规范》地方标准，为企业碳排放管理提供指引。

四是强化重点环节监管。以新增和退役自备电厂为重点，定期更新重点排放单位名录。加强企业监测计量、数据质量、清缴履约和技术服务机构核查质量管理，确保排放数据质量和按时履约率“双提高”。督促所有企业规范开展燃煤单位热值含碳量、碳氧化率、蒸汽等监测计量，避免采用高限缺省值带来的额外履约成本。

## （二）强化弱项，开展碳定价监测研究

一是开展配额分配相关研究。开展电力及石化、化工、建材、钢铁、有色、造纸、航空等重点排放单位区域排放特征研究，为向国家争取负荷（出力）修正系数、地区修正系数等配额分配方法优化提供科学支撑。

二是加强交易履约监测预警。由相关支撑单位建立碳交易跟踪研究小组，开展全国碳市场配额供给、市场需求、交易价格动态监测分析，开展四川省配额盈缺规模、分布、结构和履约情况研究，实施多形式、多层次预警提示。

三是推动行业响应对策研究。开展重点行业减污降碳协同增效路径研究，引导企业加强低碳转型布局和规划，调整投资和发展战略，逐步缩小配额缺口甚至实现配额盈余，避免高碳资产搁置和转型风险，促进可持续、高质量发展。

## （三）培育队伍，提升碳资产服务能力

一是规范专业技术队伍建设。统筹发挥行业组织、大型企业、三方机构作用，大力培养碳排放管理员和碳排放监测员、核算员、核查员、交易员、咨询员等，培育一批高素质专业化人才队伍。

二是培育壮大本土服务机构。推动全国性技术服务机构在川设立面向西部的区域公司。依托成渝地区节能环保服务公司和高等院校、科研院所，培育一批碳监测、碳盘查、碳认证、碳资产管理、碳信用开发、碳交易研究等专业机构，提升区域辐射能力和综合服务水平。

三是推广资产委托管理模式。引导中央和省属国有企业等大型企业发挥集团化、规模化优势，组建碳资产管理机构和分公司。引导规模较小的自备电厂，将碳资产委托专业碳资产管理机构实施市场化经营管理，力争以较低成本履约。

## （四）夯实基础，开展碳市场能力建设

一是扩大能力建设覆盖范围。以纳入交易的企业为重点，开展覆盖碳排放监测报告核查，报送、登记、交易、结算四大系统操作，市场交易，绿色低碳技术，清缴履约和信息公开的专题培训，逐步扩大到其他企业和技术服务机构。

二是做大能力建设中心。支持全国碳市场能力建设（成都）中心硬件建设和能力提升，优化课程设计，丰富培训模式，打造师资队伍，建设宜宾、南充基地。鼓励面向细分市场开展多样化和市场化服务。

三是提升能力建设质量效率。围绕法规政策解读、排放监测计量、配额管理和交易、操作系统应用等薄弱环节开展针对性、专题性培训，提升企业对分配方式、配额结转、价格形成、交易方式、抵消比例、履约时间等的理解和应用度，拓展“线上+线下”“集中+分散”培训模式。

### （五）加大投入，撬动要素聚集和创新

一是稳定提升各类资金投入。通过生态环境保护专项资金、省预算内基本建设投资资金等财政资金，支持开展试点示范、基础研究、能力建设等，支持企业开展低碳化绿色化改造、减污降碳协同治理、高碳燃（原）料替代等绿色行动。抓住温室气体自愿减排交易改革重启机遇，积极推动 CCER 项目开发和交易。

二是促进绿色金融场景创新。大力发展转型金融，支持钒钛钢铁、石化化工、建筑材料、造纸等传统产业、园区和企业稳步向低碳转型。创新发展气候投融资，有序发展和参与碳质押、碳债券、碳资产证券化和碳基金等碳金融产品和衍生工具，加快设立规模为 100 亿元的碳中和基金。

三是加大脱碳技术示范推广。开展碳达峰、碳中和科技创新行动，设立碳中和科技创新专项，加快天府永兴实验室和四川省碳中和技术创新中心等高端创新平台建设，推动碳捕集、利用与封存（CCUS），氢冶金，数字赋能等低碳前沿技术研发，征集和推广节能低碳先进技术推广目录。

## 参考文献

[1] 任亚运，傅京燕. 碳交易的减排及绿色发展效应研究[J]. 中国人口·资源与环境，2019，29（5）：11-20.

[2] 邹骥，柴麒敏，陈济，等. 碳市场顶层设计路线图[J]. 气候变化研究进展，2019，15（3）：217.

[3] 帅云峰，周春蕾，李梦，等. 美国碳市场与电力市场耦合机制研究——以区域温室气体减排行动（RGGI）为例[J]. 电力建设，2018，39（7）：41-47.

[4] 漆萍. 中国控制温室气体排放 加快完善全国碳交易市场[J]. 炼油技术与工程，2018，48（8）：23.

[5] 姜睿. 碳交易与中国碳市场展望[J]. 中国经济报告，2017（5）：52-56.

# 四川省优势产业碳增量测算研究及政策建议

**摘　要：** 本文分析了我国“十四五”时期生态文明建设的关键方向，将减污降碳作为重要战略目标，并探讨了碳强度控制和碳排放总量控制制度的实施。本文介绍了“十四五”期间全国和四川省的碳排放强度目标，并强调了优势产业的重要性。在此背景下，本文提出了一系列政策建议，以支持“十四五”期间的降碳管控工作，包括实施碳排放“双控”、推动清洁用能、提高清洁能源利用率、优化产业布局、促进绿色用能等。这些举措旨在支持四川省早日实现碳达峰和碳中和目标，为生态文明建设提供战略指导。

**关键词：** “十四五”；生态文明建设；减污降碳；碳强度控制

## 一、基本情况

### （一）四川省碳排放现状

碳达峰碳中和是党中央做出的重大战略决策部署，强化“双碳”目标约束和引领，突出碳排放强度与排放总量“双控”，关系到壮大四川省优势产业，实现经济高质量发展[1]。2020 年，全省能源活动（煤炭、石油、天然气消费和跨省购入电力）产生的二氧化碳排放量在 2.8 亿 t 左右，约占全国的 3%；人均二氧化碳排放量约 3.3 t，仅高于西藏；“十三五”碳排放强度累计降低 29.9%，超额完成国家下达的 19.5%的约束性目标；全省二氧化碳排放区域差异大，成都市的碳排放量占全省的 20%，内江、达州、攀枝花、乐山、泸州、宜宾、广安、德阳、绵阳 9 个城市的碳排放量占全省的 61%。按行业领域统计二氧化碳排放主要集中在工业（54%）、能源（17%）、交通（16%）、建筑（11%）四大领域。

### （二）四川省碳排放峰值预测

为实现“双碳”目标，按照“双控”要求，在前期重点行业和领域现状调研和近 10 年来的碳排放演变的分析基础上，按照目前估算的经济发展总体情况和优势产业的发展，经过初步测算，2030 年前必须力争煤炭消费稳定下降、石油消费基本达峰和天然气消费接近达峰。相应地，四川省碳排放增量空间为 2 000 万～3 000 万 t，全省碳排放峰值在 3.0 亿～3.1 亿 t。

## 二、四川省重点领域和行业碳排放主要特点

### （一）煤炭消费占比相比全国低，但碳排放贡献大

2020 年，四川省煤炭消费量为 6 000 万 t 标准煤左右，约为苏州市的用煤量[2]。四川省能源消费结构中，煤炭消费占 27%，低于全国近 30 个百分点。2020 年，四川省煤炭消费的碳排放量为 1.52 亿 t，占二氧化碳排放总量的 55%。“十三五”期间煤炭削减碳排放量 2 600 万 t，削减了 14.5%。

### （二）天然气资源丰富，外输压力大

2020 年，已累计获探明储量 5.18 万亿 $m^3$，其中页岩气 1.19 万亿 $m^3$，均居全国第一。四川省天然气产量达 432 亿 $m^3$，其中页岩气产量 119 亿 $m^3$，分别占全国的 22.9%、59.5%，是全国最大的天然气（页岩气）生产基地。2020 年外输天然气 152 亿 $m^3$，占全省天然气产量的 35.2%；“十三五”时期累计外输 544 亿 $m^3$，占全省天然气产量的 32.7%。2020 年，天然气消费产生的二氧化碳排放约为 0.54 亿 t，占二氧化碳排放总量的 19%。“十三五”期间天然气消费新增碳排放量 1 400 万 t，新增了 33%。

### （三）水风光资源禀赋优异，清洁能源比例高，输送能力不足、本地载能产业消纳不足、外送电量大

四川省水能资源技术可开发量居全国第二，风、光等新能源理论蕴藏量居全国第七。2020 年，四川省水风光装机合计 8 699 万 kW、发电量 3 627 亿 kW·h，分别居全国第二位、第一位。清洁能源装机占全省电力装机总量的 84.5%，发电量占 87.6%。川西、攀西水电送成都等负荷中心通道能力不足，“窝电”580 万 kW，占清洁能源发电总量的 6.7%，相当于 1/3 个白鹤滩、2/3 个向家坝。清洁能源富集地的绿色载能产业发展不足，缺乏具有全国影响力的绿色载能产业链、产业集群，储能应用尚未起步，本地消纳不足。外送电量 1 364 亿 kW·h，占全省发电量的 32.9%。

### （四）钒钛资源丰富、产品独特，碳排放与钢铁高度关联

四川省（主要集中在攀西地区）钒资源储量 1 862 万 t，约占全国的 63%；钛资源储量 65 250.5 万 t，约占全国的 91.6%。在创新集聚发展政策引领下，目前已形成以攀钢为龙头、超过 100 家民营企业共同参与的钒钛产业集群。2020 年，已形成年产钒钛铁精矿 2 500 万 t、钛精矿 669 万 t、钒产品 4.28 万 t、钛白粉 51.52 万 t、海绵钛 2.5 万 t、钛锭 0.4 万 t 的生产能力。2020 年，钒钛及钢铁行业产生的二氧化碳排放约为 0.47 亿 t，占二氧化碳排放总量的 17%左右。“十三五”期间，钒钛及钢铁行业新增碳排放量 800 万 t，

新增了 20%。

### （五）晶硅、电子信息等产业用能以电为主、能耗高，现有间接碳排放量约70 万 t

2020 年，多晶硅产能 6.2 万 t，居全国第二，实际生产 5.2 万 t，占全国的 13.3%。拉棒切方、电池片产能分别为 10 GW、21 GW，居全国第一，实际产量分别为 12 GW、16 GW，用电约 42.33 亿 kW·h，间接二氧化碳排放约 30 万 t（按 13%的火电）。2020 年，四川省纳入统计的在用数据中心 110 个，其中大型、超大型 10 个，机架总量 10.5 万架，平均上架率约 65%，用电量 53.8 亿 kW·h，间接二氧化碳排放约 40 万 t。

## 三、相关政策建议

为实现“双碳”目标，按照“双控”要求，在经济社会全面绿色转型发展基础上，支撑保障六大优势产业高质量发展，四川省碳排放将增加 2 900 万 t，存在突破 3 000 万 t最大增量空间的风险。

### （一）实施碳排放总量和强度“双控”，控增量、减存量

一是将单位 GDP 经济产出的碳排放的碳绩效指标作为战略规划、招商引资、项目落地的重要评估指标，严控低经济产出、无产业链延伸、产能饱和的“两高”项目盲目上马。二是按照现有主要工业领域碳排放增减平衡的原则，2030 年力争煤炭消费稳定下降、石油消费达峰和天然气消费接近达峰，2030 年水泥产能压减至 1 亿 t 以内，除枯水年外的全省煤电年均运行小时数控制在 3 000 h 左右并实现逐年稳步下降，与 2025 年、2030 年相比规模以上六大高耗能行业能耗占比分别降至 75%、70%以下[3-5]。到 2030 年，推动新能源汽车保有量 500 万辆以上，油品消费的碳增量控制在 1 000 万 t，通过节能增效和落后产能淘汰削减煤炭消费 750 万 t 标准煤左右（较 2020 年下降 12.5%），削减碳排放 2 000 万 t 左右。

### （二）不断提升清洁用能支撑，将清洁能源发电占比提升到 93%左右

一是以金沙江、雅砻江、大渡河流域为重点，加强统筹规划，实施水、风、光、储一体化、规模化开发，进一步提升多能互补水平。二是发挥好具有跨季调节能力水电站作用，争取枯水期优质绿电留存，减少对火电调峰的需求。三是推动既有煤电机组实施灵活性改造，稳定和逐步压低火电发电小时数到 3 000 h 以内，统筹在盆地负荷中心有序建设一批抽水蓄能电站和燃气调峰电站，推动气电等量替代煤电有序实施。到 2025 年，水风光装机容量超过 1.4 亿 kW（新增 0.53 亿 kW），火电维持 1 600 万 kW，清洁能源装机占比 90%；到 2030 年，水风光装机容量超过 2.1 亿 kW，火电维持 1 600 万 kW，清洁

能源装机占比 93%左右。

### （三）推动天然气高效有序利用，控制碳增量在 3 000 万 t 左右

一是保障民生改善和服务业发展等刚性需求，约需要碳增量 800 万 t。二是加大力度推动“以气替煤”，以非金属矿物制品业、化学原料和化学制品制造业等为重点，替代 600 万 t 标准煤，新增天然气消费需要碳增量 1 000 万 t。三是保障先进制造业发展和气电调峰，严格天然气发电等量替代煤电，天然气消费增加碳排放 1 200 万 t 左右。

### （四）优化钒钛产业布局和用能结构，控制碳增量在 400 万 t 左右

一是压住钒钛产业链“前端”，推广焦炭、氢冶金等节能低碳技术，实现节能降耗 10%以上，依托既有产能提升钒钛上游，在碳排放量不增加的情况下，提升产量 10%以上。二是严格控制长流程钢铁冶炼产能，新增钒钛钢铁产能控制在 200 万 t 以内，碳排放增量 300 万 t 以内。三是做大做强产业链“后端”，大力发展高附加值、战略性钒钛深加工，提升后端加工电力消费占比，特别是本地消纳的清洁能源使用占比，碳排放增量 100 万 t 以内。

### （五）提升动力电池、晶硅、大数据产业全链条绿色用能，控制间接碳增量在 500 万 t 左右（按 7%火电口径）

一是动力电池产能规模 380 GWh，新增用电 388 亿 kW·h，间接碳增量在 180 万 t 左右。二是晶硅新增用电 228 亿 kW·h，间接碳增量在 120 万 t 左右。三是数据中心新增 100 万个机架，用电新增 400 亿 kW·h，间接碳增量在 200 万 t 左右。

### （六）提高部分行业准入条件，推动环境管理服务优势产业发展

一是实行负面清单与鼓励类产业目录相结合的产业政策。严控煤电供热、电解铝、水泥、石灰、焦炭、造纸等行业产能。确有必要建设的，须在省内实施产能和能耗减量置换，工艺技术装备达到国内先进水平，物耗、能耗、水耗达到国内同行业先进水平或国家能耗限额标准先进值。二是完善产业转移承接政策。承接产业和招商引资要坚持“量能而行”，按照产业转移优先次序，将节能降碳约束挺在前面，坚决遏制高耗能产业盲目发展和低水平重复建设，从严控制存量高耗能企业新增用能，合理安排新建高耗能项目投产时序。三是优化环评机制，促进“三线一单”与优势产业的衔接，把碳排放评估纳入规划环评、园区环评、项目环评，从源头上把控新增碳排放量。对战略性、特殊性、可再生能源优势产业积极争取纳入国家碳排放总量统筹，少占用、不占用省内指标[6]。

### （七）提升碳达峰基础能力保障水平，推动示范引领带动优势产业发展

一是构建区域和企业层面的碳排放核算体系，核算省、市、县三级碳排放总量和强

度，用以保障目标考核，核算用能超过 1 万 t 标准煤的企事业单位温室气体排放，用以支撑碳排放权交易和重点排放单位的降碳管理。二是提高降碳绩效研究能力，进一步深化节能降碳研究分析，按不同行业、不同区域分层次、分阶段开展碳排放测算和单位 GDP 的碳排放绩效研究，指导优势产业低碳发展。三是深化和拓展绿电消纳产业示范区建设，围绕优势产业集聚发展，打造百亿元、千亿元级低碳优势产业示范园区，加快打造成渝零碳“氢走廊”，加强碳资产管理，大力培育碳资产管理市场，推动开展降碳减污协同增效试点示范，促进成都、宜宾、达州等城市开展碳达峰与空气质量达标“双达”试点。

## 参考文献

[1] 胡鹤鸣，王池，张金涛. 城市区域碳排放测量反演研究国际进展[J]. 计量学报，2016，38（1）：7-12.

[2] 王雅敬，谢炳庚，李晓青，等. 长株潭经济圈土地利用变化的碳排放量及生态补偿研究[J]. 生态科学，2017，36（4）：160-165.

[3] 余光英，员开奇. 湖南省土地利用碳排放动态效率研究：基于 Malmquist 指数模型[J]. 环境科学与技术，2015，38（2）：189-194.

[4] 徐婕，潘洪义，黄佩. 基于 LUCC 的四川省主体功能区碳排放与生态补偿研究[J]. 中国生态农业学报，2019，27（1）：142-152.

[5] 方精云，于贵瑞，任小波，等. 中国陆地生态系统固碳效应——中国科学院战略性先导科技专项“应对气候变化的碳收支认证及相关问题” 之生态系统固碳任务群研究进展[J]. 中国科学院院刊，2015，30（6）：848-857.

[6] 王喜，鲁丰先，秦耀辰，等. 河南省碳源碳汇的时空变化研究[J]. 地理科学进展，2016（8）：941-951.

# "双碳"引领下的四川天然气开发利用思路及对策建议

**摘　要：**四川作为常规和非常规天然气资源丰富的地区，同时也是我国的天然气主产区之一，在实现碳达峰和碳中和目标的背景下，对天然气（包括页岩气）资源的开发、服务发展以及减排工作具有重要意义。本文提出到 2030 年，在大幅提升全省天然气消费占比的基础上，将工业和建筑领域的二氧化碳排放增量控制在 3 000 万 t 以内，并通过替代燃煤消费，削减大约 1 000 万 t 的二氧化碳排放，同时将天然气开发过程中的甲烷排放控制在 40 万 t 左右。

**关键词：**天然气资源开发；碳达峰；碳中和；减排

## 一、天然气开发利用及碳排放现状与趋势

### （一）开发利用现状与发展趋势

在开发方面，常规和非常规天然气协同开发格局基本形成，天然气产量已占全国的 1/4，未来四川将是我国天然气增储上产的主阵地。四川是我国天然气（页岩气）富集区，资源量分别占全国的 23%和 26%。目前，已建设普光、元坝、川西等气田和全国最大页岩气生产基地，天然气产量已从 2005 年的 138 亿 $m^3$ 增至 2020 年的 463 亿 $m^3$（图 1），占全国的 24%；其中，2020 年页岩气产量达 119 亿 $m^3$，对天然气增长的贡献为 63.6%。"十一五""十二五""十三五"天然气产量分别新增 85 亿 $m^3$、45 亿 $m^3$、196 亿 $m^3$，分别年均增长 10.0%、3.8%、11.6%。"十四五"将实施中国"气大庆"建设行动，建成全国最大天然气（页岩气）生产基地，预计 2025 年产量将超 600 亿 $m^3$。到 2030 年，有望达 800 亿 $m^3$ 左右，川渝千亿天然气产能基地基本成型[1]。

在利用方面，除近四成外调外，天然气省内消费增速已高于同期能耗增速，已经并将继续成为新增用能第二大来源和增量最大的化石能源。作为川气东送源头，2005—2020 年天然气调出量已从 53 亿 $m^3$ 增至 202 亿 $m^3$，年均增长 9.3%、累计增长 278.9%，调出量占生产量的比重稳定在 44.2%左右（26.3%～62.0%）。2005 年以来，天然气消费（含加工转换投入、损失量等非用能终端）从 1 124 万 t 标准煤（天然气 1 亿 $m^3$ 折标准煤

为 13.3 万 t）增至 3 487 万 t 标准煤（262 亿 $m^3$），累计增长 210.2%；天然气占能源消费总量的比重提高到 16.5%，分别较 2005 年、2010 年、2015 年提升 5 个百分点、6.5 个百分点、2.2 个百分点。“十一五”“十二五”“十三五”分别新增 354 万 t、1 141 万 t、868 万 t 标准煤，分别年均增长 5.6%、12.1%、5.9%，增量占能耗增量的比重分别为 7.0%、32.6%、30.1%，增速分别高于同期能耗增速−3.0 个百分点、7.8 个百分点、2.9 个百分点。2005 年以来，用作原料、材料的天然气消费年均增速仅为 2.2%，累计增量 112 万 t 标准煤，占同期天然气总消费量的占比已从 31.8%降至 2020 年的 14.2%。未来 10 年乃至更长时期，天然气将继续发挥过渡性、替代化能源作用，预计 2030 年新增用气 2 000 万 t 标准煤左右（约合 150 亿 $m^3$），年均增长 4.7%、累计增长 58.8%。

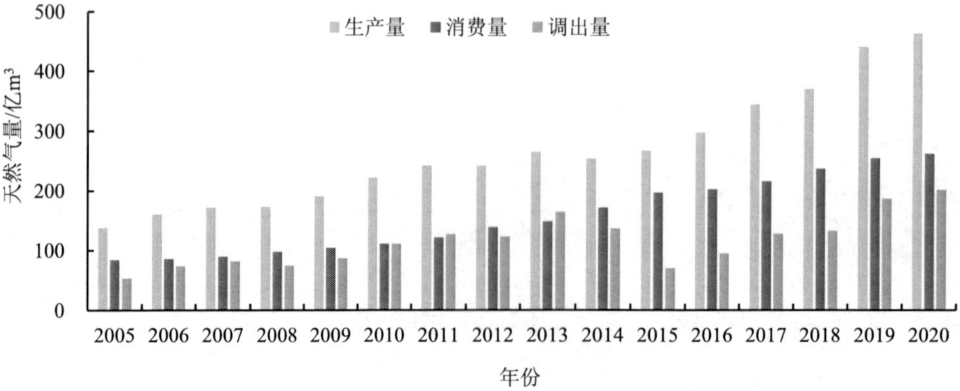


**图 1　2005—2020 年四川省天然气生产量、消费量和调出量**

注：根据 2005—2020 年四川省能源平衡表测算，与规模以上口径存在一定差异。

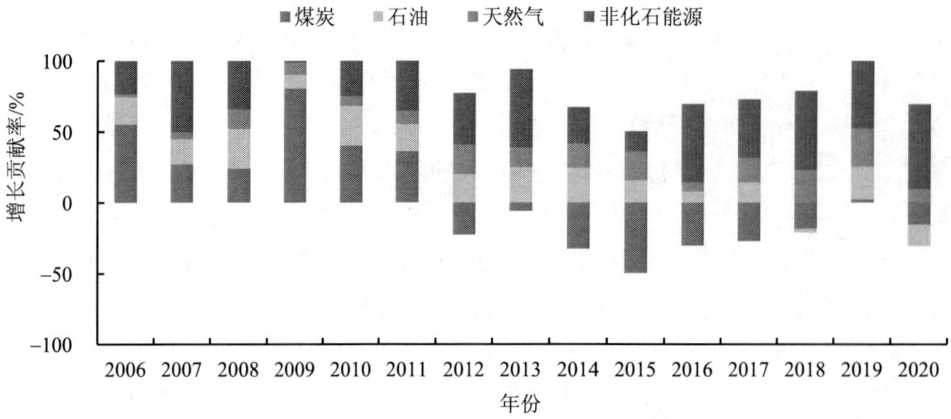


**图 2　2006—2020 年四川省能源消费增长贡献率**

### （二）消费端碳排放现状与趋势

在总量方面，呈现持续增长态势，已跃居成为能源活动碳排放的最大增量来源。如图 3 所示，2005 年以来，天然气消费产生的碳排放已从 1 754 万 t 增长至 5 439 万 t（消费 1 万 t 标准煤天然气约产生 1.56 万 t 排放），累计新增 3 685 万 t，年均增长 7.8%，累计增量仅次于石油（3 539 万 t）。其中“十二五”碳排放增量为 1 780 万 t（年均增长 12.1%），增量占 2005 年以来增量的 48.3%；“十三五”年均增速较“十二五”回落 6.2 个百分点，新增 1 353 万 t，较同期石油产生的碳排放增量多 906 万 t，对同期能源活动碳排放增长的贡献达 28.7%（煤炭、石油、购入煤电的贡献分别为−55.6%、9.5%、6.2%），取代石油等化石能源成为最大的碳排放增量源[2]。

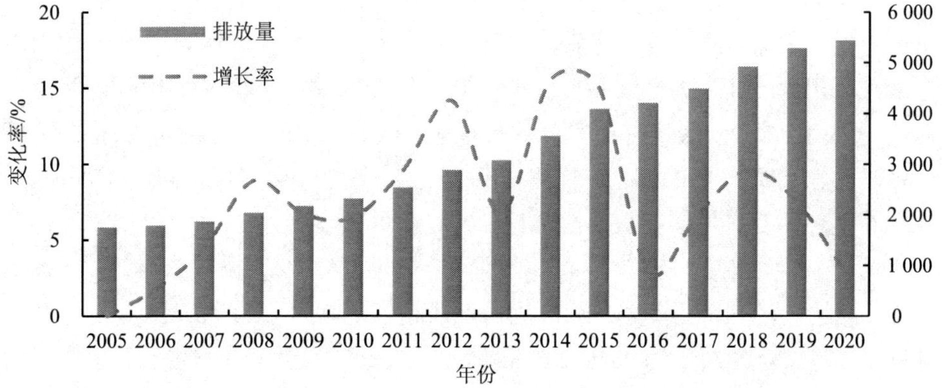


**图 3　2005—2020 年四川省天然气消费产生的碳排放量**

在结构方面，工业领域用气产生的碳排放存量大、增量多，建筑等非工业领域碳排放增长贡献不断增大。如图 4 所示，2005 年以来，工业领域用气产生的碳排放年均增长 7.5%，2020 年达 3 136 万 t（占天然气产生排放总量的 57.7%），集中在化学原料和化学制品制造业（1 210 万 t）、非金属矿物制品业（651 万 t）、石油和天然气开采业（404 万 t）、酒饮料和精制茶制造业（200 万 t）等行业。“十一五”“十二五”“十三五”分别新增 155 万 t、1 307 万 t、614 万 t，对同期用气产生碳排放增长的贡献分别为 28.1%、73.5%、45.4%，成为天然气碳排放增加的主要来源。“十一五”“十二五”“十三五”非工业领域用气终端对四川省用气产生碳排放的贡献分别为 29.6%、31.3%、43.1%，其中，“十三五”时期以来建筑领域（含建筑业、服务业、居民生活，不含服务业中的交通运输）年均增长 7.2%，高于同期全省用气碳排放增速 1.3 个百分点，对同期用气产生碳排放增量的贡献为 33.0%[3]。

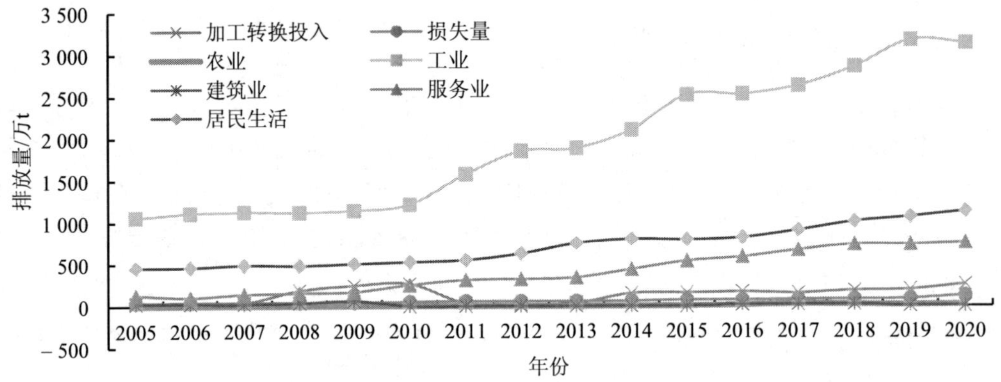


**图 4　2005—2020 年四川省天然气消费产生的分领域碳排放量**

在空间方面，成都天然气占四川省天然气消费产生碳排放的 1/4，成都平原和川南地区碳增量最大，川西北和攀西地区碳排放占比低。从总量看，2020 年，成都、泸州、乐山、达州、南充、德阳 6 市天然气占全省天然气消费产生碳排放的 65.9%，成都高达 25.7%，而雅安、攀枝花、阿坝、凉山、甘孜 5 市（州）占比均不到 1%。从结构看，11 市天然气占本地区化石能源消费产生碳排放的比重超 20%，南充、遂宁、眉山、巴中、泸州、德阳、资阳 7 市超 30%，南充、遂宁最高，分别达 48.8%、41.1%。从增长看，“十三五”时期，成都、乐山、泸州、宜宾、广安、眉山增量超过 100 万 t，其中成都、乐山增量均超 300 万 t，分别占全省增量的 19.6%、18.1%，有效保障了民生新增用气和工业清洁替代需求。

## （三）开发利用存在的问题和挑战

天然气留存省内自用规模受限。受我国“富煤、缺油、少气”能源国情影响，国内自产气远不能满足消费需求，过度依赖进口天然气不利国家能源安全。因此，四川省承担着保障国家天然气稳定供应的战略任务，“十四五”将建设川气东送二线管道，天然气（页岩气）留存使用受到一定限制，预计 2030 年天然气生产量将达 1 亿 t 标准煤左右，其中，调出量较 2020 年的 202 亿 $m^3$（2 682 万 t 标准煤）翻一番，占生产量的比重将从 43.5%提升至 50%左右（表 1）。考虑到我国天然气消费季节性差异大，四川还将保障极端气候年份国家应急用气需求。

高消费带来的碳排放增长快、贡献大。虽然天然气二氧化碳排放因子（1.56 t/t 标准煤）明显低于煤炭（2.66 t/t 标准煤）、石油（1.73 t/t 标准煤），但由于四川省煤炭消费占比低（26%）、存量有限，天然气主要扮演增量的角色。加之，未来产业发展、民生改善、煤炭替代等用气刚性增长，特别是一些地方急于布局页岩气精细化工、天然气发电等项目，如统筹管控不当，将导致天然气资源过快过多低质消耗、碳排放增量过早推高，恶化减污降碳和能源供需形势。此外，2018 年天然气开发利用的甲烷排放已达

19 万 t（392 万 t 二氧化碳当量），预计 2030 年将实现倍增。

表 1　2025—2030 年四川省天然气生产量、消费量和调出量预测

| 指标 | 2020 年实际量 | 2030 年预测量 | 10 年累计增量 | 年均增速 |
|---|---|---|---|---|
| 生产量 | 6 162 万 t 标准煤（463 亿 $m^3$） | 10 600 万 t 标准煤左右（约 800 亿 $m^3$） | 4 500 万 t 标准煤左右 | 5.7% |
| 调出量 | 2 682 万 t 标准煤（202 亿 $m^3$） | 5 300 万 t 标准煤左右（约 400 亿 $m^3$） | 2 500 万 t 标准煤左右 | 7% |
| 消费量 | 3 487 万 t 标准煤（262 亿 $m^3$） | 5 500 万 t 标准煤左右（约 400 亿 $m^3$） | 2 000 万 t 标准煤左右 | 4.7% |

天然气消费结构有待优化。化石能源发电、供热结构中，天然气装机量、发电量、供热量占比均显著偏低，2020 年投入火力发电、供热的天然气量分别为 52 万 t、52 万 t 标准煤，仅为煤炭投入量的 4.0%、19.8%，天然气消费提升空间较大。化学原料和化学制品制造业、非金属矿物制品业、石油和天然气开采业集中了工业终端用气的 72.3%，单位天然气消费量 GDP 产出不高，且过多占用轻工业和其他领域用气空间。2011 年以来，交通运输用气年均增长 15.8%，累计新增碳排放 260 万 t，同时带来了氮氧化物排放的增加，对空气质量持续改善造成压力[4]。

## 二、“双碳”目标下开发利用思路

### （一）总体思路

抓住成渝地区双城经济圈建设和碳达峰碳中和战略机遇，高质量打造具有世界先进水平的沿江清洁能源走廊和产业集群，坚持全省一盘棋，坚持开发利用联动、减污降碳协同、增量存量互补，以产业结构调整、能源结构优化为路径，以碳排放总量和强度控制、能源和产业重大项目布局建设、高耗能和高排放项目管控为抓手，统筹天然气（页岩气）绿色开发和高效利用，助力四川省经济社会发展全面绿色转型。

——坚持低碳优先，绿色开发。落实“三线一单”生态环境分区管控要求，做好天然气（页岩气）开发和输储设施建设运维过程中生态环境保护，打造气候友好型天然气开发基地。

——坚持民生优先，优化配置。按照以人民为中心的发展思想，优先保障民生用气，稳步提升城市运行、能源安全、新兴产业培育等领域用气占比，坚决遏制不合理消费需求。

——坚持效率优先，清洁替代。把高质摆在用气的优先位置，以“单位 GDP 用气论英雄”，“有降才有增”梯次有序推动各领域实施“煤改气”“气改电”，加快能源结构低碳转型步伐。

## （二）主要目标

按照 2030 年前二氧化碳排放达峰的要求，建议在确保工业终端、能源工业、建筑领域用煤碳排放减少约 1 000 万 t（约合 600 万 t 标准煤）的基础上，到 2030 年天然气消费总量控制在 5 500 万 t 标准煤（400 亿 $m^3$）左右（图 5），天然气消费占能源消费总量的比重达 20%左右（18%～22%）；天然气消费年均增速控制在 4.7%左右（“十四五”“十五五”分别为 6.5%、3%），天然气消费产生的二氧化碳排放控制在 8 500 万 t 左右，增量控制在 3 000 万 t 以内（“十四五”“十五五”分别为 1 800 万 t、1 200 万 t）；天然气开发甲烷排放控制在 40 万 t 左右（约 900 万 t 二氧化碳当量）。

——能源加工。新增碳排放 250 万 t 左右（约占总增量的 8%），主要来自天然气发电调峰、天然气分布式能源、区域供暖供冷及制气等。

——工业制造。新增碳排放 1 750 万 t 左右（约占总增量的 58%），其中，非金属矿物制品业 450 万 t，化学原料和化学制品制造业 300 万 t，酒饮料和精制茶制造业 300 万 t，石油和天然气开采业 200 万 t，造纸和纸制品业 100 万 t，其他行业 200 万 t。

——第三产业。新增碳排放 200 万 t 左右（占总增量的 6.7%），其中，批发零售业和住宿餐饮业 400 万 t，道路运输业减少 300 万 t，其他服务业 100 万 t。

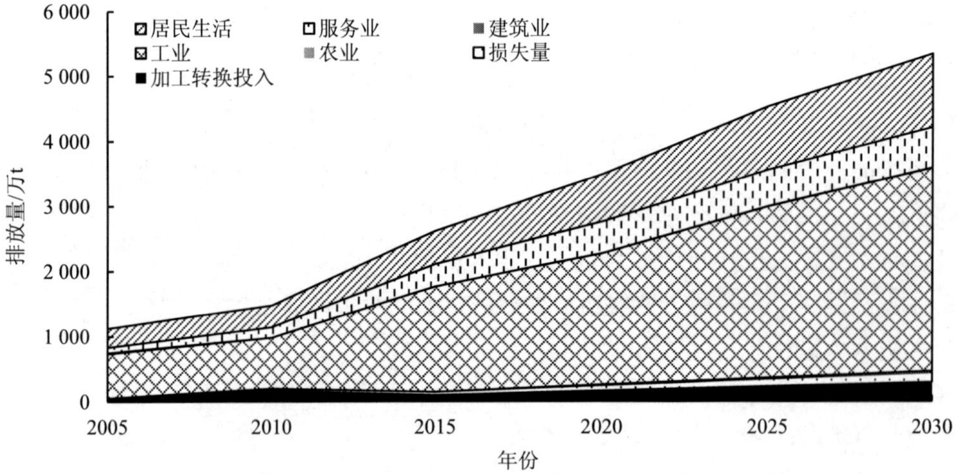


**图 5　2005—2030 年四川省天然气消费排放的二氧化碳量**

注：2005—2020 年为实际值，2021—2030 年为预测值。

——居民生活。新增碳排放 600 万 t 左右（约占总增量的 20%），其中，城镇新增 500 万 t，乡村新增 100 万 t，增量主要分布在人口增长较快的成都都市圈和天然气新增增储扩产区。

——其他领域。新增碳排放 200 万 t 左右（占总增量的 6.7%），包括农业和损失量等的碳排放。

## 三、天然气低碳开发利用重点任务

### （一）绿色开发，加大温室气体控排力度

一是依托新建大型天然气（页岩气）田，实施控制甲烷排放和绿色开发行动，打造一批低碳探勘开发示范区块，在全国树立行业低碳标杆。二是减少新井测试放喷过程中火炬燃烧，推动天然气采输井站常规火炬熄灭，实施整体密闭流程改造，开展地面工程集输系统密闭改造，控制勘探开发过程气体放空，推广绿色完井和活塞气举系统、放空气 LNG 回收工艺和伴生气增压回收、边远井试采气回收技术，提升伴生气回收利用水平，力争到 2025 年测试放空气回收利用率达到 60%及以上。三是推广不放空检维修工艺，减少施工过程天然气放散量，推广光纤预警系统及次声波泄漏监测系统等泄漏监测技术，力争 2025 年管道泄漏检测系统整体覆盖率不低于 30%。

### （二）高质利用，按照优先序逐步释放用气需求

一是调控消费合理增速，巩固以可再生能源电力为主、天然气为辅的新增用能格局，把握产业用气时序、节奏、力度、重点和“组合拳”，在供需平衡的基础上有序释放用气需求，力争为 2035 年左右天然气消费达峰打好基础。二是因地制宜制定利用“优先、允许、限制、禁止”4 类清单，确保优先用于居民生活、热电冷联产等城市燃气，合理布局保障电网安全的天然气发电调峰项目、园区集中清洁供热和具有战略性、产业链长、附加值高的天然气化工，利用规划、能评、环评、项目审批、投融资等工具严禁盲目布局和上马分布式能源、非调峰天然气发电、低效高耗天然气化工项目。三是实施区域差异化管控，引导泸州、遂宁等天然气化工体量较大、天然气消费占比高的地区优存量、控增量，完善攀西和川西北地区天然气基础设施网络，加快打通安宁河谷天然气输送走廊，提升居民生活品质。

### （三）深挖潜力，实施清洁替代腾挪碳排放空间

一是推动既有煤电与天然气发电“产能增减挂钩”机制，统筹推动达寿煤电机组按期退役和天然气发电调峰项目布局建设，实施等量替代，推动在内江等具有区位和资源优势的地区布局发电调峰机组。二是以对天然气价格和特点适应较强的行业为突破点，

稳步推动食品制造业、家具制造业、农副食品加工业、烟草制品业、化学纤维制造业、橡胶和塑料制品业、纺织业等行业实施“煤改气”，鼓励具备条件的产业有序实施“气改电”和提高清洁能源消费占比。三是推动农村、小城镇散煤治理，鼓励取暖和炊事“煤改气”“气改电”，减少建筑对化石能源的依赖，打造一批100%电气化、“无气”商业楼宇和公共机构。四是加快推动公交车、出租车、网约车等道路运输领域天然气消费去存量行动，在2030年前实现CNG汽车退出，大力推广电动车和船舶，提升交通运输电动化、智能化水平。到2030年，通过产业和能源结构调整、煤炭压减和效率提升等清洁替代腾挪出超1 000万t的碳排放空间。

### （四）摸清底数，建立全生命周期碳排放统计核算体系

一是推动中石化、中石油2个在川公司开展天然气开采行业甲烷排放监测国家试点，推动监测业务化、规范化和增点扩面，摸清采气放空、火炬燃烧、运维检修等环节排放特征，推动甲烷排放因子本地化。二是建立天然气产、输、储、销、用企业温室气体排放监测、报告和核查（MRV）机制，编制和披露温室气体排放报告。三是以省级和达州、宜宾、泸州、内江、广元等产气地区为主，逐年开展区域温室气体清单编制，建立甲烷排放数据库，动态掌握排放趋势和分布。

### （五）夯实基础，构建开发利用碳减排支撑体系

一是建立由发展改革、生态环境、能源、工信、住建、交通、商务、文旅、公共机构节能、财政、科技、人行等部门和西南油气田、四川能投、成都燃气等重点天然气产输储售用市场主体及研究机构组成跨部门工作推进机制，加强规划引领、宏观调控、项目统筹和政策联动。二是支持四川大学、西南石油大学、成都理工大学等发挥专业平台优势，评估和利用四川地质条件，有序开展全链条二氧化碳捕集、利用与封存（CCUS）技术研发示范和产业化，储备2030年后零碳技术工具。三是将天然气开发利用纳入气候投融资和绿色金融支持框架，引导国外资金、国企国资和社会资本参与天然气（页岩气）开发利用，促进金融机构向天然气储备、天然气发电调峰、分布式能源、电冷热储一体化项目融资。四是鼓励燃气发电企业通过全国碳排放权交易放大气电优势，引导建材、化工等行业通过提高天然气等清洁能源占比提升市场低碳竞争力。五是研究制定火电等行业碳排放标准，开展重点行业领域的碳排放强度研究，打造一批用气主体和环节能效碳效“领跑者”，促进天然气向高质项目倾斜和聚集。六是优化名义碳排放核算方法，合理扣除用作原料、材料的天然气消费量。

## 参考文献

[1] 马永生，蔡勋育，赵培荣，等. 四川盆地大中型天然气田分布特征与勘探方向[J]. 石油学报，2010，31（3）：347.

[2] 刘树根，孙玮，赵异华，等. 四川盆地震旦系灯影组天然气的差异聚集分布及其主控因素[J]. 天然气工业，2015，35（1）：10-23.

[3] 唐公昭，赵昂. 四川经济发展战略新思路[J]. 经济学家，1997，2（4）：107-112.

[4] 郑志红，李登华，白森舒，等. 四川盆地天然气资源潜力[J]. 中国石油勘探，2017，22（3）：12-20.

# 四川省坚决遏制“两高”项目盲目上马的建议

**摘　要：**为坚决遏制高耗能、高排放（以下简称“两高”）项目盲目发展，使高质量发展建立在高效利用资源、严格保护生态环境、有效控制温室气体排放的基础上，本文通过研究国家的总体部署、分析国家的总体要求，借鉴其他省市的经验做法，分析四川省面临的形势和挑战，从七个方面提出四川省坚决遏制“两高”项目盲目建设的政策建议：一是准确界定“两高”项目属性，建立监管“信息库”；二是强化源头管控，守好低碳“准入关”；三是完善产业政策，确保项目“有品质”；四是落实分类管理，确保处置“提效率”；五是坚持有扶有控，避免简单“一刀切”；六是实施综合激励，调动各方“能动性”；七是健全体制机制，强化管控“见实效”。

**关键词：**高耗能高排放；生态环境保护；政策建议

随着供给侧结构性改革进入深水期和疫后复苏发展，一些地区节能降碳形势严峻，生态环境改善压力增大。党中央、国务院立足建设人与自然和谐共生的现代化全局高度，要求遏制“两高”项目盲目发展，使高质量发展建立在高效利用资源、严格保护生态环境、有效控制温室气体排放的基础上。四川省作为全国最大清洁能源基地，“两高”项目吸引力较大、布局优势明显，面临严峻节能降碳形势，为严控“两高”项目无序布局和盲目建设，本文从事前、事中、事后等环节提出了对策建议。

## 一、国家政策要求及其他省市行动

自国家主席习近平于 2020 年 9 月 22 日在第七十五届联合国大会一般性辩论上提出“中国将提高国家自主贡献力度，采取更加有力的政策和措施，二氧化碳排放力争于 2030 年前达到峰值，努力争取 2060 年前实现碳中和”以来，我国已将碳达峰碳中和纳入生态文明建设总体布局，事关中华民族永续发展和构建人类命运共同体。为实现“双碳”目标，习近平总书记在中央政治局第二十九次集体学习时指出，要推动经济社会发展建立在资源高效利用和绿色低碳发展的基础之上。不符合要求的高耗能、高排放项目要坚决拿下来。

为贯彻落实党中央战略意图，2021 年 5 月 31 日，生态环境部印发《关于加强高耗能、高排放建设项目生态环境源头防控的指导意见》，围绕严把审批关、准入关和监管关，在宏观、中观和项目三个层面明确了“两高”项目生态环境管理要求，引导“两高”项目低碳绿色转型发展。2021年8月25日，国家发展改革委表示，要把坚决遏制“两高”项目盲目发展摆在节能工作的重要位置，作为碳达峰、碳中和工作的当务之急和重中之重，坚决拿下不符合要求的“两高”项目。2021年8月26日，坚决遏制“两高”项目盲目发展电视电话会议在北京召开，强调要坚持问题导向，突出重点做好坚决遏制“两高”项目盲目发展工作，不符合要求的“两高”项目要坚决整改，增量项目要坚决严控，不符合能耗“双控”要求的新建项目不能再审批。2021年9月11日，国家发展改革委发布《完善能源消费强度和总量双控制度方案》，明确统筹经济社会发展与能耗“双控”，坚决遏制“两高”项目盲目发展，倒逼地方转方式、调结构，腾出用能空间。

在国家持续释放遏制“两高”项目盲目上马信号的同时，严控“两高”项目盲目发展、去产能“回头看”也成为中央生态环境保护督察的重点。生态环境部公布的中央生态环境保护督察典型案例中，涉及多个省市能耗“双控”工作不力，“两高”项目违法建设、违法生产，审批权限层层下放、事中事后监管不力等突出问题。中央生态环保督察对“两高”项目始终保持严的基调，对问题突出的形成典型案件对外曝光，持续传导压力，坚决遏制“两高”项目盲目上马冲动。

在国家坚决遏制“两高”项目盲目上马的大背景下，多地纷纷部署，使发展建立在能源资源节约、绿色低碳发展的基础上。截至2021年年底，已经有16个省市发布遏制“两高”的政策文件（表1）。建议中包括了摸清底数、建立台账、严格环评审批、实施减量替代、开展节能监察、压实地方责任，对在建、拟建、存量“两高”项目分类处置，这些好的经验做法也为四川省制定政策建议提供了参考。

**表1　部分地区有关“两高”项目政策制定情况**

| 地区 | 文号 | 名称 | 发布日期 |
|---|---|---|---|
| 安徽省 | — | 安徽省生态环境厅关于印发加强高耗能、高排放项目生态环境源头防控的实施意见的通知 | 2021年6月17日 |
| | 皖节能办〔2021〕3号 | 安徽省关于“两高”项目排查评估通知 | — |
| 广东省 | 粤环函〔2021〕392号 | 关于贯彻落实生态环境部《关于加强高耗能、高排放建设项目生态环境源头防控的指导意见》的通知 | 2021年6月18日 |
| 云南省 | 云环通〔2021〕114号 | 云南省生态环境厅关于转发加强高耗能、高排放建设项目生态环境源头防控指导意见的通知 | 2021年7月8日 |
| 山东省 | 鲁发改工业〔2021〕487号 | 关于印发山东省“两高”项目管理目录的通知 | 2021年6月19日 |
| | 鲁环发〔2021〕5号 | 山东省生态环境厅关于加强高耗能、高排放建设项目生态环境源头防控的实施意见 | 2021年7月16日 |

| 地区 | 文号 | 名称 | 发布日期 |
| --- | --- | --- | --- |
| 河南省 | 豫环文〔2021〕100 号 | 河南省生态环境厅关于加强“两高”项目生态环境源头防控的实施意见 | 2021 年 7 月 19 日 |
| 上海市 | 沪环评〔2021〕172 号 | 上海市生态环境局关于加强高耗能、高排放建设项目生态环境源头防控工作的通知 | 2021 年 8 月 5 日 |
| 海南省 | 琼环评字〔2021〕7 号 | 海南省生态环境厅关于加强高耗能、高排放建设项目生态环境监管的通知 | 2021 年 8 月 13 日 |
| 江西省 | — | 关于加强高耗能、高排放项目准入管理的实施意见的通知（征求意见稿） | 2021 年 8 月 27 日 |

## 二、四川省面临绿电开发新机遇和节能降碳严峻挑战

四川省作为国家清洁能源示范省和全国重要的优质清洁能源基地，水能资源得天独厚，可开发量居全国第一。截至 2020 年年底，全省可再生能源电力装机量和发电量分别达 8 782.5 万 kW、3 677.4 亿 kW·h，分别占全省电力装机量和发电量的 85.3%、88.8%，绿电装机量、发电量和消纳量均居全国第一。非化石能源占能源消费比重达 38%，基本形成以清洁能源为主体的能源消费结构。新形势下，四川省将进一步推动清洁能源开发利用，巩固全国最大清洁能源基地地位。同时，在多数省市面临遏制“两高”项目上马的巨大压力时，四川省凭借较为优化的能源消费结构，对“两高”项目吸引力较大，为招商引资提供了更大的环境容量，更有条件争取优势企业和重大项目到四川落户，进一步彰显了投资环境优势。

在分析四川省有利条件的同时，也深刻意识到四川省在新时期发展阶段面临严峻挑战。在能源方面，火力发电机组低位运行，继续压减难度较大，金沙江等流域优质水电外输比例较高，留存电量趋于紧张，“高碳输入、低碳输出”现象突出。在产业方面，重工业特征较为突出，供给侧结构性改革迈入深水区，钢铁、炼焦、水泥、陶瓷、石油化工、天然气化工等传统高耗能产业仍具扩产潜力，节能降碳存量挖掘成本增加、难度加大。在交通方面，四川省燃油机动车保有量已突破 1 000 万辆，成都市机动车保有量跃居全国城市第二，成都天府国际机场已投运，导致对于石油等化石能源的需求增大。根据国家发展改革委印发的《2021 年上半年各地区能耗“双控”目标完成情况晴雨表》，四川省能耗强度、能源消费总量均被确定为二级橙色预警，全省单位 GDP 能耗同比下降 1.4%，未达到 3.1%的年度进度目标；全省单位工业增加值能耗不降反升 1.4%，比全国（下降 8.1%）高 9.5 个百分点。根据《各市（州）2021 年一季度能耗双控目标完成情况晴雨表》，6 个市（州）能耗强度为一级预警，8 个市（州）能源消费总量强度为一级预警，其中有 4 个市能耗强度、能源消费总量均为一级预警；《2021 年 1—9 月各市（州）二氧化碳排放强度控制晴雨表》，成都等 10 市降碳形势预警为一级（红色）、5 市为二级（黄

色）预警地区，节能降碳形势十分严峻。“十四五”期间，四川省新型工业化、城镇化等仍处于快速发展阶段，加之成渝双城经济圈建设的快速推进，导致能源需求刚性增长、碳排放增长较快，使得能耗“双控”等工作面临巨大挑战，亟须通过遏制“两高”项目发展腾出用能空间。

## 三、坚决遏制“两高”项目盲目上马政策建议

### （一）准确界定“两高”项目属性，建立监管“信息库”

一是建立“两高”判定标准。建立“两高”项目分类分级识别体系，注重识别污染负荷重、煤炭消耗多、产能饱和过剩、附加值低、产业链短等行业项目，严防以节能环保改造、安全设施改造、产品质量提升等之名增加产能。二是建立“两高”项目管理台账。明确“两高”项目范围界限，开展“两高”项目专项摸排，梳理“十四五”在建、拟建年综合能耗 1 万 t 标准煤及以上的“两高”项目，建立省、市、县三级“两高”项目管理台账，测算能源消耗、温室气体和污染物排放等情况。建立“两高”项目存量、在建、拟建三张清单。三是制定“两高”项目正面清单。深入论证项目建设的必要性、可行性，分析评估对能源消费、碳排放、环境质量、安全风险和产业高质量发展的影响，遴选出符合产业布局政策、产能和用能等量减量置换落实、能效碳效达到国内先进水平、污染物排放达标、附加值较高、战略性产业补链强链等项目，纳入正面清单予以重点支持。

### （二）强化源头管控，守好低碳“准入关”

一是强化“三线一单”硬约束。做好“三线一单”成果应用“后半篇文章”，将其作为“十四五”相关战略规划编制、产业政策制定和项目选址布局的重要依据，将生态环境准入和环境管控要求落实到工业园区等管控单元。二是完善环评体系和机制。探索将碳排放影响评价纳入环境影响评价体系，补充开展温室气体排放源识别、强度核算、降碳措施可行性论证及方案比选，提出协同控制最优方案。三是强化项目节能审查。增强节能审查机制统筹性和有效性，强化固定资产投资项目和技改项目节能审查。制定高耗能行业项目缓批限批实施办法，对能耗“双控”形势严峻、用能空间不足的地区，实行高耗能项目审批和节能审查缓批限批。

### （三）完善产业政策，确保项目“有品质”

一是提高部分行业准入条件。严控煤电供热、钒钛钢铁、电解铝、水泥、石灰、焦炭、造纸等行业产能。确有必要建设的，须在省内实施能耗和污染物减量置换，工艺技术装备达到国内先进水平，物耗、能耗、水耗达到国内同行业先进水平或国家能耗限额

标准先进值。二是完善产业转移承接政策。承接产业和招商引资要坚持“量能而行”，按照产业转移优先次序，将节能降碳约束挺在前面，坚决遏制高耗能产业盲目发展和低水平重复建设，从严控制存量高耗能企业新增用能，合理安排新建高耗能项目投产时序。三是控制数据中心建设规模。抓住“东数西算”全国一体化算力网络国家枢纽节点建设机遇，在成都、雅安、凉山、甘孜、阿坝等地有序布局数据中心，避免重复建设和低端布局，严禁新建“比特币”等虚拟货币挖矿项目。

### （四）落实分类管理，确保处置“提效率”

一是严肃处理未批先建的“两高”在建项目，严格落实事中事后监管制度，严肃查处违法违规审批行为，对未按规定取得节能审查、环评审批的项目或者未落实节能审查和环评审批要求的项目，依法责令停止建设并限期整改，制定整改台账，经核查无法整改的，依法依规予以关闭。二是科学稳妥推进拟建“两高”项目，严把新建“两高”项目准入关口，严禁在合规产业园区外新建、扩建“两高”项目，对未完成能耗强度下降目标、用能空间不足的地区，实行“两高”项目缓批限批或能耗减量替代。加强产业布局与能耗双控、碳达峰政策的衔接，合理控制“两高”产业规模。三是深入挖掘存量“两高”项目节能减排潜力，实施能效和污染物排放“领跑者”行动，推进存量“两高”项目节能减排改造升级，依法依规关停淘汰一批能耗、环保、安全、技术达不到标准和生产不合格产品的产能。严格存量“两高”项目节能和生态环境监督执法，加强能效管理，扎实做好节能减排监测管理。

### （五）坚持有扶有控，避免简单“一刀切”

一是推动产业集聚集约发展。通过“上大压小”“减量替代”等方式推动产能整合，集中建设一批钒钛钢铁、建材、化工等产业集聚发展区。二是培育战略性基础性产业。鼓励建设热电冷多联产、重要用电负荷中心且天然气充足地区天然气调峰发电、绿色制氢、氢冶金、电弧炉短流程炼钢、可持续航空燃料、动力电池等项目，合理控制天然气分布式能源、背压型热电联产、高品质钛原料、钒钛磁铁矿高炉、非高炉炼铁、电解铝、多晶硅、石墨烯、乙烯、高炉炼钢、造纸等项目。三是推动实施等量或减量替代。推动新建“两高”项目实施产能、能耗和煤耗、温室气体排放、污染物排放等量或减量替代，确保可监测、可统计、可核查。

### （六）开展综合激励，调动各方“能动性”

一是完善绿色价格政策。严格实施差别电价、阶梯电价、惩罚性电价，加强差别电价与强制性节能标准的衔接，推动节能降耗、淘汰落后产能、促进产业结构和能耗结构优化升级。推动金融机构严格控制“两高”项目的信贷规模，全面清理与整改自行出台的关于“两高”项目的不合理支持政策措施。二是推进节能信用体系建设。加快制定节能失信行为认定和记录办法，明确各类节能违法违规行为及其节能失信等级。将“两高”项目管控等节能环保情况纳入企业信用评价，分级认定节能环保失信行为，依据评价结果实施分级分类监管，在行政审批、融资授信、资质评定等方面实施联合惩戒。三是探索指标收储交易机制。建立健全产能、煤耗、能耗等指标收储交易机制，支持重大生产力布局和经济社会发展标志性项目，促进新旧动能转换。四是深化用能权交易试点。扩大用能权有偿使用和交易试点覆盖行业，优化用能配额方式，提升市场活跃度，发挥价格发现作用。五是加大财政统筹支持力度，充分发挥财政资金带动作用，引导社会资本投入节能减排重点项目和节能降碳技术研发。

### （七）健全体制机制，强化管控“见实效”

一是加强与碳达峰的衔接。按照国家统一部署，制定2030年前碳达峰行动方案，重点推进“两高”行业降碳行动，推动绿色转型发展。二是建立跨部门工作机制。发挥省节能减排及应对气候变化工作领导小组及办公室作用，由发展改革部门牵头会同经信、生态环境、能源、统计等部门建立“两高”项目管控工作推进机制，强化统筹协调、工作会商和信息共享。三是强化责任和压力传导。建立通报批评、用能预警、约谈问责等工作机制，对工作开展不力、“两高”项目准入把关不严的地区，严格问责，严肃查处。发挥生态环境保护督察“利剑”作用，将“两高”管控、去产能“回头看”情况作为重点督察内容，压实地方政府落实遏制“两高”项目盲目发展、能耗双控和污染治理主体责任。四是完善节能基本制度。修订完善《四川省〈中华人民共和国节约能源法〉实施办法》《四川省固定资产投资项目节能审查实施办法》，制定重点用能单位节能管理实施办法。加快制（修）订一批节能标准，提高重点行业能耗限额准入标准，切实加大引领倒逼力度。五是加强重点用能单位节能管理。制定和动态调整年综合能耗1万t标准以上重点用能单位名录，实施能耗在线监测全覆盖。以企业降低单位产值能耗和单位产品能耗为主、总量控制为辅，优化重点用能单位节能监管体系。六是强化监督监察。建立跨部门联动的节能监察工作机制，加强节能监察能力建设，严肃查处“两高”项目违法用能行为。强化以排污许可证为主要依据的执法监管，将“两高”企业纳入“双随机、一公开”日常执法监管等。七是强化舆论导向和社会监督。各级主管部门组织做好宣贯培训，准确把握“两高”项目准入政策要求，指导有关企业持续提升能效和排放水平。加强舆论引导，宣传“两高”行业节能降碳先进示范工程，形成全社会共同推动绿色低碳转型的良好舆论氛围。定期向社会公布“两高”项目违法违规行为和典型案例，强化社会监督。

## 四、结语

遏制“两高”项目盲目发展对于实现“双碳”目标具有重要的意义。尽管四川省是国家清洁能源示范省和全国重要的优质清洁能源基地，但能源“高碳输入、低碳输出”现象仍较突出，产业结构偏重，新型工业化、城镇化快速发展导致能源需求刚性增长，节能降碳形势严峻等诸多问题。本文从事前、事中、事后等环节提出了对策建议。事前，建立监管信息库，建立省、市、县三级管理台账，同时严把环境准入关，强化“三线一单”的约束，强化环评审批。事中，采取激励和监管两手抓，激励方面采取完善绿色价格政策，引导社会资本投入节能降碳项目和技术研发，监管方面健全体制机制，强化地方责任和日常执法。事后，采取强化考核与舆论方式，推动形成绿色低碳转型的良好舆论氛围。

# 构建支撑“双碳”的温室气体排放监测和统计核算体系

**摘　要**：本文聚焦建立健全温室气体排放监测和统计核算体系的重要性，特别是在实现碳达峰、碳中和目标以及应对气候变化战略中的关键作用。近年来，四川省积极推进应对气候变化行动，强化温室气体排放控制，实现了区域和行业碳排放强度指标的建立，全面编制了省级温室气体清单，并在国家碳监测评估试点中取得了入围成果。本文提出了面向碳达峰、碳中和新阶段的一系列建议，涵盖了核算基础夯实、监测范围扩大、核算规则规范、频次效率提高、基础研究加强以及信息发布规范等方面。这些建议有助于构建完善的温室气体排放数据管理体系，为实现碳排放管控和评价提供坚实支持。

**关键词**：温室气体排放；监测和统计核算；碳达峰碳中和；气候变化；信息透明度

人为温室气体排放是当今全球气候变化的主因，建立健全温室气体排放监测和统计核算体系是全球和各国气候治理的共同需要。我国“二氧化碳排放力争于2030年前达到峰值，努力争取2060年前实现碳中和”的目标，对构建国家、地方、组织层面温室气体排放监测和统计核算体系提出了新的要求[1]。

## 一、温室气体排放监测和统计核算现状

自20世纪末开启气候变化议程以来，温室气体排放监测和统计从研究走向实用、从多元走向统一、从国外走进国内、从政府走向市场，有效支撑了国家气候变化国际履约、地方控制温室气体排放、企业碳排放权交易、碳信用项目开发[2,3]。

### （一）国家层面：支撑国际气候谈判履约

1992年达成的《联合国气候变化框架公约》（UNFCCC）要求所有缔约方在其能力允许范围内，采用缔约方大会议定的可比方法，定期编制温室气体人为源排放量和汇吸收量的国家清单。为此，联合国政府间气候变化专门委员会（IPCC）先后发布系列技术指南，为各国提交准确、透明、可比、一致和完整的国家清单提供方法论。1995年，IPCC发布首版《国家温室气体清单指南》，后整合形成《IPCC 2006年国家温室气体清单指南》。

2019 年，IPCC 细化修订国家清单指南。围绕国际履约和国内控排，我国实行排放清单、名义排放两套核算体系。在排放清单方面，国家温室气体清单涵盖能源活动，工业生产过程，农业活动，土地利用、土地利用变化与林业，废弃物处理五大领域，我国自 2004 年以来向 UNFCCC 秘书处提交了 3 次《气候变化国家信息通报》和 2 次《气候变化两年更新报告》，先后通报了 1994 年、2005 年、2010 年、2012 年、2014 年度清单数据。如图 1 所示，在名义排放方面，主要考虑煤炭、石油、天然气等能源活动产生的二氧化碳排放，一般用于核算单位 GDP 二氧化碳排放（碳排放强度）降低率。2009 年 11 月，国务院决定将我国 2020 年碳排放强度比 2005 年下降 40%～45%作为约束性指标纳入国民经济和社会发展中长期规划并制定相应的国内统计、监测、考核办法，此后碳排放强度降低指标开始纳入五年规划和国际承诺目标体系，并通过应对气候变化的政策与行动报告、国民经济和社会发展统计公报、生态环境状况公报等发布。在监测方面，1990 年我国气象部门开始温室气体大气浓度观测，逐步形成大气温室气体监测网。此外，生态环境部、中国科学院和林草部门等探索开展温室气体大气背景浓度、生态系统温室气体通量等地面或遥感观测[4]。

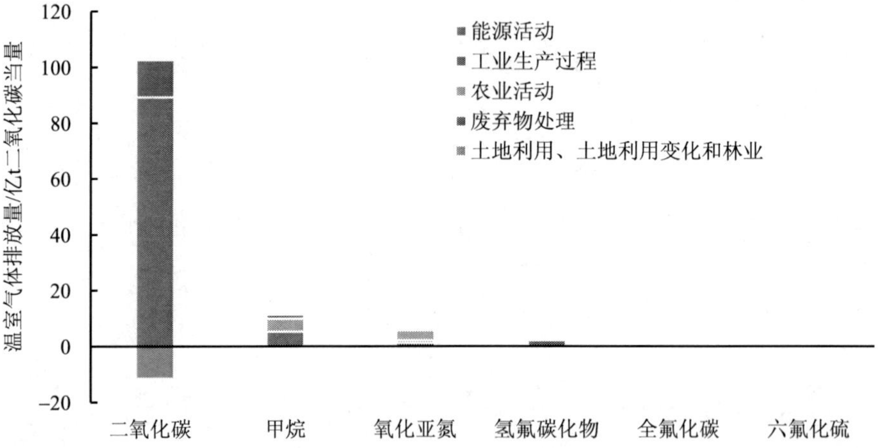


**图 1　2014 年中国温室气体排放量**

资料来源：2018 年发布的《中华人民共和国气候变化第二次两年更新报告》。

### （二）地方层面：满足省地两级政府考核

地方温室气体排放监测和统计核算基本参照国家体系。在排放清单方面，我国 2010 年启动省级温室气体清单编制，2011 年发布《省级温室气体清单编制指南（试行）》。按照国家要求，四川省开展了应对气候变化统计核算研究，完成了 2005 年、2010 年、2012 年、2014 年、2016 年、2018 年省级清单编制，实现清单常态化编制；2019 年、2021 年印发《关于开展温室气体清单编制工作的通知》《关于开展 2020 年度区域温室气体清单编制工作的通知》，实现 21 市（州）2018 年度清单编制全覆盖，初步构建省、市（州）两级清单编制体系；都江堰市率先开展县级清单编制，成都市全面开展县（市、区）清单编制，科技厅支持成都金牛区、泸州市江阳区等国家可持续发展实验区编制清单。如图 2 所示，在名义排放方面，“十二五”末以来，国家开展省级人民政府温室气体排放目标责任评价考核，核算煤炭、石油、天然气消费产生的二氧化碳排放和调入、调出电力蕴含的二氧化碳排放。2019 年，省生态环境厅、省统计局、经济和信息化厅、交通运输厅制定《四川省碳排放强度表征指标及核算方法（试行）》，明确市（州）和工业、交通领域碳排放强度核算方法。在监测方面，部分地区依托气象、环境观测系统开展温室气体监测。2011 年，成都市环境监测中心站在成都建成全省首个温室气体监测站，开始监测大气二氧化碳、甲烷浓度。2015 年，成都大气复合污染观测站（超级站）开始监测二氧化碳浓度；同年，海螺沟国家空气背景站投运，将大气二氧化碳、甲烷、氧化亚氮和黑炭浓度纳入监测。

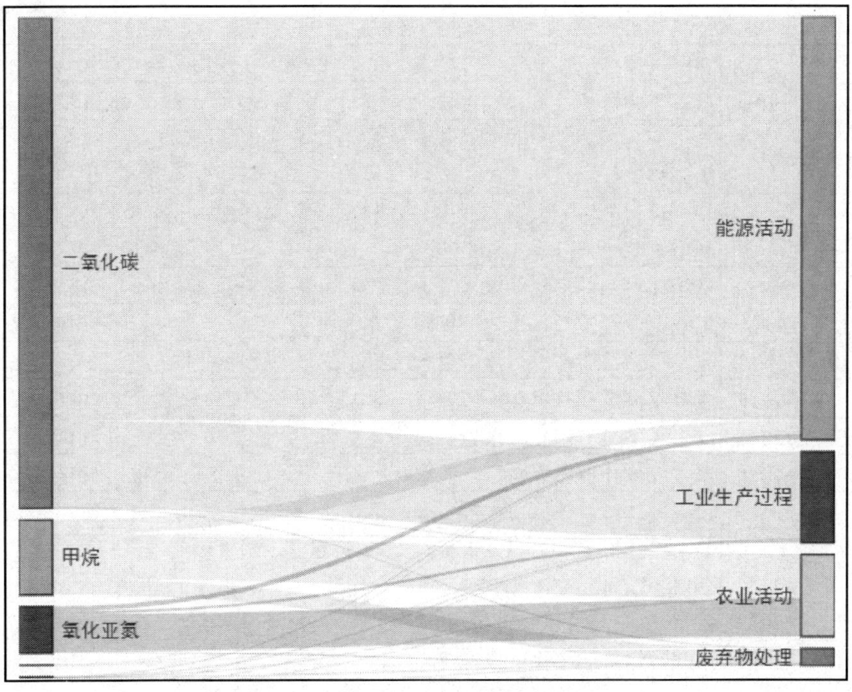

图 2　2018 年四川省温室气体排放关系

### （三）组织层面：服务碳排放权交易管理

2006 年，国家标准化组织（ISO）发布《温室气体　第 1 部分　组织层次上对温室气体排放和清除的量化与报告的规范及指南》（ISO 14064-1）、《温室气体　第 2 部分　项目层次上对温室气体排放和清除增加的量化、检测与报告的规范及指南》（ISO 14064-2）、《温室气体　第 3 部分　温室气体声明的核查和验证的规范与指南（适用于核查方组织）》

（ISO 14064-3），为组织层面和项目层面温室气体排放监测、报告与核查（MRV）提供了国际指引。为建设全国碳排放权交易市场，实施重点企业报送温室气体排放数据制度，2013—2015 年我国应对气候变化主管部门发布 3 批 24 个行业企业温室气体核算方法与报告指南，涉及发电、电网、钢铁、化工、电解铝、镁冶炼、平板玻璃、水泥、陶瓷、石油和天然气、石油化工、焦化、煤炭、造纸和纸制品、其他有色金属、电子设备制造、机械设备制造、矿山、食品烟草和酒饮料精制茶、氟化工、其他工业行业公共建筑运营、民航、陆上交通运输等行业，初步构建企业核算方法体系。2015 年以来，我国发布 13 项温室气体排放核算报告、3 项温室气体减排量评估国家标准（表 1）。各地根据实际需要，就行业碳排放、产品碳足迹等方面制定了地方标准，四川省发布了《成都市会展活动碳足迹核算与碳中和实施指南》（DB 5101/T 41—2018）[5]。

**表 1　温室气体排放相关国家标准**

| 标准号 | 标准名称 | 实施日期 |
|---|---|---|
| GB/T 32151.12—2018 | 温室气体排放核算与报告要求　第 12 部分：纺织服装企业 | 2019 年 4 月 1 日 |
| GB/T 32151.11—2018 | 温室气体排放核算与报告要求　第 11 部分：煤炭生产企业 | 2019 年 4 月 1 日 |
| GB/T 33756—2017 | 基于项目的温室气体减排量评估技术规范　生产水泥熟料的原料替代项目 | 2017 年 12 月 1 日 |
| GB/T 33755—2017 | 基于项目的温室气体减排量评估技术规范　钢铁行业余能利用 | 2017 年 12 月 1 日 |
| GB/T 33760—2017 | 基于项目的温室气体减排量评估技术规范　通用要求 | 2017 年 12 月 1 日 |
| GB/T 32150—2015 | 工业企业温室气体排放核算和报告通则 | 2016 年 6 月 1 日 |
| GB/T 32151.3—2015 | 温室气体排放核算与报告要求　第 3 部分：镁冶炼企业 | 2016 年 6 月 1 日 |
| GB/T 32151.8—2015 | 温室气体排放核算与报告要求　第 8 部分：水泥生产企业 | 2016 年 6 月 1 日 |
| GB/T 32151.9—2015 | 温室气体排放核算与报告要求　第 9 部分：陶瓷生产企业 | 2016 年 6 月 1 日 |
| GB/T 32151.6—2015 | 温室气体排放核算与报告要求　第 6 部分：民用航空企业 | 2016 年 6 月 1 日 |
| GB/T 32151.5—2015 | 温室气体排放核算与报告要求　第 5 部分：钢铁生产企业 | 2016 年 6 月 1 日 |
| GB/T 32151.7—2015 | 温室气体排放核算与报告要求　第 7 部分：平板玻璃生产企业 | 2016 年 6 月 1 日 |
| GB/T 32151.1—2015 | 温室气体排放核算与报告要求　第 1 部分：发电企业 | 2016 年 6 月 1 日 |
| GB/T 32151.4—2015 | 温室气体排放核算与报告要求　第 4 部分：铝冶炼企业 | 2016 年 6 月 1 日 |
| GB/T 32151.10—2015 | 温室气体排放核算与报告要求　第 10 部分：化工生产企业 | 2016 年 6 月 1 日 |
| GB/T 32151.2—2015 | 温室气体排放核算与报告要求　第 2 部分：电网企业 | 2016 年 6 月 1 日 |

## 二、现行数据支撑体系存在的突出问题

现行温室气体排放监测和统计核算机制和体系具有符合我国排放国情、成本可承受、操作性较强等优点和特色，但也存在体系性不佳、时效性不强、兼容性不够、分辨率不高等问题和短板，难以适应新时期做好碳达峰、碳中和工作的需要。

### （一）长时序可比数据缺失，不同时段排放数据不可比

2013 年，国家应对气候变化主管部门、国家统计局印发《关于加强应对气候变化统计工作的意见的通知》，要求加强各行业领域能源统计，明确由统计部门牵头温室气体排放基础统计、应对气候变化主管部门负责排放核算工作。虽然国家、省级行政区均拥有 10 年以上长序列统计数据，但市（州）基本只有 2015 年以来能源平衡表和温室气体排放数据，县（市、区）能源统计基础更为薄弱，均缺乏长序列排放数据。此外，能源、工业等领域由于统计数据修订、行政区划调整、排放因子变化等客观因素，导致不同时段排放数据不可比[6]。

### （二）核算数据精确度不高，核算结果不兼容

温室气体来源广泛，监测难度较大，清单中的排放因子多采用国际缺省值、本地化水平较低，核算结果与实际排放往往存在差距，不确定性大[7]。名义二氧化碳排放采用大类能源品种排放因子，且未考虑非能源活动二氧化碳排放和碳汇，也未扣除用作原料、材料的化石能源消耗，与清单口径排放存在一定差异。2018 年，四川清单口径二氧化碳排放约为 3.1 亿 t（其中化石燃料燃烧 2.5 亿 t），名义二氧化碳排放约为 2.8 亿 t（其中化石能源消费 2.7 亿 t），差异达 0.3 亿 t 左右。此外，电网排放因子更新滞后，且不同体系下同一地区排放因子不同，导致核算结果不兼容。

### （三）核算结果存在滞后性

不同于常规生态环境要素监测具有较强的时效性，温室气体排放一般基于能源、产量等年度统计数据核算，时间滞后性明显。清单编制涉及领域广、部门多、数据量大、技术含量高、周期长（滞后 1～5 年），难以及时、有效应用于控制温室气体排放评价考核。名义二氧化碳排放基于区域能源平衡表核算，能源平衡表编制和审定周期一般在 5～6 个月，一般次年年中才能开展核算排放量。

### （四）排放数据分辨率欠佳

在时间尺度上，国家、地方和企业温室气体清单、名义二氧化碳均基本按年度核算，缺乏月、季尺度数据，难以满足降碳“事中”管控需要。在空间尺度上，县（市、区）、园区、社区、家庭、生产工段等相关数据基础薄弱，制约了小尺度范围温室气体排放核算。在行业领域上，缺乏全国一体、不同行业相互衔接兼容的温室气体和二氧化碳排放核算方法，已提出的一些指标（单位工业增加值二氧化碳排放，大型发电集团单位供电二氧化碳排放及营运货车、营运客车、营运船舶单位运输周转量二氧化碳排放和城市客运单位客运量二氧化碳排放）核算方法不明确。我国 2016 年发射了全球第三颗高精度碳卫星，但二氧化碳监测精确度较低（图 3）。

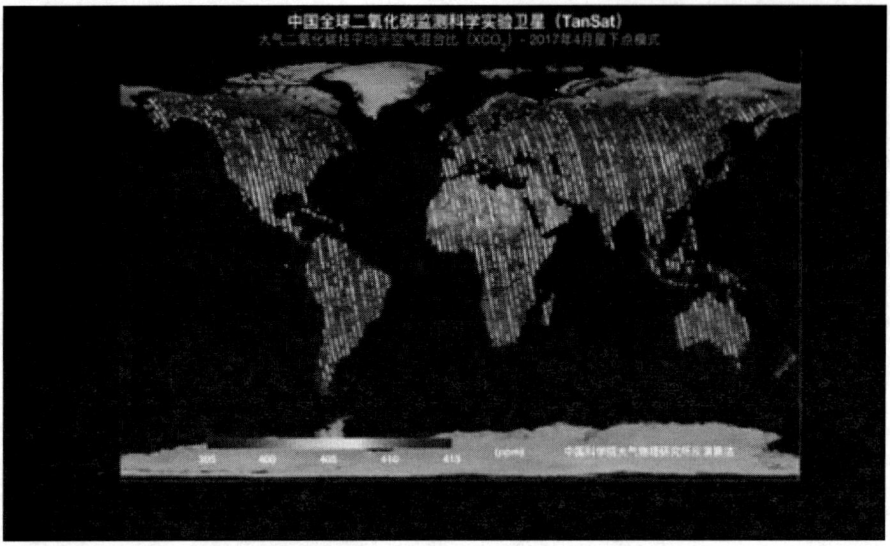


图 3　首幅中国碳卫星大气二氧化碳全球分布图

注：由中国科学院大气物理研究所反演绘制。

## （五）排放信息透明度不够

透明度是国际、国内气候治理的重要方面。国务院印发的《“十三五”控制温室气体排放工作方案》提出，建立温室气体排放信息披露制度，建立温室气体排放数据信息发布平台，研究建立国家应对气候变化公报制度，推动地方温室气体排放数据信息公开，推动建立企业温室气体排放信息披露制度。目前，国家层面排放数据披露仅限于排放强度降低率，尚未建立披露制度；四川省开展了企业信息披露（图 4），覆盖 200 多户企业、2.2 亿 t 温室气体排放，但披露质量参差不齐，披露平台和信息应用存在短板。

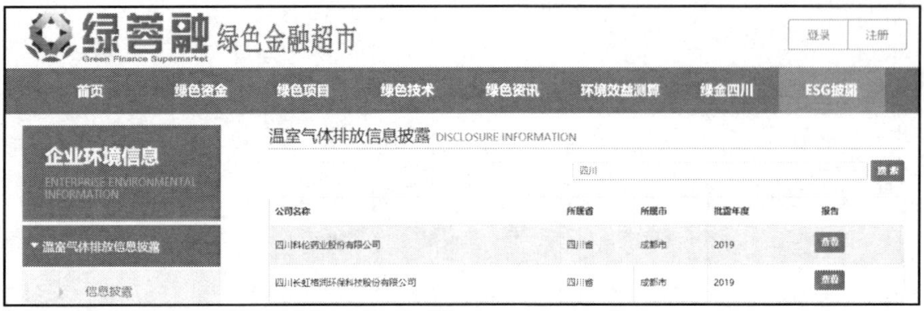


图 4　四川省绿色金融超市温室气体排放信息披露界面

## 三、构建温室气体现代化排放监测和统计核算体系的建议

建议以碳达峰、碳中和目标愿景为引领，坚持“核算为主、监测为辅”的大方向，按照方法科学、口径一致、结果可比、满足需要的大原则，建立区域、行业、企业温室气体排放监测、核算和发布的大格局，构建相互兼容、分工明确的温室气体排放数据管理大体系，全面支撑温室气体排放控制和评价考核。

### （一）强化统计基础，夯实温室气体排放核算数据基础

一是试点编制县级能源平衡表。率先在成都市开展试点，逐步在国家级开发区、生态文明建设示范县（市）、可持续发展实验区和具备条件的市（州）开展县级能源平衡表编制。到 2025 年，鼓励 30 个具备条件的县（市、区）常态化编制县级能源平衡表。二是加强行业领域能源统计。完善工业、交通、建筑等重点领域能源统计制度和统计体系，提升能源数据丰富度和准确性，支撑行业领域温室气体排放核算、评价和考核。三是加强非能源活动水平统计。优化行业统计体系，完善土地利用、农业农村、废弃物、工业生产等领域温室气体排放核算相关活动水平数据统计，确保数据准确性和可比性。

### （二）扩大监测范围，支撑区域和企业温室气体核算

一是开展区域温室气体环境浓度监测。依托区域生态环境质量监测网络，推动农村区域环境空气监测站、城市环境空气监测站有序增加温室气体浓度监测，优先监测二氧化碳，逐步纳入所有温室气体和黑炭。到 2025 年，力争每个市（州）均拥有 1 个以上具有温室气体监测功能的站点，成都市完成国家综合碳监测试点。二是开展企业温室气体排放浓度监测。以温室气体排放较为集中的水泥熟料、钢铁冶炼、化石能源发电等行业为重点，开展二氧化碳在线监测；以天然气（页岩气）、煤炭开采和废弃物填埋企业为重点，试点开展甲烷和氧化亚氮在线监测、手工监测或遥感监测。三是建立和优化用能单位能耗在线监测系统。完善能耗在线监测功能模块，细化监测能源品种。到 2025 年，实现年综合能源消费 1 万 t 标准煤及以上企事业单位、公共建筑能耗在线监测全覆盖，推动有条件的地区将标准降至 5 000 t 标准煤，支撑企业排放核算和行业碳减排。四是开展碳排放配额参数实测。引导企业开展化石能源低位发热量和单位热值含碳量、水泥熟料中 CaO 和 MgO 含量等实测，避免采用高限值增加碳排放配额清缴履约成本。到 2025 年，力争年用煤 10 万 t 标准煤及以上的发电企业、自备电厂低位发热量和单位热值含碳量监测率基本达到 100%，更多行业实测关键参数。

### （三）规范核算规则，构建统一温室气体排放核算体系

一是发挥省碳达峰碳中和工作委员会、省节能减排及应对气候变化工作委员会办公

室统筹作用，明确监测和统计核算职责和分工，定期制订工作计划。二是常态化编制省、市、县三级温室气体清单。逐年编制省级温室气体清单，为非能源活动二氧化碳排放和其他温室气体排放管控提供依据。制定《四川省城市温室气体清单编制指南》，规范市（州）温室气体清单常态化编制，指导县（市、区）温室气体清单编制。三是构建二氧化碳排放名义排放统计核算体系。按照国家要求，按年度统一组织开展全省、分领域、分地区二氧化碳排放量核算，支撑二氧化碳排放总量和强度控制。四是完善行业领域碳排放强度指标体系。明确三次产业单位增加值二氧化碳排放核算方法，围绕主要工业产品、交通运输周转量、建筑面积等，提出碳排放强度表征指标和核算方法，切实将降碳责任压实到重点部门、主要行业和大型企业。

### （四）提高频次效率，满足温室气体排放过程管控需要

一是构建二氧化碳排放动态监测模型和指标。依托时效性较强的月、季度能源统计数据，结合相关在线监测数据，构建能够动态反映全省月、季度整体碳排放情况的模型和指标。二是建立二氧化碳排放月、季度监测机制。利用统计部门能源统计数据报送系统、重点用能单位在线监测系统、排污许可平台温室气体直报系统，动态监测分析二氧化碳排放情况。三是实施降碳形势区间预警。依托监测统计数据，研判二氧化碳排放总量和强度目标完成差距，有效预警全省、分行业、分地区关键目标完成形势，为降碳“事中”管控提供有力支撑。

### （五）开展基础研究，强化温室气体排放数据技术支撑

一是加强基础平台建设。强化统计部门二氧化碳统计核算力量配备，加强能力建设和培训。依托省生态环境监测总站，设立温室气体排放监测机构。依托省气象局支撑机构，成立中国气象局温室气体及碳中和监测评估中心四川分中心。二是推动数字赋能降碳。依托全国排放许可平台，完善重点行业温室气体排放报送和管理功能。优化重点用能单位能耗在线监测功能，增加能耗的二氧化碳排放自动核算功能，动态展示企业用能碳足迹。三是开展统计核算基础研究。加大科技和财政资金投入，做好国家碳监测评估试点，研发温室气体监测方法。推动温室气体排放因子本地化，开展高精度温室气体浓度、生态系统碳汇遥感观测研究。四是开展监测和统计核算标准化建设。制定白酒等特色优势行业企业温室气体排放报告与核算、产品碳足迹评价等地方标准。研究制定农村沼气、林草碳汇等碳减排项目方法学。

### （六）规范信息发布，增强各类气候变化信息透明度

一是建立应对气候变化信息发布指引。明确重要信息发布机制、发布权限、发布范围，营造良好的社会氛围和舆论环境。二是建立温室气体排放数据复核审查制度。由省统计局组织核算复核分行业领域、分地区二氧化碳排放数据，由生态环境厅统一审查市

（州）温室气体清单，确保结果真实、准确、完整。三是建立区域温室气体排放信息发布机制。将降碳约束性目标及完成情况纳入政府工作报告与国民经济和社会发展计划，融入国民经济社会统计公报、生态环境状况公报，编制应对气候变化白皮书，定期发布温室气体控排行动和排放数据。四是加强企业温室气体排放信息披露。将披露范围扩大至年温室气体排放 2.6 万 t 二氧化碳当量及以上的企事业单位、上市企业，优化披露机制、平台和内容，助力气候投融资和绿色金融发展。到 2025 年，力争披露企业数达 700 户，企业温室气体排放信息披露制度基本定形。

## 参考文献

[1] 邱贤荣，汪澜，刘冬梅，等. 水泥生产 $CO_2$ 排放核算和监测[J]. 中国水泥，2012（12）：66-68.

[2] 刘竹，耿涌，薛冰，等. 城市能源消费碳排放核算方法[J]. 资源科学，2011，33（7）：1325-1330.

[3] 鲁亚霜，王颖，张岳武. 国家温室气体排放统计核算报告体系现状研究[J]. 环境影响评价，2017，39（2）：72-75.

[4] 王育宝，何宇鹏. 土地利用变化及林业温室气体排放核算制度与方法实证[J]. 中国人口·资源与环境，2017，27（10）：168-177.

[5] 冯相昭，王敏，梁启迪. 机构改革新形势下加强污染物与温室气体协同控制的对策研究[J]. 环境与可持续发展，2020，45（1）：146-149.

[6] 滕飞，冯相昭，李捷. 加强温室气体管理制度建设 积极应对气候变化[J]. 环境保护，2011，39（11）：12-15.

[7] 吕洁华，张洪瑞，李冬梅. 温室气体排放统计核算的理论与实践发展态势[J]. 统计与咨询，2015（2）：15-17.

# “双碳”约束下四川钒钛钢铁低碳高质量发展的对策建议

**摘　要：**碳达峰、碳中和已经成为全球广泛共识，国内外钢铁企业纷纷开展低碳发展路径研究与碳减排探索实践，全球多家钢铁企业已经明确发布碳中和目标。为促进四川钒钛钢铁低碳高质量发展，本文提出 5 个方面的政策建议：一是优化产业布局，升级产品结构；二是严控产能产量，优化流程结构；三是提升环保水平，推进节能减污降碳；四是强化创新驱动，推动突破性、革命性低碳技术应用；五是完善制度设计，构建支撑体系。

**关键词：**碳达峰、碳中和；钒钛；钢铁；政策建议

自国家主席习近平于 2020 年 9 月 22 日在第七十五届联合国大会一般性辩论上提出“中国将提高国家自主贡献力度，采取更加有力的政策和措施，二氧化碳排放力争于 2030 年前达到峰值，努力争取 2060 年前实现碳中和”以来，我国已将碳达峰碳中和纳入生态文明建设总体布局。习近平总书记强调，实现碳达峰、碳中和是一场广泛而深刻的经济社会系统性变革，要把碳达峰、碳中和纳入经济社会发展全局，坚定不移走生态优先、绿色低碳的高质量发展道路。

四川拥有得天独厚的钒钛资源，在创新集聚发展政策引领下，已形成以攀钢集团为龙头、多家骨干企业共同参与的钒钛钢铁产业集群。全球前十大主要钢铁生产国家中，已有 6 个所在国做出了碳中和承诺。中国钢铁产业的碳排放量占全国碳排放总量的 15% 左右，占全球钢铁碳排放总量的 60% 以上[1]。碳达峰、碳中和已经成为全球广泛共识，谁先实现转型，谁就能在未来竞争中占据主动。国内外钢铁企业纷纷开展低碳发展路径研究与碳减排探索实践，全球多家钢铁企业已经明确发布碳中和目标。为促进四川钒钛钢铁低碳高质量发展，本文在分析四川资源禀赋、产业格局、钒钛战略、市场需求基础上，从产业布局、产能产量、产品结构、节能减排、技术革新、制度体系等方面提出政策建议。

## 一、四川钒钛钢铁产业及碳排放现状

四川攀西地区钒钛资源丰富，钒资源储量 1 862 万 t，占全国的 63%，钛资源储量

65 250.5 万 t，占全国的 91.6%。在创新集聚发展政策引领下，已形成攀钢集团、川威集团、德胜集团、方大达钢大企业为首的长流程钒钛钢铁产业集群，以及地方冶金控股集团为首的短流程电炉钢产业集群，呈现“四长一短”的格局。此外，四川还有近 20 家特钢生产企业，主要分布在成都、攀枝花、泸州、德阳、绵阳、遂宁、内江、乐山、达州、眉山、凉山等 12 个市（州）。“十三五”期间，按照供给侧结构性改革要求，四川全面打好钢铁“去产能”攻坚战，压减粗钢产能 497 万 t，完成压减任务。截至 2020 年，全省钢铁总产能 3 519 万 t，其中高炉—转炉工艺（长流程）产能 2 140 万 t，电炉工艺（短流程）等其他产能 1 379 万 t。

钒钛钢铁产量在稳步提升的同时，碳排放量呈正增长态势。从碳排放强度上看，全国钢铁行业碳排放强度为 1.7～1.8 t/t 钢，其中，电炉工艺碳排放强度为 0.4～0.8 t/t 钢，高炉—转炉工艺碳排放强度为 1.8～2.2 t/t 钢。“十三五”时期以来，四川钒钛钢铁行业大力推进节能降耗，碳排放强度持续呈下降趋势，由 1.79 万 t 二氧化碳/t 钢下降至 1.51 万 t 二氧化碳/t 钢，由于四川短流程占比高于全国平均水平，故碳绩效优于全国平均水平。从碳排放总量上看，铁前工序碳排放量占比超过 70%，主要集中在炼铁和焦化工序。钒钛钢铁行业是全省能源活动二氧化碳排放量最大的工业行业，2019 年钒钛钢铁行业终端能源消费（不含焦炭加工转化）产生的二氧化碳排放约 0.52 亿 t，占全省化石能源消费产生二氧化碳排放的 19%左右。“十三五”前四年，钒钛钢铁行业新增碳排放量 1 040 万 t，累计增长 24.7%、年均增长 5.7%（因 2020 年疫情对钒钛钢铁行业影响较大，采用 2019 年数据分析）。

## 二、四川钒钛钢铁高质量发展面临的形势与挑战

一是从生产端看，钒钛资源利用率低，高附加值产业链延伸不足，产业同质化现象突出。钒钛磁铁矿具有品位较低、多金属共伴生等特性，受采选、冶炼、回收等技术因素影响，资源规模化、集约化开发程度较低，钒、钛资源综合利用率不到 50%。钒钛产业呈现典型的“头重脚轻”发展模式，前端钒钛矿初级加工比重大，后端精深加工及高附加值产业不足，产业链条延伸不深，高端产品少。资源本地转换率低，钛精矿本地利用率仅 39.5%、外销率达 60%以上，造成高耗能高污染环节留在本地、高附加值环节流失在外，导致钒钛产业长期处于价值链低端，竞争力不强，经济效益不高，不利于产业可持续、高质量发展。产业同质化现象突出，缺乏一盘棋的产业分工格局和专业化的竞争优势培育，关键技术未实现突破，科技创新能力不强。[2,3]

二是从需求侧看，工业化、城镇化加速期仍将驱动钒钛钢铁增能扩产。四川人口多、底子薄，发展不平衡、不充分问题突出，2020 年，全省常住人口城镇化率 56.73%，低于全国平均水平近 7 个百分点。[4]未来 10～15 年，四川仍将处于城镇化加速期，建筑业特别是装配式建筑用钢及汽车、家电等民生领域用钢需求仍呈现刚性增长。四川承担着成

渝地区双城经济圈建设[5]与西部大开发和“一带一路”的战略重任，“十四五”期间，川藏铁路、成渝中线高铁、成达万高铁、渝西高铁等陆续开工建设，南充至潼南、内江至大足等多条跨省市高速公路并肩发力，对钢材保障能力提出了很大的挑战。

三是从绿色化看，钒钛钢铁行业面临更大的环境资源约束。我国已将碳达峰、碳中和战略上升至实现中华民族永续发展和人类可持续发展的政治高度，随着碳达峰、碳中和工作逐步推开，四川面临从碳排放强度的“相对约束”到碳排放总量的“绝对约束”的转变，同时还可能面临来自“碳经济”的更多国际挑战。一方面，受矿产品质、冶炼工艺等影响，钒钛钢铁煤炭消耗总量大，单位产品能耗较高，在全国碳排放权交易中处于不利态势。另一方面，支撑短流程的废钢总量，氢冶金，碳捕集、利用与封存等技术成熟度不够、成本较高，短期内难以规模化、商业化推开。同时，长江经济带负面清单和“三线一单”对钒钛钢铁行业布局提出了更高的要求。

四是从支撑体系看，一方面，钒钛钢铁行业的标准建设比较薄弱，目前，我国钢铁产业的国家标准、行业标准数量接近 3 000 项，覆盖了各个方面，但钢铁产业标准化工作仍存在标准有效供给不足、标准体系有待完善、企业标准化意识不强等问题，四川钒钛钢铁产业领域的低碳发展标准、碳排放核算体系薄弱。另一方面，智能制造水平有待进一步提高，钢铁产业“两化”（工业化和信息化）融合水平显著提升。但总体来看，冶金行业的“两化”融合水平仍低于制造业平均水平：25.4%的企业处于起步阶段，53.3%的企业处于单项覆盖，近 80%的冶金企业尚未实现系统集成。数字化、智能化将促进钢铁产业的高质量发展，但实现智能制造仍任重道远。

## 三、“双碳”要求下高质量发展对策建议

### （一）优化产业布局，升级产品结构

一是优化产业空间布局，围绕四川钒钛钢铁产业链、供应链的上下游生态圈建设，提高行业集中度，打造以攀西地区为核心，内江、达州、乐山 3 个特色精品钒钛钢基地三擎驱动，加快构建短流程环保型钢铁基地多点支撑的网络化发展格局。二是强化资源保障，加强矿山地质勘查工作，推进资源整合，做好钒钛资源的产能接续和可持续开发，推进绿色矿业、智能矿山建设，提高钒钛资源综合利用率。三是完善产业生态链条，着力构建布局合理、特色鲜明、效益明显的精深加工产业，推动产业链条向下延伸，大力发展先进钢铁材料产业，突出发展高速重轨钢等含钒钛低微合金钢，积极发展高性能模具钢等特钢产业。四是推动产业高端化发展，大力发展高附加值、战略性钒钛深加工，着力开发高性能、轻量化、长寿命的绿色低碳新产品，整体打造高质量钒钛磁铁矿冶炼、钒钛优质中间合金、钒钛特钢新产品产业链，发展先进钒钛材料产业，加快钒铝合金、海绵钛、钛锭、钛材等钒钛金属产业布局，推动钛制品向钛生活、钛健康领域拓展。五

是联动钒钛钢铁产业链上下游，推动矿山开采、建筑、汽车产业协同降碳，开展基于全生命周期的碳达峰和碳中和研究。

### （二）严控产能产量，优化流程结构

一是严把产业准入关口，落实“三线一单”要求，将碳排放评价纳入规划环评、项目环评，从源头上控制新增碳排放量，严控不符合要求的高耗能、高排放项目盲目上马，严禁在合规产业园区外新建、扩建钒钛钢铁项目，合理控制产业规模。二是持续淘汰落后产能，修订产业政策，加严淘汰底线，优化工作机制，严防已淘汰产能“死灰复燃”和已化解过剩产能复产。三是严控长流程钢铁冶炼产能[6,7]，在产能减量替代的基础上，将碳排放量减量替代也作为替代的前置条件，逐步建立以碳排放、污染物排放、能耗总量、产能利用率等为依据的产量约束机制。四是优化流程结构[8]，鼓励短流程工艺，完善电炉短流程优惠政策，在产能替代环节实施差别化支撑政策，实施优惠电价、减征税费等措施。

### （三）提升环保水平，推进节能减污降碳

一是推动节能降碳改造，持续提高烟气循环[9]、燃气蒸汽循环发电、炉顶余压发电、烟气余热回收、高炉渣余热回收、钢渣余热回收、高炉煤气热值提升等节能技术，持续降低能耗强度、碳排放强度和污染物排放强度，实现节能减污降碳协同增效，探索开展减污降碳协同增效试点示范。二是优化能源消费结构，全面提升系统能效水平，严控煤炭消费量，利用天然气、太阳能、风能、氢能和生物能等清洁能源[10]，研发推广非化石能源替代技术、绿色氢能技术等，探索清洁能源与钢铁副产煤气、余热余压自发电机组相衔接的智慧电力供应网络建设，稳步降低煤炭消费占比。三是深入推进钒钛钢铁行业超低排放改造，重视源头减排及过程控制，将无组织改造和全流程物料配送作为重中之重，建立全厂全过程监测监控及管理体系，降低重点环节污染物排放水平。四是优化原料和工序结构，加强废钢资源精细化管理[11]，提高废钢比例，提高球团占比，降低产品碳排放强度。

### （四）强化创新驱动，推动突破性、革命性低碳技术应用

一是强化关键核心攻关和应用，重点突破钒钛磁铁矿综合利用、钒钛磁铁矿规模化高效清洁分离提取应用、高炉—转炉流程全钒钛矿冶金分离、非高炉直接还原分离等关键核心技术研发和示范试点，探索高炉富氢冶炼，开展氢能炼钢、氢气直接还原、熔融电解铁矿石等低碳技术研究，有序推进二氧化碳捕集、利用与封存等技术示范，抢占产业绿色发展新高点。二是促进数字赋能钢铁钒钛产业，推进 5 G、工业互联网、人工智能、区块链、商用密码等技术在钒钛钢铁行业的应用，突破一批智能制造关键共性技术，推动产业数字化发展、智能化改造，提升企业生产、营销等环节的信息化水平，夯实钒

钛钢铁智能制造基础体系。三是加强协同创新体系及平台建设，强化企业创新主体地位，提升企业创新发展能力，优化创新驱动政策环境。

### （五）完善制度设计，构建支撑体系

一是构建绿色低碳政策体系，研究制定钒钛钢铁产业碳达峰及降碳行动方案，明确达峰目标、时间表和路线图，有力推动行业绿色低碳转型。二是完善钒钛钢铁行业绿色低碳标准及绩效评价标准体系[12]，加强与现有绿色制造标准体系、节能与综合利用领域标准体系的协调融合的衔接。探索将单位产品温室气体排放指标纳入行业清洁生产评价指标体系和标准。三是积极主动适应钢铁行业纳入全国统一碳市场，提升企业碳排放、碳资产管理能力，壮大碳资产委托管理商业模式，降低企业清缴履约成本，规范构建温室气体排放核算体系，推动温室气体排放监测、报告、核查与披露。四是建立长效管理机制，强化行业能源消费及碳排放目标管理，健全行业能耗统计监测和计量体系，加强重点用能单位能耗在线监测系统建设。加强相关部门的统筹协调，强化事中事后监管。五是加强舆论监督，积极倡导绿色低碳化发展和低碳生活方式，及时曝光违法违规行为，强化正面激励和负面警示。

## 四、结语

为更好发挥四川钒钛资源优势，坚定走节约优先、绿色低碳的高质量发展之路，优化钒钛钢铁产业布局和结构，提升钒钛产业占比，推动节能减污降碳协同，助力打造世界级钒钛钢铁产业集群，有力支撑全省工业化、城镇化进程。本文建议一是优化产业布局，升级产品结构。提高行业集约度、规模化水平，建设短流程低碳环保型钢铁基地，强化钒钛资源保障，完善产业生态链条，发展高附加值、战略性钒钛深加工，推进产业向绿色化、高端化延伸。二是严控产能、产量，优化流程结构。严把钒钛产业准入关口，落实“三线一单”要求，合理控制产业规模。严控长流程钢铁冶炼产能，鼓励短流程工艺发展。三是提升环保水平，推进节能减污降碳。推动节能降碳改造，持续降低能耗强度、碳排放强度和污染物排放强度，实现节能减污降碳协同增效。优化用能结构，稳步降低煤炭消费占比，优化原料及工序结构，提高废钢和球团比例。深入推进钒钛钢铁行业超低排放改造，降低重点环节污染物排放水平。四是强化创新驱动，推进智能制造。强化关键核心攻关和应用，重点突破钒钛磁铁矿综合利用、非高炉直接还原分离、氢气直接还原等关键核心技术研发和示范试点，开展氢能炼钢等低碳技术研究，布局二氧化碳捕集、利用与封存等技术示范。促进数字赋能钢铁钒钛产业，推动数字化发展、智能化改造，建设协同创新体系及平台。五是完善制度设计，构建支撑体系。研究制定钒钛钢铁产业碳达峰及降碳行动方案，明确达峰目标、时间表和路线图，完善钒钛钢铁行业绿色低碳标准及绩效评价标准体系，积极参与全国碳市场，提升企业碳排放、碳资产管

理能力。建立长效管理机制，加强舆论监督。

## 参考文献


[1] 李新创. 双碳目标下，中国钢铁产业如何高质量发展？[J]. 资源再生，2021（10）：28-29.

[2] 王勋，韩跃新，李艳军. 钒钛磁铁矿综合利用研究现状[J]. 金属矿山，2019（6）：33-37.

[3] 邹建新，徐国印. 攀西钒钛磁铁矿采选生产技术现状与转型升级策略[J]. 轻金属，2020（9）：51-55.

[4] 四川省第七次全国人口普查公报（第六号）城乡人口和流动人口情况[J]. 四川省情，2021（6）：42-42.

[5] 杨继瑞. 建好“经济圈” 打造中国经济“新动力源”[J]. 四川党的建设，2021（17）：24-25.

[6] 张琦. 中国钢铁工业节能减排潜力及能效提升途径[J]. 钢铁，2019（54）：7-14.

[7] 陈生权. 长流程钢铁企业炼铁节能技术探讨[J]. 河北冶金，2021（8）：73-77.

[8] 张春霞，上官方钦，胡长庆，等. 钢铁流程结构及对 $CO_2$ 排放的影响[J]. 钢铁，2010，45（5）：1-6.

[9] 李超群，徐文青，朱廷钰. 烧结烟气循环技术研究现状与发展前景[J]. 河北冶金，2019（S1）：1-6.

[10] 上官方钦，周继程，王海风，等. 气候变化与钢铁工业脱碳化发展[J]. 钢铁，2021，56（5）：1-6.

[11] 上官方钦，郦秀萍，周继程，等. 中国废钢资源发展战略研究[J]. 钢铁，2020，55（6）：8-14.

[12] 李新创，李冰，霍咏梅，等. 推进中国钢铁行业低碳发展的碳排放标准思考[J]. 中国冶金，2021，31（6）：1-6.

# 关于科学编制区域碳达峰路线图的建议

**摘　要：**本文探讨了在全国一盘棋的总体要求和降碳规律的前提下，如何评估不同层级和类型的空间单元特点，科学编制区域碳达峰路线图，以推动高质量碳达峰，确保全国碳达峰总体目标按时实现。文中提出了五个基本原则，包括“一盘棋”思维、实事求是、差异化、统筹兼顾和多措并举。同时，提出了明确目标定位、构建排放指标体系、明确实施路径、推动现代治理体系建设以及维护经济能源安全和民生底线等建议，以支持区域碳达峰路线图的编制和实施。

**关键词：**区域碳达峰路线图；碳达峰；碳中和；降碳规律；空间单元

## 一、把准碳达峰的内涵和客观规律

工业革命以来，不同国家和地区二氧化碳排放经历了不同的轨迹变化。《巴黎协定》要求，尽快达到温室气体排放的全球峰值。新形势下推动碳达峰首先要厘清排放边界和演化规律。

### （一）界定排放边界是制定碳达峰路线图的基本前提

当前，碳达峰已广泛用于国内地方、园区、企业等的气候行动目标之中。狭义上，“碳”指二氧化碳；广义上，“碳”也涵盖以“二氧化碳当量”为单位的其他5种温室气体。中国气候变化事务特使解振华已明确表示，碳达峰的边界是二氧化碳，碳中和的边界为温室气体。按照政府间气候变化专门委员会（IPCC）《国家温室气体清单指南》和我国《省级温室气体清单编制指南》，二氧化碳排放来自能源活动（化石燃料燃烧、作为原料和材料的非能源利用）、工业生产过程（水泥、钢铁、石灰、电石等）、土地利用及其变化与林业（碳汇）、固体废物领域。根据最新清单，如不考虑生态碳汇，我国能源活动、工业生产过程、废弃物处理二氧化碳排放占比分别为86.9%、12.9%、0.2%，四川相应排放占比分别为82.2%、17.7%、0%。总体上看，能源活动是绝大多数区域碳达峰的重点[1]。

### （二）碳达峰是区域二氧化碳排放由增转降的历史拐点

碳达峰是指特定区域在工业化、城镇化进程中，年度二氧化碳排放量达到历史最高值（或峰值平台期），再进入下降的状态和过程，意味着区域碳排放与经济增长实现脱钩[2,3]。目前，全球已有 54 个国家实现碳达峰，排放量占全球的 40%。达峰国家中，多数为发达国家，也有部分发展中国家。不同国家的碳达峰规律表明，碳达峰与一个国家的工业化、城镇化、能源转型进程密切相关，自然实现碳达峰只是时间早晚、峰值高低和峰值平台期长短的问题，要实现时间更早、峰值更低、峰值平台期更短的高质量碳达峰，需采取更多人为干预和主动行动。从前期已碳达峰的国家经验看，国家层面实现碳达峰需具备五个基本条件：一是人均收入达“高收入”水平（1.25 万美元以上）；二是完成城镇化加速期（人口城镇化率 30%～70%），人口城镇化率达 70%以上；三是制造业占比持续降低，产业结构趋于“轻型化”，服务业占比达 60%以上；四是人均能源消费达 5 t 标准煤及以上；五是化石能源消费占比偏高，开始从高碳能源体系迈向低碳能源体系。

### （三）不同空间单位的碳排放和达峰轨迹差异较大

国内碳达峰在空间管制上可分为国家、省、市（州）、县区、园区等维度。国家层面，二氧化碳排放趋势性较强，基本遵循发达国家碳达峰的规律和特点，预计“十四五”二氧化碳排放年均增速在 1%左右，“十五五”增速进一步收窄，迈入低增速、低增量阶段。省级层面，因发展阶段、产业结构、能源结构等存在较大差异，碳达峰时序也会不同，预计东部沿海特别是科技发达、服务业占比高、清洁能源配置好的地区可较早达峰。市（州）层面，碳达峰形势更加复杂，除省级层面面临的情况外，受特定政策、行业、企业、项目的影响较大，经济发达、城镇化水平高、人口稳定等地区会较早达峰，而城镇化率较低、建设用地扩张快、清洁能源配置条件差的地区会较晚达峰。县区层面，农业型县区主要受到城镇化等影响，工业型县区受制造业产能规模和转移、用能结构影响更大，服务业型县区更多需考虑人口增长、用能结构。园区层面，受高碳项目迁入迁出和产业结构、用能结构影响大。需特别注意的是，碳达峰后需持续观察和谨慎宣布，避免峰值平台期出现的“小峰”“假峰”。[4,5]

## 二、坚持碳达峰的要求和基本原则

我国碳达峰时间已明确为 2030 年前，意味着最晚 2029 年达峰，距今仅有约 6 年的过渡时间。四川 2017 年明确“二氧化碳排放在 2030 年前达到峰值”，应锚定既定战略目标，尊重碳达峰规律和差异化特点，推动高质量碳达峰。

### （一）坚持“一盘棋”，按时达峰

坚持大局意识、系统思维，按照区域“一盘棋”理念，锚定碳达峰时间表和峰值目标，推动各行业领域、次区域、重点企业降碳行动衔接，确保目标协同、路径一致、措施有效，助力区域目标实现，力争做出更大贡献。规避一时一地一企的降碳产生过高成本，造成能源供给危机，影响经济可持续发展。

### （二）坚持实事求是，严防“冒进”

立足区域发展阶段、资源禀赋等实际情况，尊重碳排放趋势和降碳规律，以碳排放总量（增量）和强度降低 2 个指标为重点，科学设定区域碳达峰总体目标和阶段性目标，明确降碳重点方向和路径，滚动实施确保路径可行和目标可达。严防碳达峰时间“比早”“赶跑”，制止不切实际“冒进”“突击”。

### （三）坚持差异化，不搞“一刀切”

评估不同区域、行业领域碳排放现状、结构和变化趋势，因地、因时、因事制宜。摸清能源消费增长和结构变化趋势，推动高碳能源较早达峰、稳步下降，逐步提升低碳能源占比。推动传统高碳产业先行达峰，为发展腾挪排放空间。处理好整体与局部的关系，差异化设定城区、近郊县、远郊县降碳目标和减排路径，留给还处在开发建设阶段的新城新区新产更多增量、更长过渡时间。

### （四）坚持统筹兼顾，促进协同并进

秉持降碳不是为了限制发展，而是为实现更绿色化、更可持续、更高质量发展的理念，将碳达峰作为赋能传统产业、调整发展方式、培育新兴动能的重大战略机遇，统筹推动降碳与城市营建、产业发展、乡村振兴、能源转型、环境治理，促进经济发展质量变革、效率变革、动力变革，实现协同增效共赢。

### （五）坚持多措并举，降低控碳成本

降碳的难点在于以较少的排放、较低的成本、较高的效益、更早的时间实现经济社会发展绿色低碳转型。应结合次区域、行业领域、排放企业的碳排放特征，评估不同措施和工具的控碳绩效、减排周期和降碳成本，适时、适度、适力采取不同的降碳措施和工具组合，实现低成本、高效益、高质量碳达峰。

## 三、明确碳达峰的目标和实施路径

编制区域碳达峰路线图，首先要算清“账”，既算“碳账”，也算“经济账”；既算近期的“账”，避免攀“高峰”、冲“高峰”、造“高峰”，也算“长远账”。其次要明确降碳时间表、重点方向、基本路径和保障措施。同时，应增强忧患意识，树立底线思维，坚持先立后破，评估政策风险，主动防范风险、化解矛盾。

### （一）摸清排放基本特征和增长趋势

一是摸清历史时期二氧化碳排放趋势和结构。研判区域经济发展阶段、工业化和城镇化程度、能源和产业转型趋势，根据区域能源平衡表和温室气体清单基础数据，测算不同口径下区域及各行业领域二氧化碳排放总量强度、变化趋势、结构特征和增减贡献，摸清经济社会发展与二氧化碳排放的耦合关系及变化。历史数据缺失的地区应利用人口、产业、能源数据及重点企业产能、产量、用能数据分析和推算二氧化碳排放趋势。

二是预测预估未来一定时期二氧化碳排放趋势。面向2035年甚至更长时期，依据区域人口迁入迁出和规模变化、工业化和城镇化趋势、产业结构调整态势、重大生产力和项目布局、能源生产供应和配置等，多情景、多模式预测二氧化碳排放变化趋势，研判分析可能的排放轨迹和峰值时间、峰值水平。

三是评估分析行业领域、次区域二氧化碳排放增减潜力。在行业领域上，一方面，要以排放量较大的行业领域为重点，评估存量二氧化碳排放的减排潜力和减排成本，测算近期和中远期减排空间；另一方面，识别二氧化碳排放总量小、增速快的行业领域，测算增量和贡献率变化。在此区域上，应分析不同区域二氧化碳排放规模、结构等差异，识别降碳的重点次区域和增长潜力较大的次区域。

### （二）科学构建排放目标和指标体系

一是设定和分解二氧化碳排放总量和强度目标。根据国家“十四五”和中远期碳排放强度降低约束性目标，结合区域发展阶段、人口变化、经济增长、产业特征、能源结构、资源禀赋、项目布局等，科学设定“十四五”二氧化碳排放总量（增量）和单位GDP二氧化碳排放降低、碳达峰时间和峰值目标，为碳达峰提供低碳转型目标引领。

二是构建控制二氧化碳排放关联支撑指标体系。结合区域二氧化碳排放结构、产业结构和用能结构，从能源、产业、建筑、交通、碳汇五大领域构建普适性与特殊性兼具的降碳关联支撑指标体系，重点纳入可再生能源消费占比、可再生能源电力占比、单位GDP能耗降低、重点领域电能占终端能源消费比重、单位重点产品二氧化碳排放、新能源汽车量占比、绿色运输方式承运货运量比例、绿色出行占比、单位建筑面积二氧化碳排放等指标，形成“2+N”指标体系。

三是分类设定各行业领域、次区域二氧化碳排放目标。坚持实事求是、因地制宜原则，差异化分解不同行业领域、次区域二氧化碳排放总量和强度控制阶段目标。推动碳排放增量指标更多向先进制造业、绿色低碳产业、现代服务业和城乡民生领域配置，逐步向单位排放经济产出更高的地区和行业领域倾斜。明确传统高碳产业总量目标和较早的达峰时间，腾挪排放空间。新兴领域、成长产业、次区域应更加突出强度和绩效指标，增强目标灵活性。新城新区应有更多的增量空间和更长的过渡时间。

### （三）明确达峰降碳方向和实施路径

一是有序调整优化“五大结构”。统筹推进结构降碳、工程降碳、管理降碳和生态增汇，将结构性调整作为降碳的主要路径，重点推动空间结构、产业结构、能源结构、交通结构和消费结构有序调整和逐步优化。空间结构重在保护农田、林地、湿地、山丘等固碳生态系统，提升森林质量和覆盖率、蓄积量。产业结构重在严控高耗能、高污染、高排放、低附加值产业和项目，推动落后过剩产能有序退出和“退二进三”，促进传统产业低碳智慧转型，培育先进制造业和现代服务业。能源结构重在推动能源生产低碳化、用能终端电气化、能源消费高效化，稳步提升非化石能源和可再生能源电力消费占比。交通结构重在推动客运“公交化”“轨道化”和货运“公转水”“公转铁”，推广新能源交通工具，发展智慧交通、共享交通和慢行交通。消费结构重点围绕衣食住行等消费侧，提升绿色消费、绿色采购等比例，打造绿色低碳供应链，实施产品全生命周期管理。

二是推动节能减污降碳协同增效。把握不同能源品种的碳排放因子差异，评估区域能源消费、污染物排放与二氧化碳排放的关系，识别重点领域、重点次区域节能减污降碳的协同性和协同度。在保障经济社会发展合理用能的基础上，坚持“电力为主、天然气为辅”的新增用能策略，逐步提升绿色能源在新增用能中的比例。以减污降碳协同效益较高的传统高耗能产业为主，推动产业结构、产品结构、工艺流程调整优化，促进高碳原料、燃料低碳替代和总量控制。推动重点园区、重点行业、重点企业协同开展循环化、清洁化、低碳化等多效益改造。

三是实施差异化减排行动和措施。建设用地占比较低的次区域，应加强林草地、湿地水域、农田生态系统保护修复，发展生态经济，挖掘碳汇潜力。可再生能源禀赋较好的次区域，应在严格生态环境保护的基础上，加快可再生能源开发步伐，助力区域能源结构转型，合理布局绿色高效载能产业，促进低碳能源禀赋优势转化为发展优势。传统制造业较为密集的次区域，应推动转型升级、集约发展、数字赋能和创新驱动，坚持“有所为有所不为”和“有进有出”，持续优化产业结构和用能结构，提升发展质量和碳效、能效水平。服务业占比较高的次区域，应加强需求侧和消费侧管理，推广绿色建筑、绿色交通、绿色办公和绿色消费，提升电气化水平，减少废弃物产生。

四是探索开展绿色低碳试点示范。充分考虑降碳的系统性、长期性，结合次区域、行业领域降碳路径、减排力度、达峰时间、可承受性等差异，因地制宜打造多类型试点示范。推动人口较少、能源结构较优、碳排放不多、碳汇潜力大的地区，建设低碳价值转化先行区。探索开展减污降碳协同试点示范，探索空气质量达标和碳排放达峰试点路径。加强试点示范统筹和整合融合，防止名目过多过泛，明确申报创建流程、激励方式和考核评价体系。以先进适用低碳技术为重点，开展工程示范。

### （四）推动排放治理能力和体系现代化

一是建立权威高效的降碳协调和工作机制。坚持高位推进，建立区域降碳议事协调和工作推进机制，加强全局统筹和多维协同。制定降碳部门职责清单，形成降碳合力。推动重大决策、重大项目碳绩效评估，避免新的“高碳锁定”和恶性循环。滚动制订降碳行动计划，确保政策行动有序推进。调动和发挥区域国有企业和大型企业带头示范作用，提出降碳时间表和路线图。

二是加强碳排放目标导向和预算管理。坚持碳排放强度目标的约束性和总量目标的引导性，压实压紧各级各部门责任。制定碳排放目标责任弹性考核制度，对能源结构低碳化程度较高、碳排放强度极低的地区，弱化碳排放总量指标，突出生态系统碳汇指标和外输绿电贡献指标。建立碳排放月、季度、年形势研判和分析预警机制，严格碳达峰考核和追责问责，实施事前、事中、事后全程管理。

三是建立健全排放统计核算体系。加强区域能源生产和消费等基础统计，开展区域能源平衡表编制。坚持“核算为主、监测为辅”的大方向，按照方法科学、口径一致、结果可比、满足需要的大原则，构建涵盖行业领域、次区域、重点企业的区域排放监测、核算和发布的大格局，构建相互兼容、分工明确的排放数据管理大体系，全面支撑二氧化碳排放控排和评价考核。规范信息发布，定期发布区域二氧化碳等应对气候变化信息。

四是建立有效的产业和项目低碳准入机制。准确界定“两高”项目属性，坚持“有所为有所不为”和“有扶有控”，制定“两高”项目正面和负面清单，将碳排放影响纳入项目审批、环境影响评价和节能审查体系，遏制高耗能、高排放项目盲目发展，既防止“滥竽充数”“浑水摸鱼”，也防范“矫枉过正”“一刀切”，使发展建立在节能低碳环保的基础上。

五是灵活运用经济手段和市场化降碳机制。完善差别电价、阶梯电价、分时电价等电价政策。推动区域符合条件的企业参与全国碳排放权交易市场，提升碳排放、碳资产管理能力，探索区域碳普惠、碳积分机制。加强区域财政资金统筹和投入，大力发展绿色金融和气候投融资，以低成本融资助力低碳发展。推动国资国企优化投资布局，积极投入绿色低碳产业发展。

### （五）筑牢经济能源安全和民生底线

一要坚持以人民为中心的发展思想，着力保障人民群众生活。反对“一刀切”和“运动式”减碳，严防平时不作为、考核时乱作为，减少碳达峰对人民群众基本生活的负面影响。减少因降碳造成的日常生活物资价格大涨。优先保障电力供需紧张时段民生用电。

二要加强能源消费风险管控，着力保障能源供应和安全。坚决遏制不合理用能需求，防止传统高耗能行业用能“大起大落”，恶化能源供需形势。加强电源侧、电网侧和消费侧储能调峰能力，规划建设调峰电源和应急电源，增强电网韧性。加强天然气、煤炭等能源需求预警和储备，严防极端天气事件、能源价格大幅上涨等造成的短期用能紧张冲击经济社会秩序。

三要增强产业降碳的整体性，着力保障产业链、供应链稳定。提升产业链、供应链降碳的有序性、协同性，把握好降碳节奏和力度，坚持实事求是、因业制宜，坚持“疏”“堵”有机结合，避免简单粗暴关停产业链中的高耗能高排放环节，造成产业链供应链“停摆”和上游产品价格大幅上涨。

## 参考文献

[1] 舒印彪，张丽英，张运洲，等. 我国电力碳达峰、碳中和路径研究[J]. 中国工程科学，2021，23（6）：1-14.

[2] 王国胜，孙涛，昝国盛，等. 陆地生态系统碳汇在实现“双碳”目标中的作用和建议[J]. 中国地质调查，2021，8（4）：13-19.

[3] 李晓易，谭晓雨，吴睿，等. 交通运输领域碳达峰、碳中和路径研究[J]. 中国工程科学，2021，23（6）：15-21.

[4] 张诗卉，李明煜，王灿，等. 中国省级碳排放趋势及差异化达峰路径[J]. 中国人口·资源与环境，2021，31（9）：45-54.

[5] 陈浮，于昊辰，卞正富，等. 碳中和愿景下煤炭行业发展的危机与应对[J]. 煤炭学报，2021，46（6）：1808-1820.

# 四川省 2021 年环境经济形势分析及 2022 年环境经济形势预判与重点工作建议

**摘　要**：开展环境经济形势分析工作是生态环境部门的一项基本职责。本文依据 2021 年 1—11 月环境经济运行有关数据，对四川省 2021 年及 2022 年环境经济形势进行了分析预判。结果表明：①2021 年四川省经济继续保持恢复态势，发展韧性不断增强，社会活动持续恢复，工业产品生产虽有所波动，但总体呈稳中有升的态势，地区生产总值预计约 5.4 万亿元，同比增长 8.1%，高于全国 0.1 个百分点；②四川省污染治理工作持续推进，水污染物排放量同比下降，大气污染物排放量同比有所增加，二氧化碳排放强度同比下降 3.8%；③受需求收缩、供给冲击、预期转弱三重压力影响，2022 年经济下行压力依然较大，但经济稳中向好、长期向好的基本面没有变，全年 GDP 预计达 5.7 万亿元；④预计 2022 年颗粒物、VOCs 排放量同比小幅上升，$SO_2$、$NO_x$ 排放量同比下降，二氧化碳排放强度同比下降 2.7%左右，水污染物同比下降。大气环境质量达预定目标有较大压力，水环境目标达成有一定压力。
**关键词**：环境经济；形势分析；四川省

## 一、2021 年环境经济形势分析

### （一）全年 GDP 约 5.4 万亿元，同比增长 8.1%，经济继续保持恢复态势，发展韧性不断增强，经济运行总体稳定，社会活动、工业生产稳中有升，增幅逐季收窄

2021 年 1—11 月经济继续保持恢复态势，工业生产稳中有升，高质量发展稳步推进，发展韧性不断增强，经济运行总体稳定。1—11 月，四川省全社会用电量 2 990 亿 kW·h，同比增长 15.5%，呈现强劲增长态势。1—11 月，规模以上工业增加值同比增长 10.0%，两年平均增长 7.0%，两年平均增速比全国两年平均增速高 0.9 个百分点。市场信心方面，制造业 PMI 明显回升，继 9 月（49.6）、10 月（49.2）回落到荣枯线之下后，11 月（50.1）重返扩张区间，表明制造业生产经营活动有所加快，景气水平改善。预计 2021 年四川省地区生产总值将达 5.4 万亿元，同比增长 8.1%，高于全国 0.1 个百分点。

社会活动方面：各项指标全面实现增长，社会活动持续呈现稳步恢复态势。1—11 月，

房地产施工面积、人口增长率、城镇化率、新能源机动车比重增加率、耕地面积、货运周转量、生猪出栏量、社会用电量、食用油使用量、飞机起降次数等同比保持增长，其中生猪出栏量、社会用电量涨幅分别达 30.3%、15.5%。工业生产方面：虽有所波动，但总体呈稳中有升的态势，重点优势产业稳定增长，新增产能加快释放，部分行业受多因素影响出现下滑，1—11 月，饮料、初级塑料制品、生铁、化学纤维、焦炭、水泥等行业分别同比下降 7.5%、4.6%、2.5%、1.2%、0.6%、0.5%。1—11 月，集成电路、电子计算机整机、火力发电量、风力发电量、太阳能发电量、天然气、化学农药原药、啤酒、汽油等产品产量同比增长较快，其中集成电路、火力发电量、风力发电量、天然气、化学农药原药、汽油分别增长 39.4%、25.7%、24.5%、15.5%、15.5%、14.5%。汽车、机制纸板、发电量、白酒、钢材、平板玻璃等产品增幅收窄，同比分别增长 9.8%、8.9%、6.5%、4.3%、3.0%、2.0%。能源消费方面：前三季度，全省能源消费总量增速高于全国 0.5 个百分点，同比增长 7.8%。高耗能行业能耗增速较快，拉动工业能耗增长 7.4 个百分点。规模以上工业能源消费结构中煤品消费在 40%以上，以化石能源为主的高碳消费结构短期内较难改变。

### （二）污染治理工作持续推进，水污染物排放量同比下降，大气污染物排放量同比有所增加，二氧化碳排放强度同比下降

水污染治理工作成效显著。城镇生活污水处理率稳步提升，城市、县城、建制镇污水处理率分别为 97%、91.8%、52%，较上年分别提高 0.7 个百分点、0.7 个百分点、0.4 个百分点。工业园区废水收集率为 93.8%，较上年提高 1.3 个百分点。农村生活污水有效治理率达 65%，较上年提高 13 个百分点。畜禽养殖规模化养殖场粪污处理设施配套率达 92%，较上年提升 1 个百分点。大气污染减排工作稳步推进。继续开展钢铁、平板玻璃、砖瓦企业、熔炼炉等大气综合治理重点项目。新增完成水泥企业深度治理 4 304 万 t/a，累计 9 152 万 t/a，占四川省在产水泥熟料产能的 71.5%，较上年提高 30.5 个百分点。新增完成钢铁行业超低排放改造 260 万 t，累计完成超低改造产能 520 万 t，占四川省总规模的 14.5%，较上年提高 7.5 个百分点。四川省火电机组超低排放改造已基本完成，执行超低排放标准的火力发电机组占省调直调火电装机容量的 74.4%，较上年提高 19.9 个百分点。工业燃煤锅炉超低排放改造完成率达 23.5%，工业燃气锅炉低氮燃烧改造完成率达 35%，分别较上年提高 11.5 个百分点及 15 个百分点。四川省典型涉 VOCs 企业治理设施平均安装率为 44.6%，较上年提高 9.8 个百分点。

综合主要社会经济活动、工业产品产量及污染治理工作推动情况，经 SMEI 模型计算可得：2021 年全年大气污染物排放量同比增加，$SO_2$、$NO_x$、颗粒物、VOCs 同比预计增长为 0.1%、2.9%、6.9%、5.3%。水污染物排放量同比下降，COD、氨氮、总磷分别同比预计降低 0.8%、3.9%、0.2%。全年名义二氧化碳排放总量较上年预计增长约 5.8%，碳排放强度较上年预计下降 3.8%左右。

### （三）2021 年污染气象条件相对不利，大气污染物浓度同比上升，水环境质量同比改善

2021 年全年平均气温 15.7℃，较常年偏高 0.8℃，同比上年偏高 0.3℃；年降水量 1 064.6 mm，较常年偏多 12%，同比上年减少 6.0%。其中，一、二季度污染气象条件同比 2020 年相对略有利，三、四季度同比不利，总体来说，全年污染气象条件相对 2020 年较为不利，对空气质量恶化影响度为 5%～10%。

1—11 月，四川省空气质量优良天数比例为 90.3%，同比下降 1.2 个百分点，较 2018—2020 年同期平均值（以下简称三年均值）下降 0.1 个百分点；15 个重点城市优良天数比例为 87.3%，同比下降 1.2 个百分点，较三年均值上升 0.2 个百分点。1—11 月四川省 $PM_{2.5}$ 平均浓度为 29.8 μg/m$^3$，同比上升 2.1%，较三年均值下降 5.4%；重点城市 $PM_{2.5}$ 平均浓度为 33.6 μg/m$^3$，同比上升 1.8%，较三年均值下降 6.1%。预计 2021 年全年，$PM_{2.5}$ 浓度为 33.0 μg/m$^3$ 左右，同比 2020 年上升 4.4 个百分点，同比三年均值降低 0.9 个百分点，可以完成年度 34.0 μg/m$^3$ 目标任务；优良天数比例约为 89.4%，同比 2020 年下降 1.4 个百分点，同比三年均值上升 0.1 个百分点，完成年度目标任务 89.4%存在较大压力。

1—11 月，四川省 203 个国考断面中，194 个达到Ⅲ类以上，优良断面占比 95.6%；Ⅳ类断面 9 个，占比 4.4%；无Ⅴ类、劣Ⅴ类断面。全省 140 个省考断面，130 个达到Ⅲ类及以上，优良断面占比 92.9%；Ⅳ类断面 10 个，占比 7.1%；无Ⅴ类、劣Ⅴ类断面。国省考断面中有 23 个断面水质同比改善，包括 10 个国考断面和 13 个省考断面；14 个断面水质同比下降，包括 6 个国考断面和 8 个省考断面，其中 2 个断面（岷江流域于佳乡黄龙桥、渠江流域大石堡平桥）水质由Ⅲ类恶化至Ⅳ类。预计 2021 年全年，至少 195 个国考断面达到Ⅲ类及以上（优良水体率 96.1%），国省考断面水质同比改善，可完成国家下达目标。

## 二、2022 年环境经济形势预判

### （一）经济下行压力持续，总体呈现前低后高的运行势态

受需求收缩、供给冲击、预期转弱三重压力影响，以及病毒变异给疫情防控带来的不确定性，2022 年稳经济压力较大，但经济稳中向好、长期向好的基本面没有变，随着中央经济工作会议重提以经济建设为中心，以及一系列财政、货币、跨周期和逆周期宏观政策调节措施的落地，2022 年经济有望实现平稳开局、稳中向好、逐季回升的态势；在四川省层面，省委经济会议提出了坚持稳中求进工作总基调，坚持以供给侧结构性改革为主线，全面深化改革开放，坚持创新驱动发展，推动高质量发展，加快成渝地区双城经济圈建设，预计 2022 年四川省 GDP 将达 5.7 万亿元左右。

### （二）社会活动稳步恢复，工业稳定增长面临多重压力

在全球供应链、产业链调整进一步加速、大宗商品价格持续高位、绿色低碳发展转型、“双高”项目政策管控等背景下，加上疫情防控的“学习效应”对经济活动和消费预期的压制逐步缓解，预计 2022 年，社会用电量、飞机起降次数、食用油使用量、新能源机动车比重增加率、货运量周转量、城镇化率等社会活动指标将继续保持同比增长态势；水泥、生铁、粗钢、塑料、化学纤维等行业产量将同比下降，白酒、集成电路、电子计算机、汽车等行业产量将保持同比增长，煤炭、电力、天然气等供应保障将进一步加强。同时，中央政治局在 2021 年年底中央经济工作会议中提出适度超前开展基础设施投资，预计 2022 年年初将有大批基础设施开工建设，施工面积将同比有较大提升。

### （三）颗粒物、VOCs 排放量同比小幅上升，$SO_2$、$NO_x$ 排放量同比下降；水污染物同比下降，二氧化碳排放量增速减缓

根据 2022 年社会经济活动、工业产品产量预测指标及污染治理工作预计进度，经 SMEI 模型计算，正常情景下预计 2022 年大气污染物 $SO_2$、$NO_x$ 排放量同比下降 4.8%、3.5%，颗粒物、VOCs 排放量同比增加 2.8%、3.0%；水污染物 COD、氨氮、总磷排放量均呈下降趋势，分别同比减少 2.6%、3.7%、0.6%。其中，颗粒物排放量同比呈“先升后降”的趋势，VOCs 排放量同比呈“先降后升再降”的趋势。

大气污染物中，施工扬尘是一次颗粒物的首要排放源，占比 45.2%；$NO_x$ 的首要排放源为工业源，占比 53.1%，其次为移动源，占比 43.4%；$SO_2$ 排放量中 83%来自工业领域，其中电力热力、非金属矿物制品业贡献最大；VOCs 主要来源于工业，占比 65.5%。水污染物中 COD、氨氮排放贡献最大的是城镇生活源，分别占 48.4%、36.7%；总磷贡献最大的为农业面源，为 83.6%。

全年名义二氧化碳排放总量较上年预计增长约 4.1%（二氧化碳总量约为 3.0 亿 t），其中，本地电力和交通碳排放量预计增幅在 10%左右，外购电力降幅明显，预计在 20%以上，碳排放强度较上年预计下降 2.7%左右。

### （四）成都市水污染物排放量减幅最大，沱江流域水污染物排放量占比最大；宜宾、绵阳颗粒物、VOCs、$NO_x$污染物排放量均同比增加，其余城市污染物排放量同比各有增减

据 SMEI 估算，2022 年四川省大部分城市水污染物排放量将同比减少，其中成都由于污水处理设施建设的继续推进，水污染物减少最多，COD、氨氮、总磷排放量分别减少 3 521 t、611 t、137 t，其次是宜宾、德阳、南充、绵阳，但城乡、产业空间分布影响，局部河段污染物排放量会出现区域性较增加的现象。预计 2022 年，阳化河（成都）、环溪河（成都）、隆昌河（内江）、富顺河（德阳）、小蒙溪河（资阳）、姚市河（资阳）、

越溪河（眉山、内江）、体泉河（眉山）、芝溪河（遂宁）、坛罐窑河（遂宁）、平滩河（达州）、东柳河（达州）、新宁河（达州）、长滩寺河（广安）、大陆溪（泸州）等将继续承压；釜溪河、毛河、球溪河、濑溪河、威远河、旭水河、凯江、西河等承压有所减缓。

就重点流域而言，预计2022年，沱江流域水污染物排放总量最高，COD、氨氮、总磷排放量分别占全省的19.2%、19.5%、18.6%，岷江流域COD、氨氮、总磷排放量分别占全省的14.0%、15.2%、14.7%，渠江流域COD、氨氮、总磷排放量分别占全省的15.8%、14.9%、14.7%。2022年，沱江流域应重点关注化学需氧量污染，岷江流域、涪江流域、渠江流域应重点关注总磷污染。

在大气污染物排放方面，预计2022年四川省主要城市中，宜宾、绵阳颗粒物、VOCs、$NO_x$均同比增加，成都、乐山、眉山等地颗粒物、VOCs排放量同比增加，德阳、自贡等地VOCs、$NO_x$排放量同比增加。预计2022年，成都、宜宾、乐山、自贡、眉山、绵阳、德阳等城市环境空气质量压力较大。

### （五）污染气象和水文条件同比略差

在全球变暖的背景下，受拉尼娜影响，2022年气温较常年偏高，降水偏多。其中，一季度冷空气偏弱偏少，盆地内易出现持续性区域大气污染过程；二季度气温偏高，与2020年较为类似，易出现较为严重的臭氧污染；上半年污染气象条件较2021年偏差，预计对空气质量的恶化影响度约为 10%。一季度降水偏少，但受较高气温影响，枯水期水量较2021年基本持平；二季度降水偏多偏早，气象水文条件相对较好，但受初期雨水影响，部分小流域易在3—5月形成污染。

### （六）空气质量持续承压，水环境略有改善

综合考虑污染气象条件、污染水文条件，预计2022年全年环境空气$PM_{2.5}$浓度（31.5）、优良天数比例（90.5%）达到年度目标面临较大压力，特别是1—2月、11—12月的$PM_{2.5}$持续性区域污染过程以及4—8月的臭氧污染过程需要重点关注；水环境质量持续改善总体压力不大，但部分省考断面治理成效尚不稳固，水质易出现反复，应予持续关注。

## 三、政策建议

### （一）总体工作方案

按照“环境质量持续改善”及“力争到2023年实现国省考断面全面达标”的目标要求，通过SMEI模型测算，2022年全年污染物排放量应控制为$SO_2$ 15.9、$NO_x$ 37.0万t、颗粒物14.0万t、VOCs 53.4万t、COD 46.9万t，较2021年排放量分别同比削减2.6%、

5.4%、1.4%、1%、2.3%。在环境治理力度正常推进的情况下，大气污染物 $SO_2$ 排放量控制目标可达，$NO_x$、颗粒物和 VOCs 分别需进一步削减 0.1 万 t、0.6 万 t、2.1 万 t；水污染物排放量控制目标可达，水环境治理目标达成难度不大，但部分流域存在水污染物排放量增加的隐患。根据减排目标和污染物贡献预测分析结果，逆向代入 SMEI 模型，测算出其对应的污染治理措施需达进度以及预计的环境质量，同时结合投资核算系数，得出污染治理资金有效投入需约 154 亿元。

### （二）针对水环境问题及目标精准施策

2022 年水环境质量总体呈改善态势，污染防控工作重点关注水质不稳定的流域和断面，强化措施针对性和持续性。一是着眼重点断面。重点聚焦流域水污染物预计增加的环溪河兰家桥、芝溪河涪山坝、坛罐窑河白鹤桥、新宁河大石堡平桥等断面，强化断面污染贡献分析，有针对性地提出开展达标攻坚。二是加强城镇污水综合治理。以阳化河、芝溪河、越溪河、隆昌河、姚市河、体泉河、东柳河、新宁河、长滩寺河等为重点，加快城镇污水管网及处理设施建设，以及现有污水处理设施提标升级改造的进度，2022 年，流域城市、县城、建制镇污水处理率力争达到 97.5%、92.3%、52.4%，城市生活污水集中收集率提高至 52%。三是加强农村污水收集与治理。以环溪河、隆昌河、富顺河、越溪河、小蒙溪河、坛罐窑河、平滩河、东柳河、长滩寺河、大陆溪等为重点，加快区域农村生活污水收集与治理，2022 年，四川省力争 72%以上的行政村农村生活污水得到有效治理。四是加强工业污水收集与治理。继续提升工业污水处理能力和处理水平，持续推动工业企业入园，提高工业园区污水收集率。加快天邛产业园区污水处理厂及配套管网、新市工业园区污水处理二厂、安岳县工业园区污水处理厂等污水处理设施建设、调试进度，力争 2022 年建成（技改完成）并投入运行。五是加强农业面源污染防治。强化畜禽养殖废水治理，加强新建规模化畜禽养殖企业监督管理，2022 年年底前，南充、宜宾、绵阳等地现有及新增规模化畜禽养殖企业力争全部完成配套处理设施建设。强化种植业污染防治工作，以成都、眉山、乐山、泸州，以及安宁河谷地区为重点，持续开展化肥、农药减量行动，加强农田尾水生态化循环利用、农田氮磷生态拦截沟渠建设。

### （三）针对大气环境问题及目标精准施策

2022 年大气污染防控工作主要以降低颗粒物、$NO_x$ 和 VOCs 排放量为主要目标，坚持源头治理、综合施策，深化“工业源、移动源、面源”治理，加强管理减排，扎实推进减污降碳协同增效。一是深化产业结构调整。严格控制“两高”项目新增产能，新建、扩建钢铁、水泥、平板玻璃、电解铝等项目坚决执行产能等量或减量置换政策。2022 年，四川省粗钢总产量控制在 2 600 万 t，其中成都平原经济区产量原则上控制在 1 500 万 t。四川省水泥熟料产量力争控制在 11 000 万 t 以内，平板玻璃产量控制在 5 800 万重量箱以内。二是强化能源结构调整。持续优化能源结构，2022 年年底，力争非化石能源占能源消费总量的 40%，全省非电行业煤炭消费总量同比下降 5%左右，全省电煤涨幅控制在10%以内，重点控制成都、内江、宜宾、广安及达州的工业用煤增量。加大企业节能降耗工作推进力度，对部分能耗不降反升的高耗能行业、企业，提出具体的节能降耗措施和方案，力争 2022 年工业能耗不增加，碳排放强度同比降幅达到 4%。三是推进交通结构调整。推动运输结构进一步优化，铁路和水运承担货物周转量比例力争分别提升 1.5 个百分点，集装箱铁水联运量同比增长 10%，持续稳步提升钢铁、水泥、煤炭、矿山等行业大宗货物铁路、水路、封闭式皮带廊道运输比例，2022 年年底，轨道交通在客、货运量中的占比分别达到 20%、4.8%及以上。四是强化工业废气治理。持续推进钢铁超低排放改造，实施四川眉雅钢铁有限公司甘眉基地超低排放改造、四川德润钢铁集团达州基地超低排放改造，力争 2022 年 12 月底前完成攀钢钒公司炼铁厂 1 号烧结机烟气脱硝改造、攀钢钒公司炼钢厂 1～3 号老转炉除尘优化改造、成渝钒钛科技有限公司炼铁厂原料系统生产设施改造项目。强化水泥行业企业深度治理，新建水泥企业执行《四川省水泥工业大气污染物排放标准》要求，推动现有企业提标改造，力争 12 月底前完成全部存量企业改造（新增约 2 900 t 熟料产能改造），并强化运行管控，稳定达标排放。继续强化 VOCs 专项整治，提升四川省工业企业 VOCs 治理设施安装率和治理效率，在成都、达州、德阳、绵阳、内江等重点区域，推行涉 VOCs 企业实施错时生产管控。2022 年四川省重点行业 VOCs 排放量同比削减 5%以上。五是强化移动源整治。全面实施国六排放标准，鼓励将老旧车辆和非道路移动机械替换为清洁能源车辆，淘汰国三及以下柴油货车，实施新能源车替换，加快推进新能源公交、出租、环卫车替代（更换）工作，到 2022 年年底，全省新增新能源汽车占比力争提升 1.1 个百分点，新增约 18 万辆，其中成都市新能源汽车占比达到 6%。六是加强面源治理。强化施工工地管理，完善文明施工和绿色施工管理工作制度建设，加快制定建筑工地扬尘专项整治工作方案，对预计闲置 3 个月以上的建筑工地，督促建设单位开展裸露土地临时绿化或铺装，力争单位施工面积扬尘排放量削减 5%，成都、南充、自贡削减 10%。强化道路扬尘管理，增加重点城市主要路段的洒水喷雾次数，成都、宜宾、乐山、达州等地应进一步提高洒水喷雾频次，实施不间断作业。大力推进道路清扫冲洗机械化作业，到 2022 年年底，地级及以上城市建成区道路机械化清扫率达到 76%及以上，县城达到 65%及以上，其中成都市中心城区达到 92%及以上。

### （四）针对重点工作强化保障机制

强化政策支撑。在省级层面，2022 年年初，建议联合发改、经信等部门，及时出台“建立健全绿色低碳循环发展经济体系实施方案”“坚决抑制‘两高’项目盲目发展的实施方案”“‘两高’项目管理目录”“加强工业企业节能降耗实施办法”等政策文件，在能源安全保障的基础上，控制省内工业企业综合能耗，从源头降低碳排放强度，实现减污降碳协调增效。2022 年 3 月前，建议出台“四川省移动源污染管控方案”，强化机动车、非道路移动机械的管控，确保实现年度削减目标。2022 年 4 月前，应针对 2021 年夏季检查发现的突出环境问题，重点针对 VOCs 重点企业及园区、加油站、柴油车等，分批分组对各地市开展 VOCs 重点监管企业销号式整治以及现场帮扶指导，规范排放行为，出台“加强挥发性有机物综合治理、积极应对夏秋臭氧污染工作方案”。2022 年 6 月前，建议出台“川渝跨界流域综合治理方案”“畜禽养殖污染专项整治行动实施方案”，试点实施“美丽河湖建设五年行动计划”“四川河湖生态缓冲带建设与保护实施方案”，有效推动市水污染防治工作。2022 年 7 月前，建议出台“四川省‘十四五’挥发性有机物综合治理方案”，有效推进 VOCs 综合治理，同步引导支持企业开展低 VOCs 含量原辅材料源头替代，促进企业提质增效、产业绿色转型。2022 年 8 月前，建议出台“国省控重点断面‘一点一策’治理方案”，针对 203 个国控及 140 个省控水质断面中达标率不稳定的重点断面开展走航分析，建立断面数据库，实施精准治水。在 2022 年 10 月前，针对 2020—2021 年冬春季发现的突出环境问题，重点针对水泥厂、钢铁厂、施工工地、机动车等，完成相应环境整改工作，出台“秋冬季大气污染综合治理攻坚行动方案”。2022 年年底前，建议制定精准化、系统化的“$PM_{2.5}$ 与 $O_3$ 污染协同控制治理方案”，明确控制目标、路线图和时间表，推动“十四五”目标的完成。在市（州）层面，对于不达标城市，抓紧编制“大气环境质量限期达标规划”，明确空气质量达标路线图及污染防治重点任务。2022 年 2 月前，建议成都、绵阳、乐山、宜宾、眉山、泸州、自贡等城市，根据区域实际情况，出台鼓励绿色出行、机动车限行、强化扬尘治理、企业应急减排等差异化重污染天气应对方案。鉴于成都、宜宾、泸州、乐山等城市 2022 年减排任务较重，建议上述地区经信、发改等部门在 2022 年 6 月前出台“化解落后产能、优化产业结构调整的指导意见”等促进区域产业结构优化的政策。建议成都提前实施《汽油车污染物排放限值及测量方法（双怠速法及简易工况法）》（GB 18285—2018）和《柴油车污染物排放限值及测量方法（自由加速法及加载减速法）》（GB 3847—2018）标准中的排放限值 b。对于 2022 年施工面积较大的成都、南充、宜宾、资阳等，建议出台地区“建筑工地扬尘专项治理工作方案”“非道路机械移动源排放监督抽测管理办法”等，对施工阶段环境管理，确保完成年度削减目标。加强资金保障。预计 2022 年全年环保投入约 154 亿元（不含未纳入此次分析的生态保护、生态修复、部分能力建设等工程），建议依托国家生态环境“十四五”规划、“西部大开发”、长江经济带、成渝地区双城经济圈等国家、省级重大战略，积极谋划一批重大项目，做好项目包装。鼓励地区开展 EOD 模式（生态环境导向的开发），精心谋划生态环境治理和关联产业项目，建立组织领导和推进机制。通过专项资金、债券、基金、政策性贷款等方式，多渠道争取资金，为项目实施做好保障。

# 政策法治篇

# 关于构建完善四川省生态环境治理政策体系的建议

**摘　要**：按照党的十九届四中全会精神和《关于构建现代环境治理体系的指导意见》（以下简称《指导意见》）要求，本文梳理了党的十九大以来四川省在生态环境治理体系建设方面的各项制度安排，并从制度体系化和协同增效的角度，提出坚持和完善生态环境治理政策体系的三点建议，供决策者参考。

**关键词**：生态环境治理；政策体系

## 一、健全生态环境监管制度体系，实现环境污染治理与生态保护修复协同

### （一）以改善环境质量为核心，健全环境治理法治、标准、政策与规划协同机制

研究制定以水污染防治、水生态修复、水资源保护“三水共治”为导向的主要流域水环境保护条例，推进土壤、湿地等重点生态环境要素领域立法，支持鼓励市（州）围绕打赢污染防治攻坚战要求开展小切口立法；深化生态环境保护综合行政执法改革，全面推行生态环境行政执法“三项制度”，推进生态环境执法标准化建设；强化行政执法与刑事司法衔接，出台《四川省生态环境行政执法与刑事司法衔接工作办法》，在线索移送、信息通报、调查取证、证据转化等方面建立无缝对接的工作机制；建立守法激励制度体系，定期评定并发布生态环境守法“标杆企业”名单。完善生态环境地方标准体系，研究制定绿色制造标准、绿色金融标准、生态产业标准、绿色消费等省级推荐性标准，鼓励开展环境治理的绿色认证，以标准化引领高质量发展；加强大气、水、土壤污染防治等重要生态和环境标准研制与实施，按照稳定连贯、可控可达的原则因地制宜推进污染物排放标准制（修）订，特别是面向成渝地区双城经济圈“标准一体化”的需求开展标准制（修）订工作。以排污许可制为核心，制定《四川省排污许可管理条例》，对固定污染源实施全过程管理和多污染物协同控制，健全固定污染源监管体系，实现固定污染源排污许可全覆盖。以“十四五”规划为引领，健全区域协作联动机制，推进成渝地区双城经济圈、成德眉资、五大经济区、重要城市间跨区域环境污染联防联治，跨

流域环境污染统筹治理。

### （二）统筹山水林田湖草系统保护，建立生态保护修复监管机制

严格落实全省生态监管职能，尽快建立以自然保护地、生态保护红线、生物多样性保护为重点的自然生态监管制度，强化山水林田湖草的统一监管。建立生态空间管控法律法规政策体系，强化生态空间管控在生态文明建设、国土空间资源规划和管理中发挥前置引导的基础性作用。加强城市群生态廊道规划，开展生态廊道监测及绩效评价体系研究。建立四川省生态状况评估机制，推进黄河流域等重点区域生态状况变化调查评估。加快制定生态保护的规划、环评、监测、评估、执法等方面的政策规范。

### （三）加强生态环境监管能力建设

健全生态环境监测制度，优化调整生态环境监测网络，实现环境质量、污染源和生态状况监测全覆盖，加强监测质量监督检查。加强生态环境治理科技支撑，推进“智慧环保”建设，充分利用区块链、大数据、人工智能、卫星遥感等科技手段提升生态环境监管水平。打造生态环境保护铁军，加强监管执法队伍建设和智库支撑队伍建设。建立生态环境治理重大政策全过程评估机制，强化事前调查研究，加强事中宣传引导，实施事后绩效评估，开展社会稳定风险评估。

## 二、完善环境经济政策制度体系和市场机制，实现行政手段与经济手段协同

### （一）合理配置财政资金投入，健全环境财政政策机制

完善财政投入保障机制，稳步提升生态文明建设在财政投入、GDP 中的占比。优化财政投入结构，省级财政资金重点向解决跨区域、外溢性强的环境问题倾斜，地方财政资金重点向公共环保基础设施建设倾斜。完善生态环境专项资金使用方式，加大绩效考核的成果运用。以提标改造和污染深度治理、环保公益、新能源等企业以及绿色生态农业等为重点，加大环境补贴政策力度。

### （二）发挥财政资金撬动作用，推进落实生态环境市场机制

培育壮大环境治理市场主体，加快环境污染第三方治理政策引导和落实，出台《四川省环境污染第三方治理市场规范化建设方案》，合规运用政府购买服务等方式，对环境污染第三方治理给予支持。充分运用政府和社会资本合作（PPP）模式扩大绿色投资，引导社会资本加大绿色项目投入，完善政策推进 PPP 法治化、规范化发展。开展小城镇环境综合治理托管服务试点。鼓励以生态价值为导向的城市开发（EOD）模式。

### （三）增强政府信用和财政筹资能力，创新绿色投融资机制

支持建立生态环境保护基金、环保产业发展基金、土壤污染防治基金、绿色气候基金等绿色发展基金。大力发展绿色信贷和服务，加快发行绿色债券。推动绿色保险持续发展，支持保险机构创新绿色保险产品和服务。健全环保信用评价制度，联合财政、发改以及金融机构扩大环保信用评价覆盖面。

### （四）深入推进资源价格改革，创新资源环境价格机制

完善居民用电、用水、用气阶梯价格政策。落实污水处理收费制度，将污水处理费标准调整至补偿污水处理和污泥处置设施运营成本并合理的盈利水平。健全固体废物处理收费机制，对城镇生活垃圾采取分类垃圾与混合垃圾差别化收费。

### （五）加快提升生态服务功能，完善生态环境补偿机制

完善重点生态功能区财政转移支付机制，加大补偿力度。探索构建覆盖范围更广、补偿方式更多元化的生态补偿机制，进一步完善长江经济带生态保护修复奖励政策、黄河流域生态补偿政策，扩大至全省十大河流横向补偿。完善环境质量改善激励政策，将目前面向 21 个市（州）的环境空气、水环境改善激励政策拓展到 183 个县（市、区）。在江河源头区、重点饮用水水源保护区扩大退牧还草、退耕还林实施范围。

## 三、严明生态环境保护目标责任体系，实现生态环境联防联控联治方向与责任协同

### （一）以建设美丽四川为导向，建立生态环保多元主体的治理体系

贯彻落实《指导意见》，成立生态环境保护委员会及生态环境保护专业委员会，建立委员会成员责任机制、考核机制和奖惩机制，强化生态环境保护源头预防、过程控制、损害赔偿、责任追究，逐步构建党委领导、政府负责、部门分工落实、企业主责、社会协同、公众参与、法治保障的治理体系。

### （二）完善生态文明建设目标责任体系，压实各级生态环境保护主体责任

制定出台《四川省生态环境保护责任清单》，明确生态文明建设各主体责任，建立分工明确、责权清晰的环境监管和环境保护工作体系。完善生态文明建设目标评价考核体系，将生态文明建设主要约束性指标以及重点工程、项目纳入各地各部门经济社会发展综合评价和绩效考核。用好通报、约谈、限批、追责等手段，将考核结果作为各级领导班子、领导干部奖惩和提拔使用的重要依据。

### （三）强化生态环境保护督察制度，完善生态环境责任落实倒逼机制

严格生态环保督政，落实生态环境保护“党政同责”“一岗双责”，切实压实地方党政领导环保责任。加快出台《四川省生态环境保护督察工作实施细则》，以解决突出生态环境问题、改善生态环境质量、推动经济高质量发展为重点，推进例行督察，加强专项督察，严格督察整改。完善挂牌督促企业制度、约谈企业制度等，对违反环境保护法律法规企业严格追究责任，坚决避免“一刀切”、齐步走。

### （四）充分发挥社会力量作用，完善公众参与生态环境保护常态机制

完善环境信息公开制度，健全例会新闻发布会制度。加强社会组织能力建设，培养公民环保素养，完善社会组织与公众参与生态环境决策机制。建立环境有奖投诉举报制度，健全生态环境保护荣誉制度，完善公众监督、举报反馈机制，引导全社会树立生态文明意识。下沉治理资源，完善基层社会治理机制，激活基层治理效能。

# 关于对四川省生态环保地方政府债券的调查与思考

**摘　要：**国家层面多次指出“要扩大地方政府专项债券规模，抓紧准备专项债券项目，支持有一定收益的基础设施和公共服务项目建设”。2020 年四川生态环境工作要点进一步明确“要积极争取吸引社会资本更多投入生态环保项目建设和债券资金”。为探索形成四川省生态环保地方政府债券健康发展路径，积极为全省生态环保地方政府债券发行与管理提供参考，省环境政策研究与规划院紧紧围绕生态环保地方政府债券“发行规模大不大、市场运作活不活、投资领域全不全、体制机制优不优”等方面，赴自贡市、遂宁市、南充市、内江隆昌市等地开展实地调研，提出以下建议：一是扩大生态环保地方政府债券发行规模；二是推动生态环保地方政府债券市场化；三是提升债务主体偿还债务能力；四是完善生态环保地方政府债券管理体系；五是加强生态环保地方政府债券宣发力度。

**关键词：**生态环保地方政府债券；机制；市场化；管理体系

地方政府债券[①]是我国债券市场第一大品种，已经成为现阶段我国积极财政政策的重要手段。生态环保地方政府债券是地方政府债券的重要组成部分，主要指省级政府募集资金投向污水治理、水生态治理、生态修复整治等生态环境治理与保护修复领域的一般债券和专项债券总和。党的十八届五中全会以来，绿色发展已经上升为国家战略。在绿色发展理念的引领下，以解决生态环境保护投融资需求的绿色金融发展迅速。生态环保地方政府债券作为专注于绿色投资的地方政府债券，是一种实用的新型债务融资工具，尤其在新冠疫情发生之后，成为地方党委、政府缓解生态环保治理资金压力的重要引擎、拉动经济增长的有力支撑。本文通过梳理分析了国内外生态环保地方政府债券现状，识别当前存在的主要问题和短板，并对标先进地区典型做法，提出相应政策建议。

① 地方政府债券指省、自治区、直辖市政府（含经省级政府批准自办债券发行的计划单列市政府）依法为相关公益性项目发行的、约定一定期限内还本付息的政府债券。

## 一、生态环保地方政府债券的现状与趋势

从国内外、四川债券发展现状与发展趋势看，生态环境保护类地方政府债券投资回报逐渐被市场认可，国外已经探索出成熟的发展路径，国内起步较晚，但总体呈向好发展趋势。

### （一）国外生态环保地方政府债券起步较早且发展成熟

生态环保地方政府债券在国外称绿色市政债券，以2013年美国马萨诸塞州首次发行1亿美元绿色市政债券为标志，主要为清洁用水、环境整治等生态环保领域项目融资，经过7年快速发展，美国逐渐发展为全球第一大绿色市政债券发行国，其发展路径在国外较成熟。一是实行严格的发行机制，以自律管理为主，联邦政府不能为州市政府担保，也不能干涉其发行规模；州市政府审批程序严格，需明确绿色项目和绿色资产的范围，确定偿债来源；需选择独立第三方机构进行债券认证，确保资金真正地使用于绿色项目；需要事前建立监控募集资金使用情况的追踪报告框架，追踪绿色市政债券的募集资金使用情况。二是采取多层级监督管理，绿色市政债监管机制是保证其偿债成功与否的关键，美国州市政府必须每年至少一次向投资者提供募集资金的使用核查情况，完整、准确、及时地披露资金使用、项目现状、经济效益等信息。绿色市政债券发行需同时接受联邦政府、联邦税务局、证券交易委员会关于反欺诈条例、利息免税是否合理等方面的监督，若存在隐瞒重大事项等欺诈将进行严厉处罚。三是注重分摊投资风险，美国绿色市政债实行免税政策，积极鼓励个人投资者投资，个人持有比例约占投资总体的70%，较好地实现了投资风险分散化。美国绿色市政债平均期限为10～20年，体现了长线资金支持绿色基础设施建设的合理性，在时间尺度上给予偿债足够时间，有效降低了违约偿债风险。四是吸引境外投资者，绿色市政债券在传统的一般与专项债券外，还推出发行了高利率的“建设美国债券”，吸引了大批境外投资者，实现了债券类型多样化。

### （二）国内生态环保地方政府债券起步较晚但发展迅速

我国生态环保地方政府债券分为一般债券和专项债券，没有收益的管网建设、雨污分流等公益性事业融资可发行一般债券，以一般公共预算收入偿还；具有稳定收入的如污水处理厂建设、湿地公园等准公益性事业融资可发行专项债券，并以对应的政府性基金或专项收入偿还。我国的生态环保债券主要聚焦于污水治理、水生态治理、生态修复整治等生态环境污染治理领域。2018年以前，我国发行的地方政府债券中虽然有为污水处理等生态治理项目融资，但均归类于市政建设或水利项目类，未明确贴上“生态环保债券”的标签。根据财政部印发的《关于试点发展项目收益与融资自求平衡的地方政府专项债券品种的通知》，2018年为贯彻落实财政部“开前门、堵后门”的理念，完善债

券发行种类，助力打好污染防治攻坚战，我国开始正式发行生态环保专项债，如四川省政府发行的绵阳市永兴污水处理专项债券、云南省政府发行的生态环境保护治理专项债券、新疆维吾尔自治区政府发行的生态建设类专项债券、天津市政府发行的宁河区生态保护专项债券等。2019 年，全国生态环保专项债总计发行 531.24 亿元，在政府专项债券发行总额中仅占比 2.44%，2020 年 1—3 月已完成的生态环保专项债招投标金额 1 370.05 亿元，总占比提升至 14.2%。综上，生态环保专项债券数量和比例均呈快速递增趋势。

### （三）四川省生态环保地方政府债券总量不断增加，但总体呈现区域发展不平衡趋势且与经济发达省份相比差距较大

根据《四川省政府债券发行信息披露文件》，四川省政府自 2018 年开始通过发行一般地方政府债券与生态环境专项债券为农林水利建设、污水处理等其他生态环境保护建设融资。

从发行规模来看，2018 年，四川省共发行 45.88 亿元为生态环境保护项目融资（其中专项 14.38 亿元，一般 31.50 亿元），占总发行债券的 2.10%；2019 年，四川省共发行 96.34 亿元为生态环境保护项目融资（其中专项 57.75 亿元，一般 38.58 亿元），占总发行债券的 4.35%；2020 年 1—3 月，四川省共发行 74.85 亿元为生态环境项目融资（其中专项 69.76 亿元，一般 5.09 亿元），占总发行债券的 6.81%（图 1）。综上，四川省在生态环境领域通过债券融资的金额在逐年快速递增，且 2020 年第一季度发展尤其迅速。同时，从 2019 年开始，专项债券发行金额逐渐超过一般债券发行金额，也在一定程度上反映政策导向的巨大作用和市场化需求的不断扩大（统计表详见附件 1）。

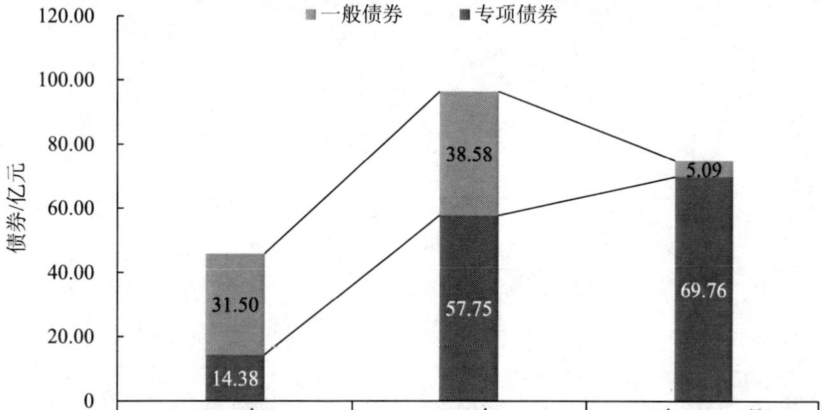


| | 2018年 | 2019年 | 2020年（1—3月） |
|---|---|---|---|
| 一般债券 | 31.50 | 38.58 | 5.09 |
| 专项债券 | 14.38 | 57.75 | 69.76 |

**图 1　四川省 2018—2020 年 3 月生态环保地方政府债券投入比例趋势**

从发行内容来看，2018—2020 年 3 月，四川省生态环保地方政府专项债券共发行债券 141.89 亿元，主要集中于水资源保护修复领域，共融资 68.69 亿元，占生态环境专项债券发行总量的 48.41%，其次是生态修复综合治理领域，共融资 47.52 亿元，总金额占生态环境专项债券发行总量的 33.49%（图 2，统计表详见附件 2）。

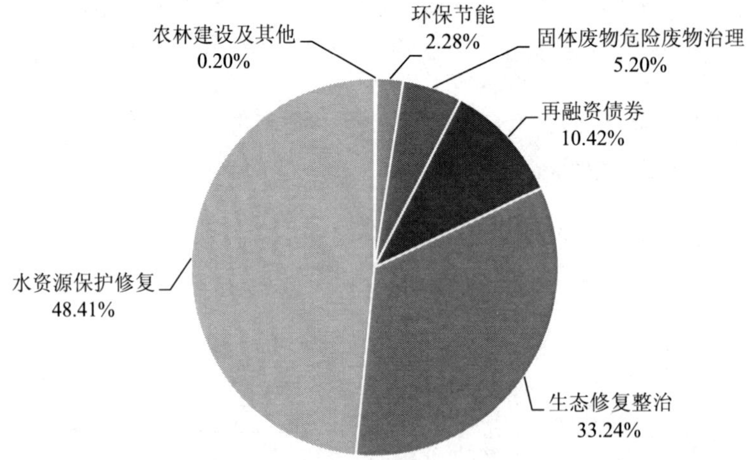


**图 2　四川省生态环保地方政府债券项目涵盖元素发行统计**

从市（州）来看，2018—2020 年 3 月，21 个市（州）共发行项目 98 个，项目主要集中在成都市、绵阳市、遂宁市等，其中成都市发债最多，共 15 个项目、融资 53.4 亿元，其次是绵阳市，发行 10 个项目、共融资 10.57 亿元，其余市（州）发行项目均为个位数，平均发行金额低于 5 亿元，最低为零（图 3，统计表详见附件 3）。

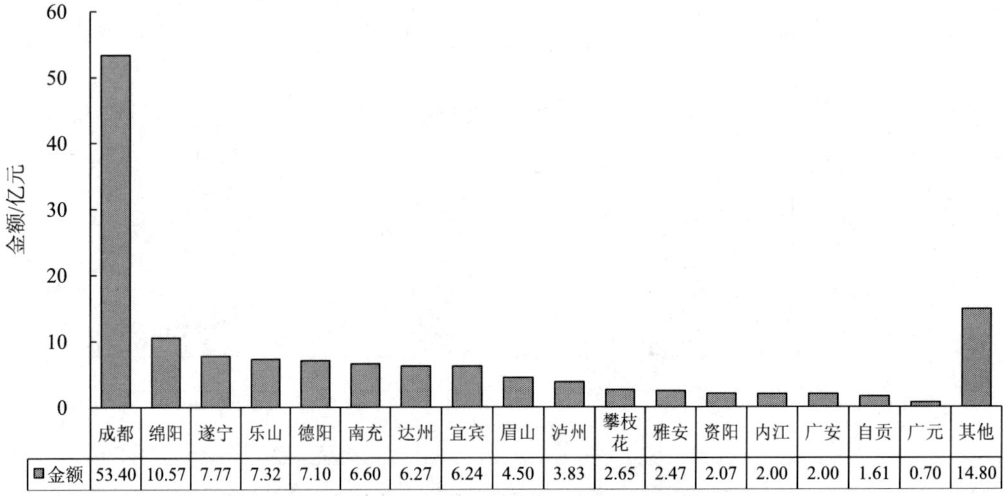


| | 成都 | 绵阳 | 遂宁 | 乐山 | 德阳 | 南充 | 达州 | 宜宾 | 眉山 | 泸州 | 攀枝花 | 雅安 | 资阳 | 内江 | 广安 | 自贡 | 广元 | 其他 |
|---|---|---|---|---|---|---|---|---|---|---|---|---|---|---|---|---|---|---|
| ■金额 | 53.40 | 10.57 | 7.77 | 7.32 | 7.10 | 6.60 | 6.27 | 6.24 | 4.50 | 3.83 | 2.65 | 2.47 | 2.07 | 2.00 | 2.00 | 1.61 | 0.70 | 14.80 |

**图 3　四川省各市（州）发行生态环保专项债券金额**

注：除未发行的巴中市、甘孜州、阿坝州、凉山州外。

从省域来看，将四川省与经济体量相似的河南省、湖北省，以及先进地区广东省进行横向比较（依据指标：2019 年各省 GDP）。据统计，2019 年，广东省、河南省、四川省、湖北省生态环保地方政府债券发行总量分别为 371.34 亿元、48.19 亿元、96.34 亿元、108.34 亿元，占各省总发行债券比例分别为 18.06%、2.65%、4.35%、5.45%。广东省生态环保地方政府债券发行比例远超其他三省，发债量约是四川的 4 倍（GDP 是四川的 2 倍），四川生态环保地方政府债券的融资力度与经济发达省份仍存在较大差距（图 4，统计表详见附件 4）。

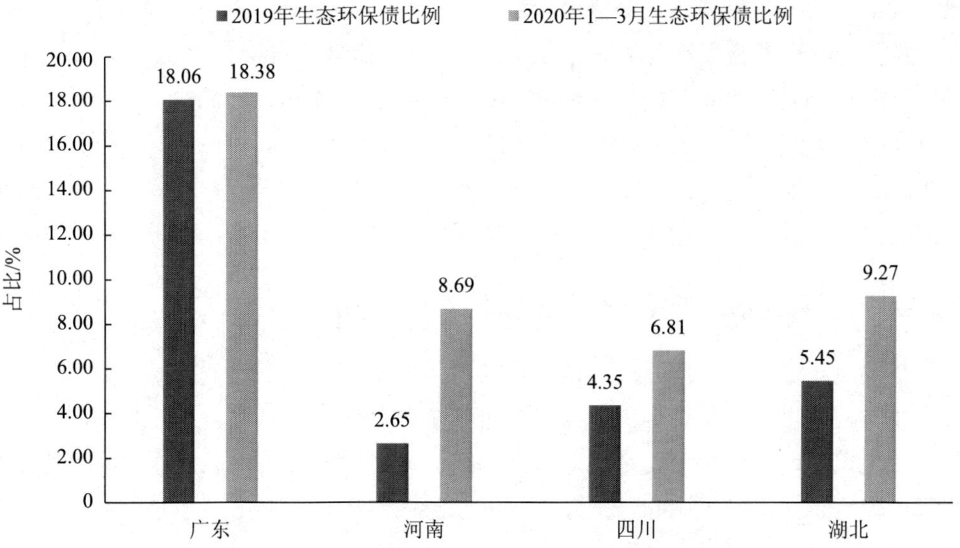


**图 4　四省生态环保地方政府债券比例对比**

## 二、四川省生态环保地方政府债券发展存在的问题

虽然四川省生态环保地方政府债券取得了积极成效，但存在发行规模较小且过于集中于部分领域、市场绿色投资理念较缺乏导致市场运作活力不足、还债主体偿债能力较弱、地方政府隐性债务大、与之相匹配的针对性支撑政策不够等问题。

### （一）债券的发行量远远不能满足生态环境保护工作的投资需求，生态环保地方政府债券覆盖领域不全面、区域发展不平衡

一是生态环保地方政府债券融资金额不能满足生态环境保护工作的资金需求。根据 2019 年十三届全国人大常委会第十五次会议上国务院通报的《关于财政生态环保资金分配和使用情况的报告》，各级政府及其相关部门可用财力有限与生态环保投入需求较大之间的矛盾突出。2020 年是打好污染防治攻坚战的决胜之年，四川启动了巩固污染防治

攻坚战成果提升生态环境治理体系和治理能力现代化水平三年行动计划，治理任务给政府财政不断施压，对投入项目资金的需求不断增加，在保证地方债务安全的情况下，亟须深化债券市场化，通过扩大现有发行规模、增加发行量等方式充分撬动社会资本。二是生态环境各要素涵盖不全。根据四川省财政厅公布的《2018 年四川省省政府专项债券（一期）—2020 年四川省政府专项债券（三十二期）信息披露》等系列文件，可看出四川省发行的生态环保地方政府债券集中于对污水处理厂、供水工程建设与水生态的建设。2019 年陆续增加对生态环境综合治理工程、垃圾处理、环保产业发展的融资项目，但总体比重较小。大气与土壤治理的资金通过“生态环境综合治理专项债券”融资，未单独举债，生态环境治理的各要素融资力度分配不均（要素统计情况详见附件 4）。三是全省项目主体分布区域不均衡。截至目前，成都市共发债 53.4 亿元，约占四川省生态环保地方政府专项债券的 38%，其余 20 个市（州）平均发债额约 4.61 亿元，仅占四川省生态环保地方政府专项债券的 3.3%，尤其部分市（州）（巴中市）在面临生态环保工作任务重、资金需求大的同时，生态环保项目发债却为零。

### （二）市场运作活力不足，社会参与不够

一是发行平台单一。地方政府债券市场的认购平台虽然在逐步开放，公众目前能在证券市场与银行机构认购债券。但与基金可在基金公司官网及其自有平台、第三方基金销售平台、银行、券商平台五个渠道认购相比，地方政府债券的认购平台仍然较狭窄、认购程序较复杂，不利于生态环保地方政府债券的推广。二是发行主体分级不清。信用评级是债券市场基础设施的重要组成部分。四川省生态环保地方政府债券全部为 AAA 级，与国债及其他省市平级。同质化的评级结果难以充分反映区域信用及项目差异，不能够有效区分债券实际资金使用主体的信用差别，从而引发投资者对评级结果虚高的怀疑，不利于生态环保债券乃至整个地方政府债券市场的长期健康发展。三是地方政府债券流动性不足。多数地方政府债券在一级市场被银行等金融机构按到期资产持有并用于抵押融资，二级市场各投资机构或个体持有的比例较少，换手率低于企业债券，不利于风险分散，削弱了生态环保地方政府债券在社会公众中的推行力度，无法起到地方政府债券高效带动绿色金融发展的作用。四是绿色市场理念较缺乏。当前全省绿色金融市场面临的首要问题是市场投资者绿色理念缺乏，不利于引导社会资本流向生态环境领域。

### （三）现有生态环保地方政府债券政策缺乏针对性，体制机制有待完善

一是绿色认证机制缺失。对比美国绿色市政债券发行机制与我国现行绿色债券[①]发行机制，四川省发行的生态环保地方政府债券缺少对绿色项目的认定程序，对项目的筛选

---

① “绿色债券”是指将所得资金专门用于资助符合规定条件的绿色项目或为这些项目进行融资的债券工具。相较于普通债券，绿色债券主要在四个方面具有特殊性：债券募集资金的用途、绿色项目的评估与选择程序、募集资金的跟踪管理以及要求出具相关年度报告等。

缺少绿色属性符合性分析与提名项目环境影响评价分析，不利于准确核算项目的环境和社会效益。二是发行分类不明确。绿色项目的界定没有统一标准，投资者无法识别。四川省的生态环保地方政府债券分类口径不统一，根据债券发行的《信息披露文件》，2018—2020 年 3 月污水处理项目曾被不同地市归集于水务建设项目、生态环保建设项目与社会事业项目等不同大类，不利于项目后期监管统筹。三是后期监管与披露不足。与美国绿色市政债券信息披露机制相比，四川省生态环保地方政府债券缺少对债券资金拨付使用情况的有效监管，根据现有披露信息，连续多期发债项目仅在续期发债时对资金使用情况进行披露，且未说明项目推行进度。项目进度信息披露不足、资金使用情况不明、项目成效不清等问题，影响政府对资金的优化配置以及公众对生态环保地方政府债券的认知与接受程度。四是债务主体偿债能力较弱。市（州）普遍反映，受经济下行压力等影响，地方政府债务规模呈现不断增长趋势，且生态环保债券融资项目往往收益不客观，本息不断堆积增加，仅依靠债务扩张或者抵押偿债方式，给地方政府带来巨大压力。县一级作为偿债主体，财政能力弱，基本不愿意包装项目发行生态保护地方债券，急需提高政府偿债能力。

## 三、四川省推进生态环保地方政府债券的建议

当前，绿色发展面临大量的投融资需求，且在疫情之后的国家宏观经济政策的提振驱动下，生态环保债券预计将会持续扩容，积极探索具有四川特色的生态环保债券发展之路迫在眉睫。

### （一）适度扩大生态环保地方政府债券发行规模，实现生态环保地方政府债券在生态环境治理领域全覆盖

一是扩大生态环保地方政府债券中专项债券在重点领域和薄弱环节的发行规模，加大在农林水利、环境综合治理、生态保护修复等生态环境重难点领域生态环保类项目的投入比例，突出资金投向环境基础设施短板和弱项领域，促进积极财政政策早见成效。二是引导生态环保地方政府债券投向未涉及的生态环境领域，探索生态环保地方政府债券在大气、水、土壤等生态环境领域全方位覆盖，如借助地方政府统筹住建、农业农村等部门将相关的各类小型生态环保项目打包，发行绿色集合债券。进一步探索“污染防治攻坚战”系列债券、气候变化债券、“无废城市”债券等绿色券种。三是适度增加生态环保地方政府债券中绿色一般债券的空间，提升一般债券的使用效率，增加以项目收益自求平衡为条件的专项债发行，既兼顾经济财政安全又有助于提升举债稳经济的效率。城镇污水管网、雨污分流设施、管网破损维修等领域则可以一般债券发行。四是探索发行区域生态环保地方政府债券，借鉴广东省发行粤港澳大湾区生态环保建设专项债券，联合重庆市打包发行成渝双城经济圈生态环保建设专项债券，以较好匹配成渝双城经济

圈生态环境建设的长期资金需求，进一步促进成渝双城经济圈可持续、高质量发展。

### （二）进一步完善生态环保地方政府债券政策，不断优化地方政府债券制度设计

一是加强生态环保地方政府债券相关的政策支持，围绕生态环保地方政府债券项目的前期准备、项目库管理，以及债券存续期建设、运营、资产资金管理和信息披露等方面出台全流程管理办法。制定针对促进生态环保地方政府债券发展的专项文件，出台更多支持政策。二是完善生态环保地方政府债券监督管理机制，健全规范政府债务项目申报、限额分配等工作流程，引导市县规范政府债务管理，提高债券资金使用效益。借鉴河北省做法，探索政府债务标准化管理信息系统，实施政府债务管理综合绩效考评，将政府债券预算调整、资金使用、还本付息、风险防控与隐性债务偿还化解等因素列入考核指标体系，考评结果与新增债务限额挂钩并通报相关市（县）政府。三是完善地方政府债券信息披露机制，借鉴美国绿色市政债券披露经验，建立监控募集资金使用情况的追踪报告框架。要求发行人在募集说明书及债券存续期内进行有效的信息披露，充分揭示地方政府债券风险情况，切实保护债券投资者权益，如由地方政府定期公开债务限额、余额、债务率、偿债率、经济财政状况、预决算、债券发行、存续期管理信息，按季度统计并公开生态环保地方政府债券资金拨付使用情况。四是健全地方政府举债融资机制，支持具备条件的省级以下市级政府规范发行生态环保地方政府债券，实现谁融资、谁举债、谁偿还，如鼓励成都市独立发行生态环保地方政府债券，进一步分散融资风险和偿债压力。

### （三）推动生态环保地方政府债券市场化，不断提高市场主体积极性

一是优化生态环保地方政府债券一级市场①，严格控制地方新增债务，进一步提高地方政府按照市场化原则，公开、公平、公正发行地方政府债券的意识，尽量减少地方政府债券管理中的行政干预。探索实行生态环保地方政府债券发行前的独立绿色债券评估认证报告制度，保障生态环保地方政府债券的绿色属性，推动一级市场良性发展。二是积极发展生态环保地方政府债券二级市场②，综合运用市场规则管理地方政府债务，大力借助支付宝、微信等平台，根据偿债需求和市场情况合理确定置换规模，提高地方政府债券流动性，充分发挥市场对债券资源的配置作用。三是推动生态环保地方政府债券种类多样化，积极探索环境治理+商业开发、广告资源整合等方式，提高项目投资回报。合理规划专项债项目，充分挖掘项目经营性，合理利用“专项债+市场化融资”模式。例如，以项目收益债券形式发行 PPP 项目专项债券，加强环境基础设施建设投融资。四是完善生态环保地方政府债券交易结构，探索将绿色项目与创新型债券品种对接，孕育绿色项

---

① 一级市场，也称发行市场或初级市场，是资本需求者将证券首次出售给公众时形成的市场。

② 二级市场，也称“次级市场”“证券流通市场”，指已发行的有价证券买卖流通的场所，是有价证券所有权转让的市场。

目收益债券、绿色可续期债券、绿色资产证券化等，促进生态环保地方政府债券可持续发展。

### （四）提升债务主体偿还债务能力，保障生态环保地方政府债券良性发展

一是探索生态环保地方政府债券税收优惠政策，参考支持绿色发展税收优惠政策，对绿色市政项目实施所得税“三免三减半”优惠政策。购置相关项目节能节水、安全生产等专用设备，实施相关税费的减免申报制度，申请抵扣，并在税费减免清单里增加生态环保地方政府债券领域的内容。二是出台生态环保地方政府债券项目相关费用支出补贴政策，如对垃圾处理、污水处理厂给予水电气方面的补贴政策。落实电价补贴支持、水气价格优惠措施等政策，严格执行支持性两部制电价政策、高可靠性电费政策等优惠政策。三是完善专项债券本金偿还方式，鼓励专项债券发行时采取本金分期偿还方式。进一步畅通专项债券项目现金流还本付息部分的基金预算回流机制，切实保障将回流资金充实到专项债券偿债基金对应科目。鼓励发行 10 年期以上的长期专项债券，以更好匹配项目资金需求和期限。探索将专项债券项目获得的上级和本级财政补助资金中可以用于偿还专项债券的部分，纳入政府性基金预算偿债基金。

### （五）以“绿标”为抓手完善生态环保地方政府债券管理体系，推动生态环保地方政府债券规范化发展

一是规范生态环保地方政府债券指标体系，深入摸索、不断提炼完善生态环保地方政府债券指标，规范生态环保地方政府债券统计口径、明确生态环保地方政府债券发展方向。二是施行生态环保地方政府债券独立的第三方认证制度，发挥认证机构的专业能力，保障其绿色属性，从而为债券增信。着重培育专业化的绿色认证评级市场及评级机构，建立科学合理的生态环保地方政府债券评估指标体系。三是探索推行生态环保债券注册制，借鉴美国绿色市政债注册发行制，进一步规范发行流程、提高发行效率，更好地让市场在资源配置中发挥决定性的作用。

### （六）加强生态环保地方政府债券宣发力度，积极鼓励公众参与

一是丰富生态环保地方政府债券投资群体，逐步扩大地方债券投资主体，鼓励和引导商业银行、保险公司、基金公司、社会保险基金等机构投资者参与投资地方政府债券，进一步拓宽资金来源。二是合理确定生态环保地方政府债券柜台发售的定价机制，增强对个人投资者的吸引力。积极利用证券交易所提高非金融机构和个人投资生态环保地方政府债券的便利性，推出生态环保地方政府债券交易型开放式指数基金，通过“债券通”、QFII（国外专业投资机构到境内投资的资格认定制度）等途径，吸引境外投资者投资生态环保地方政府债券。三是探索生态环保地方政府债券购买与个人信用关联，将公众购买生态环保地方政府债券等绿色消费行为记入个人信用，借助信用中国等公共信用信息

征信平台，积极鼓励个人投资者将资金投向生态环保地方政府债券。四是提升公众对生态环保地方债券的认知，借鉴赣江新区绿色市政专项债券发行模式，突出“资源节约”和“低碳建设”的生态特色，将“绿色融资”概念融入公众生活，扩大有环保意识的投资群体的规模，既实现社会资本的正面引导作用，也使个人投资者在新的投资领域得到合理的投资回报，进一步推进社会绿色发展。

## 附件 1

四川省生态环保地方政府债券发行金额及比例

| 债券类型 | 领域 | 2020 年（1—3 月） | 2019 年 | 2018 年 |
| --- | --- | --- | --- | --- |
| 专项债券 | 生态环境专项债券发行金额/亿元 | 69.76 | 57.75 | 14.38 |
| | 占四川省发行债券合计数比例/% | 9.50 | 5.90 | 1.51 |
| 一般债券 | 生态环境专项债券发行金额/亿元 | 5.09 | 38.58 | 31.50 |
| | 占四川省发行债券合计数比例/% | 1.39 | 3.12 | 2.56 |
| 总债券 | 生态环境专项债券发行金额/亿元 | 74.85 | 96.34 | 45.88 |
| | 占四川省发行债券合计数比例/% | 6.81 | 4.35 | 2.10 |

数据来源：中国债券信息网。

## 附件 2

2018—2020 年 3 月四川生态环保债券项目涵盖要素发行统计　　单位：亿元

| 用途 | 2018 年 | 2019 年 | 2020 年 1—3 月 | 合计 | 占生态环境保护专项债比例 |
| --- | --- | --- | --- | --- | --- |
| 安全饮水 | — | — | 2.85 | 2.85 | 2.01% |
| 供排水项目 | — | 1.76 | — | 1.76 | 1.24% |
| 黑臭水体治理 | — | — | 1 | 1 | 0.70% |
| 水生态治理 | — | 7 | 11.83 | 18.83 | 13.27% |
| 污水处理 | 3 | 10.35 | 30.9 | 44.25 | 31.19% |
| 生态修复整治 | 4.53 | 22.89 | 19.75 | 47.17 | 33.24% |
| 固体废物危险废物治理 | — | 6.98 | 0.4 | 7.38 | 5.20% |
| 环保节能 | 0.83 | — | 2.4 | 3.23 | 2.28% |
| 农林建设 | — | — | 0.28 | 0.28 | 0.20% |
| 山林田湖 | — | — | 0.35 | 0.35 | 0.25% |
| 再融资债券 | 6.017 8 | 8.774 1 | — | 14.791 9 | 10.42% |
| 总计 | 8.36 | 48.98 | 69.76 | 141.891 9 | — |

## 附件 3

**2018—2020 年 3 月各市（州）生态环保专项债发行项目统计**

| 序号 | 城市 | 项目个数 | 金额/亿元 | 百分比/% |
|---|---|---|---|---|
| 1 | 成都 | 15 | 53.40 | 37.63 |
| 2 | 绵阳 | 10 | 10.57 | 7.45 |
| 3 | 遂宁 | 9 | 7.77 | 5.48 |
| 4 | 乐山 | 9 | 7.32 | 5.16 |
| 5 | 德阳 | 2 | 7.10 | 5.00 |
| 6 | 南充 | 6 | 6.60 | 4.65 |
| 7 | 达州 | 6 | 6.27 | 4.42 |
| 8 | 宜宾 | 9 | 6.24 | 4.40 |
| 9 | 眉山 | 4 | 4.50 | 3.17 |
| 10 | 泸州 | 4 | 3.83 | 2.70 |
| 11 | 攀枝花 | 3 | 2.65 | 1.87 |
| 12 | 雅安 | 5 | 2.47 | 1.74 |
| 13 | 资阳 | 5 | 2.07 | 1.46 |
| 14 | 内江 | 3 | 2.00 | 1.41 |
| 15 | 广安 | 4 | 2.00 | 1.41 |
| 16 | 自贡 | 2 | 1.61 | 1.13 |
| 17 | 广元 | 2 | 0.70 | 0.49 |
| 18 | 其他 | | 14.80 | 10.42 |
| 合计 | | 98 | 141.90 | |

注：1. 巴中市、凉山州、甘孜州及阿坝州未发行生态环保专项债。

2. “其他”指债券发行时未披露项目相关信息，无法归集于具体市（州）的债券。

## 附件 4

**2019—2020 年 3 月广东、河南、湖北、四川四省生态环保债券发行统计**

| 省份 | 类别 | 2019 年生态环保债发行金额/亿元 | 2019 年生态环保债比例/% | 2020 年 1—3 月生态环保债发行金额/亿元 | 2020 年 1—3 月生态环保债比例/% |
|---|---|---|---|---|---|
| 广东 | 专项 | 311.41 | 20.60 | 217.05 | 17.57 |
| | 一般 | 59.93 | 11.02 | 53.91 | 22.56 |
| | 合计 | 371.34 | 18.06 | 270.96 | 18.38 |
| 河南 | 专项 | 11.66 | 1.09 | 66.61 | 10.33 |
| | 一般 | 36.53 | 4.89 | 16.42 | 5.29 |
| | 合计 | 48.19 | 2.65 | 83.04 | 8.69 |
| 四川 | 专项 | 57.75 | 5.90 | 69.76 | 9.50 |
| | 一般 | 38.58 | 3.12 | 5.09 | 1.39 |
| | 合计 | 96.34 | 4.35 | 74.85 | 6.81 |
| 湖北 | 专项 | 31.80 | 3.26 | 32.08 | 28.39 |
| | 一般 | 76.54 | 7.56 | — | 0 |
| | 合计 | 108.34 | 5.45 | 32.08 | 9.27 |

# 全国各省（区、市）生态环境部门助推企业复工复产政策分析

**摘　要：**本文以官网政策筛选、信息检索、热点搜集等方式收集整理了国家和各省（区、市）落实企业复工复产和推动经济社会高质量发展的相关政策信息，全面梳理分析了国家各项要求以及地方在贯彻落实过程中的创新性举措，识别并整合出具有推广意义的政策措施，为各地助力企业复工复产推动经济高质量发展和生态环境高水平保护提供决策参考。

**关键词：**复工复产；生态环境；政策；措施

## 一、国家顶层设计+“四步走”，推动企业复工复产和经济社会发展

### （一）出台《关于构建现代环境治理体系的指导意见》，强化顶层设计

在助推经济高质量发展中，国家出台了《关于构建现代环境治理体系的指导意见》，对现代环境治理体系构建提出了系统性安排，有助于推动我国生态环境保护发生历史性、转折性、全局性变化。

现代环境治理体系体现了多元共治，明晰了政府、企业、公众等各类主体的权责，细化了对企业环境信息披露以及对社会监督、公众参与的要求，并对环保督察、排污许可、监测覆盖、三方治理等重点环保体制机制提出了深化要求，为构建党委领导、政府主导、企业主体、社会组织和公众共同参与的现代环境治理体系勾画了蓝图。

### （二）出台政策措施，探索复工复产新路子

在统筹推进疫情防控和经济社会发展工作中，生态环境部先后召开 8 次疫情应对工作领导小组会议，部署了疫情防控和服务经济社会发展的生态环保工作各项措施。出台了《关于做好新型冠状病毒感染肺炎疫情防控期间有关建设项目环境影响评价应急服务保障的通知》（环办环评函〔2020〕56 号）、《关于统筹做好疫情防控和经济社会发展生态环保工作的指导意见》（环综合〔2020〕13 号）等重要文件，在助推经济社会发展的环保工作重大举措上，明确提出了“四步走”要求。

一是落实“两个100%”，抓紧抓实抓细疫情防控生态环境保护工作。“两个100%”即对全国所有行政区域的医疗机构及设施的环境监管和服务100%全覆盖，医疗废物、医疗废水及时有效收集转运和处理处置100%全落实。医疗废物废水应收尽收和应处尽处，是防范化解环境风险的最基本保障。

二是建立“两个清单”，积极支持相关行业企业复工复产。建立环评审批和执法服务事项两个“正面清单”，这既是支撑打好疫情防控的人民战争、总体战、阻击战，落实中央保障经济社会平稳健康发展决策部署的现实需要，也是深化“放管服”改革，推进生态环境治理体系和治理能力现代化的客观需要。

三是突出精准治污、科学治污、依法治污“三个治污”，确保生态环境质量持续改善和环境安全。在全力做好疫情防控相关环保工作的同时，要有序推进污染防治攻坚战各项重点任务，突出抓好打赢蓝天、碧水和净土保卫战，做到疫情防控和污染防治“两不误”。

四是扛起主体责任，不折不扣抓好落实。统筹推进疫情防控和生态环境保护工作中，要持续强化环保铁军的作风和纪律建设，建立和保持良好的工作秩序，确保各项工作有序推进。

## 二、地方匠心出新招，进一步支持企业复工复产

全国共有18个省（区、市）针对服务企业复工复产，提出了细化措施，主要集中于精简审批流程、加强疫情防控环境监管、创新环保入企服务等方面。

### （一）主动靠前帮扶，做好复产复工前环保检查和环境风险防范

天津：按照“三个一批”原则推进项目开工实施，立即复工一批，对已列入复工计划的企业，协调指导企业落实疫情防控要求，加快推进治理工程进度；准备复工一批，根据辖区疫情防控进展，分区、分类筛选准备复工的治理工程，协助企业完善疫情防控措施，力争列入复工批次；技术储备一批，对于暂时不具备开工条件的，指导企业做好项目采购文件、审批要件、施工设计等前期准备工作，一旦时机成熟，立即启动实施。

重庆：在企业提交复产复工报备表的同时，指导企业开展环保设施自查，帮助企业保障环保设施与生产设施同步运行；指导化工企业、涉重金属企业、危险化学品、油气田、油库及输油管线等重点行业企业加强环境风险隐患排查，帮助重点行业企业及时整治隐患，确保环境安全。

湖北：向复工企业送达《复工复产企业环保提示函》，提醒企业做好疫情防控和安全生产，落实生态环境保护主体责任，完善突发环境事件防范措施，保障废水、废气及污染源自动监控设施稳定正常运行。

### （二）开设项目审批“绿色通道”，简化审批流程

湖南、河南等地：推行“互联网+政务服务”模式，优化审批流程，开辟绿色通道。运用线上 App 或政务服务平台对各类政务服务事项进行申报，实现所有事项“网上办”、随时随地“掌上办”、双向快递“邮寄办”、特殊情况“预约办”、全部流程“不见面”。对需要进行专家技术评审的项目线上组织生态环境部门、专家和企业网上连线，利用互联网会议平台，对企业申请的各类事项进行技术审查。

天津、山东等地：在“不见面审批”基础上，继续优化“绿色通道”，通过网站、微信公众号公布企业复工复产环保部门帮扶服务热线等方式，保障服务企业措施落地落实。

吉林：建立环评审批容缺容错办理机制，对环评审批申报材料存在非原则性问题、短期内能迅速补正的，可先行受理，由建设单位在技术评估、受理公示过程中补正。推行并联审批制度，取消所有审批前置条件，最大限度压缩审批时限。

### （三）细化“环境准入清单”，豁免防疫项目审批

河北、山西等地：建立环评审批正面清单制度，对民生类、社会事业与服务业等行业项目，不再填报环境影响登记表，豁免环评登记手续办理。实施环评告知承诺制审批改革试点，将环境影响总体可控、受疫情影响较大的行业，纳入环评告知承诺制审批改革试点范围。对符合要求的项目，环评审批部门立即受理，可不开展评估、审查，依法公示后印发批复文件。

黑龙江：凡属于疫情防控期间急需的医疗机构、卫生材料、物资生产、医药用品制造、研究试验等防疫建设项目，予以豁免审批、承诺备案。疫情防控期间，医疗机构需要增加的 X 射线影像诊断设备，在保障其使用场所满足辐射安全和防护相关要求的前提下，豁免办理环评和辐射安全许可手续。

云南：疫情期间，建设单位新建医疗废物处置主体设施及其配套污染治理设施全面建成后，经当地生态环境部门审核达到运营条件的，即可开展应急处置，疫情结束后再按程序核发医疗废物经营许可证；辐射安全许可证、危险废物经营许可证到期但尚未开展现场核查的，可以自动顺延，疫情结束后再进行现场核查，完成延续审批。

### （四）推进排污许可制度改革，推动“一证式”管理

山东：推动排污许可制度改革，对固定污染源实施“一证式”管理，构建了以排污许可制为核心的固定污染源监管制度体系，实现排污许可全覆盖。针对申领排污许可证和登记的排污单位，制作了培训视频“一分钟了解排污许可申请与登记”，详细讲解申领流程和注意事项，并通过微信公众号、电视栏目等途径进行发布，隔空手把手教企业填报申请表。

陕西：排污许可证申请全部通过“全国排污许可证管理信息平台”提交，并设立了排污许可政策咨询专线，对排污许可证申请材料全部实施网上审核，无须提供纸质资料，审核通过的先行发放电子版排污许可证。同步发布“疫情期间如何进行清理整顿和发证登记”“35个平台操作常见问题”“排污许可分类管理名录政策答疑”等指导基层发证，服务企业申领。

**（五）实施环境监督执法正面清单，创新生态环境差异化监管措施**

湖北：制定了疫情防控生态环境保护监督执法正面清单、重污染天气生态环境保护监督执法正面清单、日常生态环境保护监督执法正面清单，对纳入正面清单的企业或项目，尽量减少现场检查监督检查，但若正面清单内的企业涉嫌环境违法被曝光，发生安全生产事故引发次生环境灾害等，将重启现场检查，并将违法行为录入信用信息公示系统。

上海：制定了辐射监督执法正面清单，根据地方核技术利用单位特点、监督检查情况及年度辐射安全与防护评估情况，按照急事急办、特事特办的原则执行辐射监督执法正面清单制度。

广东：对五类企业实行一般不进行现场执法，具体包括：生产口罩、防护服等防疫物资的企业，供应水、电、气等保障民生的企业，污染少、吸纳就业能力强的企业，重大工程项目以及先进装备制造业。

**（六）包容审慎监管，注重监督执法温度**

广东：完善对环境违法的容错纠错机制，根据企业排污对环境影响的情况，对有主动消除或减轻环境违法行为危害后果的，配合生态环境部门查处环境违法行为有立功行为情形的，从轻或减轻处罚。同时，对有违法行为但没有造成环境污染后果，而且主动实施关停污染工序的，违法行为持续时间比较短、污染小等违法行为比较轻微，并且能够及时改正的，免予处罚。

黑龙江：以行政指导和服务为重点，引导企业诚信守法经营。对执法过程中发现的非主观故意违法或主动消除、减轻环境危害的，以帮扶整改为主，依据自由裁量有关规定，从轻、减轻或免予处罚。充分利用“互联网+监管”系统、在线监控、卫星遥感、无人机、大数据分析等科技手段，采取“非现场”监管、“零接触”执法、“信息化”调度等方式，进行远程“不打扰”执法监督。

**（七）优化技术服务，提高指导服务精度**

山西：设立省、市、县三级生态环境部门“环保服务日”，采用电话走访、网上交流和线上视频等形式加强对企业的沟通服务，开展“环保专家进企帮扶活动”，组建专家服务团队，点对点分类指导、精准服务，为企业复工复产高效提供环保技术支撑。

黑龙江：加强舆情应对和政策解读工作，做好疫情防控环境管理工作宣传，广而告之送企业、精准对接送企业，及时回应社会关切，消除公众疑虑，营造良好舆论氛围。

### （八）推动和配合落实相关政策，缓解企业资金困难

宁夏：环保专项资金优先安排受疫情影响较重的地区以及疫情防控重点领域；对受疫情影响延误工期的环境基础设施建设项目或环境治理工程，适当延长工期；对受疫情影响严重、生产经营困难且符合条件的复工复产企业，优先核准延期缴纳环境税；利用国家生态环境科技成果转化综合服务平台，做好环境污染治理方案和技术的需求方和供给方对接，为企业免费提供技术咨询服务。

云南：强化环保资金支持，对已经安排的污染防治资金，可根据疫情实际需求，在现有规定范围内做适当调整，以保障疫情防控经费需求。

黑龙江：纾解企事业单位实际困难，针对企事业单位因配合政府疫情防控而停工停产，导致经营困难、不能按时缴纳罚款的，可以不加处罚款，罚款可暂缓或分期缴纳。

浙江：加大排污权储备调配力度，优先解决重大产业项目和疫情防控重点企业主要污染物排放指标缺口问题，地方指标确有困难的，由省级储备指标帮助统筹解决。协调金融机构将受疫情影响严重、环保设施完善、无环保违法记录的企业，纳入绿色金融支持重点范围，加大环保融资支持力度。

### （九）创新保障措施，精准服务复工复产

广东：及时核查处理在线监控平台异常数据反映的问题，畅通信息沟通的渠道；及时调度医疗废物处置单位、接受定点医院污水的城镇污水处理厂治理设施运行情况。调整碳排放管理工作安排，根据实际情况酌情推迟企业碳排放信息报告、核查和配额清缴履约时间等。

河南：加强空气质量预测预报和预警工作，提前发布管控方案，及时指导企业采取应对措施，最大限度减少对企业复工复产的影响；加强空气和水质自动监测监控系统运维管理，及时向企业反馈主要污染物监测数据，提醒企业有针对性地做好环境风险管控工作。

江苏：在重污染天气应急管控期间，针对不同行业、不同企业的实际情况明确精准的管控要求。帮助企业制定“一厂一策”管控措施，避免出现所有涉气企业、不可中断工序全部临时关停等脱离实际的情况。

## 三、优化营商环境，推动经济高质量发展

各地在有序推动企业复工复产的进程中，继续牢固树立并坚决贯彻新发展理念，坚持方向不变、力度不减，立足优化企业营商环境为中心、服务环境高水平保护为大局，

以创新措施助推经济社会高质量跨越式发展。

### （一）清理规范法规政策规定，降低企业制度成本

江苏：一是清理规范性文件，修改、废止生态环境领域不利于公平竞争的市场准入政策措施；二是完善标准制度，制定出台化工企业关停整治标准、“散乱污”企业及集群认定与整治规范等制度标准，建立健全支持民营企业绿色发展工作机制和政策措施；三是保持政策连续稳定，在制定出台生态环境政策法规标准时，充分听取企业和行业协会商会的意见建议，避免频繁变动导致企业反复整改、无谓投资，加强合法性和公平性审核；四是注重新旧标准衔接，在生态环境保护标准实施过程中，根据实际情况设置合理的过渡期，为企业产品与工艺升级和治污设施改造预留足够时间。

江西：一是清理规范性文件，对与法律法规以及“放管服”精神不符、发布程序不规范的予以废止或修改完善；二是清理地方标准、技术导则、技术规范，对与国家有关规定不符或“环保要求过度”的予以废止或修改完善；三是清理强制监测项目和监测内容，对不符合国家政策要求或保护作用不大且加重企业负担的予以废止或修改完善。

### （二）推行“三线一单”结果应用，发挥规划环评宏观管理作用

吉林：制定科学合理的生态环境管控分区和“管用”“好用”生态环境准入清单，推进“三线一单”成果落地应用，充分发挥其在政府综合决策和生态环境管理中的作用，为区域开发、资源利用、城乡建设、空间规划和产业准入提供依据，加强区域环评对规划环评、项目环评工作的支撑，形成“区域环评—规划环评—项目环评”的联动管理体系。

广东：强化“三线一单”的总体空间管控，优化区域规划环评作用，简化具体项目环评管理，将环评制度与排污许可制度有效衔接，构建固定污染源环境管理体系。

### （三）优化环境管理制度，推动“放管服”改革

吉林：一是持续优化环评审批分级管理，完善市级授权县级生态环境部门行使审批权管理模式，下放环境影响小的建设项目审批权限，上收环境风险较大的建设项目审批权限。二是强化环评事中、事后监管，重点行业重点企业推行环境影响后评价，研究制定环境影响后评价技术规范；规范企业自主验收行为，强化企业主体责任，指导企业将环评的刚性约束从外部监管内化为企业自觉，构建起源头严防、过程严管、后果严惩的制度体系。

江西：一是推进环评登记表备案制，研究出台新的一批不纳入建设项目环评管理目录；实行环评审批、总量核定、排污口设置审批等一次申请；实行固体废物污染防治设施与其他环保设施企业自主验收制度，实现建设项目环保设施“只验一次”。二是完善总量控制制度，打破以市县为调控单元的管理模式，实行市县调控与全省统筹相结合，

推动总量指标向发展效益好的地区、领域和企业流动，优先保障省重点项目总量需求，对占而未用的总量指标予以收回。三是深化监管体制机制改革，推进生态环境保护综合行政执法改革，整合生态环境领域执法职责和执法队伍，推进生态环境监管制度改革。

广东：赋予广州、深圳以及改革试验区省级审批权限，进一步支持粤港澳大湾区的先行先试，优化区域规划环评机制，强化对园区规划环评的管控要求和准入要求。

### （四）推行信用监管，引导企业诚信守法

江苏：一是信守政府承诺，对列入《环保信任企业名单》和豁免范围的企业实施差异化监管，对守法记录良好且无环境信访投诉的企业除“双随机”检查之外当年不再进行现场检查。二是抓好信用评价和守信培育，细化完善企业环保信用评价指标体系，调整优化计分标准，确保评价指标更加科学合理，扶持更多的优秀企业进入环保先进行列。

浙江：完善排污单位环境信用动态评价，构建以环境信用评级为基础的分级分类差别化双随机监管模式，推进环境信用信息共享和联合奖惩应用。

### （五）依法规范执法，保障企业合法权利

江苏：一是明确执法权力边界，发布全省生态环境保护综合行政执法权力清单，全面推行规范化执法“543”工作法，统一完善全省行政处罚自由裁量基准，规范各级行政检查、行政处罚、行政强制行为。二是常态化落实“双随机、一公开”，合理设置重点执法检查对象和“双随机”抽查比例，及时公开抽查情况和抽查结果；探索建立政府部门间“随机联查”制度，避免重复检查和过多的分散检查。三是严格执行执法三项制度，在查处环境违法行为时，严格执行生态环境保护行政执法公示制度、执法全过程记录制度、重大执法决定法制审核制度，做到移动执法系统覆盖和执法记录仪联网使用两个100%。四是慎重采用强制措施，需要实施查封、扣押的，应当书面报经生态环境部门主要负责人批准，其中涉及全流程工业企业等案情重大的，还要经案审会审议决定；企业为改善环境，依照有关规定或按政府部署实施转产、搬迁、关闭的，应当予以支持，并协调政府及相关部门对符合政策法规条件的依法予以必要的经济补偿。五是规范功能区划定与执法，严格落实既依法依规又科学合理的原则，防止工作单一化、简单化，避免合法合规企业不必要的关停或者搬迁；严禁擅自扩大畜禽养殖禁养区，生猪禁养区划定方案不得作为禁止养殖强制性措施的依据。

黑龙江：坚决禁止环保“一刀切”，严禁通过“发通知、打招呼”等形式搞命令式停工、停产、停业，坚决制止方法简单粗暴的执法行为。对具有合法手续且符合生态环境保护要求的企业，不得采取集中停产整治措施；对具有合法手续，但没有达到生态环境保护要求的企业，依法依规查处，慎用行政强制措施；对污染严重、治理无望、拒不整改的企业依法予以关停。

### （六）提升政务服务，优化后勤保障

江西：编制政务服务指南，公布相关办事事项规定要求、需提供的材料、办理程序、办理时限、联系方式等，公开生态环境监测数据。推进“一次不跑、只跑一次”改革，利用“赣服通”等“互联网+政务服务平台”，推行“不见面”环保服务。建立与企业沟通联络机制，设立全省生态环境系统服务企业接待日，面对面为企业解决问题。

黑龙江：充分利用全省一体化在线政务服务平台和“全省事”App，提标打造“最多跑一次”升级版，梳理公布“办好一件事”事项清单，统一省、市、县三级工作标准、流程，实现一件事一次办，没有现场核查、听证论证等环节的政务服务事项实现“一次不用跑”。

### （七）推动企业转型升级，支持环保产业绿色发展

江西：充分发挥环保倒逼机制作用，促使规模小、能耗高、污染重、安全风险大的企业转型升级或退出。大力支持绿色和环保产业发展，在环评审批、总量配置、资金政策等方面给予倾斜支持。推行污染防治项目“以奖代补”，鼓励各地积极补齐生态环境保护短板。

陕西：引导支持行业协会创新开展绿色发展评价活动，定期发布全省重点行业绿色发展排行榜，对重点行业工业企业进行绩效分级，实施差异化管控，绿色排行榜靠前、评为绿色引领企业，优先享受管控豁免，最大限度减少重污染天气管控对企业正常生产经营的影响。

### （八）提高第三方技术单位服务水平，提升市场活力

江西：充分发挥市场机制作用解决环境治理和生态保护事务，大力培育环境治理和生态保护市场主体，推广环保管家、环境顾问、第三方治理、第三方监测、第三方运维等新型服务模式。研究制定生态环境中介机构管理制度，加强引导监督，规范服务行为，提高服务质量，推动环保中介市场规范、高效发展。

吉林：建立环评文件编制单位信用评价体系，强化环评文件质量考核，将考核结果纳入环境影响评价信用管理平台。充分利用大数据平台，推行环境质量监测数据等环评文件编制基础材料共享互通。推动第三方技术单位加强能力建设，提升技术水平，将环评工程师业绩纳入诚信管理。鼓励技术咨询单位开展“环保管家”式项目全周期、全链条技术服务。

浙江：加强生态环境第三方治理服务机构规范化管理，建立健全诚信体系，对在疫情防控中主动作为、作出贡献的第三方机构予以表扬，并在相关考核评价中予以适当加分。

## 四、提高四川省审批效能，服务实体经济、激发地方高质量发展

新冠疫情发生以来，四川省生态环境部门认真贯彻落实省委、省政府系列决策部署，坚持“一手抓疫情防控，一手抓复工复产”，努力做到防控复工“两不误”，在国内率先推出环评“预审制”、局部调整下放白酒酿造项目环评审批权限等创新举措，进一步加快重大项目环评审批进度，做好重大建设项目环评审批服务，有力促进复工复产，服务和推动高质量发展。

### （一）创新环评预审制度，优化审批服务

一是开设审批“绿色通道”，对国家和省重点项目环评试行“预审制”，利用“三线一单”技术手段辅助科学研判，将环评服务关口前移，推进项目开工前其他工作同步推进。二是对重点项目实行“清单制+责任制”调度，对纳入省重点项目清单的项目，专人专班、提前介入、全程跟进做好联络服务，及时研判和协调解决有关问题，推动项目尽快完成审批。三是加强规划环评与项目环评联动，对符合规划环评环境管控要求和生态环境准入清单的具体建设项目，简化项目环评。四是推行“三线一单”智能辅助决策应用服务，通过“三线一单”数据系统平台，为环评编制、预审、审批提供快速有效的大数据支撑。

### （二）加强技术指导，强化专家咨询服务

一是提供技术服务，压缩环评编制时间，通过共享“三线一单”数据系统，优化编制建设项目环评审批程序，加强编制单位技术培训，完善激励约束机制，进一步压缩环评编制时间。二是推动专家咨询指导，强化技术支撑，建立完善专家考评制度，发挥专家预审机制，采用多种形式开展专家轮流定期定向服务，力争把重点项目存在的矛盾和问题解决在前端。

### （三）下放审批项目，形成地方环评审批样板

一是探索“放管服”改革，强化环评事中事后监管，编制重点行业环评审批要点，开展环评调研督导和地方审批的环评文件抽查复核，指导地方环评审批科学化、规范化、标准化发展。二是下放白酒项目环评审批权限，指导成都、德阳、泸州和宜宾市依法依规开展审批，鼓励地方形成特色行业环评审批样板。

### （四）执行“两个清单”，简化审批优化监管

一是实施环评审批正面清单，实行建设项目环评豁免管理一批、承诺审批一批、加快推进一批“三个一批”分类管理。二是实施监督执法正面清单，实现优化现场执法检

查、优化“双随机、一公开”日常监管、优化环境行政处罚的“三个优化”执法监管。

**（五）成都等地出新招，保障经济平稳运行**

一是实行“首席服务制”及时解决企业难题，对重点项目实行“首席服务制”，全面协调解决企业生产经营中遇到的困难和问题，“一对一”精准化全力保障民营企业有序复产。二是推行云端服务提升服务效率，开通“服务企业”专栏，企业通过微信即可对最新环保政策、当前环保设施运行、污染物排放等情况进行在线咨询问诊和自查上报，让企业少跑路，有效减轻企业负担。

# 关于在成渝地区双城经济圈建设进程中加强生态环境领域协同立法的建议

**摘　要**：2020 年 1 月 3 日，中央财经委员会第六次会议召开，根据会议精神，推动成渝地区双城经济圈建设，要加强生态环境保护，助推高质量发展，支撑成渝地区双城经济圈在西部形成高质量发展的重要增长极。7 月 23 日，四川、重庆两省（市）人大常委会签订《关于协同助力成渝地区双城经济圈建设的合作协议》，明确将开展协同立法。成渝地区双城经济圈经济高质量发展和生态环境高水平保护需要良好法治保障，而加强区域间协同立法是其中重要环节。参照国内其他区域协同立法特别是开展生态环境领域保护协同立法的实践经验，立足成渝地区双城经济圈生态环境保护实际，从确立协同立法工作方案、探索重点领域协同立法以及当前重点任务等视角，对加强生态环境领域协同立法提出相关建议。

**关键词**：成渝双城经济圈；生态环境；协同立法

## 一、成渝地区双城经济圈生态环境领域协同立法的背景

中央对成渝地区双城经济圈建设提出“一极两中心两地”目标地位，加强生态环境保护是建设高品质生活宜居地的重要内容，这对在成渝地区双城经济圈建设进程中加强生态环境领域协同立法提出了新的更高要求。总体来看，生态环境领域协同立法具备了“天时”“地利”“人和”。

### （一）“天时”——政策和法律的顶层支持

一是中央以及川渝两地出台的相关政策为协同立法提供了现实基础与发展方向。2011 年国务院批复实施《成渝经济区区域规划》，2016 年国务院正式批准《成渝城市群发展规划》，提出要建立生态环境联防联控联治机制。2018 年，四川省和重庆市签署《深化川渝合作深入推动长江经济带发展行动计划》及 12 个专项合作协议，要求推动生态环境联防联控联治。2018 年重庆市人民政府、四川省人民政府联合发布《深化川渝合作 深入推动长江经济带发展行动计划（2018—2022 年）》，要求加强川渝地区跨界河流联防联控联治，加强大气污染联防联控。2019 年，川渝签署《深化川渝合作推进成渝城市群

一体化发展重点工作方案》重要文件及16个专项合作协议，明确深化重点行业和领域合作。二是法律授权地方性立法，支持生态环境协同治理。《中华人民共和国宪法》《中华人民共和国立法法》等上位法对地方性法规和规章均进行了授权，《中华人民共和国环境保护法》第二十条规定，国家建立跨行政区域的重点区域、流域环境污染和生态破坏联合防治协调机制，有关地方人民政府协商解决跨行政区域的环境污染和生态破坏的防治。近年来，川渝两地也陆续制定修改了一批生态环境领域的地方性法规，对协同治理作出了规定，为生态环境领域协同立法打下了较好基础。特别是在中央将成渝地区双城经济圈建设上升为国家战略的背景下，为川渝两地加强生态环境领域协同立法、共同创造高品质生活提供了重大战略机遇。

### （二）“地利”——成渝地区双城经济圈建设的现实需求

在双城经济圈建设进程中，良好的法治环境不可或缺，而加强区域协同立法是一体化优化区域法治环境的重要环节。川渝地区作为我国的战略后方和经济腹地，是西部人口最为稠密、产业最为集中、城镇密度最高的区域，但也面临着现有行政管理手段与区域规划难以解决的区域生态环境协同治理问题，如区域治理与行政区行政矛盾，迫切需要通过完善立法以理顺行政管理手段。从立法主体上看，川渝地区存在多个不同层次的立法主体，除四川省、重庆市作为省级行政主体外，四川省内市级行政主体具有立法权，立法主体繁多，立法数量大。这种因地制宜的地方性立法虽然可以满足不同地区需求，但在一定程度上也造成了立法的分散化与碎片化，实践中“同错不同罚”标准不一的情形较为突出，也成为阻碍成渝地区双城经济圈建设良好法治环境的桎梏。迫切需要通过协同立法，以降低立法成本、减少立法冲突、理顺区域法律体系，消除地方间的行政壁垒，进而形成相对统一和谐的一体化区域法治环境，并最终助推成渝地区双城经济圈建设这一重大国家战略的有效落实。

### （三）“人和”——川渝两地人大协作配合的工作动向

川渝两地历史同脉、文化同源、地理同域、经济同体、人缘相亲，友好往来源远流长。在成渝地区双城经济圈建设上升为国家战略后，川渝两地人大已就协同立法达成高度共识，积极探索协同立法工作机制，在理论与实践的结合上力求有所创新，取得了初步成果，在一些方面有了实质性突破。2020年6月，四川省人大常委会与重庆市人大常委会就《关于成渝地区双城经济圈建设协同立法工作方案》达成初步意向。根据工作方案，双方将在重点领域进行协同立法，制定出台两省市人大常委会协同立法联席会议制度和两省市人大常委会法制工作机构联系制度，形成以“一个协议、两项制度”为主要内容的协同立法构架。7月23日，四川、重庆两地人大常委会签署《四川省人大常委会重庆市人大常委会关于协同助力成渝地区双城经济圈建设的合作协议》，明确双方将加强协同立法，本着“立法项目协商确定，立法文本协商起草，立法程序同步推进，立法成果共同运用，法规实施联动监督”的精神，规范和固化了常委会定期会商、秘书长沟通协商、专委会专项工作交流和市（州）区县人大常委会工作对接“四层”合作机制。

## 二、国内其他跨省区域生态环境领域协同立法的实践经验

我国东北三省、环渤海区域、长三角区域、京津冀地区、酉水河流域等跨省区域均已在生态环境领域开展了不同程度的协同立法，为成渝地区双城经济圈开展协同立法提供了实践经验，主要做法包括：

### （一）以签订框架协议为基础，注重搭建协同立法的制度构架

签订框架协议标志着协同立法制度构架初步形成。东北三省于 2006 年共同制定签署了《东北三省政府立法协作框架协议》，约定东北三省政府立法合作针对不同的事项分为紧密型协作、半紧密型协作、分散型协作三种方式。环渤海区域五地政府于 2009 年共同签署《环渤海区域政府法制工作交流协作框架协议》，约定就区域内重大、热点、难点问题展开研讨，协调具有共性的重大法律问题，逐步清理阻碍区域共同发展的法规规章和规范性文件。京津冀地区于 2015 年对《京津冀政府法制工作区域合作协议（征求意见稿）》进行研究，确定在大气污染防治、水污染防治等六大领域加强政府立法区域协作。同年，通过了《关于加强京津冀人大协同立法的若干意见》，提出构建与协同发展相互适应、相互支撑、相互促进的立法工作协同机制。

### （二）以法规的协调性和一致性为导向，注重确定协同立法的工作方案

工作方案标志着协同立法基本模式的确定。从各地实践来看，协同立法分为专章协同和整个文本协同两种模式。京津冀地区实现了从专章协同到整个文本协同的模式转变。2014—2016 年，京津冀三地陆续出台了《大气污染防治条例》，专章规定了大气污染共同防治或联合防治。2020 年，三地分别制定了《机动车和非道路移动机械排放污染防治条例》，于 5 月 1 日同时实施，在核心条例、基本标准、关键举措等规定上保持了一致，实现了“一个文本，三家通过”。而其他区域均为专章协同模式。长三角区域强调协调互补，即共同协商确定一个示范性的条款文本，具体到本地立法的表述时可有个性化差异，形成不同版本的立法文件，由各地人大常委会分别审议通过，在本行政区域内施行。2014—2015 年，上海、安徽、江苏、浙江分别通过了各省（市）的《大气污染防治条例》，以专章的方式规定了区域大气污染防治协作的主要内容，酉水河流域突出跨行政区域协调保护机制的建立。湖北省恩施州与湖南省湘西州通过统一立法时间表，协商立法草案，形成区域立法文本，分别提交审议、批准，并分别于 2016 年和 2017 年公布了各自州的《酉水河保护条例》。

### （三）以区域经济社会发展状况为依托，注重发挥协同立法的“排头兵”作用

区域协同立法的内容、进程与区域内部各地经济社会发展密切相关。从各地实践来看，往往存在一个“排头兵”，积极推动区域立法进程。环渤海区域的协同立法由北京市政府法制办发起，推动五地政府共同签署框架协议。长三角区域协同立法由上海市人大常委会组织推动，带头组建了长三角区域大气污染防治协作小组。京津冀地区协同立法成果有赖于国家层面的组织和参与，成立京津冀协同发展领导小组、专家咨询委员会以及京津冀协同发展领导小组办公室，国务院各部委对京津冀的生态环保等多个领域制定了规范性文件。酉水河流域由恩施州来凤县人大常委会率先提出协作立法共护“母亲河”的动议，得到了湘西州龙山县方面的积极响应，推动了后续协同立法的工作进程。

### （四）以完善协同立法体制机制为目标，注重加强立法进程中的沟通交流

沟通交流的加强标志着协同立法体制机制的进一步完善。从近年来的立法实践来看，区域协同立法的体制机制建设主要包括立法规划计划协同、起草工作协同、立法工作推进协同、立法成果共享等方面。长三角区域自 2014 年起，每年召开一次立法协作会议，三省一市轮流承办。在历年会议上讨论每年立法工作进程，并形成了多个立法文件。京津冀地区从 2015 年起，先后召开 5 次立法协同座谈会，制定了协同立法工作流程，对立法规划，立法内容，地方性法规的立、改、废、释，备案审查和立法后评估等区域立法协作进行了较为具体的规定。酉水河流域建立了明确的联席会议制度，将会议成果以会议纪要的形式呈现。恩施州、湘西州均将《酉水河保护条例》列入年度立法计划，讨论完善了酉水河保护合作立法工作方案以及条例草案。

### （五）以开展特定领域立法为重点，注重以“小切口”打开协同立法“大局面”

区域协同立法往往针对重点领域进行专门立法，结合区域实际，选取各个区域共存的立法空间“小切口”，最终实现协同立法。长三角区域以 2014 年 2 月国务院常务会议上的研究部署为契机，响应在大气污染防治上要下大力、出真招、见实效，努力实现重点区域空气质量逐步好转，消除人民群众“心肺之患”，在大气污染防治领域进行了专门立法。京津冀地区围绕京津冀协同发展要求选取立法项目，生态环境作为率先突破的三个重点领域之一，带动其他领域协同立法稳步推进，发挥立法的引领和推动作用。在生态环境领域，就大气污染防治、水污染防治、机动车和非道路移动机械排放污染防治等进行协同立法。酉水河流域专门针对河流治理立法，恩施州和湘西州两地的保护条例都在开篇即强调建立跨行政区域协调保护制度，防治酉水河流域污染。

## 三、加强成渝地区双城经济圈生态环境领域协同立法的建议

目前，川渝两地协同立法虽已起步，但与推进成渝地区双城经济圈建设的内在要求和进程相比还相对滞后。接下来，需进一步整合区域立法资源优势，加快推动协同立法进程，特别是生态环境领域的协同立法，以增强地方立法总体实效，助力成渝地区双城经济圈建设。

### （一）凝聚共识：商定协同立法工作方案

一是制订协同立法计划。通过选取主题相同或相近的项目进行协同立法，制订协同立法计划，对共同关注的重点立法项目、关联度高的立法项目，要尽可能同步安排在立法计划中。立法计划要充分考虑成渝地区双城经济圈协同发展的需要，吸收各方意见，使协同立法计划既能满足实际需求，也能最大限度地发挥两地在立法资源和制度规范方面的协同推进优势。

二是进行协同立法起草。可以采取联合起草立法文本、协同修改或者双方商定基本原则后分别起草立法文本的方式。对于相同主题的立法项目，在工作进度上应注重尽可能同步推进，在制度规范上增强一致性、协同性和融合性。

三是开展协同立法调研。针对立法过程中涉及的难点、重点和焦点问题，可以进行同步调研、同步论证、同步修改；也可以分别调研，通过定期通报、阶段汇总等方式，共享调研成果，对问题进行联合攻关。

四是征集协同立法意见。在协同立法过程中要注重征求其他利益相关方的意见建议。被征求意见方应当积极回应，征求方需对意见认真研究、及时回复，在事关区域协调发展的重要条款上尽可能协调一致，避免出现法律冲突。

五是审议协同立法成果。在协同立法中，各地人大分别审议、出台立法成果，并按照《中华人民共和国立法法》规定，将地方性法规报全国人民代表大会常务委员会和国务院备案。各地共同推进协同立法成果的落实。

### （二）立足实际：明确协同立法重点领域

结合成渝地区双城经济圈的地理位置以及相关政策和法律要求，可明确四个方面的重点领域开展协同立法：

一是推动流域水生态环境领域协同立法。推动跨界河流联防联控联治，完善川渝地区跨界河流水体监测网络建设，建立监测信息共享机制；探索开展跨界河流联合巡查制度，对边界突发环境事件进行联合处置等。

二是推动大气污染防治领域协同立法。机动车和非道路移动机械排放污染防治、扬尘污染防治、重污染天气应对等问题是目前大气污染防治重点，可以考虑在上述具体领

域开展协同立法，缓解大气污染防治压力。

三是推动固体废物处置协同立法。修订后的《中华人民共和国固体废物污染环境防治法》完善了危险废物污染环境防治制度，危险废物管理是固体废物管理的重中之重。协同立法可以着眼于危险废物跨省、市转移，日常环境联合监管等方面，降低环境安全风险。

四是推动放射源安全监管领域协同立法。辐射安全是生态环境保护的重要领域，协同立法可以通过共同管控、共同查处、加强交流等方式努力确保川渝两地辐射环境安全。

### （三）聚焦重点：积极推动嘉陵江流域协同立法

嘉陵江一路流经陕西、甘肃、四川，在重庆汇入长江，是长江上游重要的生态屏障和水源涵养地，目前四川正在开展嘉陵江流域水生态环境保护立法工作，鉴于嘉陵江流域对四川和重庆的特殊重要性，可以作为川渝加强协同立法的重点工作予以推进。在协同立法过程中需要注重把握好“五个协同”：

一是机构协同。两地可以通过建立联席会议、签订协议等方式统筹协调嘉陵江流域保护的重大事项，推动流域保护的跨行政区域合作。

二是监测协同。建立健全嘉陵江流域水生态环境保护联合协调机制，推动水环境质量监测和预警工作协同，共享监测数据，及时上报异常情况。

三是执法协同。根据嘉陵江流域生态环境保护需要，推动开展联合检查、联合执法工作，协调解决跨省级行政区域水污染纠纷。可以根据需要组成联合检查组，开展专项检查，预防跨界水污染事故，相互通报界内河流水污染检查整改情况。

四是应急协同。推动建立突发事件应急准备、应急处置、事后恢复协同机制。根据需要，可以就事前异常情况开展联合会商，及时发布预警；出现突发环境事件可能涉及相邻行政区域的，依法及时通报，协同采取措施控制污染；对突发环境事件造成的损失进行评估、制定环境恢复工作方案等，共同推动环境恢复工作。

五是司法协同。引导嘉陵江流域内司法机关开展流域水生态环境保护司法协作，实现案件线索信息共享，鼓励开展协助办案、联合专项行动等，推动流域水生态环境保护司法联动。

### （四）纵深推进：从协同立法到共同立法

随着成渝地区双城经济圈建设进程的不断加快，区域协同立法应逐步实现由协同立法到共同立法的转变。在这个过程中需要把握“变”与“不变”。

一是立法程序不变。协同立法与共同立法均由各地人大常委会各自审议并出台立法。

二是保留地方特色。共同立法并非所有条款必须完全相同，各地仍可以根据本行政区域内发展实际制定其特色内容。

三是内容实质改变。区别于协同立法仅就协同条款达成一致，共同立法需就整个法律文本尽最大限度做到协同一致，主要体现在立法体例的统一；法律文本应在章节数量、内容、顺序方面保持一致；立法目的、适用范围、基本原则、基本概念等核心条款，制度设计等关键举措，以及法律责任等基本标准要保持一致。同时，高度重视区域联动和信息共享，进一步提升协同立法和信息共享机制的针对性和实效性，推动区域协同治理取得实际成果，真正实现“一个法律文本管两地”。

# 关于完善四川省绿色金融体系的建议

**摘　要**：随着社会的进步，金融业与生态环境保护的关系日渐密切。自然资源与经济增长、生态环境问题与经济增长、环境问题与资金投入、金融与生态环境问题，已经成为全社会关注的焦点。本研究旨在分析四川省绿色金融在实践过程中的现状，总结先进地区经验，从完善绿色金融“管理体系、市场体系、政策体系、社会责任体系”四个方面提出意见建议，以期引导投资结构调整，推动经济转型升级，支持和促进生态文明建设。

**关键词**：金融业；绿色金融；环境问题；生态文明建设

绿色金融逐渐成为推动经济绿色发展的关键力量。近年来，四川贯彻落实国家绿色金融体系建设要求，积极构建绿色金融体系，通过金融组织、融资模式、服务方式和管理制度等创新，大力支持环保产业、新能源产业等新兴产业发展，但仍然存在绿色信贷产品覆盖范围不广，绿色债券、绿色基金等绿色金融产品发展相对滞后等问题。本文在借鉴国内外先进经验的基础上，根据四川省绿色金融实践情况，从完善四川省绿色金融体系的角度提出意见建议，助力美丽四川建设。

## 一、四川省绿色金融实践

### （一）绿色金融政策框架体系逐步建立

四川省贯彻落实国家《关于构建绿色金融体系的指导意见》等文件要求，以省委决定的形式印发《关于推进绿色发展建设美丽四川的决定》，强调“要探索构建绿色金融体系，完善绿色信贷制度，设立绿色发展基金，扩大绿色金融业务，支持企业发行绿色债券”。以规划的长远视角编制《四川省绿色金融发展规划》，推动各市（州）开展绿色金融示范区建设，鼓励结合地方产业发展规划，探索开展绿色网点、绿色产业园区等绿色金融创新。截至 2019 年，成都市、泸州市、遂宁市等 17 个地级市发布绿色金融综合性指导意见，成都市新都区、泸县、蓬溪县等 7 个绿色金融试验地区、县级单位发布了绿色金融综合性指导文件，绿色金融政策自上而下交相辉映。

### （二）绿色金融市场体系逐步完善

一是绿色债券发展迅速。绿色债券在构建绿色金融体系中占有重要地位，随着绿色债券市场制度体系进一步完善、财政激励政策不断落地，省内企业环保意识和绿色投资理念不断提升，绿色债券市场得以快速发展。2017 年以来，四川省各发债主体委托联合资信评估有限公司为绿色中期票据“19 蓉城轨交 GN001”“20 蓉城轨交 GN001”、绿色企业债券“20 遂宁绿色债”、兴蓉绿色债等绿色债券进行信用评估，并成功发债。2019 年发行期数和发行规模（15 期、187.30 亿元）较上年（7 期、60 亿元）分别增长 1.14% 和 2.12%。2019 年，除资产支持证券外，四川省新发绿色债券共涉及 6 家发行人，四川省绿色债券市场参与主体不断增多。二是绿色信贷管理政策框架和制度基本形成。近年来，中国人民银行成都分行、银监局四川分局、四川省生态环境厅等部门先后出台了《四川银行业支持建设美丽四川推进绿色信贷工作措施》《关于落实环保政策法规防范信贷风险的意见》等政策，以支持绿色信贷的发展。绿色信贷贴息、再贷款定向支持目录、绿色信贷业绩纳入 MPA 考核等激励政策不断完善，从各市（州）近年的绿色信贷投放规模来看，信贷投放总额总体呈现稳步增长趋势，在各项贷款中的占比基本持平在 25%左右。如交通银行四川分行成立了由分行“一把手”挂帅的绿色信贷工作协调领导小组，明确了四川分行绿色信贷的重点支持方向和领域，实行有差别、动态化的授信政策。三是碳交易市场发展已先行。2016 年 12 月，四川联合环境交易所成功获得国家碳交易机构备案，四川成为继七个碳排放权交易试点地区之后，全国非试点地区首个拥有国家备案的地区。2020 年 3 月，成都市人民政府印发《关于构建“碳惠天府”机制的实施意见》，明确了构建制度标准体系、健全运营模式、构建碳减排量交易体系等重点任务。构建了“碳惠天府”机制，对低碳行为实施积分奖励，对塑造城市绿色低碳新特质具有重要现实意义。

### （三）绿色投融资管理体系建设初显成效

目前，四川省已经建立了以《绿色信贷指引》为核心、绿色信贷统计制度和绿色信贷评价制度为基石的较为完整的绿色信贷政策框架体系。中国人民银行广元中心支行制定了《绿色信贷业绩评估办法》，在全国首创绿色信贷指标交易制度，并通过再贷款、宏观审慎评估等货币政策工具，引导金融资源有效流向绿色领域。2019 年，中国人民银行成都分行推出试验区绿色债券创新制度，不断推动绿色债券制度深化发展，试验区绿色债务融资工具制度创新突破。

通过实践，绿色金融为生态环境治理提供了有力支撑，1—8 月，全省 87 个国考断面水质优良比例达到 96.6%，同比上升 4.6 个百分点，劣Ⅴ类断面全面消除；全省优良天数比例为 89.7%，同比上升 2.2 个百分点，空气质量呈持续改善势头。但当前经济下行压力持续加大，政府财政收支矛盾明显，四川省局部生态环境问题依然突出，生态环境治理资金需求极大。据预测，全国绿色产业每年至少需要 2 万亿元的投资，但政府出资占比仅能达到 10%～15%，剩余的绿色资金需要由其他资本注入。如何通过市场化手段，吸引社会资本进入环保市场是大势所趋。完善的绿色金融体系，使得政府能够通过绿色信贷、绿色贴息等差别化的货币金融政策，有效动员资金集聚并形成绿色投资[1]，有助于优化四川绿色金融发展模式、促进经济结构调整、引导产业绿色转型。完善绿色金融体系为建设高品质生活宜居地提供“绿色投资”支撑是当前重大课题。

## 二、国内外典型经验借鉴

### （一）欧盟模式

西方国家由于较早地面临工业化发展而产生的生态环境污染问题，其在绿色金融体制机制建设、政策制定和产品创新方面已探索出成熟的路径。欧盟绿色金融发展路径主要有以下两种：一是通过建立银行等政策性金融机构，引导社会资本流向节能环保产业。2012 年，英国设立首家“绿色投资银行”，并将业务限定在海上风电等四个领域中具有商业价值的绿色基础设施项目。英国绿色投资银行对节能领域的项目实施贴息或免息贷款，每年向低碳和可再生能源项目投资 8 亿英镑，目前已为 100 个可持续项目提供资金支持，通过吸引私人投资进入绿色产业领域，有效解决了绿色基础设施项目建设中的市场失灵问题。二是创新绿色金融产品支持绿色产业发展[2]。欧盟于 2004 年颁布并实施《欧盟环境责任条令》，为正式引入强制环境责任保险制度奠定了法律基础。德国采取强制责任保险与财务保证或担保相结合的制度，对部分设施实施强制环境责任，要求国内相关工商企业提供环境风险担保，以环境责任保险为主，环境治理保险为辅的资金保障方式，确保环境侵权受害人的损失能够得到及时、合理的赔偿。在碳交易方面[3]，欧盟碳排放交易体系基于成员国间共同但有差异的分摊原则，采用“限额与交易”模式逐步推进实施碳排放交易，通过市场机制促进企业实现节能降耗减排；同时，建立了一套严格的履约、注册、监测报告与核查制度，通过经济惩罚督促成员国和企业履约。欧盟碳排放交易体系现已成为世界上占比最大的区域碳市场，占据全球碳市场交易额一半以上[4]。

### （二）粤港澳大湾区经验

粤港澳大湾区作为我国经济增长最具活力、环境质量改善最快的区域之一，其开放的制度环境、良好的金融创新土壤、成熟的资本市场及完善的产业体系为发展绿色金融提供了广阔空间。粤港澳大湾区绿色金融发展路径主要有以下三种：一是大湾区各中心城市根据其区位差异进行规划，在绿色金融领域形成不同发展特色。香港依托其国际金融中心地位，引领全球绿色债券发行，建设国际认可的绿色债券认证机构；广州作为绿色金融改革创新试验区，致力提升绿色金融产品种类及规模，已发展成为绿色信贷的绝对主力；深圳借助金融科技优势，加强金融科技载体建设，发展绿色基金和绿色保险；其余各地因地制宜开展绿色金融支持工作，积极协作配合发展特色金融。二是碳金融助力绿色金融发展，支持区域生态文明建设[5]。广东碳市场作为中国碳市场建设先行试点之一，在配套制度建设、交易流程管理等方面积累了丰富的经验。广东省碳排放权配额发放采取免费和有偿相结合的形式，根据行业的生产流程、产品特点和数据基础，采用基准线法、历史排放法等方法核定控排企业、新建项目企业配额。控排企业和单位等相关组织和个人可于广州碳排放权交易中心参与配额交易。截至 2020 年 7 月，广东省碳排放配额累计成交量 1.55 亿 t，稳居全国首位。广州碳排放交易所后续还将开发环境能源综合交易服务平台、绿色金融综合服务平台、碳普惠制平台等多个平台。同时，广州通过探索试行碳排放权抵质押融资机制，建立基于林业碳汇的生态补偿机制等方式创新开发碳金融产品，形成对全国碳市场的有益补充和参考。三是深化绿色金融领域的国际合作，深度融入国际金融市场。澳门拥有“一国两制”的制度优势，实行自由港与低税政策，资金进出自由，有助于研究建设以人民币计价结算的证券市场、绿色金融平台、中葡金融服务平台。同时，澳门作为中国与葡语国家沟通的重要平台，为承接中国与葡语国家金融合作服务提供了良好的基础和环境。充分利用澳门的中葡平台优势，推动大湾区与海外葡语国家的绿色金融市场实现互联互通。

## 三、关于四川省构建绿色金融体系的建议

### （一）完善绿色金融管理体系，规范约束、引导机制

一是完善绿色金融组织架构。不断完善银行业金融机构组织架构，有序推进绿色金融业务主管部门或专业团队，加强绿色金融产品创新、市场营销、服务方案和体制机制建设。鼓励成都市等经济体量大的地区[6]，率先编制发布地区性绿色金融发展规划，制定试验区实施方案、五年规划、年度行动计划和考核体系，通过顶层设计与实践相结合，科学谋划绿色金融试验区建设路径。加强银行业金融机构与生态环境、发展和改革委员会等部门的沟通与合作，明确各部门责任和支持的重点领域与阶段目标。二是不断健全绿色金融管理机制。完善绿色金融统计制度、将评估结果纳入综合评价框架内。引导金融机构将支持对象的绿色发展纳入核心业务管理与风险管理。三是强化政府绩效考核手段。探索建立地方绿色金融行业机制，制定绿色信贷利率定价约定，通过与金融监管结合。落实地方一把手“绿色 GDP”政府绩效考核机制。

### （二）优化绿色金融市场体系，激发绿色金融发展内生动力

一是强化风险管控，完善绿色金融标准体系。构建清晰可执行的绿色金融标准体系，为绿色产业发展壮大提供依据和保障。打造司法保障体系，开展绿色金融领域司法实践

创新，制定保障绿色金改试验区建设的司法指导意见。二是提升绿色产业的可持续发展空间。引导减排企业、私募基金和上级政府主导的绿色基金在国内开展绿色投资，打包绿色项目，提升项目吸引力。三是构建成渝地区双城经济圈多层次的绿色金融市场体系。加强川渝两地政策合作，联合打造西部地区绿色金融中心，共同组建绿色金融政策推进小组。以绿色金融为抓手，根据成渝差异进行规划，在绿色金融领域形成不同发展特色。设立“川渝绿色发展基金”，着重探索成渝地区双城经济圈一体化发展示范区内市场化、多元化的生态产品价值实现机制。

### （三）完善绿色金融政策支持体系，创新绿色金融服务

一是创新绿色金融产品和服务方式政策引导。创新金融产品提升绿色金融包容性，加强绿色信贷的供需对接。引导省内金融机构推出“绿色园区贷”等金融产品，开辟项目融资绿色通道。依托阿坝州九寨沟县自然资源资产负债表编制试点工作，鼓励各类市场主体发行绿色债券和开展绿色资产证券化。二是完善绿色金融激励政策。鼓励制定支持绿色金融发展的政策措施，借鉴江苏省和浙江省湖州市，加大绿色信贷和绿色债券的财政贴息。落实绿色 IPO 的政策支持，大力支持四川省辖区符合条件的企业发展上市。发展绿色担保和绿色小贷，进一步拓宽企业绿色发展融资渠道。三是加强绿色金融信息化的政策支持力度。建立全省统一的信用信息共享平台，完善绿色金融信息支撑和交易服务平台。及时将企业环境违法、环保审批信息、环保认证信息等环保信息纳入金融信用信息基础数据库。搭建金融监管部门、金融企业与生态环境部门融资对接平台，加快金融信用信息网建设，促使政银企及时对接，为绿色融资提供信息支撑。

### （四）构建绿色金融社会责任体系，深化绿色发展的社会参与度

一是引导社会资本参与绿色发展。政府通过财政支持进入绿色金融领域，通过财政资金的引导，使绿色金融与市场机制有效衔接，履行社会责任。鼓励设立民间绿色投资基金，开发能效贷款、排污权抵质押贷款等绿色金融产品，支持绿色消费，促进绿色金融的公众参与。二是培养具有综合素质的绿色金融人才。加强相关专业高校、科研院所、银行业金融机构与国际绿色金融的交流与合作，培养一批绿色金融专业人才。生态环境部门、金融监管部门联合开展绿色金融培训，传导绿色金融理念、知识和技术，培养既懂金融又懂环保、能正确评价绿色项目和产业、熟悉和掌握绿色金融操作规则、精通环境保护相关法律法规等领域的专业人才。三是强化绿色金融宣传。利用传统与新型媒体，大力普及环境保护知识，积极倡导绿色发展、生产和消费方式，加强绿色金融政策、环保违法违规案例等法律法规和案例宣传，营造共建生态文明、支持绿色金融发展的良好氛围。

## 参考文献

[1] 董殿荣，万金石. 论我国绿色金融体系的构建[J]. 中国商论，2016（23）：55-56.

[2] 刘茂伟. 英国绿色投资银行运作模式的借鉴及启示[J]. 当代金融家，2015（10）：126-127.

[3] 白江. 论德国环境责任保险制度：传统、创新与发展[J]. 东方法学，2015（2）：131-149.

[4] 杜雨帆. 中国碳交易体系与欧盟碳交易体系连接的可行性分析[D]. 南京：南京大学，2016.

[5] 鲁政委. 大湾区绿色金融发展大有可为[J]. 现代商业银行，2019（7）：16-22.

[6] 张思琪. 商业银行绿色金融发展过程中存在的问题及对策[J]. 天津商务职业学院学报，2019，7（2）：50-53.

# 关于构建绿色发展政策体系的若干思考

**摘　要：**本文聚焦《中华人民共和国国民经济和社会发展第十四个五年规划和2035年远景目标纲要》（以下简称国家“十四五”规划）中关于构建绿色发展政策体系等相关内容，对构建绿色发展政策体系的重要意义展开论述，从“严用、精用、实用、善用、准用、活用”绿色发展所涉不同领域政策的角度，在总体上对相关政策内容进行分类梳理、形成结构，并尝试为回应“推动绿色发展，重在建章立制”提供面上思考，谨期为绿色发展的谋划者、推动者和研究者在方向、思路、招法等方面提供参考。

**关键词：**“十四五”时期；新发展理念；绿色发展；政策体系

在国家“十四五”规划中，设置了“加快发展方式绿色转型”专章，对推动绿色发展作出专门部署，特别强调“构建绿色发展政策体系”。面向“十四五”规划与2035年远景目标，应科学处理好发展与保护之间的关系，要深刻认识“绿色”是“美丽中国”的底色，研究制定好、认真使用好、不断完善好绿色发展的有关政策，促进经济社会发展全面绿色转型。

## 一、深刻认识构建绿色发展政策体系的重要意义

### （一）为正确处理经济社会发展和生态环保的关系提供政策导向

以习近平同志为核心的党中央提出，要坚定不移贯彻“创新、协调、绿色、开放、共享”的新发展理念，要把这一重要理念贯穿发展全过程和各领域，提出要将“推动绿色发展，促进人与自然和谐共生”作为国家“十四五”规划中的十二个重大任务之一。绿色发展是新发展理念的重要组成部分，旨在改变在生产、消耗、排放等环节的传统生产与消费模式，使资源、生产、消费等要素相互适应，实现发展与保护协调统一。这为新时代走好生态优先、绿色发展的道路，提供了思想指南和行动引领。强化绿色发展的政策保障，有助于在推动形成绿色发展方式的过程中，确保发展项目、资金、措施等的“绿色属性”，为正确处理经济发展和生态环境保护的关系，坚定走生产发展、生活富裕、生态良好的文明发展之路，提供明确的“绿色”导向。

### （二）为从根本上解决环境污染问题提供政策支撑

习近平总书记强调，加快形成绿色发展方式，是解决污染问题的根本之策。只有从源头上使污染物排放大幅降下来，生态环境质量才能明显好上去。当前，我国生态环保领域还有短板弱项，生态环境保护结构性、根源性、趋势性压力仍然存在。这是党的十九届五中全会坚持人民的主体地位，对生态环境保护形势作出的重大研判，并基于此提出“持续改善生态环境质量”。强化绿色发展的政策保障，就是要立足“不断实现人民对美好生活的向往”这一出发点，促进绿色发展从价值、理念层面向可操作、可落地的具体项目和措施转变，助力绿色发展成为协调生态环境高水平保护和经济社会高质量发展的重要指引，为从根本上解决环境污染问题提供强有力的绿色政策支撑。

### （三）为构建现代环境治理体系提供工作抓手

2020 年年初，由中共中央办公厅、国务院办公厅印发的《关于构建现代环境治理体系的指导意见》中，提及“绿色”10 次、“绿色发展”2 次；在国家“十四五”规划中，共单独提及“绿色”39 次、“绿色发展”11 次，足以见得“绿色发展”在国家重大战略、规划中的地位。加强环境治理体系和治理能力现代化建设，需要破除制约高质量发展的体制机制障碍，强化有利于资源更好配置的各项举措。强化绿色发展的政策保障，就是要把“绿色”作为构建现代环境治理体系的基本理念、重要遵循，通过完善有关体制机制，形成工作合力，促进统筹协调，为生态环境治理现代化提供有力工作抓手。

### （四）为实现碳达峰碳中和目标提供制度保障

党的十九大提出，要加快建立健全绿色低碳循环发展的经济体系。全面、准确贯彻新发展理念，构建绿色发展的政策体系是建立健全绿色低碳循环发展的经济体系的重要支撑。构建绿色发展的政策体系，要在发展中全方位、全过程推行绿色生产、建设、投资、流通、生活等，使高质量发展建立在资源高效利用、环境严格保护、温室气体排放有效控制等基础上。构建绿色发展的政策体系将有助于统筹处理发展与保护之间的关系，也将为稳步实现碳达峰碳中和目标，推动我国绿色低碳发展迈上新台阶提供系统的机制遵循与制度保障。

## 二、科学构建绿色发展政策体系

促进和规范绿色发展无法靠单独一项政策来实现，需要一整套分工明确、创新开放的政策体系来保障。新时代绿色发展政策必须紧跟发展形势，围绕协调环境保护与经济发展关系，服务减污降碳协同增效，强化政策保障与支撑。

### （一）严格国土空间开发管控政策，促进空间布局进一步优化

建立健全国土空间管控体制机制，以空间规划统领各类空间利用任务，以确保形成整体合力为目标，促进经济社会发展格局、城镇空间布局、产业结构调整与资源环境承载能力相匹配、相适应。突出规划的科学性、约束性。强化国土空间规划对各专项规划的指导约束，通过“多规合一”把生态保护红线、永久基本农田保护红线、城镇开发边界等“红线”整合起来，统筹指导结构调整、产业发展、城镇化等工作。构建国土空间规划体系。系统推动分级分类层级体系、全域全要素编制体系、全过程全方位管理体系、科学实施机制等构建。努力形成具有良好科学性、长远性、针对性和功能性的国土空间规划体系，推动国土空间规划和生态环境精细化管理。强化“三线一单”硬约束。坚决落实空间管制要求，将环境质量底线和资源利用上线作为环境容量管控和准入要求。对国土空间资源环境利用作出明确要求，对不同生态环境功能区域等制定差异化国土空间开发和产业发展布局政策。服务国土空间布局调整。对重大经济政策、产业布局以及重点区域、流域、行业规划等，严格开展环境影响评价。推动生活垃圾焚烧发电、电子信息、竹浆造纸、锂电新能源等行业环保专项规划编制。调整不符合生态环境功能定位的空间布局，严格环境准入。

### （二）细化产业发展和结构调整政策，助推经济转型升级和新动能培育

提升生产方式绿色化水平，推动生产方式向绿色低碳化方向改进，加重经济发展的“绿色”底色与成色，加快发展绿色产业，形成经济社会发展新的增长点。坚持源头防控，优化产业结构。顺应供给侧结构性改革，提升供给对需求的适配性，同时在“需求牵引供给、供给创造需求”的更高水平动态平衡和经济发展的质量、效率、动力变革中，锁定产业调整、新经济增长先机。坚持源头防治，减少过剩和落后产业，增加先进制造、高新技术、现代服务业等新动能。促进绿色产业发展，特别加快壮大环保产业。通过深入打好污染防治攻坚战，带动生态环保项目实施，充分挖掘环保产业的成长空间和有效需求。培育绿色低碳和现代供应链等新增长点，加快发展现代工业和现代服务业体系。构建服务现代农业发展的生产、经营和物流体系。激发生态环境持续改善的内生动力。深推、细推清洁生产，实施关键技术攻关，促进重点行业和重要领域绿色化改造，制定适合地方的产业绿色转型政策、标准和行动方案。

### （三）落实资源能源节约集约利用政策，推动资源能源全面节约和循环利用

推进资源能源全面节约和循环利用，降低能源消耗、资源消耗和物资消耗，促进循环经济产业链发展，实现生产系统和生活系统循环链接、相互策应。大力落实节约资源能源。能源消费实施总量控制，全面落实节能降耗。切实加强水源地保护和用水总量管理，全面建设节水型城乡。严守耕地保护红线，坚决保护好基本农田。加强矿产资源勘

查、保护、合理开发，提高矿产资源勘查、合理开采和综合利用水平。积极促进循环利用。促进资源环境要素在生产、流通、消费过程的减量、再利用、再生产。推动先进能源技术研发体系、清洁低碳能源供应和产业体系、能源生态系统集成体系建设。将减排和余热利用结合起来，提高工业固体废物综合利用率，重点推进清洁能源与新材料、绿色食品等主导产业企业原料互供、资源共享。探索推动生物质能梯级综合利用。持续推动能源生产和消费革命。推进资源有偿使用制度落地、落实。加快推进传统的综合能源供需结构向以水、风、光、核为主的清洁低碳能源供需结构转型。在中高端消费、创新引领、绿色低碳、共享经济、现代供应链等领域大力培育节约能源的消耗模式。

### （四）丰富绿色发展的经济政策，拓宽绿色发展市场空间和资金渠道

在环境经济政策不断完善和优化背景下，打好“更可用、更管用、更好用”的绿色发展经济政策组合拳，善于发挥相关政策在调控和配置绿色发展所需各类市场资源中的作用。加快培育绿色发展所需的市场环境。建立科学合理的资源环境要素及其产品的价格机制。促进节能降耗、碳排放权、排污权、水权等交易制度发挥实效。深化对生态资源的综合调查、本底监测与评估评价，健全绿色经济绩效评价考核机制。提升生态产品的市场认可度，构建多种模式的生态产品价值实现机制和市场化供给政策体系。稳妥构建绿色金融体系。精准稳妥开展绿色信贷和绿色保险。推动证券市场合理支持绿色投融资。引进好、使用好国家绿色发展基金。精选 PPP 模式撬动社会资本进入环保领域。结合实际开发新型金融工具与手段，推动绿色投融资过程中期限错配、信息不对称、产品和分析工具不足等问题解决。不断优化环境财、税、价等调控手段。稳定并加大财政资金对绿色发展的投入力度，用好环境财政补贴资金。继续发挥环境保护税的“绿色”引导效果，不断深化资源税改革，调整优化环境相关税收政策。深化绿色发展价格机制改革，持续推进水价改革，完善电价政策，优化环境收费政策。促进生态补偿政策有实效、能落地。推动跨省流域上下游横向生态补偿模式创新。深化生态综合补偿试点，健全森林生态效益补偿制度，探索多元补偿渠道。鼓励市（州）因地制宜开展多样化生态补偿探索，保障重点生态功能区财政转移支付力度。

### （五）用实绿色技术创新激励政策，推动绿色技术创新和应用

构建市场导向的绿色技术创新体系，让绿色技术研发和创新同污染治理需求、产业调整需求、企业改造需求紧密结合，突出技术研发和创新的问题意识、目标意识和市场意识。完善财政支持政策。加大政府对绿色技术研发和创新的投资力度，通过排污收费、排污权交易等经济手段激发或倒逼企业绿色技术研发和创新。健全金融支持政策。完善风险投资体系和绿色技术创新的金融协调机制，开辟促进绿色技术研发和创新的市场服务空间。构建绿色技术交易平台，及时反映技术供需，提高技术调整和改进速率。健全配套服务支撑。加强产学研合作推进技术创新及其产业化进程。加快绿色技术专利审批

时效，梳理专利分类清单，适当增加技术创新的保护年限。注重中长期效益，加强绿色技术所需的基础研究和应用研究，为技术研发和创新提供良好学术环境。为创新提供有效人才支持。鼓励在岗位一线培养绿色技术人才，加强人员在不同地区、不同要素相关企事业单位间交流和培训。推动科研院（所）将相关基础和应用研究转化到生态环境领域，并畅通其价值实现机制。

### （六）活用促进绿色生活方式的政策，助推生活风尚转型

在全社会促进绿色生活风尚形成，使保护生态环境、建设美丽家园成为公众在思想上、行动上的自觉。增加绿色产品和服务供给。减少源头废弃物产生，从供给侧绿色设计开始考虑废弃物减量化、最小化。推动供应、生产、运输、仓储、流通、加工、装卸、包装等全程绿色管理。调控市场准入的环境标准门槛，对环境影响恶劣的产品强制退市。运用税收减补等手段，降低绿色产品溢价。形成全社会绿色生活氛围。在垃圾分类过程中引入并用活价格机制、目标机制，实现垃圾分类落地、见效、可持续。鼓励绿色产品消费，完善绿色采购制度，继续推广各类绿色节能产品。推动互联网、电商、移动互联、共享平台和快捷物流等为公众践行绿色生活提供更多机会。推动生态文化宣贯并助力其产业发展。将生态文明理念纳入国民教育体系、干部培训体系、企业家培育体系、村规民约体系。结合有关环境纪念日开展宣传活动，推进生态文化科普教育场所建设，发挥社区在环境活动组织和宣传上的优势。设计和开发更多生态文化精品，强化各类文化产品融合，鼓励各类型生态文学创作。将生态文化融入名胜古迹、乡风民俗和传统技艺等的保护开发过程中。推动完善信息公开、社会监督和公众参与。健全并执行环境信息强制性披露制度，依法公开生态环境质量信息、环保工作目标任务、企业环境违法处罚、重大环境事件后续处理结果等信息。做好重特大突发环境事件信息公开，对涉及群众切身利益的基本情况、影响评估等信息及时主动公开。充分保障并发挥媒体的舆论监督作用。继续完善环保举报管理平台功能，依法依规做好群众举报受理、查处和反馈。

## 三、创新推动绿色发展政策体系时代化

绿色发展的政策体系不是固化、封闭、停滞的规制系统，构建绿色发展政策体系也没有“终点”，它应该且需要随经济发展所面临的新形势新问题新要求，结合实际而不断调整、优化和完善。未来几年，着眼碳达峰碳中和既定目标，聚焦减污降碳协同增效，应力争在清洁能源、节能环保、清洁生产等领域实现率先突破并取得实效；应深入推动技术发展、模式迭代与管理创新，加快构建市场导向的绿色技术创新体系；应做好绿色转型与经济社会发展、科学技术进步、产业调整接续、民生福祉改善的有机结合；应在经济社会全面绿色转型中发挥市场的决定性作用，激活企业主体创新发展的内生动力，

运用好各类市场机制的正向功能。同时，应持续围绕健全绿色低碳循环发展生产、流通与消费体系，加快公共基础设施绿色升级，构建应用效率更高的绿色技术创新体系，完善法律法规政策体系等方面，与时俱进开展绿色低碳发展政策体系的构建运用、评估调整等工作。

# 四川省环境经济政策进展评估研究报告

**摘　要**：环境经济政策是指利用财税、价格、金融、交易等经济手段调节环境行为的一类政策，是传统行政管制政策的重要补充。四川省环境政策研究与规划院对2019年四川省环境经济政策进展进行评估。总体来看，四川省环境经济政策体系建设政策体系不断完善，环境经济市场体系逐步健全，环境经济政策有力助推了绿色发展。建议下一步应结合四川省实际，允许地方依法依规、适度灵活使用资金，鼓励探索设立绿色转化财政专项资金，出台绿色转化财政专项激励政策，扎实推进生态环境权益交易体系建立完善等，不断健全完善环境经济政策体系。

**关键词**：环境经济；评估；政策体系

环境经济政策是指利用财税、价格、金融、交易等经济手段调节环境行为的一类政策，是传统行政管制政策的重要补充。目前，四川省环境经济政策体系已初步建立，但仍有较大优化完善空间。为进一步加快环境政策供给改革，发挥环境经济政策的调控作用，以高水平生态环境保护服务四川省经济高质量发展，支撑四川省在“十四五”开局之年起好步，促进经济社会发展全面绿色转型，四川省环境政策研究与规划院首次开展了四川省环境经济政策进展年度评估。本研究在梳理大量政策文件和数据资料的基础上，分析了四川省2019年环境经济政策动态变化，重点对环境经济政策体系中的8类政策进展情况进行评估，形成总体评估结论。

## 一、环境财政政策

全省环境治理投资[①]总额和占比逐年增加，增长率有所放缓。党的十八大以来，四川省环境污染治理投资总额和环境投资占地区生产总值（GDP）比重，均呈逐年增长趋势。2012年投资总额为178.30亿元，2017年增加到492.42亿元，增长率达176.17%；占比从2012年的0.75%增加到2017年的1.5%，增加0.75个百分点[②]。如图1所示，2012—2017年，环境治理投资总额增长率呈逐年放缓趋势，2012年环境污染治理投资总额增长率最

① 环境治理投资包括城市环境基础设施投资、工业污染源治理投资和完成环保验收项目环保投资。

② 资料来源：《四川省统计年鉴（2015—2019）》。

高，达到64.14%，2017年增长率仅为4.68%。同时，我们在分析过程中发现，存在数据统计口径不一致的问题，需进一步完善统计指标和统计制度，保障环保投资测量和决策的科学性。

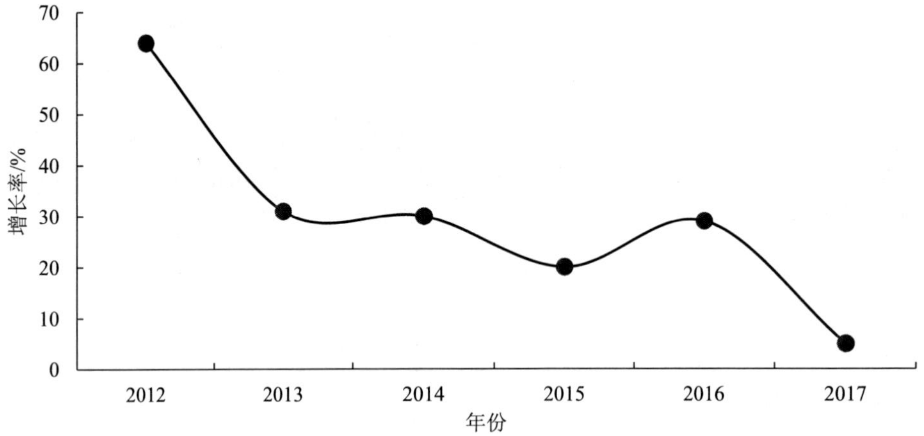


**图1 2012—2017年环境污染治理投资总额增长率**

注：财政投入统计存在归类口径交叉。

中央、省级财政对生态环境保护的投入持续加大。2019年，四川省投入569亿元用于全面加强生态环境保护，加快建设美丽四川，主要用于山水林田湖草生态保护修复国家试点和省级示范项目建设、重点林业生态工程、川西高原生态脆弱区综合治理、大熊猫国家公园生态环境保护、农村垃圾处理设施和生活污水处理设施建设等重点项目①。2019年，四川省生态环境厅争取中央、省级环保专项资金42.79亿元，同比增长3.71%；争取中央预算内投资1.55亿元，用于长江经济带141个水质自动监测站建设②。面对经济下行压力大，投入的污染防治资金可能回落的情况，要进一步做好项目规划，积极争取各项政策支撑和资金支撑。

资金管理制度进一步完善。2019年12月30日，四川省财政厅、生态环境厅联合印发《四川省生态环境保护专项资金管理办法》，进一步加强生态环境保护专项资金管理，规范财经秩序，为环保"垂改"后的经费使用与监管提供有力支撑，有助于提高资金使用绩效。从四川省生态环境保护专项资金运行情况来看，资金绩效评估机制和资金项目库机制已基本建立，但在后续工作中，仍需要继续强化资金的绩效管理，给予地方更多的灵活性，允许地方依法依规、因地制宜合理使用资金。

---

① 资料来源：四川省财政厅《关于四川省2019年预算执行情况和2020年预算草案的报告》。

② 资料来源：《2019年四川省生态环境状况公报》。

## 二、环境资源价格政策

城镇非居民用水超定额累进加价制度逐步建立。四川省已实施居民阶梯水价制度，2019 年 3 月，四川省出台《关于建立健全和加快推行城镇非居民用水超定额累进加价制定的实施意见》，将超定额（超计划）用水量分为三档：一档为超过用水定额（计划）10%（含 10%）以内，超出部分按正常水价标准加收 1 倍水费；二档为超过用水定额（计划）10%～30%（含 30%），超出部分按正常水价标准加收 2 倍水费；三档为超过用水定额（计划）30%以上，超出部分按正常水价标准加收 3 倍水费。针对“两高一剩”（高耗能、高污染、产能严重过剩）等行业，可根据当地实际情况执行更高的价格标准。

农业水价综合改革稳步推进。自 2017 年省政府办公厅印发《四川省推进农业水价综合改革实施方案》以来，全省农业用水计量、农业水价调整等农业水价综合改革得到加速推进。得益于农业水价综合改革，2019 年农业用水量较 2017 年减少 5.89 亿 $m^3$ ①。2019 年 12 月印发的《四川省节水行动实施方案》中进一步明确，要深入推进农业水价综合改革，探索分类水价，逐步推行分档水价。

可再生能源电价政策进一步调整完善。按《国家发展改革委关于完善风电上网电价政策的通知》的有关要求，2019 年Ⅰ～Ⅳ类资源区符合规划、纳入财政补贴年度规模管理的新核准陆上风电指导价，分别调整为 0.34 元/（kW·h）、0.39 元/（kW·h）、0.43 元/（kW·h）、0.52 元/（kW·h）。四川省为陆上风电Ⅳ类资源区，新核准陆上风电指导价调整为 0.52 元/（kW·h）（含税）。2019 年 7 月 1 日起，四川省根据《国家发展改革委关于完善光伏发电上网电价机制有关问题的通知》的规定，执行新的光伏发电上网电价，纳入国家财政补贴范围的新增集中式光伏电站指导价为 0.45 元/（kW·h）（含税）；纳入国家可再生能源电价附加资金补助目录的村级光伏扶贫电站（含联村电站），上网电价仍按照 0.75 元/（kW·h）（含税）执行；同时，适当降低新增分布式光伏发电补贴标准，推动光伏发电产业健康可持续发展。目前，四川省可再生能源发电市场已初具规模，以补贴为主的扶持政策应同可再生能源电价改革相结合，推动可再生能源行业的发展。

## 三、生态补偿政策

重点生态功能区财政转移支付力度不断加大。2019 年，四川省对市（州）重点生态功能区转移支付资金 44.66 亿元②，较 2018 年增长 4.76%。从中央下达重点生态功能区转移支付资金来看，四川省有 56 个县（市）被纳入国家重点生态功能区，数量居全国第一，

---

① 资料来源：2017 年、2019 年《四川省水资源公报》。

② 资料来源：《2019 年省对市（州）一般公共预算转移支付执行情况的说明》。

但中央下达四川省资金仅为 38.46 亿元，排第六位。资金分配占比最多的甘肃省仅有 37 个重点生态功能区，转移支付资金却比四川省多 13.26 亿元（图 2）。四川省重点生态功能区经济发展相对滞后，多数地区承担着生态保护和脱贫攻坚的双重任务，应当充分考虑当地经济发展状况、生态区流域面积、生态环境质量等关键性因素，制定生态系统服务价值、保护成本损失评估等量化指标和绩效考评体系，积极争取国家对重点生态功能区的转移支付、生态补偿激励政策和资金支持力度。

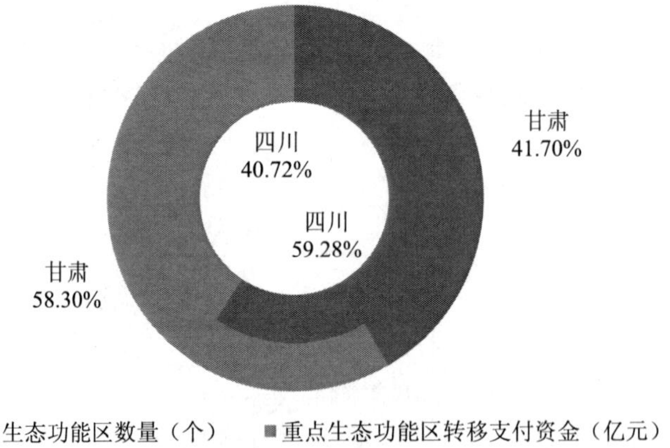


**图 2　四川、甘肃重点生态功能区及转移支付资金情况**

跨区域流域横向生态保护补偿范围不断扩大。2019 年 6 月，四川省财政厅、生态环境厅等 4 部门联合印发实施《四川省流域横向生态保护补偿奖励政策实施方案》，按照“早建早给、早建多给、不建不给”的原则，对建立或实施跨省和省内跨市（州）流域横向生态保护补偿机制的市（州）给予奖励。2019 年，持续推进赤水河和沱江流域横向生态保护补偿，新增岷江、嘉陵江、安宁河流域签订流域生态补偿协议。中央、省级财政对流域横向生态补偿实施奖励政策，分别奖励赤水河 0.86 亿元、沱江 4.5 亿元、岷江 4 亿元、嘉陵江 3 亿元、安宁河 0.3 亿元[①]。

环境质量激励政策成效显著。2019 年，四川省继续实施《四川省环境空气质量考核激励暂行办法》和《四川省水污染防治激励约束考核办法》，分别投入 1.5 亿元和 1.55 亿元，用于空气质量激励和水污染防治激励，且成效显著。2019 年四川省优良天数比例 89.1%，同比提高 0.7 个百分点，新增 5 个城市达标；全省 87 个国考断面水质优良比例 97.7%，出川国考断面全面达标，首次全面消除国考、省考断面劣V类断面，水环境质量创“十三五”时期以来最好水平。

① 资料来源：《2019 年中央和省级水污染防治专项资金》（川财资环〔2019〕20 号）。

## 四、环境权益交易

碳市场活跃度日益提升。在当前我国核证自愿减排量（CCER）市场整体交易不活跃、流动性不足的现状下，四川省 2019 年 CCER 成交量达 836.85 万 t，同比增长 113.20%；交易额 1.29 亿元，同比增长 193.97%；碳市场 CCER 交易量从 2017 年全国的第 6 位到上升至 2019 年全国的第 3 位，年有效交易日达 85%，居全国第 1 位，成交的 CCER 项目覆盖全国 19 个省（区、市）[①]。截至 2019 年，四川省累计 CCER 成交量超过 1 530 万 t，成交金额超 2 亿元，按可比口径居全国第三，市场活跃度和影响力日渐提升。

用能权交易制度开始试行。2019 年，四川省出台《四川省 2019 年度重点用能单位用能权指标分配及履约方案》，确定水泥、钢铁、造纸三个行业的 110 家企业为四川省首批纳入用能权交易的重点用能单位，并免费分配初始用能权指标。2019 年 9 月 26 日，四川省用能权有偿使用和交易市场正式启动，开盘价为政府指导价，涨跌幅限制幅度为 44%，当日四川兰丰水泥有限公司先后与四川亚东水泥有限公司、四川环龙新材料有限公司完成 2 笔用能权交易，总成交量 1 500 t 标准煤，成交总金额 31.9 万元[②]。

## 五、绿色税收政策

环境保护税改革成效显著。2018 年 1 月 1 日起，四川省开征环境保护税，征税对象分为 4 类，即大气污染物、水污染物、固体废物和噪声（仅征收工业噪声）。根据《四川省大气污染物和水污染物环境保护税适用税额的决定（草案）》的规定，四川省环境保护税应税大气污染物、水污染物适用税额分别为每污染当量 3.9 元、2.8 元。固体废物和噪声两类税目的适用税率均按全国统一标准，其中，固体废物照固体废物种类确定，按每吨 5 元、15 元、25 元和 1 000 元 4 个种类划分；噪声税额按超过国家规定标准的分贝数确定，具体分成 6 档：每提高 1 档翻 1 倍，从 350 元/月到 11 200 元/月不等。2019 年，四川省共有 1.4 万户纳税人完成环境保护税申报，共征收环境保护税 6.06 亿元，其中大气污染物、水污染物、固体废物、噪声分别征收 5.583 亿元、0.42 亿元、0.007 亿元、0.05 亿元，大气污染物税收占比高达 92.13%[③]（图 3）。根据相关环境保护税“减免”措施，若排放污染物浓度值低于国家和地方规定的污染物排放标准的 30%，则按 75%征收环境保护税；若低于国家和地方规定的污染物排放标准 50%，则按 50%征收环境保护税。2019 年，纳税单位通过补齐环保设施短板、更新生产工艺等方式，减少排污量，减免税 3.4 亿元，形成有效的约束激励机制。

---

① 资料来源：《四川碳市场运行和碳市场能力建设工作汇报》。

② 资料来源：四川省用能交易平台。

③ 资料来源：《2019 年四川省生态环境状况公报》。

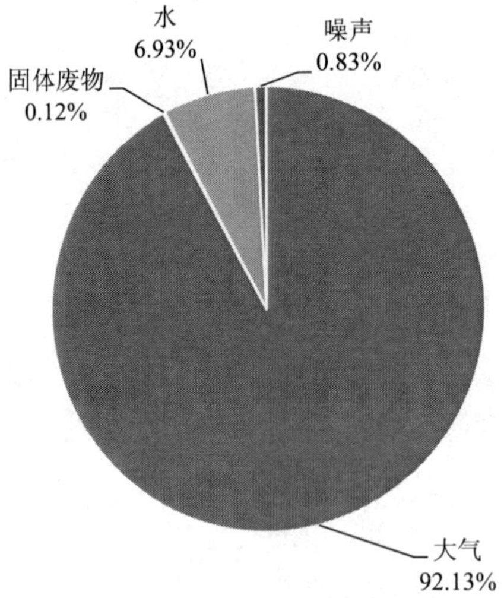


**图 3　2019 年四川省环境保护税征收情况**

资源税改革持续深化。四川省作为全国第二批水资源税改革试点省份之一，自 2017 年 12 月 1 日起实施水资源税改革试点，对洗浴、高尔夫、滑雪场、洗车场等特种行业征收水资源税，倒逼相关行业节约用水，降低成本。2018 年，由于水资源税征收好于预期，四川省水资源税比预算超收 280.6%[①]。2019 年，四川省继续深入推动资源税改革，在计征方式、征收范围、收费基金管理等方面进行优化，全省资源税收为 25.3 亿元，比上年度增长 23.4%。

## 六、绿色金融政策

积极推动绿色金融政策体系建设。四川省已经建立了以《绿色信贷指引》为核心，绿色信贷统计制度和绿色信贷评价制度为基石的绿色信贷政策框架体系。2019 年，中国人民银行成都分行推出试验区绿色债券创新制度，不断推动绿色债券制度深化发展，试验区绿色债务融资工具制度得到创新突破。截至 2019 年，四川省共有成都、泸州、遂宁市等 17 个地级市发布绿色金融综合性指导意见，新都区、泸县、蓬溪县等 7 个绿色金融试验地区、县级单位发布了绿色金融综合性指导文件，政策落地效果较好。目前，四川省绿色金融发展处于起步阶段，绿色信贷、绿色债券等金融产品体量较小，相应的体制机制亟待完善，需要推动构建更系统的绿色金融体系，扩大绿色信贷、绿色债券等金融产品规模，调动各方面主动参与绿色金融。

推动扩大绿色金融市场。2019 年，四川省绿色债券发行期数和发行规模（15 期、187.30

① 资料来源：四川省 2018 年预算执行情况和 2019 年预算草案的报告和相关表格。

亿元）较上年（7 期、60 亿元）分别增长 1.14%和 2.12%；绿色债券市场参与主体数量增加，新发绿色债券共涉及 6 家发行人，较 2018 年有所提升。绿色信贷贴息、再贷款定向支持目录、绿色信贷业绩纳入宏观审慎评估体系（MPA）考核等激励政策不断完善，从各市（州）近年的绿色信贷投放规模来看，信贷投放总额呈稳步增长趋势，绿色信贷在各项贷款中的占比基本保持在 25%左右。

环境污染责任保险试点工作持续推进。四川省积极采取有效措施鼓励和督促高环境风险企业投保环境污染责任险，2019 年，共有人保、太平洋、平安等 8 家保险公司列入污染责任保险试点，837 家企业购买环境污染责任保险，涉及总保额约 30 亿元，总保费约 0.15 亿元，理赔金额为 7.92 万元。实践中存在部分投保企业未开展环境管理风险评估、保险责任范围相对狭窄等问题，需进一步优化环境污染责任保险管理办法，完善环境风险评估制度，拓宽保障范围、规范理赔程序，探索实施生态环境损害赔偿。

## 七、环境市场政策

生态环保领域政府和社会资本合作（PPP）发展态势向好。根据财政部政府和社会资本合作中心发布的项目储备清单[①]统计，2019 年，四川省共发布 17 个储备项目，其中生态建设和环境保护类项目 5 个，占比达 29.4%。四川省财政厅公示的《2019 年全省政府与社会资本合作（PPP）示范项目名单》的 10 个项目中，有 3 个项目涉及生态环境领域。2019 年，四川省地方财政补助环保领域政府与社会资本合作示范项目有 3 个，合计补助资金 0.5 亿元[②]。当前，PPP 项目的投资周期长，强调政府主导，参与各方权责不清晰，导致参与各方都承担了相关隐性风险。因此，需进一步完善 PPP 运行机制，加强项目库动态管理，加大信息公开和社会监督，推动各方规范有序参与 PPP 运作，进一步引导社会资本参与生态环境保护。

持续推进环境污染第三方治理。2019 年，国家发展改革委、生态环境部发布《关于深入推进园区环境污染第三方治理的通知》，在包括四川省在内的 20 个省（区、市）中选择一批园区（含经济技术开发区）深入推进环境污染第三方治理，给予符合条件的从事污染防治的第三方企业，按 15%的税率征收企业所得税，对符合条件的园区和第三方治理企业给予一定比例中央预算内投资支持。什邡经济开发区、广安经济技术开发区前锋园区和绵阳经济技术开发区，入选深入推进环境污染第三方治理园区公示名单。现阶段，环境污染第三方治理的推广还存在资质管理机制不健全、排污主体责任不明晰、治理效果评价标准不完备等问题，需要进一步对照《关于构建现代环境治理体系的指导意见》要求，积极推行环境污染第三方治理，探索第三方治理新模式，开展园区污染防治

① 项目储备清单：地方政府部门有意愿采用 PPP 模式的备选项目。

② 资料来源：财政厅《关于下达 2019 年环保领域 PPP 示范项目补助资金的通知》（川财资环〔2019〕54 号）。

第三方治理示范，形成可复制、可推广的做法和成功经验。

企业环境信用评价体系不断完善。2019 年，四川省继续深入开展企业环境信用评价，建立省、市、县三级评价管理体系。2019 年，四川省 5 000 多家企业（其中省级参评企业 1 911 家）开展环境信用等级评价工作。省级参评企业中，环保诚信企业 188 家，占 9.8%；环保良好企业 1 399 家，占 73.2%；环保警示企业 207 家，占 10.8%；环保不良企业 77 家，占 4.0%。四川省企业环境信评价体系建设已取得一定成效，但仍需完善评级指标体系，扩大企业环境信用评价试点范围，加强部门联动，落实生态环境领域“守信激励、失信惩戒”机制。

## 八、环境资源价值核算政策

积极探索生态价值核算。四川省依托省级重点科技项目，积极开展生态系统服务价值研究，2019 年对阿坝州生态系统服务价值进行核算研究。经核算，2017 年阿坝州生态系统生产总值为 10 376 亿元，是 GDP 的 35 倍。同时，成都市以林盘生态系统为切口，积极开展生态系统价值核算探索，对崇州市 9 个试点林盘生态系统价值进行核算，发布《川西林盘生态系统生产总值（GEP）核算技术规范》和《川西林盘绿色发展指南》，为开展全域生态系统价值核算、厘清区域生态资产清单提供借鉴。长期以来，生态价值的衡量是一个难点，生态建设成果的显示度、感知度难以准确度量，生态投入产出的科学性、可持续性也难以保障。在今后的探索中，要尽快建立健全全省 GEP 定期核算制度、加强 GEP 核算结果应用等方面探索实践，推动“绿水青山”向“金山银山”转化。

深化生态环境损害赔偿制度改革。自 2018 年生态环境损害赔偿制度改革实施以来，四川省出台《四川省生态环境损害赔偿制度改革实施方案》及 4 个配套制度 [《四川省生态环境损害赔偿工作程序规定（试行）》《四川省生态环境损害赔偿磋商办法（试行）》《四川省生态环境损害赔偿资金管理办法（试行）》《四川省环境损害司法鉴定机构登记评审实施办法（试行）》]，建立自然资源、生态环境等 6 个指定部门以及公检法部门信息共享、线索移送、案件会商等长效机制。目前，四川省已有 3 家机构取得生态环境损害司法鉴定资质。2019 年，成都市成功办理全省首例生态环境损害赔偿案，赔偿金额超 500 万元；资阳市、自贡市分别启动生态环境损害赔偿案例 1 件；遂宁市梳理审查了 2019 年市生态环境案件 24 件，主动请示省生态环境厅 3 件；德阳市、遂宁市等地虽尚未开展具体案例工作，但也通过调度排查市生态环境案件，对开展生态环境损害赔偿案例工作进行了有益探索。

## 九、建议

随着经济下行压力加大，一系列减税降费政策的出台，各级财政规模呈现收缩趋势；

而生态环境治理任务艰巨，财力有限与生态环保资金需求存在日益加大的矛盾。政府主导、企业主体、社会和公众共同参与，并以各自优势进行投入的多元环境治理投入机制尚未建立。生态环境“三期叠加”形势和“十四五”期间深入打好污染防治攻坚战的总体要求，对四川省生态环境保护工作提出了更高、更广、更细的要求；需要尽快完善以科学、精细、实用、市场为实践导向的环境经济政策，以支撑完成生态环境治理目标，解决四川省水、大气、土壤、固体废物、生态保护修复等领域的存量问题。

为此，我们提出以下建议：一是进一步完善生态环境财政制度，坚持创新机制、放管结合，提高财政资金的使用绩效，允许地方依法依规、适度灵活使用资金，通过贴息、奖补等方式有效发挥财政资源激励作用；探索设立绿色转化财政专项资金，出台绿色转化财政专项激励政策，通过竞争性分配，发挥财政资金杠杆作用，引导各地协同推进生态经济化和经济生态化，促进经济绿色高质量发展。二是深化绿色税费价格机制改革，继续完善覆盖资源“开采—生产—消费—处置”全过程的资源环境税收体系，适度提高资源地资源开采税率，促进区域经济平衡发展，加大对节能减排企业的税收优惠力度，进一步发挥税收政策的调控引导作用。三是探索完善综合性生态补偿制度，抢抓成渝地区双城经济圈建设的战略机遇，共同推动生态共建环境共保，统筹山水林田湖草系统治理，“全方位、全地域、全过程”开展综合性生态补偿试点，加大补偿资金整合力度，提高资金使用绩效；试点县级为主统筹实施模式，给予县级统筹安排项目和资金的自主权，引导当地针对生态环境的重点环节、重点领域和重点问题，因地制宜制定实施方案和年度计划。四是健全生态环境权益交易机制，进一步完善和落实资源环境生态权益交易基础的产权制度建设，协同推进建立健全生态环境权益交易的权初始分配体系、核证体系、履约体系、交易体系、登记结算体系、监管体系等，逐步形成省内统一的，乃至成渝双城经济圈内统一的环境权益交易市场。五是以促进实现碳达峰、碳中和为主导完善绿色金融体系，围绕创新链和产业链打造资金链，形成金融、科技和产业良性循环和三角互动，引导金融机构增加绿色产业中长期贷款，为企业实施绿色发展转型与落实环境责任提供投融资支持，尽快形成功能相对齐备的绿色资本市场。六是构建生态环境价值核算体系，加强生态环境价值核算方法体系研究，指导和鼓励地方开展生态环境价值核算探索；探索制定生态产品政府采购目录清单，根据生态产品质量和价值确定财政转移支付额度，促进形成完善的生态产品交易市场，大力发展具有四川省特色的生态经济。

# 环境政策与法律的关联性及政策法律化的路径探讨

**摘　要：**为准确把握好环境政策与环境法律的关系，进一步促进生态环境的有效管理，本文通过梳理环境政策和环境法律的演进规律，对比研究生态环境保护相关的政策与法律，总结出二者的本质属性、共通性以及差异性，从储备环境政策、确立转化标准以及精准识别差异等方面探索出环境政策向环境法律转化的路径，以期完善环境治理的手段，推进生态环境治理体系和治理能力现代化。

**关键词：**环境政策；环境法律；政策法律化

## 一、环境政策与环境法律的演变规律

### （一）环境政策是环境法律的先导和补充

**1．从时间维度来讲，环境政策总体比环境法律出现的时间早，为环境法律的制定和修改提供了较为丰富的文本内容和施行经验**

1972 年，我国参加斯德哥尔摩人类环境会议，标志着我国的环保事业迈出了实质性的一步。1973 年，我国召开了全国环境保护工作会议并出台了第一份环境政策文件——《关于保护和改善环境工作的若干规定（试行草案）》，首次明确了我国生态环境保护的方针和思路。经过六年环境政策治理的经验积累，我国于 1979 年颁布了第一部环境法律《中华人民共和国环境保护法（试行）》，1982 年把“国家保护和改善生活环境和生态环境”写入了宪法修正案中，1989 年正式颁布《中华人民共和国环境保护法》。至今，我国已经形成了全方位、多层次、体系完整的法律法规体系。总体来看，环境政策先于环境法律出现，在实践中引导和规范着环境治理，并为环境法律的制定进行积极有益的探索，积累了丰富的实践经验。

**2．在不具备立法条件时，环境政策替代环境法律规范承担着社会治理的功能**

立法工作周期长、程序复杂，无法及时应对环境治理中出现的新问题。政策具有较大的灵活性、适应性，在不具备法律规范的情况下，可以及时出台相关政策对新出现的环境问题进行规范，发挥着“试行法”的作用，通过加深对相关问题的认识和研究，再形成稳定、成熟的法律规范。

**3．环境政策可以弥补环境法律的空白和缺陷，有效保障环境法律的实施**

我国的环境保护工作起步较晚，诸多领域在相当长一段时间内缺乏相应的法律法规，需要充分发挥环境政策的治理作用。同时，法律作为环境治理的一种手段，也有其规制不到的“真空地带”，而环境政策则可以通过发挥其灵活性作用，对法律规范中的原则性规定进行细化完善，增强其可操作性，保障法律的实施效果。

### （二）环境法律是环境政策的总结和规范

**1．环境法律是环境政策不断累积、不断调适后质变的结果**

在制定环境法律前，往往已经形成了政策群、政策体系，对相关问题进行了较为全面的规范。环境法律的制定则是在环境政策群的基础上进行总结和升华，把得到社会普遍认可、接受和遵守且效果显著的政策固化为具有普适性、强制性的法律规范。

**2．环境法律是环境政策法治化的产物**

当制定环境法律的条件成熟时，发挥“试行法”作用且被实践证明行之有效的环境政策一般会被以立法形式巩固确定下来，以法律强制力保障实施，确保被全社会共同遵守。环境法律是政策的法治化，如 2021 年 1 月颁布的《排污许可管理条例》充分吸收了《控制污染物排放许可制实施方案》（国办发〔2016〕81 号）中“制定排污许可管理名录、规范排污许可证核发”，党的十九届四中全会提出的“构建以排污许可制为核心的固定污染源监管制度体系”，党的十九届五中全会要求“全面实行排污许可制”等政策要求，使一系列的排污许可政策通过立法的形式上升为行政法规。

**3．环境法律的实施促进政策不断丰富和完善**

我国国土面积辽阔，各地区的经济、文化和社会发展状况存在较大差异，环境法律制定实施后，地方往往会根据本地实际，出台一系列符合地方实际、突出地域特色、有利于法律实施的配套政策，不断更新原有的政策体系。原有的环境政策也可能会因不符合环境法律的最新规定而失效或者被废除。法律的实施促进了政策体系的“换血”，可以更好地激发政策的活力，不断丰富和完善政策体系。

### （三）环境政策与环境法律的演变是一个不断螺旋上升的过程

**1．环境政策的更替可以促进环境法律的制修订，让法律中有政策考量**

环境政策作为环境法律的灵魂和制定依据，其演进可以更新法律的内在机理，推动专门性的环境法律出台。环境政策的生命力在于其要随着生态环境保护目标任务的改变而不断进行调整，并对环境法律的贯彻落实发挥保障作用。因此，环境政策的调整会影响到环境法律的施行效果，进而促进法律的制定或者修改。

**2．环境法律的调整会促进政策的制定或者修改，让政策中有法治元素**

环境法律调整后，往往需要出台配套政策，落实具体工作的主体、任务、时限等，促进法律的贯彻落实。环境政策在制定或者修改过程中要遵循基本法治精神和现有法律规范，而不能超越法律权限去创设规则。

**3. 环境政策和法律在实践过程中不断完善和发展，共同向“善策”与“良法”方向发展**

环境政策和法律的演变历程可分为 3 个阶段，分别是：改革开放前，环境政策为主导，环境法律为工具；改革开放后，环境政策为先导，环境法律为跟随；党的十八大以来，环境政策为指导，环境法律为依据。从环境政策和环境法律的演变历程来说，二者是一个“命运共同体”，它们都是特定历史阶段时期因对特定事项进行管理而出现的不同规范，都会因时而变。它们的演变方向是同向的，都是为了回应社会需求，解决现实问题，最终都是为了实现“善策”与“良法”的目标，更好地为生态文明体制改革服务。

## 二、环境政策与环境法律各自的特点

### （一）环境政策与环境法律的本质属性

环境政策具有较强的政治性，带有党和国家在某个阶段对某项工作的政治导向。环境政策的制定需要贯彻党的系列会议精神，需要遵循政治理论，符合政治逻辑，坚定政治立场。如《关于以生态振兴巩固脱贫攻坚成果进一步推进乡村振兴的指导意见（2020—2022 年）》（环办科财〔2020〕13 号）（以下简称《乡村振兴指导意见》）要求，以习近平新时代中国特色社会主义思想为指导，全面贯彻党的十九大和十九届二中、三中、四中全会精神，围绕统筹推进“五位一体”总体布局和协调推进“四个全面”战略布局。

环境法律的社会规范性和约束性更强，依靠国家强制力保障实施，体现了党和国家治国理政的权威性和稳定性。环境法律的制定严格按照立法计划和法定程序进行，尊重立法技术规范，设置法律责任，行为主体违反须承担相应的法律后果。如《中华人民共和国乡村振兴促进法》（以下简称《乡村振兴促进法》）在“检查监督”一章中规定了各级人民政府及其有关部门在乡村振兴促进工作中不履行或者不正确履行职责的，将依照法律法规和国家有关规定追究责任，并对直接负责的主管人员和其他直接责任人员依法给予处分。

### （二）环境政策和环境法律的共通性

政策和法律在逻辑上遵循框架结构“大逻辑”的统一和具体内容“小逻辑”的统一，使得层次结构清晰，内容逻辑严密。

在框架结构上，对比生态环境保护相应领域的政策和法律规定，两者在目标、原则、指导思想和重点任务等方面具有共通性。环境政策与环境法律都是先写目标、原则、指导思想等统领性规定，对整体的内容起指导、引领作用；其次是对重点任务的实施进行规定；最后是保障与监督，对重点任务的落实提供保障和进行监督管理。

在内容逻辑上，环境政策和环境法律的具体内容根据大框架搭好的“架子”遵循严格的内部逻辑进行“添血肉”。如《长江保护修复攻坚战行动计划》（环水体〔2018〕181 号）（以下简称《长江保护计划》）和《中华人民共和国长江保护法》（以下简称《长江保护法》）主要按照推进水污染治理、水生态修复、水资源保护“三水共治”，突出工业、农业、生活、航运污染“四源齐控”的逻辑具体展开。在农业污染防治方面，分别从科学使用农业投入品，减少农药、化肥的使用，科学处置农用薄膜、农作物秸秆等农业废弃物进行规定。

### （三）环境政策与环境法律的差异性

环境政策和环境法律作为国家治理体系中两种不同的规范，二者在体系结构、语言表述以及具体内容等方面存在差别。

**1. 体系结构**

从体系的整体协调性来讲，环境政策体系没有避免重复的规定；环境法律需要协调好上位法与下位法、一般法与特殊法之间的关系，避免重复规定。从国家政策到地方政策来讲，地方政策可以先对国家政策进行延续性规定，再增加地方性规定。《中华人民共和国立法法》中明确要求“制定地方性法规，对上位法已经明确规定的内容，一般不作重复性规定”。从上位法到下位法，下位法更强调对上位法的细化规定，结合地方实际突出区域特色性、针对性和可操作性。

从体系的具体内容来讲，环境政策是对一脉相承的内容再进行补充，注重内容的完整性；环境法律则是对上位法、一般法进行细化规定，侧重内容的延续性。政策文体的结构一般为总分总，先总述当前的社会现状，然后分述总体要求、目标、重点任务等具体内容，最后是进行号召性的总结。具体内容的书写一般采用总分的结构，先是用简短一句话总结，然后具体展开，有的政策会在句尾用括号注明该事项的责任主体；法律文本一般按照《立法技术规范》要求的结构进行，对具体章节条款的表述都有规定，且法律用专章对法律责任进行规定。

**2. 语言表述**

在强制性上，环境政策多使用“加强”“深化”“鼓励”等引导性和鼓励性用语；环境法律则多使用“应当”“禁止”“不得”等强制性用语。政策更多是一种引导和鼓励，法律则是明确必须或者禁止做什么，违反需承担相应的法律责任。在规范度上，环境政策用语偏日常性，带有一定的感情色彩；环境法律用语更规范和统一，一般使用中性词。环境政策用语更日常化；环境法律用语更规范严谨，对一些常用的易混淆的词语进行辨析。在简洁度上，环境政策语言表述具有一定的铺垫和描述；环境法律用语更简洁，多使用祈使句，少用或不用修饰语。针对具体事项的规定，政策规定会解释原因、目的以及具体目标，法律条文则是直接规定做什么、如何做，行文更简洁。

**3．具体内容**

在导向性上，环境政策注重目标任务实现的效果，侧重结果；环境法律强调目标任务完成的手段和途径，侧重过程。政策强调目标任务在各阶段要达到的要求，法律则更多规定实现该要求的方式、方法。《乡村振兴指导意见》对农村人居环境的改善提出“2022年，支撑生态振兴的生态环境保护制度和政策体系更加完善，为乡村振兴奠定坚实基础。农村人居环境明显改善，农业绿色发展扎实推进，农村地区绿色发展的主动性和自觉性进一步增强”的要求。《乡村振兴促进法》第三十七条明确规定要如何改善人居环境，“各级人民政府应当建立政府、村级组织、企业、农民等各方面参与的共建共管共享机制，综合整治农村水系，因地制宜推广卫生厕所和简便易行的垃圾分类，治理农村垃圾和污水，加强乡村无障碍设施建设，鼓励和支持使用清洁能源、可再生能源，持续改善农村人居环境”。

在时效性上，环境政策强调目标任务完成的渐进性，分阶段完成，有定性、定量的要求；环境法律在具体规定中一般不作时限要求。《长江保护计划》在强化生态环境空间管控，严守生态保护红线方面规定“2019年年底前，基本建成长江经济带‘三线一单’信息共享系统。2020 年年底前，完成生态保护红线勘界定标工作”。《长江保护法》第十九条规定：“长江流域省级人民政府根据本行政区域的生态环境和资源利用状况，制定生态环境分区管控方案和生态环境准入清单，报国务院生态环境主管部门备案后实施。”

在灵活性上，环境政策是在一定时期内推行实施的，能及时反映现实国情，较灵活；环境法律一经公布则在长时间内有效，较稳定。有的政策文件会在文末规定该文件的有效期，一般均为短期，如三年、五年等。政策文件的有效期较短，能灵活对相关事项进行规范；法律的制定、修正、修订和废止都需要经过严格的程序，一经公布则在较长时间内有效。

## 三、环境政策法律化的实现路径

### （一）储备环境政策，夯实环境立法基础

一是推广、总结、升华环境试点政策，形成覆盖范围广、实践效果好的政策体系。试点政策需要在实践中积极发挥示范先行的作用，把可复制、可推广的成熟经验转化成全面试行的政策，使环境政策制度化。

二是结合生态环境保护新情况、新变化，评估、制定环境新政策，构建规范健全的环境政策体系。制定环境政策要与时俱进，针对最新、最突出的环境问题，及时对已有政策进行评估，根据社会现实的需求，制定新的政策，不断更新和丰富环境政策体系。

三是充分发挥环境政策对环境法律的引领作用，积极推动法律的制定、修改及修订。环境法律具有滞后性，需要吸收借鉴政策中因时而变、因事而变的内容，从政策中找到变革的思路与方向。如《中华人民共和国民法典》第一千二百三十四条、一千二百三十五条对生态环境损害赔偿制度的规定，即充分吸纳了《生态环境损害赔偿制度改革方案》中的相关内容和成果，体现了环境政策的先导和指引作用。

### （二）确立转化标准，规范环境立法

一是环境政策法律化的前提条件。普适性、实践性和成熟性应当是环境政策转化为环境法律三大基本条件。普适性要求环境政策普遍适用于相同或者类似的环境问题，而不是具有区域性的环境问题。实践性要求环境政策是经过长期实践检验且被证实为有效可行的。成熟性要求环境政策具有转化为法律的时机，如宏观发展需要、社会关注度高、被列入立法计划。

二是环境政策法律化的实现路径。在框架逻辑上，环境法律可以参照环境政策的框架结构搭建法律结构。环境法律中除了法律责任和附则外，总则和分则部分的内容可以从政策中进行转化。如法律总则部分的适用范围、原则、指导思想等内容可以直接来源于政策的目标、原则及指导思想，环境法律的分则内容可以参考环境政策中的重点任务。在内容逻辑上，可借鉴环境政策文本的逻辑思路完善法律文本的内容。例如，在流域立法中，借鉴流域规划等政策文本中“三水统筹”“四源齐控”等思路布局法规内容。

三是在环境政策法律化过程中严格遵守立法技术规范。立法技术规范是起草、修改法律需要掌握的具体操作规范，包括法律的结构、形式、文体、修改和废止的方法等方面的规则。推进环境政策法律化时，需要充分发挥好立法技术规范的工具作用，使得立法既符合法律的结构规范，也符合相关的语言表述规范。

### （三）精准识别差异，完善环境法律

环境政策法律化并不是简单地将政策的全部内容都上升为法律，转化时需要根据立法规范和要求对转化的内容进行选择、取舍。

一是在具体内容上，明确了环境政策和环境法律的差异性后，进行立法转化时可以“反其道而行之”。在时效性上，环境政策规定强调定时定性定量，法律化时需要先确定是否有必要借鉴这些内容，如果需要，则根据实际需要把这些“确定”的时限、指标模糊化和原则化。在导向性上，环境法律需要把政策中党和国家对阶段性的目标任务转化为具有普适性的法律规定。在灵活性上，环境法律的修改废止需要坚持必要性原则，避免过于频繁，要保持法律的稳定。因此，法律制定时需要充分考虑到法律和政策的有效性，对于政策中短期展望的目标、任务需要审慎转化。

二是在语言表述上，环境政策法律化需要严格遵守立法技术规范的要求，把政策用语转化为法言法语，避免立法用语上的政策化倾向。在强制性上，对于政策中鼓励的事

项，立法时应根据实际情况明确规定为“应当”或者“可以”；对于政策中反对、不提倡的事项，法律中应当明令“禁止”，并规定相应的法律责任，用国家强制力保障法律的实施。在规范度上，严格按照立法技术规范中的用语规范进行立法，特别需要注意法律中“政策性条款”的表述规范，避免法律条文中出现政策用语的烙印，减损法律的权威性。在简洁度上，基于法律文本的有限性，环境政策法律化时，使用“主体+行为”的句式规定权利义务，保证法律语言的简洁、凝练。

# 生态文明建设视野下四川省各市（州）2021 年政府工作报告解读

**摘　要：** 从 2021 年四川省 21 个市（州）政府工作报告文本来看，各市（州）积极主动将生态环保工作与经济社会高质量发展相衔接，主要体现在聚焦中心服务大局，积极推动地方经济社会全面绿色转型；聚焦国家生态安全格局，持续筑牢长江黄河上游生态屏障；聚焦碳达峰碳中和“3060”目标；聚焦成渝地区双城经济圈建设国家战略，推动区域环境协同治理；聚焦乡村振兴战略，深入实施农村环境污染治理等方面。

**关键词：** 政府工作报告；生态环境保护；国家重大战略；文本分析

## 一、近年来各市（州）高度重视生态环保工作

通过梳理各市（州）政府工作报告中“回顾过去五年成就”“‘十四五’基本考虑”“今年主要工作安排”等主要部分，研判发现，各地在思想认识、工作实践、方向目标等方面，对生态环境保护工作给予了高度重视。

### （一）认识强化：体现了思想上的重视

各市（州）政府工作报告中对生态环保工作的表达提法、思想理念，与中央、省重要要求和部署一脉相承且契合地方实际，体现了各地在思想认识上对生态环保的重视。一是在核心概念、主要术语上使用频次高。经统计，20 个市（州）政府工作报告的“主要成就回顾”“‘十四五’主要考虑”“今年主要工作安排”等部分数次出现：“环境保护（121 次，含‘环保’）”“污染防治（64 次）”“绿色发展（59 次）”“生态屏障（16 次）”等术语或提法。同时，各市（州）在“今年主要工作安排”部分中，均列专章或专段对生态环保工作予以安排部署。二是在贯彻指导思想、重要理念上旗帜鲜明。报告显示，一些市（州）明确要自觉践行习近平生态文明思想和“共抓大保护、不搞大开发”“治理黄河，重在保护，要在治理”要求，履行上游责任，强化上游担当；一些市（州）表示要坚定贯彻“生态优先、绿色发展”理念，城市生态价值和永续发展优势迅速集聚，公园城市大美形态加速呈现；一些市（州）强调要树牢和践行绿水青山就是金山银山理念，坚决扛起生态文明建设重任，切实筑牢长江黄河上游重要生态屏障。

### （二）成绩突出：反映出工作上的重视

报告显示，“十三五”期间，各市（州）围绕坚决打赢打好污染防治攻坚战，认真开展生态环境保护督察及反馈问题整改和“回头看”，生态环境质量明显改善，污染防治攻坚战实现阶段性目标。四川省达标城市数量增至14个，$PM_{2.5}$浓度下降28.6%，优良天数比例提高5.6个百分点。全面实施河（湖）长制，86个断面水质达到优良水质标准、优良率98.9%，全面消除劣Ⅴ类水质，完成105条城市黑臭水体治理。同时，各地以关键指标达标为契机，取得了不少荣誉和亮点成绩。一是获得荣誉称号。例如，成都在全国率先实现原生生活垃圾“零填埋”，荣获首批全球绿色低碳领域先锋城市蓝天奖；雅安森林覆盖率稳居全省首位，被授予大熊猫国家公园园地共建先行区称号，城市空气和地表水环境质量位居全国前列；德阳连续两年获得国家节能减排示范市考核优秀，入选全国城市黑臭水体治理示范市等。二是创先达标示范。例如，阿坝创建国家村庄清洁行动先进县1个、绿水青山就是金山银山实践创新基地1个、省级及以上生态文明建设示范县2个、生态乡镇64个；甘孜建成国际和省级重要湿地3个、“绿水青山就是金山银山”实践创新基地1个、国家和省级风景名胜区、森林公园、湿地公园20个；攀枝花农村人居环境整治三年行动目标超额完成，地表水质量考核排名进入全国前列，跻身中国城市宜居竞争力排行榜50强；内江完成全国首批流域水环境综合治理与可持续发展试点、全国黑臭水体治理示范城市建设任务，城区11条黑臭水体全部改造为生态公园等。三是工作推进领先。例如，广元在全面消除城市黑臭水体，建立环保和产业发展协同、区域生态环保联防联控等机制，以及开展全国气候适应型城市建设试点上，实现全省率先；南充成为中西部地区唯一的国家畜禽粪污资源化利用整市推进试点市；资阳完成农村人居环境整治重点县及“厕所革命”整村推进任务，成为全省唯一的人居环境整治重点县整市推进市。

### （三）方向明确：锚定在目标上的重视

绝大多数市（州）政府工作报告在“主要目标”专段中，均明确表示2021年环境保护工作要完成省下达的任务。由于2021年是“十四五”开局之年，各地对未来五年生态环保工作相关目标、措施等均做出一些具体展望。主要可以归纳为几个方面：一是提出示范引领。如成都提出持续推动绿色可持续发展，努力建设以绿色为新优势的可持续发展先行区，打造美丽中国建设新典范；阿坝提出要全面彰显生态之美、发展之美、人文之美、和谐之美，要成功创建国家生态文明建设示范区，全面建成生态美丽家园，走出一条人与自然和谐共生的现代化生态文明之路；乐山提出构建“三线四区一湖六湿地”生态建设总体布局，努力建成践行习近平生态文明思想的国家生态文明示范市；广元提出始终坚持生态优先，建设践行绿水青山就是金山银山理念示范市，推进中国最干净城市建设等。二是抓住实现路径。如雅安提出协同推进长江上游生态保护修复和生态廊道建设，推进大熊猫国家公园雅安片区建设；攀枝花提出基本形成山水宜居公园城市，经济社会发展与水资源水生态水环境承载能力相协调，生态环境更加优美，碳排放达峰后稳中有降；德阳提出以建设绿色发展示范区为载体，解决好群众普遍关心、高度关注的就业、教育、医疗、社保、文化事业、环境保护等问题；广元提出筑牢嘉陵江上游生态屏障，坚定贯彻绿水青山就是金山银山理念，充分发挥生态资源优势，促进经济社会发展全面绿色转型，探索生态资源转化新机制，推动绿色低碳发展等。三是展望中远期成效。如内江提出能源和水资源消耗、碳排放总量得到有效控制，生态环境质量持续改善；资阳提出单位地区生产总值能源消耗、二氧化碳排放、主要污染物排放总量低于全省控制标准，城乡人居环境明显改善；乐山提出国家、省、市水质考核断面全面达标，农村面源污染基本消除，森林覆盖率提高到 62%，绿色发展指数继续保持全省前列；宜宾提出主要污染物排放总量持续下降，生态环境质量持续改善，森林覆盖率达到 50.4%及以上，绿色低碳生产生活方式进一步形成，建成长江生态第一城等。

## 二、生态环境保护面临的基本问题与总体打算

大多数市（州）政府工作报告以凝练的语言，概括了当地生态环境领域面临的基本问题、挑战和形势，总体来看，地方生态文明建设仍任重道远。基于此，各地对 2021 年生态环保工作提出了几个方面的打算。

### （一）基本问题：当前亟待解决的问题与长远深层次问题并存，生态文明建设仍任重道远

各地的生态环保工作仍面临一定压力和挑战，生态环境保护存在短板，生态环境质量持续改善的基础不牢固。概括来看：一是污染防治需久久为功。空气质量、水环境质量改善任务依然艰巨，产业结构、能源结构、交通结构不适应绿色发展要求的问题还比较突出。大气污染方面，部分城市 $PM_{2.5}$ 浓度仍然在较高位，臭氧污染凸显并有所加重，达标的部分城市处于“临界”达标水平。水污染方面，沱江、岷江等重点流域污染较重，个别断面达标不稳定，部分小流域仍长期未达标。土壤污染方面，局部地区农用地土壤污染偏重，粮食安全存在隐患。二是生态保护修复亟待加强。地方生态安全风险隐患仍然存在，长江、黄河上游生态屏障建设仍面临具体挑战，“三州”地区生态系统脆弱、承载能力较低、生态修复极难，离建成生态文明高地还有一定差距。三是农村环境整治任务艰巨。行政村（含涉农社区）生活污水治理工作压力不小。农村生活垃圾治理投入不足，村组保洁力量较弱，农村厕所管护滞后，部分污水处理设施存在“建得起用不好”的现象。化肥农药减量下行压力较大，专业化统防统治整体覆盖率偏低。耕地安全利用仍未破局，土壤污染修复进展较慢。四是生态环境现代化治理能力仍存短板。环保基础设施历史欠账尚未补齐，城镇管网建设推进长期处于“进行时”。一些乡镇污水处理设

施建设滞后或者管护效果较差，部分已建成的污水处理设施未达到排放标准或进水污染物浓度过低。

### （二）总体打算：致力实现生态环境高水平保护与经济高质量发展

各市（州）政府工作报告中关于2021年生态环保工作的安排与打算，涉及面广、内容丰富，主要体现在以下几个方向上。一是坚持深入打好污染防治攻坚战，坚持在生态环境高水平保护中增进民生福祉。在治气上加强臭氧和$PM_{2.5}$协同防控，注重工业源、移动源、面源污染等精准减排；在治水上从“上下游、左右岸、干支流”着眼，统筹水环境治理、水资源保护、水生态修复，巩固黑臭水体整治成效，接续推进农村人居环境整治提升行动，深入治理农村生活污水；在治土上重点围绕受污染耕地安全利用，推进土壤污染治理与修复，持续提高固体废物精细化处置能力和水平等。二是坚持促进经济社会全面绿色转型，助推地方高质量发展。各地立足新发展阶段、贯彻新发展理念、构建新发展格局“三新”大背景谋划生态环保工作，努力实现“抓环保、促发展”的目标。认真落实碳达峰、碳中和决策部署，强化和完善能源消费总量和强度“双控”制度，推进重点行业和重要领域绿色化改造。以区域规划、产业调整、政策引导等为抓手，大力促进绿色经济发展，推动形成绿色发展方式和生活方式。三是坚持生态环境保护服务国省重大战略，发挥环保服务大局作用。各地报告充分展示了生态环保融入地方党政工作布局的全局意识，在服务成渝地区双城经济圈建设，筑牢长江、黄河上游生态屏障，乡村振兴背景下推动农村人居环境整治等重大战略、重难点工作上予以充分体现。四是坚持发挥环境经济与社会政策的协同作用，助推环境治理体系现代化。加强生态环境保护多元投入、生态补偿、损害赔偿、责任追究、排污许可、环境权益交易、环境信用评价等机制建设。推进生态环境领域助推经济发展“放管服”改革，全面施行环评审批告知承诺制。开展绿色创建活动，建设节约型机关、企事业单位、学校、社区等。理顺环保工作相关政府，市场，社会主体的权、责、利关系，推进体制机制改革创新。

## 三、发挥生态环境保护支撑保障作用，全力服务国家重大战略决策部署

在各市（州）政府工作报告中，充分体现了更好发挥生态环境保护支撑服务保障国家重大战略的内在要求，在推动地方经济社会高质量发展、持续筑牢长江黄河生态屏障、谋划碳达峰碳中和工作、融入成渝地区双城经济圈建设和助推乡村振兴等重大战略上谋定而动、精心布局、创新出招。

### （一）聚焦中心服务大局，积极推动地方经济社会全面绿色转型

各市（州）认真落实创新、协调、绿色、开放、共享的新发展理念，为推动高质量

发展提出了具体措施。一是优化产业结构。各地根据实际推动落后产能淘汰退出、传统产业转型升级，积极推动新一代信息技术、高端装备制造、新材料、生物、新能源汽车、节能环保等新兴产业发展。绵阳等地提出提升先进制造业发展能级，加快构建“6+6”先进制造产业体系；自贡等地加快工业转型发展，将节能环保装备产业列入国家战略性新兴产业集群发展工程；德阳等地提出引导企业推行清洁化改造和生产，加快淘汰落后产能企业。二是落实生态环境分区管控要求。自贡、广元、遂宁、宜宾、达州、巴中、阿坝、甘孜等地提出科学划定生态保护红线、环境质量底线、资源利用上线和生态环境准入清单，强化规划环评，严把准入关口，从源头上预防生态环境污染。三是创新运用环境经济政策。一些地方通过完善绿色经济政策，推进“绿水青山就是金山银山”转化。成都等地提出探索EOD城市发展模式，争取西部环境资源交易所落户；绵阳等地提出完善生态环境多元投入长效机制，健全绿色金融服务体系；德阳等地提出推进生态环境损害赔偿制度改革；南充等地提出稳步推进金融改革创新，持续抓好省级绿色金融示范区建设。

### （二）聚焦国家生态安全格局，持续筑牢长江黄河上游生态屏障

四川地处长江、黄河上游，是长江黄河重要生态屏障和水源涵养地，在全国生态安全格局中地位重要，各市（州）狠抓问题整改、实行最严法治、坚持系统治理，全力筑牢长江、黄河生态屏障。一是狠抓问题整改。绝大多数市（州）表示，要切实抓好国家推长办和中央、省级生态环境保护督察发现重点流域问题和长江经济带生态环境突出问题整改。二是实行最严法治。泸州、宜宾、南充、广元、广安、甘孜、阿坝等生态保护修复工作任务较重的市（州）提出，要深入贯彻《长江保护法》，做好长江禁捕退捕工作，加强流域生物多样性保护。落实用好河（湖）长制，建立因地制宜的巡河机制。三是加强山水林田湖草沙系统治理。甘孜、阿坝、自贡、泸州、内江、资阳、宜宾等地认真做好长江、黄河上游保护、修复、治理三篇“文章”，统筹协调、精准治理。

### （三）聚焦碳达峰碳中和“3060”目标，各地积极谋划推动工作

各市（州）根据碳达峰碳中和部署要求，加快构建绿色低碳循环发展的经济体系，推动实现能源电力发展与碳脱钩，经济社会发展与碳排放脱钩。一是实施重点行业领域减污降碳。多数市（州）提出，单位地区生产总值能源消耗、二氧化碳排放总量完成省上下达的降低目标，重点在工业领域推进绿色制造。绵阳、泸州、达州等地提出在建筑领域提升节能标准，推广绿色建筑、新材料环保建材，推行建筑节能“绿色评级”；成都、遂宁、南充、达州、巴中等地在交通领域提出加快形成绿色低碳运输方式，积极推广应用新能源汽车，成都特别提出构建“轨道+公交+慢行”绿色交通体系，推动市域铁路公交化运营。二是构建清洁低碳能源体系。多数市（州）提出大力发展新能源。攀枝花等地提出推动煤炭消费尽早达峰，全面推进清洁生产、清洁运输，扩大风光水能源和

天然气消费；德阳、遂宁、内江、南充等地提出持续推进能源消耗和总量强度“双控”，提高清洁能源利用效率和质量，推进电能替代。三是倡导绿色低碳生活。各市（州）均提出加快低碳生活方式形成。达州等地提出引导市民践行绿色消费方式，倡导绿色低碳出行，创建绿色家庭、绿色学校、绿色社区。四是提升生态碳汇能力。大多数市（州）提出开展大规模国土绿化行动。攀枝花、广元、乐山等地明确提出提升生态系统碳汇能力，攀枝花特别提出全域推进绿色矿山建设。

### （四）聚焦成渝地区双城经济圈建设国家战略，加强区域生态环境治理

各相关市（州）积极融入成渝地区双城经济圈建设，以此为战略牵引，深化拓展“一干多支”发展战略，在助推高品质生活宜居地建设方面发挥重要作用。一是支持城市群发展格局优化。作为成渝地区双城经济圈重要极核的成都，以及德阳、资阳、雅安、眉山等地提出强化极核引领和主干带动，促进成渝相向发展，加速成德眉资同城化成势，加快“三区三带”产业协作带建设，持续提升环境联防联控联治能力；泸州、遂宁、内江、资阳、达州、广安等地报告显示出，在生态环保融入成渝地区双城经济圈建设进程中大有机遇可寻。二是助力全面提升城市品质。成都、泸州、德阳、遂宁、资阳、眉山等地提出树立公园城市理念，加快建设高品质生活宜居地，开创可持续发展新路径，“成德眉资同城化”区域提出协同推进龙泉山城市森林公园建设，推进龙泉山生态提升、龙门山生态修复，全面启动国土空间生态修复规划编制工作。三是推动跨界河流生态环境综合整治。成都等地提出开展长江经济带生态环境问题集中排查整治，规划建设岷江、沱江流域及湖库水网体系；南充、广元等地提出加强嘉陵江优良水体保护，推进嘉陵江绿色生态走廊（廊道）建设；成都、泸州、内江、资阳等地提出推进沱江流域综合治理，加强流域河（湖）长联动合作，推动生态环保联防联控，建设沱江绿色发展经济带。

### （五）聚焦乡村振兴战略，深入实施农村环境污染治理

在大力实施乡村振兴战略，加快推进农业农村现代化的大背景下，各市（州）高度重视农村环境治理，积极推进宜居宜业乡村建设。一是开展农村人居环境整治。各市（州）均关注农村卫生厕所普及率、行政村生活污水和生活垃圾处理等重点工作。广元等地提出健全管理长效机制，实施城镇生活污水和城乡生活垃圾处理设施建设推进行动；资阳等地启动实施农村人居环境整治五年行动。二是推进农业面源污染治理。各市（州）均关注农业面源污染治理，提出推进土壤污染管控和修复，持续提升畜禽粪污资源化利用率等。广安等地提出规模化推进畜禽粪污无害化处理和资源化利用。三是支持农业绿色发展。各市（州）因地制宜，结合当地特色大力发展现代农业，推广绿色农业产品。阿坝等地提出大力发展特色主导产业，做强“净土阿坝”品牌产业联盟；泸州、眉山等地提出持续提高秸秆综合利用率；乐山、巴中等地提出推进主要农作物农药、化肥使用量零增长，促进化肥农药减量增效。

# 关于深入推进生态环境损害赔偿工作的对策建议

**摘　要**：生态环境损害赔偿制度改革是一篇前后相续的大文章，“前半篇”重在建制度，打基础；“后半篇”重在提质增效，并向常态化、制度化转变。四川省围绕“建机制，树案例、见效果”开展了系列工作，赔偿制度初步构建，改革工作的“前半篇”任务基本完成，但在改革由“前半篇”转入“后半篇”的关键节点上，仍然面临赔偿适用范围和标准不统一，赔偿权利人能力建设不足、技术保障有差距等三方面问题。因此，建议从完善制度设计，厘清适用范围；加强能力建设，提升办案质量；强化技术支撑，创新工作方式等三方面推进工作向纵深发展。

**关键词**：生态环境；损害赔偿；对策建议

## 一、主要做法：建机制、树案例、见效果

### （一）建机制

成立改革工作领导小组。省级层面成立了以分管副省长为组长，生态环境、司法、财政等 11 个省直部门为成员的省生态环境损害赔偿制度改革工作领导小组，明确了各成员单位职责。绵阳、遂宁、达州、雅安、甘孜、阿坝等部分市（州）也成立了改革工作领导小组或将改革纳入生态文明体制改革专项领导小组工作任务。

构建“1+5”制度体系。一方面，省、市两级分别出台生态环境损害赔偿制度改革实施方案，明确省政府以及 21 个市（州）政府赔偿权利人主体地位以及生态环境、自然资源、住建、水利、农业农村等 6 个部门负责各自职责范围内的赔偿案件。另一方面，制定出台赔偿工作程序规定、磋商办法、资金管理办法、司法鉴定机构登记评审办法、修复管理办法 5 项配套制度和办法，形成“线索发现—案件调查—鉴定评估—磋商—司法确认—诉讼—修复—修复后评估”的闭环管理，规范和明确了工作流程。

## （二）树案例

案件办理数量稳步增长。截至 2021 年 3 月，四川省共启动赔偿案件 83 件①，办结 24 件，正在办理的有 59 件，全省 22 个赔偿权利人实现办案全覆盖，办案数量上升到全国第 15 名。

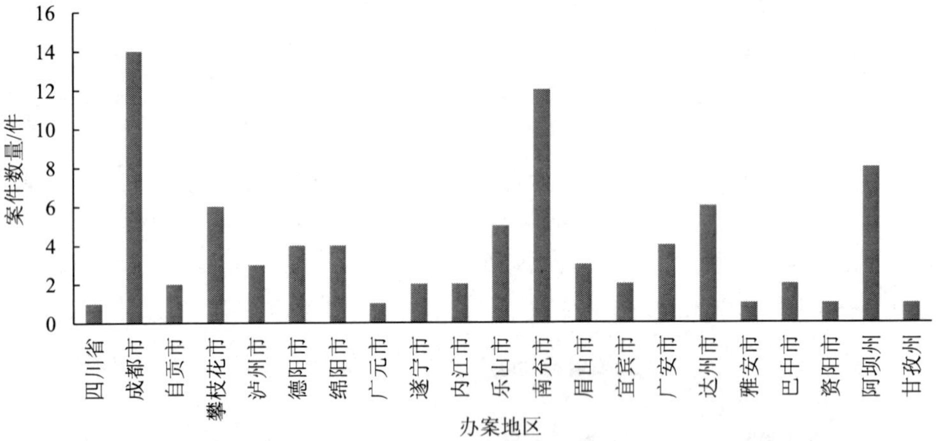


**图 1　四川省生态环境损害赔偿案例数量统计**

从办案分布上看，成都市、南充市办案较多，分别为 14 件、12 件，个别市（州）办案数量只有 1 件（图 1）。从案件类型上看，全省主要有 4 类损害赔偿案件，其中以生态环境部门办理的污染环境类案件居多，占 78%，非法捕捞、破坏森林、非法采矿等其他类型案例偏少（图 2）。

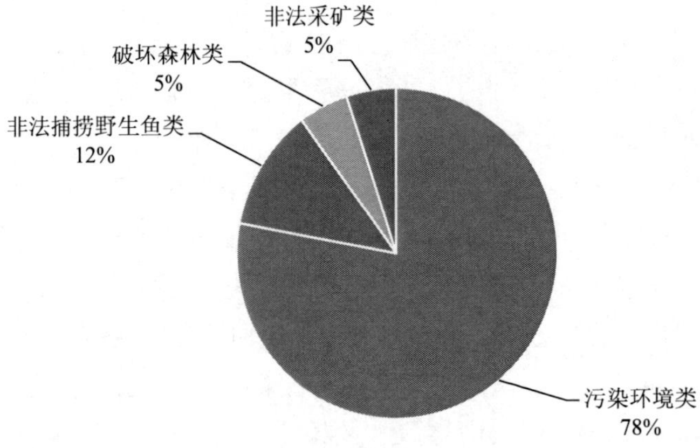


**图 2　四川省生态环境损害赔偿案件类型统计**

① 资料来源：生态环境损害赔偿改革进展填报系统。

### （三）见效果

赔偿总金额达 2 275 万元，推动开展 18 项修复项目，生态环境逐渐得到修复。所有已办结 24 件案件中，18 件已通过增殖放流、补种树木、工程修复等方式开展了修复，其余 6 件通过支付赔偿金结案的，按照修复管理办法规定开展替代修复工作。

跨省、跨市案例磋商成功，社会影响大，办理效果较好。陕西省宁强县汉中锌业铜矿排污致嘉陵江四川广元段铊污染案件，作为一起涉及跨省的重大突发环境事件，磋商金额高达 8 000 余万元；彭州旺驰物流有限公司“3·14”柴油罐泄漏生态环境损害赔偿案是全省首例跨市（州）案件，实现了一次性磋商成功；成都益正环卫工程有限公司等单位、吕顺体等 16 人污染环境案同时入选最高人民检察院发布的服务保障打好污染防治攻坚战、最高人民法院发布的长江经济带生态环境司法保护十大典型案例。

## 二、存在问题：与现实需求仍有差距

### （一）赔偿适用范围和标准不统一

民法典对提起生态环境损害赔偿的要求低于《生态环境损害赔偿改革实施方案》（以下简称改革文件）、《最高人民法院关于审理生态环境损害赔偿案件的若干规定（试行）》（以下简称司法解释），民法典和改革文件、司法解释的适用范围不统一，可能带来适用上的困惑。例如，有的地方以“发生损害”为适用条件，将一些普通的环境污染和生态破坏案件作为赔偿案例展开磋商、诉讼，办案质量不高、效果不好，浪费了人力、物力、财力；有的地方以“发生严重损害”为适用条件，但何为“严重”也缺乏相应标准，“门槛”高、案件少，工作进展缓慢。

各赔偿权利人适用范围的标准不统一。改革方案授权各地区结合本地实际情况，对改革方案的适用范围做出细化补充规定。全省 21 个市（州）有 8 个市（州）[①]从环境犯罪、环境要素功能退化等角度对启动赔偿工作的情形进行补充或细化，致使适用范围和标准在全省出现二次划分，相同生态环境损害行为在四川省不同地区可能存在不同的处理结果，不仅加深了适用上的困惑，同时埋下适用范围无序扩张的隐患。

### （二）赔偿权利人能力建设不足

缺乏专门机构和人员。目前，省、市两级均未设置负责改革工作的专门机构，且基本未配备专门负责的相关工作人员，生态环境系统内部多为法规部门相关人员兼职，改革工作涉及面广、工作量大，面对中央、省级巨大考核压力及调度要求，往往显得力不

① 分别是成都市、泸州市、绵阳市、内江市、乐山市、眉山市、阿坝州、甘孜州。

从心。

部分人员专业知识、实践经验不足，办案水平参差不齐。改革工作涉及专业技术问题和复杂法律问题，部分基层工作人员对工作要求把握不准、认识不深，对是否启动赔偿案件缺乏准确判断，导致部分案件未能及时移送，在源头上埋没了案件线索。此外，改革工作缺乏可供借鉴的经验，多地案件数量未突破个位数，全省范围内缺乏成体系、可参考的案例实践，各地办案水平参差不齐。例如，部分地方办案人员将刑事罚金与损害赔偿金混同、将损害赔偿与公益诉讼混同①。

生态环境部门“单打独斗”，部门间尚未形成合力。生态环境损害包括污染环境和破坏生态，涉及自然资源、生态环境、住建、水利、农业农村、林业草原 6 个部门，但从案例实践上来看，全省 83 件赔偿案例仅 18 件为资源破坏类案件，近 80%的案件都是生态环境部门办理的环境污染类案件，相关职能部门力量发挥、协同配合力度不够。此外，损害赔偿磋商、诉讼还涉及检察机关、审判机关职责职能，多地在衔接损害赔偿与公益诉讼以及进一步明确司法确认、赔偿诉讼规则等问题上仍处于摸着石头过河的状态。

### （三）技术保障有差距

鉴定机构数量少、能力弱。全省仅 6 家鉴定机构可以为全省 22 个赔偿权利人进行鉴定，其中仅 3 家鉴定机构可以提供司法鉴定意见。由于磋商不成需提起诉讼，为避免重复鉴定，多地首先考虑 3 家司法鉴定机构对生态环境损害进行鉴定评估，致使鉴定业务在小范围内集中，无法为全省赔偿案件提供充足和多元化的鉴定技术支撑。

鉴定费用高。鉴定费用与生态环境损害赔偿金额倒挂的现象较为突出。由于当前鉴定市场仍处于卖方市场，全国、省内尚未形成统一的鉴定费用标准，在利益和成本的双重驱动下，司法鉴定表现出鉴定费用过高、鉴定难的现象。部分地区鉴定评估费用由赔偿权利人买单，未纳入赔偿总金额，局部地区甚至出现由于鉴定费用过高，赔偿案件推进缓慢，错失取证最佳时机导致案件“夭折”等情况。

专家意见不能发挥预期作用。2020 年发布的《关于推进生态环境损害赔偿制度改革若干具体问题的意见》（环法规〔2020〕44 号）虽然明确对损害事实简单、责任认定无争议、损害较小的案件可以采用委托专家评估的方式，出具专家意见。但由于专家意见并非法定证据种类，在司法实践中证据效力相对不足，且证明过程、内容以及方式不明，在诉讼过程中处于第二位阶的补充阶段，一旦案件发生争议仍需进行鉴定，致使专家意见不能实现预期作用。

---

① 资料来源：生态环境损害赔偿改革进展报送系统。

## 三、经验借鉴：其他省市推进改革工作的做法

### （一）重庆市

重庆市大力推进生态环境损害赔偿案例实践，其主要做法有：一是加强统筹联动，形成改革齐抓共管合力。将各区县政府及有关市级部门开展生态环境损害赔偿制度改革工作情况，纳入全市环境保护集中督察和专项核查。通过召开改革工作培训会、推进会、片区指导会以及定期调度通报等多种形式，加大对全市改革工作的统筹指导力度①。二是积极培育鉴定评估机构，加强制度建设。重庆市司法局开辟环境损害司法鉴定资质审批“绿色通道”，进一步简化审批手续。鼓励已审核登记的鉴定机构在渝东南、渝东北等相对偏远区县设置实验室或成立分所，支持符合条件的科研单位积极申报环境损害司法鉴定资质。严格执行《重庆市司法鉴定收费管理办法》《重庆市实行政府指导价管理的司法鉴定收费项目目录和收费标准》等文件规定，规范环境资源损害司法鉴定行业收费标准②。

### （二）安徽省

安徽省在生态环境损害赔偿改革中注重发挥制度的规制作用。其主要做法有：一是统筹加强对基层工作指导。面对基层专业力量不足、索赔能力薄弱等问题，生态环境厅主动给予指导帮扶，从近 3 年办理的行政处罚案件中梳理案件线索，责任落实到市，逐个对账销号。聚焦环境资源生态价值功能的保护和恢复，常态化组织管理、法务、技术等人员查现场、摸实情、定方案，“一案一指导”。二是细化完善赔偿工作程序。对生态损害事实清楚、责任认定无争议、损失金额在50万元以下的案件，实施“简易评估认定程序”有效缩短鉴定评估时间。针对赔偿义务人磋商意愿不强，存在等待、观望心态的情况，积极争取司法机关支持赔偿磋商，提高磋商成功率。检察机关依法支持赔偿诉讼，有力震慑违法者。三是构建生态环境损害追责共同体。将生态环境损害赔偿案件办理列入省级环保督察范围。通过专题培训、联席会议、定期调度、个案督办等方式，解决认识不到位、工作不平衡的问题[1]。

### （三）江苏省

江苏省将生态环境损害赔偿制度改革作为全省生态文明体制改革的重点内容加以推

---

① 资料来源：生态环境损害赔偿改革进展报送系统。

② 重庆市人民政府关于《重庆市人大常委会对〈重庆市高级人民法院关于环境资源审判工作情况的报告〉的审议意见》研究处理情况的报告，来源：重庆市人民代表大会常务委员会公报 2019 年第 6 期，发布时间：2020-04-17，http：//www.ccpc.cq.cn/home/ index/more/id/219394.html。

进，先行先试，积极开展探索实践。主要做法有：一是探索赔偿权利人向区县延伸。针对生态环境损害事件的属地特点，适度拓展磋商谈判的主体范围，在赔偿义务人认可的前提下，积极鼓励区县生态环境部门开展磋商索赔，市级生态环境部门做好指导、协调、见证工作。二是探索简易鉴定评估程序。多地明确对事实清楚、责任认定无争议、环境损害较小的小额案件，可邀请相关领域专家按照相关技术规范出具专家意见，解决小额案件的鉴定评估与损害赔偿费用倒挂、鉴定机构不足、案件办理周期长等问题。三是注重与公检法部门联动。多地生态环境部门与公安、检察、法院等部门横向联动，畅通部门信息沟通、共享案件线索，形成案件查处协作制度[2]。

## 四、“后半篇”文章：提质增效，向常态化、制度化运行转变

### （一）完善制度设计，厘清适用边界

一是合理区分生态环境损害赔偿案件与环境侵权案件的界限范围。建议根据损害后果进行判断，将“发生其他严重损害生态环境后果的”归类为生态环境损害赔偿制度改革案例，将一般环境侵权行为带来的国家机关追究侵权人案件归类为民法典中的环境污染或生态破坏案件，从而避免出现改革工作中案例实践差异大的问题。

二是及时整合并更新改革文件及司法解释的适用范围，统一适用范围。改革文件、司法解释作为生态环境损害赔偿的主要政策文件和司法依据，在适用范围上应当保持统一。民法典作为生态环境损害赔偿制度的实体法依据，改革文件、司法解释应当根据其相关规定及时修改、更新，统一适用范围，做到法律、政策以及司法解释的统一，解决实践中各地区适用上困惑。同时，各地应当进一步审查其适用范围细化的正当性，是否存在与上位法、改革文件、司法解释精神内涵不一致的情况，及时做出修订，全省统一适用范围。

三是适当扩大“应赔尽赔”理念引领的赔偿适用范围。改革文件要求严重损害的结果要件，与实现“应赔尽赔”的原则存在一定背离，除前面论述的更新改革文件及司法解释的适用范围外，建议适当扩大赔偿适用范围，关注环境污染及生态破坏行为结果的隐蔽性、滞后性和积累性，将可能造成生态环境损害后果的纳入生态环境损害赔偿范围。例如，土壤污染由于其隐蔽性和滞后性，一般在初期显现不明显，这可能会导致错失案件线索。随着时间推移，土壤污染物容易因不断积累而对生态环境和人体健康造成较大危害，但损害后果出现时又有可能因难以确定责任人或超过诉讼时效而使案件无疾而终。因此，建议将对某些尚未造成生态环境损害后果，但通过鉴定、监测等技术手段可以确定未来会对生态环境和人体健康带来较大危害的行为纳入赔偿范围。

### （二）加强能力建设，提高办案质量

一是深化机构改革，优化人员配置。按照机构改革方案和环保垂改要求，进一步明确部门责任和各岗位责任人员，有条件的地区可以设置专门办案机构，配置专门办案人员。积极引进环境公益诉讼、环境刑事犯罪、损害鉴定评估等相关领域专家，打造智囊团队，提高办案质量。

二是构建生态环境损害赔偿责任共同体。将损害赔偿工作纳入环保督察和政府管理考核体系。各部门抓紧开展案件筛查，尤其是针对中央生态环保督察“点名”的问题，必须进行损害调查。省级改革工作领导小组主动对基层进行指导帮扶，梳理案件线索，责任落实到市，逐个对账销号。聚焦环境资源生态价值功能的保护和恢复，常态化组织管理、法务、技术等人员查现场、摸实情、定方案，“一案一指导”。通过专题培训、联席会议、定期调度、个案督办等方式，解决认识不到位、工作不平衡的问题。

三是构建“生态环境损害赔偿+”的办案模式。探索“损害赔偿+责任部门”联动模式，健全行政部门间联席会议、信息共享、案件移送、案件双向咨询机制，探索“损害赔偿+司法部门”联动模式，争取与检察机关在生态环境损害赔偿与环境公益诉讼衔接问题上达成一致意见，明确两项制度的不同适用范围，或者探索先由赔偿权利人提起生态环境损害赔偿，检察机关参与磋商，对磋商不成的案件，由检察机关以支持起诉人身份参与赔偿诉讼。与审判机关就司法确认、诉讼、执行方面进行协作，形成一批可供借鉴、参考的典型案例。

### （三）强化技术支撑，创新工作方式

一是科学配置环境损害司法鉴定资源，保障和推动环境损害司法鉴定工作科学发展。引导和支持高校、科研机构或者环境类重点实验室等优质社会资源设立高资质、高水平环境损害司法鉴定机构，优先在长江干流、重要支流沿线有序发展亟须的环境损害司法鉴定机构。开辟鉴定资质审批“绿色通道”，简化审批手续。鼓励已审核登记的鉴定机构在三州、攀枝花等相对偏远或交通不便地区设立实验室或成立分所，支持当地鉴定事业发展。

二是探索实施“简易评估认定程序”，重视鉴定评估环节磋商前置程序。对损害事实清楚、责任认定无争议、损失金额较小的案件，可邀请相关领域专家按照相关技术规范出具专家意见，解决鉴定费用高、时间长的问题。就鉴定评估事项跟赔偿义务人进行磋商，经磋商同意的，一方或双方委托鉴定评估机构开展鉴定评估；不同意磋商或者磋商不一致的，由赔偿权利人委托环境损害司法鉴定机构进行鉴定，避免诉讼环节重复鉴定。

三是探索试点“先民事后刑事”的赔偿模式。改变原来“先刑事后民事”的工作程序，探索试点为先主动开展生态环境损害赔偿和修复，再追究赔偿义务人刑事责任，并

将赔偿义务人损害赔偿和修复的情况作为定罪量刑重要依据，确保受损生态环境及时得到救济，防止因刑事案件办理时间长、赔偿义务人修复能力不足导致赔偿案件难以进行。

四是探索建立社会化分担机制。积极推进生态环境污染责任保险，指导地方探索符合当地特点的生态环境污染强制责任保险工作模式，鼓励保险业金融机构提供生态环境污染责任保险产品，以转嫁企业自身风险，降低企业因赔偿金额过高而无法履行或无法全面履行赔偿责任的风险。

## 参考文献

[1] 沈世伟. 安徽生态环境损害赔偿制度的探索与实践[N]. 中国环境报，2020-10-27（3）.

[2] 章正勇，李缨，王小平，等. 生态环境损害赔偿制度的江苏实践[J]. 环境保护，2020，48（24）：30-33.

# 关于完善沱江流域治理环境政策体系的思考和建议

**摘　要：**“十三五”时期，沱江流域综合治理取得历史性突破，水质达标问题得到初步解决。“十四五”时期，四川省委、省政府作出美丽河湖建设的决策部署，要求全面推动四川省美丽河湖建设，对流域治理提出了新要求、新挑战。就沱江而言，将从“坏水治理攻坚”的1.0时代全面迈入“好水巩固提升”的2.0时代，更加需要构建一套体现治理体系与治理能力现代化要求的政策体系，为此，我们提出如下建议：明确沱江流域治理总体思路；持续发挥优势政策效能；抢抓重大发展机遇，统筹协调流域保护与发展；完善多元共治的治理体系，全方位提升流域治理能力；健全科技支撑体系，助力精准治污持续改善；深入优化环境经济政策，强化流域治理资金保障；深入探索绿水青山就是金山银山实践路径，协同推进流域高水平治理与经济社会高质量发展。

**关键词：**沱江流域；政策体系；治理能力

沱江是长江一级支流，以占四川省3.5%的水资源量承载了全省27%的人口和33%的GDP，是长江上游生态屏障的重要区域之一，在推动全省经济社会高质量发展、维护生态环境安全中的地位举足轻重。近年来，四川省委制定以习近平生态文明思想为指导，认真贯彻落实中央“把制度建设作为推进生态文明建设的重中之重”要求，高度重视发挥政策在生态环境保护中的控制、调节、引导等作用，探索形成了一套具有沱江流域治理特色的环境政策“组合拳”。2020年，沱江流域水生态环境治理取得历史性突破，16个国考断面优良率达93.8%，中、重度污染水体全面消除，水质改善幅度居全省主要江河之首。总结沱江经验，完善流域治理环境政策体系，对于深入打好污染防治攻坚战、建设美丽四川有着重要的借鉴意义，本文基于对沱江流域治理环境政策梳理分析，结合“十四五”流域规划编制要求，形成如下思考和建议。

## 一、沱江流域治理环境政策建设成效

近年来通过持续不断的探索，沱江流域基本建立起了以体系化建设为要求、注重全过程发力的环境政策体系，既包含了解决兜底问题的系列法规、标准，也包含有解决支撑环境质量持续改善的中长期规划、计划、政策，做到了“短期+长期”“兜底+可持续”相结合，为沱江流域综合治理提供了有力的政策支撑。

### （一）命令控制型政策是沱江流域治理环境政策体系的主体

命令控制型政策[①]注重使用法律和行政管控手段，主要有标准、法律、规划、督察制度、河长制等。据统计，四川省针对沱江流域治理的命令控制型政策有20余个。

一是法规标准类。2017年，四川省第一部流域性污染物排放标准《岷江、沱江流域水污染物排放标准》发布，沱江流域水污染物排放限值较之前更为严格。2019年，四川省首次以单独流域立法的方式推进污染治理，出台《四川省沱江流域水环境保护条例》。

二是规划方案类。针对未达标国考断面限期达标要求，全省及流域沿线各市先后密集出台以《沱江流域水污染防治规划（2017—2020）》《四川省沱江一河一策管理保护方案》等为指导的一系列综合政策和专项政策，基本形成了沱江流域治理目标、责任、措施相协调的环境政策体系，有力推动了污染防治项目的实施。

三是督察管理类。成立高规格的工作领导小组，制定《四川省贯彻落实中央生态环境保护督察“回头看”及沱江流域水污染防治专项督察反馈意见整改方案》，持续开展沱江水污染防治执法检查、强化督查、专项督察、约谈等方式有力推进了沱江流域水质持续改善。

四是河长制。2017年，四川省委、省政府印发《四川省贯彻落实〈关于全面推行河长制的意见〉实施方案》，建立省级联动机制，流域各市和省级部门建立联席会议、信息通报、巡查督办、考核激励等配套制度。2020年，四川省河长制办公室印发《沱江流域断面长制实施方案》，切实改善水环境质量，确保实现沱江省级河长与流域签订的水质目标。

### （二）经济激励型政策对命令控制型政策进行了有益的补充

经济激励型政策[②]运用经济手段激励、刺激流域、区域和企业减少污染物排放、改善环境质量，充分发挥对生态环境保护的推动作用。四川省先后出台多类涉及沱江流域治理的市场经济政策：包括流域横向生态补偿制度、环境税费制度等，积极探索环境权益交易制度、环境污染责任保险制度、企业环境信用评价制度等，运用市场化手段促进沱江流域治理，推动政策的落地实施。2018年9月，成都市、自贡市、泸州市等沱江流域沿线10市签订《沱江流域横向生态保护补偿协议》，建立奖励达标、鼓励改善、惩戒恶化的激励约束机制，通过经济激励型政策促进上下游联动、合作共治。

---

① 命令控制型政策：是政府部门依据自身的行政力量，以法律法规和规范性文件等形式对当事人的生产、消费以及排污行为做出明确的标准、限制等规定，从而影响当事人的环境行为的手段和措施。

② 经济激励型政策：是将市场机制引入到环境治理中，引导当事人在消费和生产过程中对自己的环境行为进行成本效益评估，从而采用有利于生态环境保护行为的政策工具。

## （三）社会引导型政策成为推进流域治理体系现代化不可或缺的部分

社会引导型政策①主要包括环境宣传教育、社会监督举报、环境公益诉讼等政策手段，旨在充分发挥公众的主动性。从省级层面到流域沿线各市（州），在制定沱江流域环境政策的过程中越来越注重社会型政策的效用，如《四川省沱江流域水环境保护条例》指出加强对公众水环境保护的宣传教育、建立水环境信息共享机制、环境公益诉讼等；如《关于内江沱江流域综合治理和绿色生态系统建设与保护若干重大问题的决定》《沱江流域成都段水生态环境综合治理方案》中也重点提出强化社会监督举报、环保公众参与等。沱江流域治理主要代表性政策见表 1。

**表 1　沱江流域治理主要代表性政策梳理**

| 发文时间 | 发文单位 | 文件名 | 类别 |
|---|---|---|---|
| 2011 年 9 月 | 四川省人民政府办公厅 | 关于在岷江、沱江流域试行跨界断面水质超标资金扣缴制度的通知 | 专项 |
| 2014 年 5 月 | 四川省人民政府 | 关于实行最严格水资源管理制度的实施意见 | 综合 |
| 2016 年 5 月 | 四川省人民政府办公厅 | 关于进一步加强长江流域四川境内化工矿山企业安全监管工作的实施意见 | 综合 |
| 2016 年 12 月 | 四川省环境保护厅、四川省质量技术监督局 | 四川省岷江、沱江流域水污染物排放标准 | 专项 |
| 2017 年 1 月 | 中共四川省委、四川省人民政府 | 印发四川省贯彻落实《关于全面推行河长制的意见》实施方案 | 综合 |
| 2017 年 8 月 | 四川省大气、水、土壤污染防治“三大战役”领导小组办公室 | 沱江流域水污染防治规划（2017—2020 年） | 专项 |
| 2018 年 4 月 | 四川省总河长办公室 | 沱江流域水质达标三年行动方案（2018—2020 年） | 专项 |
| 2018 年 12 月 | 四川省河长制办公室 | 四川省沱江一河（湖）一策管理保护方案（2018 年修编本） | 专项 |
| 2019 年 3 月 | 四川省十三届人大常委会第十一次会议 | 四川省沱江流域水环境保护条例 | 专项 |
| 2019 年 4 月 | 四川省生态环境厅 | 四川省长江上游生态屏障建设驻点跟踪研究工作方案 | 综合 |
| 2019 年 5 月 | 四川省污染防治攻坚战领导小组办公室 | 四川省长江流域劣 V 类国省控断面整治专项行动工作方案 | 专项 |
| 2019 年 5 月 | 四川省生态环境保护督察工作领导小组 | 四川省贯彻落实中央生态环境保护督察“回头看”及沱江流域水污染防治专项督察反馈意见整改方案 | 专项 |
| 2019 年 6 月 | 四川省河长制办公室 | 沱江流域断面长制实施方案 | 专项 |

① 社会引导型政策：是指通过宣传教育、信息传播、道德劝导等方式，向企业和公民灌输生态环境保护的理念和价值观，引导公民和企业自愿作出正面生态环境保护行为的手段。

| 发文时间 | 发文单位 | 文件名 | 类别 |
| --- | --- | --- | --- |
| 2019 年 12 月 | 四川省水利厅 | 四川省主要江河流域水量分配方案 | 综合 |
| 2020 年 2 月 | 四川省生态环境厅 | 沱江流域水生态环境 2020 年工作要点 | 专项 |
| 2020 年 2 月 | 四川省生态环境厅 | 沱江重点小流域 2020 年枯水期水质管控方案 | 专项 |
| 2020 年 12 月 | 四川省农业农村厅、四川省人民检察院、四川省公安厅、四川省生态环境厅、四川省交通运输厅、四川省水利厅、四川省市场监督管理局、四川省林业和草原局 | 四川省长江流域重点水域禁捕范围和时间通告 | 综合 |
| 2020 年 12 月 | 四川省人民政府办公厅 | 四川省城镇生活污水和城乡生活垃圾处理设施建设三年推进总体方案（2021—2023 年） | 综合 |
| 2020 年 12 月 | 四川省水利厅 | 沱江流域 2021 年度水量分配方案和调度计划 | 专项 |
| 2017 年 8 月 | 内江市发展和改革委员会 | 内江市沱江流域综合治理和绿色生态系统建设与保护规划纲要 | 专项 |
| 2018 年 1 月 | 成都市人民政府办公厅 | 沱江流域成都段水生态环境综合治理工作方案 | 专项 |
| 2018 年 1 月 | 绵竹市人民政府办公室 | 绵竹市沱江流域水污染防治项目规划（2018—2020） | 专项 |
| 2018 年 9 月 | 成都市、自贡市、泸州市、德阳市、绵阳市、内江市、乐山市、宜宾市、眉山市、资阳市 | 沱江流域横向生态保护补偿协议 | 专项 |
| 2020 年 2 月 | 泸州市总河长办公室 | 2020 年濑溪河泸州段水质达标方案 | 专项 |

## 二、沱江流域治理环境政策体系存在的主要问题和挑战

### （一）以系统思维推进“山水林田湖草”综合治理政策仍需加强

一是区域之间、部门之间统筹机制有待完善。流域间统筹协调机制多以召开党委会、市长办公会等方式安排传达重要会议精神、部署工作安排为主，常态化、长效化的问题反馈及协调机制仍需完善，跨区域监督、执法、应急等方面的联系与合作不足。

二是以系统性思维谋划全流域绿色发展格局还需加强。沿线各城市间产业结构性、布局性等内生矛盾尚未化解，污染物排放总量依然较大，随着成渝地区双城经济圈建设等战略的落实，沱江流域经济社会发展将迎来新机遇，环境容量也将面临更大的压力。

### （二）以“三水统筹”为抓手的精准治理政策机制亟须提升

一是水资源承载力压力巨大。沱江流域水资源开发强度位居全省各流域之首，虽然“长征渠”“沱九连通”等工程正加快实施，但流域内河湖水系贯通仍然不畅，生态流量

保障机制未能很好见效。

二是水环境质量持续稳定达标压力大。截至 2021 年 3 月，沱江流域仍有 5 个省控断面未达到优良水体标准，部分小流域达标不稳定，体现精准治理的规划方案需进一步优化。

三是水生态保护工作处于探索起步阶段。岸线侵占现象突出、湖库出现不同程度富营养化、水生生物生境受到干扰、水生态健康状况差，缺乏适宜沱江流域的相关技术规范。

### （三）以创新为驱动力的科技治理支撑还需强化

一是水污染防治技术体系有待完善。污染治理技术创新不足，智慧化、高效化、本地化支撑不够，未能及时开展重点工业行业废水深度治理与回用、重点风险源风险管控等领域的技术探索和应用。

二是流域间科技创新能力不平衡。流域上下游创新能力、创新环境、创新绩效、创新投入等方面还存在较为明显的地域性差距，如 2019 年成都市 R&D 经费①投入占 GDP 的比例达 2.56%，自贡市占比为 0.78%，而资阳市仅占 0.18%。

三是环境监管科技支撑机制有待完善。环境监测的领域和范围还需拓宽，数字化程度还需提高；不同部门的环境监管合作机制不完善，存在监测点位重复建设的现象。

### （四）以补齐基础设施短板为重点的资金保障机制有待优化

一是资金缺口大且来源单一。基础设施前期建设、后期运维都需要大量资金保障，财政配套资金用途单一，多用于前期建设投入，后期运维费用缺乏保障，以环境质量改善为目标的导向体现不足，无法有力支撑和激励污染防治工作。

二是社会资本参与积极性不高。流域治理投资回报周期长、回报率较低，加之环境经济激励政策成果运用不充分，绿色债券、绿色信贷、绿色基金等绿色金融政策保障供给不足，导致市场经济在其中发挥的作用有限，较难有效撬动社会资本。

三是 EOD 开发模式未充分运用。生态环境导向的开发（EOD）模式在沱江流域的探索不足，目前，仅成都开展了以 EOD 为导向的沱江发展轴片区综合开发项目——杨溪湖湿地公园项目；2021 年四川共有 3 个 EOD 项目入选国家试点项目，沱江流域无一入选。

### （五）服务高品质生活宜居地的优质生态产品供给不足

一是农业绿色发展不充分。农业资源趋紧，农业面源污染问题依然突出，化肥农药减量、绿色替代、种养循环、综合治理的政策机制尚未有效建立。

二是反哺绿色发展的力度不够。一方面政府对“绿色”企业发展的反哺力度不够，

---

① R&D 经费：指研究与试验发展经费。

各类经济激励政策还有待完善；另一方面企业反哺城市生态建设力度也不足，部分企业对治污设施提标改造、技术更新的主动性不够，主动发布环境责任报告的企业屈指可数。

## 三、完善沱江流域治理环境政策体系的建议

“十三五”时期，沱江流域综合治理取得阶段性成效，水质达标问题得到初步解决，沱江流域污染防治攻坚战已转为沱江流域治理成效巩固战。“十四五”时期，沱江流域治理需以水资源承载力提升、水环境质量持续改善、水生态修复初见成效为导向，全面巩固提升流域治理成果，到2025年全流域国控、省控断面稳定达标、部分断面部分时段实现Ⅱ类水质。在政策体系上，要推动沱江流域治理环境政策体系从“坏水治理攻坚”的1.0时代全面迈入“好水巩固提升”的2.0时代，为早日实现美丽河湖愿景提供有力政策保障。

### （一）明确沱江流域治理总体思路，构建“一干、三源、五库、九支”的流域水生态环境保护网

四川是“千河之省”，也是水利大省，构建完善生态水网对支撑成渝地区双城经济圈建设、“一干多支、五区协同”、乡村振兴等战略具有重要作用。沱江流域治理对四川的流域治理而言是最难“啃”的硬骨头。应进一步抓住重难点，明确沱江流域治理总体思路，以水资源承载力提升、水环境质量持续改善、水生态修复初见成效为导向，加快构建完善“一干、三源、五库、九支”的流域水生态环境保护网，形成相互联系、支撑、融合的水生态环境保护网。

一是“一干”即沱江干流。坚持“以水定城、以水定产”，优化沿江产业布局，大力推进节水工程和再生水循环利用体系建设，完善沱江流域生态补水方案，建设沱江干流生态廊道，加强沿江水环境风险防控。

二是“三源”即沱江上游绵远河、鸭子河、石亭江三条源头河流。结合大熊猫国家公园建设，实施矿山综合生态修复，提升水源涵养能力。

三是“五库”即张家岩水库、三岔湖、老鹰水库、长葫水库、双溪水库。加强库区上游及集雨区生活污染和农业面源污染防治，开展水体富营养化防治，实施河湖沉积物污染治理及水生生态系统调控，确保水质稳定达标并持续向好。

四是“九支”即青白江、毗河、阳化河、九曲河、球溪河、大清流河、濛溪河、釜溪河、濑溪河。保障生态流量，强力推动水资源高效利用，加快补齐基础设施短板，实施流域综合治理与生态修复。

### （二）持续发挥优势政策效能，强化流域联合治理

一是继续发挥河（湖）长制统筹协调作用，探索推广技术河长制。完善沱江治理定

期调度及问题攻坚机制，针对沱江流域治理新增的重难点问题及时召开专题讨论会、统筹协调会，压实各级地方政府、各部门的流域治理职责，强化区域间、部门间协调联动、合力攻坚。完善各级河长沟通机制，保障工作交流自上而下和自下而上的渠道畅通。探索“行政河长+技术河长”的“双河长”流域治理模式，明确技术河长的职能职责，赋予技术河长参与污染治理决策的权力。

二是继续发挥督察督办制实效，建立常态化暗访督察机制。坚持问题导向，“四不两直”开展不定期督察、专项督察等多种形式的督察督导。将督察结果作为领导干部综合考核的重要依据，确保各项政策措施落实到位，真正取得实效。出台沱江流域暗访督察办法，针对水质较差的断面、持续稳定达标压力较大的断面、跨界断面及可能造成影响的重点区域等加大暗访频次。

三是继续严格监管执法，强化联合治理。建立健全沱江流域联合执法工作机制，相邻地市、区县可以结合实际，建立双边、多边跨区域联合执法工作机制或流域联合执法工作机制，定期开展联合执法行动。

### （三）抢抓重大发展机遇，统筹协调流域保护与发展

一是抓住重大发展机遇，调整产业结构促进经济发展。抓住长江经济带发展、成渝地区双城经济圈建设、成德眉资同城化等重大发展机遇，研究编制沱江流域绿色发展规划，以沱江为脉络，统筹流域上下游产业布局，对流域上游磷化工产业进行提档升级、科学布局中下游畜禽、水产养殖产业，合理控制密度，加强流域间产业、社会、文化、旅游等领域的战略合作，推动沿江公路建设，衔接上下游产业协同融合发展，形成分工合理、特色鲜明、优势互补的沱江流域现代产业体系。

二是完善“三水统筹”治理机制，促进流域生态环境保护。研究编制新时期沱江流域“三水统筹”治理规划，加强流域综合治理，强化污染防治、强化岸线管理、强化水资源保护等工作，强化重点区域工业排放监管，对垃圾、污水、养殖粪污、农业面源污染等进行系统治理，强化沱江上游绵远河、石亭江等防洪治理工程与河道生态修复工程的结合，加强沿釜溪河、绛溪河等新城建设区、人口密集区污水收集管网和处理设施建设。探索沱江流域岸线分区管理机制，研究确定沱江不同岸段的功能定位，按保护区、保留区、控制利用区和开发利用区 4 类区域严格控制建设项目类型和开发利用强度，制定沱江流域绿色长廊建设规划。完善水资源保护机制，推动“优水优用，劣水劣用，水尽其用”，加大对生态基流保障目标的调度和考核力度，推动生态流量保障机制见实效。

### （四）完善多元共治的治理体系，全方位提升流域治理能力

一是发挥党委、政府在沱江流域治理中的重要作用。压实沱江流域治理生态环境保护“党政同责、一岗双责”责任，切实解决突出问题。梳理分析沱江条例与长江保护法是否有不相适应的地方，及时修订沱江条例。从系统性、全局性角度，整合沱江流域政

策体系中的“零散”政策，补齐缺失短板政策，构建沱江流域河长制政策体系。梳理总结适合推广的地方政策，如技术河长制等，推广到全流域甚至全省。

二是压实企业在流域治理中的主体作用。坚持一张负面清单管理，将环境监管的重心向事中事后监管转移。严格监管执法，“倒逼”企业主动升级新技术、新工艺，降低能耗和污染。健全企业环境信息披露制度，敦促重点行业企业自觉遵守法律和标准规范。

三是发挥社会公众在流域治理中的监督作用。推动制定社会参与指标体系，明确社会参与的实际内容和参与形式，划定社会参与的边界，提高社会参与度。

### （五）健全科技支撑体系，助力精准治污持续改善

一是加强科研支撑。对《四川省岷江、沱江流域水污染物排放标准》《沱江流域水质达标三年行动方案（2018—2020年）》等重大政策开展评估研究，深入分析政策成效，及时更新调整相关政策，为新政策制定提供支撑。完善科技创新激励体制，以沱江流域治理目标和问题为导向，优化科研资源配置，鼓励科研机构、科研人员在治理技术、治理体系等方面积极创新。完善流域科技帮扶机制，强化对基层的科技帮扶，促进各县结合自身区域经济发展特点以及流域水环境承载力合理制定发展规划，错位发展，良性竞争。

二是加强科学监管支撑。健全环境监测体系，加密沱江流域监测点位，提升流域预警预报和污染源溯源成因分析能力。强化科技管理手段，加快沱江水生态环境管理平台建设，借助自动监测系统、视频巡查、远程喊话等监控系统，缓解沱江流域环境监管事多人少矛盾。健全流域信息共享机制，及时共享通报边界敏感区域建设项目的审批、污染防治工作进展、环境风险隐患排查整改等情况。在什邡市试点建设统筹水资源利用、水环境管理、水生态保护的智慧管理平台。

### （六）深入优化环境经济政策，强化流域治理资金保障

一是提升资金使用绩效。规范经费使用，拓宽资金用途，明确资金使用范围，保障使用流程规范透明，提高资金项目申报命中率。强化资金分配与项目实施衔接匹配，对于出现实施困难或发生条件变化的项目要认真分析研判，及时提出应对措施。探索“以奖促治”机制，推进以环境质量改善综合结果为导向的资金分配模式，发挥资金激励引导作用。

二是拓宽资金来源。以沱江流域为试点成立绿色投资基金，对沱江流域重点支持的绿色发展领域项目实施贴息或免息贷款，吸引私人投资进入绿色产业领域。针对环保PPP项目投资大、回报周期长、运维成本高的问题，降低部分基础设施项目资本金比例，允许投资者发行金融工具来筹集资本金。完善生态环境损害赔偿制度，落实违法企业对生态损害、环境污染的修复治理出资责任。

三是健全市场体系。强化环境税费政策的调控作用，适度提高资源地资源开采税率，

加大对节能减排企业的税收优惠力度，促进流域区域经济平衡发展。完善环境信用体系，将信用行为与金融信贷、医疗保险等进行挂钩实施联动奖惩。推动绿色保险持续发展，细化强制环境污染强制责任险，明确污染的责任归属、赔付细则。

**（七）深入探索“绿水青山就是金山银山”实践路径，协同推进流域高水平治理与经济社会高质量发展**

一是加快建立健全生态价值实现机制，不走先治理后“转化”的老路，在保护的同时推动流域经济高质量发展。探索推行以生态环境为导向的开发模式，将“三水统筹”流域治理中的“水资源保护、水环境改善、水生态修复”同乡村振兴、农村一二三产业融合发展、沿江公路建设等进行统筹；统筹考虑EOD项目投资回报比，加大对项目的财政补贴、税收优惠等政策支持，用好用活湿地公园、城市公园等运营权，供排水、环保等相关经营权，广告投放、商业地产开发等经营性资源，保障项目总体资金平衡、现金流稳定持续。

二是加快推进品种培优、品质提升、品牌打造和标准化生产，引领农业绿色发展。推动流域绿色种植与绿色健康养殖，推广生态健康养殖模式，持续促进畜禽水产养殖用药减量，加强畜禽粪污和水产养殖尾水治理，示范推广一批符合畜禽水产绿色健康养殖发展要求的技术模式。

三是完善沱江流域“三水统筹”横向生态补偿机制。在以水质、水量为考核指标的基础上，增加水资源、水生态相关考核指标。推动生态补偿充分融入区域绿色发展，除允许补偿金用于河湖贯通工程、退耕还湿还水、生态湿地廊道建设、河道整治、管网建设等流域综合治理以外，还应允许用于引导产业绿色转型方面。

四是探索流域内跨区域排污权交易制度。综合考虑排污许可制度及流域水环境承载力情况，针对沱江流域主要水污染物指标试点跨区域排污权交易。

**专栏　沱江流域“十四五”期间水生态环境治理要点**

◆ 加强沱江上游德阳段绵远河、石亭江片区磷矿及涉磷企业专项整治；加快磷化工产业绿色化升级，开展磷石膏堆场及磷矿渣堆场污染整治，实施龙佰钛业石膏堆场东侧封场，并进行削坡、复土、绿化，修建雨水收集系统，多措并举推进磷石膏综合利用。

◆ 加快补齐城乡污水处理及管网配套短板，加强乡镇污水管网治理和排污口整治，提高污水收集率、处理率；推进沱江流域城镇生活污水处理厂尾水湿地建设，减少氮、磷污染直接入河。

◆ 实施不达标断面及九曲河、阳化河、绛溪河、索溪河、富顺河等在内的重点小流域环境综合整治及生态修复，退出一批严重影响水体流动性的小水电、堰闸，恢复水体自然流动，在岸线一定范围内实施退耕还湿、退耕还水，建设一批生态湿地，在农业面源污染较重支流实施生态廊道建设，实施河湖岸线清理复绿，保护修复河湖岸线生态缓冲带，推进上下游联防共治机制建设。

◆ 实施水系联通工程，加快成都市东部新城水系连通、向家坝沿线水库与釜溪河联通、三星湖水系连通、引黑龙滩水进球溪河、引沱济九等河湖引水联通工程建设，增加河道补水水源，提高枯水期生态补水能力，增加河道生态流量。

◆ 开展沱江重点河段水生态本底调查，推进生物多样性恢复研究，在重要河段因地制宜开展栖息地恢复及鱼类增殖放流工作，持续开展“十年禁渔”成效评估，加强鱼类资源保护恢复，加快土著鱼类种群恢复，在重点河段和湖库实施水生态系统综合调控，保护恢复水生生境。

◆ 提升流域水环境风险管理水平，在什邡市试点建设统筹水资源利用、水环境管理、水生态保护的智慧管理平台。

# 关于加强生态环境保护供给侧结构性改革，助力构建“双循环”新发展格局的思考

**摘　要：**党的十九届五中全会提出，要加快构建以国内大循环为主体、国内国际双循环相互促进的新发展格局。构建“双循环”新发展格局强调的是高质量、结构性优化的增长，体现的是发展阶段改变后新的发展任务、新的阶段性特征、新的发展规律，是对中国经济发展理念的革新。《中华人民共和国国民经济和社会发展第十四个五年规划和2035年远景目标纲要》提出，“必须坚持深化供给侧结构性改革，以创新驱动、高质量供给引领和创造新需求，提升供给体系的韧性和对国内需求的适配性”。本文围绕供给侧发力，为深化生态环境高水平保护，切实加强优质生态产品供给，形成优质生态产品需求牵引供给提出意见建议。

**关键词：**供给侧结构性改革；需求侧管理

进入新发展阶段，我国社会主要矛盾转化为人民日益增长的美好生活需要和不平衡不充分的发展之间的矛盾，人民群众对优美生态环境需要已成为这一矛盾的重要方面，与此同时，人民对生态环境供给体系的韧性和生态环境需求的适配性提出更高要求。生态环境部门应坚持供给侧结构性改革这个战略方向，以供给侧结构性改革为主线，注重需求侧管理，一面从供给端着手、一面从需求侧发力，深化生态环境高水平保护，切实加强优质生态产品供给，努力形成优质生态产品需求牵引供给、供给创造需求的更高水平动态平衡，为国内国际双循环互促共进提供有力支撑。

基于此，本文从生态环境供给侧结构性改革、需求侧管理入手，提出深化生态环境高水平保护助力构建“双循环”新发展格局的几点建议。一是深化供给侧结构性改革，推动淘汰落后过剩产能，为新发展格局提供“绿色新动能”。强化环境硬约束，发挥环境硬约束的“倒逼”作用，严格环境准入标准守好“发展底线”、淘汰落后产能腾出先进产能“发展容量”、促进产业转型升级提高产业链“效益价值”、壮大绿色战略性新兴产业打造优势“产业集群”，优化提升供给结构和提高全要素生产率，加快促进经济社会发展全面绿色转型，为新发展格局提供“绿色动能”。二是不断加强优质生态产品供给，不断提升生态系统质量和稳定性，促进新发展格局实现更高水平的动态平衡。重点把握好生态系统的整体性、系统性、协同性，注重系统思维，提升生态系统质量。实

行生态产品品牌战略，各地方应充分挖掘地方比较优势，设计一套“地方生态经济体系”、构建一个“品牌生态圈”、打造一批“生态品牌”，走具有品牌溢出效应的生态产业化、产业生态化发展道路，推动形成需求牵引供给、供给创造需求的更高水平的动态平衡。三是更加注重需求侧管理，加快培育完整生态产品内需体系，为形成强大国内市场提供支撑。立足新发展阶段人们往往更倾向于选择“绿色”“原生态”“天然”“有机”等品质生态产品需求，不断寻求生态产品市场目标增长点，创造新的需求增量。充分运用大数据，优化资源配置、提高生态产品服务到达率，提高大数据在生态环境领域的运用水平，实现生态产品价值实现的可持续性。同时，注重提升生态环境保护的投资管理，加大力度发展生态经济，让生态产生价值、资源创造价值、绿色提升价值、低碳赋能价值、循环延伸价值。四是完善生态环境供给制度，更加强调科学、精准、依法治污，推进新发展格局下的生态环境高水平保护。强化科技支撑能力，加强自主创新体系建设，加大科技研发投入，实施生态环境科技创新行动，推进绿色技术创新成果应用转化与应用，健全绿色技术创新公共服务体系。实行精准化的环境管理，突出问题精准、时间精准、区位精准、对象精准、措施精准，进一步细化、量化、具体化各项实施路径、方案策略，推进污染全省域、全形态、全链条治理，实现生态环境质量改善由量变到质变。提升依法治污能力，综合运用政策、法规、市场等多种手段，推进治理法治化。

供给和需求是市场经济内在关系的两个基本方面，供给侧结构性改革和需求侧管理是调控宏观经济的两个基本手段。进入新发展阶段，实现高质量发展，促进更高水平的供需动态平衡是大势所趋。生态环境保护推动经济社会高质量发展，要坚持供给与需求共同发力，不断巩固污染防治攻坚战成果、补齐污染防治攻坚短板、鼓励绿色技术创新和政策创新，擦亮经济社会高质量发展的绿色底色，提升经济社会高质量发展的效益质量，为人民群众提供更多优质生态产品，有力支撑“以国内大循环为主体、国内国际双循环相互促进”的新发展格局构建。

## 一、深化供给侧结构性改革，推动淘汰落后过剩产能，为新发展格局提供“绿色新动能”

去产能是供给侧结构性改革的首要任务，深化供给侧结构性改革，就是要不断优化提升供给结构，不断补齐供给短板，促进产业协调发展。当前四川省仍处于工业化中后期和城镇化加速期，产业结构偏重，优化调整内生动力仍然不强。对生态环境保护工作而言，应在去产能环节发挥环境硬约束的“倒逼”作用，促进供给结构的改善和全要素生产率的提高，加快推动经济社会发展全面绿色转型。

严格环境准入标准守好“发展底线”。严格环境准入是供给侧结构性改革的“重要关口”，要改变传统的“大量生产、大量消费、大量排放”的生产模式，在产业生态化上做“加法”，在落后产能上做“减法”，守好可持续发展底线。一是突出规划引领的源头防控作用，构建与生态环境相适应的产业空间布局。充分把握好省市县“十四五”生态环境保护规划编制重要契机，发挥规划引领作用，将资源环境承载力、环境风险接受度等作为各产业规划布局的约束条件，支持符合环保、能效等标准要求的高载能行业进行地区转移布局。二是充分发挥环境影响评价源头预防和控制作用，完善环境影响评价和节能审查制度，制定投资负面清单，加强事前、事中、事后全过程多层次监管，把握好“减煤炭、限增油、优用气、推广绿电、提升能效”策略，加强能耗和碳排放分析预警和会商调度，坚决遏制高污染、高耗能“两高”项目盲目上马、冲动上马。三是持续完善以“三线一单”为核心的生态环境分区管控方案的落地应用，构建完善生态环境分区管控体系。严格控制长江经济带高污染产业布局，禁止在长江干流及主要支流岸线一公里范围内新建、扩建化工园区。禁止在长江干流岸线三公里范围内和重要支流岸线一公里范围内新建、改建、扩建尾矿库。

淘汰落后产能腾出先进产能“发展容量”。在国家不断加大节能减排力度的大背景下，循环经济、“三废”综合利用等领域具有巨大的发展潜力。与此同时，淘汰落后产能将作为转变经济发展方式、调整经济结构的重大举措进而“持续发力”。一是加快落后低效和过剩产能的淘汰，严格执行质量、环保、能耗、安全等法规标准，加大钢铁、水泥熟料、烧结砖瓦、电解铝、炼化等行业落后产能淘汰和过剩产能压减力度，不断强化源头减排。二是加速淘汰小淀粉、小制糖、小屠宰及肉类加工、小磷肥、小磷矿企业，推动加工工业集约化发展。三是完成重点地区危险化学品生产企业搬迁改造，加快推进长江及其重要支流沿线存在重大环境安全隐患的危险化学品生产企业就地改造、易地迁建、关闭退出。

促进产业转型升级提高产业链“效益价值”。产业转型升级是供给侧结构性改革和建设现代化经济体系的重要内容，要着力推进产业基础高级化、产业链现代化。一是加快转变经济发展方式，严格执行产业结构调整指导目录，推动重点行业绿色化改造，尤其注重激发企业积极性，加快实施钢铁、石化、化工、有色、建材、纺织、造纸、皮革等行业绿色化改造，推动传统优势产业绿色化、智能化、高端化转型升级。二是加快新旧动能转换，激发创新驱动内生动力，创新做实、做强、做优实体经济。积极扶持新兴产业加快发展，打造先进制造业。做大节能环保、新能源等绿色低碳产业，加快建立绿色低碳安全高效能源体系，有序发展水能、太阳能、风能、生物质能、氢能、地热能等非化石能源；优化电网主网架，拓展川西至省内负荷中心电力通道，完善充电、加氢等基础设施，打造一批百亿元、千亿元级绿色低碳园区和基地。三是构建和完善支持产业转型升级的政策体系，鼓励企业加大资金投入力度，完善服务体系、优化营商环境、支持科技研发，确保绿色发展理念落实落地。

壮大绿色战略性新兴产业打造优势“产业集群”。环保产业发展是连接公共环境质量改善与供给侧结构性改革的关键环节，从环保产业高质量发展切入供给侧结构性改革，能有效促进生态环境质量持续改善，为实现经济社会发展绿色转型提供有力保障。一是强化链群思维，推进 5 G、物联网、云计算、大数据、区块链等新一代技术与绿色环保产业的深度融合创新，促进生态环境治理水平提升。二是扩大战略性新兴产业投资，加快培育壮大新能源、新材料、新能源汽车、绿色环保等产业。加快培育市场主体，鼓励设立混合所有制公司，打造一批大型绿色产业集团。引导中小企业聚焦主业增强核心竞争力，培育“专精特新”中小企业。三是推行合同能源管理、合同节水管理、环境污染第三方治理等模式，开展环境综合治理托管服务模式试点，创新治理模式。四是进一步放开石油、化工、电力、天然气等领域节能环保竞争性业务，鼓励公共机构推行能源托管服务。

## 二、提高优质生态产品供给水平，不断提升生态系统质量和稳定性，促进新发展格局实现更高水平的动态平衡

构建新发展格局的关键在于经济循环的畅通无阻。从生态环境领域来看，要立足于满足人民日益增长的美好生活需要，持续改善生态环境质量，提升生态产品供给水平，助力扩大内需、畅通经济循环，推动形成需求牵引供给、供给创造需求的更高水平的动态平衡。

注重系统思维，提升生态系统质量。提升生态系统质量，要重点把握好生态系统的整体性、系统性、协同性。一是深刻认识生态是统一的自然系统，坚持从系统工程和全局高度，探索设立“山水林田湖草沙”专门管理机构，进行“山水林田湖草沙”系统治理，坚决避免头痛医头、脚痛医脚。二是促进生态系统良性循环，坚持用养结合，推行草原森林河流湖泊休养生息，恢复自然生态承载力，全面提升自然生态服务功能，加强大江大河和重要湖泊湿地生态保护治理。三是正确处理人与自然的关系，补齐生态短板，坚持实施耕地休耕轮作制、河长制，坚持实施生物多样性保护重大工程，坚持开展大规模国土绿化行动，确保生态系统质量和稳定性持续向好。

实行品牌战略，打造生态产品品牌。当前，生态产品大多“小而散”，农产品种类繁多但大都不成规模，打造区域品牌走向成功的案例并不多。我们应该深刻认识人们对“生态+”产品的需求和认可，围绕生态品牌建设展开制度设计，探索依托四川优势产业走一条生态产业化发展道路。一是设计一套“地方生态经济体系”，挖掘地方比较优势。依托当地现有资源优势的农、林、渔、牧以及副产品加工业、农旅融合的新业态（如森林康养、生态旅游等生态服务），设计适宜的地方生态经济体系，在相应经济体系下做到发展持续、有序。二是构建一个“品牌生态圈”，构建生态产业全产业链一体化的功能服务体系。以地方政府为主导，通过顶层设计将生态环境要素纳入产品价值，统筹各类资源，降低农业生产主体直接对接市场的风险，提升农产品的品质和效益。三是打造一批“生态品牌”，促进产城融合发展。在城市区域，推广以生态环境为导向的城市开发模式，以绿道、公园、湿地等作为市民新消费、新体验、新生活的重要载体，加快城

市绿道体系、公园湿地建设，吸引产业、商业、住宅等项目落地，塑造城市宜居品牌带动区域土地价值、商业价值、人文价值提升。在农村区域，立足生态优势和资源禀赋，打造“生态+”模式，因地制宜打造生态农业、生态工业、生态旅游业的区域品牌，打造具有地方特色的生态产品，发展有地方特色的生态经济。

坚持因地制宜，探索价值实现路径。生态产品价值实现是当前生态环境保护的重难点，要避免千篇一律、小打小闹、单打独斗的实现路径，需更加注重顶层设计、因地制宜，统筹推进经济生态化与生态经济化，打通绿水青山向金山银山转化通道。一是建立生态产品价值核算机制，探索构建适宜于不同地区、差异化的生态产品价值核算评估体系，根据当地生态系统特征，编制生态产品清单，评估生态产品的价值。二是探索构建具有四川特色的生态产品交易中心，建立生态资产与生态产品交易平台，推进生态资源转化为生态资产、生态资产转化为生态资本、生态资本转化为金融资本，让生态资源保护者得到经济效益。三是探索生态产品可持续经营开发模式，加快生态技术对传统产业的改造升级，推进四川特色的传统产业向高端发展，探索在川西北等区域建设区域生态产业园，促进生态产业集群发展，加快促进生态农业、生态工业和生态服务业的有机融合，延长生态产业链。四是因地制宜探索实现生态产品价值交易路径，生态产品价值的实现要把握好人们的需求弹性，针对农产品、稀有资源产品，实行放开价格的策略，走市场化运行模式；针对价格不敏感的水资源、森林资源等生态产品，在政府指导价格的基础上，实现生态产品的价值转化，用法制和经济手段来调节资源循环条件的生态资源消费。

## 三、更加注重需求侧管理，加快培育完整生态产品内需体系，为形成强大国内市场提供支撑

注重需求侧管理不仅有利于发挥我国超大规模市场优势，还将有利于推动构建国内国际双循环相互促进的新发展格局。对生态环境保护而言，应更加重视扩大消费需求，注重创造新的生态环境保护需求增量，提升生态环境投资的质效，加快形成与之相适应的生态产品内需体系。

一是新阶段需求侧管理需要不断寻求生态产品市场目标增长点，创造新的需求增量。在国民经济循环中，消费既是一切生产活动的最终目的，又是支撑经济增长的首要驱动力，同时还是人民对美好生活需要的直接体现。生态产品价值实现要与生态环保产业发展的需求链相匹配，这决定了生态产品价值实现的推进方向一定是下沉的、精准的。受新时代经济水平、教育程度等因素影响，更加需要“精准”“周到”“个性”的生态产品服务，因此，应不断寻求生态产品市场目标增长点，切实做到按需征集、按需生产、按需定制、按需点单、按需配送，实现以市场需求为导向的高质量生态产品供给，建立具有示范意义、完善成熟的生态产品价值实现模式。

二是新阶段需求侧管理需要充分运用大数据，提高生态产品的服务到达率。随着信息技术的快速发展，在生态产品价值实现过程中所产生的大数据已基本具备被收集和分析的条件。当前人们更倾向于选择“绿色”“原生态”“天然”“有机”等品质生态产品，大数据、区块链将成为提高生态产品高价值转化效率和效益的重要工具。以大数据推动生态产品价值实现，需在确保信息安全和用户个人隐私的前提下推进数据开放与流通。可考虑引入市场机制，提高大数据在生态环境领域的运用能力，推动实现洞察生态产品需求、优化资源配置、提高生态产品服务到达率，促进生态产品价值实现的可持续性。

三是新阶段需求侧管理需要更加注重发展生态经济，提升生态环境保护的投资质量。投资作为内需中的快变量，对于经济的拉动作用是即时显效的，而且高质量的投资能助力形成强大的国内市场。当前在扩内需的过程中，居民消费正向中高端商品消费过渡、服务消费不断升级的，通过投资来强化消费领域的基础设施建设，增进中高端消费供给，有助于释放居民消费潜力。对生态环境保护而言，应紧紧围绕“产业+生态”和“生态+产业”这两个核心要点，通过资本的生态化和生态的资本化，在宏观经济投资、生产、流通、贸易、消费、循环等环节，形成生态化、绿色化的经济和产业链条体系，让生态产生价值、资源创造价值、绿色提升价值、低碳赋能价值、循环延伸价值。

## 四、完善生态环境供给制度，更加强调科学、精准、依法治污，推进新发展格局下的生态环境高水平保护

在“双循环”新发展格局下促进生态环境高水平保护，对制度创新提出了更为深刻的要求，尤其是对生态环境治理的科学化、精准化、法治化提出了更高的标准和更迫切的需要。

提升科学治污能力。科学治污关键在于生态环境科技创新能力的提升，习近平总书记指出，“要突破自身发展瓶颈、解决深层次矛盾和问题，根本出路就在于创新，关键要靠科技力量”。一是加大科技研发投入。坚持以政府主导，社会资本多渠道投入，为淘汰落后产能、提升生态产品供给水平、加快培育完整生态产品内需体系等，提供绿色技术创新资金保障。二是实施生态环境科技创新行动。在治水、治气、治土、治废、核与辐射安全、生态环境管理及数字环保等生态环境领域，强化关键核心技术攻关，形成一批具有国际竞争力和先进性的核心技术和方法，不断推动生态产品供给结构改善，提升生态产品供给水平。三是推进绿色技术创新成果应用转化与应用。健全绿色技术创新公共服务体系，扶持初创企业和成果转化。加强先进适用技术和生态化治理技术的推广，建立开放的科研数据信息共享平台。

提升精准治污能力。“精准治污”是供给侧与需求侧管理都需要关注的重点，要强化精细化管理，在一对一、点对点方面持续用力，努力做到精准提供服务、精准满足需

求。一是突出问题精准。精准识别大气、水、土壤环境污染防治相关存在问题，增强治污精准性，找出污染防治攻坚战的重点区域、重点时段、重点行业、重点因子，对症下药，持续改善生态环境质量，不断提升优质生态产品供给质量。二是突出研判精准。加快生态环境大数据平台建设，精准把脉时间、区位、对象差异性，推动在淘汰落后产能、产业转型、提升生态产品质量和培育完整生态产品内需体系的过程中，生态环境研判时效性、准确度、操作性。三是突出措施精准，充分考虑区域环境资源禀赋和社会经济比较优势，针对产业、生态系统、生态产品内需体系等发展和培育过程中的具体生态环境问题，强化环境污染治理和生态环境分区管控，实行差异化、精准化的环境管理措施和生态产品供给服务。

提升依法治污能力。法律作为国家治理体系的重要组成部分，坚持依法治污是提升生态环境治理能力的必要手段，是促进国内大循环体系建设的重要支点。一是加快推进重点领域立法，研究制定以“三水共治”为导向的主要流域水环境保护条例，推进土壤、湿地等重点生态环境要素领域立法，用法律手段保障优质生态产品的供给。二是完善环境保护标准体系，推动完善产品环保强制性标准，做好生态环境保护规划、环境保护标准与产业政策的衔接配套，不断健全标准实施信息反馈和评估机制，推动企业绿色发展中的竞争规范化，实现产业转型升级、生态产品质量不断提升。三是推进生态环境司法联动。生态环境部门主动将企业的环保守信和失信行为，及时向社会公开，并向同级发展改革、财政、工业和信息化、工商、贸易、银监、证监、税务等部门通报，最大限度发挥守信联合奖励和失信联合惩戒作用。健全执法监测工作机制、部门协调联动机制，强化行政执法与刑事司法衔接机制，通过司法联动提供强有力的司法保障。

# 四川省生态环境涉诉案件分析及降低败诉风险的对策建议

**摘　要：**通过对 2018—2020 年四川省生态环境部门涉诉案件进行分析研究，剖析出生态环境涉诉、败诉、撤诉风险增大所面临的主观、客观方面原因，对进一步规范生态环境部门权力行使，降低败诉风险、撤诉风险提出三方面建议。一是加强生态环境法治疑难问题研究，加强法律政策宣贯成效；二是聚焦生态环境系统内部建设，提升业务能力及专业水平；三是强化外部沟通协调和案件溯源治理，化解行政争议和纠纷矛盾。

**关键词：**生态环境涉诉案件；化解风险

## 一、四川省生态环境部门涉诉案件概况

四川省 2018—2020 年被复议、应诉案件（就同一行政行为多次复议诉讼的按一件计）共 350 件，被复议 179 件，应诉 171 件。其中，2018 年 113 件，2019 年 130 件，2020 年 107 件。经对以上案件进行分析，发现三大特点。一是涉诉区域差异明显。全省 21 个市（州）涉诉案件数量排名前 3 的为：成都市 98 件，南充市 29 件，自贡市 22 件，占比分别为 39.5%、11.7%、8.9%；而攀枝花市、甘孜州、阿坝州和凉山州涉诉案件数为 0。二是涉诉行政行为种类多样化。从案件类型来看，行政处罚 254 件，行政许可（以环评审批为主）50 件，信息公开 13 件，申请履职及投诉答复 14 件，其他行政行为 19 件。三是基层涉诉件多且败诉率较高。从涉诉层级来看，省级 22 件，市（州）级 113 件，县级 215 件，案件以县级为主。从审理结果来看，被撤销、变更、确认违法或责令重新作出具体行政行为等案件 72 件，占复议诉讼案件总数的 20.6%。其中，省级并无败诉情况发生。

## 二、涉诉、败诉、撤诉风险增大原因分析

### （一）法律体系不断更新

生态环境执法面临着法律层面前所未有的内部和外部压力，这对提高办案质量提出了前所未有的高标准要求。

一方面，党的十八大以来生态环境领域的法律不断出台，《中华人民共和国土壤污染防治法》《中华人民共和国环境影响评价法》《中华人民共和国固体废物污染环境防治法》不断制定、修改，立法总体保持持续高压态势，总体表现为法律责任承担方式增多、处罚金额增加、处罚对象范围变宽的特点。例如，《中华人民共和国土壤污染防治法》的法律责任承担方式增多：对污染土壤的违法行为除受到行政处罚外，还应承担土壤修复等民事侵权责任，构成犯罪的还会依法追究刑事责任；新修改的《中华人民共和国固体废物污染环境防治法》处罚金额增加：转移固体废物出省、自治区、直辖市行政区域贮存、处置未经批准的，处10万元以上100万元以下的罚款，处罚上限和下限均为修改前的10倍；新修改的《中华人民共和国环境影响评价法》处罚对象范围变宽：对编制虚假环评文件的不仅要处罚环评编制单位、编制人员，还要处罚建设单位。

另一方面，民法、行政法、诉讼法领域的法律不断更新，新制定《中华人民共和国民法典》出台，新修订的《中华人民共和国行政诉讼法》《中华人民共和国行政处罚法》出台，对优化行政程序、保护行政相对人权益、严控行政权力行使、保障权利救济途径等方面有更高要求。例如，《中华人民共和国民法典》中明确了政府机关信息公开的职责；新修订的《中华人民共和国行政诉讼法》规定复议机关作出维持决定的，在被起诉时复议机关将与作出原具体行政行为的机关成为共同被告，这一规定将导致复议机关为避免自身风险对作出维持决定的合法性审查标准更加严苛，撤销或者确认违法的行政案件数量增多；新《中华人民共和国行政处罚法》明确通报批评、降低资质等级、限制从业等均界定为行政处罚的种类，而以上手段在各级生态环境部门各业务口长期以文件形式广泛使用，如果仍然沿用以前的固有做法不经调查、不经取证、不经告知等程序，此类行为一旦涉诉必然导致败诉结果。

### （二）机改、垂改、综合执法改革三重改革叠加

三重改革叠加导致执法领域扩大、执法事项增多、执法难度增大以及执法压力聚焦市级。一是机构改革后新增了应对气候变化、防止地下水污染、入河排污口设置等职责。生态环境部门工作程序、技术标准尚未完全理顺。例如，2020年成都市生态环境局在刚刚接收入河排污口设置工作不久，就遇到被行政复议的情况。二是垂改后县级生态环境部门失去执法独立主体资格，市级成为承担法律责任的主要主体。市县两级如权责不统一将导致执法合力降低，影响办案质量。三是综合执法改革后将进一步扩大生态环境执法范围，但机构设置、权责设定、人员素质距离要求还有一定差距。

### （三）技术标准与执法现状不相适应

截至2020年12月，生态环境领域共有国家标准2 021项，其中，环境质量标准17项，污染物排放（控制）标准187项，环境监测类标准1 171项，环境基础类标准41项，管理规范类标准605项。以上标准很多是判断违法与否、犯罪与否、能否获得行政许可

的关键，也是诉讼环节原被告双方争议的焦点。目前存在标准规定过全过细、实际执法难以完全遵照的困境。尤其在超标类处罚案件中原告通常会对采样点位、样品封存、采样记录、运输过程等环节提出异议，认为执法过程应当严格按照国家标准规范并保存全过程证据，否则应承担败诉后果。而生态环境执法在突击检查、暗访暗查时，通常难以遵守采样、送样等证据保存要求，导致执法现状与国家标准要求不一致，败诉风险高。例如，对于即时采样结果能否作为处罚依据，生态环境部曾经明确复函即时采样结果可以作为行政执法依据，但这并不被法院普遍认同。例如北京四中院在一起案例中，认为国家标准作为强制性标准，应当优于部门复函进行适用。即使生态环境部要对标准进行修改，也应当按照《国家环境保护标准制修订工作管理办法》的规定进行，而不能简单以复函形式作出适用，故判决行政机关败诉。

### （四）行政权力种类多导致败诉风险增大

近年来，生态环境部门行政权力数量多、种类多、影响大，已经与城管、自然资源、人社等部门一道成为与行政相对人矛盾、纠纷最为集中的领域之一。截至 2021 年 5 月，四川省生态环境系统共有行政权力事项 249 项，其中行政处罚 173 项，行政强制 15 项，行政许可 13 项，行政检查 28 项，行政奖励 4 项，其他行政权力 16 项。由于行政处罚、行政许可、行政强制、信息公开等具体行政行为均有专门性法律予以规范，办理流程、办理时限、回复方式均有不同要求。例如，投诉、举报类案件被质疑的问题主要有超期处理、对调查认定的事实不认可、对处理决定不服等；信息公开类案件，被质疑的主要问题有超期未公开、不公开的理由不成立、公开的信息与申请人申请的信息形式不符等；行政许可案件，被质疑的主要问题有批复程序不合法、过程不合法、申报材料造假而审批部门未发现、公众参与不足等。

### （五）执法能力尚有差距

四川省生态环境系统多数干部职工在依法行政、保存证据、应对诉讼方面的经验存在不足。一是法律意识有差距。部分工作人员认为只有执法才会有涉诉风险，其实，不及时办理、信息公开申请处理不当、通报批评、禁止执业、责令改正、投诉举报回复等日常行政管理行为均可能涉诉。二是证据意识、程序意识还需增强。在调查取证阶段仍存在证据种类单一、证据形式不严谨、证据难以形成证据链等问题。在听证程序、告知程序、集体审议程序、送达程序等环节容易出现问题。三是应诉经验不足。部分基层环保部门以前很少成为被告，一旦有案件被诉，缺乏应诉知识及实践经验，在对方专业的律师全方面攻击下，在证据组织、书面答辩、庭审问答时易出现疏漏。

### （六）外部沟通不足

与复议机关、审判机关的沟通存在看法不统一、沟通不畅通、方式不得当、效果不明显的问题，造成了工作被动。未与复议机关、审判机关就法律理解、证据标准等问题形成统一看法，导致每一个复议机关、每一个审判法院，甚至每一个办案法官均有自己不同的看法。例如，办理危险废物案件是否必须做危险废物的性质鉴定、逃避监管排放污染物是否必须有逃避监管的故意、委托第三方运维的处罚对象是业主方还是运维方等问题。

### （七）行政相对人应对水平提升

行政相对人法治意识增强、胜诉愿望强烈增加了生态环境部门的涉诉风险和败诉风险。一是行政相对人应诉能力大大增强。很多企业、群众在遇到纠纷时大多会选择司法途径解决争端，其聘请律师、专家的应诉技巧、应诉水平均有较大提高。二是行政相对人胜诉欲望增强。随着环境信用关联性增强，行政相对人在被行政处罚后会导致信用评级下降，存在无法享受税收优惠、招投标受限等诸多连带后果，导致行政相对人被处罚后代价太大，很难通过调解方式结案。如污水处理厂享受免三减半的优惠，一旦被超标处罚，大型污水处理厂可能需退还几千万元税费。

## 三、化解风险的对策建议

### （一）加强理论研究，提高宣贯成效

一是积极参与国家立法。建议结合执法实践做好前期的法治研究，特别是针对热点难点问题的研究，在参与立法过程中将研究成果提交立法机关。二是发挥好四川省环境保护政策法制研究会作用，吸引法学界专家、学者、基层工作者积极参与生态环境法治建设，研究法律适用的各种操作性问题、系统性问题、前沿问题和疑难问题，并提出可行性建议。三是再次梳理执法程序。新《中华人民共和国行政处罚法》生效后，对执法机关提出更高要求。需再次梳理行政处罚、行政许可、信息公开等具体行政行为的风险点，从行为主体、执行程序、证据收集、作出决定等各个环节完善管理、强化内控，全面降低法律风险。

### （二）加强队伍建设，提升业务能力

一是配强法制岗位人员。把业务能力强、具有法律职业资格或法律专业背景的人员调整充实到法制岗位，推动行政复议应诉人员专业化、职业化，保证办案能力与工作任务相适应。二是提升办案能力，每月召开全省生态环境系统执法案例分析研讨会，通过分析、解剖典型案例方式，归纳同类案件侦查手段、证据固定方式、适用法律疑问，分享成功经验和失败教训。三是办理一批高质量的标杆案例。选取代表性强、案情重大、影响恶劣、后果严重的生态环境违法案件实施专案查办，通过实战总结提炼出可供借鉴、

复制的精品案例，互相分享。四是加大第三方服务力度。优选配强法律顾问队伍，选用业绩突出顾问律师，可采取坐班制等手段充分发挥顾问作用。探索以政府公共采购方式委托第三方社会机构辅助执法，开展污染源排查、污染防治设施运行评估、整改措施跟踪等工作。利用第三方服务加强遥感监测、大数据分析等技术手段运用，为精准发现生态环境违法问题提供技术支持。

### （三）加强外部沟通，化解行政争议

一是深化府院合作，各级生态环境部门应当主动对接法院，就普适性问题和争议热点问题进行探讨，就有关案件审判要点达成共识，推动解决法律适用争议和执法实践中的普遍性难点问题。二是大力推进普法工作，从源头减少违法案件发生。靠前一步执法，增强法律服务意识，结合工作内容，广泛开展以案释法、以事讲法等形式多样普法活动。在“送政策、送技术入企业”的同时开展“送法入企”活动，与企业集团、工业园区、行业协会联合举办环境守法培训，发放环境普法读本。重点针对工业园区、民营企业、中小企业进行执法帮扶，帮助企业做合法体检，找出守法路径。三是做好溯源治理，化解与行政相对人的矛盾。建议鼓励、支持有关研究机构精准解读法律政策，回应企业关切，为企业合法经营提出解决思路。从源头上减少环境违法行为。同时，在工作方式上增强服务意识，重视与行政相对人的交流沟通，做好溯源治理，控制、减少案件发生，将矛盾纠纷解决在萌芽，化解在基层。

# 贯彻实施《长江保护法》切实履行生态环境部门法定职责

**摘　要：**《长江保护法》自 2021 年 3 月 1 日起施行，作为我国首部流域保护专门法律，《长江保护法》在继承和保留既有管理体制的基础上，理顺了中央与地方、部门与部门、流域与区域、区域与区域之间各类法律关系，建立起统分结合、整体联动的新型长江流域管理体制，同时也赋予了生态环境部门依法治污的新职责。通过梳理流域管理职权配置和生态环境保护职责，建议从法规、规划、标准、政策等方面完善长江流域生态环境治理制度，从监测预警、综合执法、风险防范等三方面提升长江流域生态环境治理能力，强化资金技术和多元监督保障努力实现长江流域生态环境治理效果，推进切实履行生态环境部门法定职责。

**关键词：**长江保护法；职权配置；建议

## 一、《长江保护法》的流域管理职权配置

### （一）划分中央与地方政府职能

《长江保护法》以流域各级政府作为治理主体，明确规定了 113 项政府职责。其中以“国家”“国务院有关部门”和“国务院某主管部门”表述的中央政府职权共计 44 项，以“某级人民政府”“某级人民政府某主管部门”和“县级以上地方人民政府及其有关部门”表述的省、市、县、乡四级地方人民政府职权共计 69 项，体现中央统筹、省负总责、市县抓落实的管理机制（图 1）。

### （二）厘清部门与部门职责

《长江保护法》规定流域内各级政府及其职能部门、司法机关依据法定职权配置协同配合、整体联动，推动长江大保护形成合力。《长江保护法》明确了水行政、生态环境、自然资源、农业农村、林业草原、发展改革和交通运输部门 7 大政府职能部门职责共计 37 项，人民法院、人民检察院职责各 1 项。其中，职权较多的政府职能部门为水行政部门和生态环境部门，分别有 13 项和 9 项职责（图 2）。

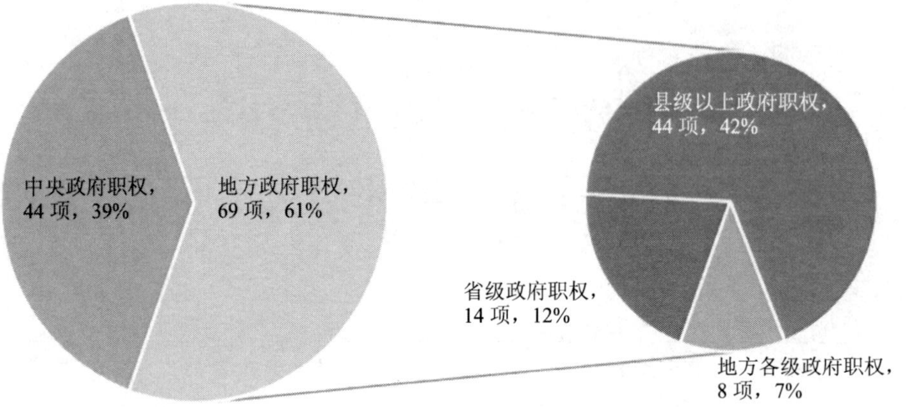


**图 1 《长江保护法》中央与地方政府职权配置情况**

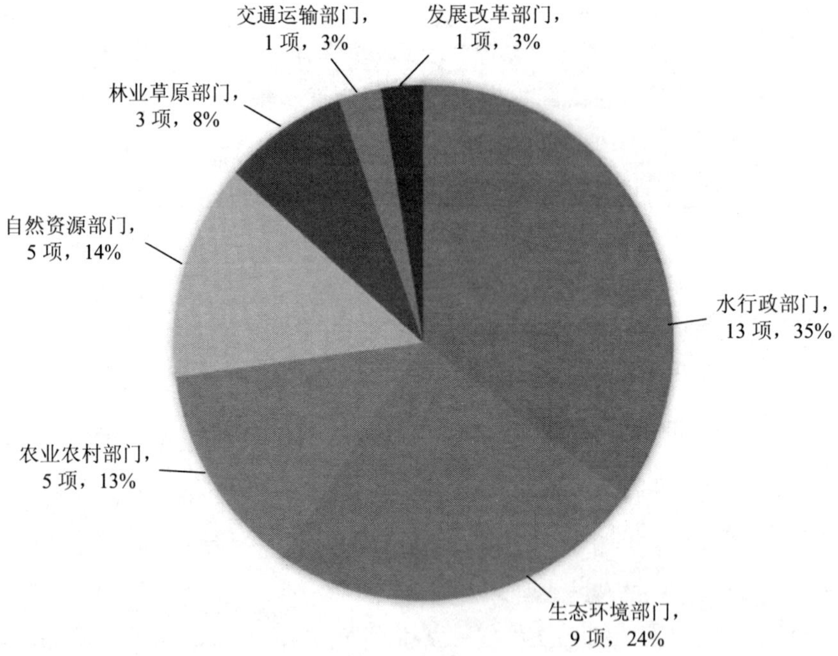


**图 2 《长江保护法》部门职权配置情况**

### （三）统筹流域与区域管理

长江流域涉及我国 19 个省（区、市），流域内经济社会发展不平衡状况显著，经济发展和环境保护诉求各有不同，需要以协同思维整体谋划。《长江保护法》在国家层面建立协调机制，通过健全监测网络体系和监测信息共享机制、建立健全信息共享系统和统筹协调制定规划等方式，行使审议长江保护重大政策规划、协调跨地区跨部门重大事项和督促检查长江保护重要工作等职责。协调对象为国务院有关部门和长江流域省级人民政府，按照职责分工直接执行国家长江流域协调机制的决策，打破区域壁垒，实现“一龙管江”。

关于国家长江流域协调机制与流域管理机构的关系，国家长江流域协调机制承担的是流域综合管理职能，属于中央层面对长江全流域重大事项的战略协调；水利部长江水利委员会、生态环境部长江流域生态环境监督管理局属于部委派出机构，在法律、法规规定和国务院有关部门授予或委托的范围内行使其流域管理职能，属于对长江流域管理具体事务的专项协调，不具有统筹协调“山水林田湖草沙”的能力，无法实现流域多要素综合管理。因此，国家长江流域协调机制的建立能够有效统筹协调长江流域的自然地理空间和法律管理空间，通过系统性制度设计，建立起全流域水岸协调、陆海统筹、社会共治的综合协调管理体系。

### （四）协同区域与区域治理

国家长江流域协调机制仅统筹协调部际关系、省际关系和部省关系，不直接协调流域内县级以上地方人民政府之间的关系。因此，《长江保护法》通过建立长江流域地方协调机制，促进区域与区域之间的协同治理，创新流域地方层面的统筹协调。地方协调机制以地方协作立法、协作编制规划和地方协作监督执法等形式，开展行政区域间的合作协调，既能够避免区域间法规与标准、规划与监督等制度各行其是，又能够协调推动和促进解决生态破坏、环境污染等区际公共环境问题。

## 二、《长江保护法》的生态环境保护职责分析

### （一）纵向压实各级责任

从职责的分配层级来看，国务院生态环境部门的职责共 10 项，省级生态环境部门的职责共 13 项，市、县级生态环境部门的职责共 15 项。流域生态环境管理从顶层发力、向纵深推进，强化上级生态环境部门对下级部门的指导，压实市、县级生态环境部门履行行政执法职能的责任（图 3）。

### （二）横向强化部门协作

从履职形式来看，在 52 项涉及生态环境部门的职责中，除明确规定生态环境部门负责的 24 项外，生态环境部门还需要配合水行政、自然资源和农业农村等部门协作完成的职责共 28 条，涉及河湖水系联通、岸线修复和航运管理等多方面。因此，必须注重部门联动和协同治理，形成齐抓共管的生态环境治理格局。

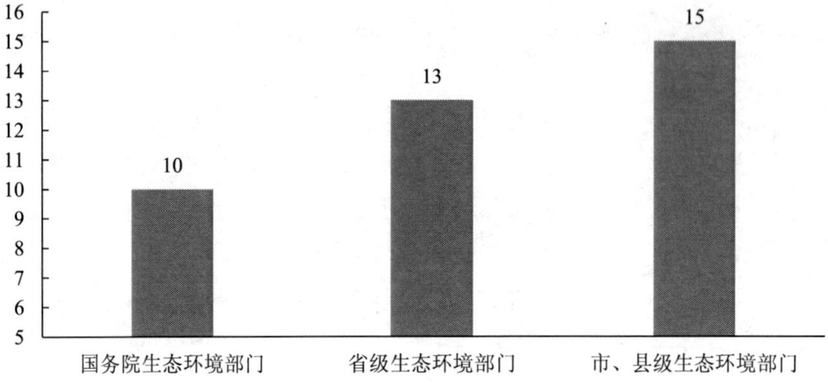


**图 3　生态环境部门法定职责分配层级情况**

## （三）细化具体职责内容

从职责的具体内容来看，《长江保护法》中涉及生态环境部门的 52 项职责分布于总则、规划与管控、资源保护、水污染防治、生态环境修复、绿色发展、保障与监督以及法律责任 8 章 38 条中（表 1）。

**表 1　《长江保护法》中涉及生态环境部门职责的条款**

| 章节 | 职责内容 | 履职形式 | 层级 | 条文依据 |
|---|---|---|---|---|
| 总则（5） | 组织完善生态环境风险报告和预警机制 | 负责 | 国务院/县级以上 | 第九条第二款 |
| | 健全长江流域突发生态环境事件应急联动工作机制 | 负责 | 国务院 | 第十条 |
| | 组织开展长江流域生态系统影响第三方评估、分析、论证 | 负责 | 省级 | 第十二条第二款 |
| | 健全长江流域生态环境监测网络体系和监测信息共享机制 | 参与 | 国务院 | 第九条第一款 |
| | 对长江流域重大发展战略、政策、规划等开展科学技术等专业咨询 | 参与 | 省级 | 第十二条第一款 |
| 规划与管控（12） | 编制长江流域水生态环境保护规划 | 负责 | 省级 | 第十八条第三款 |
| | 削减水质超标的水功能区污染物排放总量 | 负责 | 各级 | 第二十一条第二款 |
| | 制定生态环境分区管控方案和生态环境准入清单 | 负责 | 省级 | 第二十二条第一款 |
| | 建立长江流域规划体系 | 参与 | 省级 | 第十七条 |
| | 编制国土空间规划 | 参与 | 国务院 | 第十九条 |
| | 调整长江流域产业结构和布局 | 参与 | 各级 | 第二十二条第二款 |

| 章节 | 职责内容 | 履职形式 | 层级 | 条文依据 |
|---|---|---|---|---|
| 规划与管控（12） | 新建大中型水电工程的科学论证 | 参与 | 各级 | 第二十三条 |
| | 对不符合生态保护要求的已建小水电工程整改或逐步退出 | 参与 | 县级以上 | 第二十三条第二款 |
| | 编制岸线保护规划 | 参与 | 国务院 | 第二十六条第一款 |
| | 新建、改建、扩建尾矿库管控 | 参与 | 各级 | 第二十六条第三款 |
| | 划定禁航区和限航区 | 参与 | 国务院 | 第二十七条第一款 |
| | 航道整治管控 | 参与 | 各级 | 第二十七条第三款 |
| 资源保护（6） | 划定饮用水水源保护区 | 负责 | 省级 | 第三十四条第二款 |
| | 设置饮用水水源取水口并监测 | 负责 | 县级以上 | 第三十五条 |
| | 加强山水林田湖草沙整体保护，增强水源涵养能力 | 负责 | 县级以上 | 第三十六条 |
| | 保证河湖基本生态用水需求 | 参与 | 各级 | 第三十一条第二款 |
| | 制定本行政区域饮用水水源地名录 | 参与 | 省级 | 第三十四条第一款 |
| | 设立国家公园、自然保护区、自然公园等自然保护地 | 参与 | 各级 | 第三十九条 |
| 水污染防治（11） | 预防、控制和减少水环境污染 | 负责 | 国务院/各级 | 第四十三条 |
| | 制定水环境质量标准 | 负责 | 国务院/省 | 第四十四条 |
| | 补充制定地方水污染物排放标准 | 负责 | 省级 | 第四十五条第一款 |
| | 制定严于国家水污染物排放标准的地方水污染物排放标准 | 负责 | 省级 | 第四十五条第二款 |
| | 制定总磷污染控制方案，严格总磷排放管控要求 | 负责 | 省级 | 第四十六条第一款 |
| | 监管磷矿开采加工、磷肥和含磷农药制造等企业 | 负责 | 各级 | 第四十六条第二款 |
| | 排污口排查整治 | 负责 | 县级以上 | 第四十七条第二款 |
| | 严格控制新设、改设或者扩大排污口 | 负责 | 各级 | 第四十七条第三款 |
| | 固体废物污染防治 | 负责 | 县级以上 | 第四十九条 |
| | 地下水环境风险防范 | 负责 | 县级以上 | 第五十条 |
| | 建立长江流域危险货物运输船舶污染责任保险与财务担保相结合机制 | 参与 | 各级 | 第五十一条 |
| 生态环境修复（5） | 组织开展富营养化湖泊的生态环境修复 | 负责 | 县级以上 | 第五十八条第二款 |
| | 编制生态修复规划 | 参与 | 国务院 | 第五十二条 |
| | 制定岸线修复指标 | 参与 | 国务院 | 第五十五条 |
| | 实施生态环境修复和其他保护措施 | 参与 | 各级 | 第五十九条第二款 |
| | 修复历史遗留矿山生态环境 | 参与 | 县级以上 | 第六十二条 |
| 绿色发展（5） | 产业升级改造 | 参与 | 县级以上 | 第六十六条第一款 |
| | 重点地区危险化学品生产企业搬迁改造 | 参与 | 县级以上 | 第六十六条第二款 |
| | 建立开发区绿色发展评估机制 | 参与 | 省级 | 第六十七条第一款 |
| | 对开发区产业产品、节能减排等措施进行优化调整 | 参与 | 县级以上 | 第六十七条第二款 |
| | 编制并组织实施养殖水域滩涂规划，指导和规范水产养殖、增殖活动 | 参与 | 县级以上 | 第七十条 |

| 章节 | 职责内容 | 履职形式 | 层级 | 条文依据 |
|---|---|---|---|---|
| 保障与监督（6） | 加强信息公开与公众参与工作 | 负责 | 各级 | 第七十九条第三款 |
| | 联合执法 | 负责 | 各级 | 第八十条 |
| | 制定合理利用社会资金促进长江流域生态环境修复的政策措施 | 参与 | 省级 | 第七十五条第二款 |
| | 长江流域生态环境保护和修复等方面的科学技术研究开发和推广应用 | 参与 | 各级 | 第七十五条第三款 |
| | 长江流域生态保护补偿制度 | 参与 | 各级 | 第七十六条第一款 |
| | 开展横向生态保护补偿 | 参与 | 各级 | 第七十六条第三款 |
| 法律责任（2） | 对违反生态环境准入清单规定进行生产建设活动处罚 | 负责 | 县级以上 | 第八十八条 |
| | 对超过排放标准或总量控制指标排放含磷水污染物处罚 | 负责 | 县级以上 | 第八十九条 |

## 三、切实贯彻《长江保护法》，更好履行生态环境部门法定职责的建议

### （一）配套完善长江流域生态环境治理制度

#### 1．完善长江流域生态环境保护地方性法规

一是尽快推动制定《四川省长江保护法实施办法》，以地方性法规的形式对长江流域协调机制的办事机构、工作程序和流域联合执法等事项作出细化规定。探索建立流域性、区域性共同立法和协同立法机制，形成系统完备、规范严密、衔接有序、协调统一的长江保护地方性法规制度。二是新起草的有关地方性法规需要注重落实《长江保护法》中跨区域、跨流域保护协作具体要求，如嘉陵江流域生态环境保护条例以及市（州）相关立法对建立联合执法机制、协同查处跨行政区域重大违法案件作出规定。三是对已出台的地方性法规、政府规章以及规范性文件等开展全面清理，及时废止或修改不符合、不衔接、不适应《长江保护法》规定的条款。如《四川省固体废物污染环境防治条例》应新增固体废物非法转移和倾倒的联防联控相关规定；《四川省饮用水水源保护管理条例》应新增制定饮用水水源地名录相关规定；《四川省沱江流域水环境保护条例》中超过水污染物排放标准或者超过重点水污染物排放总量控制指标排放水污染物等行为的法律责任应升格。

#### 2．制定长江流域生态环境保护规划与管控措施

一是科学制定四川省“十四五”长江流域水生态环境保护规划，编制岷江、沱江、嘉陵江等流域绿色发展产业规划，基层生态环境部门根据省规划编制出台相关配套规划和优化区域产业结构和布局实施方案，严禁污染型产业、企业向上中游地区转移。二是

根据生态环境和资源利用状况，推动全省生态环境分区管控方案和生态环境准入清单落地实施，明确“四个禁止”[①]相关要求，严禁不符合主体功能定位的各类开发活动，确保产业结构和布局与长江流域生态系统和资源环境承载能力相适应。

**3．健全长江流域生态环境保护标准体系**

一是对没有国家水污染物排放标准的特色产业、特有污染物（如酿造废水），或国家有明确要求的特定水污染源或者水污染物，关注行业特征污染物的环境影响，补充制定磷化工污染物排放行业标准等地方水污染物排放标准；根据省内十大重点流域及成都平原、川南和川东北等不同区域特点、水体环境容量及受纳水体敏感重要程度，因地制宜制定流域水污染物排放标准；对产业密集、水环境问题突出的或现有水污染物排放标准不能满足长江流域水环境质量要求的，在水污染物排放标准中增加相应内容及管控要求。二是开展标准实施评估，对已出台的《四川省水污染物排放标准》（DB 51/190—93）、《四川省岷江、沱江流域水污染物排放标准》（DB 51/2311—2016）等启动后评估。三是聚焦跨流域、跨区域突出生态环境问题，逐步协同邻省上下游污染物排放标准和技术规范，共同完善川渝、云贵川滇水生态环境标准体系。四是改变仅采用化学指标制定水环境质量标准的方法，在制定水环境质量标准过程中充分考虑长江流域水生生物完整性指数，保护长江流域生态环境和生物多样性。

**4．针对突出问题出台系列科学治污政策措施**

一是推动出台四川省总磷污染控制方案，按照“分区控制、分类治理，突出重点、精准施策”的原则，对磷矿、磷肥生产集中的岷江、沱江等河段制定磷石膏综合利用、总磷污染监测监控建设方案和涉磷化工园区产业准入与管控要求等系列政策，有效控制总磷排放总量。二是出台地下水重点污染源和环境风险隐患调查评估制度，县级以上生态环境部门组织对岷江、赤水河、沱江、嘉陵江等流域沿河湖垃圾填埋场、加油站、磷石膏堆场、有色金属矿和化工项目等地下水重点污染源及地下水环境风险隐患开展调查评估，加强污染源源头防治和风险管控。三是结合国家专项行动要求落实排污口核查工作，在排查、监测和溯源的基础上出台长江入河、湖排污口分类整治方案，建立排污口排查、监测、溯源、整治等工作规范体系，有序推进入河、湖排污口整治。四是县级以上生态环境部门与相邻区域、相关行业主管部门根据工作需要建立跨区域流域生态环境保护协作机制，重点针对非法转移和倾倒固体废物，建立联防联控的协作制度。五是县级以上生态环境部门出台区域内污染防治重点行业清洁化改造实施方案，对造纸、涂料和有色金属等重点耗水行业企业加大清洁生产技术推行方案实施力度，实施中小企业清洁生产水平提升计划，引导中小企业优先实施无费、低费方案，促进长江流域水环境质

---

① “四个禁止”：禁止在长江流域重点生态功能区布局对生态系统有严重影响的产业；禁止重污染的企业和项目向长江的上中游转移；禁止在长江干支流干线 1 公里范围内新建、扩建化工园区和化工项目；禁止在长江干线的岸线 3 公里范围内和重要支流岸线 1 公里范围内新改扩建尾矿库，防止风险。同时对于已经建成的与生态环境要求不符合的小水电项目，要求地方政府实行分类整改和逐步退出。——《长江保护法》第二十二条、第二十六条

量改善和流域内重点行业绿色转型升级。

## （二）提升长江流域生态环境治理能力

### 1．提升流域生态环境监测能力

一是在全面落实《四川省生态环境监测网络建设规划（2019—2020 年）》目标任务的基础上，完善流域水环境、水生态以及河湖岸线、采砂、水工程运行监管等领域监测网络体系，统一规划生态环境质量监测站点设置并与自然资源、水利和农业农村等部门实现监测信息共享，打通各类环境监测数据传输通道，着力构建长江监测“一张网”。二是县级以上生态环境部门加强对流域饮用水水源地水质监测预警体系建设，设置饮用水水质常规监测断面或自动监测站，对饮用水水源的水环境质量进行实时监测，并构建可与水源地环境监控视频系统共用的网络传输平台。三是县级以上生态环境部门加快区域内地下水环境监管基础能力建设，严格按照国家地下水保护和污染防治要求，整合、优化流域内地下水环境监测布设点位，推进地下水水源水质监测能力规范化建设。

### 2．提升长江流域生态环境综合执法能力

一是按照《长江保护法》新增法律责任规定，拓宽生态环境综合执法事项。例如，违反规定新建、扩建化工园区和化工项目、尾矿库的，违反生态环境准入清单的规定进行生产建设活动的，超过排放标准或者总量控制指标排放含磷水污染物的，均应纳入生态环境综合执法事项。二是强化流域执法协作能力，各级生态环境部门采取横向联动、纵向协作方式，对跨行政区域、生态敏感区域和生态环境违法案件高发区域，开展联合执法，封堵监管漏洞，形成执法合力。三是提升生态环境损害索赔能力，强化思想认识，细化配套制度，提升业务能力，提高案件质量，加强部门协作，确保生态环境损害赔偿制度在全省贯彻落实。四是完善“两法衔接”内容，将《中华人民共和国刑法修正案（十一）》第三百三十八条①新增两项长江流域污染环境罪情形纳入移送对象，严厉打击环境污染犯罪。

### 3．提升长江流域生态环境风险防范能力

一是推进长江流域水环境安全风险隐患排查整治，县级以上生态环境部门针对化工园区、尾矿库等风险源，进一步摸清底数，掌握有毒有害污染物生产、贮存、利用、转

① 《中华人民共和国刑法修正案（十一）》将刑法第三百三十八条修改为：违反国家规定，排放、倾倒或者处置有放射性的废物、含传染病病原体的废物、有毒物质或者其他有害物质，严重污染环境的，处三年以下有期徒刑或者拘役，并处或者单处罚金；情节严重的，处三年以上七年以下有期徒刑，并处罚金；有下列情形之一的，处七年以上有期徒刑，并处罚金：

（一）在饮用水水源保护区、自然保护地核心保护区等依法确定的重点保护区域排放、倾倒、处置有放射性的废物、含传染病病原体的废物、有毒物质，情节特别严重的；

（二）向国家确定的重要江河、湖泊水域排放、倾倒、处置有放射性的废物、含传染病病原体的废物、有毒物质，情节特别严重的；

……

运、处置情况，评估风险管控能力及其对周边敏感目标的影响，强化全过程监管。二是建立长江流域生态环境风险预防预警体系，县级以上生态环境部门组织完善生态环境风险报告和预警机制，对长江流域生态系统造成或可能造成影响的建设项目、重要基础设施和产业布局相关规划开展第三方评估、论证等工作，形成部门论证、专家咨询、公众参与、专业机构测评相结合的风险评估机制。三是提升长江流域生态环境事件应急管理能力，省生态环境部门建立健全流域突发生态环境事件应急联动工作机制，并与国家突发事件应急体系相衔接，加强执法检查和环境安全隐患整治力度，重点对长江流域化工企业、涉重金属企业、尾矿库等环境敏感区域隐患排查，同时加强与交通运输、水利、应急、气象等部门的联动协作。可借鉴长三角地区“三省一市”上海、江苏、浙江、安徽，经验，推进跨行政区域上下游生态环境应急联动机制建设，建立共同防范、互通信息、联合监测、协同处置的应急指挥体系。

### （三）保障长江流域生态环境治理效果

#### 1. 强化资金与技术保障

一是加大公共财政保障，合理安排长江流域生态环境保护资金，制定长江流域污染防治资金使用管理实施细则，加强资金监管，规范资金使用，提高资金使用效益。二是鼓励社会资金参与，引导社会资金参与流域生态保护与修复，扩大生态修复参与主体的覆盖面，鼓励金融机构在生态保护修复、污染防治、资源循环利用等环保类项目推出“环保贷”“危险废物贷”等绿色金融产品。三是鼓励横向生态补偿，在长江流域上下游、左右岸、干支流地方人民政府之间共商共建横向生态保护补偿的基础上，探索推广长江流域水环境、排污权交易和水权交易等生态补偿试点经验，建立多元化生态保护补偿机制。四是强化科技支撑，鼓励和支持流域水污染治理技术、生态环境修复技术和固体废物污染防治技术等科学技术研究、开发和应用。

#### 2. 主动接受多元监督

一是接受政府监督，各级生态环境部门按时向本级人民政府报告部门开展长江流域生态环境保护和修复目标完成情况，主动接受政府考核监督，对考核评价结果及时整改、反馈；县级以上生态环境部门积极配合本级人民政府的行政约谈措施，全面记录约谈原因、约谈内容并按照流域环境保护技术政策要求制定整改方案，将整改方案落实情况定期报告约谈人。二是接受人大、政协监督，县级以上生态环境部门配合政府定期向本级人民代表大会或者其常务委员会报告本级人民政府长江流域生态环境保护和修复工作等情况，督促相关责任人员依法履职，确保《长江保护法》取得最佳实施效果。三是接受社会监督，各级生态环境部门建立和实行生态环境质量公告制度，通过设立专门的流域信息公开平台等方式依法公开长江流域生态环境综合性报告和重大生态环境信息，为公民、法人和非法人组织参与和监督长江流域生态环境保护提供便利，保障公众对长江流域生态环境保护的知情权、参与权、表达权和监督权，提高流域生态环境保护公众参与度。

# 环境经济政策一体化进展研究及完善建议

**摘　要：**“十四五”期间，为了进一步发挥生态环境保护的“倒逼”作用，加快推动地区经济结构转型升级，在高质量发展中实现高水平保护、在高水平保护中促进高质量发展，环境经济政策的杠杆作用凸显。推进成渝地区双城经济圈环境经济一体化是生态共建环境共保不可忽视的重要板块。基于此，本文从生态补偿、绿色金融、环境权益交易、环境保护税等四方面梳理了成渝地区双城经济圈建设环境经济政策一体化的基础条件以及成渝地区双城经济圈提出后川渝两省（市）新的进展，并提出对策建议。

**关键词：**成渝地区双城经济圈；环境经济政策；政策一体化研究

## 一、环境经济政策比较分析

“十三五”期间，我国环境经济政策体系不断健全完善。成渝地区双城经济圈建设提出前，国务院《“十三五”生态环境保护规划》从排污权交易制度、财政税收政策、资源环境价格改革、环境治理市场主体、绿色金融体系、多元化生态保护补偿机制等方面，对环境经济政策体系构架作了整体部署。《“十三五”全国环境保护法规与环境经济政策建设规划》对企业信用评价、环境税改革、财政投入等环境经济建设工作作出了具体要求。四川在资源环境税费改革、绿色金融、环境权益交易、生态补偿、企业信用建设等方面制定了相应的环境经济政策，政策体系初具规模。重庆的环境经济政策主要集中在培育市场主体、财税价格政策、环境权益交易、绿色金融、生态补偿等方面，搭建了环境经济的政策框架。

中央财经委员会第六次会议召开后，国家出台了构建现代环境治理体系、建立绿色生产和消费法规政策体系、促进应对气候变化投融资等一系列政策文件，其中多项涉及对环境经济的新要求。与此同时，四川和重庆谋定而动，也出台了“一揽子”政策，对环境经济发展有重要的指导意义。在延续过去环境经济政策体系基础上，两地更强调健全“污染者付费+第三方治理”等机制，引导社会资本参与环境治理，倡导全民参与。重庆在成渝地区双城经济圈生态环境共建工作机制上，提出推进统一两地生态环境地方标准，推动实行两地信用评价结果互认、失信企业联合惩戒等主要任务。在碳达峰、碳中和的战略背景下，四川专门出台《四川省积极有序推广和规范碳中和方案》，鼓励碳中和相关信息在金融领域应用。具体见附表 1～附表 3。

## 二、环境经济政策一体化的实践

### （一）不断深化流域生态补偿机制

川渝两省（市）积极探索实践流域生态补偿，初步形成了系列制度和政策安排。2018 年，四川与贵州、云南签订《赤水河流域横向生态保护补偿协议》，率先在长江流域建立多个省份间的横向生态保护补偿机制。2019 年，四川出台了《四川省流域横向生态保护补偿奖励政策实施方案》，当年共计安排中央和省级资金 16.8 亿元用于奖励沱江、岷江、嘉陵江、安宁河流域有关市（州）建立横向生态保护补偿机制。2018 年，重庆出台《重庆市建立流域横向生态保护补偿机制实施方案》（以下简称《方案》），对流域生态补偿实行“三奖”政策（奖早建、奖协作、奖成效）。自《方案》印发以来，重庆已在龙溪河、璧南河等 19 条流域建立了流域横向生态补偿机制，涉及面积超过 500 $km^2$，横跨两个或多个区县。在跨省流域横向生态保护补偿方面，重庆与湖南签署了《酉水流域横向生态保护补偿协议》。

中央财经委员会第六次会议召开后，四川与重庆于 2020 年年底签订了《长江流域川渝横向生态保护补偿协议》，选取长江干流和濑溪河流域作为首轮试点河流，初步建立了“1+1”（长江干流+重要支流）的流域横向生态保护补偿格局，并视情况将成熟可复制的经验推广到其他跨省市流域。有效期为 2021 年 1 月 1 日—2023 年 12 月 31 日，到期后两省（市）可协商延长补偿年限。

### （二）积极探索绿色金融

川渝两省（市）逐步建立了绿色金融政策框架体系，通过“窗口指导”引导各银行业金融机构加大支持力度、创新绿色金融产品。四川先后出台了《关于推进绿色金融支持绿色发展的指导意见》《四川省绿色金融发展规划》等“一揽子”政策创新绿色金融服务、支持绿色产业发展，2017 年四川设立了首只碳汇基金，即绵阳大熊猫碳汇基金；2019 年四川上线了绿色金融超市“绿蓉融”，建立了四川省省级绿色企业（项目）库。重庆先后发布了《重庆市绿色金融发展规划》《加快推进全市绿色金融发展行动计划》等纲领性文件，强调绿色金融要重点支持长江上游水资源保护、产业转型等任务。重庆上线了“长江绿融通”绿色金融大数据综合服务系统，在实现绿色金融可测算的同时，为碳减排信息披露提供支持。为解决金融机构绿色项目来源问题，重庆市级政府部门与人民银行重庆营业管理部联合建立了全市统一的绿色低碳项目库。据《地方绿色金融发展指数与评价报告（2020）》显示，四川绿色金融发展指数总体评价排名全国第六，政策推动得分排名全国第一；重庆绿色金融发展指数总体评价排名全国第十八。截至 2020 年年末，四川省绿色信贷余额 5 164.5 亿元，较年初增加达 19%；累计发行绿色债券 33 只，规模 292 亿元。重庆绿色信贷余额 2 835 亿元，发行绿色债券 264.5 亿元。

中央财经委员会第六次会议召开后，川渝两省（市）各自有了新的工作进展，但缺乏绿色金融一体化方面的合作。2020 年四川省生态环境厅与农业银行四川省分行、农发行四川省分行签订协议，建立生态环境领域基础设施建设投融资保障机制，两家银行 3 年内将分别提供不低于 500 亿元信贷资金。与此同时四川积极推动将环境信用信息纳入社会信用评价体系，建立联合激励惩戒机制，2020 年全省参评企业超 1 万家。2020 年年末，四川省金融信用信息综合服务平台（天府信用通平台）“绿色金融”专版正式上线，实现了与四川联合环境交易所“绿蓉融”平台的互联互通，打通了绿色企业与金融机构之间的对接渠道。为助力实现碳达峰、碳中和目标，2021 年四川针对碳减排推出票据再贴现专项支持计划，制定实施《四川省碳减排票据再贴现专项支持计划》，多家金融机构已为企业办理了碳减排票据贴现业务。2020 年重庆南岸区、经开区与中国人民银行重庆营业管理部签订协议，共建重庆市绿色金融改革创新核心区。2021 年重庆发布绿色金融大道发展规划，拟于 2025 年建成聚集 200 家绿色金融机构、绿色金融中介服务机构、金融历史博物馆等的绿色金融大道，发行全市 40%以上的绿色信贷余额和全市 50%以上的绿色债券。

### （三）坚持完善环境权益交易市场

川渝两省（市）在环境权益交易体系方面拥有一定的建设运营经验，有建立区域统一环境权益交易体系的市场基础。在制度建立上，四川发布了《四川省落实〈全国碳排放权交易市场建设方案（发电行业）〉工作方案》《四川省用能权有偿使用和交易管理暂行办法》等，环境权益交易主要集中在碳排放权、用能权和矿业权上。在温室气体统计核算上，四川探索构建工业、交通运输领域碳排放强度统计核算体系，开展了 2016 年和 2018 年省、地两级温室气体清单编制。2019 年，四川正式启动了用能权交易市场，截至 2021 年 4 月已完成用能权交易 3 000 t，累计金额 127.6 万元。重庆先后出台《重庆市工业企业排污权有偿使用和交易工作实施细则》《重庆市碳排放权交易管理暂行办法》等，环境权益交易主要集中在碳排放权和排污权上。早在 2009 年重庆市就启动了排污权有偿使用和交易试点工作，截至 2021 年 5 月累计完成排污权交易 3.7 万余次，实现交易金额约 7.9 亿元。在碳排放交易上，两地均成立了碳排放市场交易机构，重庆于 2014 年 6 月成立重庆碳排放权交易中心，四川于 2016 年 12 月在四川联合环境交易所启动碳排放交易。目前，我国碳交易市场分为配额和 CCER 两类基础产品①，重庆作为国家碳排放权交易试点省（市）之一，重点发展配额交易市场，四川重点发展 CCER 交易市场（自愿减排交易市场）。截至 2021 年 6 月，自开市交易以来，四川联合环境交易所 CCER 累计

① 配额是碳交易主管部门分配给重点排放单位指定时期内的碳排放额度，属于强制性需求；CCER 是通过实施项目削减温室气体而获得的减排凭证，属于自愿性减排凭证。

成交量 1 680.4 万 t，累计交易额超 2 亿元，按照可比口径位居全国第四；重庆碳市场累计成交量 1 465.76 万 t，累计交易额约 1.37 亿元。

中央财经委员会第六次会议召开后，在碳达峰碳中和背景下，四川、重庆做了新的有益探索。2021 年四川出台《四川省积极有序推广和规范碳中和方案》，明确 2022 年要建成四川省碳中和创新服务平台，聚焦机构和个人社会活动。各地也积极探索碳中和路径，成都出台《关于构建“碳惠天府”机制的实施意见》，在国内首创提出了“公众碳减排积分奖励、项目碳减排量开发运营”双路径碳普惠机制；泸州市发布《泸州市“绿芽积分”建设推进实施方案》，启动绿色生活激励回馈机制建设，打造川南地区碳普惠品牌。重庆开展了《重庆市碳排放权交易管理办法》修订工作，并计划上线全国首个“碳惠通”生态产品价值实现平台，企业和个人均可购买“碳惠通”产品。作为首批碳排放权交易试点地区之一的重庆在碳排放交易上具有先发优势，四川在非试点地区中第一个碳交易，其交易量居全国第四，四川、重庆深化碳交易合作有利于形成优势互补、向上争取政策。

### （四）稳步推行环境保护税

自 2018 年 1 月 1 日起，川渝两省（市）开始正式施行环境保护税。在税额设定上，《四川省大气污染物和水污染物环境保护税适用税额的决定（草案）》规定，四川环境保护税应税大气污染物适用税额为每污染当量 3.9 元，应税水污染物适用税额为每污染当量 2.8 元，分别按国家规定最低标准的超过 3 倍、2 倍执行；固体废物和噪声两类税目的适用税率均按全国统一标准执行。四川还建立了环境保护涉税信息共享平台，生态环境部门将污染源在线监测、排污许可、行政处罚等数据推送至税务端，税务机关将基础税源信息、年度减免污染当量等数据同步传送至生态环境端。重庆环境保护税征收阶段式进行，自 2021 年 1 月 1 日起，大气污染物税额标准为每污染当量 3.5 元，水污染物税额标准为每污染当量 3 元。税收减免政策使许多污染企业进行了超低排放改造，减免的税款有效对冲了企业环保改造投入。

中央财经委员会第六次会议召开后，川渝两省（市）持续优化环境保护税税收管理。2020 年四川发布《四川省环境保护税应税污染物排放量抽样测算方法》，原《四川省环境保护税应税污染物排放量抽样测算方法（试行）》废止。同年印发《四川省税务系统优化税收营商环境三年规划（2020—2022 年）》，提出税收服务要支持成渝双城发展、成德眉资同城化取得实质性进展。2020 年四川环境保护税入库税收为 5.9 亿元，在近几年中呈逐年下降态势。2020 年重庆环境保护税入库税收为 2.7 亿元，在纳税人户数明显增加的基础上，环境保护税收入总体保持稳定。总体而言，四川与重庆确定的税额适中，均高于环境保护税法规定的最低税额，且税额设置相近，四川大气污染物税额标准仅高于重庆 0.4 元（10%），水污染物税额标准仅低于重庆 0.2 元（7%），具备统一的基础。

## 三、对策建议

中央财经委员会第六次会议以来，川渝两省（市）针对生态共建和环境共保做了多方面的合作探索，在环境经济一体化方面，两省（市）签署协议共同建立长江流域川渝横向生态保护补偿机制、环保产业协会签订战略合作协议等，计划结合两省（市）环保产业的发展需求开发形式灵活的绿色金融产品等，但在环境权益交易一体化、绿色金融一体等方面仍存在空白，需要进一步在环境经济政策体系建设上发挥合力。

### （一）深化区域协作机制

一是建立成渝地区双城经济圈环境经济政策统一协商机制。建立完善成渝地区双城经济圈生态环境共建共保平台，识别两省（市）在生态文明体系建设和生态环境保护实践过程中的重难点问题，探索环境经济政策一体化的实现路径。组织生态环境、经信、发展改革、财政、税务等相关部门，成立成渝地区双城经济圈环境经济政策一体化领导小组，联合制定、发布环境经济一体化相关政策文件。二是推进城市间的跨地区合作发展机制。目前，成渝地区多地开展了跨区域生态环境合作，如成都高新区生态环境城管局与重庆高新区生态环境局、资阳安岳县人民政府与重庆潼南区人民政府等。在已有合作基础上，推进建立城市之间的常态化对接合作机制。鼓励在川渝高竹新区、万达开川渝统筹发展示范区等有条件的毗邻地区先行开展环境经济政策一体化试点，定期开展政策效果评估，对实施效果好的政策进行全区推广。三是成立成渝地区双城经济圈环境经济专家小组。发挥成渝地区高校、研究院所和金融机构等作用，成立环境经济专家小组。结合两省（市）生态、资源和人才优势，共同开展地区环境经济政策研究、制定、出台、评估等，使政策出台更具指导意义。

### （二）探索跨区域环境资源权益交易制度

一是搭建区域性环境权益交易平台。依托四川联合环境交易所和重庆资源与环境交易中心，建立统一的环境资源权益交易平台，推动两地之间信息透明化、资金和资源流动化，市场功能相互补充，建设成为以成渝地区双城经济圈为核心、立足西部、辐射全国的西部环境资源交易中心。二是建立统一的环境交易制度。加强政策协调，以排污权交易、水权交易为核心，建立统一的交易规则和市场体系。在现有地方性排污权交易实践基础上，整合构建区域排污权交易市场。依托排污许可证核发工作，统一修订排污许可技术规范、自测指南等，落实排污许可“一证式”管理，覆盖全部排污许可发证行业和重点管理企业，推动区域排污许可证管理数据共享。探索开展两省（市）之间的水权交易，联合制定主要江河水量分配方案，完善水资源合理配置和有偿使用制度，建立区域水权出让、转让和租赁的交易机制。三是打造全国碳减排率先达峰区域。开发碳普惠平台系统，搭建林业碳汇交易模块、碳中和模块，推动四川“点点”碳中和平台、龙泉山“碳汇林”等现有碳普惠机制接入，两地碳普惠标准互通互认，共同打造碳普惠品牌。

## （三）协同推进环境税费改革

一是建立动态的环境保护税标准评估与调整机制。统一大气污染物和水污染物环境保护税适用税额，统一成渝地区环境保护税执行口径和管理标准，建立两省（市）互认的税收政策，做到利益共享、责任共担。搭建平台共享税务机构征管信息，规范排污企业的市场行为。紧扣碳达峰、碳中和目标，逐步将二氧化碳、VOCs、污染型产品等污染物，以及建筑噪声等民众投诉率高的污染物纳入征税范围，通过税收方式予以调节，推动形成减污降碳的激励约束机制。二是提高税费标准。两省（市）共同探索分行业实行差别性电价、水价，完善污水处理、垃圾处理等环境公共服务收费政策，将自然资源纳入价格核算体系，使自然资源价格能准确反映经济社会活动的环境成本。三是优化其他环境相关税收制度。继续贯彻落实现行资源综合利用、污染物减排及节能节水等项目减免税收政策。加大企业所得税、车船税和车辆购置税、成品油消费税等税种在生态环境保护方面的税收激励，通过减免、抵扣及税收返还等多种形式促进生态环境事业的发展。

## （四）进一步发挥绿色金融作用

一是设置成渝地区双城经济圈建立绿色发展基金。两省（市）政府共同出资建立区域绿色发展基金，依托基金带动社会资本投入污染防治、资源循环、清洁能源、零碳建筑等企业可盈利领域。基金还可用于生态修复、生态补偿，以及对环保诚信企业的奖励。二是共建成渝地区双城经济圈绿色金融体系。鼓励成渝地区共建西部绿色金融中心，提供绿色信贷、绿色债券、绿色保险等、绿色票据再贴现等多元绿色金融产品。探索构建统一的绿色金融标准，引导建立覆盖全区的绿色金融产品创新、平台搭建与风险防范等机制。支持企业创新研发绿色租赁、绿色理财、绿色信托等相关业务，加快综合化转型。三是建立统一的绿色信贷体系。建立服务全区的绿色金融数据信息共享平台，推动绿色信贷项目评估结果互认，推动两省（市）绿色金融人才互通。鼓励金融机构产品创新，支持围绕碳排放权、用能权、水权等环境权益抵质押品开发更多绿色金融产品，拓展绿色企业和生态项目的抵押范围、盘活企业资产。四是强化区域环境信息披露。参考《金融机构环境信息披露指南》（JR/T 0227—2021），在规则制定、数据标准、披露流程等方面进行信息共享，降低信息披露的成本，提升信息披露的积极性。除了绿色金融业务的信息披露以外，引导银行及时披露碳足迹、污水和碳减排、能耗降幅、垃圾处理等信息。

### （五）完善行业环境经济政策一体化

一是推进环境信用体系一体化建设。逐步统一两省（市）环境信用评价标准与要求，包括信用评价范围、评价体系标准、信用修复要求等。建立区域性的企业环境风险管理信息共享平台，对评价结果实行信息公开共享，并实施联合惩戒。二是实施生产责任延伸制度（EPR）。共同制定生产者责任延伸产品清单，考虑将电器电子、铅酸蓄电池、新能源汽车动力蓄电池、农业废弃物、汽车等产品纳入实施生产者责任延伸制的产品范围，将生产者对其产品承担的资源环境责任从生产环节延伸到产品设计、流通消费、回收利用、废物处置等全生命周期，实现产品生产规范化、流通可溯源、废弃物处理无害化。三是建立“领跑者”制度。借鉴河北省“领跑者”制度经验，出台相关支持政策，对取得环保“领跑者”称号的企业实施差别化、精准化的环境管理政策要求，并建立成渝地区“一对一”帮扶工作机制，实施定向帮扶和协调解决相关问题。积极推行绿色产品认证与标识制度，加大政府采购中绿色产品的比例，鼓励市民购买有绿色认证的产品。

附表：1. 近年来国家重要环境经济政策要点
2. 近年来四川重要环境经济政策要点
3. 近年来重庆重要环境经济政策要点

**附表 1　近年来国家重要环境经济政策要点**

| 序号 | 文件名称 | 有关政策要点 |
|---|---|---|
| 中央财经委员会第六次会议召开前 | | |
| 1 | “十三五”生态环境保护规划 | 推行排污权交易制度，发挥财政税收政策引导作用，推进绿色金融体系建立，加快建设多元化生态保护补偿机制，完善市场机制 |
| | | 建立企业环境信用评价和违法排污黑名单制度，激励和约束企业主动落实环保责任 |
| | | 强化信息公开，加强社会监督，实施全民行动 |
| 2 | “十三五”全国环境保护法规与环境经济政策建设规划 | 加强企业环境信用信息系统建设，建立环保守信激励、失信惩戒机制 |
| | | 持续推进环境税费价格改革，强化税费价格政策调节作用 |
| | | 支持设立各类绿色发展基金，研究银行和企业发行绿色债券，建立健全绿色金融体系 |
| | | 强化财政投入引导作用，合理提高补偿标准，扩大补偿范围，建立多元化生态保护补偿机制 |

| 序号 | 文件名称 | 有关政策要点 |
|---|---|---|
| 中央财经委员会第六次会议召开后 | | |
| 1 | 关于构建现代环境治理体系的指导意见 | 健全价格收费机制。严格落实“谁污染、谁付费”政策导向，建立健全“污染者付费+第三方治理”等机制 |
| | | 完善企业环保信用评价制度，依据评价结果实施分级分类监管。建立排污企业黑名单制度 |
| | | 加强财税支持。建立健全常态化、稳定的中央和地方环境治理财政资金投入机制。健全生态保护补偿机制。严格执行环境保护税法 |
| | | 完善金融扶持。推动环境污染责任保险发展，在环境高风险领域研究建立环境污染强制责任保险制度。开展排污权交易，研究探索对排污权交易进行抵质押融资。加快建立省级土壤污染防治基金。统一国内绿色债券标准 |
| 2 | 关于加快建立绿色生产和消费法规政策体系的意见 | 扩大绿色产品消费。完善绿色产品认证与标识制度。落实好支持节能、节水、环保、资源综合利用产业的税收优惠政策。积极推行绿色产品政府采购制度，结合实施产品品目清单管理，加大绿色产品相关标准在政府采购中的运用 |
| | | 推行绿色生活方式。完善居民用电、用水、用气阶梯价格政策。落实污水处理收费制度，将污水处理费标准调整至补偿污水处理和污泥处置设施运营成本并合理盈利水平 |
| | | 各级财政、税收、金融等部门要持续完善绿色生产和消费领域的支持政策 |
| 3 | 关于促进应对气候变化投融资的指导意见 | 加快建立国家气候投融资项目库，挖掘高质量的低碳项目。推动建立低碳项目资金需求方和供给方的对接平台，加强低碳领域的产融合作 |
| | | 强化对撬动市场资金投向气候领域的引导机制和模式设计，支持在气候投融资中通过多种形式有效拉动和撬动社会资本，鼓励“政银担”“政银保”“银行贷款+风险保障补偿金”“税融通”等合作模式，依法建立损失分担、风险补偿、担保增信等机制，规范推进政府和社会资本合作（PPP）项目 |
| | | 稳步推进碳排放权交易市场机制建设，不断完善碳资产的会计确认和计量，建立健全碳排放权交易市场风险管控机制，逐步扩大交易主体范围，适时增加符合交易规则的投资机构和个人参与碳排放权交易 |
| | | 鼓励地方开展模式和工具创新。鼓励地方围绕应对气候变化工作目标和重点任务，结合本地实际，探索差异化的投融资模式、组织形式、服务方式和管理制度创新。鼓励银行业金融机构和保险公司设立特色支行（部门），或将气候投融资作为绿色支行（部门）的重要内容。鼓励地方建立区域性气候投融资产业促进中心 |
| 4 | 关于完善长江经济带污水处理收费机制有关政策的指导意见 | 健全污水处理费调整机制。根据成本监审调查情况，按照补偿污水处理和运行成本的原则，在综合考虑地方财力、社会承受能力基础上，合理制定污水处理费标准，并完善污水处理费标准动态调整机制 |

| 序号 | 文件名称 | 有关政策要点 |
|---|---|---|
| 5 | 关于加快建立健全绿色低碳循环发展经济体系的指导意见 | 促进绿色产品消费。加大政府绿色采购力度，扩大绿色产品采购范围，逐步将绿色采购制度扩展至国有企业。加强绿色产品和服务认证管理，完善认证机构信用监管机制。推广绿色电力证书交易，引领全社会提升绿色电力消费。严厉打击虚标绿色产品行为，有关行政处罚等信息纳入国家企业信用信息公示系统 |
| | | 健全绿色收费价格机制。完善污水处理收费政策，按照覆盖污水处理设施运营和污泥处理处置成本并合理盈利的原则，合理制定污水处理收费标准，健全标准动态调整机制。按照产生者付费原则，建立健全生活垃圾处理收费制度，各地区可根据本地实际情况，实行分类计价、计量收费等差别化管理。完善节能环保电价政策，推进农业水价综合改革，继续落实好居民阶梯电价、气价、水价制度 |
| | | 加大财税扶持力度。继续利用财政资金和预算内投资支持环境基础设施补短板强弱项、绿色环保产业发展、能源高效利用、资源循环利用等。继续落实节能节水环保、资源综合利用以及合同能源管理、环境污染第三方治理等方面的所得税、增值税等优惠政策。做好资源税征收和水资源费改税试点工作 |
| | | 大力发展绿色金融。发展绿色信贷和绿色直接融资，加大对金融机构绿色金融业绩评价考核力度。统一绿色债券标准，建立绿色债券评级标准。发展绿色保险，发挥保险费率调节机制作用。支持符合条件的绿色产业企业上市融资。支持金融机构和相关企业在国际市场开展绿色融资。推动国际绿色金融标准趋同，有序推进绿色金融市场双向开放。推动气候投融资工作 |
| | | 培育绿色交易市场机制。进一步健全排污权、用能权、用水权、碳排放权等交易机制，降低交易成本，提高运转效率。加快建立初始分配、有偿使用、市场交易、纠纷解决、配套服务等制度，做好绿色权属交易与相关目标指标的对接协调 |
| 6 | 全国“十四五”规划和 2035 年远景目标纲要 | 健全生态保护补偿机制。加大重点生态功能区、重要水系源头地区、自然保护地转移支付力度，鼓励受益地区和保护地区、流域上下游通过资金补偿、产业扶持等多种形式开展横向生态补偿。完善市场化多元化生态补偿，鼓励各类社会资本参与生态保护修复。完善森林、草原和湿地生态补偿制度。推动长江、黄河等重要流域建立全流域生态补偿机制。建立生态产品价值实现机制，在长江流域和三江源国家公园等开展试点。制定实施生态保护补偿条例 |
| | | 构建绿色发展政策体系。强化绿色发展的法律和政策保障。实施有利于节能环保和资源综合利用的税收政策。大力发展绿色金融。健全自然资源有偿使用制度，创新完善自然资源、污水垃圾处理、用水用能等领域价格形成机制。完善能效、水效“领跑者”制度 |
| 7 | 国家发展改革委关于“十四五”时期深化价格机制改革行动方案的通知 | 不断完善绿色电价政策。针对高耗能、高排放行业，完善差别电价、阶梯电价等绿色电价政策，强化与产业和环保政策的协同，加大实施力度，促进节能减碳 |
| | | 进一步完善污水处理收费机制。结合污水处理排放标准提高情况，将收费标准提高至补偿污水处理和污泥无害化处置成本且合理盈利的水平，并建立动态调整机制。鼓励通过政府购买服务，以招投标等市场化方式确定污水处理服务费水平，建立与处理水质、污染物削减量等挂钩的污水处理服务费奖惩机制。鼓励已建成污水集中处理设施的农村地区，探索建立农户付费制度 |

**附表 2　近年来四川重要环境经济政策要点**

| 序号 | 文件名称 | 有关政策要点 |
| --- | --- | --- |
| 中央财经委员会第六次会议召开前 | | |
| 1 | 关于推进绿色发展建设美丽四川的决定 | 发挥市场决定性作用。建立健全环境资源初始分配制度和交易市场，加强环境资源交易平台建设。开展用能权有偿使用和交易制度试点，推广合同能源管理。推动建立碳汇经营交易市场，加快建设西部碳排放权交易中心和全国碳市场能力建设（成都）中心，开展碳排放权配额和自愿减排项目交易。支持市（州）、县（市、区）推出减排项目，参与碳汇交易。完善排污权核定制度，加强排污权交易平台建设，建立以企业为单元进行总量控制和排污权交易的机制。探索流域上下游、地区间、行业间、用户间的水权交易。加强企业环境诚信体系建设，建立多部门、多领域、跨区域环境保护失信联合惩戒机制，有效提高企业环境诚信意识 |
| | | 完善生态补偿机制。建立生态补偿标准体系，逐步在森林、草原、湿地、水资源、矿产资源、渔业资源和重点流域、重点生态功能区等开展试点探索，形成生态损害者赔偿、受益者付费、保护者得到合理补偿的运行机制 |
| | | 完善政策支持。推进激励和约束并举的制度创新，建立健全财税、金融、产业等政策，形成促进绿色发展的利益导向机制。完善财税政策，对资源节约和循环利用、新能源和可再生能源开发利用、环境基础设施建设、生态修复与建设、绿色科技创新等给予支持。探索构建绿色金融体系，完善绿色信贷制度，设立绿色发展基金，扩大绿色金融业务，支持企业发行绿色债券。扩大环境污染责任保险试点。实施促进绿色发展的产业政策，推行产业准入负面清单管理 |
| 2 | 四川省生态文明体制改革方案 | 研究推进资源环境税费改革。按照国家要求，稳步推进四川省资源税费改革，实施清费立税，理顺自然资源及其产品税费关系，扩大资源税从价计征范围，逐步将资源税扩展到占用各种自然生态空间 |
| | | 建立健全生态补偿机制。规范四川省现有生态保护补偿渠道，加大对重点生态功能区的转移支付力度，健全生态保护成效与资金分配挂钩的激励约束机制。探索建立横向生态补偿机制，研究制定岷江、沱江、嘉陵江流域水环境生态补偿办法，在岷江、沱江、嘉陵江干流及重要支流交界断面的上下游政府间实行水环境生态补偿横向转移支付 |
| | | 探索推进用能权和碳排放权交易制度。研究制定四川省用能权交易工作方案，加快推行合同能源管理等市场化机制，研究建立用能权交易系统和测量体系。研究制定四川省碳排放权交易管理办法，开展碳排放权配额和自愿减排项目交易，建立西部环境资源交易中心。推进温室气体排放统计核算体系建设，编制全省温室气体排放清单 |
| | | 探索推进排污权交易制度。根据行业先进排污水平，逐步探索建立排污权交易机制。在重点流域和大气污染重点区域，研究制定四川省跨行政区排污权交易政策 |
| | | 开展水权交易制度研究。针对四川省水资源总量丰沛，但分布不均、季节性缺水严重等问题，开展水权交易制度研究 |
| | | 探索建立绿色金融体系。制定四川省绿色金融实施方案，积极运用货币政策工具，加强信贷政策窗口指导，完善融资对接机制，推动金融产品和服务方式创新，引导金融机构加大对生态文明建设的融资支持。完善四川省私募投资基金和股权众筹等投融资机制，支持建立各类绿色发展基金。完善四川省企业环境信用评价制度，实行分级分类管理，对环保企业给予激励支持，对不良企业予以惩戒，建立环境保护企业“黑名单”制度。健全对节能低碳、生态环保项目的担保机制，加大风险补偿力度。深化环境污染责任保险，提高企业环境风险防范水平 |

| 序号 | 文件名称 | 有关政策要点 |
|---|---|---|
| 2 | 四川省生态文明体制改革方案 | 积极推广国家绿色产品体系。推动四川省绿色产品认证，强化国家绿色产品标准实施。支持企业参与国际、国家和地方标准的制定（修订），加强与国际标准的对接互认。加强绿色产品体系宣传和执法合作，建立绿色产品认证专家队伍。推进有机产品认证等绿色产业示范区（县）创建活动，鼓励支持政府、企业申请有机产品、地理标志保护和生态原产地产品认证，扶持和培育优质绿色产品品牌创建，积极支持、扶持优质绿色产品申报四川质量奖和四川名牌。建立一批绿色产品相关的国家级、省级检验检测平台，确保绿色产品质量安全，为绿色产品提供技术支撑 |
| 3 | 四川省“十三五”环境保护规划 | 探索环境产权制度。在重点流域和大气污染重点区域，研究跨行政区排污权交易政策 |
| | | 深化资源环境价格改革。完善资源环境价格形成机制。加大高耗能、高耗水、高污染行业差别化电价水价等政策实施力度 |
| | | 建设绿色金融体系。鼓励金融机构加大绿色信贷发放力度。鼓励设立各类绿色发展基金，实行市场化运作。深化环境污染责任保险试点 |
| | | 健全生态保护补偿机制。健全生态保护成效与资金分配挂钩的激励约束机制。推进建立横向生态保护补偿机制，制定岷江、沱江、嘉陵江流域水环境生态补偿办法。引导生态受益地区和保护地区之间、流域上下游之间，通过资金补助、对口协作、产业转移、人才培训、共建园区等方式实施补偿 |
| 中央财经委员会第六次会议召开后 | | |
| 1 | 关于构建现代环境治理体系的实施意见 | 健全价格收费机制。严格落实“谁污染、谁付费”政策导向，建立健全“污染者付费+第三方治理”等机制。合理制定污水处理费标准，完善并落实污水处理费标准动态调整机制，推进污水排放差别化收费，确保污水处理费应收尽收。健全固体废物处理收费机制，逐步建立计量收费、分类计价的生活垃圾处理收费机制。落实节能环保电价政策，严格执行差别化电价政策 |
| | | 健全企业信用建设。完善四川省企业环境信用评价办法和工作机制，依据评价结果实施分级分类监管。将生态环境第三方服务机构纳入环保信用评价范围。探索建立排污企业“黑名单”“白名单”制度，实行差别化监管。将环境违法企业依法依规纳入失信联合惩戒对象名单，将其违法信息纳入信用记录，并按规定纳入全国信用信息共享平台，依法向社会公开。落实绿色金融政策，将环境信用作为企业信贷、发行绿色债券的重要参考 |
| | | 加强财税支持。建立健全常态化、稳定的环境治理财政资金投入机制，制定出台有利于推进产业结构、能源结构、运输结构和用地结构调整优化的相关政策。建立多元化生态保护补偿机制，探索扩大流域横向补偿实施范围。推动发行生态环境保护项目专项债券。严格执行环境保护税法和污水垃圾处理收费政策。贯彻落实资源综合利用增值税和环境保护、节能节水项目所得税减免等优惠政策 |
| | | 完善金融扶持。探索组建省生态环境保护投资集团，依法研究设立四川绿色发展基金。推动环境污染责任保险发展，在环境高风险领域研究建立环境污染强制责任保险制度，鼓励保险机构创新绿色保险产品和服务。持续推进碳排放权、排污权、用能权、水权交易制度建设，实施碳资产能力提升行动。鼓励发展重大环保装备融资租赁。鼓励符合条件的企业和金融机构发行绿色债券。依法依规利用政府和社会资本合作（PPP）模式扩大绿色投资，推动符合条件的绿色项目 PPP 资产证券化 |

| 序号 | 文件名称 | 有关政策要点 |
|---|---|---|
| 2 | 四川省积极有序推广和规范碳中和方案 | 探索建立碳中和"绿名单"和违规"黑名单"激励约束机制，推动服务平台与"天府信用通"平台互联互通，促进碳中和相关信息在金融领域应用 |
| 3 | 四川省国民经济和社会发展第十四个五年规划和2035年远景目标纲要 | 强化川渝毗邻地区合作。共建川渝毗邻地区发展功能平台，探索全面融合、一体发展的体制机制 |
| | | 创新环境治理模式。建立健全"污染者付费+第三方治理"机制，引导社会资本参与环境治理，积极推行第三方治理一体化服务模式。建立排污企业"黑名单""白名单"制度，实行差别化环境监管。在环境高风险领域探索建立环境污染强制责任保险制度，鼓励发展重大环保装备融资租赁，支持企业发行绿色债券。构建环境权益交易体系，加快推动西部环境资源交易中心建设。建立多元化市场化生态保护补偿机制，开展生态综合补偿试点，积极探索生态产品价值实现机制 |
| | | 支持成都国家城乡融合发展试验区建立地区生产总值和生态系统生产总值"双核算、双运行"的绿色经济考评体系，打造"碳惠天府"生态资源运营平台 |

**附表 3　近年来重庆重要环境经济政策要点**

| 序号 | 文件名称 | 有关政策要点 |
|---|---|---|
| 中央财经委员会第六次会议召开前 | | |
| 1 | 重庆市生态文明建设"十三五"规划 | 培育环境治理和生态保护市场主体。进一步深化环保产业股权投资基金运作模式，发挥资源和环境交易所、环保投资有限公司、环保产业股权投资基金三大平台优势，大力推行 PPP 模式，统一建设运营全市乡镇污水处理设施 |
| | | 完善财税价格政策。落实自然资源及其产品价格政策，推动资源性产品价格形成机制改革。修订城镇污水处理费、排污费、水资源费征收管理办法，合理提高征收标准，实施居民生活用水、用气阶梯价格改革。逐步开展扬尘、挥发性有机物排污收费。执行差别电价和超能耗惩罚性电价、燃煤电厂超低排放、可再生能源、脱硫脱硝除尘的电价补贴政策。加大对节能减排、绿色能源产业的财税扶持力度，依法落实国家环境保护、节能节水、资源综合利用等方面的税收优惠政策。按照国家统一部署，推进资源税、消费税、环境保护税等改革 |
| | | 完善用能权、碳排放权、排污权、水权交易制度。依托市资源与环境交易所，拓展资源和环境权益交易范围，探索乡镇污水处理厂、新能源汽车推广运用等减排指标市场化交易机制，逐渐形成积极稳妥的环境资源交易市场。稳步推进碳排放权交易试点，对接纳入全国统一碳排放权交易市场 |
| | | 积极发展绿色金融。创新信贷服务和环境金融产品，推进环保设备融资租赁业务发展。支持开展排污权、特许经营权、购买服务协议质（抵）押等担保贷款业务，探索利用污水垃圾处理等预期收益质押贷款。支持循环经济、污水处理、清洁及可再生能源利用、环保设备等领域企业发行短期融资券、中期票据、企业债、公司债等直接债务融资工具。发展绿色信贷，分级建立企业环境行为信用评价体系，严格限制环境违法企业贷款。鼓励涉重金属、石油化工、危险化学品运输等高环境风险行业投保环境污染责任保险 |
| | | 完善纵向和横向相结合、财政资金补偿和市场化补偿相结合的多元化生态补偿机制 |

| 序号 | 文件名称 | 有关政策要点 |
|---|---|---|
| 中央财经委员会第六次会议召开后 | | |
| 1 | 重庆市“十四五”规划和2035年远景目标建议 | 强化绿色发展的法规和政策保障，发展绿色金融，支持绿色技术创新，推进清洁生产，发展环保产业，推进重点行业和重要领域绿色化改造 |
| | | 深化生态文明体制改革。深化跨省（市）排污权、水权、用能权、碳排放权等交易合作。探索建立生态产品价值实现机制，完善市场化、多元化生态补偿 |
| | | 深入推动成渝地区双城经济圈建设。强化生态共建和环境共保。建立跨流域跨区域横向生态保护补偿机制。统一环保标准，加强跨界水体环境治理。完善战略合作机制。健全交通、产业、创新、市场、资源环境、公共服务等专项合作机制，分领域策划和推进具体合作事项及项目 |
| 2 | 重庆市构建现代环境治理体系实施方案 | 建立碳排放总量控制体系，加强碳市场建设，制定差异化碳排放达峰路径，抓好工业、建筑、交通等重点领域降碳 |
| | | 建立健全推动成渝地区双城经济圈生态环境共建工作机制。推进统一两地生态环境地方标准、工业项目环境准入管控尺度和细则。推动实行两地信用评价结果互认、失信企业联合惩戒，监测数据、监测机构互认，环境管理数据共享 |
| | | 健全价格收费机制。严格落实“谁污染、谁付费”政策导向，建立健全“污染者付费+第三方治理”等机制，推动形成环境服务市场化价格形成机制，完善落实节约化用水、差别化电价以及污水处理、固体废物处理、生活垃圾处理收费价格政策 |
| | | 修订完善《重庆市企业环境信用评价办法》，实施守信联合激励和失信联合惩戒。健全完善排污企业“红黑名单”制度 |
| | | 推广实施涉及环境治理的绿色认证，积极建设绿色产业示范基地、绿色工厂、绿色园区、绿色矿山等，把减量化、再利用、资源化原则贯穿到生产各环节和全流程 |
| | | 坚持“谁开发谁保护、谁受益谁补偿”原则，进一步健全完善市场化、多元化生态保护补偿机制 |
| | | 贯彻落实好国家促进环境保护和污染防治的税收优惠政策，制定和落实有利于推进产业结构、能源结构、运输结构和用地结构调整优化的相关政策，严格执行环境保护税法，促进企业减少污染物排放 |
| | | 完善金融扶持。创建重庆市绿色金融改革创新试验区，建立完善绿色金融服务体系。利用环保投资基金优势，扩大绿色基金投资范围，发挥绿色基金服务作用，探索建立土壤污染防治基金。按照国家统一部署，在环境高风险领域实施环境污染强制责任保险制度。落实国家绿色债券标准，发行绿色债券募集资金积极支持符合条件的绿色产业项目。完善排污权交易工作制度，探索对排污权交易进行抵质押融资 |

# 从 2019—2021 年四川省人大建议政协提案中看生态环境保护

**摘　要**：生态环境保护是各级人大、人民政协履行监督职责的重要领域，人大建议、政协提案中反映的生态环境问题，是地方政府、生态环境部门需着力解决的重点、难点问题，也是人民群众反映的突出问题。本文重点对 2019—2021 年省人大代表和政协委员提出的 297 条关于生态环境保护的建议与提案进行汇总分析，并基于建议、提案涉及的主要问题，结合四川省实际提出加强生态环境政策供给的建议。

**关键词**：人大建议；政协提案；生态环境政策供给

## 一、2019—2021 年省人大建议和政协提案情况分析

2019—2021 年，省人大代表和政协委员共提出关于生态环境保护的建议与提案 297 条，其中，人大代表关于生态环境保护的建议 182 条，政协委员关于生态环境保护的提案 115 条。建议、提案主要涵盖打好污染防治攻坚战、生态保护与修复、生态文明示范建设、生态环境保护如何促进经济高质量发展、生态环境现代化治理体系等五大方面。

### （一）从词频分析来看：关注点主要集中于加大支持力度、流域、农村、示范、生态保护、资金、生态文明建设、生态补偿、污水处理、污染防治、生态修复等关键词

根据词频统计，2019—2021 年，人大、政协关于生态环境方面的建议、提案的关注点主要集中于加大支持力度、流域、农村、示范建设、生态保护、资金、生态文明建设、生态补偿、污水处理、污染防治、生态修复等，3 年内提及频次均超过 10 次。涉及的问题主要包括生态文明建设示范、流域污染治理、城镇生态环境保护基础设施建设与常态化运营、农村环境保护、生态环境综合治理、产业发展、资源综合利用、资金政策支持、联防联控机制建设等（图 1）。

图 1　2019—2021 年人大建议、政协提案词频分析

### （二）从关注领域来看：对污染防治攻坚、生态保护与修复、促进区域经济社会高质量发展、生态环境现代化治理体系等关注较多

在打好污染防治攻坚战方面，主要关注点为农村、污水处理、面源污染、水污染、大气污染、土壤污染、危险废物处置、垃圾处理，其中，农村和污水处理频次较多，提及频次分别为 20 次、19 次。有关污水处理的建议、提案主要集中于污水处理设施的建设与常态化运行的支持、请求资金补贴等问题；有关农村环境保护的建议、提案则主要集中于农村人居环境、垃圾处理、污水处理、面源污染等问题。

在生态保护与修复方面，主要关注点为生态保护、生态修复、生态屏障建设、“山水林田湖草”系统治理，其中，生态保护、生态修复提及频次分别为 17 次、10 次，二者相关的建议、提案主要集中于加大区域生态保护与修复的支持力度、提高生态功能、加强生态屏障建设等问题。

在生态文明示范建设方面，主要关注点为生态文明建设示范区的创建，示范区建设、生态文明建设提及频次分别为 18 次、11 次，相关建议、提案主要针对加大对创建生态文明建设示范市县、“绿水青山就是金山银山”实践创新基地的支持力度等问题。

在促进经济社会高质量发展方面，主要关注点为产业发展，成渝地区双城经济圈建设，岷江、沱江、嘉陵江等重点流域，碳达峰碳中和，绿色发展等，其中，岷江、沱江、嘉陵江等重点流域，成渝地区双城经济圈建设提及频次分别为 22 次、16 次，相关建议、提案主要针对区域协同发展，产业规划布局与发展，岷江、沱江、嘉陵江等重点流域协同治理，资源利用与开发，乡村振兴等方面的问题。

在环境治理体系现代化方面，主要关注点为生态补偿、联防联控机制、法律法规、标准、考核指标体系、“十四五”规划等方面，其中，生态补偿、联防联控提及频率分别为 11 次、9 次，相关建议提案主要针对生态补偿制度、体制机制建设、法律法规修改完善、标准体系的建立与完善等问题。

### （三）从呈现特点来看：呈现出紧跟国省重大政策变化、地域性较强、贴近当前生态环保实际需求、关注点持续聚焦的特点

一是牢牢把握“国之大者”，反映重大政策变化。2018 年 6 月，中共中央、国务院印发《关于全面加强生态环境保护坚决打好污染防治攻坚战的意见》，2018 年 11 月，中共四川省委、四川省人民政府印发《关于全面加强生态环境保护坚决打好污染防治攻坚战的实施意见》，2019 年建议、提案集中于流域污染治理、乡村振兴、污染防治、示范区建设等内容。2020 年 1 月，中央财经委员会第六次会议指出要研究推动成渝地区双城经济圈建设，在西部形成高质量发展的重要增长极，2020 年建议、提案中成渝地区双城经济圈建设、成都都市圈提及频率增加。2021 年建议提案中碳达峰碳中和、绿色低碳发展提及频次显著提高。

二是地域性较强，反映地方工作难点，贴近环境保护实际需求。统计显示，地名出现较多，如成都平原经济区、甘孜州、阿坝州、达州、广元等，反映出省人大代表、政协委员在摸清地方底层问题、把握问题原因的基础上，积极建言献策。同时，与地名相关的建议提案也多集中于农村和流域（如沱江、嘉陵江、长江等）等生态环境问题痛点，深刻反映了农村污染治理、流域污染防治等方面的工作难点，贴近实际需求。

三是关注点持续聚焦。在时间维度上，部分建议、提案三年内均有提及且提出频次较高，主要表现为对某一个生态环境问题或政策的持续跟踪，如农村污染治理、请求加大支持力度等。另外，同时间内代表关注点较为聚焦，在同一时间维度，多名代表、委员关注点聚焦于某一重大问题进行问题反馈和提出政策建议。

## 二、基于人大建议、政协提案分析，加强生态环境政策供给的建议

### （一）聚焦“深入”，深入打好污染防治攻坚战

一是以重点流域治理为突破口，持续推动水环境质量改善。坚持流域系统治理原则，加强岷江、沱江、嘉陵江、安宁河等重点流域工作统筹，强化区域、部门间的协调联动，严防流域治理“碎片化”。加快以污染控制与水生态系统修复综合治理为目的的环境基础设施建设，完善城乡生活污水处理设施，保证基础设施的常态化运营，提高污水处理能力。加大城市黑臭水体、污水治理力度，加强新技术、新方法、新工艺研发。加强“三水”统筹，强化水资源优化利用、推动水生态自然恢复、深化水环境治理，进一步提升

水环境质量。

二是以保卫蓝天雪山胜景为愿景，深入推进大气污染综合治理。充分考虑全省不同地区发展实际和发展定位，精准开展区域大气污染防治专项研究，针对性提出治理建议。推进结构性大气污染治理，加快转变产业结构，优化交通运输结构，充分发挥四川风电、水电、光电等能源优势，改善能源结构，协同推进大气污染源头治理。强化协同治理，开展二氧化碳与大气污染物协同治理，加强 $PM_{2.5}$ 和臭氧污染协同治理，加强氮氧化物和挥发性有机物协同减排。遵循大气传输扩散规律，持续推动成都公园城市建设，构建城市绿色空间体系，优化城镇建设方式，合理规划建设城市“绿心”“水心”，建设城郊森林公园，构筑污染缓冲带和通风廊道。

三是以土壤污染管控为重点，扎实推进净土保卫战。深入开展四川省土壤污染重点调查，全面摸清土壤污染现状。推动土壤污染精细化管理，充分结合土壤类型、土壤污染种类、土地使用性质，编制土壤污染治理与修复规划。根据用地类型细化土壤污染防治地方标准及分类处置方案，开展土壤污染分区分类修复治理。建立土壤污染防治技术体系，研发符合区域特点和污染类型的土壤修复治理技术。

四是抓住垃圾分类这个热点，全力打造“无废城市”。加快完善垃圾分类配套设施，合理布局垃圾收运处理体系和城乡垃圾分拣点，强化前端有效的垃圾分拣整理。分类、分区域探索垃圾处理方式，推动餐厨垃圾无害化处理和资源化利用，构建适合区域发展的垃圾治理与资源再生利用体系。推动毗邻市（县）共同规划、布局垃圾填埋场与垃圾焚烧发电厂等设施，提高环境基础设施利用效率。创新垃圾处理市场化运作方式，鼓励垃圾处理市场化运作，保障垃圾处理设施常态化运营。开展各市（州）危险废物、固体废物的产废特点及产废量情况普查，统筹规划区域共建共享危险废物处置利用设施建设、贮存场所建设，保障环境安全。

五是紧盯农村环境治理这个难点，建设美丽宜居乡村。创新污染治理模式，统筹抓好农村厕所革命、畜禽养殖废弃物资源化利用以及村庄清洁行动等工作，补齐农村基础设施短板。加快农村饮水安全管网、污水处理设施和生活垃圾收运体系建设，建立健全运行管理费用补贴机制，保障设施常态化运营。根据农村不同区域条件、村庄人口、聚集程度，利用农村环境的自净能力，因地制宜采取污染治理集中和分散相结合的处理方式。加大农村面源污染治理，加强研究应用，将农业面源污染治理与发展绿色农业有机结合。

### （二）聚焦“安全”，持续筑牢生态安全屏障

一是加强生态屏障建设，构建生态安全格局。持续推动大熊猫国家公园建设，加快推动若尔盖国家公园创建，加强对省内生物多样性热点地区（如广元青川唐家河自然保护区、甘孜州等地区）、生态系统典型性和代表性区域的保护。加快整合、归并、新建一批自然保护地，探索符合省情的自然保护地设立、调整、升降级规则，加快推进以国

家公园为主体的自然保护地体系建设。高标准统筹规划生态屏障建设方案，优化和调整生态屏障空间用地。科学划定并严守生态保护红线，严格落实分区管控，强化生态保护红线监管，加强自然生态系统承载力建设，筑牢生态安全格局。

二是加强生态修复工程实施，保障生态安全。坚持“山水林田湖草沙冰”一体化保护和系统治理，切实加强生态保护与修复。加强重点生态功能区生物多样性、水土保持、水源涵养等管护，提升生态系统服务功能。重点推动甘孜州、阿坝州等高寒地区生态系统修复、湿地保护和修复、沙化土地治理以及重点流域土地退化等生态修复项目实施。持续推进天然林保护、退耕还林、退牧还草等重大生态保护修复和建设工程。

三是加强生物多样性保护，对重要生态系统、生物物种和生物遗传资源实施有效保护。全面贯彻落实《关于进一步加强生物多样性保护的意见》，加强顶层设计，将生物多样性保护纳入区域发展各领域相关规划，编制生物多样性保护重大工程长期规划，制订新时期生物多样性保护战略与行动计划。持续推进生物多样性调查监测，统筹衔接各类资源调查监测工作与已有监测站点，建立生物多样性监测网络，推动生物多样性优先保护区域的长期监测与周期性调查，保护本地物种，严防外来物种。加强大熊猫、雪豹、川金丝猴、独叶草、珙桐等濒危野生动植物保护，完善生物多样性就地保护与迁地保护体系，优化野生动物救护中心、珍稀濒危植物人工繁育中心布局。

### （三）聚焦“协同”，全力服务区域经济社会高质量发展

一是支持区域协同发展。以区域文化、优势与发展定位为载体，同步规划乡村振兴示范区、同城化发展示范区。加强区域生态环境规划协同，编制一体化生态环境保护规划纲要，差异化制定相关标准与措施。强化区域协同发展组织保障，完善区域生态环保联防联控机制，建立高位推动的领导体系，协调解决区域发展的难点、痛点。加强区域垃圾焚烧发电厂，危险废物、固体废物处置中心等环境基础设施建设，夯实区域协同发展基础。

二是引导产业绿色转型。充分发挥不同区域比较优势，以环境容量、资源环境承载力、环境风险可接受程度为约束条件，提高环境准入门槛，引导构建与区域生态环境相适应的产业布局。推动传统行业技术绿色改造，提高产业科技支撑与技术创新能力，发展高技术含量产品，减轻产业发展对环境的影响。强化环保产业政策制度保障，大力发展环保产业，促进环保产业与智能产业深度融合，推动产业升级。支持并鼓励工业园区绿色转型，给予工业园区规划编制、环评审批以及与其他相关规划的协调性等方面的政策倾斜支持，加大对转型工业园区土地、环境容量及能耗指导，推动工业清洁生产。

三是有序推动碳达峰、碳中和，助力区域绿色低碳发展。基于不同地区实际情况，研判重点领域碳达峰形势，明确碳达峰时限和路径，科学制定差异化的领域、区域碳达峰方案和减排策略，并将降碳目标分解至各行业、部门，分阶段、分步骤推动碳达峰。开展重点领域碳中和、碳达峰基础研究，差异化制定区域碳排放标准，合理使用税收工

具，控制二氧化碳等温室气体排放量。积极发展绿色金融，强化金融工具作用，引导金融资源向绿色发展领域倾斜，推动碳交易市场进一步完善，探索开展碳排放权抵押业务。推动区域共建绿色发展框架，完善对绿色产业财税支持政策体系，探索组建绿色基金和绿色金融担保机构，进一步支持区域通过发行绿色债券开展项目融资。树立绿色生产、低碳生活理念，鼓励市（州）探索建立绿色低碳示范试点、碳中和示范区。

### （四）聚焦“创新”，大力推进生态文明示范建设

一是创新生态文明示范建设模式。持续加大创建国家生态文明示范市县、“绿水青山就是金山银山”实践创新基地、国家环境保护模范城市的支持力度，探索 EOD 模式与生态文明示范创建的结合，积极开展生态市县建设。

二是创新区域生态文明示范建设类型。鼓励并支持打造公园城市、天府旅游名县、天府名镇、美丽村镇、民族风情村、历史文化村等特色城镇村，重点支持国家县城新型城镇化示范县（市）建设，实施“小县优城”创建活动，构建“百城千村”如诗如画魅力空间，推动美丽四川建设。

三是创新生态文明示范建设管理体系。建立四川省生态示范建设全过程管理体系，构建绿水青山向金山银山转化和“美丽四川”评价技术体系，开展示范创建成效评估，完善资金支持、技术指导等激励机制。

四是完善生态文明建设示范标准。推动生态文明建设示范标准的更新与细化，加大对基础条件较差、生态脆弱区域（如甘孜州、阿坝州等）生态文明示范建设的支持力度。

### （五）聚焦“现代”，切实构建现代化生态环境治理体系

一是加快建立具有地方特色的现代化法规标准体系。加快重点领域立法，推动嘉陵江、岷江、安宁河等主要流域及湖泊、水库生态环境保护条例的研究制定。鼓励地方推进土壤、噪声、固体废物、垃圾分类、湿地、水域等重点生态环境领域立法与下位法细化。完善生态环境保护标准体系，探索区域生态环境标准协同发展机制，在重点领域联合制（修）订污染物排放标准。加大生态环境保护执法力度，强化“两法衔接”，形成严惩重罚的执法合力，对造成生态环境损害的，依法依规追究赔偿责任；对构成犯罪的，依法追究刑事责任。

二是建立完善绿色发展导向的生态环境绩效评价考核体系。完善生态环境考核目标机制，进一步明确生态环境保护的主体责任、属地责任和监管责任，差异化制定四川省不同区域与生态环境绩效评价考核内容。坚持改革创新，加快建立与绿色 GDP 相关联的绩效评价考核指标体系，把绿色 GDP 绩效评价考核作为对现行以 GDP 为主的绩效考核体系的补充、改进和评价参考，相关评价考核结果纳入地方各级政府经济社会发展综合评价考核和党政“一把手”年度绩效目标考核。

三是运用现代化手段，完善生态环境监测与应急管理体系。综合运用卫星遥感、人

工智能、大数据、5G等现代化技术手段，构建“天空地一体化”生态环境监测网络，实现生态环境质量与生态状况实时监测与自动化、标准化预报预警，加强环境风险管理。建立生态环境（如大气污染、土壤环境、水污染、生物多样性等）监测信息化平台，加强监测信息共享与联合预警机制构建，落实区域生态环境工作联动。健全跨区域、跨部门环境风险应急协调联动机制，制定突发环境事件应急处置指导性工作方案，统筹考虑环境风险要素，共同完善区域环境安全预警网络和突发环境事件应急救援能力建设，提高风险防控、应急处置和区域协作水平。

四是建立形式多元的生态保护补偿机制。遵循“谁开发、谁保护，谁破坏、谁恢复，谁受益、谁补偿，谁污染、谁付费”的总原则，确立生态补偿主体以各级政府为主，兼顾准入获益企业，建立完善生态补偿标准核算技术体系，完善生态补偿核算标准。完善横向生态补偿，引导和支持地方加快建立多种形式的跨流域、跨区域横向生态保护补偿机制，提高地方生态保护积极性。通过对口协作、产业转移、人才培训、共建园区、购买生态产品和服务等多样化补偿方式，促进受益地区与生态保护地区的良性互动。强化纵向生态补偿，逐步增加对省内重点生态功能区转移支付规模，健全转移支付分配与生态环境保护成效相挂钩的奖惩机制，根据生态效益外溢性、生态功能重要性、生态环境敏感性和脆弱性等特点，在重点生态功能区转移支付中实施差异化补偿。拓宽生态补偿资金渠道，完善市场交易机制，推动用水权、排污权、碳排放权等市场化环境权益交易。拓展市场化融资渠道，通过绿色金融、绿色信贷、绿色债券和绿色保险产品等方式，参与生态保护补偿，保障生态补偿资金供给。

五是健全环境治理现代化政府服务体系。深化环境领域政务服务改革，逐步推动相关部门联动审批、分级分类审批、下放审批权限等改革工作，优化办事程序，提高政务服务效率。提高环保智慧化水平，利用新一代信息数字技术，加快生态环境数据中台建设，实现数据整合集成、动态更新和共建共享，打造一体化环境业务应用系统。深化区域生态环境保护合作，分类、按需建立区域生态环境联防联控机制，包括联合执法、污染联合治理、水源地联合保护、生态联合保护、环境风险联防联控等，稳步推进区域协同发展与生态环境协同治理。

# 四川省城市区域协调绿色发展评价及对策建议

**摘　要：**“协调”“绿色”都是新发展理念的重要内容，是实现高质量发展的重要考量因素。为客观评价四川省区域协调绿色发展水平，本文对全省 21 个市（州）、五大经济区[①]的绿色发展水平进行评估，从四川省绿色发展水平类型、绿色发展均衡性和绿色发展空间关联度等 3 个层面进行分析，并分区域提出相关建议。

**关键词：**绿色发展；区域协调

## 一、研究方法

### （一）建立四川省区域绿色发展指标体系

本文综合考虑生态环境、经济发展等因素，在总结分析绿色经济内涵、模式、相关理论、国内外现行绿色经济指标体系的基础上，结合四川经济、资源环境实际，探索建立了一套具有四川特色的可量化、可评估、可操作的区域绿色发展指标体系，用以监测、评价和引导区域协调绿色发展。

### （二）自然间断法划分区域评价类型

自然间断法是 ArcGIS 中的标准分类方法，它能够将数据的分类间隔加以识别，对相似值进行最恰当地分组。为探究各城市在四川省内横向比较的相对水平高低，本文以四川省绿色发展水平评价值为基数，采用自然间断法将 21 个市（州）评价值划分为五个类型：绿色发展高水平、较高水平、中等水平、较低水平和低水平地区。

### （三）莫兰指数分析绿色发展水平与空间的相关性

莫兰指数是对数据进行空间相关性检验的一种方式，本文采用莫兰指数验证 21 市（州）的绿色发展水平评价值与地理位置是否存在相关性。通过空间相关性检验的指标表

---

① 即成都平原经济区、川南经济区、东北经济区、攀西经济区、川西北生态经济区。其中，成都平原经济区，包括成都、德阳、绵阳、遂宁、资阳、眉山、乐山、雅安；川南经济区，包括内江、自贡、泸州、宜宾；东北经济区，包括南充、达州、巴中、广元、广安；攀西经济区，包括攀枝花、凉山；川西北生态经济区，包括甘孜、阿坝。

明，其评价值的高低和地理位置有显著关系；未通过空间相关性检验的指标表明，其评价值的高低和地理位置不存在相关性。

## 二、四川省区域绿色发展指标体系的建立与计算

### （一）指标体系构建

本文围绕经济发展、社会生活、资源利用、生态环境、政策引导等五个方面，以科学性、代表性、可得性和区域性为指标选取原则，构建了四川区域绿色发展指标体系（表 1），用以评价全省区域协调绿色发展水平。其中，经济基础是社会的发展、生态环境保护、科技创新的重要物质基础，用“经济发展”指标表征，包含了经济增长、经济景气程度和经济绿色化程度三个维度。社会发展的态势可以反映人民生活的质量和水平，用“社会生活”指标表征，包含了社会发展水平、社会生活环境两个维度。绿色发展模式下的经济增长、社会发展和生态环境保护都离不开资源的高效利用，用“资源利用”指标表征，包含了利用效率、资源禀赋两个维度。良好的生态环境是高质量发展的基础保障，用“生态环境”指标表征，包含了环境质量、生态质量两个维度。政策的引导和支持在经济发展、社会进步和生态环境保护协调统一的发展进程中意义重大，用“政策引导”指标表征，包含了资金引导、技术创新引导两个维度。

**表 1　区域绿色发展指标体系**

| 一级指标 | 编码 | 二级指标 | 单位 | 方向 |
|---|---|---|---|---|
| 经济发展（A） | A1 | 人均 GDP | 元 | + |
| | A2 | 地方公共财政收入 | 万元 | + |
| | A3 | 规模以上工业企业成本费用利润率 | % | + |
| | A4 | 第三产业增加值占 GDP 比重 | % | + |
| | A5 | 第三产业就业人数占各产业就业人数比率 | % | + |
| | A6 | 国内旅游收入 | 亿元 | + |
| 社会生活（B） | B1 | 居民消费价格指数 | 元 | + |
| | B2 | 社会消费品零售总额 | % | + |
| | B3 | 城镇居民人均可支配收入 | 元 | + |
| | B4 | 城市建成区绿化覆盖率 | % | + |
| | B5 | 人均公园绿地面积 | $hm^2$ | + |
| 资源利用（C） | C1 | 单位地区生产总值能耗指数 | 上年＝100 | − |
| | C2 | 人均日生活用水量 | L | − |
| | C3 | 人均耕地面积 | 1 000 $hm^2$/万人 | + |
| | C4 | 森林覆盖率 | % | + |

| 一级指标 | 编码 | 二级指标 | 单位 | 方向 |
|---|---|---|---|---|
| 生态环境（D） | D1 | 城市空气质量优良天数比例 | % | + |
| | D2 | 地表水达到或好于III类水体比例 | % | + |
| | D3 | 化肥施用量 | 万 t | − |
| | D4 | 人均生活垃圾无害化处理量 | t/人 | + |
| | D5 | 水土流失面积占土地面积比例 | % | − |
| | D6 | 生态红线面积占市域面积比重 | % | + |
| | D7 | 生态环境状况指数（EI） | — | + |
| 政策引导（E） | E1 | 教育支出占一般公共财政支出的比例 | % | + |
| | E2 | 节能环保占一般公共财政支出的比例 | % | + |
| | E3 | R&D 支出占 GDP 的比例 | % | + |

## （二）四川省绿色发展指标评价值计算

以 2018 年为基准年，采用熵值法确定各项指标权重，将 21 市（州）相关数据无量纲化处理后，代入指标体系计算，得到全省绿色发展评价结果（表 2）。攀西经济区（40.49）、成都平原经济区（34.64）、川西北生态经济区（34.57）绿色发展综合水平评价值在全省平均水平（32.78）之上；成都平原经济区、川西北生态经济区绿色发展综合水平评价结果相近，但优劣势显著不同，川西北生态经济区生态环境优势明显，评价值占其综合水平评价的 70%以上。川南经济区（29.29）、川东北经济区（24.93）绿色发展水平低于四川省平均水平，且区域内各城市绿色发展水平均在全省中等水平以下，各方面都需相应提升。

**表 2 四川省区域绿色发展水平概况**

| 区域 | 经济发展 | 社会生活 | 资源利用 | 生态环境 | 政策引导 | 绿色发展综合水平 |
|---|---|---|---|---|---|---|
| 成都市 | 21.07 | 10.83 | 1.86 | 6.04 | 8.48 | 48.28 |
| 德阳市 | 9.3 | 4.16 | 1.71 | 7.17 | 11.86 | 34.2 |
| 绵阳市 | 6.24 | 4.36 | 4.3 | 10.62 | 18.99 | 44.51 |
| 遂宁市 | 8.12 | 2.77 | 2.38 | 7.96 | 4.29 | 25.52 |
| 乐山市 | 12.26 | 3.49 | 4.48 | 15.45 | 6.21 | 41.89 |
| 雅安市 | 4.62 | 2.6 | 4.71 | 21.29 | 8.44 | 41.66 |
| 眉山市 | 4.29 | 3.22 | 3.4 | 8.72 | 3.1 | 22.73 |
| 资阳市 | 2.63 | 3.35 | 2.93 | 8.47 | 1.03 | 18.41 |
| 成都平原经济区 | 8.57 | 4.35 | 3.22 | 10.72 | 7.8 | 34.65 |
| 攀枝花市 | 9.5 | 6.03 | 4.56 | 18.49 | 8.09 | 46.67 |
| 凉山州 | 9.83 | 1.26 | 3.61 | 16.73 | 2.87 | 34.3 |
| 攀西经济区 | 9.67 | 3.65 | 4.09 | 17.61 | 5.48 | 40.49 |
| 自贡市 | 4.84 | 4.08 | 2.06 | 7.29 | 4.64 | 22.91 |
| 泸州市 | 7.22 | 3.83 | 3.75 | 13.39 | 5.32 | 33.51 |
| 内江市 | 6.88 | 2.57 | 1.36 | 6.05 | 4.56 | 21.42 |

| 区域 | 经济发展 | 社会生活 | 资源利用 | 生态环境 | 政策引导 | 绿色发展综合水平 |
|---|---|---|---|---|---|---|
| 宜宾市 | 11.24 | 3.43 | 3.78 | 12.93 | 7.92 | 39.3 |
| 川南经济区 | 7.55 | 3.48 | 2.74 | 9.92 | 5.61 | 29.29 |
| 广元市 | 6.86 | 1.46 | 5.24 | 15.07 | 4.3 | 32.93 |
| 南充市 | 5.88 | 2.3 | 2.67 | 5.06 | 3.1 | 19.01 |
| 达州市 | 6.81 | 2.17 | 3.52 | 8.08 | 2.69 | 23.27 |
| 广安市 | 3.14 | 3.8 | 2.3 | 12.2 | 2.72 | 24.16 |
| 巴中市 | 2.45 | 1.3 | 4.62 | 14.04 | 2.85 | 25.26 |
| 川东北经济区 | 5.03 | 2.21 | 3.67 | 10.89 | 3.13 | 24.93 |
| 甘孜州 | 0.49 | 2.21 | 2.15 | 25.16 | 1.52 | 31.53 |
| 阿坝州 | 4.29 | 2.02 | 1.76 | 25.36 | 4.21 | 37.64 |
| 川西北生态经济区 | 2.39 | 2.12 | 1.96 | 25.26 | 2.87 | 34.59 |
| 全省平均水平 | 6.64 | 3.16 | 3.13 | 14.88 | 4.98 | 32.79 |

## 三、四川绿色发展水平评估

### （一）四川省绿色发展水平类型划分

将各城市绿色发展综合水平评价值在 ArcGIS 中采用自然间断法进行分级范围划定，把 21 个市（州）划分为高水平、较高水平、中等水平、较低水平和低水平地区等 5 个类型（图 1）。四川省高水平地区共 3 个，成都平原经济区 2 个、攀西经济区 1 个，依排名

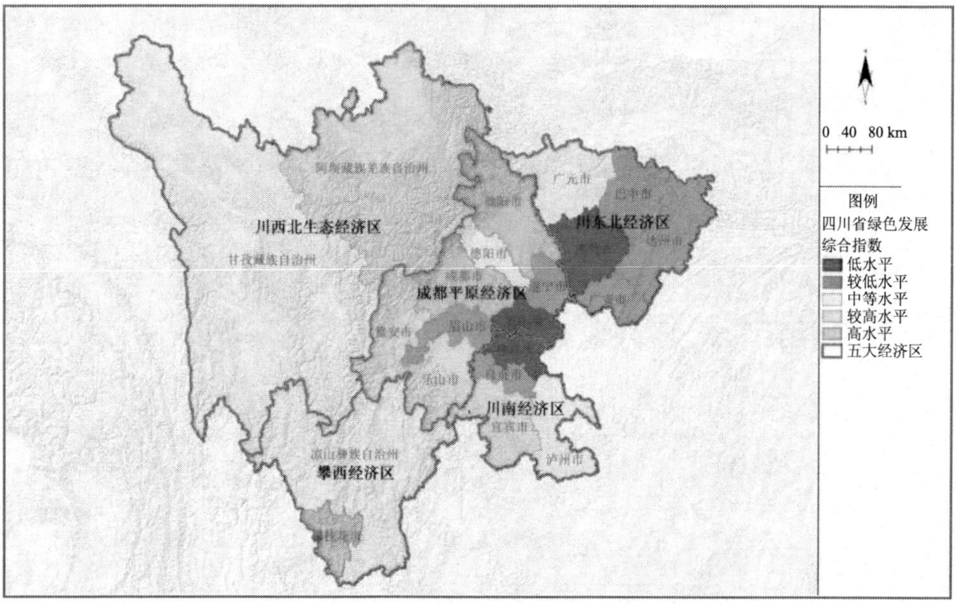


**图 1　四川省绿色发展水平综合水平评价结果**

次序为成都、攀枝花和绵阳。较高水平地区共 4 个，成都平原经济区 2 个、川西北生态经济区和川南经济区各 1 个，依排名次序为乐山、雅安、宜宾、阿坝。中等水平地区共 5 个，五大经济区各 1 个，依排名次序为凉山、德阳、泸州、广元和甘孜。较低水平地区共 6 个，川东北经济区 3 个、成都平原经济区 2 个、川南经济区 1 个，依排名次序为遂宁、巴中、广安、达州、自贡和眉山。低水平区共 3 个，成都平原经济区、川南经济区、川东北经济区各 1 个，依排名次序为内江、南充和资阳。

## （二）四川省各市（州）绿色发展短板分析

为探究各市（州）发展短板，根据各市（州）绿色发展评价结果，汇总整理得到表 3。由表可知，虽然某些城市综合排名较高，但存在发展不均衡的问题。例如，成都综合水平评价值位列第一，经济发展、社会生活、政策支持等 3 个板块发展良好，但资源利用和生态环境等 2 个板块短板明显。阿坝、甘孜等生态环境优势明显、巴中资源利用优势明显，但其他板块发展均相对欠缺。

表 3　各市（州）绿色发展指数评价结果划分

| 市（州） | 经济发展 | 社会生活 | 资源利用 | 生态环境 | 政策支持 | 综合水平 | 排名 |
|---|---|---|---|---|---|---|---|
| 成都市 | 高 | 高 | 低 | 低 | 较高 | 高 | 1 |
| 攀枝花市 | 较高 | 较高 | 高 | 较高 | 较高 | 高 | 2 |
| 绵阳市 | 中等 | 中等 | 高 | 较低 | 高 | 高 | 3 |
| 乐山市 | 较高 | 中等 | 高 | 较高 | 中等 | 较高 | 4 |
| 雅安市 | 较低 | 较低 | 高 | 高 | 较高 | 较高 | 5 |
| 宜宾市 | 较高 | 中等 | 较高 | 中等 | 较高 | 较高 | 6 |
| 阿坝州 | 较低 | 较低 | 低 | 高 | 中等 | 较高 | 7 |
| 凉山州 | 较高 | 低 | 较高 | 较高 | 较低 | 中等 | 8 |
| 德阳市 | 较高 | 中等 | 低 | 低 | 较高 | 中等 | 9 |
| 泸州市 | 中等 | 中等 | 较高 | 中等 | 中等 | 中等 | 10 |
| 广元市 | 中等 | 低 | 高 | 较高 | 中等 | 中等 | 11 |
| 甘孜州 | 低 | 较低 | 较低 | 高 | 低 | 中等 | 12 |
| 遂宁市 | 中等 | 较低 | 较低 | 较低 | 中等 | 较低 | 13 |
| 巴中市 | 低 | 低 | 高 | 中等 | 较低 | 较低 | 14 |
| 广安市 | 低 | 中等 | 较低 | 中等 | 较低 | 较低 | 15 |
| 达州市 | 中等 | 较低 | 较高 | 较低 | 较低 | 较低 | 16 |
| 自贡市 | 较低 | 中等 | 较低 | 低 | 中等 | 较低 | 17 |
| 眉山市 | 较低 | 中等 | 较高 | 较低 | 较低 | 较低 | 18 |
| 内江市 | 中等 | 较低 | 低 | 低 | 中等 | 低 | 19 |
| 南充市 | 中等 | 较低 | 中等 | 低 | 较低 | 低 | 20 |
| 资阳市 | 低 | 中等 | 中等 | 较低 | 低 | 低 | 21 |

基于以上结果，进一步分析各地区绿色发展均衡性，将21个市（州）具体划分为两种类型：发展均衡型和发展欠均衡型（表4）。发展均衡型代指评价集中在3个连续等级，不存在明显短板或明显优势，包括“高水平均衡”和“低水平均衡”。其余为发展欠均衡型，主要包括两类：一类城市绿色发展水平较高，但存在明显短板，即有3个及以上板块获得中等及以上评价，但存在1～2个板块评价较低或低，如成都市、绵阳市等；另一类城市有突出优势，但其余方面发展较低，即某1板块评价为高水平但其他板块中等或偏下，如阿坝、甘孜、巴中。

**表4　各市（州）绿色发展均衡性评价类型及短板**

| 市（州） | 指标分布情况/个 | | | | | 总体评价 | 评价类型 | 备注 |
|---|---|---|---|---|---|---|---|---|
| | 高水平 | 较高水平 | 中等水平 | 较低水平 | 低水平 | | | |
| 成都市 | 2 | 1 | 0 | 0 | 2 | 高 | 发展欠均衡 | 资源利用和生态环境短板明显 |
| 攀枝花 | 1 | 4 | 0 | 0 | 0 | 高 | 发展均衡 | 各方面中等偏上 |
| 绵阳市 | 2 | 0 | 2 | 1 | 0 | 高 | 发展欠均衡 | 生态环境短板明显 |
| 乐山市 | 1 | 2 | 2 | 0 | 0 | 较高 | 发展均衡 | 各方面中等偏上 |
| 雅安市 | 2 | 1 | 0 | 2 | 0 | 较高 | 发展欠均衡 | 经济发展和社会生活短板 |
| 宜宾市 | 0 | 3 | 2 | 0 | 0 | 较高 | 发展均衡 | 各方面中等偏上 |
| 阿坝州 | 1 | 0 | 1 | 2 | 1 | 较高 | 发展欠均衡 | 生态环境优势明显，其他欠缺 |
| 凉山州 | 0 | 3 | 0 | 1 | 1 | 中等 | 发展欠均衡 | 社会生活和政策支持短板明显 |
| 德阳市 | 0 | 2 | 1 | 0 | 2 | 中等 | 发展欠均衡 | 资源利用和生态环境短板明显 |
| 泸州市 | 0 | 1 | 4 | 0 | 0 | 中等 | 发展均衡 | 各方面中等 |
| 广元市 | 1 | 1 | 2 | 0 | 1 | 中等 | 发展欠均衡 | 社会生活短板明显 |
| 甘孜州 | 1 | 0 | 0 | 2 | 2 | 中等 | 发展欠均衡 | 生态环境优势明显，其他欠缺 |
| 遂宁市 | 0 | 0 | 2 | 3 | 0 | 较低 | 发展均衡 | 各方面中等偏下 |
| 巴中市 | 1 | 0 | 1 | 1 | 2 | 较低 | 发展欠均衡 | 资源利用优势明显，其他欠缺 |
| 广安市 | 0 | 0 | 2 | 2 | 1 | 较低 | 发展均衡 | 各方面中等偏下 |
| 达州市 | 0 | 1 | 1 | 3 | 0 | 较低 | 发展均衡 | 资源利用较有优势，各方面中等偏下 |
| 自贡市 | 0 | 0 | 2 | 2 | 1 | 较低 | 发展均衡 | 各方面中等偏下 |
| 眉山市 | 0 | 1 | 1 | 3 | 0 | 较低 | 发展均衡 | 资源利用较有优势，各方面中等偏下 |
| 内江市 | 0 | 0 | 2 | 1 | 2 | 低 | 发展均衡 | 各方面偏下 |
| 南充市 | 0 | 0 | 2 | 2 | 1 | 低 | 发展均衡 | 各方面偏下 |
| 资阳市 | 0 | 0 | 2 | 1 | 2 | 低 | 发展均衡 | 各方面偏下 |

### （三）四川省绿色发展水平空间关联度分析

将四川省绿色发展水平评价值带入莫兰指数进行空间自相关检验，得出各市（州）仅有生态环境和综合水平等两个指标评价值与地理因素存在相关性，经济发展、社会生活、资源利用、政策支持等四个指标不存在空间相关性。

### （四）结论

从四川省绿色发展指标评价值来看，成都平原经济区在经济发展、社会生活板块绿化度水平中等，资源利用水平差异明显。川南经济区在经济发展、社会生活板块绿化度水平中等，资源利用水平偏低，生态环境评分差异较小但处于中等偏下水平。川东北经济区在经济发展、资源利用板块绿化度水平中等，社会生活绿化度水平较低。攀西经济区在经济发展、资源利用、生态环境板块绿化度水平较高，社会生活、政策支持板块绿化度两极分化严重（攀枝花高于凉山）。川西北生态经济区在经济发展、社会生活、资源利用板块绿化度较低。

从四川省各市（州）绿色发展综合水平评价类型划分来看，位于中等及以下水平地区较多，共 14 个，最高、最低分差达到 30 分，区域绿色发展水平差异较大。成都平原经济区、川南经济区内部绿色发展水平差异较大，攀西经济区、川西北生态经济区中等偏上，川东北经济区普遍中等及以下。

通过绿色发展短板分析，发展均衡型城市分为两类：一类是“高水平均衡”，攀枝花、乐山、宜宾、泸州均处于全省中等偏上水平；另一类是“低水平均衡”，达州、眉山除资源利用板块存在相对优势，其他板块均处于全省中等偏下水平，遂宁、广安、自贡、内江、南充和资阳各板块均处于全省中等偏下水平。在发展欠均衡型城市中，成都、绵阳、德阳资源利用或生态环境短板明显，雅安、凉山和广元经济发展、政策支持或社会生活短板明显；阿坝和甘孜生态环境优势明显、巴中资源利用优势明显，其他方面发展均欠缺。

通过绿色发展水平空间关联度分析，四川省各市（州）生态环境板块评价值受到非常显著的地理因素影响，评价值高低呈“西高东低”的连片趋势。四川省各市（州）绿色发展综合水平评价值受到较显著的地理因素影响，在中轴位置出现连片较高值，在东部出现连片较低值。

未通过空间自相关检验的四个指标评分，即经济发展、社会生活、资源利用、政策支持等四个板块在地理位置上呈随机分布。说明四川省五大经济区在经济发展、社会生活、资源利用、政策支持等四个层面未受到地理因素影响，不存在明显的区内带动、连片发展的绿色发展模式。值得注意的是，成都平原经济区、成德眉资同城化都市圈也并未在该四个层面表现出评价值的聚集性，说明成都市与周边区域的互动协调发展有待加强，引领作用有待进一步提升。

## 四、推动四川省区域绿色发展的政策建议

### （一）全省区域协调绿色发展建议

一是抢抓重大战略建立区域长效合作机制。以区域发展总体战略为基础，把握成渝地区双城经济圈建设、长江经济带、西部大开发等区域协调发展等绿色发展战略机遇，综合利用好命令控制型、经济激励型、社会引导型政策，构建要素有序自由流动、主体功能约束有效、基本公共服务均等、资源环境可承载的区域协调发展新格局。二是以碳达峰碳中和为引领深化区域战略合作。实施二氧化碳排放总量和强度“双控”，实行负面清单与鼓励类产业目录相结合的产业政策，严控煤电、钢铁、电解铝、水泥、石化等高碳项目投资，促进产业结构、能源结构、交通运输结构、用地结构绿色低碳转型，推动经济社会发展全面绿色转型。三是坚持整体协调各区域差异化发展路径。以追求区域整体绿色发展质量的提升为目标，注重差别化发展，着重以高生态效率的产业替代传统的低生态效率的产业，以高生态效率的生产方式替代传统的低生态效率的生产方式，着力解决生态环境、经济发展、政策引导、社会生活以及资源利用五个领域能力不足问题。四是整合项目促进生态资源合理配置。探索建立五大经济区区域协调绿色项目库，集合五大经济区环保、节能、清洁能源、绿色交通、绿色建筑等领域环境效益显著的项目。

### （二）成都平原经济区绿色发展建议

一是加强成都市对周边的带动作用，促进区域协调发展，以成德眉资同城化发展为抓手，构建成德绵、成德资、成眉乐、成雅甘产业联动区。深入推进产业园区绿色化、循环化改造，加快建设全国重要的先进制造业基地。立足成都经济优势、绵阳科技优势和雅安生态优势，探索区域内部差异化发展路径，做到资源互通、生态共保、产业互补。二是打造大都市宜居生活典范区，实施全域增绿行动，促进生产生活生态“三生”融合。协同加强龙泉山脉、龙门山脉、邛崃山脉生态涵养保护，联动打造沱江流域绿色发展示范带。三是针对成都平原生态环境和资源利用短板，加快区域能源结构调整，提升资源利用水平，从流域和区域两个角度一体化统筹加强环境治理与生态修复。

### （三）川南经济区绿色发展建议

一是借助长江经济带发展契机，加快发展临港经济和突出南向开放大通道建设，加快推进基础设施一体化，发展通道经济。二是建设长江上游绿色发展示范区，加快老工业基地调整改造和资源枯竭型城市转型。提升制造业现代化水平，以装备制造、新材料、电子信息、清洁能源产业为重点，建设绿色产业示范基地。三是高质量建设“中国白酒金三角”核心区，构建区域白酒全产业链，打造世界级优质白酒产业集群。四是深化川

渝滇黔区域合作，加快建设川渝合作示范区（合江片区），发挥川滇黔市（州）合作与发展峰会等合作平台作用，推动与昭通、遵义、毕节、六盘水等地产业联动，建设赤水河流域乡村振兴三省合作试验区。

### （四）川东北经济区绿色发展建议

一是协同建设万达开川渝统筹发展示范区、川渝高竹新区，从区域协调发展和园区合作不同尺度，推进成渝地区双城经济圈统筹发展探索新路、作出示范。二是积极创建国家天然气综合开发利用示范区和锂钾资源统筹开发利用示范区，补齐资源利用、政策引导短板，加快特色资源开发利用。三是着力建设绿色产业示范基地，发挥区域特色农产品优势，做强做优特色农产品。依托自然资源，结合蜀道文化、红色文化、巴文化，发展生态文化旅游业。四是发挥四川东向门户、北向“桥头堡”、川渝陕甘接合部的区位优势，加快发展现代立体交通运输体系，协同发展现代物流业，打造辐射带动周边区域的消费中心、物流中心、商贸中心。

### （五）攀西经济区绿色发展建议

一是持续围绕国家战略资源创新开发试验区，创新稀缺矿产资源开发机制，打造世界级钒钛产业集群、全国重要的稀土研发制造基地。有序推进金沙江、雅砻江流域风光水电一体化开发，建设全国重要的清洁能源基地，增强区域协调绿色发展内生动力。二是以安宁河谷综合开发为绿色发展着力点，依托资源优势建设一批现代花卉产业基地、蚕桑丝绸产业基地、特色水果基地、优质烟叶基地，加快推进农业规模化经营和标准化、绿色化生产。三是守好攀西经济区生态环境本底，持续推进矿山地质环境恢复治理、开展工矿废弃地复垦试点及金沙江干热河谷生态修复，深入打好污染防治攻坚战。四是着力解决制约攀西经济区发展的交通、水利、科技等短板不足，强化基础设施建设，促进阳光康养、生态旅游等服务业发展，提升区域投资吸引力。

### （六）川西北生态示范区绿色发展建议

一是发挥生态环境优势，将生态保护与修复作为生态环境保护工作的重中之重，开展沙化草原和黑土滩型退化草地专项治理、有效管护天然林、突出若尔盖高寒草原沼泽湿地的生态功能地位、加强黄河源头生态边坡建设，切实筑牢长江、黄河上游生态屏障。二是建立完善生物多样性保护体系，明确重点保护对象及其受威胁程度，选择重要珍稀濒危物种、极小种群和遗传资源破碎分布点建设保护点，持续增强生物多样性管理能力。三是推进生态产品价值高效转化，着力推进全域旅游，以高原生态旅游与民族文化为特色，设计“重走长征路”红色旅游精品线路，推动实施旅游景观全域开发、相关产业全域联动、服务供给全域配套、文化融合全域覆盖、生态环保全域强化、发展成果全民共享六大全域工程。

# 四川省生态环境保护综合行政执法改革情况调研报告

**摘　要：**2018 年 12 月，中共中央办公厅、国务院办公厅印发《关于深化生态环境保护综合行政执法改革的指导意见》（以下简称《指导意见》），明确提出深化生态环境保护综合行政执法改革，组建生态环境保护综合执法队伍的要求。为切实抓好各项改革任务的落实，四川省出台配套方案，细化目标任务，制定工作举措，深入推进生态环境保护综合行政执法改革。在改革基本完成之际，本文对四川省改革整体情况进行了摸底调查，梳理总结改革成效，剖析存在的问题和不足，结合四川实际，从理顺生态环境执法内部工作运行机制、健全生态环境执法多方联动工作机制以及持续抓牢生态环境执法队伍能力建设等方面对切实巩固改革良好势头、推动改革不断取得新成效提出建议。

**关键词：**综合行政执法改革；成效评估；建议

## 一、四川省生态环境保护综合行政执法改革成效

### （一）制定配套政策文件，强化改革制度保障

一是出台《四川省生态环境机构监测监察执法垂直管理制度改革实施方案》。统筹生态环境机构垂直管理制度改革与党政机构改革，指导四川省生态环境执法机构和队伍建设。该方案进一步增强了生态环境监测监察执法的独立性、统一性、权威性和有效性，为规范和加强全省生态环境机构队伍建设，强化生态环境综合执法改革提供了坚实制度保障。

二是出台《四川省生态环境保护综合行政执法事项指导目录》。根据法律法规立改废释和地方立法相关规定，在生态环境部《生态环境保护综合行政执法事项指导目录》基础上对四川省生态环境行政执法事项进行补充、细化和完善，共列举出 181 项执法事项。此外，指导目录还明确各市（州）可在此基础上，结合本地实际梳理完善执法事项。目前，成都市已结合实际于 2021 年 6 月率先印发《成都市生态环境保护综合行政执法事项指导目录》。

三是制定出台《四川省生态环境行政处罚裁量标准（2019 年版）》。根据生态环境

部《关于进一步规范适用环境行政处罚自由裁量权的指导意见》等相关文件要求，积极制定出台四川省裁量标准，结合四川地域特点、企业分布、行业特色等因素重新梳理裁量因子，根据裁量等级代入计算公式，严格限制裁量幅度，在制度层面上避免了因滥用处罚幅度而引发的随意执法、任意执法等问题。

四是各市（州）重点围绕规范机构设置、加强队伍建设、规范执法程序等工作任务印发各项管理办法及规范性文件。例如，攀枝花市印发《攀枝花市生态环境机构监测监察执法垂直管理支队改革实施方案》，明确“制定方案、队伍运行、机构规范”的“三步走”改革步骤和具体实施路径及要求。遂宁市围绕权责不清、边界不明等问题，印发《遂宁市环境保护工作职责分工方案》，进一步明确 37 个市直部门生态环境保护职责边界，指导县（市、区）出台《环境保护工作职责方案》。

### （二）有效整合执法职责，规范设置执法机构

一是完成执法职责整合目标。四川省生态环境厅按照《指导意见》提出的“整合执法职责”要求，将自然资源、农业、水利、林业草原等部门的相关执法事项纳入生态环境保护综合行政执法范围，将社会生活噪声污染、建筑施工噪声污染、建筑施工扬尘污染、餐饮服务业油烟污染、露天烧烤污染、城市焚烧沥青塑料垃圾等烟尘和恶臭污染等城市执法体制改革涉及的八项具体职责，以及城市污水处理厂污染防治等执法职责仍保留在其他部门。此外，依照《指导意见》提出的“建立生态环境保护综合执法队伍的权力和责任清单”要求，四川省生态环境厅坚持依法履职行权，从权力类型、权力名称和行使层级三方面分类，形成《四川省生态环境系统行政权力清单》，共梳理出 249 项生态环境系统行政权力。

二是规范设置执法机构。依照“减少执法层级，推动执法力量下沉，提高监管执法效能”的改革要求，生态环境厅在省环境监察执法局基础上整合成立了四川省生态环境保护综合行政执法总队，负责全省环保行政执法监督管理以及指导全省环境执法机构和队伍建设。截至 2020 年年底，四川省共设立生态环境保护执法机构 167 个，省本级和成都、自贡、攀枝花、德阳、绵阳、遂宁、宜宾、雅安、眉山、凉山等 10 个市（州）完成新组建的生态环境保护综合行政执法机构挂牌。此外，为推动全省生态环境执法机构建设标准化、管理科学化、队伍专业化、装备智能化、执法信息化，2021 年 10 月，生态环境厅制定了《四川省生态环境保护综合行政执法机构规范化建设标准》，并选取成都市、自贡市和眉山市生态环境局辖区内基础条件好、代表性强的执法机构开展试点工作。充分发挥试点单位引领带头作用，切实提高生态环境执法机构能力。

### （三）加强执法队伍建设，提升综合执法能力

一是规范施行“局队合一”体制。四川省生态环境厅在垂管改革基础上，整合市县为一个执法层级，同时通过“局队合一”体制，强化面向基层的执法能力建设，推动执

法力量下沉。以资阳市为例，与辖区生态环境局（分局）实行“局队合一”体制，市、县（区）执法机构拉通核定职级职数，通过实行“局队合一”体制，增设副科级领导职数，将人员编制向执法岗位倾斜，解决一线执法力量不足等问题。

二是部分市级执法能力显著提升。目前，成都市执法机构为副局级，5 个市级执法机构为副处级，15 个市（州）执法机构为正科级，各市内县（区）执法大队人员划转、机构上收工作已基本完成，市、县（区）两级执法机构完成挂牌，执法能力得到不同程度增强。雅安市生态环境局根据中共雅安市委机构编制委员会相关批复文件增加参公人员编制，充实生态环境保护基层执法力量，并明确雅安市生态环境保护综合行政执法支队八项职责和派驻执法队伍有关事项。

### （四）强化基层综合执法，推进执法力量下沉

一是规范下放执法权限。依照《四川省乡镇（街道）法定行政权力事项指导目录》规定，将畜禽养殖污染行为等违法情节较轻、执法取证简单、罚款额度自由裁量幅度较低的生态环境违法事项行政处罚权下放乡镇（街道）。部分地区还将行政检查权、违法行为制止权等权限下放乡镇，并配备专职环保人员。同时，在执法权下放后及时对街道、乡镇通过业务能力培训、印发职责清单等方式确保乡镇（街道）接得住、管得好。

二是完善乡镇执法机制。坚持属地管理原则，通过授权将便于乡镇实施的环保执法事项交给乡镇，复杂、专业的事项仍由市县生态环境部门承担。通过编制发布实施清单，规范责任清单并实行动态管理等方式有序推进上级下放、委托事项承接工作，探索强化乡镇政府社会管理和公共服务职能的现实路径，推动乡镇执法机制切实发挥实效。

三是充实壮大基层执法力量。探索以“环境网格+片区综合执法协调机构+片区派驻执法队”等“1+N”多方协调联动新模式打通基层执法“最后一公里”。以绵阳为代表，建立了绵阳市、县市区（园区）、乡镇（街道办）、村（社区）四级（含产业园区、自然保护区）环境监管网格，由各级政府、管委会、保护区管理机构、村（居）委会等为责任主体，建立上下级网格间联动机制，上级网格指导监督下级网格体系的建立、实施和运行，协同监管保护重点区域、流域。

### （五）优化改进执法方式，探索创新执法模式

一是推动正面清单管理制度化、常态化、差异化。不断完善正面清单动态管理机制，因时、因势、因事动态更新清单，细化配套措施，建立正面清单日常管理长效机制。对污染重、风险高、守法意识弱的企业加大监管力度，对信用等级和环境守法记录良好的企业，免予现场执法检查，科学合理配置执法资源。

二是实施远程监控、非现场执法。充分利用信息化手段发现和锁定环境违法线索。四川省生态环境保护综合行政执法总队在移动执法系统中设置非现场检查流程，指导各市（州）对纳入正面清单的企业在系统中进行标记，实现非现场执法与现场执法的无缝

对接。各市生态环境局为有效应对部分企业与环境监管部门“捉迷藏”“打游击”等随意偷排偷放现象，新增配置无人机等科技执法装备，加强对范围内污染源、生态环境保护对象等线下监管。

三是坚持严格执法与指导服务企业两手抓。一方面，为企业开展“体检式”现场帮扶，定期开展交流座谈，提供“定制式”环境管理服务。另一方面，严格依法监管，一旦发现恶意违法行为坚决依法查处，做到将帮扶企业温度和监管力度有机结合，使监管效能与服务水平双提升。

## 二、改革存在的问题

### （一）内部工作运行机制不顺畅

#### 1．县区级执法机构管理体制不畅通

一方面，垂管后的县区级生态环境执法机构成为市局执法队伍的派出机构或者直属机构，无独立执法权限，需以市局名义进行违法线索和违法案件的处理，在不具有独立执法资格的情况下，执法沟通协调成本增加、难度加大。另一方面，县区原环境监察执法机构随同本级生态环境部门上划后，内部管理体制基本沿袭旧例，没有发生实质性改变。除承担生态环境执法任务外，还负责很多行政职责，工作量显著增加。

#### 2．“局队合一”管理体制运行亟须引导

全省普遍存在认识不一、路径各异，亟待政策引导等突出问题。一是部分地区出现执法岗位编制向管理岗位“逆流”的情况。在分局统一领导业务管理岗与执法岗的情况下，混编、混岗和侵占执法岗的情况时有发生，执法岗被抽调或调整到业务岗、行政管理岗的情况较多，县区级执法力量被严重削弱。二是部分地区除落实领导兼任和机构挂牌等工作之外，在人员协调、编制整合，业务管理与现场执法力量相互补强等改革措施方面，重视不够、举措不多、力度不强。

### （二）协调联动工作机制不完备

#### 1．生态环境执法机构与其他行业管理部门协同配合机制不健全

新划入生态环境部门的执法职责需要生态环境综合行政执法队伍与农业农村、水利等其他行业管理部门依据行业领域特点和执法便利性，建立协作关系。部分行业部门虽然将相关执法权限划转给了生态环境保护综合执法队伍，但并未将人员编制、资金设备等执法力量与配套技术同步移转，从而导致职责移交而能力不足的情况。

#### 2．乡镇机构生态环境管理体制不健全

目前，四川省各乡镇采用的生态环境执法机构形式不统一，与县级生态环境部门的关系不明确，从而导致现实中存在多种乡镇执法形式：一是委托执法模式，具有执法权

的生态环境执法机构根据需要下放一定范围的执法权限，委托乡镇机构执法；二是以环保网格与片区环保机构协调联动模式，通过环保网格发现问题、前端预处理问题、分类分流案件；三是派驻执法中队模式，组建乡镇综合执法中队，统一行使相关管理和执法权限，强化乡镇政府社会管理和公共服务职能。多种乡镇执法形式导致了上级生态环境部门对乡镇执法工作的指导方式不一、履职追责机制不统一等问题。

### （三）队伍能力建设不够全面

#### 1. 执法能力与实际需求不匹配，“小马拉大车”的现象较为突出

地方生态环境部门普遍反映，在整合其他部门相关执法职责后，生态环境综合执法机构的工作范围和工作量都有较大幅度的增加，但执法队伍的编制数量增幅并不明显，从而导致人员流失情况较为普遍。全省执法机构核定编制数 3 734 个，在编 2 699 人，在编在岗 1 821 人，空编 1 035 人，空编率为 27.71%。其中，省本级核定编制数 71 个，在编 50 人，在编在岗 40 人，空编 21 人，空编率为 29.57%；成都、攀枝花、遂宁、内江、南充、宜宾、巴中、雅安和甘孜等地空编率在 30%以上，甘孜部分县级执法机构只有 1～3 人，空编率超过 80%。

#### 2. 执法人员待遇保障水平不高，面临留不住人才、用不了人才的窘境

《关于省以下环保机构监测监察执法垂直管理制度改革试点工作的指导意见》要求完善基层执法人员工资政策，推进执法人员依法参加工伤保险，鼓励探索通过购买人身意外伤害保险提高职业伤害保障水平。但从调研反馈情况来看，生态环境保护执法人员保障能力较弱的局面仍无根本性改观。一线执法人员长期接触各类污染物和有毒有害物质，面临健康风险和人身安全风险，无特殊防护津补贴，部分地区甚至没有为一线执法人员全面购买人身意外伤害保险。同时，生态环境监察执法与监测机构人员上收垂管后，人事和业务管理由市级生态环境部门负责，经费却并未全部由市级保障，形成人事权限和经费保障“两张皮”情况。

#### 3. 辅助执法制度尚不成熟，具体实现路径尚不明确

各级生态环境部门在生态环境日常执法工作中普遍存在“大事小事亲力亲为”“事多人少”的执法检查难题，“VOCs、ODS、碳排放”等新兴监管领域，更是对生态环境执法工作专业性不断提出新要求。目前，四川省对于委托第三方社会机构辅助执法的新机制尚处于摸索阶段，如何引入第三方机构、哪些领域引入、如何切实发挥支撑保障作用、如何保证执法公平公正等问题未形成统一意见。

## 三、进一步巩固改革成效的对策建议

### （一）理顺生态环境执法内部工作运行机制

**1．正确处理执法层级减少与生态环境保护管理层级疏远的关系**

一是在生态环境保护职责中尽可能通过清晰明了的职责清单，厘清生态环境监管与生态环境保护执法之间的必要边界，明确各自职责权限。二是强化县区分局执法机构执法能力，以坚持加强基层执法能力建设为核心，以执法能力建设需求为出发点，建立以执法队伍、执法保障为内容的基础执法管理体制和工作机制。

**2．加强对“局队合一”整合形式和内容的指导**

建议四川省生态环境厅加强对基层“局队合一”模式的引导，出台处理行政管理、执法管理与现场执法人员职责职权关系的基本规范。推出地方实践做法和典型范例，统一政策、统一口径，引导生态环境执法机构职责职能、人员编制机关与执法支队之间的深度融合，促使县区级生态环境保护执法朝向行动队、战斗队模式尽快转型。

**3．建立健全履职责任制度，切实落实行政执法责任**

《关于优化生态环境保护执法方式提高执法效能的指导意见》明确提出了“地方各级生态环境部门要制定公布简明易懂的行政执法履职要求”的任务要求。目前，四川省尚未出台相关履职要求文件，宁波市已在全国率先出台《宁波市生态环境保护综合行政执法履职量化评估办法（试行）》。建议四川省参照先进省（市）经验，制定四川省生态环境保护综合行政执法履职量化评估办法，通过明确履职要点、明确执法职责等强化全体执法人员履职尽责。

### （二）健全生态环境执法多方联动工作机制

**1．深化综合执法机构与行业管理部门的执法协作关系**

一是加强与自然资源、农业农村、水利、林草等部门的协作配合，互相通报行政许可、监督管理、行政处罚、专项整治行动等信息，完善协调配合和联合执法机制，形成分工负责、相互支持、密切配合的“大环保”工作格局。二是加强与市场监管、文化市场、交通运输、城市管理等综合执法队伍之间的执法协同，强化共同关注领域的联动执法，建立信息共享和大数据执法监管机制，做到执法线索互联、监管标准互通、处理结果互认。三是深化行政执法与司法衔接机制，实行重大案件联合执法，有效避免有案不移、以罚代刑现象。

**2．完善乡镇机构生态环境管理体制，规范执法权限下放方式**

新修订的《中华人民共和国行政处罚法》赋予乡镇人民政府、街道办事处实施部分行政处罚的权限。四川省可在维持现有以县级以上地方政府执法为主的体制基础上，贯彻落实改革精神，给部分符合条件的乡镇、街道下放执法权限。一是在地方性法规在制（修）订过程中增加街道、乡镇执法的职责、内容和要求，明确上级生态环境部门委托、下放的执法权限和市局、县区分局对乡镇执法机构的指导关系。条件具备情况下，制定出台乡镇生态环境保护职责权限清单与执法清单。二是适当增加乡镇执法机构的编制数量，优化调整乡镇人员编制结构，综合考虑乡镇、街道地域面积和人口数量以及事务繁忙性等因素，组建生态环境综合执法队伍。三是整合局队力量和资源，提高乡镇和街道执法效率。在明确下放执法权限和执法主体基础上，按照县区、乡镇执法承接能力，将现场检查、现场违法行为制止、劝导等执法专业性一般、数量基数较大的执法事项适当分流给一线的环境网格员或协管员，由其进行前端预处理，同时将处理信息上报备核。

### （三）持续抓牢生态环境执法队伍能力建设

#### 1．强化执法队伍日常培训，提升执法队伍素质

建议参照公安、税务、审计等部门的做法，建立专门的常态化培训机制，定期对各级生态环境执法人员尤其是基层执法人员针对性地组织开展专项培训，通过执法培训考试、现场知识竞答和执法场景演练等方式提升执法队伍的执法规范化水平和实战能力，补齐能力短板、提升业务水平、更新执法观念，打造素质过硬的生态环境保护铁军。

#### 2．提高基层执法队伍保障水平，增强队伍凝聚力和战斗力

一是强化生态环境执法装备保障。按照《生态环境保护综合行政执法装备配备标准化建设指导标准（2020 年版）》要求，结合四川省执法工作实际，联合省财政厅研究制定执法装备标准化建设标准，将标准化建设内容纳入固定资产管理标准，解决全省执法装备统一标准问题。二是提高生态环境执法职业待遇保障。参照国家安全生产监管监察岗位津贴标准，将生态环境执法人员纳入津贴享受范围，研究推动生态环境保护执法津贴政策制定，争取接触有毒有害物质津贴、生态环境执法岗位津贴、定期健康体检等待遇。三是必要时可聘请法律顾问、专职律师，为执法人员依法履行职责、行使职权、维护执法人员合法权益提供法律服务。

#### 3．积极引入社会力量，提升辅助监管执法服务社会化程度

建议积极探索开展第三方辅助执法新模式，以政府公共采购方式委托第三方社会机构在污染源排查、污染防治设施运行评估、挥发性有机物治理、碳排放管理评价等工作中发挥专业性力量。聘用第三方专业服务机构从事遥感监测、大数据分析等技术手段运用，为精准发现生态环境违法问题提供专业技术支持，为环境执法提供法律咨询。另外还需注意以下几点：一是对外委托的界限，与执法权直接相关的如调查、勘验、询问等事项必须严格由持有执法证的人员行使，不得委托。二是加强对第三方机构的监督。对第三方出具的方案、结论等应加强技术上和法律上的审核。三是注重服务与监管并举，大力开展“一厂一策”“一园一策”等帮扶性服务，帮助企业杜绝环境违法事件。

# 基于成德眉资大气污染防治协同立法的实践与思考

**摘 要：** 开展区域协同立法是贯彻落实区域协调发展战略的重要保障。为加快成德眉资同城化发展、建设成渝地区双城经济圈提供有力法治保障，成德眉资四市首选大气污染防治领域，开展了省内第一个地方性法规跨市协同立法实践。《成都市大气污染防治条例》《资阳市大气污染防治条例》《德阳市大气污染防治条例》相继出台，眉山也正在紧锣密鼓起草本市大气污染防治条例。本文在系统总结国内区域协同立法实践的基础上，剖析了成德眉资大气污染防治协同立法实践，提出深入推进大气污染防治区域协同立法建议，抛砖引玉，供有关地方参考。

**关键词：** 大气污染防治；协同立法；区域协同

## 一、开展区域协同立法是贯彻落实区域协调发展战略的重要保障

自党的十六届三中全会提出区域协调发展战略以来，我国已实施推动实施京津冀协同发展、长江经济带发展、粤港澳大湾区建设、长三角一体化发展、黄河流域生态保护和高质量发展等区域重大战略，形成了东部率先、西部开发、东北振兴、中部崛起四大区域发展板块。随着区域协调发展的深入推进，迫切需要充分发挥立法在区域协调发展战略实施过程中的规范、引领、推动、保障作用。

近年来，国家从法律和重大政策层面多次对区域协同立法作出规范和要求。2020 年 12 月审议通过的《长江保护法》规定了长江流域相关地方根据需要在地方性法规和政府规章制定过程中建立协作机制，首次明确了区域立法协作的法律地位。2021 年 1 月，中共中央印发《法治中国建设规划（2020—2025 年）》提出，建立健全区域协同立法工作机制，加强全国人大常委会对跨区域地方立法的统一指导。2021 年 8 月，中共中央、国务院印发《法治政府建设实施纲要（2021—2025 年）》提出，推进区域协同立法，强化计划安排衔接、信息资源共享、联合调研论证、同步制定修改。2021 年 11 月中共中央、国务院印发《关于深入打好污染防治攻坚战的意见》提出，全面强化生态环境法治保障，推进重点区域协同立法。

## 二、成德眉资大气污染防治协同立法实践剖析

### （一）成德眉资大气污染防治协同立法概况

2021年12月1日，成都、德阳、眉山、资阳四市人大常委会同步发布了《关于加强区域协同立法推动成德眉资同城化更高质量发展的决定》（以下简称《决定》），并定于2022年1月1日同一天正式实施，对区域协同立法进行了总体谋划。《决定》要求，四市在重点领域加强立法工作协同配合，助推“五个一体化”，对确定的协同立法项目，在立法调研、论证、起草、审议、修改等环节，共同协商、共同研究、共同推进，在法规名称、立法目的、主要制度、重点内容、立法体例和适用范围等方面进行充分沟通论证。这种《决定》形式在全国尚属首次。

协同推进地方立法，实现步调一致、法治统一，并非一日之功。早在2020年7月，四市人大常委会签署《关于建立助推成德眉资同城化发展工作协作机制的协议》，提出从立法、监督、讨论决定重大事项等方面深化协作，并首选大气污染防治协同立法进行先行先试。2021年7月《成都市大气污染防治条例》率先获批，《资阳市大气污染防治条例》《德阳市大气污染防治条例》分别于2021年12月1日、2022年11月1日起施行，目前眉山正在起草本市大气污染防治条例。我们对四市的大气污染防治条例进行了分析（其中眉山以条例草案为分析对象），总结四市协同立法过程，呈现“共同谋划、协商推进、成都先行、其余跟进”的特点。

### （二）成德眉资大气污染防治立法之“求同”

#### 1. 立法原则高度一致

在立法原则上，针对大气污染复杂性和流动性特点，四市在协同治理总体要求、目标责任、主要制度设计、框架结构等方面达成立法共识，坚持地方立法与立法基本精神、上位法基本原则及现行规章制度不相抵触，一致提出大气污染防治坚持源头治理、规划先行、防治结合的原则。

#### 2. 立法过程充分协商

在立法过程中，四市联合开展实地调研和座谈，共同确定协同立法思路和模式，对能源结构调整、秸秆禁烧、二手车市场管理等立法重点、难点问题联合攻关，条例草案相互征集意见，针对异议条款充分协商讨论直至达成共识。

#### 3. 条例章节设置基本一致

在章节设置上，基本一致，采用总则、监督管理、移动源污染防治、固定源污染防治、重污染天气防范和应对（重点时段污染防治及重污染天气应对）、区域协同、法律责任和附则八章设置。

#### 4．条例监督管理体制机制基本一致

在管理体制上，纵向上，均规定市、县级人民政府按照属地管理、分级负责，乡（镇）人民政府在县级相关主管部门的指导下开展工作；横向上，均明确由生态环境主管部门对大气污染防治实施统一监督管理，发展改革、经信等相关主管部门按照法定职责实施监督管理。构建了县级以上人民政府组织协调、职能部门分工合作、乡（镇）协助落实的大气污染防治管理格局。

在管理机制上，均实行大气污染防治网格化监管、大气环境质量改善目标责任、大气污染防治重点任务考核评价及约谈问责和激励表彰等制度，构建大气污染防治长效工作机制。

#### 5．条例主要防治措施基本一致

在大气污染防治措施上，针对移动源污染防治，四市均对物流、机动车船、非道路移动机械、重型柴油车、重型燃气车等作出了要求；针对固定源污染防治，四市均对石化行业挥发性有机物的无组织排放、建设施工活动的扬尘治理、沥青搅拌站的新扩建管控、裸露地面的绿化铺装、餐饮服务项目的油烟净化处理、建筑装饰装修和工业涂装行业的挥发性有机物管控、干洗行业的废气净化回收等作出了要求；此外，在重污染天气防范和应对方面，四市作出了包括季节性管控、重污染应急、重大活动应急等基本一致的制度设计。

#### 6．条例区域协同专章高度一致

在区域协同专章上，四市统一了大气污染防治区域协同的总体要求，对大气污染防治相关政策和制度协同、大气环境监测网络建设、重点时段执法合作、区域重污染天气联合应急和同步减排、环境信息与大气污染防治资源共享等作出了统一规定。

### （三）成德眉资大气污染防治立法之“存异”

#### 1．管理制度方面

成都提出建立重污染应急差异化管理制度，对符合规范要求的绿色标杆工地和绿色示范企业，在重污染天气应急期间可以免予执行相关应急减排措施。德阳明确居（村）民委员会协助做好大气污染防治工作。眉山规定建立完善大气污染防治网格化点长负责制，建立市、县（区）、乡（镇）、村（社）四级管理体系，实现大气污染防治精细化管控。资阳提出建立帮扶指导制度，政府及其相关部门应当加大对企业和其他生产经营者在环保方面的帮扶指导，帮助提高环境管理水平，创造生态环境保护和经济稳健发展的双赢局面。

#### 2．管控要求方面

在物流管控方面：四市的管控区域、力度有所不同，成都规定绕城高速公路（G4202）以内区域禁止新建大型物流基地、物流集散中心或者商品批发市场，眉山规定城市建成区内禁止新建、扩建，德阳、资阳规定城市建成区内优化布局。在挥发性有机物管控方

面：成都、德阳相较其他两市增加了对医药、涂料制造等企业的管控，眉山规定夏季日照强烈时段应当停止露天建筑装修等使用有机溶剂的作业。在能源结构调整方面：眉山提出能源替代措施，鼓励锅炉、炉窑等实施电能替代，促进水电消纳（表 1）。

**表 1　四市管控要求差异对比表**

| 管控方向 | 管控要求 | | | |
|---|---|---|---|---|
| | 成都 | 德阳 | 眉山 | 资阳 |
| 物流管控（大型物流基地、物流集散中心或者商品批发市场） | 绕城高速公路（G4202）以内区域禁止新建 | 城区范围内优化布局 | 城市建成区内禁止新建、扩建 | 城市建成区内优化布局 |
| 挥发性有机物管控 | 石化、医药、涂料制造等使用有机溶剂的企业 | 石油、化工、制药、电子、装备制造、工业涂装、包装印刷、家具制造等使用有机溶剂的企业 | 石油、化工及其他使用有机溶剂的企业事业单位和其他生产经营者 | 石油、化工及其他生产和使用有机溶剂的企业 |
| | | | 夏季日照强烈时段应当停止露天实施建筑装修等使用有机溶剂的作业 | |
| 能源结构调整 | | | 鼓励锅炉、炉窑等实施电能替代，促进水电消纳 | |

### 3．法律责任方面

资阳除规定了国家机关及其工作人员的法律责任外，其余违法行为未单独设立法律责任，遵从法律法规已有处罚规定。成都、德阳、眉山三市在上位法的基础上，加大了对部分违法行为的处罚力度，但在个别违法行为上处罚力度有所差异（详见附表）。

## 三、加强协同立法，助力深化大气污染区域治理的建议

### （一）适时扩大大气污染防治协同立法区域

大气污染存在明显的区域性特征，需要在立法上采取适应性措施，这也是区域协同治理和协同立法的基本逻辑。

四川盆地深处西部内陆，春夏季高温和秋冬季静稳天气频发，大气污染通常以持续性区域污染态势出现。成都平原经济区作为五大经济区之首，是四川构建“一干多支，五区协同”区域发展格局的关键，同时也是成渝地区双城经济圈建设的重点区域。《成都平原经济区“十四五”一体化发展规划》提出，加快推进内圈同城化、全域一体化，生态环境联防联治机制更加健全。目前，除乐山市已出台扬尘污染防治条例外，绵阳、遂宁、雅安等地暂未出台大气污染防治方面立法。建议适时将大气污染协同立法区域从

成德眉资拓展至成都平原经济区全域，推动更大范围、更广领域、更深层次的生态环境高水平保护，持续改善大气环境质量，更好满足人民群众对美好生活新期待的现实需要。

同时，建议川南、川东北经济区可参照成德眉资协同立法模式开展区域大气污染防治协同立法，对区域内特色行业，如川南地区的火电、涂装、酒类制造、装备制造，川东北地区的水泥、天然气、化工等行业进行统一规制，促进区域大气环境治理依法“共治”。

## （二）共同推进大气污染防治协同立法工作

### 1. 调研论证阶段

一是全面开展本地调研，深入了解本地大气污染防治基本情况和存在的主要问题，认真听取县、乡（镇）人民政府及其相关部门、有关专家和重点行业企业对大气污染防治立法的意见建议。二是与区域内其余城市进行充分交流讨论，商议协同立法重要条款和关键制度，对涉及的难点、重点问题等进行联合攻关。三是联合开展立法论证，对协同立法的必要性、可行性、合法性、立法宗旨和原则、立法所要解决的主要问题和突出矛盾、核心条款、效果预期等进行充分论证，确定立项。

### 2. 起草阶段

一是确定起草模式，可采取“共同起草，分别通过”或“一地起草，其他配合”或“各自立法，共享成果”等形式。二是明确起草原则或规则，对法规内容进行规范和协调。三是与先行的地方性法规规定相协调，成都平原经济区区域内的大气污染防治协同立法，应与现有的成德眉资大气污染防治条例的相关规定及政策文件相衔接。四是做好充分的调查研究工作，并广泛听取各方意见，存在不同意见的，应当充分协商。

### 3. 审议修改阶段

地方性法规草案由市人大法制委员会负责统一审议，草案在提请审议及审议过程中，生态环境部门要及时收集、汇总社会各方对草案的观点和建议，并将审议情况包括审议的进展及表决结果等及时通报其他市。审议中，若出现部分市对区域协同立法草案内容存在较大分歧的情况，建议由相关市人大常委会或法制委员会发起召开联席会议，就有关分歧问题进行协商解决。

## （三）协调统一大气污染防治协同立法内容

### 1. 法规名称

成都平原经济区区域内的大气污染防治协同立法，应与现有的成德眉资大气污染防治立法方向保持一致，法规名称建议为《××市大气污染防治条例》，川南、川东北经济区可参照。

### 2. 立法目的

除传统意义上一般立法目的“为了保护和改善环境，防治大气污染，保障公众健康，推进生态文明建设，促进经济社会可持续发展”外，考虑我国污染防治正在迈向温室气体与环境污染物协同治理新阶段，大气污染防治立法目的还应立足实现碳达峰碳中和目标，将大气污染防治与温室气体控排深度融合，实现减污降碳协同增效，把绿色发展、低碳发展和循环发展理念纳入立法目的。

**3. 适用范围**

大气污染防治地方立法，一方面要明确公民、法人或其他企业、事业单位大气污染防治义务，另一方面要捋顺各级各部门监督管理责任与分工。因此，建议拟出台大气污染防治条例适用于行政区域内的大气污染防治及其监督管理活动。

**4. 立法体例**

立法体例即法规各章节的先后顺序和分类标准。已出台的成都、资阳市大气污染防治条例章节设置基本保持了一致，建议成都平原经济区后续拟出台的条例参照适用；川南、川东北经济区建议区域内城市充分沟通，共同协商确定一个立法体例。

**5. 主要制度**

参照成德眉资已出台条例，实行大气污染防治网格化监督管理、大气环境质量改善目标责任、大气污染防治重点任务考核评价及约谈问责和激励表彰、季节性大气环境质量保障管控制度等制度，在区域协同方面，建立区域联席会议制度和区域大气环境监测网络、区域联合执法工作机制，以及区域重污染天气联合应对机制等制度。

**6. 重点内容**

重点内容上应坚持“求大同、存小异”基本原则，在规划、标准、监测、防治措施以及法律责任五个方面“求大同”，在结合本地特殊地域、特殊行业等个性问题上可“存小异”。实际中，各地经济社会发展水平有所差异，协同立法不等于“照抄作业”，各方在解决共性问题的基础上还可围绕地方实际进行规制，突出地方特色，实现求同存异、协调互补、共同发展、协同保护。

## 附表

### 成德眉资四市大气污染防治条例法律责任对比表

| 违法行为 | 法律责任 | | | |
| --- | --- | --- | --- | --- |
| | 成都 | 德阳 | 眉山 | 资阳 |
| 【违法建设】<br>（一）在通风廊道区域新建、改建、扩建排放大气污染物的工业项目的；<br>（二）在限制区域内新建大型物流集散中心或者商品批发市场的；<br>（三）在限制区域内新建、扩建混凝土（砂浆）、沥青搅拌站的 | 由行业主管部门责令停止建设、限期拆除；逾期不拆除的，由市、县（市、区）人民政府责成有关部门依法拆除，所需费用由违法者承担，并处建设工程造价百分之十的罚款 | — | 由行业主管部门责令停止建设、限期拆除、恢复原状；逾期不拆除的，报经市、县（市、区）人民政府批准依法拆除，所需费用由违法者承担，并处建设工程造价百分之十的罚款。（含在禁止区域内新建、扩建砂石加工企业、废品回收站的） | — |
| 【未安装监控违法】<br>使用重型柴油车和非道路移动机械，其所有人或者使用人未按照规定安装并使用车载排放在线监控设备 | 由生态环境部门责令改正，限期安装；逾期不安装的，对机动车所有人或者驾驶人处每辆车一千元以上三千元以下罚款；对非道路移动机械使用人处每台非道路移动机械一千元以上三千元以下罚款（含重型燃气车） | — | 由生态环境主管部门责令改正，限期安装；逾期不安装的，对其所有人或者使用人处每辆（台）五千元的罚款 | — |
| 【违规使用非道路移动机械违法】<br>非道路移动机械未执行排放备案登记、标志管理、进出场和燃油使用台账登记管理有关规定的 | 由生态环境主管部门责令限期改正；逾期不改正的，处以三千元罚款（含拒绝非道路移动机械排气污染监督检查的） | — | 由生态环境主管部门责令限期改正；逾期不改正的，处二千元以上五千元以下的罚款 | — |

| 违法行为 | 法律责任 | | | |
|---|---|---|---|---|
| | 成都 | 德阳 | 眉山 | 资阳 |
| 【工业项目建设违法】<br>新建、扩建使用燃煤设施的工业项目 | 由生态环境主管部门责令限期拆除；逾期不拆除的，由市、县（市、区）人民政府责成有关部门依法拆除，所需费用由违法者承担，并处十万元以上二十万元以下罚款 | — | — | — |
| 【违规开展机动车环保检验违法】<br>机动车环保检验机构未按照有关技术规范和标准开展机动车环保检验业务，建立健全业务培训、档案管理、仪器设备校准、信息公开等制度的 | — | — | 生态环境主管部门可以采取口头警告、约谈方式责令整改；对伪造检验结果、出具虚假报告的检验机构，生态环境主管部门应暂停环保检验机构网络连接和检验报告打印功能，没收违法所得，并处十万元以上五十万元以下罚款；情节严重的，由负责资质认定的部门取消检验资格 | — |
| 【违法使用工业燃煤设施】<br>新建工业项目使用煤作为燃料的 | — | — | 由生态环境主管部门责令限期拆除燃煤设施；逾期不拆除的，由生态环境主管部门组织拆除，所需费用由违法者承担，处五万元以上二十万元以下的罚款 | — |
| 【无组织排放违法】<br>重点行业企业未对原辅料、半成品等实施封闭储存、封闭输送、系统收集的，或者未采取措施对生产经营过程中的粉尘排放进行有效治理的 | 由生态环境主管部门责令改正，处以五万元以上二十万元以下罚款 | 由生态环境主管部门责令改正，处二万元以上五万元以下的罚款；情节严重的，处五万元以上二十万元以下的罚款；拒不改正的，责令停产整治 | 由生态环境主管部门责令改正，处二万元以上十万元以下的罚款；拒不改正的，责令停产整治 | — |

| 违法行为 | 法律责任 | | | |
| --- | --- | --- | --- | --- |
| | 成都 | 德阳 | 眉山 | 资阳 |
| 【有机物泄漏违法】<br>（一）发生泄漏未按照规定及时修复的；<br>（二）违反挥发性有机物排放控制技术规范的 | 由生态环境主管部门责令改正，处以五万元以上二十万元以下罚款 | （一）由生态环境主管部门责令改正，处二万元以上五万元以下的罚款；情节严重的，处五万元以上二十万元以下的罚款；拒不改正的，责令停产整治。<br>（二）由生态环境主管部门责令改正，处一万元以上十万元以下的罚款 | 由生态环境主管部门责令改正，处五万元以上二十万元以下的罚款；拒不改正的，责令停产整治 | — |
| 【扬尘在线监管违法】<br>房屋建设和市政基础设施工程、道路施工等工地及预拌混凝土和预拌砂浆搅拌站、沥青搅拌站、砂石加工企业，未按规定安装扬尘在线视频监测系统并接入有关部门监管平台的 | — | — | 由城市管理等部门责令改正，处二万元以上十万元以下的罚款；拒不改正的，责令停产整治 | — |
| 【裸土场地违法】<br>（一）未开工建设或者停止施工的建设用地，建设单位未对裸露地面进行全面覆盖，或者未对超过三个月不能开工的建设用地的裸露地面进行绿化、铺装或者遮盖的；<br>（二）建（构）筑物拆除未采取湿法作业，未按要求对拆除现场进行打围；产生的建筑垃圾未及时清运，或者不能及时清运的未进行覆盖或者绿化的；<br>（三）市政河道、沟渠沿线的保护范围和公共用地的裸露地面未实施绿化或者透水铺装的 | — | — | 由城市管理部门责令限期改正，处一万元以上五万元以下的罚款；逾期不改正的，由城市管理部门代为覆盖、铺装或者遮盖，所需费用由违法者承担，并处五万元以上十万元以下的罚款 | — |

| 违法行为 | 法律责任 | | | |
|---|---|---|---|---|
| | 成都 | 德阳 | 眉山 | 资阳 |
| 【运渣违法】<br>建筑垃圾运输单位未使用符合规定的车辆、未安装卫星定位系统、未按规定路线行驶或虽安装卫星定位系统但未接入城市管理监管平台的 | — | — | 城市管理部门责令改正，对运输单位处每车次两千元以上五千元以下的罚款 | — |
| 【餐饮服务项目违法】<br>（一）新建产生油烟的餐饮服务项目，其烟道、烟管及排放口设置等不符合饮食业油烟排放标准的要求的；<br>（二）已在配套设立专用烟道的商住综合楼、居民住宅楼等开设餐饮服务项目未通过专用烟道排放油烟，封堵、改变专用烟道或者直接向大气排放油烟的；<br>（三）通过下水管道、窗户、私挖地沟等非正常方式排放油烟的 | — | — | 由城市管理部门责令改正，处五千元以上五万元以下的罚款；拒不改正的，责令停业整治 | — |
| 【露天焚烧违法】<br>露天焚烧农作物秸秆、落叶等产生烟尘污染物质 | 责令改正，并处二千元罚款 | — | 责令改正，处五百元以上二千元以下的罚款 | — |
| 【干洗经营违法】<br>使用未安装净化回收装置的开启式干洗机的 | — | — | 由生态环境主管部门责令改正，处五千元以上二万元以下的罚款 | — |

| 违法行为 | 法律责任 | | | |
|---|---|---|---|---|
| | 成都 | 德阳 | 眉山 | 资阳 |
| 【拒不执行应急措施违法】<br>拒不执行重污染天气应急预案规定的应急措施的 | （一）工业企业拒不执行停产、限产的，拒不执行停止油罐车卸油作业的，由生态环境主管部门责令改正，处以二万元以上十万元以下罚款；<br>（二）拒不执行停用施工现场部分非道路移动机械的，由生态环境主管部门责令改正，处以每台次五千元以上二万元以下罚款；<br>（三）拒不执行停止工地土石方作业或者建（构）筑物拆除施工的，拒不执行停止在房屋建设、房屋修缮、大型商业建筑装修、防水作业、外立面改造等作业中使用有机溶剂的，由市、区（市）县城市管理综合行政执法部门责令停止施工，处以五万元以上十万元以下罚款；<br>（四）拒不执行停止在道路画线、道路沥青铺设等作业中使用有机溶剂的，由相关主管部门责令停止施工，处以五万元以上十万元以下罚款 | （一）拒不执行企业停产限产的，由生态环境主管部门责令改正，处二万元以上十万元以下的罚款；<br>（二）拒不执行停用施工现场部分非道路移动机械的，由生态环境主管部门责令改正，处二万元以上十万元以下的罚款；<br>（三）拒不执行停止工地土石方作业或者建（构）筑物拆除施工的，由县级以上人民政府确定的监督管理部门责令停工整治，处二万元以上十万元以下的罚款；<br>（四）拒不执行停止在房屋建设、房屋修缮、大型商业建筑装修、防水作业、外立面改造作业和道路画线、道路沥青铺设、管道以及栏杆喷涂作业中使用有机溶剂的，由行业主管部门责令停工整治，处二万元以上十万元以下的罚款；<br>（五）拒不执行停止在汽车维修喷涂作业中使用有机溶剂的，由交通运输主管部门责令改正，处一万元以上十万元以下的罚款 | （一）拒不执行企业停产限产等重污染天气应急措施的，由生态环境主管部门责令改正，处二万元以上十万元以下的罚款；<br>（二）拒不执行停用施工现场部分非道路移动机械的，由生态环境主管部门责令改正，处每台次五千元以上二万元以下的罚款；<br>（三）拒不执行停止土石方作业或者建（构）筑物拆除施工的，由县级以上人民政府确定的监督管理部门责令停止施工，并处五万元以上十万元以下的罚款；<br>（四）拒不执行停止在房屋建设、房屋修缮、大型商业建筑装修、防水作业、外立面改造、道路画线、道路沥青铺设、管道和栏杆喷涂等作业中使用有机溶剂的，由住房和城乡建设、城市管理、交通运输等部门按照职责责令停止施工，并处五万元以上十万元以下的罚款；<br>（五）拒不执行停止汽车维修喷涂等使用有机溶剂作业的重污染天气应急措施的，由交通运输主管部门责令改正，处一万元以上十万元以下的罚款 | — |

注：表中“—”表示未设定法律责任，按照法律法规已有处罚规定执行。